트럼프 집권 후 동아시아 역학구도 및 안보환경

트럼프 집권 후 동아시아 역학구도 및 안보환경

2017년 10월 25일 초판 인쇄
2017년 10월 30일 초판 발행

지은이 | 백병선
교정교열 | 정난진
펴낸이 | 이찬규
펴낸곳 | 북코리아
등록번호 | 제03-01240호
주소 | 13209 경기도 성남시 중원구 사기막골로 45번길 14
우림2차 A동 1007호
전화 | 02-704-7840
팩스 | 02-704-7848
이메일 | sunhaksa@korea.com
홈페이지 | www.북코리아.kr
ISBN | 978-89-6324-574-4 (93390)

값 39,000원

트럼프 집권 후 동아시아 역학구도 및 안보환경

백병선 지음

북코리아

발간사

과거 냉전 시대에는 미·소 중심의 강력한 양극화의 역학구도가 형성되어 국가의 선택은 비교적 단순한 논리를 통해 결정되었다. 반면 냉전 종식 이후 미·중 중심의 G2(Group of Two) 시대를 형성하고 있지만, 국가 간 교류 및 협력이 확대됨에 따라 과거 냉전 시대 미·소의 구심력보다 약화된 다변화된 역학구도가 나타나고 있다. 여기에서 역학구도가 다변화되고 있다는 것은 주요 안보현안들에 대한 정책 결정 시 고려해야 할 요인들이 더욱 많아졌다는 것을 의미한다.

한국의 국방은 한미동맹을 기반으로 외부의 군사위협에 대응하는 개념에는 변화가 없으나 북한의 핵·미사일 위협은 한반도를 넘어 국제사회를 위협하고 있으며, 주변 4강은 자국 중심주의를 바탕으로 자국에게 유리한 역학구도를 형성하고 있다. 특히 트럼프 집권 이후 'Korea Passing' 현상이 나타나고 있다는 우려 섞인 주장이 제기되고 있으며, 북한의 핵·미사일 위협이 심화됨에 따라 한미동맹의 중요성이 더욱 강조되는 가운데 중·러는 북한 문제 해결을 위한 국가로서 더욱 주목받고 있다.

이와 같이 다변화된 역학구도는 한국으로 하여금 주요 안보현안에 대한 지속적인 선택을 요구할 것이며, 이러한 선택은 합리적이면서도 건전한 의사결정이 요구되는 가운데 하나의 목표로 이어진다는 측면에서 무엇보다 균형 잡힌 시각이 중요하다고 할 수 있다. 여기에서 균형 잡힌 시각이란 그 누구도 아닌 대한민국에 가장 유리한 결정을 내리기 위한 안보의 관점이며, 이는 곧 국가안보를 가장 우선시해야 한다는 것을 의미한다.

트럼프 집권 이후 한국은 미국 vs. 중국, 해양국가 vs. 대륙국가, 여당 vs. 야당, 보수 vs. 진보 등의 다양한 구도에서 지속적인 선택을 요구받게 될 것이다. 이러한 측면에서 본 저서는 안보 전문가를 포함하여 안보에 관심을 가지고 있는 모든 이들이 쉽게 읽고 접근할 수 있는 주요 안보현안들을 향후 예상되는 역학구도의 틀에서 분석하고 전망한 것으로서, 향후 급변하는 안보환경을 균형 잡힌 시각으로 바라보는 데 기여하기를 바라는 마음으로 집필되었다.

한국의 안보위협 변화와 우리의 과제

도널드 트럼프(Donald Trump)가 미국의 제45대 대통령으로 당선된 이후 국제사회에서는 '스트롱맨(strong man)' 및 '자국 우선주의'라는 용어가 빈번하게 사용되고 있으며, 주변 4강의 지도자들 모두 강력한 리더십을 발휘하는 가운데 자국 우선주의를 추구하고 있다. 국제사회는 냉전 시대 미국과 소련이 강력한 영향력을 행사한 반면에 냉전 종식 이후 미·중 중심의 G2(Group of Two)[1] 시대를 형성했으며, 주변 4강의 힘의 격차는 점차 감소하고 있다. 이를 반영하듯이 주변 4강의 지도자들이 발휘하는 리더십 역시 점차 강력해지는 경향을 보여왔으며, 트럼프 당선 이후 주변 4강의 리더십은 역대 가장 강력하다고 해도 과언이 아닐 것이다.

주변 4강의 지도자들 중에서 트럼프 대통령의 리더십은 동아시아 안보환경 변화에 가장 큰 영향을 미칠 것으로 예상된다. 트럼프 대통령은 공직이나 군 경력이 전혀 없으며, 이와 같은 '아웃사이더'가 미국의 대통령이 된 것은 사실상 최초의 일이다. 또한 트럼프 대통령은 기존의 정권과는 전혀 다른 길을 걸어갈 것으로 예상되는 가운데 대선기간 중 미국이 더 이상 세계의 경찰 역할을 할 수 없다고 주장했으며, 미국 우선주의(America First), 신고립주의, 보호무역 등이 대외전략 변화의 기반이 될 것으로 전망되었다.

그러나 트럼프 대통령은 취임사에서 적극적인 개입을 의미하는 '힘을 통한 평화(Peace Through Strength)'를 선언했으며, 2017년 4월 6일 시리아 공습을 시작으로 북한에 대한 '최고의 압박과 관여(Maximum Pressure and Engagement)' 전략 채택, 그리고 남중국해에서 '항행의 자유작전(Freedom of Navigation Operation: FONOP)' 시행, 대북한·

1 G2(Group of Two)라는 용어는 2006년 무렵 미국 학계에서 처음으로 대두되었으며, 2009년 1월 브레진스키(Zbigniew Brzezinski)가 'G2 회의'를 주창하면서 주목받다가 2009년 11월 15일 오바마 대통령의 첫 방중 시점부터 언론에서 집중 조명되었다.

이란·러시아 제재[2] 등 강력한 힘을 기반으로 대선기간의 입장과 달리 주요 안보현안에 대해 적극적으로 개입하고 있다.

트럼프 대통령의 특징으로는 정책을 예측하기가 어렵다는 것이며, 다만 3조 원의 자산가이자 부동산 재벌로서 경제적인 마인드가 반영된 실리주의적 대외전략을 추구할 것으로 예상되고 있다. 다시 말해 트럼프 대통령은 자국의 힘을 기반으로 우방국/동맹국에 대한 군사지원을 통해 경제 분야의 양보, 주둔군 방위비 인상, 국방예산 증액 등을 요구할 것이며,[3] 세계의 경찰국가로 회귀할 것으로 예상되는 가운데 주요 안보현안을 해결함에 있어 자국 중심의 대외전략을 통해 다른 국가들을 지렛대로 활용할 것으로 예상된다.

또한, 공직이나 군 경력이 전혀 없는 '아웃사이더'로서 트럼프 대통령의 언행은 미국 내부에서도 많은 갈등을 야기하고 있으며, 실제로 미국 내에서의 탄핵 가능성도 배제할 수 없는 상황이다. 특히 트럼프의 자국 중심의 일방적인 대외전략은 다른 국가들에게도 갈등을 불러일으키는 등 트럼프 대통령 집권 이후 국내외적으로 트럼프의 지지율 및 미국에 대한 호감도가 많이 하락하고 있는 상황이다. 그러나 트럼프 대통령의 대외전략이 어느 수준의 성과를 달성할 경우 탄핵 또는 임기 기간 중 낙마할 가능성은 높지 않으며, 오히려 이를 계기로 미국은 '트럼프'식 대외전략을 더욱 강도 있게 추진할 것으로 예상된다.[4]

이와 아울러 트럼프 대통령은 '힘을 통한 평화'를 추구함에 있어 강력한 해군력이 반드시 필요하다고 인식하고 있다. 2017년 3월 2일 트럼프 대통령은 건조 중인 핵추진 항공모함 제럴드 포드함의 승선 연설에서 항공모함을 12척으로 증강시키는

---

2 해당 법안에는 북한의 원유 및 석유제품 수입을 봉쇄하고 다른 나라들이 북한과 인력, 상품거래 등을 하지 못하게 하는 내용이 담겨 있으며, 러시아 기업의 미국과 유럽 내 석유사업 규제 강화, 이란의 탄도미사일 개발 관련 무기 금수조치 및 이란 혁명수비대 제재 등이 포함되어 있다.

3 2017년 6월 29일, 슈톨텐베르그 NATO 사무총장은 트럼프 대통령의 방위비 GDP 2% 증액 요구(5. 25)에 대해 "유럽 국가들과 캐나다의 '17년도 NATO 방위비 지출이 4.3% 증가할 것으로 예상된다"라고 밝혔다. 이와 아울러 미국의 동맹국인 우리나라와 일본 역시 국방비를 증액시키고, 주둔군 방위비 인상 및 미국산 무기체계 구매가 확대될 것으로 예상되고 있다.

4 2017년 7월 22일, 트럼프 대통령은 주례연설을 통해 "더 이상 다른 나라가 우리의 일자리를 훔치며 부(富)를 빼어가지 못하도록 '미국 우선주의 정책'을 견지하며, 미국산 제품을 사고 미국인을 고용해 국내 산업을 보호할 것이다"라고 강조하는 등 자국 중심의 대외전략을 더욱 강화할 것으로 예상된다.

등 향후 사상 최대 규모의 미 해군을 건설할 것이라고 선언했다. 이는 곧 미국이 세계 패권을 지속적으로 추구한다는 것을 의미하며, 이 과정에서 중 · 러 · 북 3국과 군사력 충돌 가능성도 점차 높아질 것으로 예상된다.

중국의 시진핑 국가주석은 미국 중심의 기존 국제질서 개편 시도를 위해 "떨쳐 일어나 할 일은 한다"는 분발유위(奮發有爲)의 대외전략을 추진하고 있다. 2017년 10월에 열린 제19차 공산당 전국대표대회에서 '시진핑 사상'이 공산당 당장(黨章 · 당헌)에 올라감에 따라 시진핑 국가주석은 '마오쩌둥(毛澤東) 사상'과 '덩샤오핑(鄧小平) 이론' 반열에 오른 것으로 평가받고 있다. 장쩌민과 후진타오 전 국가 주석조차도 자신의 이론에 이름을 걸고 당장에 올리지 못했다는 것은 시진핑 국가주석이 중국 공산당 내 절대 권력을 굳혔음을 의미하는 것이다. 특히 시진핑 국가주석이 자신의 후계자를 선정하지 않았다는 것은 시진핑 1인 체계가 구축되었다는 것을 의미하는 것으로서 향후 중국의 공세적인 대외전략 추진이 예상되고 있다.[5]

오늘날 중국의 대외전략은 기본적으로 평화를 추구하고 있으나 대내적으로는 강력한 힘(power)의 확보를 추진하고 있다.[6] 기존 중국의 대외전략의 중심은 덩샤오핑 시기 '자신의 능력을 드러내지 않고 인내한다'는 도광양회(韜光養晦)라고 할 수 있으며, 이는 곧 대외적으로 불필요한 마찰과 대결을 지양하고 때가 될 때까지 국력을 배양하는 것이었다. 중국은 대외적으로 도광양회가 그들의 대외전략이라고 주장하고 있지만, 오늘날 그들의 힘을 고려할 경우 중국의 대외전략은 분발유위에 가깝다

5 시진핑 국가주석이 기존 집단 지도체제를 폐지하고 당 주석제를 부활시킬 수 있다는 주장이 대두되고 있다. 시진핑 국가주석이 기존 집단 지도체제를 폐지하고 당 주석제를 부활시킬 경우 두 차례 연임 및 임기연장 등이 가능하다. 특히 최근 공산당 건군 90주년 열병식에서의 호칭이 '수령'에서 '주석'으로 변경된 것, 시진핑의 후계자가 선정되지 않은 것, 시진핑 2기를 이끌어 갈 새 지도부의 권력 핵심인 정치국위원(25명)과 최고 지도부의 정치국 상무위원(7명)에 '시자쥔(習家軍, 시진핑의 사람들)'이 대거 포진한 것 등이 중국의 주석제 부활 가능성을 뒷받침하고 있다.

6 일부에서는 중국이 단기간 내 강대국으로 성장함에 따라 국가전략이 제대로 정립되지 않았으며, 기존 세대의 경우 평화로운 성장을 의미하는 화평굴기(和平屈起)를 지지하는 반면에 신진 엘리트 지식층은 대국(大國)으로서 중국의 책임을 다하겠다는 책임대국(責任大國)을 주장한다고 분석하고 있다. 따라서 중국의 대외전략은 평화 vs. 힘의 대결 구도를 통해 발전하고 있으며, 결국 중국의 정치체제를 고려할 경우 중국의 국가전략은 지도자의 성향에 따라 결정될 가능성이 높다고 할 수 있다.

고 할 수 있다. 실제로 중국은 역외 사안에 대해서는 평화를 지향하는 판다외교[7]를 실시하고 있으나 역내에서의 국가이익 및 안보와 관련된 사안에 대해서는 강력한 힘의 논리를 추구하고 있다.

특히 시진핑 국가주석은 막강한 권력을 기반으로 2021년 공산당 창당 100주년이 되는 시점에 전 국민이 중산층이 되는 샤오캉(小康) 시대를 열고, 2049년 중화인민공화국 건국 100주년이 되는 시점에 미국을 뛰어넘는 초강대국이 되겠다는 중국몽(中國夢)을 강력하게 추진할 것으로 예상된다.[8] 시진핑 국가주석의 중국몽 추진은 트럼프 대통령이 북한의 핵 · 미사일 문제를 해결하는 데 있어 중국을 지렛대로 이용함에 따라 미 · 중 관계에 영향을 받을 것으로 예상되나 중국은 주요 안보현안에 대한 영향력 행사를 통해 미국과의 협상 및 자국에 유리한 여건을 형성하여 신형대국관계(新型大國關係)를 지속해서 추진할 것으로 예상된다.

2012년 5월 개최된 제4차 미 · 중 전략경제대화에서 후진타오 전 주석은 새로운 강대국 관계가 미국과 중국에 의해 공동으로 발전되는 것이 중요하다는 점을 강조하고, '신형대국관계'라는 용어를 언급했다. 이 용어에는 기존 패권국가인 미국과 신흥 패권국가인 중국이 상대방의 핵심이익을 존중하면서 평화공존을 추구하자는 의미가 담겨 있다. 또한 새로운 힘이 부상하고 기존 세력이 이를 두려워할 때 전쟁으로 귀결될 수 있다는 '투키디데스의 덫(Thucydides's trap)'이라는 용어가 주목받고 있다.[9]

일본은 2012년 12월 총선에서 당시 집권여당인 민주당을 물리치고 자민당의 승리를 이끈 아베 신조 총리가 공세적인 대외전략을 추진하고 있다. 아베 총리는 집권 이후 헌법해석 변경을 통한 집단적 자위권 확대 해석, 미 · 일 신방위협력지침 체

---

7 판다외교란 중국이 관계 발전을 위해 상대국에 판다(panda)를 보내는 외교를 의미하는 것이며, 1941년 국민당 장제스 총통이 중국을 지원해준 미국에 감사의 표시로 판다 한 쌍을 보낸 이후부터 시작되었다. 영미권에서는 판다에 비유해 친중파(親中派)를 'panda hugger(판다를 포옹하는 사람)'라고 부르기도 한다.

8 2017년 7월 21일, 시진핑 국가주석은 중국군 창군 90주년을 맞아 수도 베이징 시에 위치한 인민혁명군사박물관을 방문해 "인민해방군은 홍색기인(红色基因, 혁명 유전자)을 전승하고 중국의 위대한 부흥의 꿈인 '중국몽(中国梦)'을 실현할 수 있도록 끊임없이 노력해야 한다"라고 강조했다.

9 하버드대학 앨리슨 교수에 따르면 서기 1500년 이후 세계지도상 힘의 축(軸)이 이동한 15회 중 11회가 전쟁으로 귀결되었으며, 대표적으로 신흥 강국 독일의 호전성과 기존 강국 영국의 대응은 1914년과 1939년의 두 차례 세계대전으로 이어졌다.

결, 안보법제 통과 등 보통국가화를 위한 노선을 강력하게 추진하고 있다. 특히 아베 신조 총리는 '강한 일본'을 만들겠다는 자신의 주장을 실현할 기반을 조성한 것으로 평가받고 있으며, 일본을 국가의지에 따라 전쟁을 치를 수 있는 보통국가로 만들어 가는 등 실제로 일본은 남중국해에서 전후 최대 규모의 군사훈련을 실시했다.

오늘날 일본은 독자적인 방위력을 증강하고 있는 가운데 미일동맹 강화를 통해 '동맹 패권주의 전략'을 구사하여 국제사회에서 일본의 영향력을 유지해나간다는 전략을 추구하고 있다. 즉 일본의 적극적인 역할분담을 통해 미일동맹 체제를 강화하고, 이를 기반으로 아시아 · 태평양지역의 안보환경 변화에 대처하는 동시에 일본의 영향력을 유지하려는 전략을 추진하고 있다. 특히 일본이 헌법에 입각하여 추진하고 있는 방위정책의 기반인 「방위기본방침('57. 5. 20)」의 핵심내용인 전수방위(專守防衛), 비군사 대국화, 비핵 3원칙 고수 등이 더욱 공세적으로 변화할 것으로 예상되며, 중 · 일 간 역내 소패권경쟁도 본격화될 것으로 전망된다.

러시아의 푸틴 대통령은 제2대, 제4대 대통령이었으며, 대통령에서 물러난 뒤 드미트리 메드베데프 정권하에서 총리직을 수행한 이후 2012년 3월 대통령 선거에서 3선에 성공하는 등 러시아에 대한 강력한 영향력을 행사하고 있다. 푸틴 대통령은 집권 당시 '강한 러시아의 재건'을 선언하면서 옛 소련의 영광을 되찾기 위한 강력한 대내외 정책을 추진하고 있다. 대표적으로 푸틴 대통령은 우크라이나의 크림반도를 강제 병합하여 옛 소련권의 재통합을 추진했으며, 2015년부터 이슬람국가(Islamic State: IS) 척결을 명분으로 내세워 시리아 내전에 군사적으로 개입함으로써 러시아의 힘을 과시했다.

또한 러시아는 크림공화국의 전격적 합병에 따른 흑해 및 지중해에서 서방과의 긴장 고조, 북극해의 전략적 · 경제적 중요성 증대, 미국의 아 · 태 중시정책으로의 변화 등에 대응하기 위해 2015년 7월 기존 해양독트린을 개정한 '신해양독트린'을 발표했다. 특히 동 문서에서 해군의 작전범위를 대서양, 북극해, 남극해, 카스피 해, 인도양, 태평양 등 6개 해역으로 분류했다는 것은 러시아가 냉전 시대 강력한 해군으로 돌아간다는 것을 의미하는 것이며, 이를 기반으로 주요 안보현안에 대한 적극적인 개입이 예상된다.

오늘날 일본과 러시아의 경우 강대국 수준의 힘을 가지고 있을 뿐만 아니라 동아시아 문제에 대해 실질적인 영향력을 행사하고 있다. 특히 미국과 중국이 동아시아 문제뿐만 아니라 국제사회의 문제를 해결함에 있어 일본과 러시아를 견제하거나 협력을 요구하고 있다는 것은 이들의 위상을 단적으로 보여주는 것이라고 할 수 있다. 물론 일본 및 러시아가 단기간 내 미 · 중 중심의 G2 시대를 변화시키기에는 역부족일 수도 있으나 이들이 역내 강대국으로서의 위상을 확고히 할 경우 'G2+2' 또는 'G4 in East Asia'라는 새로운 용어가 등장할 수도 있을 것이다.

냉전 종식 이후 국제사회는 G2 시대를 형성하는 과정에서 주변 4강 간 힘의 격차가 점차 줄어들고, 미국의 위상이 낮아짐에 따라 중 · 일 · 러 3국의 강력한 대외전략 추진은 이미 예정되어 있었다고 할 수 있으며, 또한 미국 역시 약화된 패권국가의 위상을 확립하기 위한 강력한 정책추진이 예상되고 있었다. 따라서 트럼프 대통령 집권 이후 주변 4강은 역내 안보현안에 대한 영향력 행사를 통해 자국에 유리한 안보환경 조성 및 역학구도 형성을 시도할 것이며, 이 과정에서 역내 국가 간 갈등 및 마찰이 동반될 것으로 예상된다.

동아시아의 역학구도는 동아시아 주요 현안들이 어떠한 과정을 통해 어떻게 해결되느냐에 따라 결정될 것이다. 현 시점에서 주변 4강이 견제 및 협력할 수 있는 주요 안보현안으로는 북한의 핵 · 미사일 위협, 남중국해에서의 미 · 중 간 해양갈등, 역내 해양분쟁, 북극해, 해상교통로 보호 등이며, 이들 지역의 경우 바다이거나 자국의 영토 이외의 장소라는 측면에서 주변 4강은 해양 투사능력과 원양 작전능력을 강화시키고 있다. 이러한 군사력의 변화는 기존의 역내질서를 변화시킬 뿐만 아니라 불확실성을 더욱 확대시킬 것이며, 이 과정에서 주변 4강은 자국 중심의 협력과 견제를 통해 자국의 위상을 확립할 것이다. 이에 따라 역내질서는 G2 시대 미국의 패권유지, 신형대국관계 하에서 G2 시대 재형성, G4 in East Asia 형성 등의 변화를 맞이하게 될 것으로 예상된다.

여기에서 '불확실성'이란 트럼프 대통령의 대외전략에 대한 예측이 불가능한 상황에서 주변국 지도자들이 기존의 역학관계에서 탈피하여 자국 중심의 강력한 대외전략을 추구함에 따라 안보환경 예측이 제한된다는 것을 의미한다. 또한 주변 4

강의 역학관계 및 주변 4강과 한국과의 관계는 힘의 논리가 적용될 것으로 예상되는 가운데 국가 간 관계는 자국 중심의 정책추진에 따른 갈등과 마찰을 통해 결정될 것이다. 결국 힘의 논리가 적용되는 시대에 필요한 힘을 갖추지 못한다는 것은 자국의 국가이익을 침해받는 상황으로 이어질 수밖에 없으며, 주변 4강 모두 공세적인 대외전략을 채택하고 있다는 것은 우리에게 시사하는 바가 크다고 할 수 있다.

따라서 트럼프 집권 이후 격동하는 동아시아의 안보환경에서 선제적인 대응이 무엇보다 중요하며, 기존의 한반도 안정을 위한 어쩔 수 없는 평화주의 및 주변국을 자극하지 않는다는 대외전략은 더 이상 적합하지 않다고 할 수 있다. 결국 트럼프 대통령 집권 이후 변화하는 안보환경은 더욱 적극적이고 공세적인 대외전략을 통해 주도적으로 유리한 안보환경 조성을 요구하는 것이며, 주변국들이 공세적인 대외전략을 채택하는 것은 시대적인 요구사항을 적극 수용한 결과라고 할 수 있을 것이다.

그러나 오늘날 한반도는 세계 유일의 분단국가로서 남북이 대치하고 있으며, 한국이 북한의 위협을 우선적으로 대응해야 하는 상황이다. 북한의 김정은은 2017년 신년사에서 자력자강(自力自强)을 강조하면서 2017년을 '훈련의 해', '싸움준비 완성의 해'라고 선포했다. 따라서 불확실성 시대의 원년(元年)인 2017년은 우리에게 더욱 강력해질 것으로 예상되는 북한의 위협에 대비함과 동시에 주변국의 안보위협 변화에도 대비해야 하는 '위기의 시대'였다고 할 수 있을 것이다.

결론적으로 트럼프 대통령 집권 이후 안보환경 변화는 우리에게 한반도뿐만 아니라 주요 안보현안에 대해 어떠한 길을 선택할 것인지에 대한 깊은 고민을 요구할 것이며, 우리가 선택한 길은 당연히 그에 따른 책임이 동반될 것이다. 이러한 측면에서 트럼프 대통령 집권 이후 스트롱맨의 시대 힘의 경쟁에서 현명한 선택이 무엇보다 중요하며, 우리의 목소리를 낼 수 있는 힘(power)이 다른 어떤 시기보다 더욱 강력히 요구된다고 할 수 있다.

TIP. 트럼프 대통령 및 미국에 대한 미 국내외 여론조사 결과(2017. 2~7)

구분	주요 내용
미 여론조사기관(퓨리서치) (2017. 2~5)	• 전 세계 37개국에서 실시한 여론조사 결과에 의하면 응답자의 74%는 '트럼프 대통령을 신뢰하지 않는다'라고 응답 • 미국에 대한 호감도 49%로 하락
미 CNN (2017. 6. 8)	• 미 대통령 지지율 34%로 하락
미 여론조사기관(갤럽사) (2017. 6. 28)	• 미국 국민의 57%가 트럼프 대통령의 국정운영에 반감을 나타냄
미 서베이몽키사 (2017. 7. 4)	• 미국 국민의 50%는 트럼프보다 CNN 방송을 더 신뢰 • 응답자의 64%는 대통령의 트위터 게시물에 부정적 * 게시물에 대해 '품위 없다' 47%, '무례하다' 34%, '흥미롭다' 26%로 응답
미 워싱턴포스트지와 ABC 방송사 공동 (2017. 7. 16)	• 국민의 신뢰도는 역대 최저치인 36% 기록 • '16년 대선에서 트럼프 대통령을 지지했던 지역의 지지율은 50%이며, 이 중 29%는 트럼프 대통령을 '강하게' 지지하는 것으로 조사됨
미 퀴니피악대학 (2017. 8. 2)	• 응답자의 약 61%가 트럼프 대통령이 '국정운영을 제대로 이행하고 있지 못하다'고 투표 • 약 33%만이 '국정운영에 대해 호의적이다'라고 평가

TIP. 주변 4강의 스트롱맨 등장과 각국의 국내정세 전망

미국은 세계 패권국가로서 급격한 변화에 대한 우려에 따라 트럼프의 리더십을 내부적으로 견제하고 있으나 '트럼프'식 대외전략이 어느 정도의 성과를 달성할 경우 오히려 '트럼프'식 대외전략은 더욱 강화될 것으로 예상된다. 반면에 중 · 일 · 러 3국의 경우 현 상황에서 그들의 지도자에 대해 더 강력한 권한을 부여함으로써 변화된 안보환경에 대응할 것으로 예상되며, 그들을 대체할 만한 다른 지도자의 등장 가능성은 높지 않다고 할 수 있을 것이다. 중국의 시진핑 주석은 제19차 공산당 전국대표대회에서 당헌에 '시진핑 사상'을 명기함으로써 마오쩌둥급의 절대권력을 행사할 것으로 예상되는 가운데 후계자를 지명하지 않은 채 집권 2기를 시작하게 되었다. 일본의 아베 총리는 2017년 10월 중의원 선거에서 압승함에 따라 내부적으로 '아베'식 강한 외교력에 대한 지지기반을 더욱 강화했다. 푸틴 대통령의 경우 애국심을 강조하면서 강한 러시아를 추구하는 통치 스타일이 내부적으로 강한 지지율로 이어짐에 따라 푸틴 대통령의 4선 연임은 거의 확실한 것으로 분석되고 있다.

Contents

표 차례

그림 차례

제1장

동아시아 안보환경의 변화

새로운 시대의 도래 전망

intro

냉전 종식 후 국제사회는 정치 · 외교 · 이념상의 갈등에서 벗어나 경제 분야에 많은 관심을 가지게 됨에 따라 국가 간 교류와 협력이 확대되었으며, 미국과 중국을 두 축으로 하는 G2 시대가 개막되었다. 냉전 시대는 미국과 소련이 강력한 구심점으로 작용하여 동맹의 경계가 뚜렷하게 설정된 반면에 G2 시대는 국가 간 교류와 협력의 확대로 인해 미 · 중의 구심력이 약화되었다. 특히 일본과 러시아의 경우 강대국(great power) 수준의 힘을 비축하면서 영향력을 강화하고 있으며, 동아시아 지역에서 활동 영역을 확대하고 있다.

동아시아의 안보환경은 '힘을 통한 평화(Peace Through Strength)' 및 '해양통제로의 복귀(Return to Sea Control)'를 추구하는 미국과 '신형대국관계(新型大國關係)'를 주장하는 중국의 대결이 예상되고 있다. 또한 일본과 러시아가 미 · 중 중심의 역내질서가 지속적으로 유지되는 것을 수긍하지 않는다는 측면에서 역내 안보현안에 대한 적극적인 개입을 통해 자국에게 유리한 역학구도를 형성할 것으로 예상된다. 따라서 역내질서는 주변 4강의 힘의 논리에 따른 경쟁을 통해 G2 시대 미국의 패권유지 vs. 신형대국관계하에서 G2 시대 vs. G2+2, G4 시대(G4 in East Asia) 등의 변화를 맞이하게 될 것이다.

1. G2 시대 동맹관계의 변화

1) 주변 4강의 힘의 격차 감소

냉전(The Cold War)은 제2차 세계대전 이후 양극체제하에서 사회주의진영과 자본주의진영 간의 정치·외교·이념상의 갈등에 따른 군사적 위협의 잠재적인 투쟁시대라고 할 수 있다. 이러한 냉전 시대는 미국과 소련 그리고 그들의 동맹국 사이에서 전개된 대결상태로서 정치·경제·군사 등의 영역에서 벌어졌으며, 국지전 또는 제한전 형태의 전쟁과 한국전쟁, 베트남 전쟁 등과 같은 대규모 전쟁도 발발했다.

그러나 두 초강대국은 핵전쟁의 결과를 두려워하여 직접적인 무력충돌은 발생하지 않았으며, 오히려 제2차 세계대전 이후부터 1989년까지의 냉전기간 동안 세계의 안보정세는 다른 어떤 시기보다 안정된 상태였다고 할 수 있다. 냉전 종식 이후 미국은 세계 유일의 패권국가로서 위상을 확립했으며, 경찰국가로서의 역할을 수행하는 가운데 국제사회는 냉전기간과는 달리 경제 분야에 더 많은 관심을 기울이게 되면서 국가 간의 교류와 협력이 확대되었다.

냉전의 종식과 함께 새롭게 나타난 국제관계의 특징은 냉전기 이데올로기 중심의 갈등논리가 퇴조한 반면 국가이익에 관련된 경제중심의 논리가 대두되었다는 것이다. 구체적으로 서방세계는 소련과 동유럽의 경제개혁과 민주화 추진을 적극적으로 지원하기로 결정하는 한편, 서방 선진 7개국 정상회담에서 소련을 포함하는 새로운 세계경제체제 발전에 합의가 이뤄짐으로써 동·서 간의 협력관계가 구체화되는 등 안보환경 변화의 여건이 형성되었다.

국가 간 협력체계가 구축됨에 따라 냉전기간 동안 침체되었던 국가 간 교역은 탈냉전 이후 급속도로 증가했으며, 국가 간 교역을 통한 경제성장은 국력 증대로 이어져 국제질서를 변화시키는 요인으로 작용했다. 예부터 '부국강병(富國强兵)'이라는 말이 있듯이 경제적 성장이 있어야 군사력을 키울 수 있으며, 군사력을 키워야만 경제적 이익을 지킬 수 있다. 다음의 〈그림 1-1〉은 1975년부터 2015년까지의 전 세계 교역량의 변동 현황을 정리한 것이며, 냉전 종식 이후 국가 간 교역량이 크게 증가했다는 것을 확인할 수 있다.

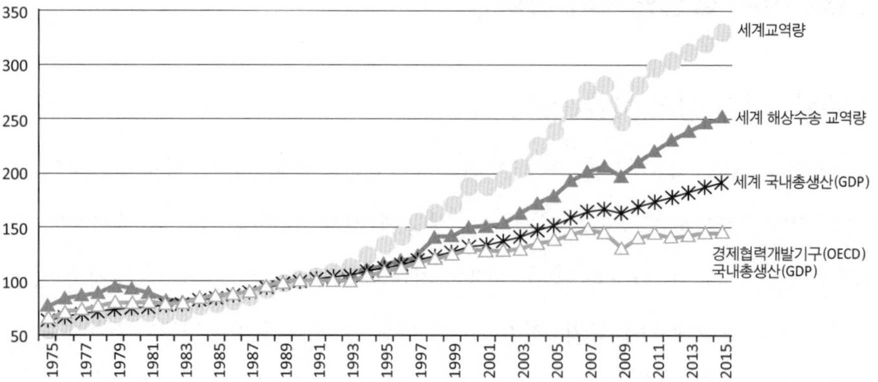

〈그림 1-1〉 전 세계 교역량 변동 현황(1975~2015)

출처: http://unctad.org/en/PublicationsLibrary/rmt2016_en.pdf(검색일: 2017. 1. 31)

주변 4강 역시 경제적 성장을 바탕으로 군사력을 강화했으며, 강대국의 면모를 갖추려는 노력을 지속하고 있다. 2016년 기준 경제규모는 1위 미국(23.32%), 2위 중국(13.9%), 3위 일본(6.18%), 10위 러시아(2.49%) 순이며, 이러한 경제력은 군사력 강화로 이어지고 있다. 다음의 〈그림 1-2〉는 주변 4강의 주요 군사력 현황을 정리한 것으로서 경제규모와 군사력 간의 밀접한 관계가 있다는 것을 보여주고 있다.

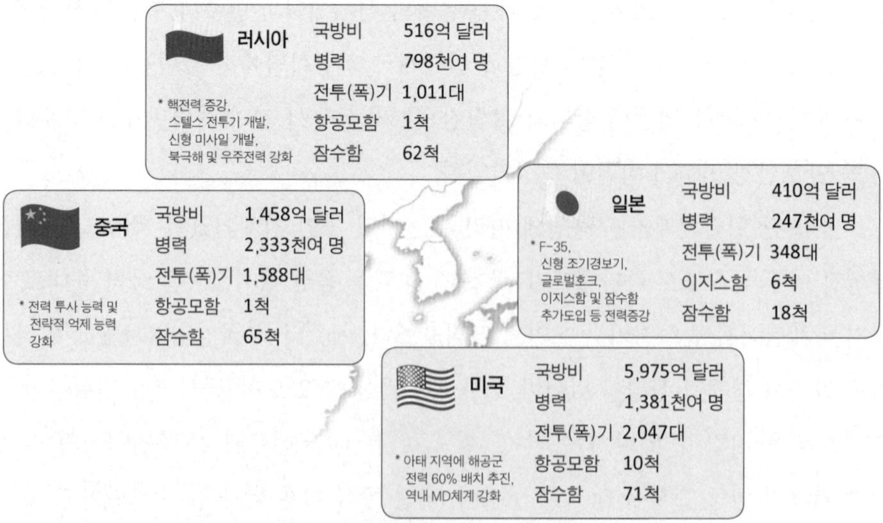

〈그림 1-2〉 주변 4강의 주요 군사력 현황

출처: 대한민국 국방부, 『국방백서 2016』(서울: 국방부, 2016), p. 13.

GFP(Global Fire Power)에서는 2017년 군사력 순위를 1위 미국(0.0587), 2위 러시아(0.0929), 3위 중국(0.0945), 7위 일본(0.2137) 순으로 평가했으며, 주변 4강의 군사력은 글로벌 수준으로 평가받고 있다. 일반적으로 한 국가의 군사력을 수치로 정량화하기는 어려우며, 국가 간 군사력을 수치로 비교하는 것은 실질적으로 많은 제약사항이 따르고 있으나 한 국가의 군사력은 경제력과 밀접한 관계에 있다고 할 수 있다. 〈그림 1-3〉은 2017년 GFP의 군사력 순위를 정리한 것이다.[1]

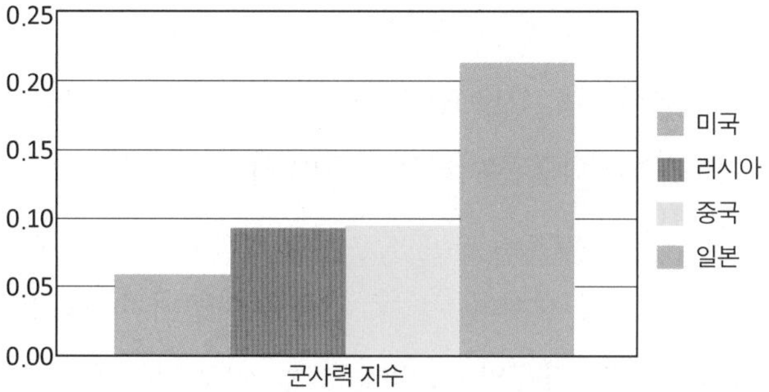

〈그림 1-3〉 주변 4강의 군사력 비교 현황

주) 1. GFP의 군사력 지수는 수치가 낮을수록 군사력이 강력하다는 것을 의미한다.
2. 미국의 군사력은 개별적으로 중국 및 러시아보다 우세하지만 중 · 러 동맹에 대해서는 압도적으로 우세를 유지하지는 못하고 있다.

오늘날 미국은 안보위협으로 '4+1 위협(북한 · 중국 · 러시아 · 이란 + 잠재적 테러 위협을 보유한 국가를 의미함)'을 설정하고 있으며, 다양한 위협에 대비해 군사력을 분산 운용해야 하는 상황이다. 실제 동아시아지역에 투입 가능한 전력으로는 현재 태평양사령부 휘하의 7함대와 3함대의 수상함 92척, 잠수함 43척, 수송함 64척 등과 제1, 3해병원정군이며, 미국은 현재 전력으로 중국의 해양팽창을 봉쇄하기는 어렵다고 인식하고 있다.

2017년 2월 8일, 모란 미 해군 참모차장은 상원 군사위원회에 출석하여 '4+1 위협' 중 2개국 이상과 전쟁을 수행할 경우 전쟁을 동시에 수행하여 적을 저지 및 굴

1 http://www.globalfirepower.com/countries-listing.asp(검색일: 2017. 7. 8)

복키기는 어렵다고 답변했다.[2] 이는 곧 트럼프 대통령이 '힘을 통한 평화'를 추구하기 위해서는 지속적인 국방예산의 증액이 필요하며, 미국이 충분한 군사력을 확보하기 전까지 기존 전력의 재배치 또는 순환배치가 예상된다.

2) 자국 중심의 동맹관계 형성

냉전 종식 이후 구소련의 경제적인 몰락으로 인해 러시아의 위상은 추락한 반면에 중국은 1978년 개혁 · 개방을 단행한 이후 경이로운 경제성장을 바탕으로 국내외적으로 많은 성장을 이룩했다.[3] 중국의 부(富)와 영향력 증대는 아시아 및 세계의 주요 관심사항이 되었으며, 1990년대 이후 중국의 성장에 대해 일부에서는 '중국의 부상', 심지어는 '중국 위협론'이라는 표현이 사용되었다.[4]

이러한 중국의 부상은 글로벌 리더로서 초강대국인 미국과 함께 경제위기, 중동사태, 기후변화, 핵확산 등 세계의 주요 현안들을 이끌어가는 G2(Group of Two) 시대 개막의 원동력이 되었다. 다음의 〈그림 1-4〉는 1980년부터 2015년까지 중국의 경제성장률 추이를 보여주는 것으로서 중국은 1980~2010년까지 평균 10%라는 경이로운 두 자릿수 경제성장률을 달성했다.[5]

---

2 미국은 선택과 집중을 통해 안보위협에 대비하고 있으며, 기존에는 5개 국가 또는 집단과 관련된 5가지 비상 시나리오(이라크의 부활, 중국의 대만 침공, 북한의 남침 우려 등)에 대비했다. 오늘날 미국이 가장 우려하는 시나리오는 이란 · 중국 · 북한이 수반되는 3대 비상 시나리오, 러시아와 NATO의 무력분쟁, IS가 주도하는 국제테러 행위 등이 있다.

3 중국은 1978년 12월 중국공산당 제11기 중앙위원회 제3회 전체회의에서 개혁 · 개방을 천명했다. 여기에서 개혁 · 개방은 중국 국내체제의 개혁 및 대외 개방정책을 의미하는 것이며, 특히 중국은 시장기능을 도입함으로써 중국 특유의 사회주의 시장경제 건설을 통한 경제발전을 달성했다.

4 중국 위협론에 대해서는 다음의 논문을 참고할 것. David C. Gompert et al., *China on the Move: A Franco-American Analysis of Emerging Chinese Strategic Policies and Their Consequences for Transatlantic Relations* (Santa Monica: Rand Corporation, 2005), p. 1; John J. Mearsheimer, *The Tragedy of Great Power Politics* (New York: Norton, 2003), pp. 373-377; Joseph S. Nye, *Soft Power: The Means To Success in World Politics* (New York: Public Affairs, 2004), pp. 83-84; Zbigniew Brzezinski and John J. Mearsheimer, "Clash of the Titans," *Foreign Policy* (January/February, 2005), pp. 46-50.

5 중국의 경제성장률은 2000년대 후반부터 감소하는 경향이 나타나고 있으나 세계적인 경제침체를 고려할 경우 중국의 경제성장률은 다른 국가들보다 높다고 할 수 있다.

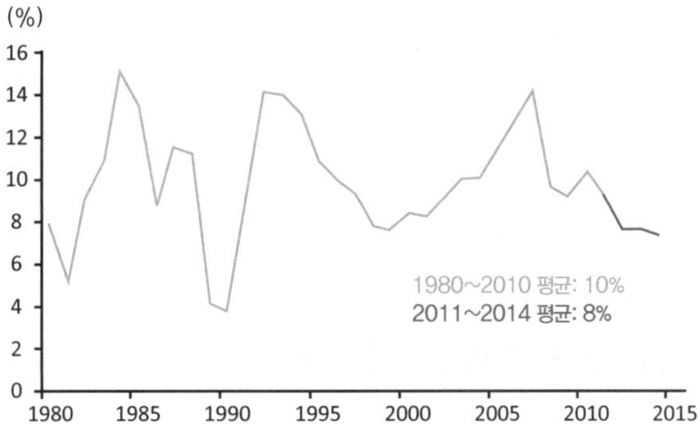

〈그림 1-4〉 중국의 경제성장률 변화 추이(1980~2015)

출처: http://www.pressian.com/news/article.html?no=128907(검색일: 2017. 7.14)

냉전 시대에는 미 · 소를 중심으로 양극의 강력한 동맹체계가 형성되었다면, G2 시대에는 국가 간 교류 및 협력이 확대됨에 따라 동맹관계가 약화되었다고 할 수 있다. 다음의 〈그림 1-5〉는 G2 시대 국제사회의 질서 변화를 보여주고 있는데, 냉전 시대의 경우 미국과 소련이 강력한 구심점으로 작용하여 동맹의 경계가 실선과 같이 뚜렷하게 구분되었지만 G2 시대는 국가 간 교류 및 협력의 확대로 인해 미 · 중의 구심력이 약화되어 점선과 같이 동맹의 경계가 약화되었다고 할 수 있다.

〈그림 1-5〉 냉전기 → G2 시대 동맹관계 변화

또한 G2 시대 미 · 중의 구심력이 약화된 만큼 일 · 러의 영향력은 점차 확대되고 있다. 앞에서도 언급했듯이 실제 미 · 중이 동아시아 주요 안보현안에 대한 정책을 추진함에 있어 일 · 러에 대해 적극적으로 협력을 요구하거나 견제하고 있다는 것은 이들의 위상을 단적으로 보여주는 것이라고 할 수 있다. 그러나 일 · 러의 입장에서 그들은 역내에서의 영향력을 행사할 수 있는 강대국 수준의 힘을 가지고 있다는 측면에서 언제까지 미 · 중의 뒤에만 남기를 원하지 않을 것이며, 강대국으로서 위상을 확립하기 위한 시도를 지속할 것으로 예상된다.

2. 군비감축 시대의 군비경쟁 가속화

1) 아시아 패러독스(Asia's Paradox)

과거 냉전 시대에 미 · 소는 자신의 영역을 확대하고 이를 견고히 하기 위해 동맹국을 확장하면서 각종 지원을 확대하는 등의 다양한 노력을 전개했다. 그러나 냉전 종식 이후 국제사회는 미 · 소 중심의 냉전적 대립구조에서 벗어나 평화공존을 위한 새로운 화해와 협력의 시대로 접어들게 되었으며,[6] 전 세계적인 측면에서 국방비가 감소되는 현상이 나타났다. 다음의 〈그림 1-6〉은 전 세계 국방비의 변화 추이를 정리한 것이다.

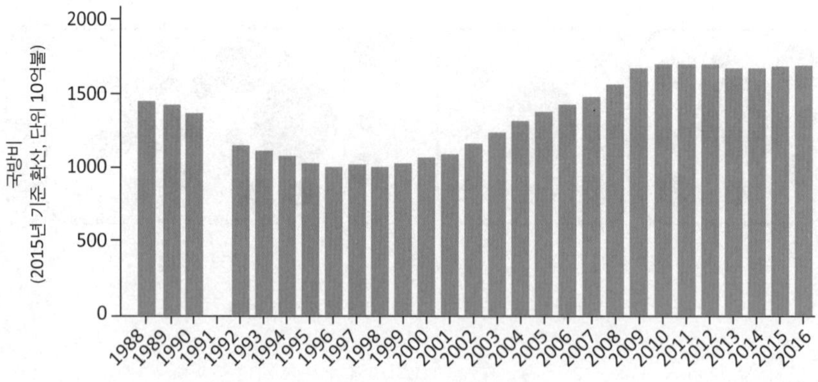

〈그림 1-6〉 전 세계 국방비 변화 추이(1988~2016)

주) 2017년 4월 24일, 스톡홀름국제평화연구소(SIPRI)에서 발표한 데이터에 의하면, 2016년 전 세계 군사비 지출액은 1조 6,860억 달러이며, 이는 2015년 대비 0.4% 증가한 것으로서 동아시아 국가들의 군비경쟁으로 인한 영향이 크다고 할 수 있다.

출처: https://www.sipri.org/media/press-release/2017/world-military-spending-increasesusa-and-europe(검색일: 2017. 7. 8)

국제사회는 냉전 종식 이후 세계평화를 기대했으나 실상 안보환경은 세계평화와는 거리가 먼 새로운 시대가 도래했다. 새로운 국제체제에서는 다양한 유형의 국제분쟁이 만연하게 되었으며, 새로운 유형의 국제분쟁의 많은 부분이 바다에서 야기되었다. 이러한 국제분쟁은 동아시아지역에서 두드러지게 나타나고 있으며, 동아시아 바다 전체가 국제분쟁 지대로 변화되었다. 다음의 〈그림 1-7〉은 동아시아지역의 해양갈등을 정리한 것이며, 국가 간 해양갈등이 점차 심화되고 있다는 것을 보여주고 있다.

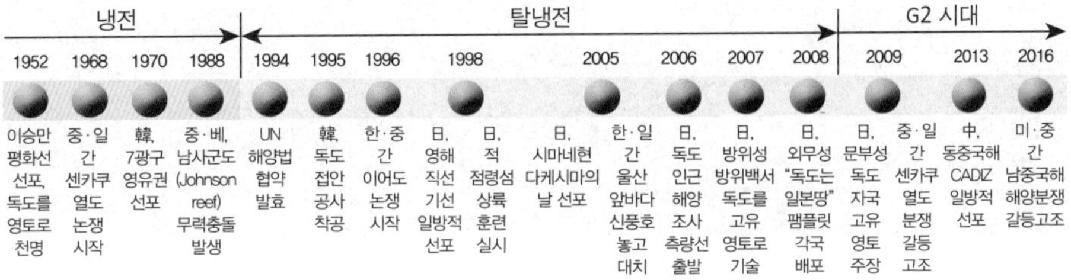

〈그림 1-7〉 동아시아지역의 해양갈등 현황

주) 독도의 경우 해양갈등은 외교적 공식 논쟁기(1962~1965년), 일본의 정치적 · 물리적 도전기(1965~1994년), 해양법적 논쟁기(1994년 이후) 등으로 전개되었으며, 한 · 일 간 해결을 모색한 기간은 1998년 1~10월까지 단 10개월에 지나지 않는다. 동 기간 중 한 · 일 간 주요 사항으로는 한국의 독도 공시지가 산정 백지화('98. 2), 제1차 한 · 일 어업실무자 회의(도쿄, '98. 4), 제2차 한 · 일 어업실무자 회의(서울, '98. 7) 등이 있다.

동아시아지역의 경우 경제 분야에서의 협력과 상호 의존성은 높아지면서도 안보 분야에서는 협력의 수준이 높지 않은 '아시아 패러독스(Asia's Paradox)' 현상이 지속되는 가운데 불안정성과 불확실성이 더욱 증대되고 있다.[7] 동아시아지역에서는 미 · 중 관계가 어떻게 정립되느냐가 역내 안보질서의 안정성을 좌우하는 중요한 요인이 될 것이며, 일 · 러는 자국의 국가이익에 대한 보호 및 확대를 위해 군비경쟁을 가속화하는 가운데 영향력을 확대하고 있다. 다음의 〈그림 1-8〉은 지역별 국방비

---

6 대표적으로 1990년대는 중거리핵전력(INF) 폐기조약을 체결한 데 이어 유럽재래식전력(CFE) 감축조약과 전략핵무기감축조약(START) 체결, 그리고 미국의 일방적인 전술핵 무기감축선언 등 군축이 급진전됨에 따라 국제사회는 국제평화와 안정정착을 위한 협력체계로 전환되었다.

7 대한민국 국방부, 『국방백서 2016』, p. 2.

지출 현황이며, 동아시아지역의 경우 아시아 패러독스 현상을 반영하듯이 군비감축 시대에도 군비증강이 지속되고 있다.

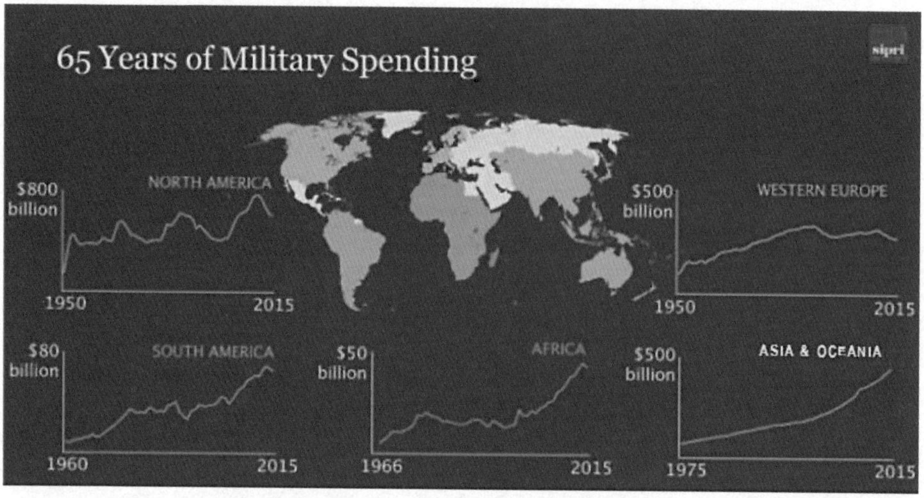

〈그림 1-8〉 지역별 국방비 지출 현황

출처: https://www.sipri.org/research/armament-and-disarmament/arms-transfers-and-military-spending/military-expenditure(검색일: 2017. 2. 8)

2) 주변 4강의 군비경쟁

미국의 국방예산은 탈냉전 시대에 접어들면서 감소 추세를 보이다가 2001년 9.11테러를 전환점으로 다시 증액되었으나, 거의 10년 이상 테러와의 전쟁 등으로 인해 예산이 소진됨에 따라 시퀘스트레이션(Sequestration, 미국 연방정부의 예산 자동삭감)[8] 시대가 도래했다. 특히, 미국은 이라크 전쟁의 종전을 선언하자마자 2012년 1월 5일 신국방전략지침을 통해 중국의 도전에 대한 견제를 공식적으로 천명했으나 실질적인 국방예산 증액은 이뤄지지 못했다.[9] 다음의 〈그림 1-9〉는 1949년부터 2015년까지 미국의 국방예산 변화를 정리한 것이다.

8 시퀘스트레이션(Sequestration)은 1985년 미 의회에서 제정된 '균형예산 및 긴급적자 통제법'에 의해 예산과정에 강제관리 규정을 둔 제도를 의미한다. 이 제도는 오랫동안 누적되는 재정 적자를 줄이기 위해 다음 회계연도에 허용된 최대한의 적자 규모 이내로 적자의 폭을 줄이지 못할 경우 지출예산을 당초에 설정된 적자 목표에 따라 자동적으로 삭감하게 된다.

9 오바마 행정부는 국제 경제위기와 국내 경제침체의 이중고 상황에서 출발했으며, 막대한 재정 적자로

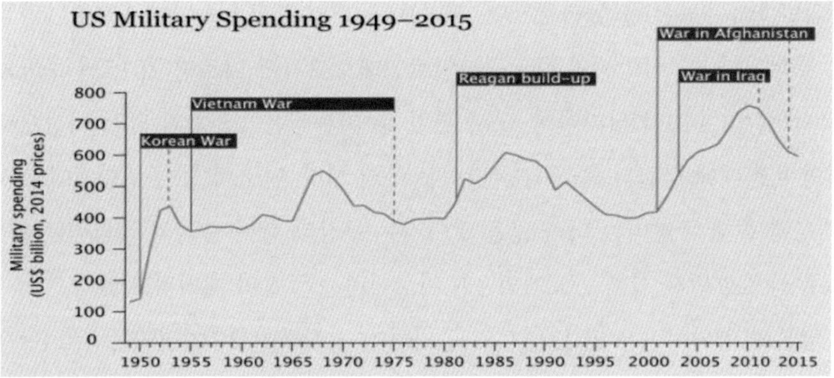

〈그림 1-9〉 미국의 국방예산 변화 현황

출처: https://www.sipri.org/news/2016/sipri-launches-extended-military-expenditure-data(검색일: 2017. 1. 31)

주변 4강의 군비경쟁은 '힘을 통한 평화'를 추구하는 트럼프 대통령의 집권을 기점으로 본격화될 것으로 예상된다. 트럼프 대통령은 2018년 국방예산을 540억 달러(10%) 증액한 6,030억 달러로 책정했으며, 그 외의 연방예산을 5,150억 달러에서 4,620억 달러로 감축할 계획이다.[10] 미국의 국방예산이 1년 만에 10% 증액된 것은 세계대전, 한국전쟁, 베트남 전쟁, 이라크 전쟁, 아프간 전쟁을 제외하고는 미국 역사상 최대치에 해당한다.[11]

중국의 2017년 국방예산은 사상 처음으로 국내총생산(GDP)의 1.3% 정도인

인해 정부 재정위기 상태까지 경험했다. 그리고 이어진 중간선거 패배 이후 3,500억 달러 규모의 제2의 경기부양책 포기 등 대내 경제정책에 변화가 생겼으며, 이러한 국내적 여건은 오바마 행정부로 하여금 아시아 중시정책으로 이어지게 만들었다. 오바마 행정부는 2009년 11월 아시아 방문 시 아시아에 대한 적극적인 개입정책을 천명했으나, 국방비 증액 대신에 전력 재배치를 선택할 수밖에 없었다.

10 2017년 6월 25일, 2018 회계연도 국방예산안 초안에는 총 6,580억 달러(약 746조 원)의 국방부 예산이 책정되었으며, 동 금액은 트럼프 대통령이 공개한 금액보다 184억 달러(약 21조 원) 증가한 것이다. 2017년 7월 14일, 미국 하원은 6,965억 달러(약 790조 원) 규모의 국방예산법안을 통과시켰으며, 이 중 미 에너지부의 핵 관련 사업에 750억 달러(약 85조 원), 북한의 미사일 위협 대응을 위한 MD 예산에 125억 달러(약 14조 원)가 배정되는 등 국방예산이 더욱 증대되고 있다.

11 미국의 국방비 증액과 관련하여 트럼프 대통령이 기존 정권과 달리 북한의 핵 · 미사일 위협에 강력하게 대응하는 것은 미국의 국방비 증액 및 주한미군 주둔비용 협상을 위한 여건 조성의 일환으로도 볼 수 있다. 특히 트럼프 대통령의 경우 부동산 자산가이자 기업가라는 측면에서 한미동맹 강화를 위한 미국의 군사지원에는 한국의 경제 분야의 양보가 요구될 것으로 예상된다. 특히 미국의 대한(對韓) 무역 적자는 '11년 기준 132억 달러(약 15조 원)였던 것에 비해 FTA 체결('12년) 이후 '16년에 277억 달러(약 31조 원)로 두 배 증가했으며, 이에 따라 2017년 8월부터 한 · 미 FTA 협상이 이뤄지고 있다.

1조 위안(약 167조 원)을 돌파했으며, 전년보다 668억 위안 늘어난 1조 211억 위안으로 추정된다. 미 국방부의 중국군사안보연례보고서에 따르면 2015년 중국의 공식 국방비는 1,440억 달러이며, 군사 관련 총 지출액은 1,800억 달러 이상으로 공표액의 1.25배에 달한다. 중국의 국방비는 무기 개발, 연구비 등이 포함되어 있지 않기 때문에 실제 국방비는 더욱 많을 것이라는 주장과 함께 중국의 국방비는 계산상의 특수성으로 인해 실제 공표액의 3배 이상이라는 주장이 제기되고 있다.[12]

일본의 방위예산은 2013년부터 증가하기 시작하여 2016년에는 4조 8,607억 엔으로 전년도 대비 0.8% 증액되었으며, 아베 총리는 트럼프 대통령의 집권을 계기로 그동안 유지되었던 국내총생산 대비 1% 수준의 국방비를 넘어서는 증액을 추진할 것으로 예상된다. 러시아의 2016년 국방예산은 3조 1,132억 루블로 전년 대비 1,736억 루블 감소할 계획이었으나 이를 수정하여 3조 1,451억 루블로 310억 루블을 증액했으며, 2017년 국방예산은 3조 2,378억 루블로서 안보환경 변화에 따라 국방예산을 증액했다.[13] 다음의 〈그림 1-10〉은 냉전 종식 이후 중 · 일 · 러 3국의 국방예산을 정리한 것이다.

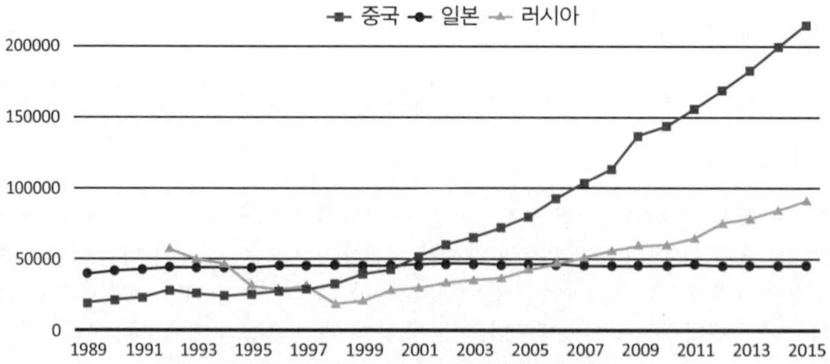

〈그림 1-10〉 냉전 종식 이후 중 · 일 · 러 국방예산 추이

주) 주변 4강의 국방예산은 해 · 공군력을 중심으로 군사력을 경쟁적으로 증강시키고 있는 상황이다.
출처: https://www.sipri.org/research/armament-and-disarmament/arms-transfersand-military spending / military-expenditure(검색일: 2017. 2. 8)

12 2001년 기준 중국의 국내총생산(GDP) 대비 국방비 비율에 대한 중국의 공식적 발표에 대해 SIPRI 1.1배, 랜드(RAND)연구소 1.71배, IISS 2.04배, 미 국방성 2.92배 및 미 외교관계협회 3.01배의 차이를 보이고 있다. 이러한 중국의 국방비에 대한 불투명성은 중국의 군사력 증강에 대한 의혹을 더욱 증폭시키고 있으며, 미국의 경우 2010년 판 QDR 등에서 중국의 국방비에 대한 불투명성에 강한 의혹을 제기하고 있다.

3. 역내 안보환경의 변화 요인

1) 주변 4강 지도자들의 강력한 리더십

오늘날 국제사회에서 '스트롱맨(strong man)'이라는 용어가 빈번하게 등장하고 있으며, 한국을 둘러싸고 있는 주변 4강의 지도자들 모두 스트롱맨의 리더십을 발휘하고 있다는 사실에 주목할 필요가 있다. 주변 4강 지도자들의 리더십을 고려하면 스트롱맨이란 "민족주의 · 애국주의 · 국가주의 등을 기반으로 강력하고 남성적인 리더십 등을 발휘하는 권위주의적 지도자"라고 할 수 있을 것이다. 주변 4강 지도자들 모두 자국 우선주의를 추구함에 따라 동아시아지역의 안보환경은 주변 4강 지도자들의 리더십에 의해 변화될 것으로 예상된다.[14]

미국은 공직이나 군 경력이 전혀 없는 트럼프 대통령이 집권함에 따라 예측이 어려운 새로운 길로 접어들 것으로 예상되었으며, 트럼프 대통령이 대선기간 중 언급한 미국 우선주의(America First), 신고립주의, 보호무역 등이 정책의 기반이 될 것으로 전망되었다. 그러나 트럼프 대통령은 취임사에서 적극적인 개입을 의미하는 '힘을 통한 평화'를 선언했으며, 시리아 공습, 북한에 대한 '최고의 압박과 관여(Maximum Pressure and Engagement)' 전략 채택, 그리고 남중국해에서의 '항행의 자유작전(FONOP: Freedom of Navigation Operation)' 시행은 트럼프 대통령이 고립주의에서 개입주의로 선회하고 있다는 것을 보여주고 있다.

중국은 2016년 10월에 열린 공산당 제18기 중앙위원회 6차 전체회의에서 공식적으로 시진핑 국가주석을 '핵심(核心)'이라고 호칭했으며, 시진핑 국가주석은 명실상부한 중국의 최고 권력자로서 확고한 입지를 확보하게 되었다.[15] 여기에서 핵심

---

13 2017년 8월 15일, 푸틴 대통령은 통합 러시아당 대표인 블라디미르 바실리에프와의 회의에서 국방예산 삭감을 암시하는 언급을 했으며, 러시아 재무부는 2017년 국방예산을 25.5% 삭감하는 것을 확정했다. 그러나 해군과 육군의 장비 현대화는 차질없이 진행될 것으로 예상되고 있으며, 이러한 조치는 크림 반도 합병 이후 대러시아 제재에 따른 영향이 가장 크다고 할 수 있다.

14 백병선, "불확실성의 시대, 위기와 기회", 「해군」 Vol. 473(2017. 2), p. 38.

15 중국 당국은 행동상 핵심에 관해 설명하면서 시진핑 국가주석이 새로운 역사 조건 아래에서 민족부흥의 위업을 추진할 설계자 · 선도자이며 '지행합일(知行合一)의 실천가'라고 강조했다. 지행합일은 명나라 사상가 왕양밍(王陽明)이 처음 제창한 사상으로, 아는 것[知]과 실천하는 것[行]을 분리해서

지위의 부여는 집단지도체제라는 현행 시스템의 수평적 정책결정구조에서 시진핑 개인이 최종 결정권을 갖게 되었다는 것을 의미한다. 이에 따라 시진핑 국가주석은 막강한 권력을 기반으로 2021년 공산당 창당 100주년이 되는 시점에 전 국민이 중산층이 되는 샤오캉(小康)[16] 시대를 열고, 2049년 중화인민공화국 건국 100주년이 되는 시점에 미국을 뛰어넘는 초강대국이 되겠다는 중국몽(中國夢)[17]을 강력하게 추진할 것으로 예상된다.

일본의 아베 신조 총리는 2012년 12월 재집권한 이후 헌법해석 변경을 통한 집단적 자위권 확대 해석, 미 · 일 신방위협력지침 체결, 안보법제 통과 등을 통해 보통국가화를 위한 노선을 강력하게 추진하고 있다.[18] 특히 아베 신조 총리는 참의원선거(2013/2016년), 중의원선거(2014년)에서 모두 승리함에 따라 '강한 일본'을 만들겠다는 자신의 주장을 실현할 기반을 조성했으며, 일본을 국가 의지에 따라 전쟁을 치를 수 있는 보통국가로 만들어가고 있다.[19] 특히 아베 신조 총리는 경제 · 방위 · 외교 등 국가 핵심정책 분야에서 강력하면서도 일관된 방침으로 전후 일본에서 네 번째

는 안 된다는 뜻을 담고 있다. 한국국제문제연구원, "각국 정상들의 동향", 「國際問題」 제47권 12호(2016. 12), p. 91.

16 '소강(小康)'은 중국사회의 발전단계에서 '따뜻하고 배부르다'라는 뜻의 '온포(溫飽)' 다음 단계를 말한다. '온포'가 기초적인 의식주 문제를 해결하는 것이라면, '소강'은 문화적 여유까지 가미한 중산층 생활을 의미한다.

17 중국몽(中国梦): 경제성장의 결과로 초래된 빈부격차, 의식주 불균형 등 일그러진 문제를 해결하고 반부패사회 건설을 위한 시진핑의 사상이며, 본문에서 언급된 '2개의 100년'이 그 목표다.

18 2017년 6월 22일 자 요미우리신문에 따르면 일본 문부과학성은 2020년 초등학교와 2021년 중학교에 각각 도입될 '학습지도요령해설서'를 통해 학교 현장에서 초 · 중학교 학생들에게 '개헌 절차'와 '자위대의 역할'을 가르치도록 요구한 것으로 확인되었다. 이와 관련하여 아베 정권이 해설서를 통해 교육현장에서 개헌과 자위대를 부각시키려는 것은 개헌을 기정사실화하려는 속셈이라는 분석이 제기되고 있다.

19 2017년 7월 2일 치러진 도쿄도의회 선거에서 참패를 당함에 따라 아베 총리의 지도력 및 개헌 추진 동력도 큰 타격을 입었다는 분석이 지배적이다. 아베 총리는 자신과 가까운 이가 운영하는 학교법인들에게 특혜를 줬다는 학원 스캔들 등이 잇따라 터지면서 지지율이 하락했다. 또한 아베 정권의 일방적인 집단적 자위권 확대 해석, 안보법제 등에 대한 국내 반대 여론도 형성되어 있는 상황이다. 2017년 7월 23일, 일본 여론조사에 따르면 아베 내각의 지지율이 26%로 집계됐으며, 이는 6월 결과(44. 9%)보다 18. 9% 하락한 것으로 아베 정권 출범('12) 이후 최저 수준이다. 그럼에도 불구하고 아베 총리의 보통국가화는 계속해서 추진될 예정이며, 보통국가 추진을 위한 명분 확보를 위해 국제문제에 공세적으로 개입할 것으로 예상된다.

로 장기간 집권한 총리가 되었으며, 남중국해에 대한 해상자위대의 지속적인 파견 및 한반도 위기론을 조성하여 일본의 재무장 구상을 현실화시킬 것으로 예상되는 등 일본이 과거 군국주의로 회귀하고 있다는 우려의 목소리가 계속해서 나오고 있는 상황이다.

러시아의 푸틴 대통령은 2012년 대통령 집권 당시 '강한 러시아의 재건'을 선언하면서 옛 소련의 영광을 되찾기 위한 강력한 정책을 추진하고 있다. 대표적으로 푸틴 대통령은 우크라이나의 크림 반도를 강제 병합하여 구소련권의 재통합을 추진했으며, 2015년부터 이슬람국가(Islamic State: IS) 척결을 명분으로 내세워 시리아 내전에 군사적으로 개입함으로써 러시아의 힘을 과시했다. 또한 러시아는 시리아 사태, 이란 핵문제 등 주요 국제문제에도 적극 개입하고 있으며, 극동지역의 동부군관구와 태평양함대 전력을 증강하는 등 영향력을 지속적으로 확대해나갈 것으로 예상된다.[20] 특히 크림 반도 합병 당시 푸틴 대통령의 지지율은 유가하락 및 미국 · 유럽의 경제제재 조치에도 불구하고 89%까지 상승하는 등 푸틴 대통령의 '강한 러시아의 재건'은 국민적인 지지를 받고 있는 상황이다.[21]

이들 주변 4강의 지도자는 공통적으로 '자국 우선주의'를 앞세우면서 자국의 국가이익을 극대화하는 전략을 추진하고 있으며, 이에 따라 주변 4강의 대외전략, 특히 해양전략은 기존보다 더욱 공세적 또는 적극적으로 변화할 것으로 예상된다. 여기에서 자국의 국익을 우선적으로 추구한다는 것은 경제력 · 군사력 · 외교력 등의 수단을 적극적으로 사용한다는 것을 의미하며, 그 대상에는 동맹국도 포함되어 있다. 특히 강대국들은 동맹국을 고려하지 않은 채 '자국 우선주의'에 입각하여 일방적으로 협상을 진행하거나 기존에 체결된 협상을 폐기할 가능성을 배제할 수 없는 상황이며, 이는 곧 역내 안보환경의 변화로 이어질 것으로 예상된다.

---

20 대한민국 국방부, 『국방백서 2016』, pp. 12-13.

21 2017년 3월 3일, 러시아의 언론 매체인 「리아노보스티(RIA Novosti)」는 러시아 국민의 64%가 차기 대선에서 푸틴에게 투표할 것이라고 밝혔으며, 2017년 9월 21일 러시아 독립 여론조사기구인 「레바다 센터」는 러시아 국민의 67%가 '18년 대통령 선거에서 푸틴 대통령이 연임되기를 희망한다고 발표했다. 지난 3월에는 약 66%의 러시아 국민이 '18년 푸틴 대통령이 연임되기를 희망한다고 응답하는 등 푸틴 대통령의 지지기반은 비교적 확고하다고 할 수 있다.

2) 트럼프 대통령의 개입주의 노선 채택과 불확실성 증대

트럼프 대통령이 대선기간 중 내세워온 정책과 비전은 지난 오마바 정권은 물론 최근 미국이 표방해온 대외정책과도 다른 파격적인 것이다. 트럼프 대통령은 대선기간 중 미국이 더 이상 세계의 경찰국가 역할을 할 수 없다고 언급했으며, '자국우선주의(America First)'에 기반을 둔 신고립주의와 보호무역 중심의 차별화된 정책 공략으로 당 경선에서 16명의 경쟁자들과 가장 잘 준비된 후보로 불린 힐러리 클린턴까지 차례로 꺾었다.

트럼프 대통령은 대선기간 중 현재 동맹이 '불공정한 책임분담' 구조임을 강조했으며, 동맹국들이 더 많은 부담을 하는 쪽으로 동맹관계를 재조정해야 한다고 주장하는 등 동맹국들이 제대로 비용을 지불하지 않은 채 일방적으로 미국에게 안보를 의존한다는 시각을 가지고 있었다. 또한 취임 후에는 북한 자체를 직접 상종하지 못할 대상으로 인식하면서 중국을 통해 북한을 고립 또는 봉쇄해야 한다고 주장하는 등 자국 우선주의에 입각한 고립주의 노선의 모습을 보여주었다.

그러나 트럼프 대통령은 2017년 1월 20일 취임사에서 제1 국정운영 원칙으로 '미국 우선주의(America First)'를 천명하고, '힘을 통한 평화(Peace Through Strength)가 외교 정책의 중심'이라고 규정하는 등 대선기간 중 보여준 신고립주의와 다른 개입주의의 모습을 보여주었다. 또한 힘(power)의 상징인 '미 군사력의 재건(Making Our Military Strong Again)'을 국정기조로 발표하고, 국방예산을 대폭 증액하는 등 트럼프 대통령은 집권기간 동안 자국 중심의 국가이익과 안보에 초점을 맞춘 개입주의식 외교정책을 펼칠 것으로 예상된다.

트럼프 대통령의 개입주의는 중국의 해양팽창 및 북한의 핵 · 미사일 문제를 해결하는 과정에서 본격적으로 나타날 것으로 예상된다. 그리고 트럼프 대통령 집권기간 중 주변 4강이 충돌하거나 대립할 수 있는 지역은 한반도 주변 해역, 동 · 남중국해, 북극해 등이며, 이들 지역의 경우 바다이거나 자국 영토 이외의 장소라는 측면에서 주변 4강은 해양투사 · 원양작전 능력을 강화하고 있다. 이러한 군사력의 변화는 기존의 역학관계를 변화시킬 뿐만 아니라 불확실성과 불안정성을 더욱 확대시킬 것으로 예상된다.

여기에서 불확실성(uncertainty)이란 트럼프 대통령의 대외전략에 대한 예측이 불가능한 상황에서 주변국 지도자들이 기존의 역학관계에서 탈피하여 자국 중심의 강력한 대외전략을 추구함에 따라 안보환경 변화에 대한 예측이 제한된다는 것을 의미한다. 그리고 불안정성(instability)은 주변 4강의 공세적인 대외전략으로 인해 국가 간 갈등과 마찰이 지속되어 안보환경이 지속적으로 변화하고, 역학구도가 유동적이라는 것을 의미한다.

4. 새로운 시대의 도래 전망

1) 미 해상통제로의 복귀 vs. 중 신형대국관계 형성

과거 오바마 정권의 최우선 안보 순위는 '남중국해'라고 할 수 있으며, 반면에 트럼프 대통령은 대선기간 중 자국 우선주의 및 신고립주의에 입각한 '무역'을 가장 우선시했다. 2015년 기준 미국의 무역적자 상위 6개국은 중국(−3,657억 달러), 독일(−742억 달러), 일본(−686억 달러), 멕시코(−583억 달러), 아일랜드(−304억 달러), 한국(−283억 달러) 순이며, 트럼프 대통령이 '무역'을 가장 우선시하고 한국, 일본, UN, NATO 등 동맹국 및 우방국에게 방위분담금 인상을 요구한 이유를 확인할 수 있다.[22] 다음의 〈그림 1-11〉은 미국의 대(對)중국 및 대(對)세계(중국 제외) 무역수지 추이를 정리한 것이며, 미국의 무역수지에서 중국이 차지하는 비중이 매우 크다는 것을 확인할 수 있다.

---

22 이와 아울러 트럼프 행정부는 미 국무부 및 대외원조 예산을 30%가량 대폭 삭감할 예정이다. 유엔은 193개 회원국이 의무적으로 내는 분담금(assessed contribution), 그리고 회원국이 자발적으로 내는 기여금(voluntary contribution)으로 운용된다. 현재 미국이 매년 유엔에 지원하는 예산은 100억 달러에 이르며, 작년 기준으로 유엔의 연간 정규예산 54억 달러 중 22%, 유엔평화유지활동 예산 78억 달러 중에서 28.5%를 부담한다. 유엔아동기금은 50억 달러가 넘는 연간 예산의 전액을 자발적 기부금으로 충당하고, 유엔난민기구도 40억 달러 중에서 15억 달러를 미국에 의존하고 있어 미국의 예산삭감에 매우 취약한 구조라고 할 수 있다. 한국국가전략연구원, "미국, 유엔분담금 대폭 삭감 추진", 「국가안보전략」 통권 제56호 Vol. 06(2017. 4), p. 7.

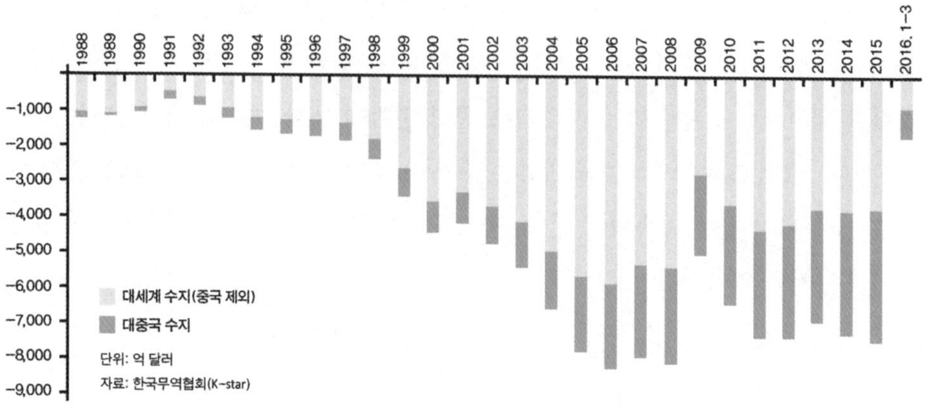

〈그림 1-11〉 미국의 대중국 및 대세계(중국 제외) 무역수지 추이

주) 1. 2017년 7월 15일, 중국 언론은 "중국 정부는 대미 무역흑자를 줄이기 위한 '100일 계획'에 따른 후속 조치로 미국 보잉사의 최신 여객기(737 MAX 10) 약 60대를 주문했다"라고 보도했다.
2. 100일 계획: 미국의 무역적자 해소를 위해 100일간 대중 수출량을 증가시키는 방안으로, 미 · 중 정상회담(4. 7~8)에서 양국 정상이 합의한 바 있다.

출처: http://stat.kita.net/stat/istat/uts/UsWholeList.screen#(검색일: 2017. 7. 14)

오늘날 미국은 탈냉전 이후 지속된 전방전개/현시(Forward/Presence)에 대한 불확실성이 증대하고 있으며, 주요 국가(중 · 러 등)의 해양에서의 위협 증대로 인한 미 해군의 항행자유와 안보이익에 대한 위협이 점차 증가한 것으로 인식하고 있다. 이로 인해 미국은 동맹국 · 우방국과 관계 변화 가능성을 우려하게 되었으며, 미 해군 건설의 중대한 논리가 약해졌다고 인식하게 되었다. 특히 2020년 미 해군의 수상함은 308척인 반면에 중 해군은 351척으로 예상되는 가운데 오바마 행정부의 예산삭감(Sequestration) 정책으로 인한 해군력 추가 건조의 불확실성 증대에 따라 대안마련이 필요하다고 인식하게 되었다.

2017년 3월 2일 트럼프 대통령은 건조 중인 핵추진 항공모함 제럴드 포드함의 승선 연설에서 현재 미 해군은 제1차 세계대전 이후 가장 작은 규모를 유지하고 있다고 지적하면서 핵추진 항공모함을 12척으로 증강하는 등 향후 사상 최대 규모의 해군을 건설할 것이라고 선언했다. 특히 각 군 지휘부의 전력 부족에 대한 우려 속에 해군력 강화를 발표했다는 것은 매우 큰 의미를 가지고 있을 뿐만 아니라 이는 곧 미국이 아태지역에서의 패권을 유지하고 역내 중국과의 해양패권경쟁에서 주도권을 놓지 않으며, 미 해군이 해양통제로 복귀(Return to Sea Control)한다는 것을 의미한다.[23] 다음의 〈표 1-1〉은 미국의 각 군 전력 부족 현황을 정리한 것으로서 각 군 모두 원양작전의 핵심인 투사전력이 부족하다고 인식하고 있다.

〈표 1-1〉 美, 각 군의 전력 부족 현황

구분	주요 전력 부족 사항
육군	53개 전투여단 중 전투에 즉시 투입 가능한 것은 3개 여단에 불과
해군	주력 전투기인 F/A-18의 정비지연 및 부품 공급 차질로 약 28%만 즉시 비행 가능
해병대	해외 임무수행 병력 3천 명 부족 및 상륙함 추가 건조 절실
공군	• 역사상 가장 적은 규모의 항공기 보유 및 노후 · 정비 미흡 • 조종사 700여 명 부족

TIP. 美, 해군 항공모함 현황

구분	함명	모항
함대 전력사 (대서양)	• USS George H. W. Bush (CVN 77)	노포크(버지니아)
	• USS Dwight D. Eisenhower (CVN 69) * 2027년 퇴역 예정, USS Enterprise (CVN 80)로 대체	노포크(버지니아)
	• USS Harry S. Truman (CVN 75)	노포크(버지니아)
	• USS Abraham Lincoln (CVN 72)	노포크(버지니아)
	• USS Theodore Roosevelt (CVN 71)	샌디에이고(캘리포니아)
3함대 (태평양)	• USS Carl Vinson (CVN 70)	샌디에이고(캘리포니아)
	• USS John C. Stennis (CVN 74)	브레머튼(워싱턴)
	• USS Nimitz (CVN 68) * 2025년 퇴역 예정, USS R. Ford (CVN 78)로 대체	브레머튼(워싱턴)
	• USS George Washington (CVN 73)	샌디에이고(캘리포니아)
7함대 (태평양)	• USS Ronald Reagan (CVN 76)	일본 요코스카
계	10척	

23 김기주, "트럼프 시대 美 해군력 부활의 전략적 함의", 「KIMS Periscope」 제79호(2017. 4), pp. 1-3.

TIP. 美, 항공모함 발전 현황

구분	Kitty Hawk급	Enterprise급	Nimitz급	Ford급
형상				
건조 척수	4척	1척	10척	11척(예정)
전장	323.8m	342.3m	332.9m	337m
톤수	83,900톤	91,000톤	103,600톤	101,600톤
추진방식	재래식 추진	핵추진	핵추진	핵추진
비고	전 함정 퇴역	최초의 핵추진 항모	전 함정 핵추진	Nimitz급 대체 예정

TIP. 美, 항공모함 건조 현황

Gerald R. Ford (CVN 78) (2017. 7. 22 취역)	John F. Kennedy (CVN 79) (2020년 취역 예정)	Enterprise (CVN 80) (2025년 취역 예정)

TIP. 美, 제럴드 R. 포드 항공모함 취역(2021년 실전배치 예정)

2017년 7월 22일, '제럴드 R. 포드' 항공모함이 노포크 해군기지(버지니아 주)에서 취역했으며, 기술검사(4년)를 거쳐 실전배치('21년)될 예정이다. 미 해군은 건조비용이 129억 달러(약 14조 5,125억 원)에 이르는 동 항공모함의 실전배치를 위해 7억 8,000만 달러(약 8,775억 원)를 추가로 지출할 가능성이 있으며, 실전배치는 가속화될 전망이다.

탑승인원	항속거리	최대속도	탑재항공기
4,660명	∞	30kts	75대

TIP. 국가별 항공모함급 함정 현황

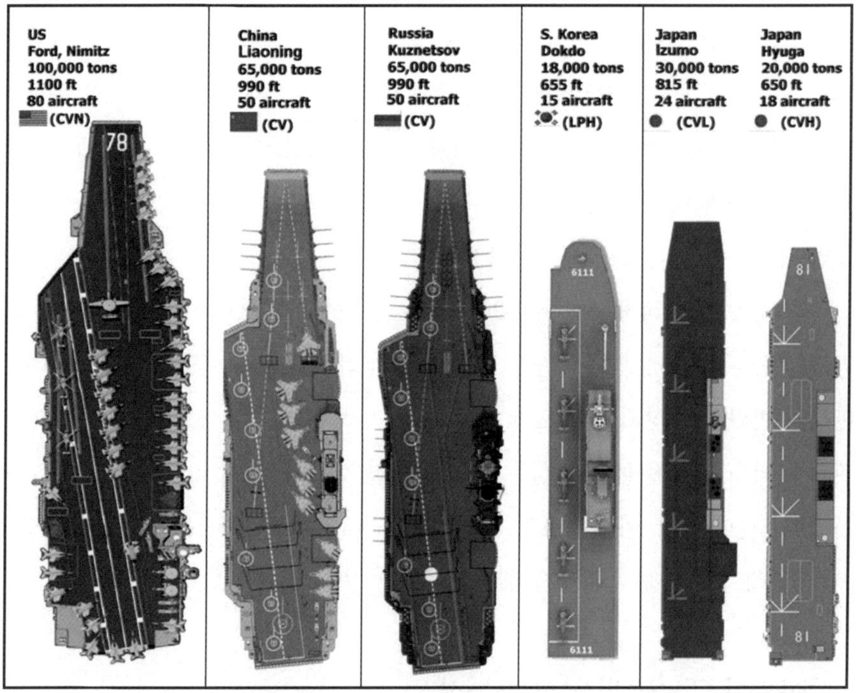

출처: http://www.jeffhead.com/worldwideaircraftcarriers/ccompare.htm(검색일: 2017. 3. 15)

중국은 2012년 10월 해양자원 개발과 국가의 해양권익 수호를 위해 '해양강국' 건설을 천명하고, 2020년대 전반까지 이를 완성하기 위해 해군력 증강을 추진하고 있다. 이에 따라 중국은 남중국해 인공섬 건설 및 군사기지화 추진, 동·남중국해 영유권 및 자원개발에 대한 영향력 강화, 해양이익 보호 및 확대를 위한 해외기지 확보 등 공세적인 해양정책을 추진하고 있다. 특히 중국은 기존 패권국가인 미국과 신흥 패권국가인 중국이 상대방의 핵심이익을 존중하면서 평화공존을 추구하자는 '신형대국관계(新型大國關係)'를 주장하고 있다.[24]

24 2011년 1월, 후진타오 전 주석이 미국 방문 중 발표된 미·중 공동선언에서 "양국의 공동 이익을 증진시키고 21세기의 기회와 도전에 대처해나가기 위해 상호 존중과 이익에 기초한 '협력적 파트너십'을 형성하는 데 서로 노력해나가기로 했다"고 선언했다. 이 선언은 오바마 행정부가 "과거 대(對)소련 정

2013년 11월 미 CRS Report에 따르면 중국은 2020년대 전반기 미 해군 전력의 60~70% 수준을 확보하고, 10년 내(2023년) 역내 미국의 군사우위에 대한 위협이 될 것으로 평가했다. 또한 2020~2025년에는 역내 실질적인 영향력 행사가 가능할 것으로 판단했으며, 2020년까지 중국의 군함건조가 세계에서 가장 많을 것이라고 전망했다. 특히 2007년 5월 미 태평양사령관이 중국을 방문한 자리에서 중국의 고위관료는 "하와이 동쪽은 미국이, 서쪽은 중국이 관리하자"고 제안하는 등 강화된 중국의 위상을 노골적으로 과시하고 있다.[25]

따라서 오늘날 국제사회는 G2 시대를 형성하고 있으나 미국의 해양통제로의 복귀 시점과 중국의 신형대국관계 형성을 위한 해군력 건설 경쟁의 결과에 따른 안보환경의 변화가 예상되고 있으며, 특히 중국의 해군력 건설이 차질 없이 진행될 경우 미국과의 군사력 충돌 가능성은 더욱 높아질 것이다. 실제 미 · 중 간의 군사력 충돌은 2011년 미국이 '아시아로의 회귀(Pivot to Asia)'를 선언한 순간부터 예상되었으며, 남중국해는 미 · 중 패권경쟁의 주요 승부처가 될 것이다.[26]

2) '동아시아 G4 시대' 형성 가능성

중국이 미국과 함께 G2 시대를 형성했다는 것은 단지 경제뿐만 아니라 외교 · 군사 등의 다양한 분야에서 중국의 위상이 급부상했다는 것을 의미한다. 오늘날 동아시아에서는 미국과 중국의 전략적 협력과 경쟁의 이중 구도가 지속되는 가운데 일본 및 러시아가 자국의 영향력을 확대하기 위해 군사력을 증강하고 있다.[27] 현 시점에서 일 · 러의 경우 국제적 차원에서 G2 시대의 현상 변경을 시도하기에는 다소

책과 달리 중국을 봉쇄할 생각이 없으며, 부상하는 중국과 국제문제 해결을 위해 협력해나가기를 원한다"는 입장을 분명히 밝히고 있다. 2012년 5월, 후진타오 전 주석은 제4차 미 · 중 전략경제대화에서 새로운 강대국 관계가 미국과 중국에 의해 공동으로 발전되는 것이 중요하다는 점을 강조하고, '신형대국관계'라는 용어를 언급했다. 여기에서 중국의 핵심이익은 ① 공산당 지배하의 정치체제 유지, ② 주권과 영토의 수호, ③ 지속적인 경제 및 사회의 안정적 발전 보장이다. 해군전력분석시험평가단, 『해양전략용어 해설집』(계룡: 해군, 2017), pp. 210-211.

25 해군전력분석시험평가단, 『해양전략용어 해설집』(계룡: 해군, 2017), pp. 210-211.

26 백병선, "한국의 안보위협 변화에 대한 전망", 「국제문제연구」 제12권 제3호(2015 겨울), p. 17.

27 대한민국 국방부, 『국방백서 2016』, p. 12.

힘(power)이 부족하다고 할 수 있으나 동아시아지역 내에서는 강대국 수준의 면모를 갖추고 있어 동아시아의 역학구도 변화 가능성은 배제할 수 없는 상황이다.

일반적으로 강대국(great power)의 대열에 오르기 위해서는 다음의 3가지 요건을 충족해야 하며, 주변 4강 모두 동아시아지역에 대해 그 요건들을 갖추고 있다고 평가할 수 있다. 첫 번째 요건은 능력(capability)으로서 경제력과 군사력이 가장 핵심이 된다고 할 수 있다. 두 번째 요건은 의지(will)로서 정치적 목적을 달성하기 위한 힘(power)의 사용 가능성을 보여주는 것이며, 통상 해양전략을 통해 구체화된다고 할 수 있다. 마지막 요건은 개입(intervention)으로서 실제로 힘을 사용하는 것이며, 여기에는 정치적 목적을 달성하기 위해 자국에 유리한 여건을 조성하는 것도 포함된다. 이 3가지 요건을 구체적으로 살펴보면 다음과 같다.

먼저 능력(capability) 측면에서 2016년 기준 미국의 경제규모는 독보적으로 세계 1위를 유지하고 있으나 장기적인 경제 불황으로 인해 재정압박에 시달리고 있으며, 중국(2위), 일본(3위)이 그 뒤를 잇고 있다. 그러나 미국은 여전히 세계 1위의 국방예산을 유지하고 있으며, 미국의 연간 국방예산은 2위부터 15위까지 국가의 연간 국방예산을 모두 합친 것보다 많은 상황이다. 여기에서 중요한 사실은 미국은 전 세계를 무대로 활동함에 따라 동아시아지역에 대해서는 한정된 힘을 행사할 수밖에 없다는 것이며, 아태지역에서의 영향력을 유지하기 위해서는 전력 증강이 필요하다고 인식하고 있다.

다음으로 의지(will) 측면에서 해양전략은 전쟁의 승리만이 아닌 국가발전에도 기여했으며, 해양을 주도적으로 지배한 국가들이 강대국으로 부상했으나 해양전략을 단순히 방어적 전략만으로 추진한 국가들은 강대국으로 성장하지 못했다. 다시 말해 해양전략은 전쟁의 승리만이 아닌 국가발전에도 기여했다는 측면에서 국가전략에서 국가대전략(세계전략)으로 발전했으며, 이를 주도한 국가들의 경우 강대국으로 부상했다. 오늘날 주변국의 지도자들은 강력한 권력과 국내 여론의 지지를 바탕으로 자국 중심의 국가이익을 추구하기 위한 공세적인 해양전략을 채택하고 있으며, 특히 주변 4강의 해양전략은 정부 주도로 추진되고 있다.

끝으로 개입(intervention) 측면에서 미국은 역내 패권 유지를 지속적으로 추진할 것이며, 중국은 G2 시대에 걸맞은 자국의 위상 확립을 위한 노력을 강화할 것으로 전망된다. 미 · 중의 경우 역내 안보현안뿐만 아니라 국제사회의 현안에 대해서도 적극적으로 개입하고 있으며, 이들의 개입은 더욱 확대될 것으로 예상된다. 그리고 일 · 러는 역내 강대국으로 인정받기 위한 노력을 더욱 확대할 것으로 예상되는 가운데 이들의 경우 능력 · 의지의 측면에서 강대국의 요건을 갖추고 있어 향후 동아시아 안보현안에 대한 개입에 따라 그들의 위상이 결정될 것으로 전망된다.

동아시아지역은 세계 안보환경을 결정짓는 다양한 안보현안이 존재하고 있으며, 이러한 측면에서 동아시아는 세계 안보환경을 결정짓는 축소판이라고 할 수 있다. 따라서 미 · 중의 전략적 협력과 경쟁의 이중 구도하에서 일 · 러가 강대국으로서의 위상을 확립하느냐에 따라 단순히 '주변 4강'이라는 용어가 계속해서 사용되거나 또는 'G4 in East Asia'라는 용어가 새롭게 등장할 것으로 예상된다. 만약 동아시아 G4 시대가 도래할 경우 G4 국가들은 자국 중심의 국가이익을 추구함에 있어 적극적으로 힘을 사용할 것이며, 안보환경의 불확실성 및 불안정성은 더욱 증대될 것으로 예상된다.

TIP. 동북아 갈등구조(2015년 기준)

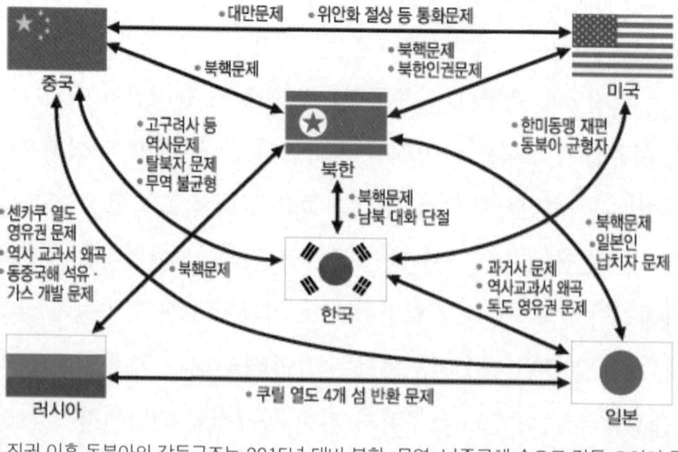

주) 트럼프 집권 이후 동북아의 갈등구조는 2015년 대비 북한, 무역, 남중국해 순으로 갈등 요인이 중요하게 작용하고 있으며, 기본적인 갈등구조는 유지되는 가운데 주변 4강의 대외전략이 공세적으로 변화했다.
출처: http://www.hanyang.ac.kr(검색일: 2015. 4. 30)

TIP. 한선 종합지수 소개

'국력'이란 한 국가가 실현코자 하는 것을 실현해내는 능력을 의미한다. 좀 더 구체적으로는 "한 국가가 강제적이든 평화적이든 다양한 설득 수단과 방법을 동원하여 다른 나라들로부터 지원과 협력을 얻어 자국의 정책과 전략을 실천에 옮겨 소기의 국가 목표와 비전을 실현해내는 국가의 능력"이라고 정의할 수 있다.

G20 국가 종합국력 순위 및 점수 100점 만점

순위	국가	점수
1	미국	69.15
2	중국	54.73
3	일본	53.45
4	영국	53.05
5	독일	52.92
6	프랑스	52.16
7	캐나다	52.16
8	호주	51.22
9	이탈리아	49.35
10	스페인	48.89
11	인도	48.68
12	러시아	48.67
13	**대한민국**	**48.56**
14	브라질	46.55
15	터키	46.28
16	멕시코	45.45
17	남아프리카공화국	44.95
18	인도네시아	44.86
19	아르헨티나	44.13
20	사우디아라비아	41.68

하드파워 분야 세계 국력 순위 및 점수 60점 만점

순위	국가	점수
1	미국	44.05
2	중국	32.98
3	일본	31.98
4	러시아	30.91
5	독일	30.88
6	영국	30.27
7	프랑스	30.21
8	캐나다	30.00
9	**대한민국**	**29.45**
10	인도	29.39
11	호주	29.22
12	이탈리아	28.80
13	브라질	28.68
14	스페인	28.66
15	멕시코	27.57
16	터키	27.50
17	아르헨티나	27.40
18	인도네시아	27.07
19	사우디아라비아	26.96
20	남아프리카공화국	25.86

소프트파워 분야 세계 국력 순위 및 점수 40점 만점

순위	국가	점수
1	미국	25.10
2	영국	22.78
3	캐나다	22.16
4	독일	22.04
5	호주	22.00
6	프랑스	21.95
7	중국	21.75
8	일본	21.47
9	이탈리아	20.55
10	스페인	20.23
11	인도	19.29
12	**대한민국**	**19.11**
13	남아프리카공화국	19.09
14	터키	18.78
15	멕시코	17.88
16	브라질	17.87
17	인도네시아	17.79
18	러시아	17.76
19	아르헨티나	16.73
20	사우디아라비아	14.72

〈종합국력 점수 및 순위 요약〉

▶ 종합국력 = 하드파워(60%) + 소프트파워(40%)

▶ 하드파워(7개 부문) = ① 기초 국력(5%: 국토 · 인구 · 천연자원 · 식량 등 모든 생산활동의 기본이 되는 하드웨어의 양과 질) + 강제력(= ② 국방력, 10%) + 핵심 자원 생산력(③ 경제력, 20% = 경제적 부 생산력; ④ 과학기술력, 10% = 과학 지식 및 기술 자원 생산력; ⑤ 교육력, 5% = 인적자원 생산력; ⑥ 정보력, 5% = 정보자원 생산력) + 국토 내 생명체의 생존 가능성을 높이는 능력(= ⑦ 환경관리력, 5%)

▶ 소프트파워(6개 부문) = 하드파워 요소들이 제대로 작동할 수 있게 여건을 조성해주고 구축된 국력을 타국에 대해 효과적으로 행사하는 능력 = ① 국정관리력(5%) + ② 정치력(10%) + ③ 외교력(10%) + ④ 문화력(5%) + ⑤ 사회자본력(= 대인 및 국가기관 신뢰도, 5%) + ⑥ 거시변화 대처력(복잡계 이론에서 말하는 모든 사회체계의 자율적 요동에 의한 새 질서 창조력, 5%)

생각해봅시다

불확실성의 시대, 급변하는 안보환경에서 우리의 선택

1978년 개혁 · 개방을 단행한 이후 중국의 부(富)와 영향력 증대에 따라 '중국의 부상' 또는 '중국 위협론'이라는 표현이 사용되었으며, 미·중 간 패권경쟁이 심화될 것이라는 전망이 제기되었다. 특히 미·중 간 패권경쟁의 전망과 관련하여 세력전이이론(Power Transition Theory)과 패권안정론(Hegemonic Stability Theory) 등이 거론되었다. 이와 같은 이론에서는 국제체제의 변화가 국가 간의 국력증대 속도의 차이에 의해 이뤄지며, 지배국 또는 패권국이 쇠퇴하고 도전국이 급성장하여 두 세력 간에 세력전이가 일어나는 시기에 강대국 간의 전쟁 가능성이 높아진다고 분석하고 있다.

또한 최근에는 새로운 힘이 부상하는 가운데 기존 세력이 이를 두려워할 때 전쟁으로 귀결된다는 '투키디데스의 덫(Thucydides's trap)'이라는 용어가 주목받고 있다. 하버드대학 앨리슨 교수에 따르면 서기 1500년 이후 세계지도상 힘의 축(軸)이 이동했던 15회 중 11회가 전쟁으로 귀결되었으며, 대표적으로 신흥 강국 독일의 호전성과 기존 강국 영국의 대응은 1914년과 1939년의 두 차례 세계대전으로 이어졌다. 다시 말해 미 · 중 간 패권경쟁은 전쟁이라는 단계를 거치게 된다는 것이며, 이는 곧 주변국에게 '선택'을 강요하는 형국이 될 수 있다는 것을 의미한다.

그렇다면 주변국으로서 한국의 선택은 무엇인가? 한국은 기존 패권국인 미국을 선택하는 것, 신흥 강대국인 중국을 선택하는 것, 그리고 두 국가 사이에서 독자적인 길을 선택하는 것 등이 가능할 것이다. 한국이 미국을 선택할 경우 안보에 대한 보장은 높아지나 경제 · 외교 등 다른 분야의 양보는 더욱 확대될 것이다.[28] 반면에 중국을 선택하면 경제에 대한 나쁜 영향은 막을 수 있으나 안보에 대한 보장은 낮아지게 될 것이며, 특히 한 · 미 관계는 예상하지 못한 길을

28 2017년 7월 12일, 라이트 하이저 미국 무역대표부 대표는 한국 정부에 "미국 정부는 한국 정부 대표와 회동해 자유무역협정(FTA)을 개정 및 수정하는 데 대한 논의를 희망한다"고 언급했으며, 2017년 8월부터 한 · 미 자유무역협정 재협상이 이뤄지고 있다.

걷게 될 것이다.

또한 한국이 독자노선을 걸어간다는 것은 힘이 수반되어야 가능하며, 특히 주변 강대국을 견제할 수 있는 능력이 필수적이라고 할 수 있다. 다시 말해 한국의 선택은 안보환경 및 주요 안보현안이 어떻게 전개되는지에 따라 변화할 것으로 예상되지만 궁극적으로 주변 강대국에 어떠한 존재로 인식되느냐가 중요하며, 주변 강대국이 원하면 언제든지 함부로 할 수 있는 존재로 남아서는 안 될 것이다. 구체적으로 한국의 선택은 크게 단기적으로는 외교적 선택을 통해 미 · 중 간 적절한 거리를 유지하거나 중 · 장기적으로는 힘의 강화를 통해 미 · 중 간 적절한 거리를 유지하는 것이 될 것이며, 여기에서 '힘'이 가지는 의미는 '북한에 대한 억제력'과 '주변국에 대한 견제력'이라고 할 수 있다.

선택 1: 외교적 선택을 통한 미 · 중 간 적절한 거리 유지(단기적)

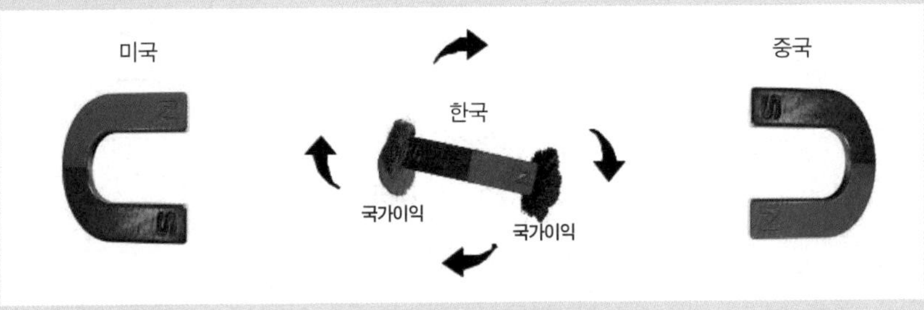

주) 위의 그림은 N/S극을 적절히 조정하여 철가루(국가이익)를 극대화하는 것을 의미하는 그림이며, 만약 극의 조정이 원활하지 못할 경우 국가이익은 미 · 중으로 이동하게 될 것이다.

선택 2: 힘의 강화를 통한 미 · 중 간 적절한 거리 유지(중 · 장기적)

주) 위의 그림은 자석을 더 크게 함으로써 철가루(국가이익)를 극대화하는 것을 의미하는 그림이며, 만약 자석의 힘이 크면 클수록 자석의 N/S극 조정은 작아지게 된다.

제2장

주변 4강의 대외전략과 역학구도

강대국으로서의 의지·능력·개입

intro

일반적으로 강대국(great power)의 대열에 오르기 위해서는 다음의 3가지 요건을 충족해야 하며, 주변 4강의 경우 동아시아지역에 대해 그 요건들을 갖추고 있다고 평가할 수 있다. 첫 번째 요건은 능력(capability)으로서 군사력과 경제력이 가장 핵심이 된다. 두 번째 요건은 의지(will)로서 대외전략을 수행하기 위한 힘(power)의 사용 가능성을 보여주는 것이며, 통상 해양전략을 통해 구체화된다고 할 수 있다. 마지막 요건은 개입(intervention)으로서 실제로 힘을 사용하는 것이며, 여기에는 정치적 목적을 달성하기 위해 자국에 유리한 여건을 조성하는 것도 포함된다.

동아시아지역에서 주변 4강에 의한 능력 · 의지 · 개입은 북한의 핵 · 미사일 위협 및 다양한 해양갈등에서 나타날 것이며, 힘의 논리가 적용되는 가운데 주변 4강 중심의 역내질서 변화가 예상되고 있다. 특히 주변 4강의 역학관계 및 주변 4강과 한국과의 관계 역시 힘의 논리가 적용될 것이며, 국가 간 관계는 자국 중심의 정책추진에 따른 갈등과 마찰을 통해 결정될 것이다. 결국 힘의 논리가 적용되는 시대에 필요한 힘을 갖추지 못한다는 것은 자국의 국가이익을 침해받는 상황으로 이어지게 될 것이며, 우리의 운명을 스스로 결정할 수 있는 힘이 무엇보다도 필요한 상황이다.

1. 미국: 힘을 통한 평화 및 개입주의 노선 채택

1) 대외전략

도널드 트럼프 대통령은 2017년 1월 20일 취임사에서 제1 국정운영 원칙으로 미국 우선주의(America First)를 천명하고, 이를 추진하기 위해 미국 우선 에너지 계획, 미국 우선 외교정책, 일자리 회복과 성장, 미군 재건, 법질서 구축, 모든 미국인을 위한 무역협정 등의 6대 국정기조를 발표했다. 특히 백악관은 미국 우선 외교 정책에 대해 "미국의 이익과 안보에 초점을 맞춘 외교 정책을 펼칠 것"이라며, '힘을 통한 평화(Peace Through Strength)'가 외교 정책의 중심이라고 규정했다.[1]

여기에서 '힘을 통한 평화'는 트럼프 대통령이 대선기간 중 언급한 신고립주의와 상반되는 것이며, 2017년 4월 6일 시리아 공습은 트럼프 정권이 고립주의에서 개입주의로 선회하는 시발점으로 평가되고 있다.[2] 또한 2017년 4월 미·중 정상회담의 핵심 의제가 '북한, 무역, 남중국해' 순으로 발표되었다는 것은 미국의 우선순위가 북한으로 변화되었다는 것을 의미하는 것이며,[3] 실제로 미국은 '최고의 압박과 관여(Maximum Pressure and Engagement)' 전략을 채택하고, 한반도 주변 해역에 전략자산, 항공모함 전단 등을 배치함으로써 북한의 핵·미사일 위협에 적극적으로 개입하는 등 자국의 힘을 기반으로 공세적인 대외전략을 추진하고 있다.

이와 아울러 미국은 북한의 핵·미사일 위협을 해결함에 있어 중국의 역할을 강조했으며, 중국을 지렛대로 하여 북한 문제를 해결하려고 했으나 중국의 역할이 충분하지 못함에 따라 2017년 5월 집권 후 처음으로 남중국해에서 항행의 자유 작전

---

1 미국의 대외전략은 국가안보전략을 통해 구체화될 것이며, 동 전략에는 자국 및 영토 보호, 성장과 무역을 통한 자국 번영 , 북 · 중 · 러 · 이란에 맞서 평화 수호, 중동 테러가 중점적으로 담길 예정이다.

2 2017년 4월 7일, 미 해군은 시리아 홈스 주 인근 공군기지를 대상으로 토마호크 59발(미 6함대 소속 구축함 USS 로스 및 USS 포터)을 발사했다. 표적은 알샤이라트 공군기지(항공기, 활주로, 격납고, 유류저장소, 탄약고, SAM, 레이더 등)이며, 해당 기지는 화학공격 감행기지로 추정되는 곳이다. 2017년 4월 21일, 미 국방장관은 "시리아는 여전히 화학무기를 보유하고 있으며, 시리아가 화학무기를 재사용할 시 타격할 것"이라고 밝혔다.

3 2017년 7월 13일, 미국 정부 관계자는 "북한의 핵 문제는 트럼프 행정부의 최우선 안보현안 중 하나이며, 트럼프 대통령은 핵 · 미사일 확산 저지에 모든 노력을 기울이고 있다"라고 언급했다.

을 시행했다. 중국에 대한 미국의 압박은 항행의 자유 작전 같은 군사 분야뿐만 아니라 경제 분야(무역관세 인상, 환율조작국 지정, 중국의 지적재산권 위반 등)에서도 이뤄질 것으로 전망된다.[4] 향후 미국은 국제문제에 적극적으로 개입할 것이며, 미국의 독자적인 행동은 세계 경찰국가로의 회귀와 군사력 강화로 이어질 것으로 전망된다.

트럼프 대통령 집권기간 중 미국은 3차 상쇄전략(Third Offset Strategy)을 채택할 가능성이 높으며, 여기에서 상쇄전략은 불리한 경쟁 구도에 있는 일방이 상대방에 대해 승리할 수 없게 하거나, 승리하기 위해서는 감당할 수 없는 비용을 부과하도록 만드는 전략이라고 할 수 있다. 다시 말해 상쇄전략이란 적보다 전략적 경쟁 우위에 있는 능력을 최대한 활용하여 적보다 비대칭 우위를 확보하는 전략이며, 미국은 3차 상쇄전략에 기반을 둔 군사정책을 추진할 것으로 예상된다.

3차 상쇄전략의 배경으로 탄도·순항미사일에 대한 경쟁 우위 상실이 제기되고 있다. 2017년 6월 26일, 미국 국방부 내부 보고서에 따르면 "많은 국가들이 탄도·순항미사일을 비용 대비 효율적인 무기로 인식하고 있으며, 국력을 과시할 수 있는 상징으로 여기고 있다"라고 기술되어 있다. 또한 "현재 중국과 러시아가 개발 중인 극초음속 순항미사일은 빠른 속도, 기동성 및 저고도로 비행하는 특성으로 인해 현재 미사일 방어체계로 요격하는 것이 어려운 실정이다"라고 언급되어 있다.

한편 동 보고서에는 러시아, 북한, 이란 및 중국을 비롯한 국가들이 탄도미사일 및 순항미사일 기술을 발전시키고 있으며, 해당 미사일들이 핵탄두를 탑재하지 않고 있다고 가정해도 여전히 미국에 대한 잠재적인 위협 요인으로 작용할 가능성이 크다고 언급되어 있다. 다음의 〈표 2-1〉은 미국의 상쇄전략 변천과정을 정리한 것으로서 미국은 국방과학기술, 경제력 등의 우위를 기반으로 다른 국가들이 보유하기 어려운 무기체계 확보를 추진해 왔다는 것을 확인할 수 있다.

---

4 2017년 6월 20일, 트럼프 대통령은 개인 트위터에 "북한 문제와 관련해 시 주석과 중국의 도움을 매우 고맙게 생각하지만, 그런 노력은 제대로 통하지 않았다. 적어도 나는 중국이 시도했다는 것은 안다"라고 비난했다. 2017년 6월 27일, 영국 언론은 미국 정부 관계자의 발언을 인용해 "트럼프 대통령이 중국의 대북 문제 해결 노력 부족에 대해 점점 더 좌절하고 있으며, 중국산 철강에 대한 관세 부과를 포함해 여러 무역조치를 검토하고 있다"라고 보도했다.

〈표 2-1〉 미국의 상쇄전략 변천과정

구분	주요 내용
1차 상쇄전략 (아이젠하워, 1950 "New Look")	소련의 압도적인 재래식 군사력에 대해 당시 신개념 무기인 핵무기를 집중 증강
2차 상쇄전략 (카터, 1980)	소련 대비 양적 열세(1 : 3)인 재래식 전력에 대해 기술적 우위의 첨단무기체계 개발 · 보유로 대응 * 정밀타격(PGMs) 능력, AWACS, F-117 스텔스기, GPS, ISR 플랫폼 등
3차 상쇄전략 (헤이글, 2014)	중 · 러의 군 현대화 추진에 대해 기술적 우위의 첨단무기체계 개발 · 보유로 대응 * 범지구적 감시 · 타격(GSS: Global Surveillance & Strike), 로봇, 무인전투체계, 수중전투체계, 소형화, 빅데이터 적용 등

출처: 해군전력분석시험평가단, 『해양전략용어 해설집』, p. 69 내용을 정리

또한 2017년 1월 미 수상전력 사령부(U. S. Naval Surface Force)는 「미 해군 수상함 부대전략(Surface Force Strategy: Return to Sea Control)」을 발표했다. 동 문서에서 미 해군은 국제질서의 역학관계 변화로 인해 지난 25년 동안 유지해온 미국의 해양지배(Maritime Dominance)에 차질이 불가피하며, 해군이 변화하는 안보환경에 적응하지 못할 때 해양국가의 안보 · 번영은 위험에 처할 것으로 인식하고 있다. 또한 해양통제는 미 해군 필수기능(전체 전장접근, 억제, 해양통제, 전력투사, 해양안보)의 전제 조건이며, 이를 위한 새로운 전략개념[분산된 치명성(Distributed Lethality)]을 제시함으로써 원하는 시기 · 장소에 해양통제 달성을 위한 의지를 반영했다. 이는 곧 미 해군이 과거의 해양통제로 회귀한다는 것을 의미한다.[5]

동 전략문서는 향후 미 해군 수상함 부대의 전략개념 및 건설방향을 공개적으로 제시하여 해양우세 유지를 위한 당위성과 명분 확보의 기반이 될 것이며, 현 트럼프 정부의 '힘을 통한 평화 원칙'과 '미 군사력의 재건'이 추진됨에 따라 동 전략의 추동력이 더욱 강화될 것으로 판단된다. 냉전 종식 이후 미 해군은 해양에서 패권을 달성함에 따라 역할과 범위를 지상으로 확대하는 개념을 수립했으며, 국방비 감축과 재정압박에 따라 협력적 해양안보를 구사했다. 따라서 미 해군의 해양통제로의 복귀는 냉전 시대로 복귀하는 개념이라고 할 수 있으며, 미국의 해양전략은 트럼프

5 U. S. Naval Surface Force, 해군전력시험평가단 역, 『수상함 부대전략(Surface Force Strategy: Return to Sea Control)』(계룡: 해군전력시험평가단, 2017), pp. 2-4.

대통령의 패권추구에 기반이 될 것으로 예상된다. 다음의 〈그림 2-1〉은 미 해군 수상함 부대전략을 정리한 것이다.

〈그림 2-1〉 미 해군 수상함 부대전략(Surface Force Strategy)

출처: U. S. Naval Surface Force, 해군전력시험평가단 역, 『수상함 부대전략(Surface Force Strategy: Return to Sea Control)』[계룡: 해군전력시험평가단, 2017], p. 3.

오늘날 국제질서는 G2 시대를 형성하고 있지만, 미국은 세계 패권국가로서의 위상을 유지하고 있다. 여기에서 패권(hegemony)이란 국제관계에서 통상 한 국가에 모든 힘이 집중되어 있는 현상을 의미하는 것이며, 한 국가에 집중된 힘의 우위(Preponderance of Power)로서 행태적 힘의 양상을 지칭한다. 과거 패권국들의 경우 제국으로의 전환을 선택하거나 패권을 보유하고 있음에도 불구하고 고립주의를 표방하여 패권적 영향력을 행사하지 않은 경우도 있었다. 또한 패권을 가진 국가가 그에 걸맞은 지도력과 영향력을 행사하는 경우도 있었다. 트럼프 대통령의 경우 자국 우선주의에 기반을 둔 패권국가를 추구할 것이며, 미국의 해양전략이 구심점 역할을 할 것으로 예상된다.[6]

6 트럼프 대통령은 강력한 해군력에 기반을 둔 해양통제가 강대국 지위를 유지하고 국가의 성장과 번영을 보장하기 위한 필요조건임을 주장한 마한(A. Mahan)의 전략을 잘 인식하고 있는 것으로 보인다. 김기주, "트럼프 시대 美 해군력 부활의 전략적 함의", 앞의 글, p. 2.

TIP. 인도 · 태평양 전략

2017년 11월 일본 정부가 미 · 일 정상회담에서 확인한 일본 주도 외교전략인 '자유롭고 열린 인도 · 태평양(Indo-Pacific) 전략'은 중국의 해양팽창에 대응한 미 · 일의 공동개념으로 발전할 것으로 평가되고 있다.[7] '열린 인도 · 태평양 전략'은 아베 총리가 2016년 8월 케냐에서 열린 아프리카개발회의 기조연설에서 발표한 외교전략으로서 미국, 일본, 인도, 호주 4개국이 중심이 돼 아시아태평양지역의 항행의 자유와 법의 지배, 공정하고 호혜적인 무역 등을 추진한다는 구상이다.[8] 미국도 미 · 일 정상회담 이후 기존의 '아시아 · 태평양'(Asia-Pacific)이라는 명칭 대신 '인도 · 태평양'이라는 표현을 사용하고 있다.

인도 · 태평양 전략은 기존의 미국, 일본, 한국, 호주 등이 주축이 된 '아시아 · 태평양' 개념 대신에 인도까지 포함, 미국 · 일본 · 인도 · 호주 4개국을 묶어 중국을 견제한다는 전략이라고 할 수 있다. 최근 중국은 일대일로 전략을 본격화하고 있으며, 주변국에 대한 영향력을 급속히 확대하는 등 해양팽창을 가속화하고 있는 상황이다. 중국의 해양팽창에 대한 미 · 일의 대중국 봉쇄전략이라고 할 수 있는 인도 · 태평양 전략에 대해 그 동안 인도와 호주는 참여를 꺼렸으나 중국의 일대일로 본격화, 남중국해에 대한 지배력 강화 및 중 · 인간 국경분쟁이 발생함에 따라 인도와 호주가 동 전략에 동참하게 되었다.

인도 · 태평양 전략은 중국의 일대일로 전략과는 상충하는 것으로서 이들 간 군사적 충돌은 동 전략이 어떻게 추진되느냐가 관건이 될 것이다. 특히 '미국 우선주의'를 주장하며 환태평양경제동반자협정(TPP)에서 탈퇴한 미국이 앞으로 보여 줄 리더십과 인도의 적극적 참여 여부가 인도 · 태평양 전략의 추진에 중요한 부분을 차지할 것으로 예상된다. 현재 트럼프 정부의 인도 · 태평양 전략은 개념단계의 수준이라고 할 수 있으며, 트럼프 대통령과 아베 총리는 인도 · 태평양 전략에 대해 그들의 우방/동맹국을 포함하여 중국의 주변국들에게 동참을 요구할 것으로 예상된다.

---

7 중국의 해양팽창에 대한 일본의 대응은 '일대일로' vs. '안보 다이아몬드'의 형태로 전개되었으며, 인도 · 태평양 전략은 안보 다이아몬드의 연장선이라고 할 수 있다. 시진핑 국가주석은 2013년 9~10월 중앙아시아 및 동남아시아 순방에서 일대일로(一帶一路: 육상-해상 실크로드) 전략을 처음으로 제시하였다. 여기에서 일로(一路)는 진주목걸이 전략(String of Pearls Strategy)으로 구체화되고 있으며, 동 전략은 동남아와 인도양의 주요 항구를 하나씩 꿰어 연결하여 에너지 · 무역 거점 항구를 확보해 유럽 · 아프리카로 향하는 제해권(制海權)을 장악하겠다는 것이다. 아베 총리의 안보 다이아몬드(Security Diamond)는 중국의 '진주목걸이 전략'과 대비되는 것으로서 일본-미국(하와이)-호주-인도, 4개국의 거점을 연결하면 태평양과 남중국해 및 인도양을 아우르는 거대한 마름모꼴 형태가 된다는 것에 착안한 것이다. 중국의 해양 팽창을 위협으로 인식하고 있는 인도와 호주가 아베 총리의 안보 다이아몬드에 동참하는 것은 당연한 결과라고 할 수 있을 것이다.

8 인도는 2020년 말까지 자체 기술로 건조한 첫 번째 항공모함을 실전 배치할 예정이며, 현재 두 번째 항공모함에 대한 건조 계획도 국방부에서 승인절차를 밟고 있다. 또한 핵잠수함 10척, 디젤잠수함 18척 등 총 28척 규모의 잠수함 전력을 증강할 계획이다. 호주는 890억 호주달러(약 73조7030억원)를 투입하여 잠수함과 군함 총 52척을 건조해 실전 배치할 계획이다.

TIP. 기존 해양전략/지침 비교(2015년 이후)

제목(발간시기)	주요 Keyword
21세기 해양력을 위한 협력전략('15. 3) (A Cooperative Strategy for 21st Century Seapower) * CNO: Jonathan W. Greenert	• Forward(전방전개) • Engaged(전 지구적 참여) • Ready(준비)
참모총장 지휘지침('15. 7) (CNO's Navigation Plan 2016~2020) * CNO: Jonathan W. Greenert	• Warfighting First(전투우선) • Operate Forward(전방 작전) • Be Ready(준비태세 확립)
해양우세 유지를 위한 지침('16. 1) (A Design for Maintaining Maritime Superiority) * CNO(現): John M. Richardson	• 4대 노력방향 제시 ① 해군력 강화 ② 신속한 학습 달성 ③ 해군 조직 강화 ④ 협력 네트워크 확장
수상함 부대 전략('17. 1) (Surface Force Strategy) * CNO(現): John M. Richardson	• Forward(전방전개) • Visible(현시) • Ready(준비) • T4(Tactic, Talent, Tool, Training)

출처: U. S. Naval Surface Force, 앞의 책, p. 2.

TIP. 미국의 해양전략 변화과정

구분		군사전략	해양전략		주요 내용
탈냉전기	지역분쟁	지역 방위전략 (G. H. Bush)	From the Sea (1992. 9)	목표	해양통제의 지상 확대(War From the Sea)
				방법	• 해군 원정군 • 합동작전을 위한 편성 • 전진배치 • 국가 요구에 부응하기 위한 조직
				수단	• 360척 해군(2개 주요 전구 전쟁 기준) • 원정군 중심(12개 항모전투단 및 상륙준비단)
		Win-Win 전략 (B. Clinton)	Forward ... From the Sea (1994. 10)	목표	해양통제의 지상 확대(War From the Sea)
				방법	• 전방현시 • 위기대응 • 지역분쟁 개입 • 합동 및 연합작전
				수단	• 360척 해군(2개 주요 전구 전쟁 기준) • 원정군 중심(12개 항모전투단 및 상륙준비단)

21세기 (9.11 이후)	초국가적 위협·지역분쟁	1-4-2-1 전략 (G. W. Bush)	Sea Power 21 (2002. 10)	목표	해상으로부터 직접적 · 결정적 합동 군사력 투사
				방법	• 해상타격(Sea Strike) • 해상방어(Sea Shield) • 해상기지(Sea Basing) • 포스네트(Force Net) • 범세계적 작전개념
				수단	• 375척 해군(1-4-2-1 개념 기준) • 강습단 중심(12개 항모전투단, 12개 원정강습단)
			A Cooperative Strategy for 21st Century Sea Power (2007. 10)	목표	본토 · 국민 보호 및 국익 증진
				방법	• 전통적 해양력 핵심능력 (전방현시, 억제, 해양통제, 전력투사) • 해양안보 • 인도주의적 지원 및 재난대응
				수단	• 300척 이상 해군 * 항공모함 11척, 상륙함 33척, 탄도미사일 탑재 원자력 잠수함 14척 등 • 해안경비대 91척
		균형전략 (B. Obama)	A Cooperative Strategy for 21st Century Sea Power; Forward, Engaged, Ready (2015. 3)	목표	국익 달성 및 해양우세권 확보
				방법	• 전방배치(Forward) 전방전개 함정 97척 → 120척 • 관여(Engaged): 전 지구적인 해군 협력체계 구축 • 준비(Readiness): 국가재정 여건과 전비태세의 균형
				수단	• 300척 이상 해군 * 항공모함 11척, 상륙함 33척, 탄도미사일 탑재 원자력 잠수함 14척 등 • 해안경비대 91척
트럼프 집권 이후	전방위 위협	-	Surface Force Strategy: Return to Sea Control (2017. 1)	목표	해양통제 달성(Return to Sea Control) * 미 해군이 원하는 시간과 장소에서 해양통제 달성
				방법	분산(Distributed) * 수상전력의 전방전개를 통한 작전의 융통성 확보와 은폐/기만 달성
				수단	치명성(Lethality) * 수상전력의 공격/방어능력의 질적 개선과 전장 인식 · 교육훈련 강화

주) 1. Win-Win전략: 2개 지역(중동, 한반도) 동시분쟁 대응, 전진배치 유지로 세계 지도력 지속, 군사력의 선별적 개입 및 민주주의 확대

2. 1-4-2-1전략: 미국 본토방어, 전 세계 4개 지역에서 적대행위 억제, 거의 동시에 발생한 2개 전쟁 수행, 이 중 1개 전쟁에서 결정적으로 승리

3. 균형전략: 현재 수행 중인 전쟁(이라크, 아프간) 승리, 분쟁방지 및 억제, 적 격퇴 및 우발사태 대비, 자원 및 병력 보존/증강

출처: 해군전력분석시험평가단, 『주변국 해군 편람』(계룡: 해군전력분석시험평가단, 2016), p. 17 발췌 및 보완

2) 군사력 증강

미국의 개입주의 핵심은 해양력(Sea Power)이라고 할 수 있으며, 여기에서 해양력이란 국가의 생존과 번영에 불가결하게 필요한 해양 이용의 총역량을 말한다. 소련 해군 총사령관이었던 고르쉬코프(Gorshkov)는 그의 저서 『국가의 해양력(Sea power of the state)』(1976)에서 "해양력이란 전 해양을 지배하기 위한 수단이자 자국의 이익을 보호하기 위한 수단"이라고 했으며, 이러한 측면에서 한 국가의 해군력(Naval Power)은 언제나 해양력의 가장 중요한 요소라고 할 수 있다.[9]

미국은 9.11테러 이후 거의 10년 이상 테러와의 전쟁 등으로 인해 예산이 소진됨에 따라 시퀘스트레이션(Sequestration, 미국 연방정부의 예산자동삭감) 시대를 맞이하게 되었으나 여전히 세계에서 가장 강한 군대를 보유하고 있다. 미국은 아 · 태 재균형 전략(Asia-Pacific Rebalancing strategy)[10]에 따라 2020년까지 아 · 태지역에 해 · 공군의 60%를 배치할 예정으로, 아 · 태지역에서의 현재 미군 전력은 태평양사령부 휘하의 제3, 7함대 수상함 92척, 잠수함 43척, 수송함 64척 등의 전력과 제1, 3해병원정군이 태평양에 배치되어 있는 등 해상에서부터 지상까지 군사력을 투사할 수 있는 강력한 힘을 보유하고 있지만 동아시아지역에서의 안보위협에 대비하기에는 부족하다고 인식하고 있다.

특히 2017년 1월, 중국은 첫 항모 랴오닝함을 주축으로 한 항모전단을 서해 → 동중국해 → 남중국해로 연결되는 항로를 휘젓고 다니면서 미국을 자극하는 상황이

9 해양력(Sea Power)은 국가이익을 증진하고, 국가목표 및 국가정책을 수행하기 위해 해양을 통제하고 사용할 수 있는 국가적 역량이다. 해군력(Naval Power)은 해군을 이용하여 국가정책을 수행함으로써 국위 선양 및 국민의 해양활동 보호 등 국가목표를 달성하는 군사적 수단으로서 해양력의 제 요소 중 하나다. 또한 해군활동에 필요한 수상함, 잠수함 및 항공기를 포함한 무기체계와 상륙군을 포함한 병력과 기지, 지원시설 및 해군의 통제를 받는 전력 등을 구성요소로 하여 해양과 지상에서 군사적인 역량을 발휘할 수 있는 총체적인 힘과 능력이라고 할 수 있다. 이와 관련하여 학자 및 전략사상가들이 해양력에 대한 정의를 하고 있으나 대부분 당시의 정치 및 전략상황에 따라 내용이 조금씩 상이할 뿐 한 국가의 해군력은 언제나 해양력의 중요한 요소 중 하나라고 할 수 있다. 해군전력분석시험평가단, 『해양전략용어 해설집』, pp. 89-95.

10 미국의 '재균형' 또는 '피봇(Pivot)'이라는 용어는 힐러리 클린턴 전 국무장관이 2011년 「Foreign Policy」에 기고한 "America's Pacific Century"를 통해 확산되었다. 클린턴은 이 기고문을 통해 미국의 경제, 전략적 이익의 관점에서 아시아 · 태평양지역의 중요성을 강조했다. 이후 미 국무부는 2012년 국방전략지침(Defense Strategic Guidance)을 발표하고 아시아 중시정책을 천명했다. 위의 책, p. 216.

발생했다. 미 해군은 2017년 1월 14일 발표한 「해군구조평가보고서(FSA)」에서 항모 10척과 준항모급 대형 상륙강습함 9척 등 19척으로 이뤄진 현 항모 전력으로는 대응이 부족하다며, "새로운 안보환경에서 하나의 적을 격파하면서 또 다른 적의 의도에 맞설 수 있는 전력증강을 충분히 추진해야 한다"고 지적했다.

이에 따라 트럼프 행정부는 시퀘스트레이션을 폐지했으며, 해군력 중심의 군사력 증강을 집중적으로 추진할 계획이다. 구체적으로 해군의 목표인 함정 308척보다 14%나 많은 350척 체제를 구축하고, 약 1,100대 수준의 공군전투기를 1,200대까지 확충할 계획이다.[11] 특히 해군의 경우 연안전투함(LCS)은 52척으로 묶는 대신 항공모함을 10척에서 11척으로 확충하고, 공격잠수함은 18척을 추가해 48척에서 66척으로 확충하며, 상륙강습함을 4척 더 건조해 34척에서 38척으로 늘릴 예정이다. 또한 미 해군은 2019년까지 태평양지역에 강습상륙함, 수송양륙함, 상륙선거함 등 3척을 주축으로 한 해군구성군과 약 2,200명의 해병대 등 5천 명 규모의 상륙준비단(ARG)을 추가 배치할 예정이다. 다음의 〈표 2-2〉는 FY 1948년 이후 미 해군 함정의 척수 변화를 정리한 것이다.

〈표 2-2〉 FY 1948년 이후 미 해군 함정의 척수 변화

회계연도	1948	1954	1960	1970	1980	1990	2000	2010	2015
척수	737	1,113	812	769	477	547	318	288	271

주) 트럼프 행정부의 해군력 강화 방침에 따라 약 350척 수준으로 변화 예상

앞에서도 언급했듯이 트럼프 대통령은 기존의 재정압박에도 불구하고 2018년 국방예산을 10% 증액하는 등 군사력 증강을 적극적으로 실행에 옮기고 있다. 그러나 군사력 건설에는 긴 시간이 소요됨에 따라 미국은 기존의 전력을 순환 배치할 수밖에 없는 상황이며, 역내 부족한 군사력을 보완하기 위해 동맹국과 우방국에 대해 역할 확대 및 방위비 부담금 인상 등을 요구할 가능성이 높다고 할 수 있을 것이다. 다음의 〈표 2-3〉은 미 해군의 현 보유 전력과 주요 전력증강 계획을 정리한 것이다.

11 2017년 7월 10일, 미 국방부는 F-35 전투기 74대(약 6조 4천억 원)를 추가로 도입할 방침이라고 밝혔다.

〈표 2-3〉 미 해군의 현 보유 전력과 주요 전력증강 계획

구분	주요 내용
현 보유 전력	• 항공모함: 10척 • 이지스 순양함/구축함: 22/64척 • 상륙지휘함/상륙강습함/상륙함: 2/9/10척 • 전략/전술핵잠수함: 14/56척 • 연안전투함: 8척
전략증강 계획	〈전 지구적으로 전개 가능한 해군력〉 • 함정 350척 체계 구축 • 항공모함 10 → 11척 증강 * Gerald R. Ford급 항모: 3척 건조('40년까지 Nimitz급 11척 대체) • 상륙강습함: 34 → 38척 증강 • Zumwalt급 구축함: 3척 건조, 태평양 배치 • Arleigh Burke급 이지스함: 64 → 72척 증강 * Flight-Ⅲ급: 6척+a, 매년 3척씩 건조 • 공격잠수함: 48 → 66척 증강 * Virginia급 SSN: 12 → 22척 증강('30년까지 총 30척 건조, LA급 대체)

주) 2017년 3월 2일, 트럼프 대통령은 핵추진 항공모함을 12척으로 증강시킨다고 선언했으며, 그 동안 안보위협에 즉각적으로 대응하기 위한 항공모함의 가동율에 대한 우려가 지속적으로 제기됨에 따라 미국의 항공모함 12척 보유는 전력증강 계획에 포함될 것으로 예상된다.

TIP. 미 해군 수상함 부대전략상 수상전력 개선을 위한 투자 목표(방향)

구분	주요 내용
수상전력 공격능력 향상	• 현 무장 성능개량 + 개선된 대함/대공/대지 미사일 확보 • 장거리 대잠무기 능력 개선 • 해군 대공통합사격통제(NIFC-CA) 능력 개발/배치 ᄂ 원거리 위협 제거를 위해 정찰기/전투기 및 함정의 전투체계 통합 * NIFC-CA: Navy Integrated Fire Control-Counter Air
함정건조 및 현대화 계획 지원	• 현 함정건조 계획 유지하에 공중/미사일 방어능력 개선 • LCS · 호위함 · 상륙함의 치명성과 역량 강화 * 2030년까지 LCS와 호위함은 수상전력의 절반을 차지할 전망
전장 인식 향상	• 단위함정(Unit)과 수상함 그룹(Force) 방사통제 및 임무 계획 · 전장 관리 S/W 등 전투체계 능력 개발 • 전자기기동전(EMW: Electromagnetic Maneuver Warfare) 지원 ᄂ 미 해군 수상 · 항공 · 수중 전력이 수집한 적 전자파를 재밍하기 위한 새로운 전자전 관리 개념 및 체계를 의미함
신속한 학습	• 전술, 기술 및 절차(TTPs) 개발을 통한 설계개념 피드백 * TTPs: Tactics, Techniques and Procedures • 가상세계 전투연구소(Virtual World Warfighting Lab) 등에 대한 미래투자

출처: U. S. Naval Surface Force, 앞의 책, p. 2.

TIP. 미국의 군사력 개발 현황

수상함 체계

미국은 대형 구축함, 항공모함에 이르는 전 함정을 설계 · 건조하고 있으며, 탑재장비, 전투체계, 무장의 자체 개발을 추진 중에 있다. 특히 전전기 함정(All Electric Ship) 개념을 도입하여 차세대 전장에 대비한 기술을 선도하고 있으며, 비대칭 전력, 첨단 지능화 인공지능 무기체계의 개발 등에서 우세한 측면을 보이고 있다.

Zumwalt(DDG 1000)			
만재 톤수	15,600t	L×B×D	186×25×8.4m
최대속력	30kts	무장	AGS 함포, SM-2/6 등
항속거리	4,500㎚	RCS	소형 어선 크기

주) 1. 향후 레일건 · 레이저포 등 전자기 무기체계도 탑재 예정임
2. 총 3척(Zumwalt, Michael Monsoor, Lyndon B. Johnson) 운용 예정

잠수함 체계

미국은 복합무기체계로서 잠수함에서 가장 중요한 요소인 대형잠수함 제작, 원자력 추진제의 적용, 전투체계 및 무장을 포함한 잠수함 탑재 무기체계 개발 능력, 작전 수행 능력 등을 포괄적으로 고려할 때, 세계 최고 수준의 기술을 보유하고 있다.

Ohio급			
배수량(수중)	19,000t	전장×전폭×흘수	170.7×12.8×11.1m
최고속력	25kts	유도탄	SLCM 105기
추진	Nuclear	어뢰	MK 48 ADCAP Mode 5/6/7

고정익 체계

F-22 5세대 전투기 개발을 통해 고정익 첨단 기술을 보유 중이며, F-35를 개발하여 부분적으로 군에 인도 및 비행 테스트를 진행 중에 있다. 현재 6세대 전투기 개발에 착수했으며, 차세대 장거리 스텔스 폭격기 사업 등을 진행 중에 있다.

F-22			
전장	18.92m	최대속도	M 2.25
전폭	13.56m	최대항속거리	2,960㎞(연료탱크 장착 시)
자중	14,365㎏	G한계	+9

출처: 국방과학기술 개발동향 및 수준 CD(국방기술품질원, 2016. 12)

TIP. 미국의 주요 함정들

Nimitz급 항모
'75~'09년 10척 건조

Gerald R. Ford급 항모
'17~'27년 3척 건조 예정

Ticonderoga급 순양함
'80~'94년 27척 건조, 5척 퇴역

Arleigh Burke급 구축함
'91~'22년 77척 건조 예정

Zumwalt급 구축함
'16~'20년 3척 건조 예정

Freedom급 LCS
'08~'21년 13척 취역 예정

Independence급 LCS
'10~'22년 14척 취역 예정

America급 LHA
1척 취역, 총 11척 건조 예정

Wasp급 LHD
'89~'09년 8척 건조

Whidbey Island급 LSD
'85~'98년 12척 건조

Avenger급 기뢰전함
'87~'94년 14척 건조, 3척 퇴역

Henry J Kaiser급 AOE
'86~'95년 15척 건조

Spearhead급 고속수송함
'12~'19년 12척 건조 예정

Montford Point급 MLP
'13~'15년 3척 건조

Lewis and Clark T-AKE
'06~'12년 14척 건조

Ohio급 SSB(G)N
'84~'97년 18척 건조

Los Angeles급 SSN
'76~'96년 62척 건조, 26척 퇴역

Seawolf급 SSN
'97~'05년 3척 건조

출처: 해군전력분석시험평가단, 『주변국 해군 함정 명칭의 이해』(2017)

2. 중국: G2 시대에 걸맞은 신형대국관계 형성

1) 대외전략

중국의 대외전략 기조의 시작은 덩샤오핑 시기에 자신의 능력을 드러내지 않고 인내한다는 도광양회(韜光養晦)로서 대외적으로 불필요한 마찰과 대결을 지양하고 때가 될 때까지 국력을 배양하는 것이었다. 이후 장쩌민 시대에는 대국(大國)으로서 중국의 책임을 다해야 한다는 책임대국(責任大國)이 주요 화두로 등장했으며, 후진타오(胡錦濤) 시대에는 필요한 역할을 해야 한다면 피하지 않는다는 유소작위(有所作爲)가 기조가 되었다.[12]

시진핑 국가주석은 2014년 5월 제4차 아시아신뢰구축회의(CICA) 기조연설에서 "아시아의 안보는 아시아의 손으로"라는 신안보관을 제창하여 중국 주도의 동아시아 지역주의 의지를 천명한 바 있다. 또한 일부에서는 덩샤오핑이 세상을 떠나면서 당부한 도광양회에서 벗어나 중국의 이익에 도움이 되는 일이라면 적극적으로 실행한다는 분발유위(奮發有爲)를 추진하는 것으로 평가하고 있다.[13] 다음의 〈표 2-4〉는 중국의 대외전략 변화 추이를 정리한 것이다.

〈표 2-4〉 중국 대외전략 변화 추이

구분	안보환경	대외전략	
마오쩌둥	미국과 소련 두 대국의 틈바구니에서 살아남기 위해	深挖洞(심알동) 廣積糧(광적양) 不稱覇(불칭패)	굴을 깊게 파고 식량을 비축하며 패권자라 칭하지 말라
덩샤오핑	경제성장 우선으로 불필요한 대외마찰은 줄이기 위해	韜光養晦(도광양회)	빛을 감춰 밖으로 새지 않도록 하면서 은밀하게 힘을 기른다
장쩌민	대국으로서 책임지는 자세를 보이기 위해	有所作爲(유소작위)	필요한 역할을 한다
후진타오	서방의 중국 위협론에 대응하기 위해	和平屈起(화평굴기)	평화롭게 우뚝 일어선다
시진핑	미국 중심의 기존 국제질서 개편 시도를 위해	奮發有爲(분발유위)	떨쳐 일어나 할 일은 한다

출처: 김홍규, "시진핑 외교는 양날의 칼 … 사드는 악재, 경협은 호재", 「중앙일보」, 2016년 6월 3일 자.

12 한국전략문제연구소, 『2015 동아시아 전략평가』(서울: 한국전략문제연구소, 2015), pp. 87-88.

13 대한민국 국방부, 『국방백서 2016』, p. 16.

2015년 중국 국방백서에 명시된 중국의 국가목표는 “중화(中華) 민족의 위대한 부흥 실현”이고, 국방목표는 “소강사회 건설과 위대한 부흥 실현을 위한 여건 보장”이며, 이를 위해서는 “강군(强軍)이 있어야 국가를 지킬 수 있고, 강국(强國)은 반드시 강군을 필요로 한다”라는 입장을 견지하고 있다.[14] 이에 따라 중국은 군의 정규화 · 현대화[15] · 혁명화를 추진 중에 있으며, 적극방어전략을 기본 군사전략으로 채택하고 있다. 여기에서 적극방어전략은 전략상 방어와 전역 전투상 공격의 조화를 이루는 것이며, 방어와 자위, 후발제인의 원칙을 유지하고 있다. 여기에서 후발제인(後發制人)이란 적을 상대할 때 한 걸음 양보하여 그 우열을 살핀 뒤에 약점을 공격함으로써 단번에 적을 제압하는 전략이다.

이에 따라 중국의 해양전략은 국가/국방목표를 실현하기 위해 해군력을 강화하고, 중국 해군의 역할과 범위를 확대시키고 있다. 오늘날 중국 해군은 제3단계 발전 계획에 따라 단계별로 작전영역을 확대하고 있으며, 반접근/지역거부전략(A2/AD: Anti-Access/Area-Denial)을 통해 미국의 군사적 진입 차단과 자유로운 군사행동을 거부하고 있다. 미 전략예산평가센터(CSBA: Center for Strategic and Budgetary Assessments, 2003) 문서에 따르면 반접근(Anti-Access)은 작전지역 내로 적의 군사적 진입을 차단하는 것이고, 지역거부(Area-Denial)는 작전지역 내에서 아측의 자유로운 군사행동을 거부하는 것을 뜻한다.

동 계획에 따라 중국은 항공모함과 핵억제력을 갖춘 핵잠수함, 다수 다종의 신

14 시진핑 국가주석은 '17년 7월 30일 중국군 건군 90주년 열병식 기념연설에서 ① 평화 수호, ② 세계 인류의 인민군대 건설, ③ 당의 지도 · 지휘하에 기본 원칙과 제도 견지, ④ 군의 현대화, ⑤ ‘중국몽(中國夢)’ 실현 등을 언급했다. 또한 '17년 8월 1일 건군 90주년 축하대회 개최 기념연설에서는 ① 인민군대 치하, ② 1972년 ‘난창 봉기’가 중국 혁명의 기원이며, 마오쩌둥 전 국가주석 등 신중국 13대 군 영웅을 기렸음, ③ 당의 지도와 지휘 아래 강군육성 강조, ④ 군 현대화 및 군 · 민 융합 발전을 강조했다.

15 미의회연구보고서('16. 5. 31, CRS Report) “China Naval Modernization: Implications for U. S. Navy Capabilities”에 따르면 중국 해군의 현대화 추진 목적은 단기적으로 대만에 대한 군사적 압박 및 원해 작전 수행능력을 강화하는 것이고, 중기적으로 남 · 동중국해상 중국의 영유권 주장 강화를 군사적으로 뒷받침하는 것이며, 장기적으로는 서태평양에서 미국의 영향력 축소 및 중국의 영향력을 확장하는 것으로 분석했다. 또한 중국 해군의 현대화는 역내 패권국으로 부상하기 위한 필수요소이므로 공세적으로 추진 중이라는 것에 의미를 부여했다. 현재 중국 해군의 현대화 계획은 1단계(확고한 기반구축: '90~'10년), 2단계(주요 현대화 추진: '10~'20년), 3단계(정보화전 수행능력 완비: '20~'50년) 중에서 2단계를 추진하고 있다.

예 구축함을 확보하고 있으며, 남중국해 인공섬 및 해외 군사기지 건설 등을 통해 역내 영향력을 확보하고 있다. 다음의 〈그림 2-2〉는 중국 해군의 3단계 발전 계획 및 방향을 정리한 것이다.

구분	시기	목표	전력건설
1단계	1980~2000년대	제1도련 내 해양통제	무기체계 · 플랫폼의 현대화
2단계	2000~2020년대	제2도련 내 해양통제	항모전단
3단계	2020~2050년대	전략적 거부 · 억제 · 통제	원양함대

〈그림 2-2〉 중국 해군의 3단계 해군발전 계획

주) 1. 제1도련: 일본~오키나와 열도~대만~필리핀~보르네오~베트남을 연결한 선
2. 제2도련: 일본~북마리아나 제도~괌~미크로네시아~팔라우를 연결한 선

출처: 대한민국 해군, 『대한민국 해군의 걸어온 길, 함께 갈 길』(계룡: 대한민국 해군, 2014). p. 62; 해군전력분석시험평가단, 『해양전략용어 해설집』, p. 157.

오늘날 중국의 해양전략은 근해방어(近海防禦) · 원해호위(遠海護衛)이며, 여기에서 근해방어란 제1도련 내 해역에서의 적극적 통제를 의미하며, 원해호위란 좀 더 확장된 해양권익을 보호하고 근해 분쟁에 대한 제3국의 개입을 거부하는 것이다.[16] 중국의 해양팽창은 오늘날 중국이 G2 시대를 형성함에도 불구하고 위상에 걸맞은 대우를 받지 못한다는 인식이 작용하고 있으며, 이에 따라 중국은 G2 시대에 걸맞

16 중국의 해양전략 목표는 크게 대만유사 대비와 지역해군 건설로 구분할 수 있다. 대만유사 대비는 잠재적 적국(敵國)으로부터 국가방어 능력을 확보하는 것과 동 · 남중국해 도서분쟁 해결 능력을 발전시키는 것으로서 미국의 군사적 개입 지연 · 거부에 중점을 두고 있다. 그리고 지역해군 건설은 해상교통로 및 전략 요충(Choke point) 보호 능력을 구축하는 것과 해외 진출 기업 및 자국민 이익 보호, 그리고 북극항로 등 새로운 개척 항로에 대한 이익을 확보하는 것이다.

은 위상을 확립하기 위해 지속적으로 해양팽창을 추구할 것으로 예상된다.

전통적으로 중국은 대륙 지향적 국가대전략을 추구하여 중화주의 중심의 지역 질서와 구도를 유지했으나 21세기 들어 대륙이 아닌 해양으로 진출하여 국가부상을 시현하는 국가대전략을 추진하는 등 중국의 해양팽창은 지속될 것으로 전망된다. 과거 중국은 북방의 여진족, 몽골 등을 중국에 대한 주요 위협으로 상정했기 때문에 중국의 해군력 증강은 제약을 받을 수밖에 없었다.

또한 냉전기 중국은 대륙의 구소련을 가장 큰 위협으로 인식하여 이 기간 역시 중국의 해군력 증강은 북방의 위협으로 인해 상당한 제한을 받았다. 그러나 중국은 냉전이 종식된 이후 주변이나 변방지역에서의 지역전쟁 또는 우발상황을 중국에 대한 위협으로 인식하기 시작했으며, 특히 해양에서의 분쟁과 위협에 대해 많은 관심을 보이고 있다.[17]

중국은 현재 14개 국가와 국경을 마주하고 있으며, 특히 러시아 · 인도 · 베트남의 경우 국경선 분쟁으로 인해 육상으로의 진출이 제한되어 있어 중국의 해외 진출은 해양으로 이어질 수밖에 없는 상황이다. 그리고 중국은 국가발전과 번영을 위해 해양의 중요성을 재인식하기 시작했으며, 과거 전통적인 대륙 지향적 성향과 달리 해양 지향적 국가정책을 추진하며 해양국가로의 발전을 모색하고 있다.[18]

따라서 중국이 생존 및 번영하기 위해서는 육상보다는 해양으로의 진출을 선택할 수밖에 없는 상황이지만, 그렇다고 해서 중국의 해양진출이 그리 쉬운 것만은 아니다. 중국은 해양에서 동남아시아 국가들을 포함한 주변 국가들과 해결하지 못한 해양분쟁이 아직까지 남아 있으며, 특히 양안문제에 대해서도 대만을 포함한 미국

---

17 미국 해군대학(Naval War College)의 버나드 콜(Bernard Cole) 교수에 따르면 중국은 근대사 109년간 약 470회의 외국 강대국의 침입이 있었으며, 이 중에서 약 84회가 국가 존망을 위협하는 해양으로부터의 위협이었던 것으로 평가하고 있다. Bernard D. Cole, *The Great Wall at Sea* (Annapolis, MD: Naval Institute Press, 2001), p. 9.

18 중국의 해양에 대한 관심은 중국 국가발전의 대외무역 의존도와 산업화에 따른 에너지 수요 증대와 그에 따른 해외자원 수입 증가에 의해 촉발되고 있다. 최근 세계 해상물동량 연구보고서에 따르면, 중국의 경제성장률 50% 정도가 대외무역에 의해 유지되고 있으며, 중국 대외무역의 90%가 해양을 경유하여 이뤄지고 있다. 중국의 선박보유량은 2009년 기준 세계 4위이며, 전 세계 약 150개 국가의 600개 항구를 연결하는 해상물동량 수송 능력을 갖춘 것으로 알려져 있다. Shashi Kumar, "U. S. Merchant Marine and World Maritime Review," *U. S. Naval Institute Proceedings* (May 2008), pp. 90-95.

과도 대립관계가 지속되는 등 중국의 해양진출에 많은 장애물이 산재해 있는 상황으로 주변국과의 외교관계가 중요한 부분을 차지하고 있다.

중국 시진핑 국가주석은 2013년 9월과 10월에 중앙아시아와 동남아시아 정상 방문에서 '실크로드 경제벨트'와 '21세기 해상 실크로드'의 공동 구축을 제안했다. 뒤이어 중국의 향후 10년간 주변외교의 원칙과 방향을 논의하는 좌담회에서 "지리적 위치, 자연환경 혹은 상호관계의 측면에서 볼 때 주변은 중국에 매우 중요한 전략적 의미를 갖는다"고 지적했다. 특히 시진핑 국가주석은 '일대일로(一帶一路, One Belt One Road)'를 주축으로 신형대국관계를 완성하기 위한 본격적인 힘의 정치를 시작함에 따라 동아시아지역에서는 중국을 포위하려는 미국과 이를 벗어나려는 중국 간의 치열한 대립이 예상되고 있다.

또한 시진핑 국가주석은 중국 주변외교의 목표는 바로 중화민족의 위대한 부흥이라는 중국의 꿈을 실현하는 데 있으며, 중국의 개혁발전을 위한 양호한 외부조건을 쟁취하는 데 있다고 강조했다. 이러한 점에서 '실크로드 경제벨트'와 '21세기 해상 실크로드'가 결합된 '일대일로' 전략 구상은 시진핑 시기 주변외교에 대한 새로운 정책적 조정에 따라 대륙과 해양이 서로 결합된 새로운 지정학적 장기발전구상이라는 의미를 갖는다.[19]

특히 최근 중국은 기존의 일대일로를 북극해로 확장하고 있으며, '21세기 해상 실크로드 건설의 비전 및 행동'을 발표한 이래 처음으로 해상 일대일로 협력과 관련한 방안을 제시하는 등 일대일로 추진을 본격화하고 있다. 일대일로가 북극으로 확장됨에 따라 해상 실크로드는 3가지 경제루트로 확대되었다. 여기에는 중국에서 동남아를 거쳐 인도양, 아프리카, 지중해까지 연결되는 루트, 중국에서 오세아니아 및 남태평양을 잇는 루트, 그리고 북극해를 통해 유럽을 잇는 루트이며, 이 3가지를 '블

19 여기에서 '실크로드 경제벨트'에 해당하는 일대(一帶)는 대륙 중심의 지정학적 사고를 반영한 것으로, 이는 유라시아 국가들을 철도로 연결하여 하나로 결속시키는 것이며, 유라시아 대륙을 장악해야 세계 지배가 가능하다는 매킨더(Mackinder)의 심장부 이론(Heartland Theory)을 적용한 것으로 평가받고 있다. 그리고 일로(一路)는 해양 중심의 지정학적 사고를 반영한 것으로, 진주목걸이 전략을 구체화한 것이며, 유라시아 대륙의 주변부를 장악해야 세계 지배가 가능하다는 스피크먼(Spykman)의 주변부 이론(Rimland Theory)을 적용한 것으로 평가받고 있다.

루경제(해양경제) 통로'라고 일컫는다. 다음의 〈그림 2-3〉은 중국의 일대일로 전략요도를 정리한 것이다.

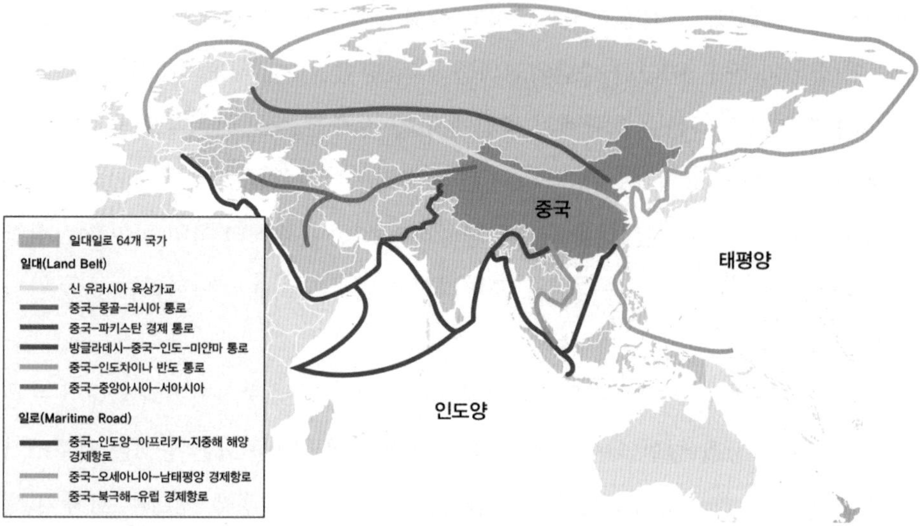

〈그림 2-3〉 중국의 일대일로(One Belt One Road)

출처: https://maplecroft.com/portfolio/new-analysis/2017/06/29/chinas-belt-road-one-initiative-many-questions/(검색일: 2017. 9. 1)

또한, 중국은 '17년 1월 미 수상전력사령부에서 발표한 「수상함 부대전략」에 명시된 새로운 전략개념[분산된 치명성(Distributed Lethality)]에 대응하는 방법은 군사력밖에 없으며, 강력한 해군력 건설이 필요하다고 인식하고 있다. 중국은 제1도련에서 제2도련 사이 해역의 경우 미국이 제해권 확보능력을 구비하고 있다는 측면에서 '분산된 치명성'이 적용되는 구역으로 인식하고 있다. 이에 따라 상대적으로 약소한 중국 해군은 우주능력 기반하에서 수상함정의 입체적 독립 작전능력 건설과 지역적 전 방위 감시체계 확보를 추진할 것으로 예상된다.[20]

---

20 2012년 12월 2일, 미군 고위 인사는 중국이 인공위성과 같은 우주에서의 미국 군사자산을 공격할 수 있는 무기를 적극적으로 개발하고 있다고 경고하였다. 구체적으로 중국은 미 인공위성을 파괴할 수 있는 고출력 레이저, 레일건, 극초단파 무기 등을 개발 중에 있다. 특히 중국은 2005년 신장에서 지상기반 레이저 무기 '룽샤'로 저궤도 위성을 요격 · 파괴하는 시험을 실시했고, 2007년에는 위성요격미사일 시험 발사에 성공했다.

TIP. 중국의 해양전략 변화과정

<table>
<tr><th>구분</th><th>마오쩌둥(1949~1976)</th><th>덩샤오핑(1978~1989)</th><th>장쩌민(1989~2002)</th></tr>
<tr><td>기본 군사전략</td><td>인민전쟁</td><td>현대적 조건하 인민전쟁</td><td>첨단기술 조건하 국부전쟁</td></tr>
<tr><td>해양전략 명칭</td><td>연안방어(沿岸防禦)</td><td colspan="2">근해방어(近海防禦)</td></tr>
<tr><td>목표</td><td>• 대만 및 제3국의 중국 관할 해양침투 저지
• 국민당 해군으로부터 상선이나 어선 보호
• 지상국 작전 지원</td><td colspan="2">• 근해 해양통제권 확보
- 국가 통일(대만 염두)
- 영토 보전 및 해양권익 수호
- 제국주의의 해상침략 거부
* 구체적 실현을 위한 제1, 2도련선 도입</td></tr>
<tr><td>방법</td><td>• 해상에서의 인민전쟁
* 매복 · 기습, 게릴라전</td><td colspan="2">• 중국 주변수역에 대한 해상거부
• 넓은 수역(공해 포함)에 대한 해상통제</td></tr>
<tr><td>수단</td><td>• 소형 고속전투정 • 잠수함
• 해군항공대 • 육전대</td><td colspan="2">• 제1선(300~1,000해리): 잠수함, 폭격기 등
• 제2선(150~300해리): 구축함, 호위함, 전투기
• 제3선(연안): 유도탄정, 초계정, 해안방어부대</td></tr>
<tr><th>구분</th><th>후진타오(2002~2012)</th><th colspan="2">시진핑(2012~현재)</th></tr>
<tr><td>기본 군사전략</td><td colspan="3">정보화 조건하 국부전쟁</td></tr>
<tr><td>해양전략 명칭</td><td colspan="3">근해방어(近海防禦) · 원해호위(遠海護衛)</td></tr>
<tr><td>목표</td><td colspan="3">• 완벽한 근해 해양통제 달성 • 원해 활동범위 확대 보장
* '진주목걸이 전략'을 통한 목표 구체화 실현</td></tr>
<tr><td>방법</td><td colspan="3">• 원해호위형으로 점진적 전환, 원양기동작전 능력 향상</td></tr>
<tr><td>수단</td><td colspan="3">• 해상 기반 핵억제력(SSBN)
• 원양함대(항공모함, 구축함) 및 항공기(폭격기, 해상초계기)
• 인공섬(군사시설) 및 해외 군사기지 건설</td></tr>
</table>

주) 2012년 1월 5일 미국은 이라크 종전 선언 후 중국의 해양팽창을 본격적으로 견제하기 위한 신국방전략지침을 발표했으며, 이후 센카쿠 열도 및 남중국해에서 대립하고 있다. 시진핑 시대 중국은 영토주권과 해양권익 수호를 위해 기존보다 공세적인 해양전략을 추진하고 있다.

출처: 해군전력분석시험평가단, 『주변국 해군 편람』, p. 83 발췌 및 보완

2) 해군력 증강

중국은 해양에서의 국가이익을 핵심이익으로 간주하고 있으며, 강대국에 부합하는 해군력 건설을 통해 국가 핵심이익 수호 및 역내 영향력을 확대하고 있다.[21] 중

21 중국 국방백서('15. 5)에서는 다음과 같이 해군력의 중요성을 강조하고 있다. 첫째, 육군을 중시하고 해군을 경시하는 전통적 사고를 타파하고, 해양경영과 제해권(制海權) 유지를 중시해야 한다. 둘째,

국의 해군력 건설 목표는 영토 주권수호와 해양분쟁에 대비한 전 · 평시 전략적 우위를 선점하는 것이며, 근해분쟁(대만 및 남중국해 도서 등) 발생 시 개입 거부 및 지연을 위한 대(對)미국 억제능력을 강화하는 것이다.[22] 이에 따라 중국은 반접근/지역거부전략(A2/AD)을 통해 미국의 군사적 진입 차단과 자유로운 군사행동을 거부하기 위한 군사력을 강화하고 있으며, 미국의 12해리 영해 밖의 해역 통제 상황을 우려해 남중국해~동중국해~서해(중국명 황해)를 잇는 '방어봉쇄선'을 구축할 예정이다.

특히, 중국은 미국이 전 세계 해양을 장악하는 힘의 원동력을 항공모함으로 인식하고 있으며, 독자기술로 건조된 첫 항공모함을 올 상반기에 진수하고 세 번째 항공모함도 현재 상하이 조선소에서 건조 중인 가운데 2050년경 항모 10척을 보유하기 위한 계획을 진행 중에 있다.[23] 중국이 계획대로 10척의 항모를 보유하게 될 경우 미 해군 항모와 양적인 측면에서 대등해지며, 이는 곧 중국이 대양에서 미국에 필적할 수 있다는 것을 의미한다.

'048프로젝트'로 명명된 중국의 항모건조 계획은 제1단계에서는 2척의 국산 항모를 건조하는 것으로, 현재 시점이 이에 해당한다. 제2단계에서는 더욱 대형화된 항모를, 제3단계에서는 핵추진 항모를 건조하는 순서로 진행될 예정이다. 만약 중국이 항공모함 전단을 운용하게 될 경우 미국이 남중국해에서 중국을 직접적으로 견제하는 것처럼 중국은 미 본토 연안, 하와이 및 괌 주변해역, 북극해 등에서 항공모함 전단을 운용함으로써 남중국해에서 미국의 전력을 몰아내고자 할 것이다.[24]

국가안전 및 발전이익에 부합하는 현대 해상 군사역량 체계를 건설하고, 국가주권 및 해양권익을 수호한다. 셋째, 해양 국제협력에 참여하여 해양강국 건설에 전략적 뒷받침을 제공해야 한다.

22 중국 해군의 8대 임무는 ① 전략적인 대규모 작전 참가, ② 해상으로부터 침략 거부, ③ 도서 주권 · 해양관할권 및 해양국익 보호, ④ 항해안전 · 해상교통로 보호, ⑤ 해외 국익 및 재외국민 재산 보호, ⑥ 핵 억제 및 반격 시행, ⑦ 본토 내 분쟁발생 시 지원, ⑧ 국제해양안보 협력이며, 이를 통해 ① 인접해역 지배 절대화 및 제1도련 내측 내해화(內海化), ② 해양 기반 신국가발전전략 '일대일로(一帶一路)' 추구, ③ 역내 기존질서 타파 시도, ④ 강대국으로서의 위상 확립을 추구하고 있다.

23 2017년 1월 3일 자 「인민일보」에서 중국의 한 군사전문가는 "랴오닝 항공모함은 이미 초기 작전능력을 구비했으며, 향후 40여 명의 조종사와 20대 이상의 함재기를 배치해 진정한 작전능력을 구축할 예정이다"라고 평가했다. 반면에 미국의 전략국제문제연구소(CSIS)는 중국의 항공모함 전력을 혹평했으며, 탑재 가능 전투기 수가 크게 부족하고 시속 37㎞ 안팎의 항속도 문제가 될 것이라고 평가했다.

24 중국의 Type-001(랴오닝함)은 '12년 9월 취역하였으며, 중국의 국산 1번함 Type-002는 '17년 4월 진수하여 '19년 취역할 예정이다. 또한 중국의 국산 2번함 Type-3은 '15년 2월 건조에 착수하여 '23년 건

TIP. 中, 랴오닝 항공모함 및 J(殲)-15 함재기 제원

'랴오닝(辽宁)' 항공모함				'J(殲)-15' 함재기			

전장	301m	흘수	11m	기장	21.9m	최대속도	마하 2.4
전폭	71m	속력	29kts	기폭	14.7m	상승한도	20㎞
배수량	55,000t	항속거리	8,000㎞	기고	5.9m	최대이륙중량	33t

TIP. 항모 2번함(Type 001A) 진수 및 후속 항모(Type 002A) 지속 건조

Type 001A 항공모함		Type 002A 항공모함		'J(殲)-31' 스텔스기(탑재 예정)			

전장	315m	배수량	약 70,000t	기장	16.9m	최대속도	마하 1.8
전폭	75m	속력	31kts	작전반경	1,200㎞	이륙중량	25,000㎏
무장	VLS (HQ-10, HQ-16 등)			엔진	쌍발	최초비행	2012. 10

주) 1. 2017년 5월 23일, 중국 언론은 3/4번 항모(Type 002, 002A)를 건조 중이며, 각각 '21/'23년에 취역 예정이라고 보도했다(디젤 추진, 함재기 증기 사출).
2. 5/6번함(Type 003, 003A)도 설계 중이며, '30년 이전에 취역될 것으로 전망(핵추진, 함재기 70~100대 탑재 및 전자식 사출)

조완료 예상되고 있다. 그리고 중국의 국산 3번함 Type-3A는 '17년 5월 건조에 착수하였으며, Type-004 항모는 현재 설계 중에 있다.

TIP. 中, 건군 90주년(8. 1) 기념 열병식에서 공개된 신형무기

HY-6 공중급유기

J-16 전투기

J-20 전투기

Y-8 전자전기

전자전 연대 무인기 및 장비

DF-31AG

HQ-9B 지대공미사일

YJ-12A 함대함미사일 차량

YJ-83K 함대공미사일

오늘날 중국은 주요 수상전투함 82척에 잠수함 70척, 상륙함 90여 척을 보유하고 있으며, 아시아 국가 가운데 가장 많은 전력을 보유하고 있다. 또한 J-15 등 함재기는 물론이고, J-11, J-10, Su-30 등 전투기, JH-7 폭격기 등 무려 280여 대의 제트기를 포함하여 모두 650여 대의 고정익 · 회전익 기체를 보유하고 있어 아시아 최강의 해군항공 전력을 보유한 것으로 평가받고 있다. 특히 중국은 군 장비에 대한 투자의 대부분을 해 · 공군에 집중시키고 있으며, 1990년대 초부터 연 2척 이상의 수상함 및 잠수함 건조를 통해 원해작전 능력을 강화하고 있다.[25]

최근 중국은 경제성장 둔화에도 불구하고 계속해서 자국의 군사력을 발전시키고 있으며, 원양작전 능력 확보에 집중하고 있다. 인민해방군은 자국의 주력 해상전투단(surface action groups)에 대한 현대화를 상당 부분 완료했으며, 1991년부터 신형 구축함, 호위함, 잠수함 등을 건조하고 있다. 특히 중국의 해군력 건설은 2016년에만 함정 20척을 건조할 정도로 매우 빠르게 진행되고 있으며, 해군의 병력도 증가될 것으로 예상된다.[26] 다음의 〈그림 2-4〉는 1991년부터 중국의 신형 구축함, 호위함, 잠수함의 건조 현황을 나타낸 것이다.

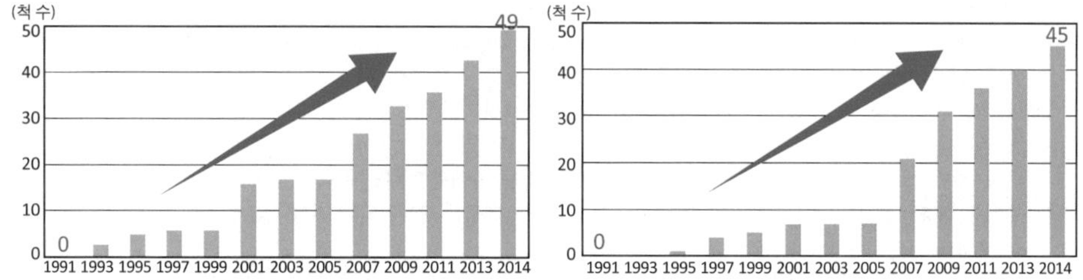

〈구축함 · 호위함〉 〈잠수함〉

〈그림 2-4〉 中, 신형 구축함 · 호위함 및 잠수함 건조 현황

출처: http://www.nids.mod.go.jp/publication/chinareport/pdf/china_report_JP_web_2016_A01.pdf(검색일: 2016. 10. 10)

---

25 양욱, "아시아 최강의 해군은 누구?", 『해군지』 Vol. 472(2017. 1), p. 22.

26 중국군은 2015년 12월 31일 발표된 군 현대화 계획에 따라 230만 명에서 200만 명으로 감축되면서 높은 수준의 현대화를 추구하고 있다. 구체적으로 육군 편제는 100만 이하로 감축하는 대신, 해군 · 로켓군 · 전략지원부대의 편제를 증가시킬 계획이며 공군은 현 정원 그대로 유지할 예정이다. 해군의 경우 23만 5천 명에서 29만 명으로 늘어날 예정이며, 상륙전과 해외 작전에 동원될 해병대는 2만 명에서 10만 명으로 증강될 예정이다.

중국 해군은 2020년까지 원양임무 수행이 가능한 121척 이상의 함정을 보유할 것으로 예상되며, 2030년에는 세계 2위 규모의 해군력을 보유하게 될 것으로 전망된다. 또한 중국은 현대식 함정 규모를 기준으로 미국 다음의 전력을 보유하게 될 것으로 예상되는 가운데 항모 6+α척, 잠수함 99척, 구축 · 호위함 102척, 경호위함 26척, 수륙양용함 73척, 유도탄정 11척 등 300여 척을 보유할 것으로 예상된다. 다음의 〈표 2-5〉는 중국의 현 보유전력과 전력증강 계획이며, 중국은 원해 작전능력을 보유한 현대화된 해군력을 통해 해양팽창을 강화할 것으로 예상된다.

〈표 2-5〉 중국 해군의 현 보유 전력과 주요 전력증강 계획

구분	주요 내용
현 보유 전력	• 항공모함: 1척(함재기 36기) • 재래식 잠수함: 55척 • 유도탄정: 109척 • 이지스함/구축함: 9/18척 • 호위/초계함/상륙함: 47/27/37척 • 전략/전술핵 잠수함: 5/8척
전략증강 계획	〈원해 작전능력을 보유한 현대화된 해군력〉 • 300여 척의 함정 · 잠수함 보유 • 항공모함: 6+α척(국산 항모 3척 건조) • 잠수함 99척(Jin급 SSBN: 5 → 8척 증강/ '20년대) • 구축 · 호위함 102척(Luyang-Ⅲ급 이지스함: 9 → 12척 증강) • 경호위함 26척, 수륙양용함 73척, 유도탄정 11척 등 보유

주) 1. 2017년 7월 5일, 마웨이밍 중국 해군 소장은 "모든 엔진 출력을 전기로 변환하는 통합 전기추진체계와 펌프-제트 엔진이 중국 해군의 최신형 핵잠수함에 장착되었으며, 이는 미국 잠수함보다 기능이 뛰어날 수도 있다"고 주장했다.
2. 2017년 7월 20일, 영국 언론은 "중국 공군이 'J(歼, 젠)-10C' 전투기에 신형 장거리 지대공 유도탄(BVRAAM)이 탑재된 사진을 공개했으며, 동 미사일은 'PL(霹雳, 피리)-15'일 가능성이 높다"라고 전했다. PL-10의 최대속도는 마하 4이며, 최대사거리는 200㎞에 달한다. 양국이 지대공/공대함 미사일 증력을 강화하는 것은 상대국이 실효적으로 지배하는 분쟁지역을 견제하고, 자국이 실효적으로 지배하는 분쟁지역에 대한 거부 능력을 강화하는 것이라고 할 수 있다.
3. 2017년 7월 26일, 중국 언론은 스텔스 항공기 및 전자포 같은 최첨단 무기를 개발하기 위해 미국 국방부 산하 첨단기술연구소(DARPA)와 유사한 과학연구관리위원회를 신설했다고 보도했으며, 동 위원회는 시진핑 국가주석이 위원장이며, 공산당 중앙군사위원회 직할부서로 편성될 예정이다.
4. 중국의 055형 구축함은 전장 180m, 전폭 19m 및 흘수 6.6m로 최대속력이 30노트로서 연료 재보급 없이 12노트 속력으로 5,000마일 이상 항해가 가능하여 항모전투단의 주력 호위함으로 역할을 수행할 것으로 예상된다. 특히 중국 군사전문가들은 055형 구축함이 미 해군 알레이 버크급 이지스함보다 40% 이상 성능이 향상되었으며, 줌월트급 스텔스 구축함과 스텔스 선체만 다를 뿐 대부분 유사한 성능의 장비들을 탑재하고 있다고 평가하고 있다.

TIP. 중국의 군사력 개발 현황

수상함 체계

중국은 세계 2위의 경제력을 바탕으로 국방예산을 연 10% 이상 증가시키고 있으며, 해군력 현대화를 위해 전방위적인 기술도입을 추진하고 있다. 중국의 수상함 관련 기술은 구소련의 기술을 기반으로 자국의 조선, 전자, 기계, 금속 기술 등을 통합하고 있으며, 항공모함 설계 및 건조, 운용 기술을 빠르게 축적하고 있다.

Type 052C Luyang Ⅱ급			
배수량	7,112t	전장×전폭×흘수	155×17×6m
최고속력	29kts	유도탄	SSM: 8 C-602 SAM: 8 HHQ-9
화포	1-3.9in	전자대응	ESM/ECM: NRJ-6A

잠수함 체계

잠수함 선체, 탑재장비, 추진계통 및 특수성능 분야 등 모든 부문에서 독자적 설계 · 건조가 가능한 기술수준을 보유하고 있으며, 최근 급격하게 발전 중인 조선, 기계, 전자 등의 기술이 잠수함 건조에 적용됨으로써 기술력이 급격하게 향상 중이다.

Jin(Type 094)급			
배수량(수중)	10,000t	전장×전폭×흘수	137×11.8×2.3m
승조원	140명	유도탄	SLBM: 12 JL-2
추진	Nuclear	어뢰	6-21in

고정익 체계

전통적인 항공산업 기반을 통해 독자적인 엔진, 항전정비, 기체, 무장 기술을 보유하고 있으며, 지속적인 후속 항공기 개발 프로젝트를 진행 중이다. 특히 정부의 집중적인 투자 및 군수 위주 성장에서 민수산업으로 투자를 전환하고 있으며, 빠른 속도로 선진권을 추격 중에 있다.

J-20(5세대급을 목표로 개발 중인 스텔스 전투기)			
전장	20.2m	자중	19.391kg
전폭	13m	엔진	WS-10(세제기) WS-15(예정)

출처: 국방과학기술 개발동향 및 수준 CD(국방기술품질원, 2016. 12)

TIP. 중국의 주요 함정들

001급(Liaoning) 항모
'12년 1척 취역

002급(Shandong) 항모
'17년 진수, '18년 취역 예정

051B/C급 구축함
B급 1척, C급 2척 취역

052B급(Luyang I) 구축함
'04년 2척 건조

052C급(Luyang II) 구축함
'04~'15년 6척 건조

052D급(Luyang III) 구축함
'14~'19년 13척 건조 예정

055급(Renhai) 구축함
'17년 진수, '18년 취역 예정

054A급(Jiangkai II) 호위함
'08~'18년 26척 취역 예정

053H3급(Jiangwei II) 호위함
'98~'04년 10척 건조

037급(Houjian) 초계함
'91~'99년 6척 건조

071급(Yuzhao) 상륙함
'07~'19년 6척 건조 예정

072-III급(Yuting-II) 상륙함
'03~'16년 15척 건조

082-II급(Wozang) 소해함
'05~'16년 5척 건조

903A급(Fuchi) AOE
'04~'16년 8척 취역

039A/B/C(元급) SSK
'06~'12년 12척 취역

091(漢급) SSN
'84~'90년 3척 취역

093A(商급) SSN
'06~'16년 4척 취역

094(晋급) SSBN
4척 취역, 총 8척 건조 예정

출처: 해군전력분석시험평가단, 『주변국 해군 함정 명칭의 이해』(2017)

3. 일본: 군사대국으로서 강대국 위상 확립

1) 대외전략

일본은 2012년 12월 총선에서 당시 집권여당인 민주당을 물리치고 자민당을 승리로 이끈 아베 신조 총리가 보통국가화를 통해 '강한 일본'을 만들겠다는 자신의 주장을 실현할 기반을 조성했으며, 일본을 국가의지에 따라 전쟁을 치를 수 있는 보통국가로 만들어가고 있다.[27] 아베 정권은 2013년 12월에 채택한 '국가안보전략'에서 일본의 독자적인 방위력 증강, 미 · 일 동맹 강화, 한국 · 호주 · ASEAN 등 아태지역 국가와의 적극적인 협력체계 구축이라는 3대 안보전략 기조를 제시했다.[28] 아베 정권은 이러한 안보전략 기조하에 앞에서 언급했듯이 집단적 자위권 확대 해석, 미 · 일 신방위협력지침 체결, 안보법제 통과 등 보통국가화를 위한 노선을 강력하게 추진하고 있다.[29]

또한, 아베 정권은 2010년 센카쿠 열도 사태 이후 악화된 중 · 일 관계를 관리하는 정책을 추진 중이며, 한 · 일 관계를 개선하는 동시에 한 · 일, 한 · 미 · 일 안보협력 문제를 논의할 수 있는 토대를 구축 중에 있다. 이와 아울러 일본은 2014년 우크라이나 사태 이후 국제사회의 대(對)러시아 제재가 지속되는 상황 속에서 새로운 일 · 러 관계 구축을 모색 중이며, 대북정책에서도 고강도 대북제재 조치를 선제적

---

27 2017년 7월 2일, 아베 총리는 자신과 가까운 이가 운영하는 학교법인들에게 특혜를 줬다는 학원 스캔들 등으로 인해 자민당이 도쿄도의회 선거에서 참패를 당함에 따라 아베 총리의 지도력 및 개헌 추진 동력도 큰 타격을 입었다는 분석이 지배적이다. 또한 2017년 7월 23일, 센다이 시장 선거에도 패배함에 따라 자민당 내에서는 위기감이 확산되고 있다. 그럼에도 불구하고 아베 총리의 보통국가화 추진은 계속될 것이며, 보통국가화 추진을 위한 명분 확보를 위해 공세적으로 국제문제에 개입할 것으로 예상된다.

28 안보 다이아몬드: 일본-미국(하와이)-호주-인도 4개국의 거점을 연결하면 태평양과 남중국해 및 인도양을 아우르는 거대한 마름모꼴 형태가 되는 것에 착안하여 명명했으며, 목적은 상호 안보협력을 강화하는 것이다.

29 일본 자민당 헌법개정본부는 2017년 8월 말 헌법 9조(교전권 제한 · 군대 보유 금지) 개정 초안을 제시하여 논의를 심화시키고 있다. 또한 일본 정부는 2017년 8월 6일 육 · 해 · 공 자위대의 통합적인 운용을 추진하기 위해 '18년에 「통합운용 계획」을 새롭게 작성할 예정이라고 전했으며, 동 계획은 센카쿠 열도(중국명 댜오위다오) 등 도서방위 및 탄도미사일 방어 강화를 중점으로 안보문서의 기본이 될 것으로 전망된다.

이고 공세적으로 추진하는 등 적극적인 대외전략을 추진 중에 있다.

일본의 국방 기본방침('57. 5. 20)은 직간접 침략을 미연에 방지하고, 만약에 침략을 받았을 때는 이를 배제함으로써 민주주의를 기조로 하는 일본의 독립과 평화를 수호하는 것이다. 이에 따른 기본 방위정책은 전수방위('70. 10, 방위백서), 비핵 3원칙('71. 11, 국회결의), 비군사대국화('91, 방위백서), 방위장비 이전 3원칙('14. 4, 아베 총리) 등에 기반을 두고 있으나, 아베 정권 기간 중 보통국가화 추진과 연계하여 지속적인 변화가 예상되고 있다.[30]

특히 일본은 2015년 9월 30일 안보법제 성립을 정식으로 공포함으로써 일본 자위대의 역할을 확대하고 있다. 안보법제는 제2차 세계대전 이후 일본의 전력 보유 금지와 국가 교전권을 불인정하는 일명 '평화헌법'(헌법 제2장 9조)을 기반으로 제정된 일본의 국가안전보장법이라고 할 수 있다. 일본의 안보법제는 10개의 개정 법률과 1개의 새로 제정되는 법률(국제평화지원법)로 구성되어 있으며, 이들 11개 법률의 제·개정으로 일본 자위대의 무력사용 범위 및 활동반경 확대가 가능해지게 되었다.

안보법제 관련 주요 핵심내용으로 먼저 집단적 자위권의 경우 기존 자위대의 방위출동은 일본에 대한 직접적인 무력공격사태에서만 가능했던 것이 이제는 일본뿐만 아니라 일본과 밀접한 타국에 대한 무력공격으로 인해 일본의 존립에 위협을 받는 존립위기사태[31]로 확대되었으며, 여기에는 일본의 북한지역에 대한 단독작전도 배제할 수 없는 상황이다. 또한 집단적 자위권 관련 법안에 타국 영역 내 무력행사에 대해 영역국의 '사전동의'가 명시되지 않았다는 것은 존립위기사태의 판단기준이 명확하지 않아 내각의 자위적 · 정책적 판단에 따라 집단적 자위권이 행사될 여지를 남겨두고 있는 상황이다.

다음으로 후방지원 관련 주요 핵심내용은 전쟁을 수행하는 미군이나 타국 군에

---

30 2017년 6월 24일, 일 자민당은 정부에 '14년에 제정된 '무기 수출 3원칙' 중 해외 무기판매 관련 규제를 더 완화할 것을 요구했다. 일본은 1967년 ① 공산국가 ② UN 결의로 무기수출이 금지된 국가 ③ 국제분쟁 당사국 및 우려가 있는 국가에 대한 무기수출을 금지한다는 내용의 무기 3원칙을 발표한 바 있다.

31 무력공격사태 대처법 제2조(정의)에 명시된 '존립위기사태'란 일본과 밀접한 관계에 있는 타국에 대한 무력공격이 발생하여 이로 인해 일본의 존립이 위협받아 국민의 생명, 자유 및 행복추구 권리가 전복되는 명백한 위험에 처한 사태를 말한다. 일 정부는 존립위기사태의 대표적 사례로 탄도탄 방어 중인 미 함정이 공격받는 상황, 호르무즈 기뢰봉쇄 상황 등을 제시한 바 있다.

대해 자위대가 수행하는 후방지원의 지리적 범위와 지원 분야가 확대되었다는 것이다. 그동안 일본은 자국 주변의 미군에게만 제한적으로 보급 · 수송 · 정비 등을 지원할 수 있었으나 안보법제 개정을 통해 지리적 제한 없이 미군뿐만 아니라 타국 군에게도 무기제공을 제외한 거의 모든 지원이 가능하게 되었다. 특히 지리적 제한 없이 탄약제공 및 발진 준비 중인 항공기에 대한 급유와 정비가 가능하며, 별도의 법률 없이 언제든지 다국적 후방지원이 가능하게 되었다.

끝으로 그레이존(gray zone)은 국제정치 용어로 평시 · 전시 여부를 판별하기 어려운 회색지대로서 무력 공격인지 아닌지 판별하기 어려운 모호한 의미를 가지고 있다. 일본은 지금까지 헌법과 전수방위 원칙에 따라 공격이 아닌 무장세력 침입 등에 대해서는 경찰력으로 대응했다. 일본은 기존 자위대가 스스로만 방호할 수 있는 자위대법 제95조에 추가하여 평시도 유사시도 아니지만 자위대의 대응이 필요한 사태를 '그레이존' 사태라고 하며, 법률에는 담지 않고 별도 각의 결정으로 3가지 상황, 즉 ① 공해상 민간선박에 대한 침해행위, ② 외국군함의 영해침범, ③ 무장집단의 불법 낙도상륙을 상정했다.

향후 일본 자위대의 역할과 범위는 많은 변화가 예상되고 있으며, 특히 자위대가 미 해군 함정을 방호하는 사안 및 UN평화유지활동의 임무확대에 대처할 수 있도록 무기사용기준 완화 작업 등이 가속화될 것으로 예상된다. 일본의 안보법제는 많은 잡음을 유발하면서 통과되었으며, 집단적 자위권과 타국 군에 대한 후방지원의 경우 일부 문제점이 존재하고 있으나 이러한 문제점은 현 안보법제가 지닌 문제점들로서 향후 수정 및 보완될 수 있다는 측면에서 일본의 무력행사는 더 이상 문제가 되지 않는다고 할 수 있을 것이다.

일본은 제2차 세계대전의 전범국가로서 전수방위[32] 개념을 채택함에 따라 일본

---

32 전수방위(專守防衛, Exclusively Defense Oriented Policy)는 일본 헌법 제9조와 연계된 수동적인 군사정책이자 기본 군사전략이다. 그 내용은 적의 공격을 받은 후에 일본이 군사력을 행사하여 방어하며, 적 기지에 대한 공격은 실시하지 않는다는 것이다. 일본이 보유하는 군사력은 자위에 필요 최소한으로 한정하여 침략을 사전에 방지하고 재래식 무기에 의한 소규모 직접 및 간접 침략은 자력으로 방어하지만 핵을 포함한 대규모 전면전은 미 · 일 안보체제에 의존하는 것이다. 일본은 전범국가로서 제2차 세계대전 후 평화헌법에 따라 방어 목적 외에 전쟁 권리를 포기했으며, 실제로 1946년 제정된 일본

의 군사력은 1950년 미국과의 강화조약에 의해 '자위대'라는 개념으로 건설되기 시작했으며, 1957년 평화헌법을 바탕으로 국방의 기본방침을 공표하면서 최소한의 방위력을 건설해왔다. 이러한 맥락에서 일본 해상자위대는 미국이 일본에 도착할 때까지 적어도 침공을 저지할 수 있는 최소한의 능력을 스스로 보유하는 것에 중점을 두면서 '200해리 전수방위' 해양전략을 유지했다. 그러나 1970년대 석유 파동을 통해 해상교통로의 중요성에 대한 인식과 소련과 중국의 군사적 위협에 대응하기 위해 해상자위대의 전력을 강화하고, '1,000해리 전수방위' 개념을 채택했다.

오늘날 일본의 해양전략은 흔히 '1,000해리 전수방위' 또는 '해상교통로 방위'라고 불리며, 해상자위대는 괌에서 필리핀 간 1,000마일 해상교통로 안전 확보, 3대 해협(소야, 쓰가루, 쓰시마) 방어, 해역 통제, 군사력 균형 유지 등을 위한 전략을 수립하여 시행하고 있다. 특히 과거 일본의 해양전략이 러시아에 집중적으로 대비했다면, 오늘날 일본의 해양전략은 해상자위대의 역할 및 범위 확대와 더불어 중국의 해양 팽창에 집중적으로 대응하고 있는 상황이다.

일본은 해양국가로서 국가 차원의 해양전략을 근간으로 발전한 국가로서 현재 중국의 부상을 견제한다는 이유로 군사력을 급속도로 강화하고 있으며, 미국의 '아시아 · 태평양으로 회귀전략(Pivot to Asia)' 분위기에 동반하여 '동적 전략'을 채택하여 과거 평화헌법에 제약을 받던 해양전략이 아닌 보통국가로서의 역할이 가능한 해양 전략을 채택하려 하고 있다. 구체적으로 일본은 집단적 자위권 행사 강화 및 자위대의 투사능력을 증강하고 있으며, 센카쿠 열도에서 중국을 견제하기 위해 미 · 일 동맹 및 유럽, 호주 등과의 해양연대를 강화하고 있다. 향후 일본의 해양전략은 더욱 공세적으로 변화할 것이며, 동아시아 안보환경에 적지 않은 영향을 미칠 것으로 전망되는 가운데 역내 미군의 역할을 대신할 것으로 분석되고 있다.

헌법 제9조 1항은 무력에 의한 위협 또는 무력행사는 국제분쟁을 위한 수단으로 포기한다고 선언했다. 유엔헌장 제51조는 동맹국이 공격받을 경우 동맹국을 지원해 제3국에 대한 자위권 차원의 무력행사는 누구나 할 수 있는 보편적 권리를 헌법이 막는 구도였다. 그동안 일본은 이런 모순을 피하기 위해 집단적 자위권을 보유하고 있으나 헌법 해석에 따라 이를 행사하지 않는다는 논리를 내세웠다.

TIP. 日, 안보법제 주요 내용

구분	대상 법률	주요 내용	비고
개정	① 자위대법	• 방위출동 요건 추가 • 재외 일본인 보호조치 • 미군 등 부대의 무기 등 방호	집단적 자위권 그레이존
	② PKO법	• PKO 활동 범위 확대 • 정당방위에 추가, 방해배제용 무기 사용	
	③ 중요영향사태법	• 주변사태법에서 중요영향사태법으로 개정 • 미군 이외 외국군 지원활동 추가 • 지원 범위 및 내용 확대	후방지원
	④ 선박검사활동법	• 중요영향사태, 자위대 해외파견 시 선박검사 활동 실시	③ 및 신법 ①과 관련
	⑤ 무력공격사태대처법	• 존립위기사태 정의 • 무력행사 신(新) 3요건 명기	집단적 자위권
	⑥ 미군행동관련조치법	• 존립위기사태 시 지원 • 미군 이외 외국군 지원	⑤와 관련
	⑦ 특정공공시설이용법	• 존립위기사태 및 미군 이외 외국군 지원	
	⑧ 해상수송규제법	• 존립위기사태 시 해상수송규제	
	⑨ 포로취급법	• 존립위기사태 시 포로 취급	
	⑩ NSC설치법	• 관련법 개정에 따른 심의사항 추가	
신법	① 국제평화지원법 * 일반법(항구법)	• 국제분쟁에 공동대처하는 다국적군 후방지원을 위한 자위대 해외파견	후방지원

TIP. 일본 정부가 제시한 집단적 자위권 행사 유형, 요건 및 과정

집단적 자위권 행사 유형	집단적 자위권 행사 3요건
① 일본인 수송 중인 미국 함선 방호 ② 무력 공격을 받는 미군 함선의 방호 ③ 강제적인 선박 검사 ④ 미국을 향하는 탄도미사일의 일본 영공 내 요격 ⑤ 탄도미사일 발사 상황 시 미군 함선 방호 ⑥ 미국 본토가 무력공격을 받는 상황에서 ⑦ 일본 근해에서 작전 중인 미 함선 방호 ⑧ 국제적인 기뢰제거활동 참가 ⑨ 민간 선박에 대한 국제공동 방호	① 일본의 존립이 위협받는 명백한 위험이 있을 때 ② 무력 행사 외에 적당한 수단이 없을 때 ③ 필요 최소한도의 실력행사에 그친다 ※ 개별적 자위권: 일본이 공격받았을 때 자위대 출동(기존부터 가능) ※ 집단적 자위권: 동맹국/우방국이 공격받았을 때 자위대 출동 * 2차대전 후 집단적 자위권 포기
집단적 자위권 행사를 위한 6단계 필수 과정	
① 밀접한 관계에 있는 국가가 공격당함 → ② 방치하면 일본의 안전에 큰 영향을 미침 → ③ 공격당한 국가로부터 분명한 도움 요청 → ④ 공격 받은 국가가 아닌 제3국의 영토, 영해를 자위대가 통과할 때 제3국의 허가 취득 → ⑤ 총리가 종합적 판단 → ⑥ 일본 국회의 사전 혹은 사후 승인	

TIP. 일본의 국가안보 · 방위정책 기반과 변화과정

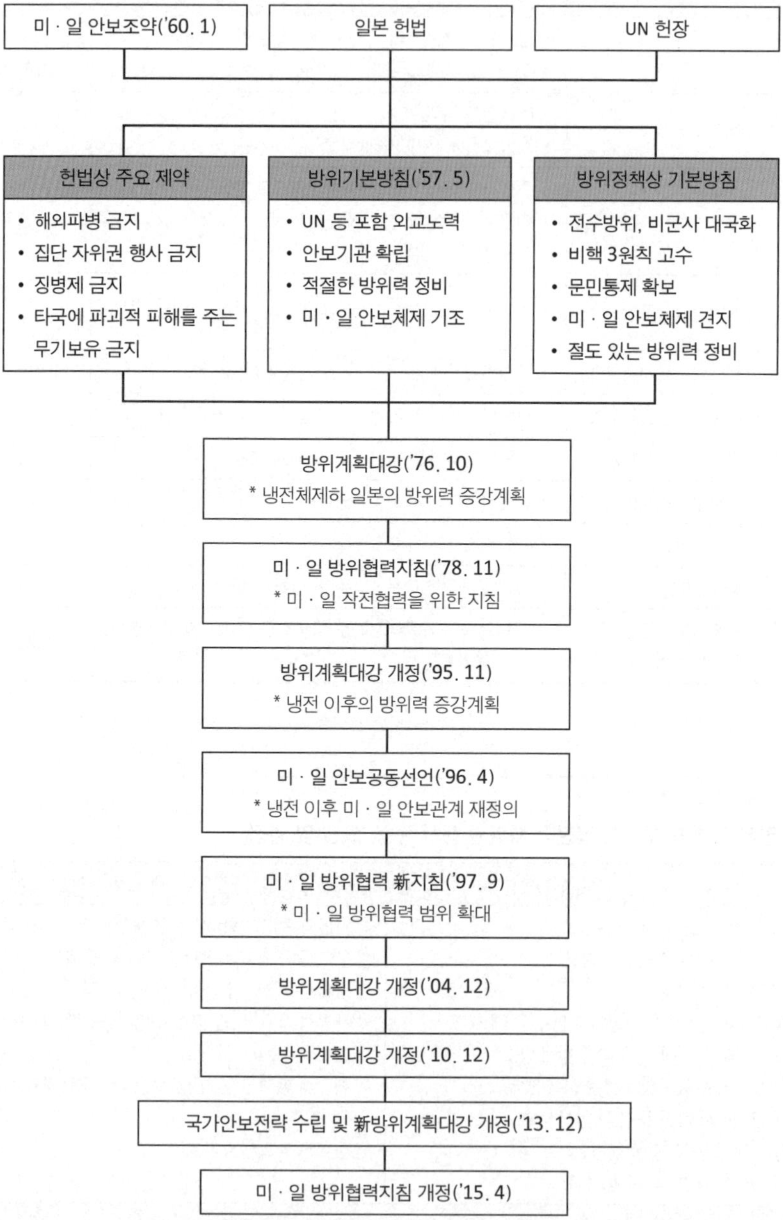

출처: 해군전력분석시험평가단, 『해양전략용어 해설집』, p. 204.

TIP. 일본의 해양전략 변천과정

<table>
<tr><th>구분</th><th>1976 대강</th><th>1995 대강</th><th>2004 대강</th><th>2010 대강</th><th>2013 대강</th></tr>
<tr><td>방위 기본방침
('57. 5. 20)</td><td colspan="5">직접 및 간접 침략을 미연에 방지하고, 만약 침략을 받았을 때는 이를 배제함으로써 민주주의를 기조로 하는 일본의 독립과 평화를 수호</td></tr>
<tr><td>방위력</td><td colspan="3">기반적 방위력</td><td>동적 방위력</td><td>통합기동 방위력</td></tr>
<tr><td>기조</td><td colspan="5">• 일본, 안전보장 목표 달성 추구
• 9 · 11테러 이후 전시 대비 중점에서 평시 예방과 대처 중심으로 전환
• 국제평화에 기여하고 인도주의를 지원한다는 명분하에 일본 영토 방위에서 인도양과 중동으로 확대(해상교통로의 관심범위도 인도양까지 확대)
• 미 · 일 동맹의 협력범위를 극동에서 아 · 태지역으로 확대</td></tr>
<tr><td>영토
(관할해역)
방위전략</td><td colspan="5">• 목표: ① 평시 위협/위험요인 사전 억제 · 예방
② 탄도미사일 방어 중점
③ 미 · 일 협력으로 대처
• 방법: ① 관할해역에 대한 해양통제 및 거부력 투사
② 신속대응을 위한 해 · 공역 경계 · 감시
③ 다층방어시스템을 활용한 탄도미사일 방어
④ 자위대 주도, 미군 보완적 역할
• 수단: ① 통합 전투력 향상(통합막료 조직 정비, 정보본부 재편성)
② 해상 · 항공자위대 함정 · 항공기
③ BMD 시스템, SM-3, PAC-3 등</td></tr>
<tr><td>해상교통로
보호전략</td><td colspan="5">• 목표: ① 본토 방위와 동일한 차원에서 대응
② 일정 항로대 기준 1,000NM 해역에서 작전 및 호송
• 방법: ① 미국의 패권과 국제협력에 의존
② 적 군함의 해협통과 저지, 광역초계, 선박호위, 대상 해역에 해군력 전개 등
• 수단: ① 대(對)항공 및 대(對)미사일 능력이 향상된 함정 및 군수지원함
② 해상교통로 인접국가에 외교 · 경제적 지원을 통한 안전 협조</td></tr>
<tr><td>원거리
도서
방위전략</td><td colspan="5">• 목표: ① 본토 방위와 동일한 차원에서 대응
② 해양 영역의 영토개념화로 침략 사전 차단
• 방법: ① 육 · 해 · 공 합동작전을 통한 도서 방위 및 탈환
② 자위대 주도, 미군 보완적 역할
• 수단: ① 함정: DDH(지휘함), DDG, LPD, AOE 등
② 항공기: AWACS, E-767/2C, F-15, P-3C, SH-60K 등
③ 지상군: 수륙기동단</td></tr>
</table>

출처: 해군전력분석시험평가단, 『주변국 해군 편람』, p. 149 발췌 및 보완

2) 군사력 증강

일본의 해상자위대는 아시아 국가 가운데 가장 현대화되고 균형적인 해군력을 보유하고 있으며, 과거 소련에 집중적으로 대비하기 위한 세계적 수준의 대잠전과 대기뢰전 능력을 보유하고 있다. 오늘날 일본은 중국의 해양 견제를 목표로 자국의 해양주권 수호를 강화하기 위해 해상자위대 및 해상보안청의 전력을 증강하면서 해양안보 활동 범위를 확대시키고 있다.

일본의 국방비는 평화헌법에 따라 GDP 대비 1% 내외의 수준을 유지함에도 불구하고 세계 7위의 국방예산을 집행하고 있으며, 2012년 12월 아베 신조 정권 출범 이후 증액되고 있는 상황이다. 현재 일본은 군사강국으로서 중국의 위협을 지나치게 부풀려 군사대국화를 더욱 노골화할 것으로 예상되며, 중 · 일 간 역내 소(小)패권 경쟁 구도 속에서 지속적으로 해군력을 강화할 것으로 예상된다. 특히 최근 일본은 북한의 핵 · 미사일 위협을 자국에 대한 위협으로 인식하고 있으며, 북한의 위협에 대비하기 위한 전력을 강화하고 있다.

일본은 현재 6척의 이지스함을 보유 중에 있으며, 2018년부터는 아타고급 개량형 2척을 추가 건조하여 2021년까지 취역시킬 예정이다. 또한 잠수함 전력은 1994년부터 유지된 16척 체제에서 22척 체제로 증강되며, 호위함 전력도 기존의 47척에서 54척으로 증강된다. 이와 아울러 100대가 넘는 구형 P-3C 대잠초계기는 자국산 가와사키 P-1 초계기로 대체되며, 대잠헬기(SH-60J · K), 소해헬기(MH-53E, MCH-101) 등 120여 대의 함재헬기를 보유 중에 있다. 특히 헬기항모의 경우 오스미급(LPD) 3척을 비롯하여 휴가급 헬기모함(LHD) 2척, 이즈모급(LHD) 1척과 F-35A 최신의 스텔기, KC-46A 공중급유기를 확보하는 등 대양에서 대(對)중국 견제능력을 강화하고 있다.[33]

또한 일본은 센카쿠 열도 영유권 분쟁에 대비하기 위해 도서방어 및 상륙작전 능력 확보에 집중하고 있다. 우선 CH-47JA 수송헬기 6대, V-22 수직이착륙기 4대, C-2 수송기 3대, 기동전투차량(헬기수송 가능), AAV-7 상륙장갑차(바다에서 발진 가능)

---

33 백병선, "동아시아지역의 해양분쟁 전망 및 한국의 대응방향: 주변국 해군력을 중심으로", 「전략연구」 통권 제71호(2017. 3), pp. 94-95.

11대를 도입했으며, 육상자위대는 도서지역을 감시하기 위해 센카쿠 열도 인근 도서에 연안감시대를 배치하고 2018년 3월경 수륙양용작전을 전담하는 3,000명 규모의 수륙기동단을 창설할 예정이다. 2017년 일본의 국방예산은 5조 1,251억 엔(436억 달러 상당)으로 전후 사상 최대치를 기록했으며, 트럼프 행정부의 압박을 계기로 국내총생산(GDP) 대비 1%가 무너질 것으로 예상된다.[34] 다음의 〈표 2-6〉은 일본 해군의 현 보유 전력과 주요 전력증강 계획을 정리한 것이며, 원해 및 기동작전 능력을 극대화하고 있다.

〈표 2-6〉 일본 해군의 현 보유 전력과 주요 전력증강 계획

구분	주요 내용
현 보유 전력	• 헬기탑재구축함: 3척 • 이지스함/구축함: 6/33척 • 호위함: 6척 • 유도탄정: 6척 • 재래식 잠수함: 18척
전략증강 계획	〈원해 및 기동작전 능력 극대화〉 • 헬기탑재 구축함: 3 → 5척 증강 • 이지스함: 6 → 8척 증강 • 호위함: 47 → 54척 증강 • 재래식 잠수함: 18 → 22척 증강 • 해상작전헬기: 72 → 80기 증강 • 해상초계기: 65기 체제 유지

주) 2017년 7월 17일, 「요미우리신문」에 따르면 일본 정부가 개발 중인 신형 공대함미사일을 내년부터 항공자위대 F-2 전투기에 탑재할 예정이다. 이 신형 공대함미사일은 일본 최초의 초음속으로 비행하기 때문에 요격이 어렵다는 장점이 있다. 현재 일본이 사용하고 있는 공대함미사일은 음속에 가까운 '80식'과 '93식'이 있는데, 신형 미사일의 비행속도는 93식의 약 3배인 마하 3 정도에 달한다.

TIP. 日, Izumo급 헬기탑재 호위함 2번함(Kaga) 취역(2017. 3. 22)

Kaga함의 함명은 1942년 6월, 미드웨이 해전에서 미 해군 항모 함재기의 폭격을 맞고 침몰한 아카기, 소류, 히류와 함께 구(舊)일본 해군의 항모에서 유래했다. 이로써 일본은 총 4척의 헬기탑재 호위함(휴가급 2, 이즈모급 2)을 보유하게 되었으며, Kaga함의 경우 평평한 격납고를 갖춰 총 14대의 헬기 운용이 가능하다. 또한 Kaga함은 이즈모와 같은 형태이지만 선체 양쪽에 차폐판 설치로 레이더에 탐지되기 어려운 구조이며, 다른 함정의 연료 보급기능도 갖춰 다양한 해상임무가 가능하다. 특히, Kaga함은 중국 견제를 위한 해상 경계임무에 투입될 예정이며, 중국은 수직이착륙 전투기 탑재가 가능한 Kaga함이 항모전력으로 운용될 것을 경계하는 등 상당한 위협으로 인식하고 있다.

34 2017년 7월 17일, 일본 방위성 관계자는 "2018회계연도('18. 4. 1~'19. 3. 31) 방위예산은 전년 대비 1.4% 증가한 5조 1,251억 엔(약 51조 3,000억 원)이 편성되어 역대 최고액이 될 것이다"라고 밝혔으며, 동 예산안에는 '이지스 어쇼어' 연구·개발비와 중국의 해상 진출에 대한 대응 예산 등이 포함되어 있다. 이지스 어쇼어는 이지스함에 탑재된 요격미사일(SM-3)과 고성능 레이더를 지상에 배치하는 체계다.

TIP. 日, Izumo(22DDH)급 헬기 항모

구분	Hyuga급	Izumo급
형상		
배수량	13,500톤	19,500톤
크기	197×33×7m	248×38×7m
속력	최대 30kts	최대 30kts
항속거리	11,000㎞(6,000NM)	16,000㎞(9,000NM)
승조원	약 350명	약 470명
항공기	헬기 10대	헬기 14대

주) 1. Izumo급 함정은 미 Essex급 항공모함(전장 250m, 전투기 30대 탑재)과 유사한 수준

2. 2012년 1월에 착공하여 2013년 8월에 진수했고, 건조비용은 약 1,200억 엔

3. 대형 갑판, 항공기 엘리베이터 등의 보유에 따라 경항모로 활용 가능

4. 항공기 운용 및 지휘 능력 향상(기존 휴가급 대비 헬기 deck 1개소 증가, 정보/감시/정찰 기능 Network 구성 및 위성/Data통신체계 구축)

TIP. 日, F-35B & P-1 가와사키

F-35B 전투기(함재기 이용 가능, 도입 예정)			
기장	15.4m	항속거리	1,667㎞
기폭	10.7m	최대속도	마하 1.6
기고	4.3m	최대이륙중량	27,200㎏

P-1 가와사키(해상초계기)			
기장	38.0m	항속거리	8,000㎞
기폭	35.4m	최대속도	830㎞/h
기고	12.1m	최대이륙중량	80,000㎏

TIP. 일본의 군사력 개발 현황

수상함 체계

일본은 세계에서 두 번째로 많은 이지스함을 보유한 나라로 최근에는 대형함 위주의 전투함을 건조 중이며, 해상자위대의 임무 확대에 따라 앞으로 부여된 상황 및 임무에 따른 함정 개발에 노력할 것으로 예상된다. 특히 일본은 다수의 작전헬기 및 항공기를 운용할 수 있는 플랫폼 관련 기술 개발에 집중하고 있다.

신형 상륙수송함(LPD)			
전장	210m	항속거리	4,000㎞
배수량	16,000t	속력	22kts
탑재능력	V-22 오스프리 2대, LCAC 2척, 2개의 갑판에 AAV와 전차 40대 탑재 가능		

잠수함 체계

3,000톤급 이상 잠수함의 설계 · 건조기술 능력이 탁월하며, 월등히 은밀한 기술을 보유하고 있다. 특히 원자력 추진 잠수함을 건조할 수 있는 기술을 보유하고 있으며, 연료전지 AIP 탑재, 리튬이온 축전지, 컨포멀 어레이 소나, 2세대급 음향흡수타일 부착 등 재래식 잠수함 분야에서 매우 수준 높은 기술을 채택하고 있다.

Souryu급			
배수량(수중)	4,100t	전장×전폭×흘수	84×9.1×8.5m
승조원	70여 명	유도탄	Sub-arpoon
추진	Diesel	어뢰	6-21in

고정익 체계

전후 패전국으로 항공기 제작이 금지되어 기술 공백이 있었으나 지속적인 개발프로젝트를 추진하여 기술 · 인프라를 유지 및 확대하고 있다. 자체적인 핵심기술 연구과제를 진행하여 독자적인 전투기 개발에 필요한 능력을 확보하고 있다.

ATD-X(X-2 Shinshin)			
기장	14.18m	작전반경	761㎞
기폭	9.1m	최대속도	마하 2.25
자중	9,700㎏	최대이륙중량	13t

출처: 국방과학기술 개발동향 및 수준 CD(국방기술품질원, 2016. 12)

TIP. 일본의 주요 함정들

Hyuga급 헬기탑재 DDH
'09~'11년 2척 건조

Izumo급 헬기탑재 DDH
'15~'17년 2척 건조

Kongou급 구축함
'93~'98년 4척 건조

Murasame급 구축함
'96~'02년 9척 건조

Takanami급 구축함
'03~'06년 5척 건조

Atago급 구축함
'07~'08년 2척 건조

Akizuki급 구축함
'12~'14년 4척 건조

Abukuma급 호위함
'89~'93년 6척 건조

Oosumi급 LPD
'98~'03년 3척 건조

Uraga급 MST
'97~'98년 2척 건조

Hirashima급 MHS
'08~'10년 3척 건조

Enoshima급 MHS
'12~'15년 3척 건조

Mashuu급 AOE
'04~'05년 2척 건조

Chihaya급 구조함
'00년 1척 건조

Kashima급 훈련함
'95년 1척 건조

Hayabusa급 고속정
'02~'04년 6척 건조

Oyashio급 SSK
'98~'08년 11척 건조

Souryu급 SSK
'09~'21년 12척 건조

출처: 해군전력분석시험평가단, 『주변국 해군 함정 명칭의 이해』(2017)

4. 러시아: 냉전 시대 주역으로서 자존심 회복

1) 대외전략

러시아 지도부의 관심은 우크라이나 사태 이후 전반적으로 외부 세계로부터 러시아에 대한 위협, 그중에서도 군사적 위협이 심화되고 있다는 사실에 모아졌으며, 이에 기초해 2014년 12월 26일 군사독트린이 개정되었다. 러시아의 신군사독트린은 '93, '00, '10년에 이어 네 번째로 개정 · 발표되었으며, 국방에 대한 국가 전략기획 지침 및 군사전략으로서 현대전에 대한 견해 및 군사력 사용 원칙 등을 포함하고 있다. 특히 동 문건에는 안보위협에 대한 새로운 대응책과 국방정책 청사진에 대한 내용이 수록되어 있다.

신군사독트린의 주요 내용은 러시아의 주요 군사 위협으로 NATO의 동진, 미국발 MD 체계의 확장 등 기존 국제질서하의 세력균형을 무너뜨리는 서방의 군사행위들을 지목하고 있다. 이러한 위협에 대해 신군사독트린에서는 핵무기에 의존한 억제를 비롯하여 일반적인 군사력을 통한 경계태세 강화를 강조하는 이른바 비(非)핵억제력 개념도 강조하고 있다.[35]

2015년 12월 31일 신군사독트린의 상위 문건인 국가안보전략도 신군사독트린의 연장선상에서 개정되었으며, 동 문건에서는 서방과는 대립을 전제로 하면서도 공조 가능성을 남겨두고 있다. 또한 최근 러시아는 국제정치 · 경제 질서가 서구 중심에서 아 · 태지역으로 이동하고 있다고 평가하면서 동 지역에서 자국의 입지 확보에 주력하는 동아시아 중시 정책으로 변화를 추구하는 가운데 역내 전략적 행위자로서 부활을 추진하고 있다.

오늘날 러시아의 해양전략은 세계전략으로 진화하고 있으며, 그 중심에는 해군력의 부활이 중요한 역할을 담당하고 있다.[36] 이에 따라 러시아의 해양전략은 국가전략 차원에서 접근하고 있으며, 대표적으로 신해양독트린(New Maritime Doctrine)은 대

---

35 한국전략문제연구소, 『2016 동아시아 전략평가』(서울: 한국전략문제연구소, 2016), p. 214.

36 2017년 7월 30일, 푸틴 대통령은 해군의 날 열병식에 참석하여 "러시아 해군은 제2차 세계대전 당시 해상에서 국경을 수호했으며, 오늘날 전통적 임무뿐 아니라 대(對)테러 · 해적 작전 등 새로운 도전에 대응하고 있다"라고 언급했다.

양에서의 국가이익 발전과 보장을 위해 국가 차원의 대양활동 방향을 제시하는 전략문서로서 해군이 주도적인 역할을 담당하지만 그 내용은 단순한 군사독트린에 그치지 않고 국가 차원의 해양정책 전반을 포함하고 있다. 다음의 〈표 2-7〉은 신해양독트린에서 제시한 4대 해양안보 기조를 정리한 것이다.

〈표 2-7〉 신해양독트린상 4대 해양안보 기조

- 총 6개 해역으로 분류하여 각 해역에서의 작전, 수송, 과학탐사 및 천연자원 개발에 대한 해군의 역할 제시
  * 6개 해역: 대서양, 북극해, 남극해, 카스피 해, 인도양, 태평양
- 북극항로 개설 및 국경지역에서의 NATO 확대 대응 일환으로 북극해 및 대서양 해양안보정책 중시
- 지중해에 항구적인 러시아 해군력 현시와 이를 위해 크림 반도 및 세바스토폴 해군기지 활용
- 북해 및 태평양 함대에 SSBN 및 SSN을 우선배치하며 중국 및 인도와의 해양 안보협력 강화

TIP. 러시아 해군기지

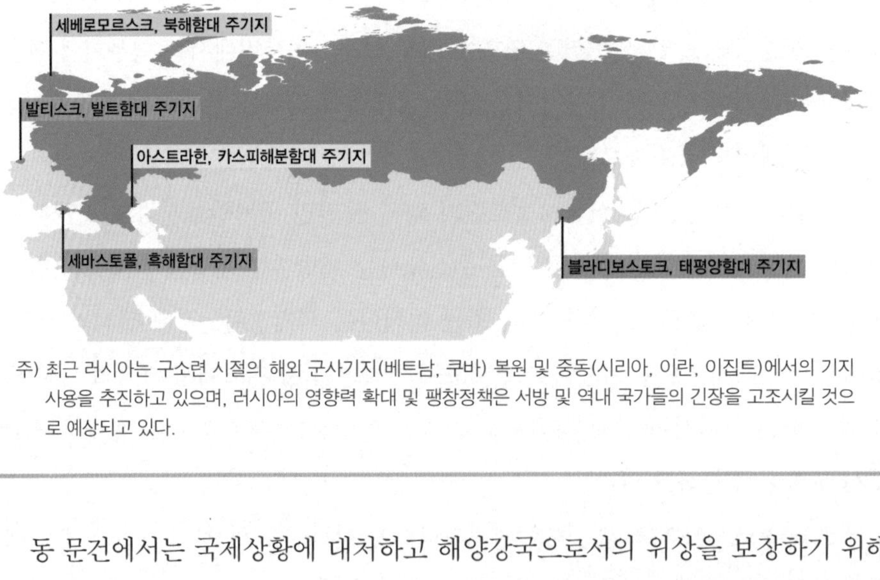

주) 최근 러시아는 구소련 시절의 해외 군사기지(베트남, 쿠바) 복원 및 중동(시리아, 이란, 이집트)에서의 기지 사용을 추진하고 있으며, 러시아의 영향력 확대 및 팽창정책은 서방 및 역내 국가들의 긴장을 고조시킬 것으로 예상되고 있다.

동 문건에서는 국제상황에 대처하고 해양강국으로서의 위상을 보장하기 위해 4개 기능(해군활동, 해양수송, 해양과학, 자원확보)에 입각한 6개 해역에서의 활동 방향을 제시하고 있으며, 크림 반도 합병 이후 흑해 및 지중해에서의 서방과의 긴장고조, 북극해의 전략적 · 경제적 중요성 등과 관련된 것들도 주요 정책으로 포함하고 있다. 또한 태평양 역시 중요성이 점증하고 있는 지역으로 전략적 안정을 모색하는 가운데 태평양함대 전력을 발전시킨다는 계획이 포함되어 있다. 다음의 〈표 2-8〉은 러

시아의 해역별 주요 활동 방향을 정리한 것이다.

〈표 2-8〉 러시아의 해역별 주요 활동 방향

구분	해역별 주요 활동 방향
대서양	NATO의 동진 확장 대응 및 차단
북극해	북극해 자원 연구 및 탐사
카스피 해	석유 및 가스 채굴, 수송 등 보장
인도양	인도 등 기타 국가들과 우호관계 증진
남극해	남극조약에 따른 각종 연구, 자원개발 등 참여 강화
태평양	• 중국과 우호관계 발전 도모 및 기타 국가들과의 협력 중시 • 경제 및 인프라의 개발을 통한 극동지역 경제 발전

주) 러시아는 크림 반도 합병 이후 흑해 및 북극해의 중요성을 인식하고 있으나 최근의 안보환경을 고려하여 태평양함대의 전력증강을 추진하고 있다.

오늘날 러시아의 해양전략은 '공세적 신속방어' 전략으로서 국가전략 차원에서 전 세계 해양에서의 국가이익을 수호하고, 해양선진국들 사이에서 러시아의 입지 강화 및 과거 구소련 시대의 해군력 현시(presence)를 위해 주변국보다 우수한 첨단 전력을 확보함으로써 해군의 작전범위를 확대하고 있다. 특히 러시아는 정부가 주도적으로 바다로 향하는 전략을 채택하고 있으며, 러시아의 세계전략은 해양전략을 근간으로 진화하고 있다.

TIP. 신해양독트린을 발표하고 있는 푸틴 러시아 대통령

출처: http://cm.asiae.co.kr/view.htm?no=2015092010342272855#ba(검색일: 2015. 5. 30)

TIP. 러시아의 해양전략 변천과정

<table>
<tr><th>구분</th><th>제정러시아(1882~1917)</th><th colspan="5">구소련(1917~1991)</th></tr>
<tr><td>군사
전략</td><td>공세적 특성 + 방어적 성격</td><td>방어 위주의
지구전략
(레닌)</td><td>격멸전략
(스탈린)</td><td>적극적
방어전략
(스탈린)</td><td>대량
보복전략
(흐루시초프)</td><td>유연반응전략
(브레즈네프)</td></tr>
<tr><td>명칭</td><td colspan="6">연안방어전략</td></tr>
<tr><td>목표</td><td>• 발트에서의 상업적 이익
• 해외 무역로 지배</td><td colspan="5">• 지상군 지원 • 전쟁 억지력 확보
• 본토 안보</td></tr>
<tr><td>방법</td><td>• 소극 · 수세적 현존함대
• 유럽(영국, 북유럽)의 조선기술 도입
• 한자동맹과 연결</td><td colspan="5">• 해군력 복원 및 건설
• 연안수역에서의 소규모 전투
• 해양거부(Sea Denial)</td></tr>
<tr><td>수단</td><td>• 해군 창설(1696년)
• 발틱함대
* 장갑함, 순양함</td><td>소련함대
창설
(1918)</td><td colspan="2">• 요새함대
• 균형함대</td><td>전략핵
잠수함</td><td>• 핵+재래식 전력
• 항공모함</td></tr>
<tr><td>구분</td><td colspan="6">러시아(1991~현재)</td></tr>
<tr><td>군사
전략</td><td colspan="2">전방위 기동방어전략
(옐친)</td><td colspan="4">공세적 방어전략
(푸틴)</td></tr>
<tr><td>명칭</td><td colspan="6">공세적 신속방어 전략</td></tr>
<tr><td>목표</td><td colspan="6">• 타국의 공격기도 억제 • 해양선진국들 사이에서 러시아의 입지 강화
• 전 세계 해양에서 러시아의 이익 수호 • 전시 해상에서 국가방위 보장</td></tr>
<tr><td>방법</td><td colspan="6">• 주변국보다 우수한 군사력 건설 • 북극해와 태평양으로 진출
• 연안 및 작전해역에서 해상 통제권 장악</td></tr>
<tr><td>수단</td><td colspan="2">• 러시아 해군 창설(1992년)
• 대양함대(잠수함, 항공모함)</td><td colspan="4">• 전략 핵전력
• 통상전력</td></tr>
</table>

주) 1. 공세적 특성+방어적 성격 : 화력과 기동 · 기습을 이용한 기선제압, 광활한 영토를 이용한 지구전 및 소모전 수행
2. 방어위주의 지구전략 : 외부의 위협보다는 내부 위협이 중시되는 방어적 전략개념과 외부 침공 시 궤멸전을 위해 전쟁수행 중에도 준비가 가능한 지구전을 중시
3. 격멸전략 : 양대 진영이 대립하는 상태에서 혁명 완수를 위해 전쟁은 불가피하며, 공세적인 종심작전으로 적의 군사력을 궤멸
4. 적극적 방어전략: 재래식 무기 위주의 방어(독일의 대소 공격 시 방어 위주의 전쟁수행, 미국의 핵무기 개발에 따른 전략적 열등으로 재래식 무기에 의한 방어의 중요성 강화)
5. 합리적 충분성 전략: 군사력 규모와 전력 구조가 적의 침략을 격퇴시키기에는 충분하고, 타국에 대한 공격작전을 수행하기에는 불충분한 수준 유지
6. 전방위 기동방어 전략: 신속대응군(경장비 부대 중심, 공수에 의한 원거리 작전능력 보유)과 긴급전개군(중장비 부대 중심, 육상 수송에 의한 타격력 보유)을 편성, 영토의 중심인 우랄 · 볼가 군관구에 배치하여 전방위 기동작전 수행
7. 공세적 방어전략: 핵 선제공격 및 유사시 핵무기를 포함하여 모든 군사력을 사용하는 전략
8. 한자동맹: 중세(12~13세기) 북해 및 발트 해 연안의 독일 여러 도시가 뤼베크를 중심으로 결성한 상업 목적의 동맹

출처: 해군전력분석시험평가단, 『주변국 해군 편람』, p. 211 발췌 및 보완

2) 군사력 증강

러시아는 '강한 러시아 재건'을 위해 해군력을 지속적으로 강화하고 있으며, 최근의 국력신장과 더불어 에너지 안보 및 해상교통로 확보를 위해 과거 전성기 해군전력과 작전 범위 수준으로 회복을 시도하고 있다. 앞에서도 언급했듯이 오늘날 러시아의 세계전략은 진화하고 있으며, 그 중심에는 해군력 부활이 중요한 역할을 담당하고 있다.[37] 다음의 〈표 2-9〉는 2015년 7월 26일 러시아 해군의 날에 푸틴 대통령이 발표한 러시아 신해양안보정책(New Maritime Doctrine)에 명시된 러시아 해군의 전력증강 추진 계획이다.

〈표 2-9〉 2050년까지 러시아의 전력증강 추진 계획

구분	수상함	잠수함	항공 · 무인체계
1단계 ('15~'20년)	• 고르쉬코프급 호위함 • 스트레구치급 초계함	• 보레이급 핵탄도 잠수함 • 델타급 핵탄도 잠수함	• 차기 해상초계기 • 공격헬기(Ka-52) • 다목적 해상헬기 (Ka-27 대체용)
2단계 ('21~'30년)	• BMD 능력 차세대 구축함 • 다목적 상륙함, 신형 항공모함	• 차기 델타급 핵탄도 잠수함	• 유인항공기 → UAV로 대체
3단계 ('31~'50년)	• 모듈식 다목적 연안방어 함정	• 무인체계탑재 잠수함 • 5세대 핵탄도 잠수함	• 다목적 무인체계

주) 1. 약화된 전력기반 보강 및 특정지역에서 우위를 확보할 수 있도록 첨단장비 개발 · 배치 최우선 추진
2. 무장 및 물자 보유량 확대, C2체계 개선, 합동군 C2체계로 통합 및 해군기지 · 지원체계 개선 추진
3. 장거리 작전 가능한 다목적함정 및 단거리 모듈화된 함정으로 구분 건조
4. 인공지능시스템, 각종 무인체계, 비살상무기 및 새로운 지향성 무기체계 도입

출처: 러시아 신해양정책(New Maritime Doctrine)에서 일부 내용 발췌 정리

최근 들어 러시아는 한동안 전략 핵잠수함에 치중했던 해군전력을 균형함대로 전환하고 있으며, 과거 구소련 시대의 해군력 현시(presence)를 위한 첨단전력을 지속적으로 증강하고 있다. 또한 러시아 해군은 현재 유일하게 보유하고 있는 쿠즈네초프급 항공모함을 2017년에 개량할 계획을 진행 중이며, 프랑스로부터 도입하려던 미스트랄급 대형 상륙함을 자체 건조 계획으로 전환시키는 등 독자적인 해군능력을

---

37 2017년 7월 30일, 푸틴 러시아 대통령은 해군의 날 열병식에서 '17년 내에 함정 30척을 확보할 예정이라고 발표했다.

갖추기 위한 노력을 집중하고 있다. 그러나 러시아의 경우 항공모함을 지속적으로 계획 중이나 경제난과 항공모함 필요성에 대한 논란 등으로 인해 확보 시기가 지연되고 있는 상황이다. 이와 관련하여 부르수크 러시아 해군 부사령관은 2017년 6월 29일 "러시아 해군은 미래형 항공모함을 건조할 것이며, 여러 연구소에서 항공모함 외형을 결정하기 위한 작업을 진행하고 있다"라고 밝혔다. 다음의 〈표 2-10〉은 러시아 항공모함 건조 계획을 정리한 것이다.

〈표 2-10〉 러시아 항공모함 건조 계획

구분	주요 내용
Kuroyedov 해군사령관 (2005년)	해군력 증강의 일환으로 신형 항공모함 건조 계획 발표(톤수 미상) * 척수: 2~4척 / '13년 건조 착수, '17년 1번함 취역 목표
Marsorin 해군사령관 (2007년)	세계 2위의 해군력 건설을 목표로 항공모함 건조 계획 발표(톤수 미상) * 향후 20년 내(~'27년) 6개 항공모함 전단구축 (전단 구성: 항모 1+순양함 2+구축함 2+대잠함 2척)
해군당국 (2011년)	항공모함 건조 계획 구체화 발표(10만 톤급 최초 언급) * 10만 톤급 항공모함 총 4척 건조/'16년부터 설계 착수, '18년 건조 시작, '30년 1번함 취역
키로프연구센터 (2015년)	'30년부터 10만 톤급 슈퍼 항공모함 4척 배치 추진 발표(10만 톤급) * 프터스부르크 국제해양방위전시회 시('15. 7. 1~5) 차기항모 모형 전시
Bursuk 해군 부사령관 (2017년)	미래형 항공모함 건조 계획 및 진행사항 언급 * 10만 톤급 핵추진 항모 건조 후 '30년 말까지 작전 배치
클린체비치 상원 국방 · 안보위원회 제1부위원장 (2017년)	근시일 내에 항공모함 6척을 동시에 건조할 계획이라고 언급
유리 보리소프 국방차관 (2017년)	2025년까지 쿠즈네초프에 이은 신형 핵추진 항모 건조 착수 및 2030년 진수 언급

주) 1. '11년 이후 미 신형항모(Gerald R. Ford)와 유사한 10만 톤급 항모 건조 계획 구체화 및 대외 공개 중
2. 2025년까지 항모 건조를 시작하는 것은 물론 함재기로 실을 신형 전투기의 개발도 진행하며, 새 항모에는 짧은 활주 거리로 이착륙하거나 수직으로 이착륙 가능한 최신예 전투기를 함재기로 탑재할 구상이라고 언급

최근 전개되고 있는 러시아의 해군력 증강 및 현대화 계획은 크림반도 사태에 따른 서방의 경제제재와 국내의 예산문제 등으로 다소 지연 또는 변경되고는 있으나 신해양안보정책과 맞물려 푸틴의 지원 아래 '강한 러시아'를 달성하기 위한 최우

선 수행과제라고 할 수 있다. 다음 〈표 2-11〉은 러시아 해군의 현 보유 전력과 주요 전력증강 계획을 정리한 것이며, 해군전력의 현대화를 집중적으로 추진하고 있다.

〈표 2-11〉 러시아 해군의 현 보유 전력과 주요 전력증강 계획

구분	주요 내용
현 보유 전력 (태평양함대)	• 순양함/구축함: 1/5척 • 초계함/상륙함: 12/4척 • 유도탄정: 11척 • 전략/전술핵 잠수함: 5/10척 • 재래식 잠수함: 8척
전략증강 계획	〈해군전력의 현대화〉 • 순양함 :1 → 4척 증강(퇴역 순양함 현대화 개조 수리 후 재취역) • Gorshkov급 호위함: 4 → 20척 증강 • Leader급 핵추진 구축함: 12척 확보 • Borey급 SSBN: 5 → 8척 증강('22년) • Yasen급 SSGN: 2 → 6척 증강('21년)

주) 러시아는 최신예 불라바 전략 핵미사일을 최대 16기까지 탑재할 수 있는 사양으로 2020년까지 총 8척의 최신형 전략핵잠수함을 건조하여 실전에 배치할 예정이다. 특히 러시아 태평양함대에 최신형 전략핵잠수함이 추가 배치됨으로써 한반도 주변 해역에서 러시아 핵잠수함의 활동이 더욱 활발해질 가능성이 높으며, 이에 따라 미국 · 일본 · 중국의 대응 전력 강화를 초래할 가능성이 제기되고 있다.

TIP. 러시아 현 · 차기 항모 비교

구분	현 Kuznetsov함	차기 항모구상(사업명: Shtorm)
형상		
전장	302m	330m
만재톤수	65,000톤	100,000톤
추진방식	증기터빈	핵추진
취역연도/척수	'91년/1척	'30년~/4척
함재기	고정익 28대+회전익 24대	고정익+회전익 100대
사출방식	스키점프대	스키점프대+전자기식 사출시스템 (4대의 함재기 동시 이륙 가능)

TIP. 러시아의 군사력 개발 현황

수상함 체계

러시아는 항공모함, 항공순양함, 구축함 등의 자체 생산 고려 시 수상함 무기체계 분야에서 세계 최고 수준의 독자적인 기술력 보유국이다. 함정 무기체계 분야의 운용 효율성은 서방측 함정 무기체계 대비 떨어지나, 센서 핵심기술은 우위를 점하고 있다.

Leader급 핵추진 구축함('18년부터 건조 추진, '20년대 중반까지 12척 건조)

- Leader급 구축함의 가장 큰 특징은 최대 200기의 미사일 적재가 가능하며, 이 중 72기의 대함미사일 탑재 가능
- 극초음속 대함미사일 Zircon(속도 마하 8), P-700 그라니트대함미사일(중량 750~1,000㎏의 고폭탄두 또는 500kt 핵탄두 탑재), 사거리 2,500㎞의 칼리브 순항미사일, S-500체계를 기반으로 최대 600㎞ 거리에서 접근하는 ICBM 탄도미사일 요격체계 탑재

잠수함 체계

재래식 및 원자력 추진 잠수함을 동시 설계 · 건조하는 전통적인 군사 강국으로 잠수함 선체, 탑재장비, 추진계통 및 특수성능 분야에서 세계 최고 수준의 기술을 보유하고 있다. 그러나 군사력 증강을 위한 국방비 지출 규모, 국방기술 기반 능력 및 경제적 여건 등을 고려할 때 미국보다는 기술력이 부족하다고 할 수 있다.

Dolgoruky(Boery)급			
배수량(수중)	19,711t	전장×전폭×흘수	170×13.5×9m
승조원	102명	유도탄	SLBM: 16
추진	Nuclear	어뢰	4-21in

고정익 체계

5세대 스텔스 전투기 및 다목적 폭격기 개발을 통해 AESA 레이더, 내부 무장기술 등 최첨단 고정익 기술을 보유 중이고, 6세대 전투기 개발에도 착수했으며, 최선진권 수준의 기술을 유지하고 있다. 현재 5세대 전투기 T-50(PAKFA)을 개발 중에 있다.

T-50(PAKFA)			
전장	20.8m	최대속도	M 2.0
전폭	15.0m	운용고도	20,000m
전고	5.1m	작전반경	1,200㎞

TIP. 러시아의 주요 함정들

Kuznetsov급 항모
'90년 1척 건조

Kirov급 순양함
'98년 1척 건조

Slava급 순양함
'82~'89년 3척 건조

Udaloy급 구축함
I급 7척, II급 1척 건조

Sovremenny급 구축함
'89~'94년 5척 건조

Neustrashimy급 호위함
'93, '09년 각 1척 건조

Gorshkov급 호위함
'06~'21년 6척 건조 예정

Grigorovich급 호위함
'06~'21년 6척 건조 예정

Steregushchiy-II급 호위함
'17년 2척 건조 예정

Lavina급 LPD
'16년 건조 착수(추정)

Ivan Gren급 LST
'17~'18년 2척 건조 예정

Alexandrit급 MHS
1척 건조, 총 4척 건조 예정

Academic Pashin급 보급함
'18년 취역 예정

Grachonok급 고속정
13척 건조, 총 16척 건조 예정

Borey급 SSBN
'12~'22년 8척 건조 예정

Severodvinsk급 SSGN
'13~'20년대 10척 건조 예정

Oscar-II급 SSGN
'12~'22년 8척 건조 예정

Victor-III급 SSN
'90~'92년 3척 건조

출처: 해군전력분석시험평가단, 『주변국 해군 함정 명칭의 이해』(2017)

5. 동아시아의 역학구도 전망

1) 역내질서 변화

트럼프 대통령의 시리아 공습, 북한에 대한 선제공격론 제기, 한반도 주변 해역에 대한 군사력 증강 배치, 남중국해 항행의 자유 작전 시행, 대(對)북한 · 이란 · 러시아 제재 등은 미국이 개입주의 노선을 채택했다는 것을 보여주고 있다. 특히 트럼프 대통령이 집권 이후 보여준 대외전략은 예측이 불가하다는 평가를 받고 있는 가운데 동아시아지역에서 미국의 리더십이 국익과 직결된다는 인식이 더해갈 것으로 예상된다. 이에 따라 미국은 동아시아 개입 정책을 더욱 강화할 것이며, 해군력 증강을 바탕으로 '힘을 통한 평화'를 추구함에 따라 트럼프 집권 시기 국제사회는 힘의 논리가 지배할 것으로 전망된다.[38]

앞에서도 언급했듯이 주변 4강의 경우 동아시아지역에 대해 강대국(great power)의 요건들이라고 할 수 있는 능력(capability) 및 의지(will)를 갖추고 있으며, 정치적 목적을 달성하기 위해 힘을 기반으로 자국에게 유리한 여건을 조성하기 위한 개입(intervention)을 점차 확대하고 있는 상황이다. 특히 주변 4강의 역학관계 및 주변 4강과 한국과의 관계 역시 힘의 논리가 적용될 것이며, 국가 간 관계는 자국 중심의 정책 추진에 따른 갈등과 마찰을 통해 결정될 것이다. 결국 힘의 논리가 적용되는 시대에 필요한 힘을 갖추지 못한다는 것은 자국의 국가이익을 침해받는 상황으로 이어지게 될 것이며, 여기에서 힘은 바로 상대국에 대한 견제력이 될 것이다.

트럼프 대통령 집권 이후 불확실성 시대의 개막에 따라 주변 4강의 지도자들은 해양투사능력 및 원양작전능력 향상 등을 통해 대비하고 있으며, 이러한 군사력 증강은 기존의 국제질서를 변화시킬 뿐만 아니라 불확실성 및 불안정성을 더욱 증대시킬 것으로 전망된다. 동아시아지역에서 주변 4강에 의한 힘의 논리는 북한의 핵 · 미사일 위협 및 다양한 해양갈등에 적용될 것이며, 힘의 논리가 적용되는 가운데 주변 4강 중심의 역내질서 변화가 예상된다. 구체적으로 동아시아지역의 국제질서는

---

38 김현욱, "'협상가' 트럼프 힘에 기반, 아시아 개입 강화한다", 「통일한국」 Vol. 398(2017), p. 19.

미국의 패권유지 vs. 신형대국관계하의 G2시대 vs. G2+2 또는 G4 시대(G4 in East Asia) 등을 맞이하게 될 것이다. 다음의 〈그림 2-5〉는 동아시아지역의 국제질서 변화 과정을 정리한 것이다.

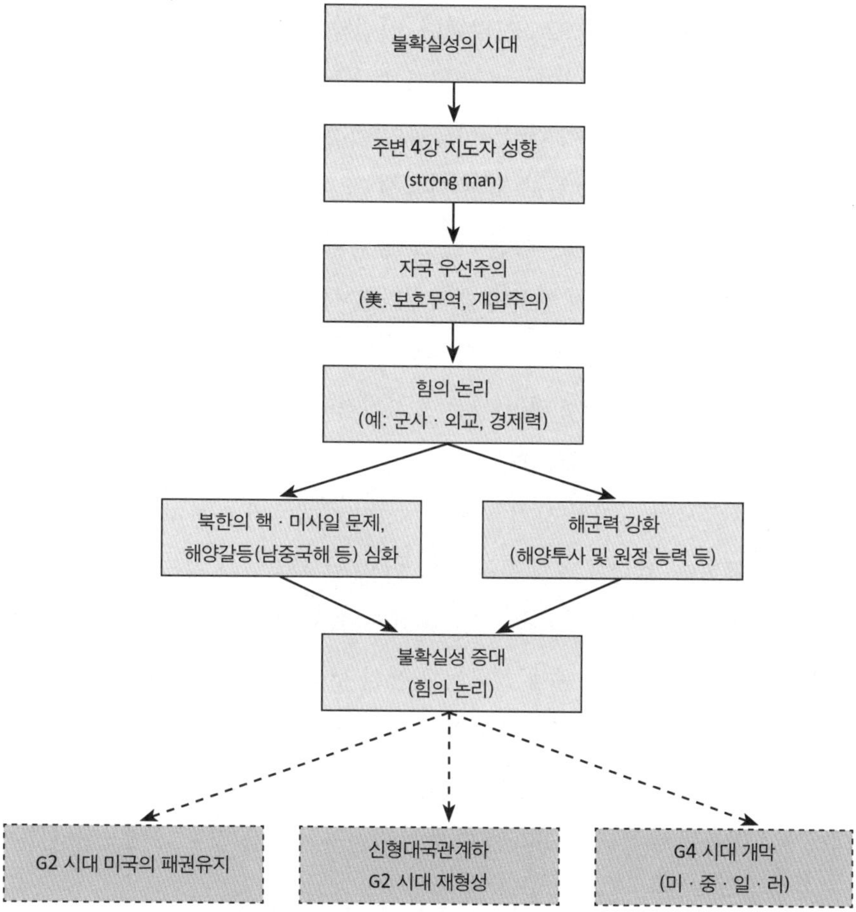

〈그림 2-5〉 동아시아지역의 국제질서 변화과정

출처: 백병선, "트럼프 집권기 주변 4강의 리더십 간 역학관계 전망 및 한국의 해양안보", 「국가전략」 제23권 제2호(2017. 5), p. 162 보완

2) 주변 4강의 역학관계

주변 4강의 역학관계는 주변 4강 지도자들의 강력한 리더십이 자국 우선주의에 어떻게 반영되느냐에 따라 결정되며, 자국 중심의 정책 추진은 힘의 논리에 기반을 둘 것으로 예상된다. 먼저 미 · 중 간의 관계는 주로 대결관계가 형성되며, 협력단계의 비중은 다소 낮아질 것으로 전망된다. 시진핑 국가주석은 중국몽을 실현하기 위해 강한 의지를 표명하면서 영토와 영해를 확대하고 있으며,[39] 한반도 THAAD 배치와 관련하여 강력하게 반발하는 등 미국과의 대결 구도를 형성하고 있다.[40]

그러나 트럼프의 환율조작국 지정 가능성, 무역전쟁도 불사한다는 발언 및 중국이 북핵 문제를 도와주지 않는다면 자신도 중국의 '하나의 중국' 문제에 협조할 수 없다고 언급하는 등 트럼프 대통령의 대외전략은 시진핑 국가주석의 대외전략 추진에 변수로 작용할 것으로 예상된다. 다만 미 · 중은 G2 시대를 형성하는 강대국으로서 북한문제 해결을 포함하여 테러 같은 초국가적 위협 등의 국제문제에 대해서는 협력관계를 유지할 것으로 예상된다.

일본의 경우 트럼프 집권 시기는 불확실성의 시대이기도 하지만 기회의 시대가 될 것으로 전망된다. 트럼프는 대통령 취임 이후 일본의 안보 무임승차론을 제기하면서 방위비 분담금 증액을 요구할 것으로 예상된다. 그러나 트럼프의 안보 무임승차론 제기 및 방위비 분담금 증액 요구는 일본의 보통국가화를 더욱 촉진할 뿐만 아니라 일본의 군사력 증강 및 자위대의 역할을 확대시키는 기회가 될 것으로 평가된다. 따라서 미 · 일 간의 관계는 협력관계를 유지할 것으로 예상되며, 다만 경제문제에 대해서는 갈등이 예상되나 심각한 단계로 발전하지 않을 것으로 예상된다.[41]

---

39 시진핑 국가주석은 "중화민족의 부흥을 실현하려면 반드시 부국(富國)과 강군(强軍)을 함께해야 한다"면서 '중화민족주의'를 강조했으며, 1842년(아편전쟁에서 패한 후 불평등조약 체결)부터 1949년(중화인민공화국 수립)까지의 '굴욕의 세기'를 바꿔보겠다는 강한 의지를 표명했다.

40 2017년 1월 11일, 중국 국무원은 아태지역에 대한 자국의 입장을 대외적으로 알리기 위해 '아태안전협력정책' 백서를 발표했다. 동 백서에서 "한국과 미국이 중국의 반대에도 불구하고 THAAD 배치를 선언한 것은 지역 내 전략 균형을 파괴하므로 배치를 중단해야 한다"라고 촉구했다.

41 트럼프 대통령은 취임 후 자신의 트위터로 도요타의 멕시코 공장 건설을 비난했으며, 이에 대해 일본 자동차 제작회사인 도요타는 향후 5년간 미국에 100억 달러(약 12조 원)를 투자한다는 계획을 발표했다. 또한 아베 신조 총리는 미국 방문을 앞두고 일본 기업들이 미국에 총 4,000억 달러를 직접 투자했

G2 시대는 미국과 중국이 강력한 두 축을 형성한 반면, 냉전 시대 미국과 함께 한 축을 형성했던 러시아는 경쟁 구도에서 멀어지게 되었다. 미국은 중국을 견제하기 위해 러시아와 협력관계를 형성하고 우호적인 입장을 견지하고 있으나,[42] 러시아가 미국을 위협할 수 있는 강대국으로 등장하는 것에 대해서는 여전히 견제하고 있는 상황이다. 구체적으로 미국은 러시아를 견제하기 위해 그린란드 소재 '툴레' 공군기지 내 미 MD 체계 현대화 작업과 유럽 내 MD 배치를 추진했으며, '14년 3월 러시아가 우크라이나의 크림 반도를 합병하자 대러 경제제재를 지속적으로 시행하고 있다. 반면에 러시아는 미국을 견제하기 위해 필리핀과의 군사협력을 확대하여 추진하는 등 양국 간 상호 견제하는 상황들이 지속적으로 식별되고 있다.[43]

그리고 중 · 러 관계는 과거부터 동맹관계를 형성하고 있으며, 이를 반영하듯이 중 · 러는 양국의 관심해역에서 연합훈련을 실시하고 있다. 구체적으로 중 · 러의 연합훈련 장소는 지중해(2015. 5), 극동지역 표트르 대제 만(2015. 8), 남중국해(2016. 9) 등이며, '12년부터 연례적으로 실시하고 있는 중 · 러 '해상연합-2017' 연합훈련은 동해(블라디보스토크) 및 오호츠크 해에서 실시되는 등 양국은 앞으로도 강력한 동맹관계를 형성할 것으로 전망된다.[44] 특히 중 · 러 관계는 미 · 중 간 대결이 본격화될 경우 더욱 공고한 관계로 발전할 것으로 예상되며, 한반도 THAAD 배치에 따른 미 ·

고, 170만 명분의 일자리를 뒷받침하고 있다는 사실을 부각시키는 등 미 · 일 간 경제문제는 일본의 선제적인 조치로 인해 갈등이 심화되지 않을 것으로 예상된다. 향후 미 · 일의 경제대화는 미국의 대일(對日) 무역적자와 자유무역협정(FTA) 등 양국 간 무역문제가 될 것으로 보인다.

42 2017년 7월 12일, 트럼프 대통령은 "G20 정상회의에서 푸틴 대통령과 장시간 회담을 통해 러시아와 우호적인 관계를 구축하고 있으며, 이후 양국은 이해관계를 공유하는 국제현안에 대해 협력할 수 있을 것이다"라고 언급했다. 2017년 7월 14일, 푸틴 러시아 대통령은 "트럼프 대통령이 그의 이미지와는 다르게 상대방의 주장에 귀를 기울이는 스타일로 앞으로도 양국 관계발전을 위해 대화를 실시하길 희망한다"라고 언급했다.

43 2017년 1월 3일, 러시아 태평양함대 부사령관(미하일로프)은 함정 2척을 이끌고 마닐라에 도착한 직후 필리핀과의 연합 군사훈련 의향을 표명했으며, 2015년 1월 5일 주 필리핀 러시아 대사(이고리 호바에프)는 잠수함 · 항공기 등 첨단무기를 제공할 의사를 밝혔다. 현재 두테르테 필리핀 대통령은 미국과의 남중국해 순찰을 중단했으며, 연합훈련 축소 등을 결정하고 중국 및 러시아와의 경제 · 군사 협력을 추진 중에 있다.

44 2017년 7월 19일, 중국은 중 · 러 '해상연합-2017'(7. 21~28) 훈련 참가를 위해 중국 군함이 최초로 발트 해에 진입할 예정이라고 발표했다. 발트 해는 러시아와 유럽의 주요 해상 무역통로로 미 · 러 간 분쟁 발생소지가 다분해 중국 군함은 동 해역 진입을 자제해왔다.

중 간의 대립은 중국의 러시아에 대한 의존도를 높이게 될 것이다.[45]

또한 2010년 센카쿠 열도 사태 이후 중국 해 · 공군의 공세적인 군사활동이 증가하는 가운데 일본은 중국의 급속한 군사력 증강과 동 · 남중국해에서의 중국의 군사행동을 자국에 대한 위협으로 인식하고 있다.[46] 특히 일본은 중국이 힘에 의한 현상 변경을 시도하는 동시에 군사적 차원의 강압적인 조치에도 주저하지 않을 것으로 인식함에 따라 중국에 대해 적극적인 견제 입장을 견지하고 있다.

이에 반해 중국은 일본의 우경화에 대해 경계하고 있으나 과도한 비판은 자제하고 있는 상황이다. 양국은 2014년 11월 정상회담을 통해 양국 간 전략적 호혜관계를 발전시키고, 긴장완화를 위해 양국 간 해공연락 메커니즘 설치에 관한 협상을 개시하기로 합의했다.[47] 그러나 중 · 일 관계는 일본이 역내에서 미국의 역할을 대체하여 일본 해상자위대의 역할과 범위를 확대함에 따라 양국 간의 협력보다는 상호 견제가 주를 이루게 될 것이다. 다만 중국은 자국이 추진하는 일대일로 구상에 일본 측의 협조를 희망함에 따라 정치 · 경제문제를 분리한 방식의 관계로 발전할 가능성도 제기되고 있다.[48]

또한 러 · 일 관계에서 양국은 대결관계보다는 협력적인 관계를 형성 중에 있다. 일본은 쿠릴 열도(북방영토) 분쟁, 센카쿠 열도 분쟁, 에너지 문제를 포함한 극동 시베리아 개발 등을 고려하여 러시아와의 관계 유지가 필요하다고 인식하고 있다. 일본은 2014년 러시아의 크림 반도 합병 이후 국제사회의 러시아에 대한 제재와 보

---

45 2017년 7월 4일, G20 정상회담(7. 7~8) 기간 중 러시아 및 중국 정부는 양국 정상 간 회담 후 공동성명을 통해 "양국 정부는 군사기술 분야 내에서 접촉 및 협력을 지속할 예정이며, 공동으로 국제 및 역내 위협에 대응할 전망이다"라고 밝혔다. 또한 러시아의 「리아노보스티(RIA Novosti)」는 "푸틴 대통령이 중국의 일대일로를 지지할 것"이라고 밝혔다. 2017년 7월 13일, 미 DIA의 연례보고서에 따르면 "북 · 러 정부는 공동의 목적(미국의 세계적 영향력 감소)을 위해 양국 협력관계를 유지하고 있으며, 중 · 러 간 군사 · 경제 협력관계 또한 매년 증가하고 있다"라고 분석했다.

46 일본 항공자위대의 중국 대응 긴급발진 횟수는 306회(2012년), 415회(2013년), 464회(2014년), 571회(2015년)로서 계속해서 증가하는 추세이며, 전체 긴급발진의 55%를 차지한다. 러시아에 대한 긴급발진은 248회(2012년), 359회(2013년), 473회(2014년), 288회(2015년)로서 전체 긴급발진의 43%를 차지한다.

47 중 · 일 정부는 2017년 6월 26일부터 7월 2일 사이에 '해양문제 고위급회의'를 통해 일본 자위대와 중국군의 연락체계(해 · 공 연락 메커니즘)의 조기 운용방안을 논의했다.

48 2017년 6월 5일, 아베 총리는 "일대일로 조건 맞으면 중과 협력할 것"이라고 언급했다.

조를 맞춰야 하는 상황에 직면했으나 전략적 차원에서 러·일 관계 개선을 도모하고 있으며, 트럼프와 행보를 같이하면서 푸틴과 연대하는 정책을 추진하는 등 자국 중심의 노선을 유지할 것으로 예상된다.

이를 종합하면, 트럼프는 푸틴과 협력관계를 유지하면서 시진핑과는 대결 구도를 형성하는 가운데 러시아를 견제할 것이며, 아베는 트럼프 및 러시아와 협력관계를 유지하는 가운데 중국과의 대결관계는 지속될 것으로 전망된다. 또한 시진핑은 푸틴과 협력관계를 유지하며, 미국과 일본과는 대결관계를 형성할 것으로 전망된다. 이와 같은 주변 4강의 복잡한 관계는 동아시아 안보환경의 불확실성을 더욱 증대시키는 요인이 될 것이다.

주변 4강의 역학구도는 불확실성의 시대에서 다양한 협력·견제 등의 조치로 인해 지속적으로 변화할 가능성이 있으며, 최근 일부에서는 동맹관계가 재편성될 가능성을 제기하고 있다. 특히 트럼프 대통령의 자국 우선주의에 입각한 정책노선은 일본의 역할 확대, 러시아의 영향력 확대 및 미국의 군사력 강화로 이어진다는 측면에서 국가 간 협력과 대결 구도가 명확하게 설정될 것으로 예상된다. 다음의 〈그림 2-6〉은 주변 4강의 역학구도를 전망한 것이다.

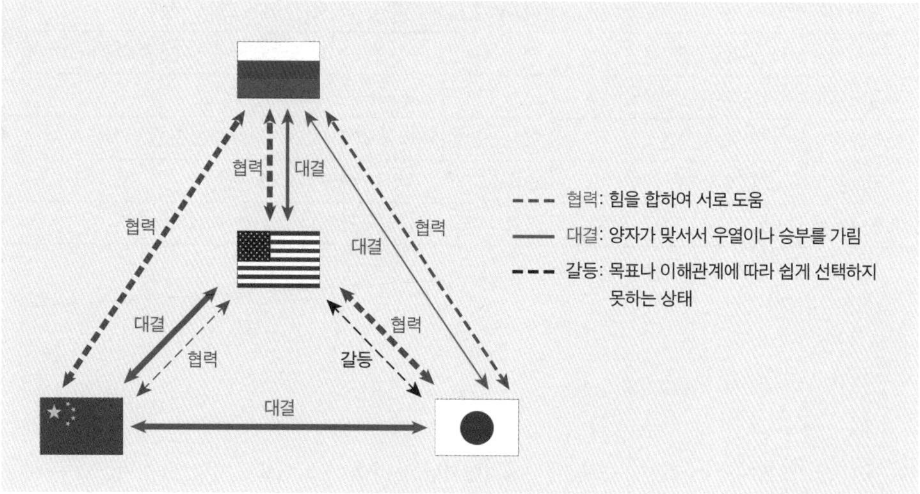

〈그림 2-6〉 주변 4강의 역학구도 전망

출처: 백병선, "트럼프 집권기 주변 4강의 리더십 간 역학관계 전망 및 한국의 해양안보", p. 165 보완.

3) 주변 4강과 한국의 관계 전망

한 · 미는 한국전쟁 이후 강력한 동맹관계를 형성하고 있으며, 오늘날 불확실성 시대에서도 한국은 한미동맹을 기반으로 대 · 내외 안보위협에 대응하는 기존의 전략개념을 유지하고 있다. 트럼프 대통령은 대선기간 중 한국의 안보 무임승차론과 방위분담금 협상의 필요성을 주장했고, 동맹국의 역할 확대를 요구함에 따라 한미동맹이 변화할 수 있다는 주장이 제기되었다.[49] 그러나 트럼프는 대통령 당선 이후 한미동맹의 중요성, 확고한 방위공약 등을 언급함으로써 강력한 동맹관계에 대한 의지를 표명했다. 특히, 2017년 6월 28일부터 7월 2일까지 한 · 미 정상회담을 통해 한미동맹의 견고함을 입증했으며, 양국 정상은 정상회담 공동성명 및 공동언론발표문 발표를 통해 ① 한미동맹 강화, ② 대북정책 공조, ③ 경제성장 촉진을 위한 공정한 무역, ④ 여타 경제 분야 협력 강화, ⑤ 글로벌 파트너로서의 적극적인 협력, ⑥ 동맹의 미래 등 6개항을 강조했다. 다음의 〈표 2-12〉는 한 · 미 공동성명 6개항의 요지를 정리한 것이다.

〈표 2-12〉 한 · 미 공동성명 6개항의 요지

구분	내용
1. 한미동맹 강화	확장억제 제공 재확인, 전시작전통제권 조속한 전환
2. 대북 정책 관련 긴밀한 공조 지속	북한 문제에 최우선순위 부여, 한반도 문제에 대한 주도권 역할
3. 경제성장 촉진 위한 자유 공정무역 확대	균형 무역, 공정하고 공평한 경쟁조건 증진
4. 여타 경제 분야 양자협력 증진	고위급 경제협의회 통해 과학기술 사이버안보 등 협력강화
5. 글로벌 파트너로서의 적극적 협력	반(反)IS 협력, 이라크 · 아프가니스탄 지원
6. 한미동맹의 미래	공동의 안보 강화, 양국 경제관계, 글로벌 파트너십 진전

49 2017년 6월 30일, 트럼프 대통령은 한 · 미 정상회담 후 공동 언론 발표를 통해 "주한미군 주둔 비용의 공정한 부담이 이뤄지게 할 것"이라며 방위비 분담금 인상을 압박했다. 분담금 규모는 1991년 이래 2~5년 주기로 '방위비 분담 특별협정'을 갱신해 새로 정하고 있으며, 2014년 1월에 체결된 9차 협정은 2018년 말에 만료된다. 9차 협정 최종 연도인 내년 우리 측 분담금은 2016년 물가상승률(0.1%) 등을 감안해 9,600억 원 선에서 결정될 전망이며, 이르면 2017년 말부터 2019년에 대한 협상이 시작된다.

그러나 한 · 미 관계는 그동안 북한의 위협에만 국한되어 있었다고 평가할 수 있으며, 미국의 안보이슈에 대한 한 · 미 관계는 미 · 일 관계에 비해 동맹의 중요성이 높지 않다고 할 수 있다. 따라서 우리나라가 북한의 위협에 대비하는 것은 당연하나 미국의 안보이슈에 한국이 미국에게 힘을 실어줄 능력을 보유하지 않는다면 한국의 목소리에는 힘을 실리지 않는 상황이 지속될 수밖에 없을 것이다.

문재인 대통령은 2017년 6월 28일 한 · 미 정상회담을 계기로 ① 북한 적대정책, ② 북한에 대한 공격, ③ 북한 정권 교체나 붕괴, ④ 인위적인 통일의 가속화 등을 하지 않겠다는 4대 원칙을 밝혔다. 그러나 트럼프의 대외전략은 상황에 따라 변화될 가능성이 높으며, 트럼프 대통령의 일방적인 대북정책 추진 및 문재인 대통령의 대북정책에 따른 한 · 미 간 인식 차이는 언제든지 발생할 수 있는 상황이다. 구체적으로 문재인 대통령의 북한문제에 대한 해결방식에 만족하지 않거나 북한문제에 대한 해결방식에 있어 트럼프 대통령을 설득하지 못할 경우 미국의 일방주의적 대북정책 추진은 배제할 수 없는 상황이다.[50]

그리고 한·중 관계에 있어서 중국은 한반도 문제와 관련하여 북한에 가장 강한 영향력을 행사하는 국가이며, 경제적인 측면에서 중국은 한국에 매우 중요한 교역 상대라고 할 수 있다.[51] 2015년 한·중 관계가 '중국 경사론(傾斜論)'의 해였다면 2016년부터는 대중외교 실패론이 제기되고 있으며, 특히 한·미 양국이 고고도미사일방어 체계인 THAAD 배치 협의를 공식적으로 시작하면서 갈등이 심화되고 있다.[52]

우리나라의 국내총생산(GDP) 대비 분담금 비율은 0.06%로서 일본(0.07%)과 비슷한 수준이고 독일(0.016%)에 비해서는 월등히 높다. 특히 우리나라가 지난 10년간 구매한 미국산 무기는 36조 원어치가 넘으며, 평택 미군기지 조성비용에도 8조 9,000억 원을 지출했다는 측면에서 일방적인 방위비 인상은 어렵다는 전망이 제기되고 있다. 그러나 방위비 인상은 불가피할 것으로 예상되며, 한 · 미의 입장을 고려한 적정수준에서 이뤄질 것이다.

50 2017년 6월 26일, 라흐먼 영국 FT지 외교정책 담당은 "한국 대통령은 '한 · 미 정상회담'(6. 29~30)에서 북한 문제에 대해 외교적 접근을 하도록 트럼프 대통령을 설득해야 하며, 만약 설득에 실패할 경우 트럼프 행정부는 미국을 보호하기 위해 대북 선제공격을 할 수 있어 한국이 위험해질 수 있다"라고 언급했다.

51 2015년 우리나라의 수출입 실적(단위: 백만 달러)으로 수출의 경우 중국(137,124), 미국(69,832), 홍콩(30,418) 등의 순이며, 수입의 경우 중국(90,250), 일본(45,854), 미국(44,024) 등의 순이다. 관세청, 『2015 그림으로 보는 무역통계』(서울: 관세청, 2016), p. 41.

52 중국은 한반도 사드 배치에 대비해 2016년 한 해 동안 탄도미사일 100발의 발사 실험을 실시했으며,

중국은 한반도에 THAAD 배치와 관련하여 정치, 경제, 군사 등 전방위로 보복조치를 단행하고 있으며, 일부에서는 한 · 미 · 일 3각 협조 체제에 대한 도전이라고 평가하고 있다. 중국의 이러한 보복조치는 2017년 10월 31일 한 · 중 외교부가 발표한 합의(3불, 사드 추가 배치, 미국 미사일 방어체계 편입, 한 · 미 · 일 군사동맹 체결)에 따라 양국간 갈등이 완화되었으나 중국은 THAAD 철수를 최종상태로 주장하고 있어 다시 긴장이 고조될 수 있다. 특히 양국간 갈등이 고조될 경우 해양관할권(이어도, 배타적 경제수역 등)에 대한 무력시위로 이어질 가능성을 배제할 수 없는 상황이다.[53]

TIP. THAAD 장비배치 발표 후 중 · 러 언론 보도 현황

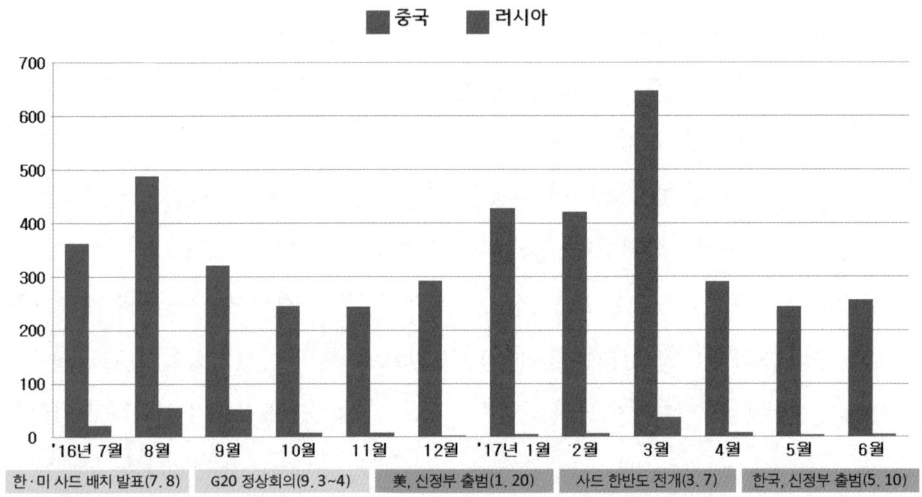

주) 2017년 10월 31일, 사드 추가배치 · 미국 미사일방어(MD)체계 편입 · 한미일 군사동맹 추진 등 3가지가 없다는 '3불(不) 정책' 합의 후 중국의 비난 수위는 낮아졌으나 동 정책에 대한 양국의 인식 차이를 줄이는 노력이 필요할 것이다.

특히 시진핑 국가주석은 2017년 7월 3일, 한 · 미 정상회담 직후 "미국이 주도하는 한국 내 THAAD 배치는 중 · 러를 포함 동아시아 국가들에 심각한 위협이 될 것이며, 한 · 미 정부에 THAAD 배치 계획 철회를 진지하게 요구한다"라고 언급하는 등 THAAD 배치에 대한 태도를 명확히 했다.

53 2015년 11월 1일, 한 · 중 정상회담에서 리커창 총리는 한중 해역경계획정 협상을 시작해야 한다고 언급했으며, 한국은 지난 20여 년간 이어도 및 한중 해역경계획정에 대해 이러한 문제가 쟁점화되지 않는 것이 국익에 가장 부합된다는 입장을 유지하고 있다. 2015년 12월 12일, 한 · 중 첫 해양경계획정 관련 차관급 회의가 열렸으며, 최근 중국의 '힘의 정치'를 고려할 경우 한국이 그동안의 입장을 유지하기는 어려울 것으로 예상된다.

한 · 일 관계는 북한의 핵 · 미사일 위협이 가시화 및 고도화됨에 따라 협력의 필요성이 대두되고 있으며, 아베 정권은 한 · 일 및 한 · 미 · 일 안보협력관계 구축을 위해 적극적으로 노력하고 있다. 그러나 한 · 일 간 역사인식으로 인해 실질적인 협력은 제한되고 있으며, 양국 간에는 안보위협에 대응하기 위한 협력보다는 민족적인 감정문제가 정책결정에 더 큰 영향력을 미치고 있는 상황이다.[54] 특히 일본은 독도, 7광구 등의 해양영유권 및 관할권을 포기할 가능성이 없다는 측면에서 한 · 일 간 해양분쟁은 더욱 심화될 것으로 예상된다.

한 · 러 관계는 직접적인 대립양상은 보이지 않고 있으나 한 · 미 동맹의 연장선상에서 대립관계가 형성되어 있다. 미국의 아 · 태지역 재균형 정책은 주로 중국을 겨냥한 것이나 러시아는 극동지역의 안보 차원에서 미국의 동맹정책과 MD 체계 구축을 경계하고 있다. 이와 관련하여 러시아는 유사시 한반도에 배치한 THAAD 기지를 타격하겠다고 선언하는 등 동북아지역의 안보 이슈에 적극적이고 강경한 입장을 고수하고 있다. 그러나 한 · 러는 경제 분야에서 지속적으로 협력을 추구하고 있다는 측면에서 안보(대결)와 경제(협력) 분야가 별도로 분리된 상태로 한 · 러 관계가 형성될 가능성이 높을 것으로 전망된다.

끝으로 주변 4강과 한국의 역학구도는 북한의 핵 · 미사일 위협을 해결하는 과정에서 양극화 현상이 나타나고 있으며, 국가 간 이해관계에 따라 더욱 심화될 가능성을 배제할 수 없는 상황이다. 또한 동 · 남중국해에서의 해양분쟁 역시 양극화 현상이 나타나고 있는 상황으로서 트럼프 대통령 집권 이후 이러한 양극화 현상은 주요 안보현안을 해결하는 과정에서 지속적으로 나타날 것으로 예상된다. 지금까지의 내용을 종합하면, 〈그림 2-7〉과 같이 주변 4강과 한국의 역학관계를 정리할 수 있다.

---

54 2017년 1월 6일, 일본은 부산 일본영사관 앞 위안부 소녀상 설치에 항의하기 위해 주한 일본 대사(나가미네)와 부산 총영사(모리모토)를 귀국시켰다. 2017년 6월 23일, 다카시 미국 애틀랜타 주재 일본 총영사는 "일본군이 제2차 세계대전 기간 한국에서 온 여성들을 성 노예로 삼았다는 증거는 없으며, 그 여성들은 돈을 받는 매춘부들이었다"라고 언급했다. 이어 평화의 소녀상에 대해 "소녀상은 단순한 예술 조형물이 아니며, 그것은 증오의 상징이자 일본에 대한 분노의 상징물이다"라고 주장했다. 2017년 8월 14일, 서울시를 오가는 151번 버스는 차량 5대 중 1대 꼴로 위안부 소녀상을 좌석에 탑승시켰으며, 일본 외무성은 서울시 버스 내에 설치된 위안부 소녀상과 관련해 "동(同) 설치는 양국 관계를 악화시키는 행위다"라고 언급하는 등 양국 간의 민족적인 감정문제는 쉽게 해결되지 않을 것으로 전망된다.

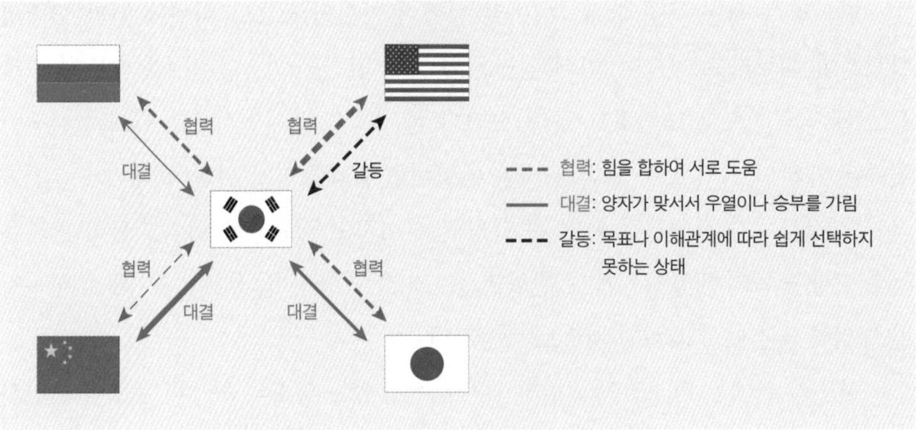

〈그림 2-7〉 주변 4강과 한국의 역학구도 전망

출처: 백병선, "트럼프 집권기 주변 4강의 리더십 간 역학관계 전망 및 한국의 해양안보", p. 167 보완.

TIP. 2015년 오바마 정권 시절 한-미-중-일 외교 구도

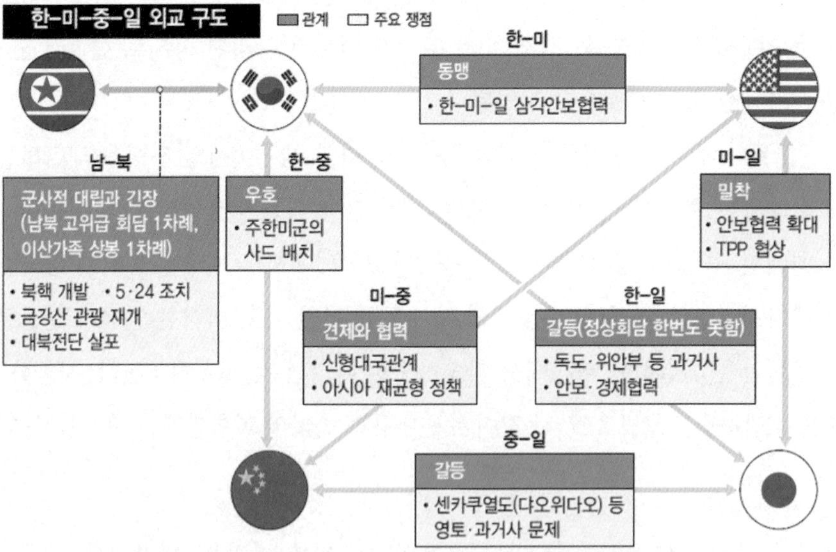

주) 오바마 집권 시기는 트럼프 집권 시기와 달리 한 · 중 간 우호적인 관계가 유지되었으며, 국가 간 관계가 비교적 단순하고 주요 안보현안에 대한 예측이 어느 정도 가능했다는 것을 확인할 수 있다.

출처: http://www.hani.co.kr/arti/politics/diplomacy/689960.html(검색일: 2015. 5. 15)

4) 중국과 한국의 관계 전망

중국을 상징하는 대표적인 동물로는 판다와 드래곤이 있으며, 중국은 자국에 중요하다고 판단되는 국가에 국보급 동물인 판다를 증정하는 판다외교를 하고 있다. 또한 판다가 초식동물이라는 점에서 판다외교는 중국이 평화를 지향한다는 이미지를 부각시키는 역할을 수행하고 있다. 반면에 서양에서의 드래곤은 흉악한 존재로서 공격성을 상징하며, 제거의 대상으로 인식되고 있다. 중국은 1978년 개혁 · 개방을 천명한 이후 놀랄 만한 경제성장을 기록했으며, 중국의 부(副)는 군사력 강화 및 국제사회에 대한 영향력 증대로 이어졌다. 중국의 성장에 대해 '중국의 부상' 또는 '중국 위협론'이 제기되었으며, 특히 중국을 드래곤으로 표현하기 시작했다.

TIP. 판다, 동양의 용, 서양의 드래곤 이미지

판다(panda)

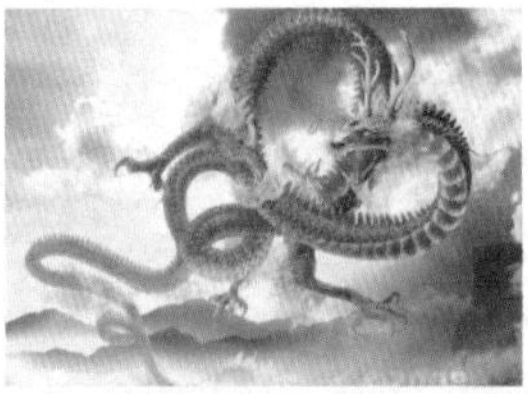

동양의 용(龍)

서양의 드래곤(dragon)

중국의 시진핑 국가주석은 공산당 창당 100주년이 되는 2021년에 모든 국민이 중산층이 되는 샤오캉(小康) 시대를 열고, 중화인민공화국 건국 100주년이 되는 2049년에는 미국을 뛰어넘는 초강대국이 되겠다는 중국몽(中國夢)을 추진하고 있다. 여기에서 샤오캉 시대는 판다를, 초강대국은 드래곤을 의미한다고 볼 수 있다.[55] 그렇다면 중국은 과연 판다인가, 아니면 드래곤인가? 그리고 한국에 대한 중국의 입장에 대해 생각해볼 필요가 있다.

첫째, 중국은 드래곤이 되기 이전의 판다라고 할 수 있다. 중국이 드래곤이 되기

---

55 2017년 7월 30일, 시진핑 국가주석은 '건군 90주년(8. 1)' 기념 열병식 진행연설을 통해 "국제사회의 안보와 평화를 위해 중국군은 중국몽(中國夢)을 목표로 하는 당을 중심으로 외부에서 침략하는 모든 적에 대항할 수 있는 '세계 정상급' 부대를 육성해야 한다"라고 언급했다.

위해서는 지속적인 경제성장이 필요하며, 이러한 경제성장은 역내 평화가 수반되어야 한다. 또한 중국이 드래곤을 직접적으로 지향할 경우 다른 국가들의 거센 반대에 봉착할 수 있다는 측면에서 중국은 평화를 지향하는 판다의 이미지를 부각시키고 있으며, 이는 곧 중국이 표명하는 공식적인 대외전략이라고 할 수 있다.

둘째, 중국은 판다의 모습 뒤에서 드래곤의 면모를 갖추는 과정에 있다고 할 수 있다. 중국이 미국을 뛰어넘는 초강대국이 되기 위해서는 무엇보다 강력한 군사력이 필요하며, 강력한 군사력을 확보하는 것은 오랜 시간이 걸린다. 중국의 해군력 건설은 2016년에만 함정 20척을 건조할 정도로 매우 빠르게 진행되고 있으며, 2050년경 항모 10척을 보유할 것으로 예상되는 가운데 현재 세 번째 항공모함을 건조 중에 있다.[56] 이와 같이 중국이 내부적으로 드러나지 않게 드래곤의 면모를 갖추는 것은 중국의 대내전략이라고 할 수 있다.

셋째, 중국은 사안에 따라 판다 또는 드래곤이 된다고 할 수 있다. 중국은 역외 사안에 대해서는 판다의 모습을 보이고 있으나, 역내 사안에 대해서는 적극적으로 개입하고 있다. 특히 중국은 자국의 국익 및 안보와 관련된 사안에 대해서는 드래곤의 모습을 보이고 있으며, 여기에는 한반도 THAAD 배치, 남중국해 · 센카쿠 열도(중국명 댜오위다오) 분쟁 등이 있다. 이와 같이 대외적으로는 평화를 지향하는 판다의 모습을 보이되 자국과 관련된 사항에 대해서는 드래곤의 모습을 견지하는 이러한 중국의 이중적인 태도가 바로 중국의 본모습이라고 할 수 있다.

지금까지 역내에서 중국에 대한 견제는 일본이 그 역할을 담당했으며, 특히 일본은 '17년 5월 헬기 항공모함을 남중국해 연합훈련에 투입하는 등 전후 최대 규모의 해군력으로 중국을 견제하고 있다. 그러나 중국은 일본이 아닌 우리나라에 대해 드래곤의 모습을 보이고 있으며, 북한의 핵 · 미사일 위협에 따라 한 · 미의 한반도 THAAD 배치가 결정된 이후 중국은 경제 · 외교 · 문화 · 관광 등 다양한 분야에 걸

56 2017년 6월 말 진수한 055형 자국산 미사일 구축함은 미군 주력인 줌왈트급 보다 앞선다고 중국은 자부하고 있으며, 여기에 장착된 초음속 순항미사일 발사장치 YJ18의 사정거리는 540㎞로서, 이는 미군 함정을 압도한다는 것과 해상전투가 벌어지면 미국 군함의 사정권 밖에서 공격을 가할 수 있다는 것을 의미한다. 중국 함정의 이러한 능력은 중국군이 종전의 방어전략 위주에서 탈피해 해외에서의 전력투사를 목적으로 한다는 것을 보여주는 것이라고 할 수 있다.

쳐 보복을 감행하였다.

특히, 중국의 보복은 군사 분야로 확대되는 조짐을 보이고 있다. THAAD 레이더가 중국 안보를 위협한다며 반대해온 중국은 정작 최대 탐지거리 3,000㎞에 달하는 최첨단 초지평성 탐지레이더를 배치하여 한·일 전역을 감시하고 있다. 또한, 2개 특전여단을 해병대로 전환시켜 기존 1만 명이던 병력을 2만 명으로 증가시켰으며, 앞으로 6개 여단 10만 명까지 확대하는 등 드래곤의 면모를 더욱 강화하고 있다.[57] 이러한 중국의 해양에 대한 영향력 확대는 주변국가와의 긴장을 고조시키는 등 해양에서의 국가 간 군사력 충돌 가능성이 점차 높아지고 있다.

우리나라는 해양에서 중국과 국익이 충돌하고 있으며, 여기에는 배타적 경제수역, 대륙붕, 이어도 등이 있다. 그러나 중국의 위협에 대한 대비는 쉽지 않은 상황이다. 최근 미국의 외교 전문매체는 아시아지역의 해군력 순위를 1위 미국, 2위 중국, 3위 일본, 5위 한국으로 평가했으며, 미·중·일 3국의 경우 해군력 건설을 높게 평가한 반면에 우리나라는 예산문제로 인해 해군력 증강에 대한 야망이 축소될 수 있다고 평가했다. 특히 국가 간 군사력의 차이가 커질수록 강한 군사력을 보유한 국가들은 힘을 통한 문제 해결 방식을 선호한다는 측면에서 주변국들이 해군력 강화에 집중하고 있다는 것은 우리에게 시사하는 바가 크다고 할 수 있다.

우리나라는 중국이 중요한 교역국이자 북한에 대해 강력한 영향력을 행사한다는 측면에서 판다이기를 바라고 있으나 THAAD 배치에 따른 보복에서 확인할 수 있듯이 한국에 대한 중국의 본모습은 드래곤에 가깝다고 할 수 있다. 특히, 중국의 해양팽창이 지속됨에 따라 드래곤의 모습은 더욱 노골적으로 나타날 것으로 예상된다. 따라서 한·중 간 해양갈등으로 인한 군사력 충돌 가능성을 배제할 수 없다는 측면에서 우리의 관할해역을 지킬 능력을 포함하여 중국의 관심해역에서 중국을 견제할 수 있는 원양작전 기반의 해군력 증강은 시대적인 요구사항으로 인식되어야 할 것이며, 특히 주변국들과 같이 정부 주도의 해군력 건설이 이뤄져야 할 것이다.

---

57 2017년 8월 1일, 중국군 전문가는 "중국군 건군 90주년 열병식에 참가한 해군육전대(우리의 해병대)는 해양 권익 수호 및 해외항로 안전 유지 등 다양한 임무를 수행하고 있으며, 향후 육전대의 높아지는 위상에 걸맞게 전략적 진출 방향(해양전략 등)에 특화된 부대가 배치될 것이다"라고 언급했다.

생각해봅시다

주변국의 공세적인 대외전략에 대한 우리의 대응

국제 정치학자들은 우크라이나 사태를 둘러싼 서방과 러시아의 대립을 설명하기 위해 냉전(Cold War)의 상대 개념으로서 '핫 피스(Hot Peace: 뜨거운 평화)'라는 표현을 사용했다. 여기에서 '핫 피스'란 과거 냉전은 동 · 서 진영이 전 세계 차원에서 주도권을 가지려고 경합하면서도 직접적인 전면 충돌로 치닫지 않도록 관리한 반면 최근에는 지역적으로 직접 충돌을 불사하지만 전 세계적으로 확대되지 않는 갈등 현상이 나타나고 있는 현상을 반영한 것이다.

주변 4강의 공세적인 대외전략 및 군사력 증강은 역내 패권경쟁과 맞물려 동아시아를 핫 피스 체제로 몰아넣고 있다. 이는 곧 동아시아 국가들이 무력충돌 없는 대치의 냉전 체제를 벗어나 국지적으로 언제든지 무력충돌이 가능한, 위험한 평화로 들어서게 되었다는 것을 의미한다. 이를 증명하듯이 동아시아는 국가 간 상호의존성이 증대되는 반면, 다양한 갈등요인으로 인해 협력과 견제의 이중 구도인 '아시아 패러독스(Asia's Paradox)' 현상이 심화되고 있다.

오늘날의 안보환경은 중국의 해양팽창에 대한 미국의 견제와 봉쇄가 이뤄지는 가운데 일본과 러시아는 자국의 영향력 확대를 추구함에 따라 국가 간 충돌이나 마찰 수준이 높아지고 있는 상황이다. 미 · 일 및 중 · 러는 동맹을 기반으로 서로의 국가이익을 추구하고 있으며, 이들의 영향력 확대에 따른 군사력 충돌 가능성도 배제할 수 없는 상황이다. 한국은 미국과 동맹관계를 형성하고 있는 반면에 한미동맹의 역할과 범위는 한반도 내로 제한되고 있으며, 주변국을 견제할 능력을 보유하지 못하고 있는 상황이다.

향후 한국은 주변 4강의 힘에 직간접적으로 영향을 받을 것으로 예상되고 있으며, 급변하는 동아시아 안보환경에서 전략적 가치를 높여야 할 것이다. 다시 말해 한국은 한미동맹을 기반으로 주변국에 영향력을 행사할 역량을 키워야 할 것이며, 이를 위해 항공모함 보유에 대한 적극적인 검토가 필요하다고 할 수 있다. 한국이 항공모함을 보유할 경우 한 · 미 동맹의 기반은 더욱 공고해질 것이며, 한국군은 한반도 내에만 머무르는 것이 아니라 미국의 파트너로서 주변국 견제 및 국제이슈에도 참가를 요구받게 될 것이다.

또한 중 · 일 · 러에 대해서는 일방적인 관계에서 벗어나 한국의 힘이 주변국에게 직간접적으로 영향력을 행사할 수 있는 만큼 우리에게 유리한 쌍방관계를 형성하게 될 것이다. 이와 아울러 항공모함을 보유한다는 것은 국가의 강력한 의지를 보여주는 것이며, 단순한 군사력이 아닌 국가의 대외정책, 외교력 등의 기반이 된다고 할 수 있다. 따라서 항공모함은 단순히 하나의 무기체계 이전에 국가의 전략자산으로서 많은 비용을 지불하더라도 언젠가는 반드시 확보되어야 할 것이다.

끝으로 한국의 전구는 통상 단일 전구(Theater)라고 하나, 실제 한국은 2개의 전구로 구성되어 있다고 할 수 있다.[58] 먼저 한반도 내 전구는 북한을 위협으로 상정하고 있으며, 한반도 외 전구는 주변국을 위협으로 상정하는 것으로 배타적 경제수역 외의 지역으로 주변국의 영토까지 포함된다. 여기에서 중요한 것은 한반도 내 전구에서의 힘은 한반도 외 전구에 미치는 영향력이 크지 않은 반면에 한반도 외 전구에서의 힘은 한반도 내 전구에 직접적인 영향력을 행사할 수 있다는 것이다.

한반도는 세계 유일의 분단국가로서 북한과 대치하고 있다는 측면에서 우선적으로 한반도 내 전구에 집중적으로 대비해야 하는 상황임을 고려할 때 항공모함 보유에 대한 반대 입장이 만만치 않다고 할 수 있다. 그러나 북한과의 전쟁양상이 과거에 비해 짧은 기간 내 빠른 속도로 진행된다는 측면에서 미 군사력이 도착하기 전에 미 항공모함을 대신할 전력은 반드시 확보되어야 하며, 특히 전시 북한의 공격으로 활주로에 대한 피해를 고려할 경우 해상에서 항공기를 운용할 수 있는 항공모함의 전략적 가치는 더욱 높다고 할 수 있을 것이다.

---

58 '전구(Theater)'는 단일 군사전략목표 달성을 위해 지상, 해상, 공중작전이 실시되는 지리적 영역, 즉 전역이 계획되고 실시되는 영역을 의미하며, '전장(Battlefield)'은 전투행위가 전개되는 장소를 의미한다. 통상적으로 미국은 세계 전 지역을 대상으로 군사작전을 감행하는 만큼 다수의 전구를 보유한 반면에 한국은 단일 전구로 이뤄져 있다고 평가하고 있다.

생각해봅시다

영화 「유령」 및 「한반도」의 재조명

미국을 포함한 해양강국들은 자국의 해군을 소재로 다룬 영화를 제작 중에 있으며, 우리나라 역시 해군을 소재로 몇 편의 영화를 제작했다. 우리나라의 경우 「유령」(1999년) 및 「한반도」(2006년)가 대표적이며, 제작 당시 많은 관심을 받았음에도 불구하고 당시의 시대적 상황으로 인해 흥행몰이에는 성공하지 못했지만 오늘날 트럼프 대통령 집권 이후 전개되고 있는 불확실성의 시대에서 재조명이 필요하다고 할 수 있다.

먼저, 「유령」은 정황상 불곰사업을 통해 몰래 도입된 한국 최초의 핵잠수함으로서 핵탄두를 탑재한 여러 발의 SLBM(Submarine Launched Ballistic Missile)을 보유하고 있다. 오늘날 북한의 핵무기 보유에 대한 국제사회의 대북제재가 이뤄지는 것과 같이 영화가 제작된 1999년 당시도 핵무기 보유는 주변국의 강력한 반발로 이어질 수밖에 없었다. 이러한 시대적인 상황을 반영하듯이 영화 속에서 「유령」은 강대국의 압박에 따른 정부의 지시로 출항하게 된다.

그러나 오늘날 안보환경은 북한의 핵 · 미사일 위협이 심화되고 있으며, 주변국의 공세적인 해양전략 채택 및 강력한 해군력 건설로 인해 국가이익에 대한 침해가 예상되는 등 다른 어느 시기보다 자주국방이 필요한 상황이다. 영화 「유령」에서 함장은 잠수함이 영해를 벗어나기 직전 “우리가 조국이 믿는 가장 강력한 무기다”라고 함내 방송으로 유령의 존재에 대한 의미를 부여했다. 그리고 부장은 잠수함의 통제권을 장악한 후 “유령에게는 힘이 있거든. 자신을 지킬 수 있는 힘이!”라고 언급하는 등 SLBM 탑재 핵잠수함은 국가의 힘을 상징한다고 할 수 있다.

오늘날 북한은 핵무기의 생존성 향상을 위해 SLBM 능력 강화에 집중하고 있으며, 여러 발의 SLBM을 탑재할 수 있는 핵추진잠수함 보유를 추진하고 있다. 이에 따라 국내에서도 우리 군의 원자력추진잠수함 보유 필요성에 대한 주장이 제기되고 있으며, 여기에서 우리나라가 원자력추진잠수함을 확보한다는 것은 북한뿐만 아니라 주변국을 견제할 수 있는 힘을 보유하는 것이자 우리 스스로를 지킬 능력을 확보하는 것이라고 할 수 있다.

다음으로 「한반도」는 남북정상이 경의선을 복원해 그 개통식을 열려는 순간, 일본이 느닷없이 과거 대한제국 때 체결한 조약을 근거로 일본의 동의 없이 경의선을 개통하는 것은 불법이라고 항의하면서 영화가 시작된다. 당시 영화평론은 “일본이 국새 문제로 한국에 무력시위를 한답시고 해상자위대가 마치 보통국가의 군대처럼 한국 영해로 접근하여 싸움을 부추기는 모습이 그야말로 현실과 상당한 괴리감이 있다”고 지적했다.

또한, 당시 일부 영화평론은 일본 자위대의 경우 먼저 공격을 당하기 전까지는 방어·대기만 하는 ‘전수방위’를 제1 원칙으로 삼고 있다는 것을 제시했다. 그러나 오늘날 일본은 보통국가로 인식될 정도로 많은 변화가 이뤄졌으며, ‘전수방위’의 개념은 점차 흐릿해지고 있는 상황이다. 따라서 한·일 간 국가이익이 충돌할 경우 주요 전장은 해상이 될 것이며, 일본은 해상자위대를 통해 우리를 압박할 것이다. 이와 마찬가지로 중국의 경우도 국가이익이 충돌할 경우 해군력을 이용한 압박이 예상된다는 측면에서 이들을 견제할 수 있는 힘의 확보는 시대적인 요구사항으로 주목받게 될 것이다.

이와 같이 과거 해군을 소재로 다룬 영화들은 당시 시대적인 상황을 고려할 경우 다소 비현실적이라는 측면에서 흥행에는 실패했으나 오늘날 안보환경의 변화를 고려할 경우 영화 「한반도」에서 보여준 한 · 일 간 해상에서의 대치는 충분히 발생 가능하다고 할 수 있을 것이다. 또한 영화 「유령」에서처럼 우리나라 역시 안보위협에 대응하기 위한 원자력추진잠수함 확보는 이제 현실로 나타나야 할 것이다.

제3장

북한의 핵·미사일 위협 및 역내 안보환경 변화

문제 해결 구도 및 동아시아 질서 변화 전망

intro

북한의 핵 · 미사일 위협은 한반도를 넘어 국제사회의 위협으로 인식되고 있으며, 북한의 핵무기 보유는 이제 기정사실로 받아들여지고 있다. 북한은 핵 · 미사일 능력을 정권과 체제의 생존을 위해 반드시 확보해야 한다고 인식하고 있으며, 북한의 핵무기 포기 가능성은 거의 없다고 해도 과언이 아닐 것이다. 결국 북한의 핵 · 미사일 위협을 상쇄시키기 위한 다양한 조치가 이뤄질 것이며, 마찰과 갈등의 과정을 통해 어느 수준의 전략적 균형이 형성될 것으로 예상되는 가운데 Korea Passing에 대한 우려의 목소리가 주목을 받고 있다.

그리고 주변 4강은 북한 문제를 해결하는 과정에서 자국에 유리한 역학구도를 형성하기 위해 자국 중심의 견제와 협력을 병행하는 대북정책을 추진할 것으로 예상된다. 또한 미국의 안보위협 순위가 남중국해에서 북한으로 변화됨에 따라 동아시아의 힘의 중심이 남중국해에서 한반도 주변 해역으로 이동하고 있으며, 한반도 주변 해역에 주변 4강의 힘이 집중될 경우 역내 안보환경의 변화 가능성 역시 배제할 수 없는 상황이 될 것이다.

1. 북한의 핵 · 미사일 위협 분석

1) 핵 위협

(1) 핵 개발 현황

일반적으로 핵무기를 보유하기 위해서는 4가지 절차를 거쳐야 한다. 우선 핵폭발의 원료가 되는 우라늄(U)이나 플루토늄(Pu) 같은 핵분열성 물질을 확보해야 하고, 이어서 핵분열성 물질을 폭발시키는 뇌관 같은 핵폭발장치를 만들어야 한다. 다음으로 핵폭발 실험을 통해 그 성능을 입증해야 하며, 마지막 단계는 완성된 핵무기를 목표지역에 운반하는 투발수단을 확보해야 한다.[1] 북한의 경우 마지막 단계인 핵무기 탑재 및 투발수단을 확보하는 단계로서 국제사회로부터 핵보유국의 지위를 인정받기 위한 핵실험 및 미사일 시험발사를 지속하고 있다.[2]

북한의 핵무기에 대한 관심은 김일성이 권력을 잡은 후부터 시작되었으며, 소련의 기술 원조가 그 바탕이 되었다.[3] 김일성은 북한 지역에 우라늄 광맥 탐사를 실시하여 1947년부터 1950년 6월 남침 전쟁 시작 전까지 약 9,000t의 우라늄을 채굴하여 소련에 반출했을 정도로 핵무기의 원료가 되는 우라늄에 큰 관심을 보였다. 이후 북한은 1960년대부터 영변지역에 핵시설을 건설하기 시작했으며, 1970년대에 이르러 핵연료의 정련 · 변환 · 가공 기술을 집중적으로 연구하기 시작했다. 내부적으로 북한은 1980년대 이후부터 5MWe 원자로의 가동 후 폐연료봉 재처리를 통해 핵물질을 확보했으며, 외부적으로는 1985년 12월 12일 핵확산금지조약(NPT)에 가입하고, 1991년 12월 31일 남북한 한반도 비핵화 공동선언에 합의하는 등 핵무기를 확보하는 과정에서 서로 다른 양면의 모습을 보여왔다.[4]

그러나 북한은 1992년 국제원자력기구(IAEA)가 미신고 핵폐기물 보관 의혹 시

---

1 2017년 6월 22일, 코리 가드너 미 상원 외교위원회 동아태 담당 소위원장은 북한의 대륙간탄도미사일을 운반할 수 있는 로켓엔진 실험은 미국을 향해 핵탄두를 발사하는 데 필요한 마지막 단계"라고 경고했으며, 일부에서는 ICBM용 가장 작은 3단계 엔진으로 추정하고 있다.

2 핵탄두 탑재 미사일의 경우 미국을 겨냥하기 위해서는 ICBM 또는 SLBM이 필요하나 한반도를 목표로 할 경우 북한은 이미 핵무기를 보유한 것으로 평가할 수 있다.

3 장준익, 『북한의 핵 · 미사일 전쟁』(서울: 서문당, 1999), p. 114.

4 대한민국 국방부, 『국방백서 2012』(서울: 국방부, 2012), p. 29.

설 두 곳에 대한 특별사찰을 요구하자 1993년 3월 12일 NPT 탈퇴를 선언했으며, 이로 인해 제1차 핵 위기가 발생했다.[5] 이후 북한은 1994년 11월 1일 제네바에서 '북 · 미 기본합의문'을 도출하고 핵 활동 동결을 선언했다. 북한은 제네바 합의 이후에도 핵 개발 포기를 위한 조치들을 취하면서 핵실험을 지속적으로 감행하는 등 외부적으로 비핵화를 표명하면서도 내부적으로 핵 개발을 추진하고 있다. 김정은 집권 이후 북한의 핵 개발은 더욱 노골적으로 나타나고 있으며, 2016년에만 두 차례의 핵실험을 감행했고, 2017년에는 기존의 핵실험과 비교도 되지 않는 역대 최대 규모의 핵실험을 감행했다.

김정은은 2017년까지 핵 완성을 위한 시간표를 마련한 것으로 확인되는 가운데 2017년 8월 7일, 북한 이용호 외무상은 ARF(ASEAN Regional Forum, 아세안지역안보포럼) 외무장관 회의에서 "우리가 선택한 핵 무력 강화의 길에서 단 한 치도 물러서지 않을 것"이며, "미국의 적대시 정책과 핵 위협이 근원적으로 청산되지 않는 한 그 어떤 경우에도 핵과 탄도로켓을 협상탁자에 올려놓지 않을 것이다"라고 강력하게 핵 개발 의지를 보여주었다.[6] 또한, "자력자강을 생존방식으로 하는 우리는 미국의 적대시 정책과 적대 행위에 충분히 대처할 수 있으며, 미국이 끝내 군사적으로 덤벼든다면 우리가 지금까지 차근차근 보여준 핵전략 무력으로 톡톡히 버릇을 가르쳐줄 준비가 되어 있다"라고 언급하는 등 핵무력에 대한 자신감을 나타내기도 했다. 다음의 〈표 3-1〉은 북한의 핵 개발 현황을 정리한 것으로서 북한은 핵무기 보유 관련 양면의 모습을 보여왔으며, 북한의 핵포기 가능성은 높지 않다고 할 수 있다.

---

5 북한의 조선중앙TV는 김정은이 2017년 11월 29일 화성-15형 시험발사 참관 후 "(김정은이) 국가 핵무력 완성의 역사적 대업, 로케트 강국 위업이 실현됐다고 긍지 높이 선포하셨다."라고 하며, 이어서 "백두산 정상에서 국가 핵무력 완성의 역사적 대업을 빛나게 실현해오신 격동의 나날들을 감회 깊이 회억하시며…"라고 보도하였다. 이러한 보도는 사실상 북한이 '핵무력 완성' 및 '핵보유국'을 선언한 것이라고 평가할 수 있을 것이다.

6 NPT로 인해 공식적인 핵 개발 국가는 증가하지 않았지만, 실제로 많은 나라들이 핵보유국의 상태에 도달함에 따라 NPT에 대한 한계가 제기되고 있다. 구체적으로 ① 불평등성으로, NPT는 핵무기를 보유한 국가의 기득권을 보호하는 것이며, 많은 나라들이 이 조약을 지켜야 한다는 데 대한 적극성이 없다. ② IAEA 핵사찰의 한계성으로 인력, 사찰 시기 지연 등에 문제가 있다. ③ NPT 탈퇴 가능성으로, 90일 전에 통보하면 NPT 탈퇴가 가능함에 따라 핵기술을 전수받고 탈퇴 후 군사목적으로 이용 가능하다. ④ 핵무기 보유국 간 경쟁은 계속해서 심화될 것이며, 핵을 보유하지 않은 국가들은 핵실험을 통해 핵 개발 의지를 포기하지 않는다는 것이다.

〈표 3-1〉 북한의 핵 개발 및 관련 경과

일자	내용	일자	내용
'85. 12. 12	北, 핵확산금지조약(NPT) 가입	'07. 10. 3	6자회담서 핵시설 불능화 및 핵 프로그램 신고 합의
'91. 12. 31	남북한 한반도 비핵화 공동선언 합의	'08. 6. 27	北, 영변 원자로 냉각탑 폭파
'93. 3. 12	NPT 탈퇴 선언	'08. 9. 24	北, 영변 원자로 봉인 해제
'94. 11. 1	핵 활동 동결 선언	'09. 5. 25	제2차 핵실험 실시(3~4*kt*)
'02. 12. 12	핵 동결 해제 발표	'11. 3. 10	제네바 군축회의 연설에서 북 대표 '핵보유국' 지위 주장
'03. 1. 10	北, NPT 탈퇴 선언	'12. 4. 13	北, 사회주의 헌법 개정, '핵보유국' 명기
'03. 8. 27	제1차 6자회담 개최	'13. 2. 12	제3차 핵실험 실시(6~7*kt* 이하)
'04. 2. 25	제2차 6자회담 개최	'13. 4. 2	北, 영변 원자로 재가동 발표
'05. 2. 10	北, 핵무기 보유 선언	'14. 4. 30	北, 외무성 성명(핵실험 위협, 새로운 형태의 핵실험 언급)
'05. 9. 19	6자회담서 '北, 모든 핵무기와 현존 핵계획 포기' 등 9.19공동성명 채택	'16. 1. 6	제4차 핵실험, "첫 수소탄 시험" 발표(6*kt*)
'06. 10. 9	제1차 핵실험 실시(1*kt* 이하)	'16. 9. 9	제5차 핵실험 실시(10*kt*)
'07. 2. 13	6자회담서 영변 원자로 폐쇄 · 불능화 합의	'17. 4. 20	제6차 핵실험 위기 고조 (최대 규모의 핵실험 예상)
'07. 7. 15	北, 영변 원자로 폐쇄	'17. 9. 3	제6차 핵실험, "ICBM 장착용 수소탄 시험 완전 성공" 발표(50*kt* 이상)

출처: 대한민국 국방부, 『국방백서 2016』, p. 27 등

(2) 북한의 핵 능력

대한민국 『국방백서 2016』에서는 북한이 수차례의 폐연료봉 재처리 과정을 통해 핵무기를 만들 수 있는 플루토늄 50여 *kg*을 보유하고 있는 것으로 추정하고 있으며, 추가 핵실험 및 핵무기 제작에 필요한 상당한 양의 플루토늄을 보유하고 있는 것으로 파악된다. 북한의 추가 핵물질 보유에 대한 지속적인 정황[7]이 확인되는 가운데

7 2017년 7월 2일, 스톡홀름국제평화연구소(Stockholm International Peace Research Institute: SIPRI)에서 발표한 연례보고서에 따르면 북한이 핵무기 제조에 사용할 수 있는 플루토늄 보유량을 늘려가고 있다고 분석했다. 2017년 7월 15일, 미 38노스는 2017년 9월부터 최근까지 북한 평안북도 영변 핵과학연구단지를 촬영한 위성 열 사진을 분석해 북한이 지난해 가을부터 최소 두 차례 핵폐기물 재처리를 통해 핵탄두 제조를 위한 플루토늄 원료를 추가로 생산했다고 발표했다. 2017년 10월 10일, 러시아 핵무기 전문가 빅토르 예신 전 러시아 전략미사일군 총참모장은 북한의 핵폭탄 생산능력이 연간 7기

북한의 핵물질 안전관리 및 수출에 대한 우려가 제기되고 있다.[8] 또한 북한의 고농축 우라늄(HEU60) 프로그램 역시 상당한 수준으로 진전되었을 뿐만 아니라 핵무기 소형화 및 경량화 능력도 상당한 수준에 이른 것으로 분석하고 있다.[9]

2017년 3월 15일, 미국의 북한 전문매체 38노스(38 North)는 북한이 사상 최대 핵실험을 준비하고 있으며, 핵실험을 할 때마다 폭발력을 늘려갈 것으로 분석했다. 실제 북한의 핵실험은 실험을 거치는 동안 점차 그 폭발력이 강해지고 있으며, 일부에서는 북한이 최대 규모의 제6차 핵실험을 준비하고 있다고 분석했다.[10] 2017년 4월 북한의 제6차 핵실험이 예상되었으나 미 · 중의 압박으로 인해 감행되지 못한 가운데 2017년 9월 3일 북한은 역대 최대 규모의 6차 핵실험을 감행했다. 다음의 〈그림 3-1〉과 〈그림 3-2〉는 과거 북한의 핵실험 현황을 정리한 것이다.

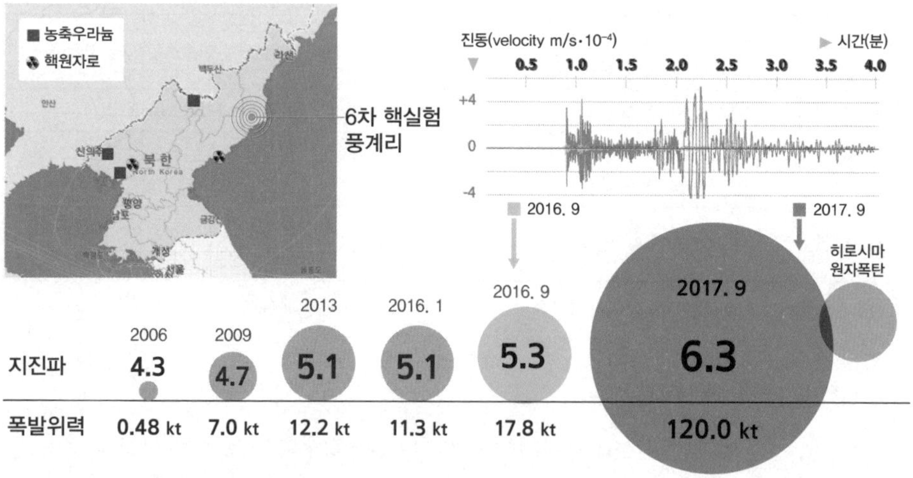

〈그림 3-1〉 북한의 핵실험 현황-1

출처: http://www.channelnewsasia.com/news/asiapacific/south-korea-s-moon-faces-calls-to-alter-policy-on-north-korea-after-nuclear-test-9184700(검색일: 2017. 9. 10)

지만, 2018년에 새로운 원자력발전소가 완성되면 연간 10기로 늘어날 것으로 전망하기도 했다.

8 미국 민간단체 '핵위협방지구상(NTI)'의 「2016년 핵물질 안전지수」 보고서에 따르면 북한은 2015년 플루토늄 · 우라늄 등 핵물질 관리 실태조사에서 100점 만점에 24점을 얻어 조사 대상 24개 국가 중 최하위를 기록했다. 북한은 이 단체의 보고서가 처음으로 발표된 2012년과 2014년에 이어 3회 연속 핵물질 관리상태가 가장 열악한 국가로 지목되었다.

9 2017년 7월 2일, 스톡홀름국제평화연구소(SIPRI)에서 발표한 연례보고서는 북한이 중 · 단거리 핵탄두의 소형화에 성공한 것으로 추정된다고 밝혔다. 2017년 3월 24일, 러시아 전문가들은 전술미사일에

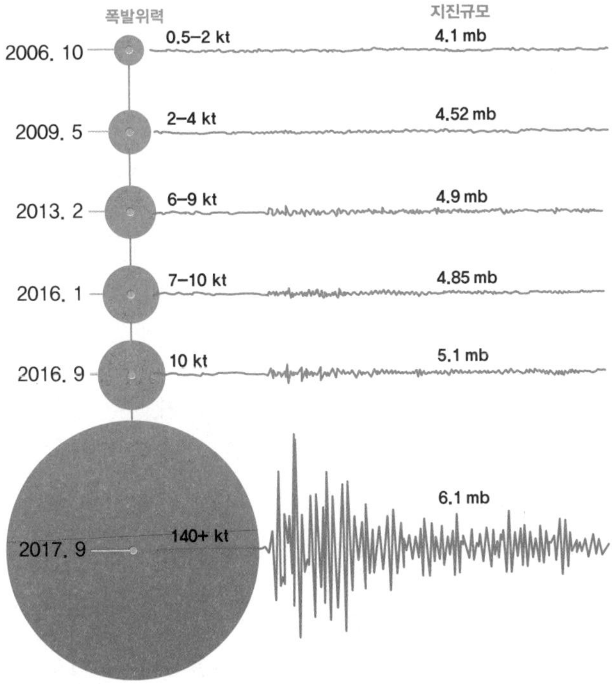

〈그림 3-2〉 북한의 핵실험 현황-2

출처: https://beyondparallel.csis.org/ramifications-north-koreas-sixth-nuclear-test/(검색일: 2017. 9. 1)

북한의 핵무기에 대해서는 다양한 주장이 제기되고 있다. 먼저 미 헤리티지는 2016년 11월 17일 북한이 핵무기 8개를 보유하고 있다고 주장했으며, 2017년 7월 2일 스톡홀름국제평화연구소(SIPRI)는 북한이 영변 원자로에서 폐연료봉 재처리 과정을 통해 생산한 플루토늄으로 핵탄두 10~20개가량을 제조한 것으로 추정된다고 밝혔다. 그리고 2017년 8월 10일 군사정보분석업체인 IHS Jane's 360에 따르면 미 정보당국 관계자들은 "현재 북한은 60개의 핵무기를 생산할 수 있는 핵분열 물질을 보유하고 있을 것으로 판단하고 있다"며 "진행 중인 우라늄 농축활동을 고려할 경우 매년 12개의 핵무기를 추가로 생산할 수 있을 것"이라고 판단했다.

핵탄두 장착 기술을 확보했다고 분석했다. 또한 현재 전문가들은 북한이 핵탄두를 미국 본토까지 보낼 수 있는 장거리 미사일 개발에 우선순위를 두고 있으며, 단거리나 중거리 미사일에 탑재할 수 있는 소형 핵탄두 제조기술을 보유한 것으로 추정한다고 전하고 있다.

10 국기연, "北, 6차 핵실험 준비 끝난 듯", 「세계일보」, 2017년 4월 14일 자, p. 1.

북한이 핵보유국으로 인정받기 위해서는 기술적으로 핵 프로그램을 진전시켜야 하는 한편 대외적으로 핵탄두의 경량화 기술을 과시해야 한다는 측면에서 핵실험은 지속될 수밖에 없는 상황이다.[11] 2017년 8월 9일, 미 WP에 따르면 미 국방부 산하 국방정보국(DIA)은 북한의 핵 개발 프로그램에 대한 기밀 평가를 통해 2017년 7월 북한이 대륙간탄도미사일에 탑재할 수 있는 소형 핵탄두 개발에 성공한 것으로 결론낸 것으로 확인되었으나 소형 핵탄두에 대한 실험이 성공했는지는 불투명하다고 분석했다.[12]

일본의 경우도 2017년 방위백서에서 북한의 핵탄두 소형화의 성공 가능성을 언급하고 있으며, 특히 트럼프 행정부에서 한반도 전술핵 재배치를 검토했다는 것은 북한이 핵무기를 보유하고 있음을 인정하는 것이며, 북한의 핵능력을 심각한 위협으로 인식하고 있다는 것을 의미한다. 특히 북한이 6차 핵실험을 감행한 이후 국내에서도 한반도 전술핵무기 배치에 대한 논란이 지속되고 있는 가운데 일각에서는 미국이 핵을 보유하지 않은 나토 회원국과 전술핵을 공동 운영하는 '북대서양조약기구(NATO)식 핵 공유' 카드도 거론되고 있다.

TIP. 한반도 미 핵무기 배치 현황

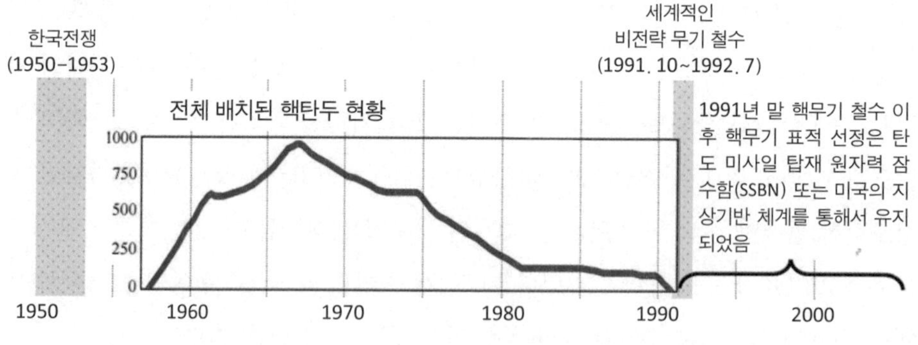

출처: http://www.nukestrat.com/korea/Koreanukes.pdf(검색일: 2016. 12. 10)

11 한국전략문제연구소, 『2015 동아시아 전략평가』(서울: 한국전략문제연구소, 2016), pp. 203-204.

12 2017년 8월 10일, IHS Jane's 360에 따르면 미 국방정보국(DIA)은 핵탄두 장착이 가능한 미사일을 언급하지 않았으나, 화성-12호(KN-17), 화성-14호(KN-20) 또는 KN-11과 KN-15 북극성 계열 고체 연료 미사일에 핵탄두 장착이 가능할 것으로 분석했다.

TIP. 북한 외무성의 핵실험 예고 징후

구분	외무성 발표 시기	핵실험 일자 (폭발력/진도 규모)	보도 내용
1차	'06. 10. 3 (D-6일)	'06. 10. 9 (1kt/3.6)	과학연구 부문에서 안정성이 철저히 담보된 핵실험을 하게 된다.
2차	'09. 4. 29 (D-26일)	'09. 5. 25 (3~4kt/4.5)	핵실험과 대륙간탄도로켓 발사시험이 포함될 것이다.
3차	'13. 1. 23 (D-20일)	'13. 2. 12 (6~7kt/5.1)	평화적 위성발사 권리를 계속 당당히 행사해나갈 것이다. 핵억제력을 포함한 자위적인 군사력을 질량적으로 확대 · 강화할 것이다.
4차	'15. 10. 17 (D-81일)	'16. 1. 6 (6kt/4.2)	우리의 무한대한 핵억제력이 점점 강화되어가는 것이다.
5차	'16. 6. 29 (D-73일)	'16. 9. 9 (10kt/5.0)	우리의 자위적 핵억제력을 미국의 대(對)조선 적대행위가 감행되는 것만큼 연발적 · 다발적 · 질량적으로 더욱 강화하게 될 것이다.
	'16. 8. 22 (D-18일)		미국이 끊임없이 벌여놓고 있는 침략적인 전쟁연습을 비롯한 대(對)조선 적대시 책동과 핵 위협 요소들은 우리 군대와 인민의 단호하고 무자비한 대응을 면치 못할 것이다.
	'16. 8. 26 (D-14일)		우리 군대와 인민은 정의의 핵망치로 폭제의 핵을 무자비하게 내려칠 것이다.
	'16. 8. 28 (D-12일)		폭제의 핵에는 정의의 핵으로 대응하려는 우리 군대와 인민의 의지를 그 누구도 절대로 꺾을 수 없다.
	'16. 9. 8 (D-1일)		핵공격 능력을 강화하기 위한 사변적 조치들을 다계단으로 취해나갈 것이다. 올해에 핵무력 강화의 기적적인 성과들을 계속 확대해나갈 것이다.
6차	'17. 5. 1 (D-19일)	'16. 7. 20 (미실시)	미국의 대(對)조선 적대시 정책과 핵 위협 · 공갈이 철회되지 않는 한 핵무력을 중추로 하는 자위적 국방력과 핵 선제공격 능력을 계속 강화해나갈 것이다.

주) 1. 2017년 4월 18일, 북한은 중국에 6차 핵실험을 20일에 진행하겠다고 통보했으나 중국은 북한이 핵실험을 강행하면 북중 국경을 장기간 봉쇄하겠다고 경고(핵실험 미실시)

2. 북한 외무성 명의 보도: '16년 77건/'15년 45건/'14년 34건/'13년 19건

TIP. 북한의 핵실험 전 주변국 통보 사례

1차	2차	3차	4 · 5 · 6차
핵실험 24분 전 미국에 통보, 25분 전 중국에 통보	핵실험 25분 전 미국에 통보, 30분 전 중국에 통보	미 · 중 · 러에 핵실험 진행 예고 동시 통보(D-1일, 21:20)	없음

TIP. 역대 핵폭발 비교

역대 핵폭발 추정규모

단위: 킬로톤(kt·1,000톤에 상당하는 원자탄·수소탄의 폭발력)

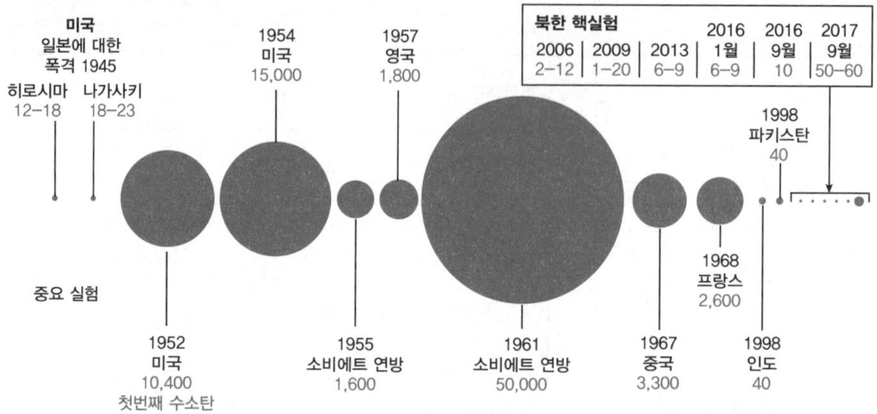

총 테스트 횟수

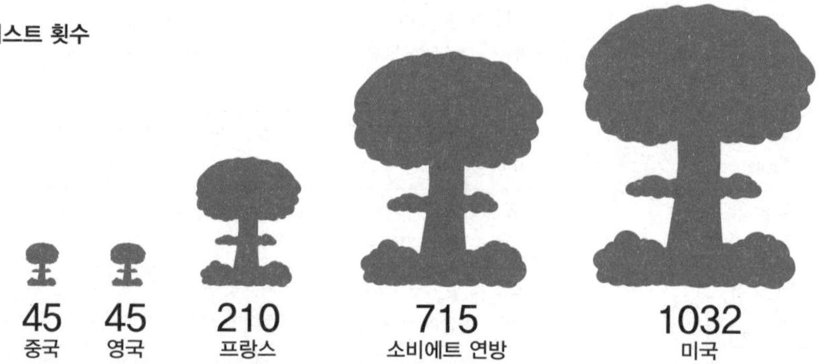

출처: 포괄적핵실험금지기구(CTBTO)/nuclearweaponarcive.org/ArmyTechnology.com/미국과학자연맹(FAS).AFP

TIP. 과거 북한의 핵실험에 대한 지진규모 및 진원깊이 현황

구분	한국 기상청		미국 지질조사국		일본 기상청		중국 지진센터		러시아 지진센터	
	규모	깊이	규모	깊이	규모	깊이	규모	깊이	규모	깊이
1차	3.6	1㎞ 미만	4.2	미발표	4.3	미발표	미발표		미발표	
2차	4.5	0㎞	4.7	0㎞	5.3	5㎞ 미만				
3차	5.1	0㎞	4.9	1㎞	5.2	0㎞	4.9	0㎞		
4차	4.2	0㎞	5.1	0㎞	5.1	0㎞	5.1	0㎞		
5차	5.0	0㎞	5.3	0㎞	5.3	미발표	4.8	0㎞	4.8	12㎞
6차	5.7	0㎞	6.3	0㎞	6.1	–	6.3	0㎞	5.6	미발표

TIP. 전술핵무기 소개

전술핵무기란 20*kt* 이하의 폭발력을 지닌 핵 어뢰나 기뢰, 핵배낭, 야포 발사형 핵폭탄, 항공기 투하용 핵폭탄, 탄도미사일 탑재 핵탄두 등을 통칭한다. 냉전 시대에 미국은 수많은 종류의 전술핵을 만들었으며, 소련의 대규모 전차부대를 상대하기 위해 무반동총 규모의 전술핵폭탄을 생산 · 배치한 적도 있으나 이제는 모두 폐기되고 항공기 투하용 핵폭탄만 남아 있는 상황이다.

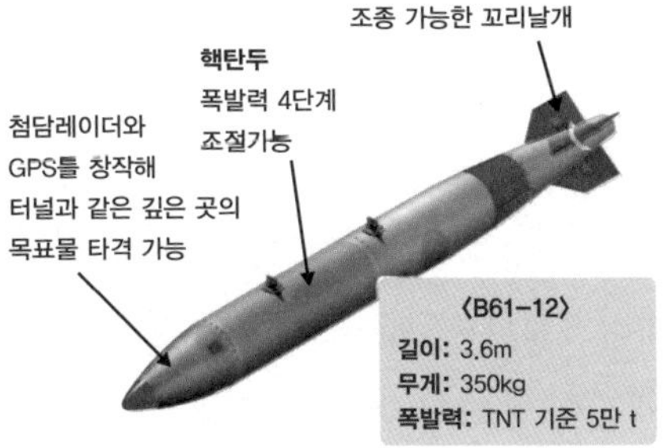

※ B2-A, B-52H, F-15, F-16, 토네이도, F-35 등에 탑재 가능

주한미군은 휴전 직후 중공군과의 병력 열세를 극복하기 위해 한국에서 전술핵무기를 운용하기 시작해 많을 때(1960년대)는 950발의 각종 핵폭탄을 보유하기도 했다. 지난 1991년 미국 조지 H. W. 부시 대통령이 핵무기 감축을 선언한 후 한국에서 핵무기는 없어졌으며, 주한미군의 핵무기 철수와 발맞춰 노태우 전 대통령은 1991년 11월 '한반도 비핵화'를 선언해 오늘날까지 이어지고 있다.

미국이 보유한 전술핵무기는 B61 및 B83 두 종류다. 후자는 폭발력이 최대 1.2메가톤급으로 히로시마에 투하된 원폭보다 75배나 강해 사실상 보관 상태로서 B61 핵폭탄이 주력이라고 할 수 있다. 주한미군에 전술핵이 재배치된다고 할 때 바로 이 폭탄이 들어올 것으로 예측된다. 1968년부터 생산된 B61 핵폭탄의 총 출고수량은 3,155발이며, 같은 B61이라도 성능이 향상된 12개형(mod)이 있다. 최신형인 B61 mod 12 핵폭탄("steerable" nuclear bomb)은 위성항법시스템(GPS)까지 탑재해 정확도를 크게 높이는 등 차세대 디지털 핵폭탄이라고 할 수 있다. 미국이 보유한 B61 폭탄 450기 가운데 약 3분의 1은 벨기에와 네덜란드 · 독일 · 이탈리아 · 터키에 분산 배치된 상태이며, 미국은 운용 중인 B61 핵폭탄을 오는 2019년까지 mod 12로 개조할 계획으로 예산 110억 달러를 투입할 예정이다.[13]

출처: http://www.sedaily.com/NewsView/1OKWSPKXOC(검색일: 2017. 9. 6)

13 B-61-12의 경우 미국은 2020년부터 벨기에 20기, 독일 20기, 이탈리아 70기, 네덜란드 20기, 터키 50기 등 총 180기를 배치할 예정이다. http://anonymous-news.com/u-s-conducts-successful-field-test-new-nuclear-bomb/(검색일: 2017. 9. 10)

2) 북한의 미사일 위협

(1) 미사일 개발 현황

북한의 미사일 개발은 국내외의 시대적인 상황뿐만 아니라 북한 정권의 특수성에서 그 배경을 찾아볼 수 있다. 먼저 탈냉전 이후 북·미 관계 및 북한의 동맹관계 변화가 북한의 미사일 개발을 자극했다고 할 수 있다. 북한은 미·소의 화해 분위기에 따라 미국과의 직접적인 접촉을 위한 수단이 필요해졌으며, 또한 사회주의권 국가들 간의 갈등으로 인한 중·소 및 북·소 관계에서 독자 노선을 구축하기 위한 여건 형성이 북한의 미사일 개발 배경이 되었다고 할 수 있다.

또한 김정일 후계체제 구축과 대내 결속 강화 수단 및 남북한 간의 군비경쟁을 포함하여 한국의 재래식 군사력 우위, 구체적으로 1970년대 박정희 정부가 자주국방정책의 일환으로 추진한 지대지미사일 개발이 북한의 미사일 개발에 영향을 미쳤다고 할 수 있다. 이외에도 북한은 미사일 개발이 기술 및 가격 경쟁력을 확보하게 되자 경제적 어려움을 조금이나마 줄여주는 역할에서 미사일 개발의 배경을 찾을 수 있으며, 오늘날 북한의 미사일은 대표적인 수출품목이 되고 있다.[14]

북한은 1962년 12월 4대 군사노선을 표방하고 구소련과 중국으로부터 전수된 미사일 기술 지원을 통해 자체적인 미사일 개발 능력을 구축했다.[15] 북한은 1970년대부터 탄도미사일 개발에 착수하여 1980년대 중반 사거리 300㎞의 스커드-B와

---

14 장철운, 『남북한 미사일 경쟁史』(서울: 선인, 2015), pp. 272-289.

15 북한은 구소련으로부터 지대공미사일(SA-2)을 비롯하여 함대함미사일(STYX)과 지대지로켓(FROG-5/7) 등을, 그리고 중국으로부터는 지대공미사일(HQ-2)과 휴대용 대공미사일(HN-5) 등을 지원받았다. 북한은 인수받은 유도탄을 정비·수리하는 기술을 소련과 중국으로부터 전수받았으며, 1970년대 초부터 미사일과 로켓 등을 직접 조립하거나 생산하는 기술까지 지원받았다. 장준익(1999), pp. 246-247; 마이클 엘만 영국 국제전략연구소 선임연구원은 북한이 2017년 3월 실시한 엔진시험의 엔진이 구소련제 엔진과 매우 유사하고, 해당 엔진은 러시아 R-27 Zyb의 개량형인 것으로 분석하였으며, 북한은 이 설계도를 1990년대에 획득한 것으로 추정된다고 언급했다. 2017년 8월 1일, 영국 「그래픽뉴스(Graphic News)」에 따르면 일부 서구권 국가들의 분석가들은 북한의 화성-14형 대륙간탄도미사일이 1960년대 구소련 시절 개발된 RD-250 로켓 엔진을 탑재하고 있다고 주장하고 있다. RD-250 엔진은 R-36(NATO명 SS-9 스카프) ICBM 1단에 사용된 엔진으로 우크라이나의 유즈노예 설계국(Yuzhnoye State Design Office)이 설계, 우크라이나의 유즈마쉬 공장(Yuzhny Machine Building Plant)에서 제조되었다. 또한 북한은 1990년대 당시 로켓공학자 혹은 암시장에서 RD-250 엔진의 설계도를 확보한 것으로 추정되며 엔진의 원형을 개발하는 데 수년간 시도해온 것으로 보인다고 분석했다.

사거리 500km의 스커드-C를 배치했으며, 1990년대 후반에 사거리 1,300km의 노동 미사일을 배치했고, 그 후 스커드미사일의 사거리를 연장시킨 스커드-ER을 배치했다. 또한 2007년 사거리 3,000km 이상의 무수단 미사일을 배치하여 한반도를 포함한 주변국에 대한 직접적인 타격능력을 보유하게 되었다.

특히 북한은 미국 본토를 위협할 수 있는 장거리 미사일을 개발하기 위해 1998년 대포동 1호를 발사한 이래 2016년 2월까지 여섯 차례의 장거리 미사일을 발사했으며, 문재인 대통령 집권 이후에도 북한의 미사일 위협은 지속되고 있다. 2017년 2월 12일 북한은 고체연료를 사용한 신형 IRBM(Intermediate Range Ballistic Missile)을 잠수함발사 탄도미사일(Submarine Launched Ballistic Missile) 발사에 사용되는 cold launch 방식으로 단분리를 통해 고도 550km, 사거리 500km의 발사시험에 성공했다. 북한이 고체연료를 사용한 신형 IRBM을 성공적으로 발사했다는 것은 한·미의 사전징후 포착이 어렵다는 것과 북한의 신형 IRBM이 북극성 2호[16]로 명명되었다는 것은 신형 IRBM이 SLBM으로 운용될 가능성이 높다는 것을 의미한다.

또한 북한은 2017년 7월 5일과 28일, 화성-14형 ICBM급 미사일을 성공적으로 발사했으며, 한 달도 안 돼 두 번째 ICBM급 미사일 발사에 성공했다는 것은 북한이 신뢰할 만한 ICBM을 만들 수 있다는 것을 의미한다. 특히 미 국방부 관계자들은 2017년 5월 14일 발사된 화성-12형(KN-17) 및 21일 발사된 북극형-2형, 7월 4일 발사된 화성-14형 ICBM급 미사일의 경우 대기권 재돌입에 성공했다고 평가하는 등 북한의 미사일 위협은 점차 현실로 다가오고 있다. 반면에 7월 28일 화성-14형 2차 발사의 경우 한·미·일 3국 정부는 대기권 재진입에 실패한 것으로 분석했으나 그럼에도 불구하고 북한의 미사일 기술은 예상보다 빠르게 발달하는 것으로 평가된다.[17] 다음의 〈그림 3-3〉은 북한의 화성-14형 1·2차 시험발사를 비교한 것

16 북극성이란 명칭은 SLBM이 잠수함에 탑재되어 미국과의 최후 결전을 위해 '빛나는 북극해항로를 지나갈 미사일'이라 는 뜻을 내포하고 있다.

17 이상민 한국국방연구원(KIDA) 연구원은 「화성-14형 2차 시험발사에 따른 김정은의 득과 실」이라는 제목의 보고서에서 "화성-14형의 재진입은 실패라고 평가할 수 있다"며 그 근거로 ① 융제(화학적 삭마) 현상에 의해 발생하는 수천 ℃ 고온의 플라스마 흔적(track)이 대기층에서 발견되지 않았다. ② 일홋카이도 촬영 영상 분석 결과, 재진입체가 불꽃을 일으키고 나서 공중에서 사라졌다(모의 탄두를 정상 작동시켜 내폭장치를 터뜨렸더라도 추가적인 폭발이 미식별). ③ 카메라에 포착된 고도(대략 3~4

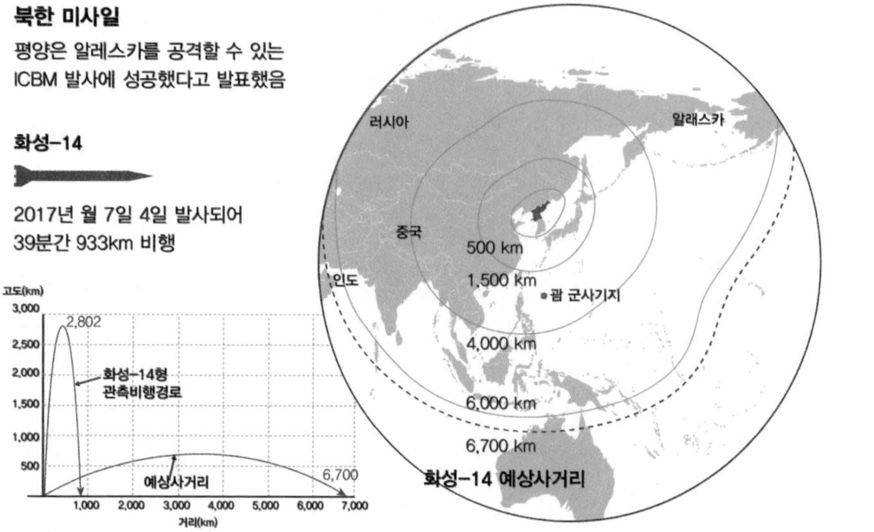

북한 보유 예상 미사일 또는 북한이 보유한 것으로 의심되는 미사일

Scud-c	노동	북극성-2	대포동-1	무수단	대포동-2
• 사거리 500km • SRBM • 작전운용	• 사거리 1,200-1,500km • MRBM • 작전운용	• 사거리 1,200-2,000km • MRBM • 작전운용	• 사거리 2,000-5,000km • IRBM • 노후	• 사거리 2,500-4,000km • IRBM • 개발	• 사거리 4,000-15,000km • ICBM • 작전운용

탄도미사일 종류: SRBM(단거리 탄도미사일), MRBM(준중거리 탄도미사일), IRBM(중거리 탄도미사일), ICBM(대륙간 탄도미사일)

〈그림 3-3〉 북한의 미사일 현황

주) 1. 북한이 정상 발사 시 ICBM 대기권 재진입에 성공하려면 최소 마하 20을 돌파해야 하며, 7,000~8,000℃에 견뎌야 한다.
2. 2017년 8월 23일 노동신문은 김정은 북한 노동당 위원장의 국방과학원 시찰 소식을 보도하며 '화성-13형'이라고 적힌 3단식 로켓 사진을 노출한 바 있다. 북한은 화성-13형을 발사하지 않은 채 사거리가 1만 2000㎞에 이른다고 주장하고 있는 가운데 '화성-13형'은 '화성-14형'보다 대형인 신형 미사일로 판단되었으나 화성-13형 개발은 연료 주입 시간과 엔진 출력에 많은 문제가 있어 개발이 중단된 것으로 확인되고 있다.

으로서 북한은 미 본토를 공격할 수 있는 수단을 확보하려는 노력을 지속하고 있다.

또한, 북한은 핵무기 생존성 향상을 위해 SLBM(잠수함발사탄도미사일) 능력 강화에 집중하고 있다. 북한은 2015년 5월 잠수함을 이용한 SLBM의 수중 사출시험을 최초로 실시했으며, 2015년 5월부터 2016년 8월까지 네 차례 시험발사를 공개

㎞)에서 정상적으로 폭발했더라도 표준 핵탄두(약 20㏏)가 지상의 목표물에 대한 충격파, 열, 낙진 등의 피해를 거의 주지 못한다는 3가지 요인을 제시했다.

하는 등 SLBM 개발에 집중하고 있다. 특히 2016년 8월 24일, 북한이 시험 발사한 SLBM은 500여 ㎞를 비행 후 일본의 방공식별구역에 낙하했으며, 남한 전역을 타격할 수 있는 것으로 분석되었다. 또한 2017년 8월 23일, 북한은 조선중앙통신을 통해 새로운 미사일 모델인 북극성 3호 사진을 공개했으며, 북극성 3호의 경우 북극성 1호보다 크기가 작고, 대기권 재진입이 요구되는 사거리 증대형(2,000~2,500km 추정)으로 개발했을 것으로 예상되며, 가벼운 탄소섬유를 사용한 것으로 식별되고 있다. 다음의 〈그림 3-4〉는 북한의 SLBM 개발과정을 정리한 것이다.

분석가들은 북한의 최근 KN-11(북극성) 발사 시험이 콜드 론칭 기술개발에 성공했다는 것을 보여주는 것이라고 말하고 있으며, 이는 곧 북한이 잠수함에서 탄도미사일 발사가 가능하다는 것을 의미한다.

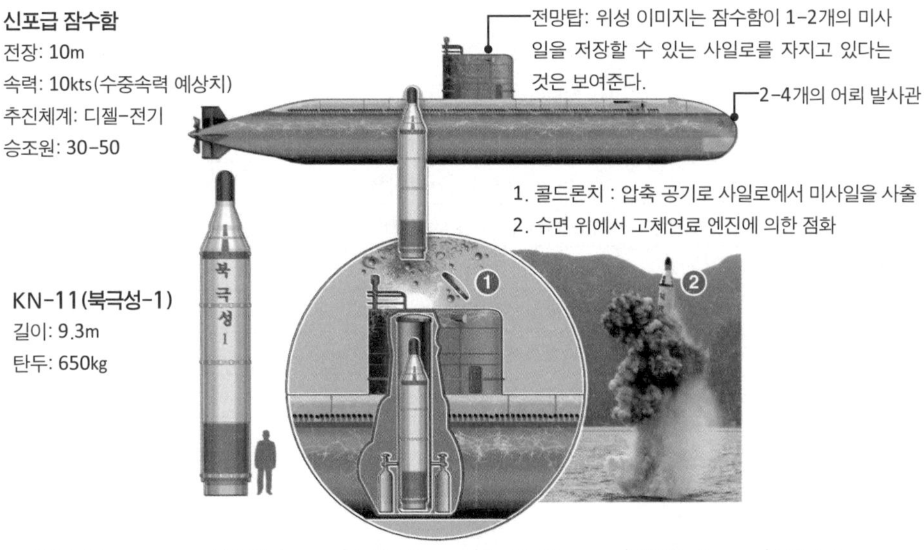

2014. 10:	2015. 1:	2015. 5:	2015. 11:	2015. 12:	2016. 4:
탄도미사일 탑재 신포급 잠수함의 존재가 폭로됨	KN-11 최초 비행시험	수중사출 시험 (바지선)	수중사출 시험 (신포급 잠수함/실패)	수중사출 시험 (잠수함/점화 실패)	잠수함 미사일 발사 성공

〈그림 3-4〉 북한의 SLBM 개발과정

주) 최근 북한은 SLBM을 탑재 · 운용할 수 있는 신형 잠수함(신포-C)을 건조 중에 있으며, 동 잠수함은 디젤과 전력이 동력원으로, 수중배수량이 2천t을 넘고 함폭이 11m에 달하는 것으로 추정되고 있다. 특히 동 잠수함은 현재 북한의 유일한 SLBM 운용 잠수함인 신포급 잠수함의 뒤를 이어 핵추진 잠수함과 함께 신형 SLBM을 탑재 · 운용(SLBM 2기 탑재)하는 주력 잠수함이 될 것으로 예상된다.

출처: https://engtechmag.wordpress.com/2016/05/05/north-korea-succeeds-in-firing-ballistic-missile-vertically-from-submarine-an-annotated-infographic/(검색일: 2017. 5. 5)

TIP. 북한의 미사일 개발 경과(2012. 4. 3~2017. 9. 5)

일자		내용	탄착/거리
2017년 (11회)	8. 29	중장거리 탄도미사일(화성-12형)	동해/998㎞
	8. 26	단거리 발사체 3발 발사(2발 실패, 1발 성공)	동해/250㎞
	7. 28	대륙간탄도미사일 화성-14형 2차 시험발사	동해/998㎞
	7. 4	대륙간탄도미사일 화성-14형 시험발사	동해/933㎞
	5. 29	스커드 계열 미사일 발사	동해/450㎞
	5. 21	중장거리 탄도미사일 북극성 2호 1발 발사	동해/500㎞
	5. 14	중장거리 탄도미사일(화성-12형)	동해/787㎞
	4. 29	미상 탄도미사일 발사 폭발(실패)	35~50㎞
	4. 16	미상 탄도미사일 발사 추락(실패)	60㎞
	4. 5	미상 탄도미사일 동해로 발사	동해/60㎞
	3. 22	미상 탄도미사일 동해로 발사	폭발/0㎞
	3. 6	스커드-ER 4발 동해로 발사	동해/1,000㎞
	2. 12	중장거리 탄도미사일 북극성 2호 1발 발사	동해/500㎞
2016년 (16회)	10. 20	무수단 중거리 미사일 1발 발사	폭발/0㎞
	10. 15	무수단 중거리 미사일 1발 발사	폭발/0㎞
	9. 5	불상 미사일(추정) 3발 발사	동해/1,000㎞
	8. 24	잠수함탄도미사일(SLBM) 시험발사	동해/500㎞
	8. 3	노동 미사일(추정) 2발 발사	동해/1,000㎞
	7. 19	스커드(추정) 2발 · 노동(추정) 1발 발사	동해/500㎞
	7. 9	잠수함탄도미사일(SLBM) 시험발사	폭발/30㎞
	6. 22	무수단 중거리 미사일 2발 발사	동해/400㎞
	5. 31	무수단 중거리 미사일 1발 발사	폭발/0㎞
	4. 28	무수단 중거리 미사일 1발 발사(오전)	폭발/0㎞
		무수단 중거리 미사일 1발 발사(오후)	
	4. 23	잠수함탄도미사일(SLBM) 시험발사	동해/30㎞
	4. 15	무수단 중거리 미사일 1발 발사	폭발/0㎞
	3. 18	노동 미사일(추정) 2발 발사	동해/800㎞
	3. 10	스커드 미사일 2발 발사	동해/500㎞
	2. 7	'광명성 4호' 장거리 미사일 발사	서해상
2015년(1회)	3. 2	스커드 계열 미사일 2발 발사	동해/490㎞

2014년 (7회)	7. 26	스커드 계열 미사일 1발 발사	동해/500㎞
	7. 13	스커드 계열 미사일 2발 발사	동해/500㎞
	7. 9	스커드 계열 미사일 2발 발사	동해/500㎞
	6. 29	스커드 계열 미사일 2발 발사	동해/500㎞
	3. 26	노동 계열 중거리 미사일 2발 발사	동해/650㎞
	3. 3	스커드 계열 미사일 2발 발사	동해/500㎞
	2. 27	스커드 계열 미사일 2발 발사	동해/200㎞
2013년(없음)	미보도	미보도	미보도
2012년 (2회)	12. 12	광명성 3호-2호 발사	-
	4. 13	광명성 3호 발사, 1단추진체 분리 전 폭발	남해/460㎞(서해 추락)

출처: 『국방백서 2016』 등 다수 언론내용 종합

TIP. 북한의 미사일 현황 및 제원

구분	명칭 (북 명칭)	사거리	로켓 단수	최초 공개	비고
CRBM (Close-Range BM) 근거리 탄도미사일 【0~300㎞】	KN-02 (화성-11)	120㎞	1단	2002년	3축 10륜 자행발사대
SRBM (Short-Range Ballistic Missile) 단거리 탄도미사일 【300~1,000㎞】	SCUD-B (화성-5)	300㎞	1단	1981년	4축 8륜 자행발사대
	SCUD-C (화성-6)	500㎞	1단	1989년	
MRBM (Medium-Range Ballistic Missile) 준중거리 탄도미사일 【1,000 ~ 3,000㎞】	SCUD-ER (미상)	1,000㎞	1단	'16. 9. 6	
	노동 (화성-7)	1,300㎞	1단	1993년	5축 10륜 자행발사대
	SLBM/KN-11 (북극성-1)	2,000~ 2,500㎞	2단	'15. 5. 9	전략잠수함
	KN-15 (북극성-2)	2,500~ 3,000㎞	2단	'17. 2. 13	자체개발 궤도형 자행발사대
	SLBM (북극성-3)	-	-	'17. 8. 23	사진공개

IRBM (Intermediate-Range Ballistic Missile) 중거리 탄도미사일 【3,000~5,500㎞】	무수단 (화성-10)	3,500㎞	1단	'16. 6. 23	6축 12륜 자행발사대
	KN-17 (화성-12)	5,000㎞ (추정)	1단	'17. 5. 15	
ICBM (Inter-Continental Ballistic Missile) 대륙간 탄도미사일 【5,500㎞ 이상】	KN-08 (화성-13)	12,000㎞	3단	'13. 2. 11	8축 16륜 자행발사대
	KN-14 (미상)	-	-	'15. 10. 10	
	KN-20 (화성-14)	7,000㎞ (추정)	2단	'17. 7. 4	
	KN-22 (화성-15)	13,000㎞ (추정)	2단	'17. 11. 29	9축 18륜 자행발사대
	대포동-2 (은하-3)	10,000㎞ 이상	3단	'12. 12. 12	지상발사대

TIP. 미 · 북 정권별 북한의 핵실험 및 미사일 시험발사 현황

1984년 이후 북한은 150회 이상의 미사일 및 핵 시험을 감행해 왔으며,
그 중 절반 이상이 김정은이 집권한 2011년 이후 이루어졌다.

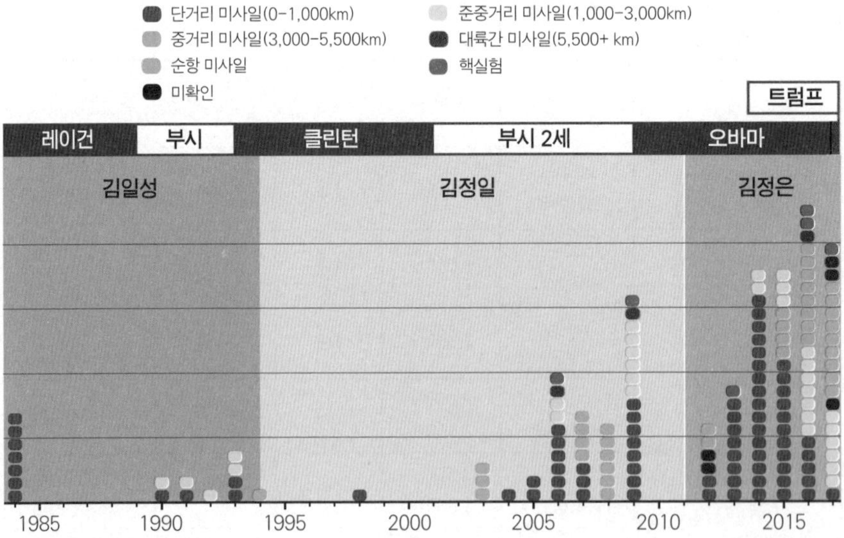

출처: http://www.aljazeera.com/news/2017/09/security-council-discuss-korea-nuclear-test-170904051757118.html(검색일: 2017. 9. 1)

TIP. 북한의 정권별 미사일 발사 현황

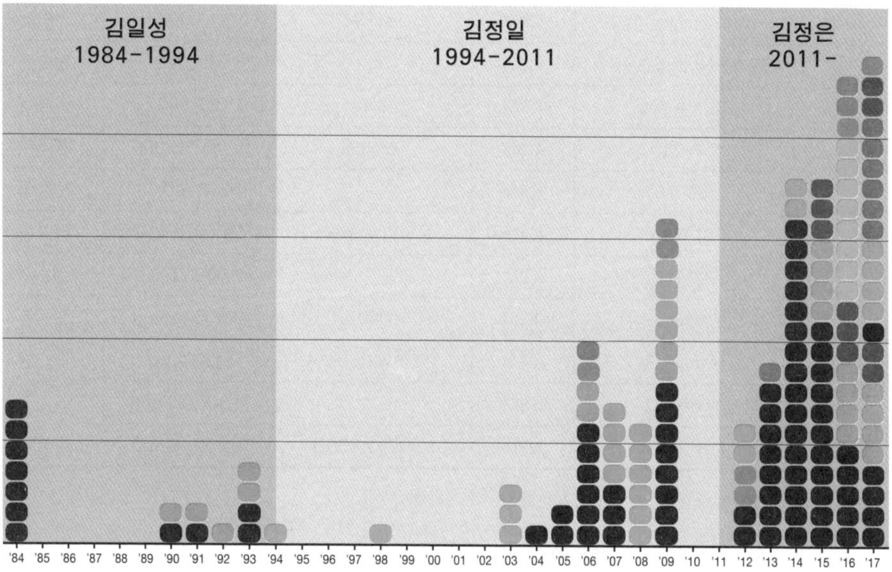

- 화성-14 (10,000km+)
- 화성-12 (4,500km)
- BM-25 무수단 (2,500-4,000km)
- 순항 미사일 (KH-35, KN-01, 150-260km)
- KN-11 SLBM / KN-15 (900-2,000km)
- MRBM -준중거리 탄도 미사일 (Scud-ER, 노동, 1,000-1,500km)
- 핵실험
- **미확인**
- **SRBM - 단거리 탄도 미사일** (개량형 Scud, KN-02, 150-1,000km)
- 대포동-1 (2,000-5,000km)
- **대포동-2/은하-3** (4,000-15,000km)

전체 비행시험 경우만 해당되며, 하위 시스템의 부분적인 시험이나 콜드론치 발사시험, 방공 시스템 시험, 단거리 로켓 및 포병사격 등은 포함되지 않는다.

주) 1. 기술적으로 로켓에 탄두를 장착하면 탄도미사일이 되고 위성을 탑재하면 우주 발사체가 된다. 북한은 2016년 2월 장거리 로켓 '광명성 4호'를 발사할 때까지만 해도 이를 장거리 미사일이라고 칭하지 않고 인공위성 발사였다고 주장했으며, 당시 국제해사기구(IMO) 등 국제기구에 발사체 계획을 통보하는 등 '눈치'를 보기도 했다. 그러나 이제 북한은 더 이상 장거리 로켓을 위성 발사체라고 얘기하지 않으며, 최근 시험발사에 성공한 '화성-14형'에 대해 북한은 '대륙간탄도로켓'이라고 명명하는 등 김정은은 과거 김정일보다 더 대범하게 미사일 확보를 추진하고 있다.

2. 북한의 장거리 미사일 발사(북 주장 위성탑재)는 1998. 8. 31(실패), 2006. 7. 5(실패), 2009. 4. 5(실패), 2012. 4. 13(실패), 2012. 12. 12(성공), 2016. 2. 7(성공) 등 총 6회를 실시했으며, 2016. 9. 20 신형 미사일 엔진 분출시험을 공개하였다.

출처: https://missilethreat.csis.org/north-korea-missile-launches-1984-present/(검색일: 2017. 9. 27)

TIP. 국가별 주요 지상발사 탄도미사일 개발 현황

국가	무기체계명	분류	탄두	사거리(㎞)	획득단계
미국	Minuteman Ⅲ	ICBM	MIRV	13,000	전력화
러시아	SS-18 Mode 6(Satan)	ICBM	RV	16,000	전력화
	RS-24 Yars	ICBM	MIRV	10,500	전력화
중국	DF-21D	ASBM	MaRV	2,000~3,000	전력화
	DF-26	ICBM	-	4,000	개발 중
	DF-31A	ICBM	단일탄두, MIRV	10,000~14,000	전력화
	DF-41	ICBM	단일탄두, MIRV	12,000~14,000	개발 중
인도	Agni-3	IRBM	2,000㎏	3,500~5,000	전력화
	Agni-4/5	ICBM	-	5,000 이상	개발 중
	Surya 1/2	ICBM	-	8,000/10,000	-
이스라엘	Jericho 3	IRBM	1,000~1,300㎏	4,800~6,500	전력화

주) 1. MaRV(Maneuverable reentry Vehicle): 종말단계 기동형 탄두
2. MIRV(Multiple Independently-targetable Reentry Vehicle): 다탄두 개별목표 재진입체

TIP. 국가별 주요 SLBM 개발 현황

구분	Trident D5 (미국)	M-51 (프랑스)	Bulava (러시아)	R-29RMU (러시아)	JL-2 (중국)	K 15 (인도)
사거리	12,000㎞	6,000~8,000㎞	8,300㎞ 이상	12,000㎞	8,000㎞	750㎞
추진	3단 고체	3단 고체	3단 고체	3단 액체	3단 고체	2단 고체
플랫폼	Ohio급	LeTerrible급	Borey급	Delta Ⅳ급	Jin급	Arihant급

TIP. 국가별 주요 SLBM 탑재 잠수함 현황

구분	미국	러시아	중국	영국	프랑스	인도
명칭	오하이오급 (14척)	타이푼급(1척), 델타-Ⅳ(6척), 델타-Ⅲ(3척), 보레이(3척)	진급(4척), 시아급(1척)	뱅가드급 (4척)	트리옹팡급 (4척)	아리한트급 (1척)

출처: http://post.naver.com/viewer/postView.nhn?volumeNo=4106049&memberNo=3939441#clipNo=6(검색일: 2016. 4. 30)

TIP. 미 핵전력 3축(Triad of nuclear delivery) 체계 제원[18]

구분	미닛맨-III	Ohio급 SSBN	B-52 전략폭격기
형상			
전장×직경	18m×1.7m	170m×13m	48.5m×56.4m
무게(탄두)	32,158kg	19,000톤(만재)	120톤(무장 포함)
사거리/작전반경	5,200nm	무제한	작전반경 4,000nm
무장	다탄두(MIRV) 탑재 * 신전략무기감축협정 의거, 1기 1탄두 원칙	SLBM(Trident-II) 24기 (사거리 6,500nm) * 신전략무기감축협정 의거, 척당 SLBM 20기 탑재 * 미사일 1기당 최대 8개 다탄두 탑재 가능(평균 3~4개 탑재)	핵 재래식 무기 다수(최대 31톤 탑재)
보유 현황	미 본토 내 3개 공군기지에 150기씩 분산배치	트라이덴트(Trident)-II 533기 (비축량 포함)	B-2 20대, B-52 76대 * 미사일(ALCM, ACM): 1,000여 기 * 핵폭탄: 475기(B61, B83)
전력화	'70~'78년 도입 후 지속 성능 개량 중	'84~'97년/14척	'52~'62년 도입 후 지속 성능 개량 중

주) 1. 신전략무기감축협정(New START, New Strategic Arms Reduction Treaty): '10년 미 · 러 간 체결 · 비준된 핵무기 감축협정으로, '18년까지 실전 배치 핵미사일 · 탄두 수를 각각 700기 및 1,550기로 감축하기로 함

2. 탄도탄의 경우 방공체계를 무력화하기 위해 다탄두 개별목표 재진입체(MIRV: Multiple Independently-targetable Reentry Vehicle) 기술을 적용하고 있음

3. 2017년 8월 2일, "반덴버그 공군기지(캘리포니아 주)에서 발사된 미니트맨-3이 6,760km를 비행하여 마셜 군도(중부 태평양) 내 콰절린 환초(環礁)를 명중시켰다"라고 전했다. 이에 미 공군 지구권타격사령부(AFGSC)는 "이번 실험을 통해 미국 핵 프로그램의 안전성과 효과가 입증됐다"라고 발표함

4. 2017년 8월 5일, 셀바 미 합동참모본부 차장(공군 대장)은 연설을 통해 "미래 핵전력의 핵심은 타격 범위에 따라 위력(출력) 조절이 가능한 가변성 '미니 핵무기'가 될 것이다"라고 언급함

5. 2017년 8월 11일, 새뮤얼 그리브스 신임 미 미사일방어청장은 "현재 미국이 배치한 탄도미사일 방어체계로 현 위협에 대응할 수 있다고 확신한다"며 "북한의 ICBM 위협에 충분히 대응할 수 있다"고 밝힘

---

18 핵무기란 것이 핵폭발을 일으키는 탄두만 있다고 위협이 되는 것은 아니며, 핵탄두를 목표로 하는 국가까지 날려 보낼 수 있는 수단이 필요하다. 그런 수단의 대표적인 것 3가지를 '핵전력 삼위일체(Nuclear Triad)'라고 부른다. 그 3가지는 바로 전략핵폭격기, 대륙간탄도미사일(ICBM), 그리고 잠수함발사탄도미사일(SLBM)이다.

TIP. 대륙간탄도미사일 운용절차(Minuteman III)

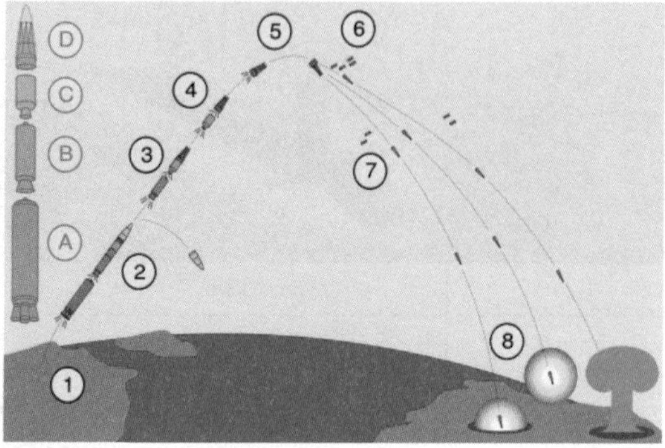

① 1단 부스터(A) 점화(발사)

② 1단 추진기관 분리, 2단 추진기관(B) 점화, 슈라우드(E, 덮개) 분리

③ 3단 추진기관(C) 점화, 2단 추진기관 분리

④ 3단 추진기관 추력 중단, PBV(D) 분리

⑤ PBV 기동, 재진입체(RV) 전개 준비

⑥ 재진입체, 디코이, 채프 전개

⑦~⑧ 탄두 재진입 및 탄두폭발

출처: 국방과학기술 개발동향 및 수준 CD(국방기술품질원, 2016. 12)

TIP. 탄도미사일 정의 및 특성

- 탄도미사일은 "발사 시 초기 추진력으로 목표지점까지 탄도(포물선) 형태로 비행하는 무기체계"로 정의할 수 있음
- 탄도미사일은 발사단계(Boost Phase), 중기 비행단계(Midcourse Phase) 및 종말 비행단계(Terminal Phase)로 운용
- 발사단계에서는 액체나 고체 로켓모터에 의한 자체 추진력으로 초기 유도되어 특정고도까지 상승하고 중기 비행단계에서는 관성에 의해 탄도 비행하며, 종말비행단계에서는 재진입 후 목표지점으로 비행함
- 탄도미사일 사거리에 따라 단거리(600㎞ 이내), 준중거리(600~1,300㎞), 중거리(1,300~5,500㎞) 및 대륙간(5,000㎞ 이상)으로 분류되며, 준중거리급 이상은 긴 사거리를 확보하기 위해 일반적으로 2단 이상의 다단 추진 시스템으로 구성됨

2. 북한의 핵 · 미사일 위협 전망

1) 북한의 핵 위협

북한은 정권 및 체제의 생존을 위해 핵 · 미사일을 확보하려는 노력을 지속하고 있으며, 1985년 12월 12일 핵확산금지조약(NPT) 가입 이후 최근까지의 핵실험 및 미사일 발사 등 일련의 행동을 고려하면 북한이 핵무기 보유를 포기할 가능성은 전혀 없다고 해도 과언이 아닐 것이다. 특히 북한은 핵실험과 미사일 발사를 자위권의 표현이며, 핵 위협에 대한 실제적 대응조치이자 주권국가의 합법적 권리라고 주장하는 등 핵 · 미사일 보유의 명분을 지속적으로 확보하고 있다. 또한 북한은 이라크의 후세인, 리비아의 카다피 등이 제거된 것이 핵무기를 보유하지 않았기 때문으로 인식함에 따라 핵무기 확보에 더욱 집착하는 양상을 보이고 있다.[19]

이와 아울러 북한은 핵무기 보유 추진을 통해 체제능력 과시 및 군사우위 확보에 활용하고 있다. 구체적으로 미국의 대북 체제전복 위협 극복을 위한 협상카드화, 강성대국 및 선군정치의 상징으로 자주적 체제능력의 과시 수단, 남북한 경제력 격차로 인해 불리한 재래식 군비경쟁을 만회하기 위한 대안 등이 될 것이다.[20] 따라서 북한 핵문제의 본질은 북한이 핵 개발을 포기하지 않는다는 것이며, 북한은 핵 개발을 다양한 분야에서 활용할 것으로 예상된다.

북한의 통치자들은 한국전쟁 당시 북한이 핵을 보유하고 있었더라면 미국이 결코 한국전쟁에 개입하지 않았을 것이라고 믿고 있으며, 베트남이 공산화되는 것을 보고 고무된 북한은 또 한 번의 남침 야욕이 미국의 핵 위협으로 무산되었음을 한(恨)으로 여기고 있다.[21] 북한은 핵무기에 대한 피해의식으로 핵무기를 개발하고

---

19 2011년 3월 22일, 북한 외무성 대변인은 "리비아 핵포기 방식이란 바로 '안전담보'와 '관계개선'이라는 사탕발림으로 상대를 얼려 넘겨 무장해제를 성사시킨 다음 군사적으로 덮치는 침략방식이라는 것이 드러났다"고 주장했다. 카다피 국가원수는 2003년 서방과의 관계개선을 추진하겠다면서 핵무기 개발계획을 포기하겠다고 전격 선언했으며, 고농축우라늄(HEU)을 포함한 모든 핵계획을 포기하고 미국이 요구한 검증(사찰) 방안을 수용했다. 미국은 카다피의 결단을 높이 평가하며 북한을 향해 '선(先) 핵포기'를 골자로 한 '리비아 모델'을 수용할 것을 촉구했다.

20 정보사령부, 『북한 핵문제 분석 자료집』(서울: 정보사령부, 2013), p. 2.

21 장준익, 앞의 책, p. 232.

있는 이상 이를 최대한 활용할 것으로 예상된다. 북한의 핵 개발 의도는 대남 전략 전술, 체제유지 수단, 정치협상 카드화 등에서 확인할 수 있다.[22] 다음의 〈표 3-2〉는 북한의 핵 개발 의도를 정리한 것이다.

〈표 3-2〉 북한의 핵 개발 의도

구분	주요 내용
대남 전략 전술	• 효과적인 대남 군사우위의 위협 수단 확보 • 남 · 북한 공멸위협으로 주한미군의 전쟁 억제력 약화 • 힘에 의한 대남 협상 입지 강화(통일 주도) • 한국 내 핵 공포 분위기 및 사회불안 조성 • 유사시 미 증원군 파병 저지 여론 조성
체제유지 수단	• 전략무기 보유로 재래식 군비경쟁 한계 극복 • 대(對)중 · 러 군사적 의존 탈피, 자주국방 의지 및 능력 과시 • 체제유지를 위한 고슴도치 전략구사 • 주민의 자신감 부여로 체제 결속 강화
정치협상 카드화	• 북 · 미 접촉에 의한 대미관계 개선, 주한미군 철수 유도 • 대(對)서방(한국 포함) 경제협력 획득 • 국제적 발언권 향상, 비동맹 및 제3세계 국가에 영향력 행사

출처: 정보사령부, 앞의 책, p. 1.

북한은 인도 및 파키스탄 같은 핵보유국의 지위 확보를 단기목표로 추진하고 있으며, 이후 핵보유국으로서 일정량의 핵무기는 유지한 채 나머지는 감축하고, 비확산에 협조한다는 구실로 대북제재를 해제하고 경제적 보상을 요구할 것으로 예상된다. 이와 동시에 평화협정을 체결해서 수십 년 동안 주장해온 주한미군을 철수시키고 유엔사 해체를 요구할 것으로 예상된다. 주한미군 철수를 주장하는 대표적인 미국 인사로는 미국 외교계 거두인 헨리 키신저 전 국무장관이 있다. 그는 중국이 김정은 정권 붕괴를 끌어내면 한반도에서 주한미군을 철수시킬 수 있다는 식의 '미 · 중 빅딜론'을 주장해온 대표적인 인물이다. 특히 북한이 핵무기를 보유하게 된다면, 미군의 개입을 제한시키는 가운데 국지도발을 감행할 가능성이 높으며, 핵무기를 이용한 적화통일의 가능성 역시 배제할 수 없는 상황이다. 다음의 〈표 3-3〉은 2017년 7월 5일 북한이 "유엔군사령부를 즉각 해체되어야 할 침략기구"라고 주장하면서 제시한 근거를 정리한 것이다.

〈표 3-3〉 北, 유엔군사령부 해체 주장에 대한 근거

① 유엔군사령부는 지난 조선전쟁 때인 1950년 7월 미국이 강권과 전횡으로 유엔의 이름을 도용하여 조작한 황당한 날조품이며, 비법적인 침략적 군사기구다. ② 이러한 제반 사실은 조선전쟁에 투입된 유엔군은 실제상 유엔헌장에 의해 조직된 것이 아니라 유엔의 허울을 쓴 미국 지휘하의 다국적 침략무력이었다는 것을 여실히 증명해주고 있다. ③ 남조선 강점 유엔군사령부는 자기 존재의 아무런 법률적 기초도 없고 합법성도 가지고 있지 못하는 미국의 비법적인 침략적 군사기구에 불과하기 때문에 남조선에 수십 년 동안 장기주둔해 있어야 할 그 어떤 명분도, 조건도 전혀 성립되지 않는다.

현 시대 핵보유국가로는 1967년 1월 이전 핵무기를 생산하거나 폭발시킨 국가로서 미국 · 러시아 · 중국 · 영국 · 프랑스 5개국이 있으며, 인도 · 파키스탄 · 이스라엘의 경우 핵보유국의 지위를 인정받고 있다. 그러나 북한의 경우 국제사회로부터 불량국가로 인식됨에 따라 핵보유국의 지위를 인정받기는 쉽지 않을 것으로 전망된다. 또한 핵 개발을 하다가 국제제재와 기술력의 한계에 부딪혀 포기하는 경우는 있지만, 핵 개발을 완성한 후에 스스로 포기하는 경우는 없다는 측면에서 북한은 지속적인 핵실험을 통해 핵보유국의 지위를 인정받고자 할 것이다.

향후 북한의 핵실험은 크게 두 가지 형태로 감행될 가능성이 높다. 첫 번째는 수소탄 실험으로서 기존의 능력을 뛰어넘어 전략적 능력을 갖췄다는 것을 과시할 것이며, 구체적으로 최소 50~100*kt*급 이상까지 수소탄급의 파괴력을 입증할 것으로 예상된다. 북한은 핵폭탄 연소효율 제고와 경량화, 수소폭탄 개발에 전력을 기울이고 있으며, 수소폭탄이나 위력이 강화된 원자폭탄을 개발하고 있을 가능성이 높은 것으로 평가된다. 이에 대한 정황으로 북한은 수소폭탄의 원료인 삼중수소를 생산할 수 있도록 원자로를 개조했으며, 충분히 많은 수소폭탄 원료 성분을 생산한 나머지 여분의 리튬-6[23]을 온라인으로 팔고 있는 것으로 추정된다.[24] 실제 북한은 2017

22 북한의 핵 개발 저의는 ① 한반도에서 군사적 주도권 및 대남 전략적 우위 확보, ② 경제적 · 외교적 이득, ③ 체제유지 등이라고 할 수 있다. 합동참모본부, 『북핵 바로 알고 대비하자』(서울: 합동참모본부, 2009), p. 3.

23 리튬-6은 리튬 동위원소의 일종으로 안정 동위원소로 원자핵 안에 양성자와 중성자가 각각 3개씩 들어 있으며, 핵무기에 중성자를 집어넣을 때 필요한 삼중수소를 생산하는 데 쓰인다.

24 2017년 6월 27일, 미 핵 과학자인 지그프리드 해커 교수는 "북한은 수소탄의 원료 중 하나인 삼중수소(Tritium)를 생산할 능력이 있는 것으로 보인다"라고 말했다. 덧붙여 "영변을 촬영한 사진을 보면 많

년 9월 3일, ICBM 장착용 수소탄 실험에 성공했다고 발표했으며, 만약 수소탄 실험이 성공했다면 북한이 이미 원자탄 및 증폭핵분열탄 개발 기술을 확보했다는 것을 보여주는 것이라고 할 수 있다.[25] 향후 북한의 핵실험은 전략적 수준으로 폭발 규모를 더욱 높여가면서 국제사회로 하여금 북한의 핵보유를 사실상 인정할 수밖에 없는 상황으로 진행될 것으로 예상된다. 구체적으로 2017년 9월 21일, 리용호 북한 외무상이 트럼프 대통령의 '북한 완전 파괴' 발언에 맞서 태평양에서 역대급 수소폭탄 실험을 할 수 있다고 경고했다는 것이 이를 뒷받침해주고 있다.[26]

두 번째는 연속적 핵실험으로, 파키스탄의 핵실험 과정에서 확인할 수 있듯이 다양한 설정의 폭탄들을 차례로 터뜨림으로써 주변국에 그들의 능력을 과시할 것으로 예상된다. 구체적으로 북한은 1~6차 핵실험과 달리 플루토늄탄과 고성능우라늄(HEU)을 포함한 다양한 핵물질을 이용하는 가운데 여러 단계의 핵폭발 능력을 보여줌으로써 자신들이 핵폭발을 통제할 수 있는 능력을 확보했다는 것을 보여줄 것으로 예상된다.[27] 이러한 측면에서 북한의 핵실험은 전술적 차원에서 핵무기를 실제 사용 가능한 다양한 형태로 개발할 것이며, 구체적으로 핵 어뢰나 기뢰, 핵배낭, 야포 발사형 핵폭탄, 항공기 투하용 핵폭탄, SLBM 등이 될 것으로 예상된다.

은 시설을 확인할 수 있는데 이 가운데 새로운 원자로 시설 중 하나가 리튬-6에서 삼중수소를 추출하는 용도일 수 있다"라고 덧붙였으나, "수소탄을 무기화하는 것은 실제로 많은 시간이 필요하며, 북한이 아직 그러한 능력을 갖고 있지는 않은 듯하다"라고 밝혔다. 또한 2017년 8월 4일, 미 「폭스뉴스(Fox News)」는 해리 카자니스 미 싱크탱크국가이익센터(CFTNI) 국방연구국장이 익명을 요구한 미 국방부 관계자에게 전해들은 바에 따르면, "북한이 수소폭탄 개발을 마무리 짓고 있으며 6~18개월 이내에 수소폭탄 개발에 성공할 수 있을 것"이라고 전했다. 해당 폭탄은 제2차 세계대전 말미에 미국이 일본 히로시마와 나가사키에 투하한 원자폭탄보다 몇 배 더 강력한 파괴력을 지닌 것으로 분석했다. 또한 카자니스 국장은 "북한의 'KN-08' 미사일이 이 수소폭탄을 탑재할 능력을 지녔을 수도 있다"고 분석했으며, 수소폭탄이 미국의 미사일 방어시스템을 뚫고 워싱턴에 떨어진다면 사망자와 부상자가 각각 50만 명, 90만 명에 이를 것으로 추산했다.

25 북한은 핵무기연구소 성명을 통해 "북부 핵실험장에서 ICBM 장착용으로 개발된 수소탄 시험을 성공적으로 단행, 수소탄에 도입된 위력조정 기술과 내부구조 설계방의 정확성과 믿음성을 검토확증하기 위해 진행했다"고 주장했다.

26 북한이 태평양 상에서 수소폭탄 실험을 감행할 경우 해양오염을 포함한 해양생태계 파괴 뿐만 아니라 인근의 항공기 추락, 선박 파괴 등 피해가 막대할 것으로 예상되고 있다. 북한을 비롯한 대부분의 국가들은 지하에서 핵실험을 해왔으며, 1980년 이후 어느 국가도 대기권에서 핵실험을 하지 않고 있다.

27 양욱, "북한 탄도미사일 기술력과 핵실험 전망", 「월간 북한」 통권 545호(2017. 5), pp. 65-66.

TIP. 세계 핵탄두 보유국 현황

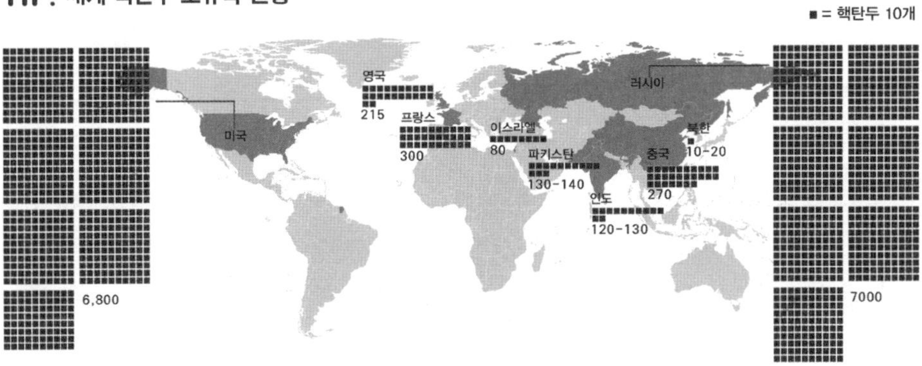

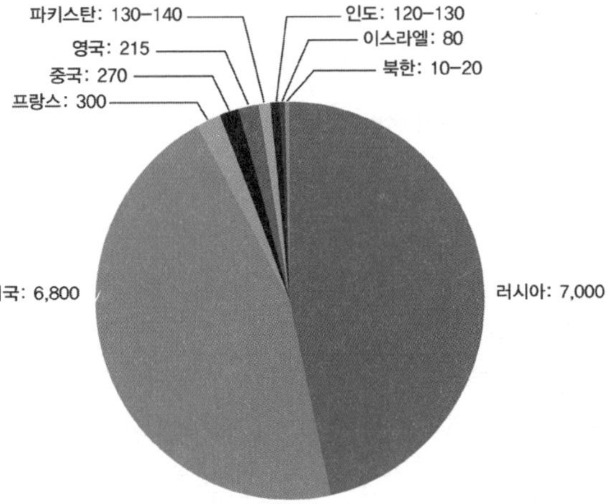

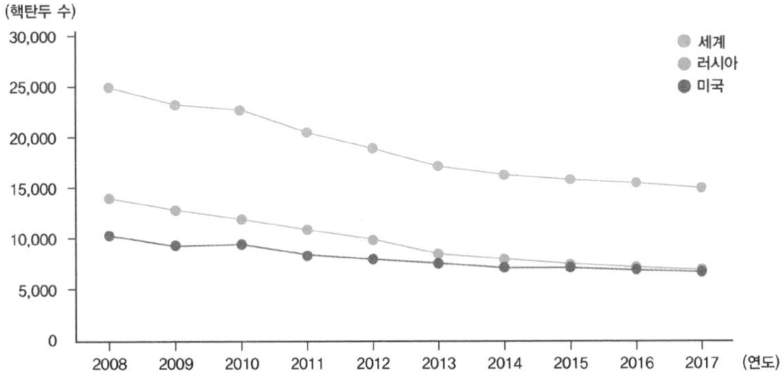

출처: https://www.sipri.org/research/armament-and-disarmament/biological-chemical-and-nuclear-weapons/world-nuclear-forces(검색일: 2017. 9. 6)

국가	최초 핵실험	핵탄두(배치)	핵탄두(보관)	전체(2017년 기준)
미국	1945	1,800	5,000	6,800
러시아	1949	1,950	5,050	7,000
영국	1952	120	95	215
프랑스	1960	280	20	300
중국	1964		270	270
인도	1974		120-130	120-130
파키스탄	1998		130-140	130-140
이스라엘			80	80
북한	2006		10-20	10-20
전체		4,150	10,785	14,935

출처: https://www.sipri.org/media/press-release/2017/global-nuclear-weapons-modernization-remains-priority(검색일: 2017. 9. 6)

TIP. 미국의 핵무기 비축량 및 국방예산 변화 추이

미국의 핵무기 비축량(1062-2017)

1960년 후반부터, 미국과 러시아는 그들의 활성화/비활성화 핵탄두 비축량의 급격한 감축에 기여할 수 있는 일련의 핵무기 협정을 체결한 바 있다.

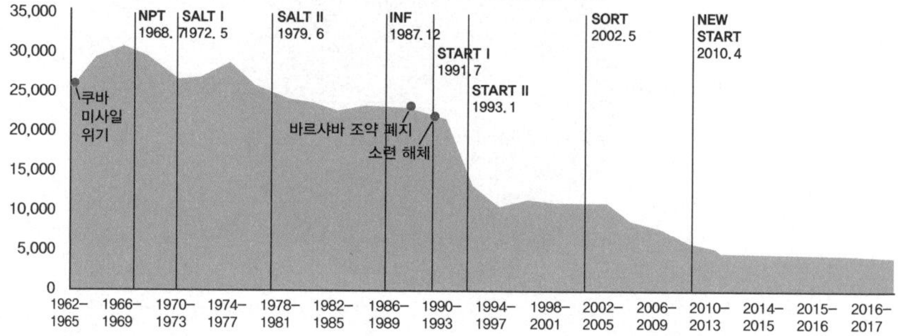

미 국방부 핵무기 지출예산 비율

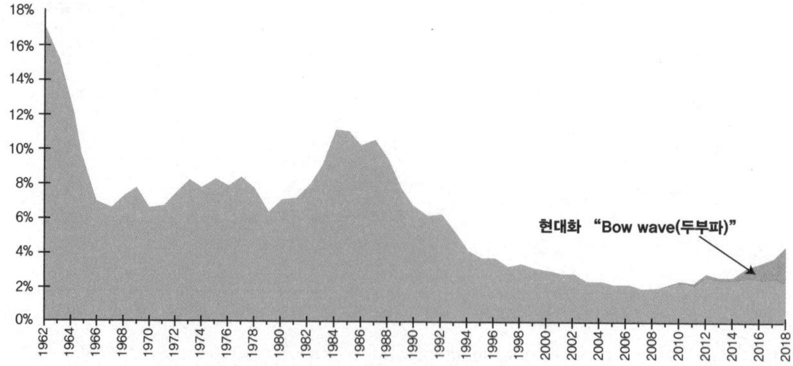

출처: https://www.armscontrol.org/factsheets/Nuclearweaponswhohaswhat(검색일: 2017. 3. 1);
http://tutorials.nti.org/us-nuclear-budget/introduction/(검색일: 2017. 9. 14)

TIP. 유사시 방사성 물질 살포를 전문으로 하는 북한의 '핵 배낭' 부대 소개

핵배낭(SADM: Special Atomic Demolition Munition)은 소형화된 전술핵무기 중 하나이며, 무게가 30~50㎏ 정도로 일반 핵무기보다 위력은 떨어지지만 배낭 형태로 짊어지고 목표지점으로 운반이 용이하다는 특징이 있다. 과거 미국은 1987년까지 300여 기의 핵배낭을 보유했다. 북한은 2013년 정전협정 체결 기념일(7. 27)에 핵배낭 부대를 처음으로 등장시켰고, 2015년 노동당 창건 70주년 기념 열병식에서 '핵배낭' 마크를 한 보병부대를 등장시켰다.

2011년 북한군은 평안북도 일대에 전술핵무기인 핵배낭 부대를 여단급 규모로 창설해 운영하고 있는 것으로 확인되었으며, 이 여단은 평안북도 8군단 산하에 새로 배치된 3개 여단 중 '벌목부대'라는 명칭으로 위장하고 있다. 이 여단의 주임무는 목자재를 제공하는 것으로 보이지만, 실제로는 전술핵무기를 운영하기 위해 훈련하고 있는 부대로 확인되고 있다.

일반적으로 핵무기는 핵분열 또는 핵융합을 통한 무기라는 측면에서 북한의 핵배낭 부대는 '더티밤' 수준의 방사능 폭탄일 가능성이 높다고 할 수 있다. 핵배낭은 과거 냉전 시대에 많이 사용되었으며, 방사능 누출이 많아서 한 지역이 완전히 오염됨에 따라 '더티밤(Dirty Bomb)'[28]이라는 명칭이 붙었다.

일각에서는 북한이 선보인 핵배낭은 '위성'이라는 이름의 다용도 무기라는 주장이 제기되고 있다. 북한이 만든 '위성' 통합무기는 미사일 유도장치와 전파교란장치, 살상지뢰와 시한폭탄 기능이 합쳐진 다용도의 무기라는 것이며, 여기에도 방사성 물질이 포함된 것으로 알려지고 있다.

군사 퍼레이드('13. 7. 29)

북한 당 설립일 열병식('15. 10. 10)

출처: http://view.asiae.co.kr/news/view.htm?idxno=2016082410322822346(검색일: 2016. 9. 10)

28 재래식 폭탄에 방사능 물질을 채워 일반적인 폭발현상과 더불어 방사능 물질을 유포시키는 형태의 폭탄을 말한다.

2) 북한의 미사일 위협

북한은 제6차 장거리 미사일을 발사한 2016년 2월 이후 다양한 투발능력을 과시할 목적으로 미사일 탄두의 대기권 재진입 기술 모의시험, 고체로켓 엔진시험, ICBM 엔진 지상 분출시험을 공개했다.[29] 특히 ICBM의 대기권 재진입체 기술은 미국 등 선진국이 미사일기술통제체제(Missile Technology Regime: MCTR)[30]에서 수출 및 이전 금지 품목으로 분류해 엄격히 통제하고 있어 북한이 재진입체 기술을 확보하는 것은 상당한 시간이 소요될 것으로 전망되었으나, 미 국방부 관계자들은 2017년 5월 14일 발사된 KN-17 및 21일 발사된 북극형-2형, 7월 4일 발사된 화성-14형 ICBM급 미사일의 경우 대기권 재돌입에 성공했다고 평가하고 있다.

미 국방부 산하 국방정보국(DIA)은 2017년 7월 25일, 북한 ICBM에 대한 새로운 평가보고서에서 북한이 이르면 내년에 ICBM으로 미 본토를 실전 타격할 능력을 보유할 것으로 판단했다. 특히 북한은 최근 몇 달간의 미사일 발사 시험을 통해 기초 설계 능력을 입증함으로써 몇 개월 내로 실제 생산을 시작할 수 있는 단계에까지 접어든 것으로 분석했다. 또한 일부에서는 북한이 사거리 6,200㎞ ICBM을 완전히 개발하는 데 2~3년 정도 걸릴 것이며, ICBM 안정에는 1~2년 더 필요하다고 분석되는 가운데 북한은 2020년 초 ICBM 능력을 갖출 것으로 예상되었으나 북한이 가진 시간표는 이와 다른 것으로 나타났다고 평가하고 있다.[31]

북한의 미사일 도발이 지속됨에 따라 2014년 초 미국은 북한의 핵 · 미사일 기

29 2015년 5월 3일 조선인민군 제963군부대는 국가우주개발국 위성관제종합지휘소를 건설 및 완공했으며, 국가우주개발국 대변인은 자체 기술로 인공위성의 제작국 및 발사국 지위에 올라섰다고 자평했다. 특히 인공위성 사업은 '자주적 권리'라고 주장했으며, 앞으로 당중앙이 결심하는 시간과 장소에 연이어 미사일을 발사할 것이라고 했다. 한국전략문제연구소, 『2015 동아시아 전략평가』, pp. 203-204.

30 MTCR의 통제 대상은 대량파괴무기 운반이 가능한 300㎞ 이상 사거리와 500㎏ 이상 탄두중량을 지닌 미사일 및 우주발사체, 무인항공체 및 관련 부품과 기술이며, 통제 범위는 통제대상 개발이 아닌 통제대상의 타국 이전, 판매를 금지하는 것이다. 우리나라는 1979년 지대공미사일(현무) 개발에 필요한 기술과 부품을 미국으로부터 전수받았으나 사거리 180㎞ 이상 미사일 또는 로켓(민간용 포함) 개발 금지에 합의함에 따라 로켓 개발은 제한될 수밖에 없었다. 그러나 2001년 MTCR 가입 조건으로 한·미 간 사거리 300㎞, 500㎏까지의 탄도미사일 개발에 합의했으며, 특히 민간용 로켓 및 순항 미사일 개발은 제한하지 않는 것으로 합의했다. 민간 로켓의 경우 현재 민간 로켓 자체 개발을 제한하고 있는 조약은 없으며, 다만 외국으로부터 로켓기술 이전 시 MTCR을 적용받게 된다.

31 http://www.segye.com/newsView/20170706001951(검색일: 2017. 7. 15)

술의 진전을 늦추기 위해 사이버 · 전자전 능력을 강화했으며, 이는 곧 북한의 미사일 발사 실패로 이어졌다. 오바마 행정부는 미사일 발사 직전이나 직후 사이버 · 전자파 공격을 통해 발사 자체를 무력화하거나 탄도를 교란해 발사 후 몇 초 안에 타격을 주는 'Left of launch(발사 직전 교란)'[32] 작전을 감행했으며, 실제로 2016년 북한이 발사한 무수단 미사일 8발 중 7발이 실패하는 효과를 달성했다는 측면에서 'Left of launch' 작전은 성공했다고 평가할 수 있다. 다음의 〈그림 3-5〉는 미 군수업체 레이시언(Raytheon)이 발표한 미 통합미사일방어체계 환경 분석 내용으로서 미사일 발사 이전 'Left of Launch' 단계를 명시하고 있다.

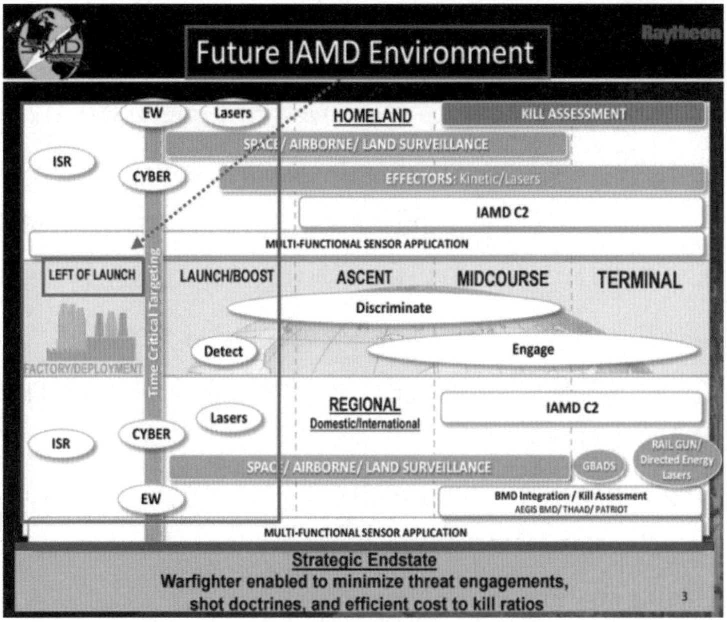

〈그림 3-5〉 미 통합미사일방어체계 환경 분석

주) 통합미사일방어체계(IAMD: Integrated Air Missile Defense)는 미국의 미사일방어체계(MD) 개념으로, 전투기 등 대공 위협과 탄도미사일에 동시 대응할 수 있는 통합적 방어체계를 뜻한다.
출처: http://www.vop.co.kr/A00001131005.html(검색일: 2017. 3. 10)

---

32 'Left of launch'를 직역하면 '발사의 왼편'이며, 이는 미사일 요격 단계를 '발사준비 → 발사 → 상승 → 하강'으로 나눌 때 '발사'보다 왼쪽에 있는 '발사 준비' 단계에 공격을 가하는 데서 붙여진 이름이다.

'Left of launch' 작전의 핵심은 적국의 미사일이 '발사된 다음(Right of Launch)'에 요격 미사일을 발사해서 격추하는 현재의 전략이 너무 많은 비용이 드는 데 비해 효용성이 없다는 결론에서 출발한 미 국방부의 새로운 미사일방어(Missile Defense) 전략이다. 이 새로운 전략은 적국의 미사일 공격 체계에 대한 각종 사전 사이버 · 전자전 공격 등을 비롯해 최첨단 레이저 무기로 적국의 미사일을 사전에 파괴하는 방어무기 등 다양한 존재로 이미 개발을 완료해 실전에 배치되고 있다. "CHAMP"(The Counter-electronics High Power Microwave Advanced Missile Project)로도 알려진 마이크로파 무기는 공중발사 미사일에 장착되어 B-52 폭격기에서 발사되며, 사거리는 약 700마일이며, 저고도로 적의 영공에서 진입하여 전자 시스템을 무력화하는 마이크로파 에너지를 발산한다.

또한, 미국은 발사된 다음의 작전에 대해서도 대응능력을 강화하고 있다. 2017년 7월 11일, 미사일방위청(MAD)은 알래스카 주 코디악에서 실시한 최초의 THAAD 요격시험에서 중장거리탄도미사일(IRBM)의 속도로 날아가는 비행체 14대를 정확히 명중시켰다고 공식 발표했다. 미 국방부는 이번 사드 요격 시험이 최근 북한의 ICBM 발사시험과는 전혀 관련 없이 수개월 전부터 예정되었던 훈련이라고 밝혔으나, 결과적으로 북한의 미사일 위협 고도화는 미국의 방어능력 강화로 이어지고 있으며,[33] 이는 또다시 미국의 방어능력을 무력화시킬 수 있는 북한의 미사일 기술 개발로 이어지게 될 것이다.

한국의 경우 북한의 핵 · 미사일 위협에 우선적으로 대비하고 있으며, 한미 외교 · 국방 확장억제전략협의체(Extended Deterrence Strategy and Consultation Group: ED-SCG)'를 출범시켜 한미 맞춤형 억제전략의 실행력을 강화하고 있다. 특히 한국은 킬체인(Kill Chain), 한국형미사일방어(KAMD), 대량응징보복(KMPR)의 한국형 3축 체계를 구축하고 있으며, 국방부는 2017년 4월 14일 유사시 북한의 핵과 미사일 시설을

---

33 2017년 7월 30일, 미국 미사일방어국과 블리스 기지(텍사스 주) 주둔 제11 방공포병여단은 코디악 기지(알래스카 주)에서 사드 체계를 이용하여 준중거리탄도미사일(MRBM) 요격시험(15회)을 전부 성공시켰다. 탄도미사일 요격용 장거리 지대공 유도무기는 최근에 대부분 직격탄두(Hit ti Kill) 방식을 이용한 요격체계로 개발되고 있다. 미국이 보유하고 있는 PAC-3 ERINT(Lethality Enhancer), THAAD(Hit-to-Kill), Land-based SM-3(Hit-to-Kill), GBI(Hit-to-Kill)는 모두 직격탄두 방식이다.

감시하고 초토화하는 무기체계를 2020년 초반까지 앞당겨 구축하는 내용을 담은 '2018~2022년 국방중기계획'을 발표했다. 다음의 〈표 3-4〉는 한국형 3축 체계의 개념 및 체계를 정리한 것이다.

〈표 3-4〉 한국형 3축 체계의 주요 개념 및 동향

<table>
<tr><th>킬체인 체계도</th><th>주요 개념</th></tr>
<tr><td>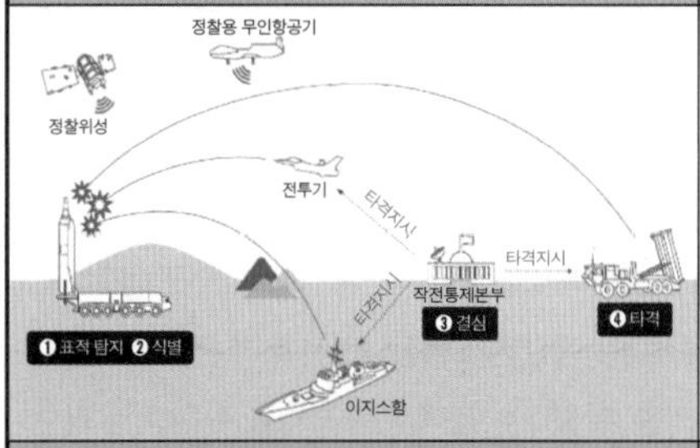
</td><td>적의 미사일 위협을 실시간으로 탐지하여 표적 위치를 식별하고 효과적으로 파괴할 수 있는 타격 수단을 결심한 후 타격하는 일련의 공격체다. 현재 지상 · 해상 · 수중에서 발사되는 탄도 · 순항 미사일, 공중투하 유도탄 및 미사일 전력을 집중적으로 확보하고 있으며, 고고도 정찰용 무인항공기(HUAV)와 군 정찰위성을 확보하여 감시 · 정찰 능력을 확충해나갈 것이다.</td></tr>
<tr><th>한국형미사일방어(KAMD)</th><th>주요 개념</th></tr>
<tr><td>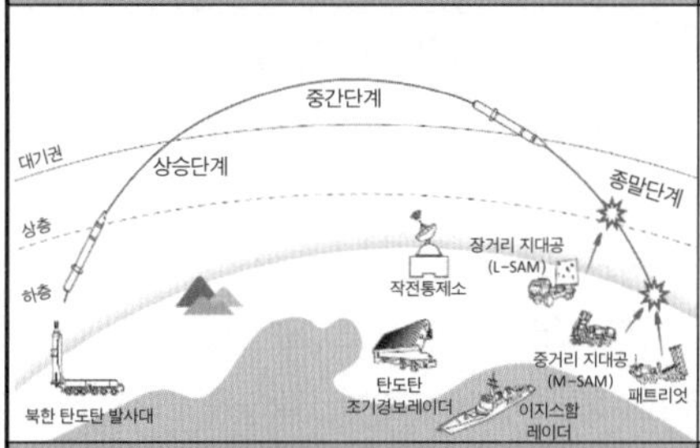
</td><td>북한에서 발사되어 우리 측으로 날아오는 미사일이 지상에 도달하기 전에 요격하는 개념이며, 조기경보체계, 지휘통제체계, 요격체계로 구성되어 있다. 한국형미사일방어는 한반도 전장 환경을 고려하여 현재까지는 종말단계 하층방어 위주의 중첩된 미사일 방어체계를 구축하고 있다. 추가로 성능이 개량된 패트리엇, 중거리 지대공미사일(M-SAM), 장거리 지대공미사일(L-SAM)을 국내 기술로 개발하고 2020년대 중반에 배치하여 방어지역을 확대하고 요격능력을 향상할 것이다.</td></tr>
<tr><th>대량응징보복(KMPR)</th><th>주요 개념</th></tr>
<tr><td>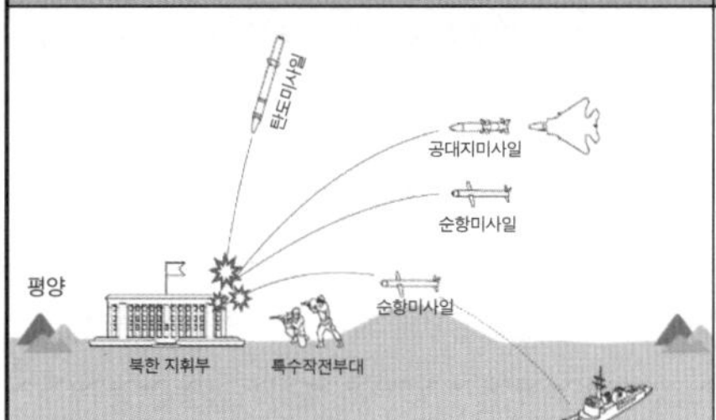
</td><td>북한이 핵무기로 위해를 가할 경우 동시 · 다량 · 정밀타격이 가능한 미사일 전력과 전담 특수작전부대 등을 운용하여 북한 전쟁지도본부를 포함한 지휘부를 직접 겨냥하여 응징보복하는 대량응징보복 개념이다. 현재의 탄도 · 순항 미사일 능력으로도 상당 수준의 응징보복이 가능하며, 추가로 최적화된 발사체계 및 대용량 고성능 탄두 등을 개발하고 일부 특수부대를 정예화된 전담부대로 개편하여 응징보복능력을 극대화해나갈 것이다.</td></tr>
</table>

주) 1. KAMD: Korea Air & Missile Defense
2. KMPR: Korea Massive Punishment & Retaliation
출처: 대한민국 국방부, 『국방백서 2016』, pp. 58-61.

TIP. 한국형 3축 체계의 우선순위

현실적으로 북한이 한국에 대해 핵탑재 미사일을 발사할 경우 북한의 미사일 보유량 및 능력을 고려한다면 KAMD의 실효성에 의문이 제기될 수밖에 없는 상황이다. 따라서 북한이 핵탑재 미사일을 발사할 경우 보복하는 개념인 KMPR과 발사 이전에 타격하는 킬 체인을 우선적으로 건설하는 것이 적합하다고 할 수 있을 것이다.

TIP. 한 · 미 정상, 미사일 탄두중량 제한 전격 해제[34]

2017년 9월 4일, 문재인 대통령과 트럼프 미국 대통령이 미사일 지침의 탄두중량 제한을 해제하는 데 전격 합의한 것은 북한의 핵 · 미사일 위협이 심각해졌다는 공감대가 형성되면서 우리 군이 유사시 북한에 대한 독자적인 응징 능력을 강화해 억제 능력을 키울 수 있다는 점에서 큰 의미를 가진다. 우리 군이 보유한 탄도미사일인 현무-2는 사거리가 300~800㎞다. 특히 800㎞ 탄도미사일은 2017년 8월 29일 실전 배치를 위해 마지막 비행 시험을 마쳤다. 그동안 우리가 보유한 탄도미사일은 탄두중량이 제한돼 위력에 한계가 있었지만, 한미 정상의 합의에 따라 탄두중량의 한계가 없어지면서 우리가 보유한 탄도미사일의 위력은 앞으로 훨씬 강력해질 것으로 전망된다.

사거리 500㎞와 300㎞ 탄도미사일의 경우 각각 1톤 및 2톤의 탄두를 탑재할 수 있으나 사거리를 줄이면 탄두중량을 늘릴 수 있는 트레이드오프(Trade-Off) 규정 때문에 우리는 2012년 개정된 미사일 지침을 통해 탄도미사일 사거리를 800㎞까지 늘렸지만, 탄두중량은 500㎏을 넘지 않도록 제한돼 있었다. 대다수 전문가는 500㎏의 탄두를 장착한 미사일은 명중하더라도 지표면을 파괴하는 정도에 그칠 것으로 평가하고 있다. 북한이 핵실험장을 비롯한 핵심 시설을 지하에 구축해놨기 때문에 핵심 표적을 타격, 심대한 타격을 주기엔 부족하다는 것이다.

하지만 탄두중량을 1톤 이상으로 늘리면 지하 깊숙이 구축된 시설도 파괴할 수 있게 됨에 따라 북한의 핵 · 미사일 위협에 대응하는 한국형 3축 체계의 하나인 대량응징보복(KMPR)체계의 실효성도 높아질 것으로 보인다. KMPR은 유사시 적 지도부를 포함한 핵심 시설에 탄도미사일 발사 등 가용 수단을 동원해 파괴하는 고강도 응징 프로그램을 뜻한다. 1톤 이상의 강력한 위력을 탑재한 탄도미사일을 집중 발사할 경우 해당 지역을 말 그대로 초토화할 수 있다. 이는 곧 도발 후 있을 처절한 결과를 생각한다면 쉽게 움직이지 못하는 이른바 공포의 균형 효과를 얻을 수 있는 셈이다. 구체적으로 우리 군은 탄도미사일의 탄두중량을 최대 2t 규모로 확대하여 미국의 전술핵무기급에 버금가는 고위력의 파괴력을 갖춘 미사일을 개발할 것으로 예상된다.

34 맹수열, "대북 독자적 응징능력 강화… 억제력 커진다", 「국방일보」, 2017년 9월 6일 자, p. 2.

킬체인은 적의 미사일 위협을 실시간으로 탐지하여 표적 위치를 식별하고 효과적으로 파괴할 수 있는 타격 수단을 결심한 후 타격하는 일련의 공격체계로서 북한 전역의 미사일을 실은 TEL을 탐지(1분), 식별(1분), 결심(3분), 타격(25분)해 30분 내에 제거할 목표로 추진되고 있다. 그러나 북한이 신형 고체추진 IRBM 및 SLBM 발사를 성공함에 따라 한국형 3축 체계의 실효성에 대한 논란이 야기되고 있는 상황이며, 북한이 IRBM과 ICBM을 액체연료와 고체연료의 투 트랙으로 개발하는 것은 미사일의 '다종화'를 넘어서는 의미가 있다는 분석이 제기되고 있다.

북한의 신형 고체추진 IRBM은 5~10분 안에 발사가 가능한 것으로 분석되고 있으며, SLBM은 수중에서 발사되는 만큼 SLBM 탑재 잠수함이 잠항을 할 경우 대응하는 것은 매우 제한된다고 할 수 있다. 만약 북한이 여러 척의 2,000톤급 잠수함을 보유하거나 여러 발의 SLBM을 탑재할 수 있는 핵추진잠수함을 보유할 경우 타격수단의 생존성 강화로 제2격(Second Strike)의 능력을 확보하게 될 것이다. 문근식 전 362사업(핵추진잠수함사업) 단장의 분석에 따르면 북한이 개발 중인 핵추진잠수함은 동체 직경 90m를 기준으로 할 때 4,000~5,000톤급으로 추정되며, 10기가량의 핵장착 SLBM을 탑재할 수 있을 것으로 분석된다.[35]

앞에서도 언급했듯이 2017년 2월 12일 북한은 고체연료를 사용한 신형 IRBM을 SLBM 발사에 사용되는 cold launch 방식으로 단분리를 통해 고도 550㎞, 사거리 500㎞의 발사시험에 성공했다. 북한의 신형 IRBM은 북극성 2호[36]로 명명되었으며, 이는 곧 신형 IRBM이 SLBM으로 운용될 가능성 및 북한의 미사일 개발이 SLBM을 중심으로 전개될 가능성이 높다는 것을 의미한다. 이후 북한은 2017년 5월 21일 두 번째 신형 IRBM 발사에 성공함에 따라 김정은은 미 · 중을 견제하기 위해 신형 IRBM의 실전배치를 지시했다.

또한 북한의 미사일 능력은 핵 투발 수단으로서 체제 및 정권의 생존과 직결됨

---

35 김민석, "북한 SLBM 잠수함 킬러 핵잠수함 시급하다", 「중앙일보」, 2017년 8월 11일 자, p. 22.

36 북한은 SLBM이 신포급(2,000t) 잠수함에 탑재되어 북극해를 지나 미국 워싱턴을 겨냥하겠다는 목표를 설정하고 있으며, 미국과의 최후 결전을 위해 북극성이 '빛나는 북극해항로를 지나갈 미사일'이라는 뜻을 내포하고 있다.

에 따라 북한은 한 · 미의 요격체계를 무력화시킬 수 있는 능력을 확보하기 위한 노력을 지속할 것으로 예상된다. 2017년 3월 6일 북한은 탄도미사일 4발을 10분 안에 연속적으로 75~93°로 달리 발사하여 일정한 탄착점을 형성하는 동시다발적 공격능력을 보여줌으로써 THAAD 무력화에 대한 자신감을 드러냈다. 이와 관련하여 2017년 8월 10일, 북한의 김낙겸 전략군사령관은 괌의 주요 군사기지들을 제압 및 견제하고 미국에 엄중한 경고신호를 보내기 위해 중장거리탄도미사일 화성-12형 4발의 동시발사로 진행하는 괌 포위사격 방안을 심중히 검토하고 있다고 밝혔다. 특히 화성-12형이 일본의 시마네 현, 히로시마 현, 고치 현 상공을 통과하게 되며, 사거리 3,356.7㎞를 1,065초간 비행한 후 괌 주변 30~40㎞ 해상수역에 탄착되게 된다고 구체적으로 언급함으로써 자신들의 탄도미사일 능력을 과시했다.

TIP. 북한 전략군사령관 김낙겸 발표(2017년 8월 10일, 조중통)

- 조선인민군 전략군사령관 김낙겸 대장은 9일, 다음과 같이 발표함
- 전략군은 괌의 주요 군사기지들을 제압 견제하고 미국에 엄중한 경고신호를 보내기 위해 중장거리 전략탄도로켓 화성-12형 4발의 동시발사로 진행하는 괌 포위사격 방안을 심중히 검토하고 있음
- 전략군은 미제의 침략기지를 겨냥하여 실제적 행동조치를 취하게 되는 역사적인 이번 괌 포위사격을 인민에게 공개하는 방안도 검토 중에 있음
- 우리가 발사하는 중장거리 전략탄도로켓 화성-12형은 일본의 시마네 현, 히로시마 현, 고치 현 상공을 통과하게 되며 사거리 3,356.7㎞를 1,065초간 비행한 후 괌 주변 30~40㎞ 해상수역에 탄착되게 될 것임
- 전략군은 8월 중순까지 괌 포위사격 방안을 최종 완성하여 공화국 핵무력의 총사령관 동지께 보고드리고 발사 대기태세에서 명령을 기다릴 것이며, 우리는 미국의 언동을 계속 주시하고 있음

주) 북한은 김낙겸 전략군사령관의 위협대로 2017년 8월 29일 중거리탄도미사일(IRBM) 1발을 발사했다. 김정은 노동당 위원장이 14일 전략군사령부 시찰 당시 "미국의 행태를 좀 더 지켜보겠다"고 말한 이후 15일 만이며, 합동참모본부는 "비행거리는 2,700여 ㎞, 최대 고도는 550여 ㎞로 판단했다"고 밝혔다. 이번 발사체의 사거리는 예고한 바에 못 미치지만 액체연료를 쓰는 화성-12형의 경우 연료 주입량이나 엔진 출력을 조절하는 방식으로 사거리 조절이 가능하다. 다만 북한은 발사 방향을 예고했던 괌이 아니라 80° 정도 북쪽으로 틀어 홋카이도 동쪽 태평양에 낙하시킴으로써 그들이 공언한 대로 직접 괌을 타격하면 미국에 대한 공격이자 전쟁을 의미하기 때문에 괌 타격 능력이 있다는 점을 우회적으로 과시할 수 있는 유사한 도발이라고 평가할 수 있다.

TIP. 북한 전략군 괌 포위 사격 개요

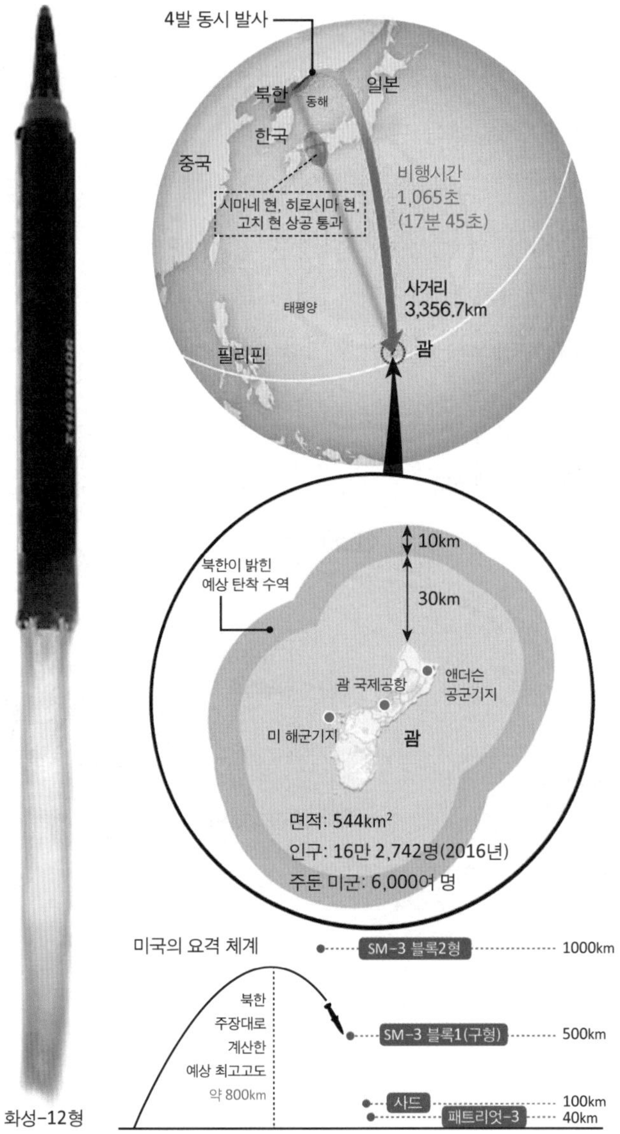

주) 평양에서 괌 북쪽 30~40㎞까지의 거리(3,356.7㎞)를 고려할 경우 비행시간 1,056초의 의미는 평균 마하 9.27, 최고 음속 15.6배로서 마하 14까지는 사드로 요격이 가능하나 북한도 예방공격이 가능하다는 협박으로 해석할 수 있다.

출처: 정용수 · 이철재, "북 '일본 지나 1,065초간 3,356.7㎞ 비행' 괌 위협 액션 플랜", 「중앙일보」, 2017년 8월 11일 자 수정, p. 3.

북한의 미사일 위협에 대응하기 위해 한반도에 배치한 THAAD의 경우 높은 곳에서 날아오면 요격범위를 벗어날 수 있으며, 낮은 각도로 빠르게 접근할 경우 탐지 시간을 확보할 수 없어 요격이 어려울 뿐만 아니라 동시다발적 공격에 취약성을 보이고 있다. 실제로 2017년 3월 29일 북한은 스커드-ER 미사일 4발을 동시에 발사했으며, 2017년 8월 26일에는 단거리탄도미사일 3발을 발사했다. 또한 2017년 8월 26일 발사한 단거리탄도미사일의 경우 최대고도는 50㎞로서 이 고도는 사드 요격 사정권 훨씬 북쪽에서 형성된다는 측면에서 이 미사일이 사드 방어권 진입 시 40㎞보다 훨씬 아래로 비행하게 될 것이다. 그러나 THAAD의 최저 요격 고도는 40㎞이기 때문에 이 밑으로 날아오는 미사일을 막을 수 없게 된다.

TIP. 한국의 미사일방어 개념도

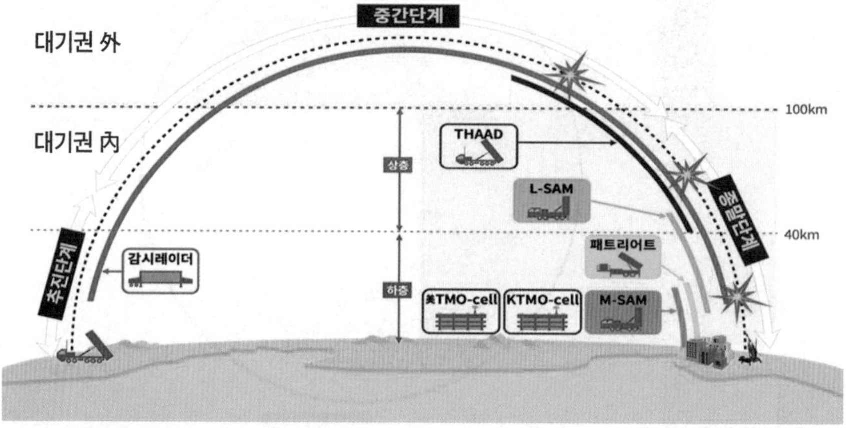

출처: 대한민국 국방부

또한 북한은 이동식발사차량에도 많은 관심을 기울이고 있다. 북한은 이미 '임의의 시각, 장소'에서 발사할 수 있다는 점을 과시했으며, 2016년 7월과 9월에는 황주지역 인근 평양-개성 간 고속도로에서 미사일을 발사했다. 이동식발사차량은 기습발사의 장점이 있으며, 북한은 이동식발사차량의 장점을 적극적으로 활용함으로써 한·미 감시 및 정찰자산을 무력화시키기 위한 노력을 지속할 것으로 예상된다.

이와 아울러 북한은 2017년 7월 28일 화성-14형 2차 미사일 발사의 경우 기존의 새벽~오전 발사의 전례를 깨고 오후 11시 41분인 한밤에 감행했으며, 2017년 8월 29일에는 인구가 밀집한 평양 인근에서 발사를 감행했다.

이런 측면에서 북한은 핵무기의 생존성을 위해 미사일 능력의 고도화를 다양한 방법을 통해 지속적으로 추구할 것이며, 특히 제1격과 제2격의 능력을 갖추기 위한 다양한 방법을 강구할 것으로 예상된다.[37] 다음 〈표 3-5〉는 북한의 미사일 발사 현황을 정리한 것이며, 미사일 발사 시 김정은의 참관 횟수가 점차 증가하고 있다는 것은 북한이 미사일 개발에 집중하고 있다는 것을 단적으로 보여주는 증거라 할 수 있다.

〈표 3-5〉 북한의 미사일 발사 현황(2017. 7. 28 기준)

구분	2012년	2013년	2014년	2015년	2016년	2017년
발사 횟수	2회	2회	12회	8회	16회	11회
김정은 참관	1회	-	3회	3회	7회	7회

TIP. 고체연료와 액체연료 로켓의 차이점

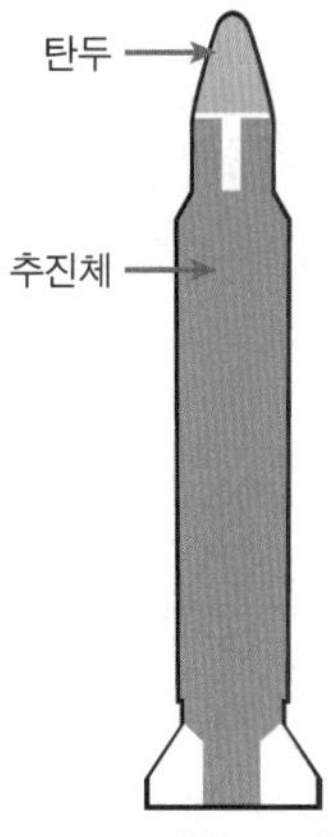

고체연료 로켓

구분	고체연료 로켓	액체연료 로켓
구조	간단	복잡
추진력	액체 대비 약함	강함(고체 대비 장거리 발사 유리)
연료 주입 및 발사	미사일 내 항상 저장. 별도 연료 주입 불필요. 이동에 용이하고 신속 발사 가능.	장시간 연료 주입. 이후 장시간 대기 불가능.
점화	일회용	재사용 가능
제작비	저가	고가
북한 고체 · 액체 연료 IRBM 미사일	북극성 1형, 북극성 2형	화성-12

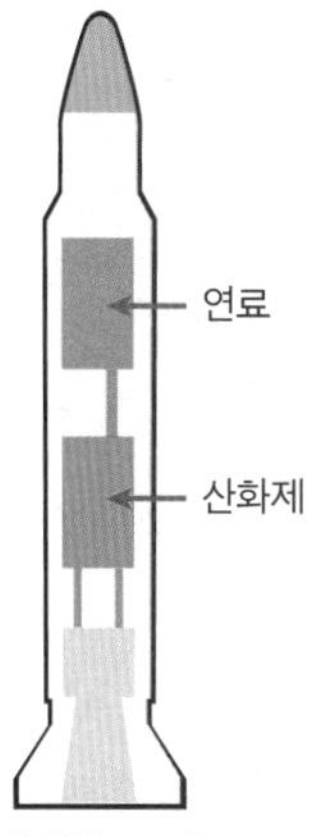

액체연료 로켓

37 핵공격을 받은 측이 그 잔존 능력으로 핵보복하는 것을 '제2격(second strike)'이라고 하는 데 반해 먼저 핵공격을 가하는 것을 '제1격(first strike)'이라고 한다. 제1격 능력만 있는 국제체계는 '전략적 안정성'이 낮다. 즉, 매우 불안정하다. 충분한 제2격 능력이 있으면 핵억제는 안정적이다.

TIP. 북한 미사일 시험발사 현황(1984-2017)

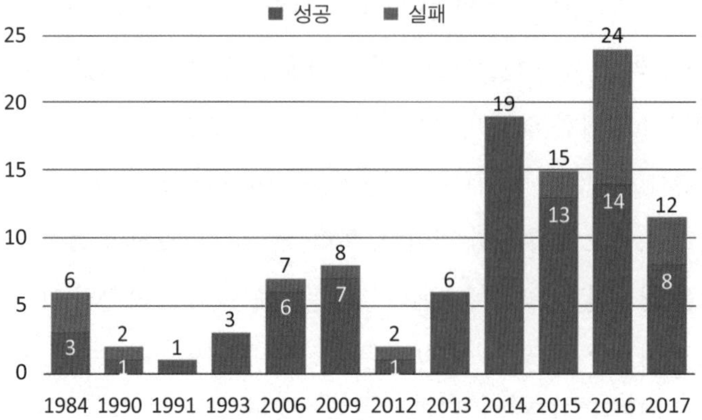

주) 1. 미식별 시험발사 미포함

2. 북한은 이동식발사차량 장점을 적극적으로 활용함으로써 한 · 미 감시 및 정찰자산을 무력화시키기 위한 노력을 지속하고 있으며, 북한에 대한 미국의 공격 가능성이 높아질 경우 북한은 미국의 공격이 어려운 중 · 러 접경지역 인근에서 미사일을 발사할 가능성이 점차 높아질 것으로 예상된다.

출처: http://www.businessinsider.com/missile-tests-north-korea-2017-5(검색일: 2017. 9. 18)

TIP. 북한의 핵실험 및 미사일 시험 발사

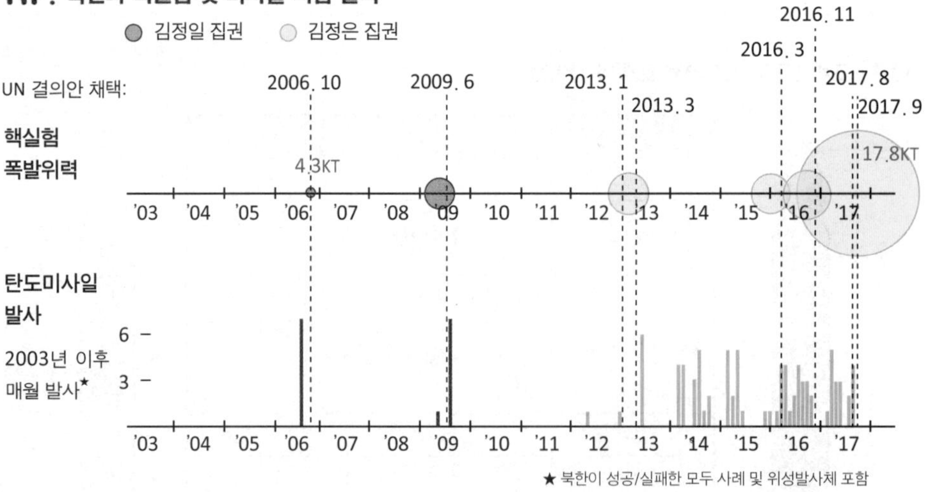

주) 김정은 집권 기간 중 미사일 시험 발사 및 핵실험 빈도가 증가했으며, 여기에서는 북한의 핵 · 미사일 개발 및 주요 UN 결의안 채택에 대한 연대표(timeline)를 보여주고 있다.

그렇기 때문에 잠수함 탑재의 미사일(SLBM)은 핵억제를 강화한다. 제1격에 대해 예를 들면 통상 무력으로 시작된 전쟁에서 먼저 핵무기를 사용하는 것을 first use, 즉 '선제 핵사용'이라고 한다. 선제 핵사용을 포기하는 것을 핵무기선제사용포기(NFU)라고 한다. http://terms.naver.com/search.nhn?query=1%EA%B2%A9&searchType=&dicType=&subject=(검색일: 2017. 9. 8)

TIP. 北, 김일성 생일 105주년 기념 열병식에서 공개된 주요 미사일

해군 궤도형 불상 미사일 (6대) 최초 공개		궤도형 불상 미사일 (6대) 최초 공개	
차륜형 (6축) 불상 미사일 (4기) 최초 공개		차륜형 (트레일러) 불상 미사일 (4대) 최초 공개	
차륜형 (8축) 불상 미사일 (4대) 최초 공개		북극성-1형 (6기)	
북극성-2형 (6대)		화성-10 (6기) 우리 측 명칭 '무수단'	

주) 2017년 4월 15일, 북한은 김일성 주석 생일에 신형 미사일을 공개했으며, 2017년 7월 4일에는 ICBM급으로 평가받는 '화성-14'형을 포함한 신형 미사일 발사에 모두 성공했다. 이는 곧 북한의 미사일 능력을 과시하는 것이자 북한이 정해진 로드맵에 따라 다양한 미사일을 개발해놓고 순차적으로 보여주는 것이다.

TIP. 북한의 차륜형 발사대

화성-12/KN-17('17. 5. 14)	화성-13/KN-08('13. 7. 24)

화성-14('17. 7. 4)	화성-15/KN-22('17. 11. 29)

TIP. 美, 사이버 무기체계

미국은 2010년 U. S. Army Cyber Command(USCYBERCOM)를 설립한 이래 사이버전을 지속적으로 준비하여 세계 최고 수준의 핵심기술을 보유하고 있다. 특히 세계 최초의 신개념 사이버 무기 연구개발(예: Stuxnet)을 선도하고, 세계 최고 수준의 사이버 보안 연구기관 · 기업 및 솔루션 시장을 보유하는 등 독보적 우월성을 가지고 있는 사이버 보안 강국이다. NSA(National Security Agency) 산하 3천여 명의 해킹 인력을 보유하고 있으며, 이 중 80%가 공세적 대응분야에 속할 정도로 공격분야에 치중하고 있다.

주) 사이버무기체계는 사이버작전에서 사용하는 무기체계로 사이버 공격이나 방어에 사용되는 하드웨어 및 소프트웨어이며, 예방 · 감시 · 탐지 · 차단 · 복구 · 공격 등 활동단계별로 다양한 기능이 포함된다.
출처: 국방과학기술 개발동향 및 수준 CD(국방기술품질원, 2016. 12)

TIP. 미 사이버 작전 무기체계 개발 현황

분류	주요 체계	획득 단계
사이버 감시정찰체계	Echelon, NSA ANT Catalog	전력화
사이버 지휘통제체계	Plan X, ICAS	개발 중
사이버 능동방어체계	Cyber Grand Challenge, HACMS, CSFV, MRC, XD3, CFAR, RADICS, Cyber Kill Chain, EdgeCT, CylanceProtect/Cylance V	개발 중
사이버 공세적 대응체계	Stuxnet, Duku, Flame	전력화

주) 1. 사이버 감시정찰체계: 사이버 위협을 조기에 경보하기 위해 아군의 사이버 공간 외부에 존재하는 위협을 감시 및 정찰하고 수집한 첩보를 분석하여 정보화하는 작전을 수행하는 체계
2. 사이버 지휘통제체계: 지휘관이 사이버작전 임무를 수행하기 위해 작전을 계획 · 지시 · 통제하는 데 필수적인 인원 · 장비 · 시설 · 정보통신 등으로 구성된 체계
3. 사이버 능동방어체계: 아군의 사이버 능력 이용을 보장하고 데이터, 네트워크 능력 및 타 시스템을 보호하기 위해 능동적인 방어 작전을 수행하는 체계
4. 사이버 공세적 대응체계: 사이버 수단으로서 적 사이버 표적을 교란 · 마비 · 파괴시키는 작전을 지원하는 체계이나 향후 교리 발전 및 국제법에 따라 포함 여부가 결정될 것임
출처: 국방과학기술 개발동향 및 수준 CD(국방기술품질원, 2016. 12)

TIP. 전자전 체계

전자전이란 전자파, 적외선, 가시광선 등 전자기 스펙트럼을 통제하거나 공격하기 위한 군사적 목적의 행위로서, 적의 전자 · 통신 · 지휘통제체계의 운용 상태를 전자파 및 광파를 통해 수신 및 파악하고, 이를 기만 · 교란함으로써 적의 방어망을 현저히 약화시켜 아군의 전투 및 기동 능력을 상대적으로 강화하는 동시에 이에 상응하는 적의 기도로부터 아군의 전자 · 통신 · 지휘통제체계를 보호할 수 있는 능력이다.

전자전 능력은 적성장비가 자국이나 우방국 무기체계를 추적하거나 교전을 시도하는 것을 인식하는 능력, 여기에 자동적으로 전자방해 또는 전자방어무기를 가동하는 능력, 그리고 부수적인 수단을 통해 우방국 시스템을 보호하는 능력을 포함한다. 또한 적군의 종합 영공 및 지역방위 네트워크와 관련된 생존성, 지휘통제 및 무기체계 · 센서(조기경보, 표적획득, 표적추적 등)를 속이거나 두절시키거나 파괴하는 능력을 포함한다.

전자공격은 적의 전투능력을 직접적으로 공격하기 위한 전자기 스펙트럼 또는 지향성 에너지의 공격적인 사용에 초점을 두고, 적의 무기를 기능저하 또는 무력화시키기 위한 전자 재밍 · 기만을 포함하는 소프트 킬(soft kill)과 대방사 미사일(ARM, Anti-Radiation Missile), 지향성에너지 무기 등의 하드 킬(hard kill)과 함께 사용한다. 전자전에 있어 전자공격의 파괴적 기능은 비교적 새로운 개념이다. 대방사 미사일의 경우 근래의 전투에서 효과적으로 운용되어왔으며, 사용되는 파괴적 전자공격 중 가장 진보된 방법이다.

TIP. 전자전 체계 운용 개념도

출처: 국방과학기술 개발동향 및 수준 CD(국방기술품질원, 2016. 12)

3. 북한의 핵 · 미사일 문제 해결 구도 및 전망

1) 트럼프 대통령의 최고의 압박과 관여 전략 채택

도널드 트럼프 정부는 '최고의 압박과 관여(Maximum Pressure and Engagement)'를 대북 전략으로 채택했으며, 여기에는 북한이 핵 개발 의지를 포기하도록 전방위에서 각종 제재와 외교적 수단을 총동원하겠다는 것을 포함하고 있다.[38] 동 전략은 군사적 옵션과 김정은 정권 전복, 심지어 북한의 핵보유국 지위 인정까지 모든 옵션을 검토한 끝에 극단적인 선택지를 제외하고 나온 방안이며, 다만 북한과의 대화를 뜻하는 개입은 핵군축이 아니라 비핵화가 목적임을 분명히 했다.

2017년 4월 6일, 트럼프 대통령은 미 · 중 정상회담을 위한 만찬 직전에 시리아에 대한 공습을 승인했으며, 이번 공습은 시리아의 우방국인 러시아의 사전 동의 없이 시행됨에 따라 북한의 선제 타격론이 급부상했다. 또한 2017년 4월 21일, 이스라엘을 방문한 매티스 미 국방장관이 "만약 시리아 정권이 화학무기를 다시 사용한다면 확실히 타격할 것이다"라고 언급한 것은 미국이 독자적인 개입주의 노선을 채택했다는 것을 보여주는 것이라고 할 수 있다. 특히 도널드 트럼프 대통령의 외교안보정책이 미국의 '전형적인 주류 스타일'로 구현될 것으로 전망되는 가운데 트럼프 정부는 자신들의 이익이 걸린 국제문제에 대해서는 적극적이면서도 독자적으로 개입할 것으로 예상된다.

트럼프 대통령의 '최고의 압박과 관여' 전략을 '최고', '압박', '개입'이라는 용어를 통해 미국의 개입 전망을 분석하면 다음과 같다. 먼저 '최고'는 범위 측면에서 '전방위'를 의미하는 것이며, 여기에는 북한의 우방국인 중국, 러시아 등을 포함하여 미국의 동맹국/우방국, UN, NATO, EU, ASEAN 등 미국이 영향력을 행사할 수 있는 모든 대상이 될 것이다. 특히 미국은 중국에 무역, 대만문제 등에 대한 양보를 통해

38 2017년 7월 5일, 니키 헤일리 UN 주재 미 대사는 안보리 회의에서 "우리가 가진 능력 중 하나가 막강한 군사력으로, 그것을 사용해야 한다면 사용할 것"이라고 밝혔다. UN 안보리 회의에서의 이 같은 발언은 북한의 핵 · 미사일 문제 해결을 위한 미국의 강력한 의지를 전달하는 것이며, 국제사회의 적극적인 지지를 요구하는 것으로 그 의미를 부여할 수 있다.

북한 문제를 해결할 가능성이 있으며,[39] 또한 유엔 차원의 훨씬 강력하고 실효적인 대북제재 조치를 요구하고 있다. 이러한 전방위적 조치는 북한을 더욱 고립시킬 것이며,[40] 이들의 대북제재에 대한 참가 여부는 미국의 영향력과 국가별 이해관계에 따라 결정될 것이다.[41]

수준의 측면에서 미국은 오바마 전 정권의 전략적 인내(Strategic Patience)가 아닌 실질적인 문제 해결을 위한 강도 높은 수준을 의미한다. 전략적 인내는 미국 오바마 정부의 대북정책으로 소극적 압박을 지속하면서 북한의 변화를 기다리겠다는 것이 기본개념이며, 트럼프 정권은 더 이상의 전략적 인내는 하지 않을 것이라고 선포했다. 구체적으로 기존의 대북제재는 경제 분야를 중심으로 이뤄졌으나 트럼프 정부는 경제 분야뿐만 아니라 군사 분야로까지 확대하고 있다. 경제 분야의 경우 더 강력하고 실효적인 조치가 될 것이며, 여기에는 세컨더리 보이콧(secondary boycott),[42] 북한에 대한 유류지원 차단, 대북제재 대상 북한선박 확대 등이 예상된다. 군사 분야의 경우 한반도 주변 해역에 미 군사력을 집중 배치하거나 일부 전력의 경우 상시 순환

---

39 2017년 4월 21일, 장터우성 중국 국제전략연구학회장은 "미 · 중 정상회담에서의 북핵 문제를 해결해야 한다는 공감대에 따라 만약 북한이 추가 도발하면 더 엄격한 제재가 이뤄질 수밖에 없을 것"이라며 "중국 정부가 원유공급 차단을 고려할 수 있을 것으로 본다"고 전망했다. 2017년 6월 중국석유천연가스집단(CNPC)은 대북 연료용 기름판매를 잠정적으로 중단했으며, 대북 연료 판매를 중단한 지 1~2개월이 지난 것으로 추정되는 2017년 7월 5일 기준, 북한 휘발유 가격이 ㎏당 2.18달러(약 2,460원)를 기록했다. 이는 지난달 21일, 1.46달러(약 1,650원)였던 것과 비교하면 50% 정도 오른 것이며, 중국석유천연가스집단의 연료 판매 중단은 북한의 유가 폭등에 결정적인 영향을 끼친 것으로 분석된다. 그러나 러시아 연방세관 자료에 따르면 2017년 4월까지 러시아의 대북 석유수출액은 약 230만 달러(약 26억 5,000만 원)를 기록해 약 74만 달러(약 8억 6,000만 원)가 수출된 '16년 동기간 대비 200% 이상 늘어났다. 최근 북한은 국제사회의 제재로 석유공급이 차질을 빚자 러시아로 눈을 돌리고 있는 것으로 분석된다.

40 2017년 8월 8일, 외교부 장관은 아세안지역안보포럼 참석을 계기로 "북한은 정말 외교적으로 고립되었다는 생각을 하게 되었다"라고 밝혔다. 이어서 "북한이 많은 국가와 양자회담을 요청했지만 대부분 거부했으며, 의장국인 필리핀만이 아세안을 대표하여 북한 외무상을 만났다"라고 덧붙였다. 또한 2017년 10월 8일, 미 WSJ은 20여 개국이 북한과의 정치 · 경제 · 군사 관계를 단절 또는 축소했다고 보도하는 등 미국의 북한 고립작전 vs. 북한의 자력갱생은 더욱 치열해질 것으로 전망되고 있다.

41 아세안 외교 소식통은 "미국이 아세안 의장국인 필리핀에 북한의 김정남 살해사건, 미사일 발사로 긴장이 높아지고 있는 것에 대해 비판하는 성명을 내줄 것을 요구했다"고 전했다. 또한 다른 외교 소식통은 "이를 두고 성명을 낼 것을 고려했으나, 북한과의 협상에 악영향을 미칠 것을 우려한 말레이시아 측의 반대로 성명을 발표하지 않았다"며 "미국의 요청에도 불구하고 아세안 회원국 중에서는 라오스 등 북한과 우호관계에 있는 국가도 있어 성명이 채택될지는 불투명하다"라고 전망했다.

42 제재 대상 국가와 거래한 제3국 기업들을 일괄 제재하는 것을 말하며, '제3자 제재'라고도 한다.

배치가 예상되고 있으며,[43] 2017년 한 해 동안 미군의 최신형 무인공격기 '그레이 이글(MQ-1C)', 장거리 공대지미사일(Joint Air-to-Surface Standoff Missile, JASSM) 등이 한반도에 배치되었다.[44]

다음으로 '압박'은 강한 힘으로 내리누르거나 기운을 못 펴게 세력으로 내리누르는 것을 의미하는 것이며, 트럼프 정권은 전략자산 운용을 포함하여 최근에는 칼빈슨 항공모함, 미시간 핵추진잠수함 등을 한반도 주변 해역에 배치했다. 또한 미국은 북한이 레드라인(Red Line)을 넘어설 경우 북한의 정권 생존이 불가능할 것이라는 강력한 억제전략(Deterrence Strategy)을 구사하고 있으며, 미국의 북한에 대한 압박은 억제전략 개념 중에서 제재적 억제전략에 포함된다고 할 수 있다.

끝으로 '개입'은 자신과 직접적인 관계가 없는 일에 끼어드는 것을 말하는 것이며, 여기에서 미국의 '개입'은 자국의 영향력을 이용하여 중국, 러시아, 동맹국/우방국, UN, NATO, EU, ASEAN 등에 대해 참여를 독려하거나 이들을 지렛대로 이용하여 관여하겠다는 것이라고 할 수 있다.[45] 다시 말해 미국은 그들의 힘을 기반으로 국제기구 및 다른 국가들의 의사결정권에 개입할 것으로 예상된다. 이러한 미국의 개입은 일방적인 요구로 이뤄질 수 있으나 'Give and Take' 방식으로도 전개될 수 있으

43 2016년 9월, 미국으로 향하는 북한의 탄도미사일을 탐지하기 위한 탐지거리 2,000㎞ '해상기반 X밴드 레이더(Sea-Based X-Band Radar, SBX)'를 북한 해역 인근에 배치했으며, 임무수행 후 10월 말에 하와이 진주만 기지로 복귀했다. 또한 SM-6 함대공미사일, 토마호크 순항미사일, 레일건 등을 장착하고 있는 최신예 스텔스 구축함인 줌왈트(Zumwalt)를 한반도에 배치할 예정이다.

44 그레이 이글은 아프가니스탄과 이라크전에서 알카에다 지도자 암살 등에 광범위하게 활용한 무인공격기 '프레데터(MQ-1C)'를 개량한 것으로, 한반도에 대한 24시간 연속 비행 · 정찰을 포함하여 강력한 무장을 보유하고 있어 북한의 전쟁지휘부 제거 임무에 동원될 가능성이 높다고 할 수 있다. 또한 군산에 배치된 JASSM(Joint Air-to-Surface Standoff Missile)은 장거리 공대지미사일로서 길이 4.27m, 날개폭 2.4m, 중량 1천 ㎏, 탄두무게 454㎏, 사거리 370㎞에 달하며, 미사일 탄두에 목표물 자동위치 식별 · 탐지 기능까지 갖추고 있어 2m 내외의 정밀 타격능력을 갖추고 있다.

45 2017년 8월 6일, UN안보리는 북한의 대륙간탄도미사일 발사에 대응하기 위한 대북제재 결의안 2371호를 만장일치로 채택했다. 미국이 주도한 이번 결의안은 북한의 대외수출에 타격을 가하는 데 초점을 맞춘 것으로 알려졌는데, 해당 결의안에는 북한의 석탄과 철, 납, 수산물 등의 수출을 전면 봉쇄하는 내용이 포함되었으며, 다만 북한에 대한 원유공급 제한 조치는 중국의 반대로 인해 포함되지 않고 기존의 제재를 강화하는 방향으로 절충한 것으로 분석된다. 미 백악관은 성명을 통해 "트럼프 대통령이 결의안 채택을 위한 길을 터준 중국과 러시아의 협력에 고마움을 표시했다"고 전했으며, 또한 "미국은 동맹국 · 협력국들과 공조해 북한에 대한 외교 · 경제적 압력을 강화함으로써 위협적이고 불안을 야기하는 행동을 중단하도록 할 것"이라고 밝혔다.

며, 만약 이들의 협조가 만족스럽지 못할 경우 이들에 대해 실제 영향력을 행사할 것으로 예상된다.

TIP. 억제전략의 종류

구분	주요 내용
거부적(拒否的) 억제전략	잠재적 침략국의 한정적 침략에 의한 특정 전략목적 달성을 거부하는 능력을 보유함으로써 그들에게 침략을 기도하지 않도록 하는 전략개념 * 상대적으로 열세한 국가들의 전략개념
제재적(制裁的) 억제전략	잠재적 침략국에 대해 그들이 만일 침략행동을 시작한다면 견딜 수 없을 정도의 제재를 가할 것이라는 위협에 의해 그들에게 공포심을 일으키게 함으로써 침략을 자제시키는 전략개념 * 상대적으로 우세하거나 비슷한 수준의 국가들의 전략개념
총합적(總合的) 억제전략	국가적 차원에서 군사적 수단뿐만 아니라 이용 가능한 모든 비군사적 수단까지 동원할 능력이 있음을 적에게 인식시켜 적이 침략하지 못하도록 하는 전략개념

TIP. 억제의 개념 및 성립 조건

구 분	주 요 내 용
억제의 개념	억제(Deterrence)란 상대국가가 군사행동을 취해서 얻을 수 있는 예상되는 이득보다 손실과 위험이 더 크다는 것을 예상케 하여 상대국의 군사행동을 차단하는 것을 말하며, 구체적으로 보복 또는 응징을 통해 위협함으로써 상대국이 어떤 군사행동을 취하지 못하도록 유도하는 것이라고 할 수 있음 * 제를 의미하는 영어의 'Deterrence'라는 단어가 공포심을 일으킨다는 것을 뜻하는 라틴어 'terrere'에서 유래하였다는 사실에 비추어 볼 때, 제재적 억제는 억제전략의 기본 형태라고 볼 수 있음
현시대의 억제	억제의 개념은 전쟁의 개념과 같이 옛날부터 존재해 왔으며, 핵무기가 출현하고 그 보복능력의 괴멸적 파괴력을 전 세계가 인식하게 된 20세기 후반부터 국가전략의 중요한 요소로써 뚜렷한 의미와 내용을 갖게 되었다. 이를 반영하듯이 제2차 세계대전 이후 많은 전략이론가들은 억제전략과 핵전략을 동일시하는 경향을 보여 왔다.
억제의 조건	억제 전략이 성립하기 위해서는 3가지 조건(3C)이 충족되어야 함. • 의사전달(Communication): 요구되는 금지행위와 위협의 존재를상대국에게 명확하게 알리는 것 • 역량(Capability): 위협을 실행에 옮길 수 있는 능력 • 신뢰성(Credibility): 위협이 실행된다는 분명한 확신 * 이 외에도 합리성(Rationality: 획득될 수 있는 이익과 초래될 수 있는 손실을 계산하는 상대방의 합리적인 과정), 불확실성(Uncertainty: 상대국에게 자국의 반응 수단, 위협을 가할 위치, 시기 및 범위/정도를 불확실하게 함으로써 억제의 효과를 증진시킬 수 있다) 등이 있음

TIP. **유엔 안보리 대북제재 결의 현황('17. 9. 12 기준)**

일자	결의안	설명
'17. 9. 12	2375호	'17년 9월, 6차 핵실험에 따른 제재 * 원유와 석유 공급 제한, 섬유와 의류 수출 전면 제한 등
'17. 8. 6	2371호	'17년 7월, 화성-14형(ICBM급 미사일) 발사에 따른 제재 * 제재 대상: 단체 4개/개인 9명
'17. 6. 2	2356호	'17년, 중거리 미사일 지속 발사에 따른 제재 * 제재 대상: 단체 4개/개인 14명
'16. 11. 30	2321호	'16년 9월, 5차 핵실험에 따른 제재 * 제재 대상: 단체 10개/개인 11명
'16. 3. 2	2270호	'16년 1월, 4차 핵실험에 따른 제재 * 제재 대상: 수출입 화물 검색, 항공유 판매 금지 등
'13. 3. 8	2094호	'13년 3월, 3차 핵실험에 따른 제재 * 제재 대상: 사치품 수출 금지
'12. 12. 23	2087호	'12년 5월, 장거리 미사일 발사에 따른 제재 * 제재 대상: 단체 3개
'09. 9. 25	1887호	'09년 5월, 2차 핵실험에 따른 제재 * 제재 대상: 단체 5개/개인 5명
'09. 4. 13	1874호	'09년 4월, 장거리 미사일 발사에 따른 제재 * 제재 대상: 단체 3개
'06. 10. 14	1718호	'06년 10월, 1차 핵실험에 따른 제재 * 제재 대상: 무기 수출 금지
'06. 7. 15	1695호	'06년 7월, 대포동 2호 미사일 발사에 따른 제재 * 제재 대상: 미사일 · WMD, 물품 및 기술 구매 금지
'93. 5. 11	825호	北, NPT 탈퇴 선언 재고 및 의무이행 재확인 * 제재 대상: IAEA 안전조치협정 준수 촉구

주) 1. UN 안보리의 대북제재 결의안은 '93년 이후 6차 핵실험까지 총 12회 채택됨

2. UN 관계자는 제재결의안 2371호(2017. 8. 6)를 통해 북한에 연간 10억 달러(약 1조 1,000억 원)에 달하는 수출 차단효과를 가져올 것이라고 예상했다. 또한 2014년 탈북 후 미국으로 망명한 전 노동당 39호실의 고위관리였던 이정호는 UN 안보리 대북제재 2371호가 제대로 이행되면 북한의 대외수출 80% 이상을 차단하는 효과를 가져올 것이라고 주장했다. 이어, "북한의 수출액으로 알려진 30억 달러는 크게 부풀려진 것이며, 실질적인 총 수출액은 약 20억 달러 수준인데 광물 및 해산물 금수조치로 17억 달러(이정호 주장: 총 수출액의 85%)에 달하는 자금이 차단되는 것을 감안하면 무역 봉쇄 수준의 타격을 입힐 수 있다"라고 언급했다.

3. UN 안보리의 대북제재는 북한에 대한 지원을 차단한다는 측면에서 북한을 지원하고 있는 중국과 러시아의 대북 관계 약화를 초래한다고 할 수 있다. 반면에 북한에 대한 경제적 제재 조치는 북한의 중국 및 러시아에 대한 의존도를 높인다는 측면에서 북한문제 해결을 위한 중국과 러시아의 역할은 더욱 중요해지고 있다. 결국 미국이 UN 안보리 결의안을 강력하게 추진할수록 북한문제 해결을 위한 중국과 러시아의 위상은 더욱 높아지게 됨에 따라 북한문제 해결을 위한 KEY는 중국과 러시아가 지니게 된다고 평가할 수 있을 것이다.

TIP. 미국의 전략자산 배치 현황

주) 2017년 8월 11일, '죽음의 백조'라는 별명을 가진 B-1B 편대는 북한의 핵 · 미사일 위협이 고조되기 시작한 5월 말 이후 지금까지 북한 미사일 기지 선제타격을 상정, 모두 11차례의 연습 출격 임무를 수행했다. 미 NBC 방송은 복수의 고위 군 관계자와 전 NATO(북대서양조약기구) 사령관과 태평양 공군 사령관 등 퇴역 장성들을 인용, "미국은 트럼프 대통령이 공격명령을 내리면 괌에 배치된 장거리 전략폭격기 B-1B 랜서기를 동원, 수십 곳의 북한 미사일 기지를 선제타격하는 내용의 구체적인 작전계획을 마련했다"고 밝혔다.

출처: http://www.asahi.com/ajw/articles/AJ201702260023.html(검색일: 2017. 9. 5)

2) 북한의 핵 · 미사일 위협 해결구도 전망

트럼프 대통령은 북한의 핵 · 미사일 위협에 대해 최고의 압박과 관여 전략을 채택했으며, 2017년 북한의 제6차 핵실험이 임박한 상황에서 레드라인을 언급했다. 여기에서 미국의 선제공격 레드라인은 구체적으로 언급하지는 않았지만, 핵실험 및 ICBM 발사로 인식되었다. 또한 트럼프 대통령은 대선기간 중국이 북한 문제를 해결해야 한다고 언급했으며, 미 · 중 정상회담 이후 북한의 핵 · 미사일 위협은 중국이 주도적으로 개입하는 양상으로 전개되었다.

북 · 중 관계는 혈맹에 기반을 두고 있을 뿐만 아니라 중국은 북한을 여전히 전략적으로 중요하게 인식하고 있으나 2017년 4월 미 · 중 정상회담 이후 북한에 대한 중국의 태도가 변화되었다는 평가가 제기되고 있다. 특히 중국공산당 기관지 인민일보 자매지인 「환구시보」는 미국의 선제공격론에 대해 미국이 북한의 주요 핵시설을 공중 폭격하는 '외과 수술식' 공격을 선택할 경우 중국의 군사개입은 불필요하다고 언급했다. 그러나 한 · 미 군대가 38선을 넘어 북한을 지상에서 침략해 북한 정권을 전복시킨다면 즉시 필요한 군사개입에 나서겠다고 한 · 미 군사행동의 한계선을 제시했다.[46]

여기에서 북한의 핵무기 보유와 관련하여 가장 우려하는 것 중의 하나가 바로 핵도미노 현상이다. 중국의 입장에서는 북한의 핵무기가 자국을 향하지 않으며, 한국과 일본의 자체 핵 개발 또는 미국의 전술핵 배치 등을 우려하고 있지만 한반도 THAAD 배치에 따른 중 · 러의 행동을 고려할 경우 한반도 전술핵 배치는 THAAD 배치보다 더 강력한 반발을 야기할 것으로 예상된다. 또한 한 · 일이 핵능력 보유를 시도할 경우 국제사회의 제재에 직면할 수 있다는 측면에서도 한 · 일의 핵능력 보유는 쉽지 않다고 할 수 있다.[47] 반면에 미국의 입장에서는 패권국가로서 자존심에 치명적인 타격을 입는 것이며, 자칫 핵도미노 현상이 세계적으로 확산될 수 있다는 우려 등에 따라 북한의 핵무기 개발은 용납될 수 없는 상황이라고 할 수 있다.[48]

언론보도에 따르면 트럼프 대통령은 미 · 중 정상회담에서 중국이 북핵문제 해결에 적극적으로 협력하면 미국은 중국을 환율조작국으로 지정하지 않고, 대중 무

---

46 2017년 7월 24일, 미국 정부 관계자는 "지난 7월 23일 서해 상공을 비행 중인 미국 해군의 정찰기(EP-3)를 향해 중국군 전투기(J-10) 2대가 90m 거리까지 근접비행을 감행했다"라고 밝혔다. 이와 관련하여 미 WSJ('17. 7. 26)는 중국 정부 웹사이트 및 전문가 분석을 종합한 결과 중국이 미국의 대북 군사행동을 우려해 1,400㎞에 이르는 북한과의 국경을 둘러싼 준비태세를 강화하고 있으며, 특히 전문가들은 중국이 한 · 미 군대의 북진 때 북핵시설을 장악하고 북한의 북쪽 지역을 점령할 역량을 강화하고 있다는 관측을 제시했다고 보도했다.

47 2017년 8월 1일, 일본 내각부는 '16년 말 기준 국내외에 보유하는 플루토늄의 총량이 '15년 대비 약 1t 감소해 약 46.9t(핵분열성 플루토늄 31.1t 포함)이라고 일본 원자력위원회에 보고했으며, 플루토늄 보유량이 감소한 것은 '12년 이래로 처음이라고 밝혔다. 일본의 이러한 조치는 핵무기 개발의지를 보여주기보다는 핵무기를 개발할 수 있는 능력을 보여준 것이라고 평가할 수 있다.

48 2017년 8월 16일, YTN이 문재인 대통령 취임 100일을 맞아 여론조사 전문기관 마크로밀엠브레인에 의뢰해 실시한 여론조사 결과 북한의 핵 · 미사일 위협에 대응해 전술핵 재배치나 핵잠수함 도입이 필요하다는 답변은 68.4%로 집계되었다.

역협상에서 양보할 수 있다고 제안한 것으로 전해지고 있다.[49] 특히 트럼프 대통령이 북한 문제에 대한 중국의 적극적인 개입을 유도하는 과정에서 중국이 핵심이익으로 간주하는 남중국해 문제를 양보하는 이른바 '빅딜'을 했다고 전해지고 있으며, 이를 입증하듯이 미 · 중 정상회담 이후 중국 정부는 대북 압박을 강화했다. 그러나 중국은 북한이 외부에서 가해지는 압력을 막아주는 방패 구실을 해야 한다고 인식하고 있으며, 이러한 북한의 전략적 가치로 인해 중국의 대북 압박은 미국이 원하는 수준으로 진행될 가능성이 비교적 높지 않다고 할 수 있을 것이다.[50]

결과적으로 2017년 4월 예상되었던 북한의 6차 핵실험은 이뤄지지 않았으며, 북한은 두 차례의 미상 탄도미사일 발사가 모두 실패함으로써 미국이 제시한 레드라인을 넘지 않았다. 그 대신에 2017년 4월 25일 북한은 인민군 설립일 85주년을 기념해 300여 문의 방사포를 비롯하여 육 · 해 · 공군의 전투기나 잠수함까지 동원한 사상 최대 규모의 합동타격시위라는 카드를 선택했다. 또한 북한은 미국이 설정한 레드라인을 넘지 않는 화성-12형 또는 북극형-2형 수준의 도발과 함께 재래식 · 비대칭 전력에 의한 도발을 감행했다.[51] 2017년 4월 25일 북한의 인민군 설립일 85

49 미국은 중국을 지렛대로 하여 북한의 핵 · 미사일 문제를 해결하려고 했으나 중국의 역할이 충분하지 못함에 따라 무역을 통해 압박 수위를 높이고 있다. 2017년 8월 1일, 백악관 관계자는 "트럼프 대통령이 중국과의 불공정한 무역에 대응하기 위해 라이트하이저 무역대표부 대표에게 '통상법 제301조(1974)'에 따라 대중(對中) 무역활동에 대한 조사를 지시할 계획이다"라고 전했다. 여기에서 통상법 제301조(1974)는 '불공정한 무역'으로부터 미국을 보호하기 위해 미 대통령이 일방적으로 관세 · 무역 제재 등의 권한을 행사할 수 있다고 명시하고 있다.

50 2017년 8월 3일, 베이징 소식통 및 코트라 등에 따르면 북한의 국가별 대외무역 의존도는 2016년 중국이 92.5%로 역대 최고를 기록했으며, 2014년(90.2%), 2015년(91.3%)에 이어 3년 연속 90%대를 유지하고 있다. 이에 코트라는 "안보리 대북결의에 따른 제재에도 지난해 북 · 중 교역 규모는 전년 대비 6%가 늘었다"면서 "지속되는 국제사회 제재 국면과 북한의 수출 역량 한계로 극단적인 대중(對中) 의존도는 지속될 전망"이라고 분석했다. 또한 소식통은 "객관적으로 나타난 수치만 봐도 북한의 절대적인 대중(對中) 의존을 알 수 있다"면서 "결국 북한이라는 카드를 쥐고 있으려는 중국과 이를 테이블 위에 내려놓으라는 미국이 서로 기싸움을 벌이는 형국"이라고 전했다.

51 2017년 5월 14일, 북한은 새로 개발한 중장거리탄도미사일 화성-12형을 발사했으며, 발사된 미사일은 최대정점고도 2,111.5㎞까지 상승비행하여 거리 787㎞ 공해(公海)상에 떨어졌다. 이와 관련하여 비행시간이 30분에 달하며 고도가 약 2,000㎞에 달했다는 것은 일부러 발사 각도를 높여 고각발사를 했을 가능성이 있으며, 이를 30~45°의 일반적인 각도로 발사했을 경우에는 최대 4,500㎞에 달할 수 있을 것이라는 분석이 제기되고 있다. 또한 5월 21일 고체연료를 사용하는 신형 중거리미사일 북극형-2형 발사에 성공하는 등 최근 북한은 미국이 제시한 레드라인을 넘지 않은 수준에서 미사일 도발을 지속하고 있다.

주년 군종합동타격시위에 동원된 주요 투입장비는 다음의 〈표 3-6〉과 같다.

〈표 3-6〉 인민군 설립일 85주년 군종합동타격시위 시 주요 투입장비

지상군	구분	M-1989	M-1974	M-1991
		170㎜ 자주포	152㎜ 자주포	240㎜ 방사포
	화면			
	식별 대수	62문 이상	144문 이상	24문

해군	구분	R급 잠수함	공군	SU-25	MIG-21	MIG-23
	화면					
	식별 대수	4척		2대	2대	2대

이후 트럼프 행정부는 2017년 5월 25일 북한을 핵보유국으로 인정하지 않되, 최종적인 북핵문제는 대화로 해결한다는 내용의 대북정책 기조를 확정했다.[52] 구체적으로 트럼프 대통령이 서명한 대북정책안은 ① 북한을 핵보유국으로 인정하지 않는다, ② 북한의 정권교체를 추진하지 않는다, ③ 모든 대북제재와 압박을 가한다, ④ 대화로 문제를 해결한다는 것이며, 이는 곧 북한의 핵 · 미사일 위협에 대해 강온 양면의 다양한 전략을 지속적으로 구사하겠다는 것을 의미한다.[53]

52 2017년 8월 1일, 틸러슨 미 국무장관은 북한의 핵 · 미사일 문제와 관련해 "가능한 시일 내에 북한과 생산적인 대화를 하고 싶다"라고 말했다. 이어 틸러슨 장관은 북한 김정은 정권의 교체나 붕괴, 선제공격 등은 미국의 목표가 아니라는 점도 재확인했으며, "북한이 추구하는 안보와 경제적 번영의 미래에 대해 이야기하고 싶다"라고 덧붙였다.

53 2017년 6월 29일, 허버트 맥매스터 미국 국가안보회의(NSC) 보좌관은 대북정책과 관련하여 "트럼프 대통령은 그 누구도 취하길 원하지 않는 군사적 옵션을 포함해 다양한 옵션을 준비할 것을 지시했다"고 밝혔다. 이어, "트럼프 대통령은 미국과 미국인을 표적으로 할 수 있는 북한 핵과 위협을 인정하지 않을 것을 분명히 했기 때문에 우리가 해야 하는 것은 모든 옵션을 준비하는 것이다"라고 설명했다. 2017년 6월 22일, 마이크 펜스 미 부통령은 "북한이 핵과 탄도미사일 프로그램을 포기할 때까지 압박을 계속할 것이다"라고 밝혔다. 이어 "미국은 북한에 대한 경제적 · 외교적 압박을 늘리기 위해 역내

따라서 북한의 핵 · 미사일 위협은 큰 틀에서 미 · 중 간의 이해관계 속에서 전략적 균형을 이룰 것으로 전망되며, 이 과정에서 주변 4강은 자국에 유리한 여건을 조성하기 위해 자국 중심의 협력과 견제를 병행할 것으로 예상된다. 일본은 북한의 6차 핵실험이 임박한 상황에서 북한의 위협을 자국에 대한 위협으로 상정했으며, 아베 신조 총리는 한반도 위기를 노골적으로 언급하는 등 한반도의 위기를 조성하고 있다.[54] 특히, 일본은 북한의 미사일이 자국의 배타적 경제수역에 떨어진 것을 계기로 북한의 탄도미사일 위협에 대비하기 위해 THAAD보다 비용이 저렴한 미군의 지상 배치형 이지스 시스템 '이지스 어쇼어' 도입을 결정하고, F-35 전투기에 공대지 미사일 도입을 검토하고 있다.

현재 일본은 해상자위대 이지스함 4척에 탑재된 SM-3 미사일, 지상배치형 PAC-3 미사일(전국 34기) 등 2단계 방어 시스템을 갖추고 있다. 그러나 THAAD는 일본 전역을 방어하는 데 6기가 필요하며, 비용은 7,500억 엔(약 7조 7,000억 원)에 달하는 반면 '이지스 어쇼어'는 2기 배치(1,600억 엔)로 전역을 방어할 수 있다. 이지스 어쇼어는 해상자위대의 이지스함에 탑재된 요격미사일(SM-3)과 고성능 레이더를 지상에 배치하는 방식이며, 일본은 동해 요격미사일 탑재 이지스함을 4대에서 8대로 확대할 예정이다.

또한 2017년 8월 6일, 아베 일본 총리는 "북한의 미사일 위협에 대응하기 위해 빠른 시일 내에 '방위계획대강(방위군 운용지침서)'을 재검토할 것이다"라고 언급했으며, 적 기지 공격 능력을 확보할 것으로 예상된다.[55] 특히 2017년 8월 8일, 일본은 '17년 판 방위백서에서 북한의 ICBM급 미사일 발사를 '새로운 단계의 위협'이라고

동맹국들 및 중국과의 적극적인 협력을 계속할 것이다"라고 언급했다. 2017년 6월 20일, 미 합참의장도 미국의 주된 위협인 북핵 · 미사일 대응수단은 외교 · 경제 압박이라고 강조했다.

54 2017년 4월 25일, 일본 언론은 "일본 정부는 북한이 인민군 창건 85주년을 맞아 핵실험 및 탄도미사일 발사 등 도발행위를 감행할 가능성이 있어 경계를 강화하고 있으며, 유사시 한국에 거주하는 일본인 및 피난민 보호를 위해 해상보안청이 보유한 순시선을 활용할 가능성이 있다"라고 보도하는 등 아베 총리 및 고위 인사들이 한반도 위기론을 부채질했다.

55 2017년 6월, 일본은 항공자위대에 배치 예정인 'F-35' 스텔스 전투기에 장거리 표적을 타격할 수 있는 '공대지미사일' 도입을 검토하고 있다고 밝혔다. 일본 정부 관계자는 자위대에 '공대지미사일'을 도입하는 사례는 이번이 최초이며, 2018 회계연도('18. 4. 1~'19. 3. 31) 예산에 관련 경비를 계상할 방침이라고 언급했다.

기술하며 중대한 우려를 표명했다. 또한, 해당 방위백서에는 북한의 화성-14형을 최대 사정거리가 5,500km를 넘는 ICBM급 미사일로 인정하는 내용이 포함되어 있으며, 핵무기의 소형화·탄두화 실현에 이르렀을 가능성이 있는 것으로 기술된다.[56]

TIP. 일본 F-35 작전범위

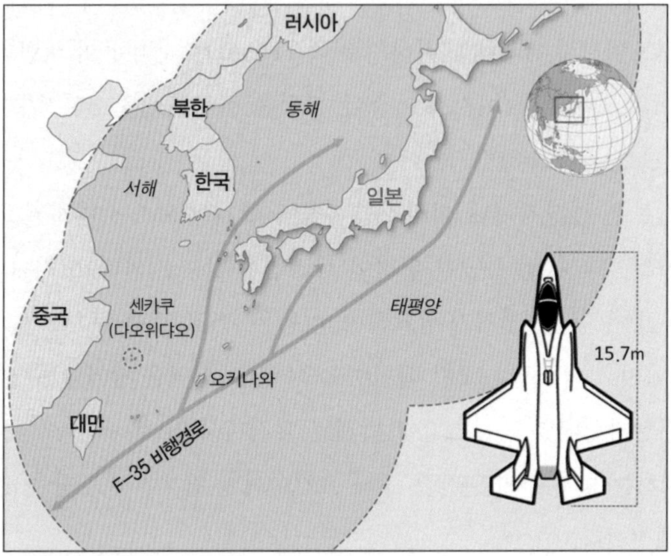

주) 일본의 적기지 공격수단으로는 탄도미사일의 타격 능력은 보유하지 못하고 있으나 전투기에서 발사하는 순항 미사일의 경우 일부 장비를 보강하면 시행이 가능하며, 특히 F-35 스텔스 전투기를 2018년 도입할 경우 적기지 타격이 가능할 것으로 분석되고 있다.

출처: http://english.hani.co.kr/arti/english_edition/e_northkorea/696809.html(검색일: 2017. 6. 6)

러시아는 북한의 핵·미사일 위협에 대해 반대 입장을 취하고 있으며, 관련 국가들이 최대한 자제심을 보이고 군사훈련을 확대하거나 현대적 무기를 전개하지 않도록 촉구하면서 아·태지역에 대한 영향력 확대를 위해 군사력을 증강시키고 있다. 특히 러시아는 자국의 위상 확립을 위해 조용하고 강한 정책을 추진 중에 있으

56 일 방위백서에서는 북한의 미사일 사거리를 대포동 2호(10,000km 이상), 화성-14형(5,500km 이상), 화성-12형 추정(5,000km 이상), 무수단(2,500~4,000km), 노동(1,300km 또는 1,500km), 스커드-ER(1,000km)로 기술하고 있다.

며, 여기에는 지난해 ICBM 41기 배치, 신형 5세대 ICBM 개발, 전략핵잠수함 SLBM 발사 성공 등이 있다. 향후 러시아는 전략핵잠수함 규모를 확대(9 → 13척)하고 '20년까지 해군 함정 절반을 '칼리브르' 미사일로 무장할 계획이다.

앞에서도 언급했듯이 북한의 6차 핵실험은 2017년 4월이 가장 유력한 것으로 전망되었으나 미국의 최고의 압박과 관여 전략 채택 및 미 주요 전력의 배치와 중국의 북한에 대한 강력한 압박 등으로 인해 감행되지 못했다. 특히 미국이 레드라인 및 선제타격을 언급한 만큼 북한은 미 · 중의 대북정책 사이에서 레드라인을 넘나들면서 긴장을 고조시키는 가운데 핵실험 및 미사일 발사를 감행할 것으로 예상된다. 지금까지 언급된 내용을 종합하면 북한의 핵 · 미사일 위협 해결을 위한 역학구도는 다음의 〈그림 3-6〉과 같이 정리할 수 있다.

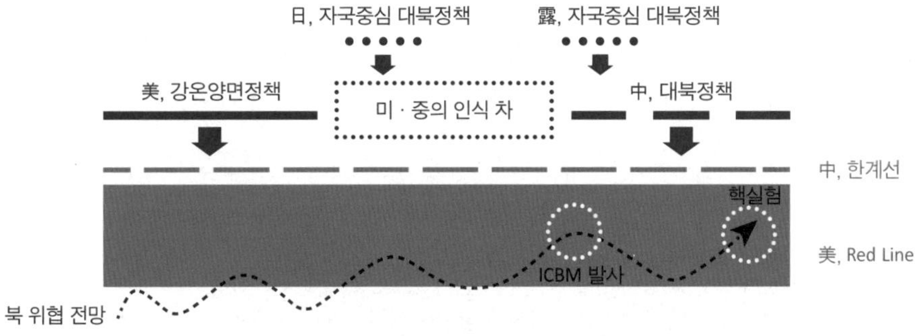

〈그림 3-6〉 북한의 핵 · 미사일 위협 해결을 위한 역학구도

주) 1. 상기 그림에서 미국이 제시한 레드라인은 명확하지 않으며, 오히려 레드라인이 명확하게 설정될 경우 북한이 오해할 소지가 있다. 예를 들어 레드라인을 핵실험과 ICBM 발사로 선정한다면 현 북한의 핵 · 미사일 능력을 고려할 경우 이미 늦은 감이 있으며, 또한 ICBM의 경우 기술적으로 국가 간 해석이 다를 수 있다는 측면에서 합의에 제한이 따를 수 있다. 또한 레드라인이 북한의 탄도미사일에 핵무기 탑재로 설정될 경우 사실상 북한의 탄도미사일과 핵탄두 보유를 인정한다는 것으로 해석될 수 있다. 문재인 대통령은 취임 100일 기자회견에서 '북 레드라인'에 대해 "ICBM 탄도미사일을 완성하고 거기에 핵탄두를 탑재해 무기화하는 것"으로 언급했다.

2. 북한이 선제타격을 언급할 당시 레드라인은 ICBM 발사시험과 핵실험으로 이어진 하나의 선이었다. 현재 미국이 전략적 모호성을 유지함에 따라 레드라인은 선이 아닌 면의 성격을 가지고 있으나 트럼프의 대북정책 변화 등에 따라 다시 하나의 선으로 변화할 가능성도 배제할 수 없는 상황이다.

특히 미국은 북한의 핵 · 미사일 위협을 해결하는 과정에서 주도권을 넘겨주고, 강제로 다시 받는 방식으로 주변국을 지렛대로 활용하고 있다. 2017년 4월 미 · 중 정상회담 이후 주도권은 미국에서 중국으로 넘어갔으며, 2017년 5월 남중국해에서의 항행의 자유 작전을 계기로 다시 미국으로 넘어가는 양상을 보였다. 이후 2017년 6월 한·미 정상회담을 계기로 한국이 주도적 역할을 담당할 것으로 예상되나[57] 미·일의 입장과 다를 경우 마찰과 갈등이 수반될 것으로 예상된다.[58] 남북관계의 경우 북한은 2017년 5월 28일 처음으로 문재인 대통령에 대해 비난했으나, 17·18대 정권과는 달리 원색적인 실명 비난은 하지 않고 있으며, 2017년 7월 26일 기준 비난 건수 역시 전 정권과 비교하여 약 25% 감소된 수치를 보이는 등 대화의 가능성은 이전 정권에 비해 높은 상황이다.

이러한 상황 속에서 북한은 2017년 7월 4일 최대고각발사를 통해 대륙간탄도미사일 화성-14형이 서북부지대에서 발사되어 예정된 비행궤도를 따라 정점고도 2,802㎞까지 상승하여 933㎞의 거리를 39분간 비행하여 목표수역을 정확히 타격했다고 발표했다. 다음날인 7월 5일 미국 정부는 북한의 대륙간탄도미사일 발사 주장을 공식적으로 확인함에 따라 북한의 핵·미사일 문제 해결이 새로운 국면에 접어들 것으로 예상되었다.[59]

---

57 2000년 이후 남·북 군사회담은 총 49회 실시되었으며, 2014년 10월 15일 판문점에서 남·북 군사당국자 비공개 접촉 후 대화가 단절된 상황이다. 또한 서해지구 군 통신선의 경우 2016년 2월 우리 정부의 개성공단 전면 중단 조치에 반발한 북한이 일방적으로 단절한 상태이며, 우리 정부의 북한 문제에 대한 주도권 확보를 위한 군사·민간 차원의 남·북 대화채널 구축이 예상된다. 또한 남·북 적십자회담은 북한의 일방적 대화 중단으로 인해 '73년 7월 10~13일 평양에서의 개최를 마지막으로 단절된 상황이다. 특히 한국은 북한을 독자적으로 강압할 전력이 부족하다는 측면에서 한국이 북한문제에 대한 주도권을 확보하는 것은 제한될 수밖에 없는 상황이다.

58 2017년 7월 18일, 마루야마 노리오 일 외무성 대변인은 17일, 우리 정부가 북한에 군사회담과 이산가족 상봉을 위한 적십자회담을 제안한 데 대해 "우선순위는 제재를 통해 평양에 대한 압박을 가중하는 것이 되어야 한다"면서 "지금은 대화가 아닌 압박을 가해야 할 시기"라고 말했으며, 카티나 애덤스 미국무부 동아시아태평양 담당 대변인은 우리 정부가 남북회담을 제의한 것이 시기적으로 적절하냐는 질문에 "한국 정부에 문의하도록 하라"는 짤막한 답변만 남기는 등 한국의 접근방식에 대해 다른 입장을 보였다. 반면에 2017년 7월 17~18일, 중국은 남·북 대화에 부정적 반응을 보인 미국에 대해 "방해하지 말라"고 언급했고, 남·북 군사회담 제의에 "정세 완화에 도움이 된다"고 언급했다. 2017년 7월 20일, 러시아 외무부 공보국 부국장은 우리 정부의 대북 회담 제의와 관련해 "우리는 국제법에 근거한 모든 평화적 제의를 지지한다"고 말했으며, 안토니오 구테헤스 UN 사무총장은 "남·북 대화채널 재개를 위한 한국 정부의 제의를 환영한다"고 밝혔고, 이어 "대화채널, 특히 군사 채널의 재개와 강화는 남·북 간 오해와 오판의 위험을 낮추고, 이 지역의 긴장을 완화하는 데 필요하다"고 언급했다.

59 2017년 7월 19일, 미 보수계 싱크탱크기업연구소(AEI)의 대니얼 블루먼솔과 데렉 시저스는 "대북제재가 실효를 거두기 위해서는 북한과 거래 중인 중국의 해당 업체뿐만 아니라 대상을 확대해야 한다"

여기에서 중요한 것은 북한이 대륙간탄도미사일 발사를 감행함으로써 미국이 구체적으로 명시하지는 않았지만 그들이 생각한 레드라인을 넘었다는 것이다. 그러나 이번 북한의 대륙간탄도미사일 발사는 2017년 6월 한 · 미 정상회담 이후 북한의 핵 · 미사일 문제 해결에 있어 한국이 주도적 역할을 담당하는 것으로 합의한 이후 레드라인을 넘었다는 점에서 미국이 북한에 대한 직접적인 공격을 감행하는 대신에 더욱 강력한 대북제재가 이뤄지고 있는 상황이다.

또한 비록 미국이 북한의 대륙간탄도미사일 발사를 공식적으로 확인했으나 북한의 대기권 재진입 기술, 재진입 후 목표 타격 능력, 핵탄두 탑재를 위한 소형화 · 경량화 등에 대한 다양한 주장이 제기되는 만큼 북한이 진정 핵무기를 보유했다고 보기는 어렵다고 할 수 있다. 그러나 북한의 핵 · 미사일 능력을 고도화하기 위한 지속적인 도발을 감행할 것으로 예상되는 가운데 한 · 미의 선택 폭은 점차 줄어들 것으로 예상된다.[60]

특히 북한은 2017년 9월 3일 제6차 핵실험을 감행했으며, 화성-14형 미사일 발사와 동일하게 미국이 구체적으로 명시하지는 않았지만 그들이 생각한 레드라인을 또 넘었다. 또한 6차 핵실험의 경우 북한은 ICBM에 장착할 수 있는 수소탄 실험에 성공했다고 주장함에 따라 이제 북한은 실제 ICBM 또는 SLBM에 핵탄두를 탑재하는 단계만 남은 상황이다. 북한의 다음 행보는 미국이 어떠한 선택을 할 것인지에

고 주장했다. 이어 "중국의 대부분 주요 기업들이 공산당의 통제하에 있고 필요 또는 상황에 따라 대북거래 기업을 수시로 바꿀 수 있는 만큼 동종업계의 다른 주요 기업으로 제재를 확대해야 한다는 것"이라고 설명했다.

60 2017년 8월 1일, 미 NBC에 따르면 린지 그레이엄(Lindsey Graham) 미 사우스캐롤라이나 주 상원의원은 도널드 트럼프 미 대통령이 본인에게 "북한이 미사일 개발사업을 중단하지 않고 계속해서 미국을 대륙간탄도미사일의 표적으로 삼을 경우, 북한과의 전쟁이 불가피하다"라고 발언했다고 전했다. 2017년 7월 31일, 조셉 윤 미 국무부 대북정책 특별대표는 "아직 결론은 안 났지만 미 국무부에서 북한의 테러지원국 재지정 검토를 하고 있다"고 밝혔다. 또한 "북한이 앞으로도 추가 도발할 것이고 6차 핵실험도 할 것"이라며 미국이 취할 조치에 대해 "추가적인 경제 제재를 가해 북한을 국제적으로 계속 고립시키고, 한 · 미 · 일 군사훈련도 강화할 것"이라고 전했다. 미 국무부는 '08년 10월 11일 북한과의 비핵화 합의 후 북한을 테러지원국 명단에서 제외했으며, 이후 지금까지 9년 연속 북한을 테러지원국에서 제외했다. 미 국무부는 매년 '국가별 테러보고서'를 통해 테러 행위에 가담했거나 이를 지원하고 방조한 혐의가 있는 국가와 미국의 안보를 위협하는 국가들을 테러지원국(현재 이란, 수단, 시리아)으로 분류하고 있다.

따라 결정될 것으로 예상되는 가운데 핵무기의 생존성 향상과 고도화를 중심으로 전개될 것으로 예상된다.

여기에서 미국의 예상되는 선택으로 먼저 레드라인을 구체적으로 설정할 가능성이 있으며, 이 과정에서 한국을 포함한 주변국 또는 국제사회의 입장이 반영될 가능성이 있다.[61] 둘째, 미국은 전략적 모호성을 유지하는 가운데 북한이 레드라인을 넘었다는 것을 부정하거나 또는 언급하지 않은 채 최대의 압박을 가할 수 있을 것이다. 2017년 4월 6차 핵실험 위협 고조 시 미국은 북한에 대한 직접 타격을 언급했으나 실제 미국이 북한을 직접 타격하는 것은 쉽지 않은 선택이 될 것이다. 결국 북한의 핵 · 미사일 문제는 북 · 미 양자 구도에서 양국이 치킨게임을 하고 있는 양상이며, 그 끝에는 북한에 대한 직접 타격, 핵동결, 핵보유 지위 인정, 비핵화 등이 예상되고 있다.

앞에서도 언급했듯이 북한의 경우 국제사회로부터 불량국가로 인식됨에 따라 핵보유국 지위를 인정받기는 쉽지 않을 것으로 전망된다.[62] 또한, 핵 개발을 하다가 국제제재와 기술력의 한계에 부딪혀 포기하는 경우는 있지만, 핵 개발을 완성한 후에 스스로 포기하는 경우는 없다는 측면에서 북한은 지속적인 핵실험을 감행할 것이다. 따라서 향후 북한의 핵 · 미사일 위협은 북한이 어느 수준의 핵보유국 지위를 인정받느냐에 따라 적정 수준의 전략적 균형이 달성될 것이며, 이 과정에서 관련 국가 간 갈등 및 마찰이 심화될 것으로 예상된다.[63]

---

61 문재인 대통령은 취임 100일 기자회견에서 '북 레드라인'에 대해 "ICBM 탄도미사일을 완성하고 거기에 핵탄두를 탑재해 무기화하는 것으로, 북한이 레드라인 임계치에 점점 다가가고 있다"고 밝혔다.

62 2017년 6월 29일, UN 안보리는 UN 비확산 회의에서 '북 핵 · 미사일' 규탄 성명을 채택했으며, "우리는 안보리 결의를 명백하게 위반한 북한의 핵무기와 탄도미사일 개발 활동을 가장 강력한 용어로 규탄한다"고 밝혔다. 그러나 UN 주재 북한대표부의 김인룡 차석대사는 "누가 뭐라고 하든, 어떤 제재와 압박, 군사공격이 따르든 우리는 핵무력 건설을 위한 길을 피하지 않을 것이다"라며, "생존권과 주권 방어를 위해 선택한 것이다"라고 반박했다. 2017년 6월 29일, 문재인 대통령은 "핵동결은 대화의 입구이고, 대화의 출구는 완전한 핵폐기와 함께 한반도 평화체제를 구축하는 것"이라고 밝혔다. 2017년 6월 29일, 허버트 맥매스터 미국 국가안보회의(NSC) 보좌관은 "트럼프 대통령은 미국과 미국인을 표적으로 할 수 있는 북한 핵과 위협을 인정하지 않을 것을 분명히 했다"고 밝혔다.

63 2017년 8월 8일, 도널드 트럼프 미 대통령은 "북한이 더는 미국을 위협하지 않는 게 최선일 것"이라며 "그렇지 않으면 지금껏 전 세계가 보지 못한 화염과 분노, 솔직히 말해 힘에 직면하게 될 것"이라고 경고했다. 2017년 8월 9일, 중국 외교부는 미 대통령의 발언에 대해 "교착상태에 관련된 당사자들은 상

구체적으로 북한이 일정 기간 핵 · 미사일 실험을 중단하는 가운데 정치적 목적을 달성하는 것이다. 미국은 북한의 핵 · 미사일 위협이 확대 및 심화됨에 따라 한반도 전술핵 배치, 미국의 전략자산 상시 순환 배치 등을 논의했으며, 미국의 이러한 조치들은 북한의 핵무기 보유를 사실상 인정하는 것으로 볼 수 있다. 따라서 현 시점에서 북한의 핵 · 미사일 보유를 막는다는 것은 사실상 불가능하다는 측면에서 북한의 핵 · 미사일 실험을 중단하는 수준에서 북한의 핵 · 미사일 문제를 해결할 가능성이 있다. 여기에서 북한의 정치적 목적은 체제 보장이며, 미국의 군사훈련 중단을 포함하는 평화협정을 체결하여 수십 년 동안 주장해온 주한미군을 철수시키고 유엔사 해체를 요구할 것으로 예상된다.

2017년 6월 계춘영 인도 주재 북한 대사는 "미국이 대규모 군사훈련을 중단한다면 북한도 핵 · 미사일 실험을 중단할 수 있다"라고 밝혔다. 또한 "한반도는 22만 ㎢밖에 되지 않기에 논리적으로 생각할 때 대량파괴무기 보유가 필요하지 않지만 핵무기 보유는 존립권을 수호하기 위한 불가피하고 힘든 선택"이라고 했으며, 다만 "일정한 상황에서 우리의 요구조건이 충족된다면 무기 실험 유예조건을 협상할 수 있으며, 한반도 문제의 평화적 해결방안을 논의해야 한다"고 주장했다.

이와 관련하여 2017년 8월 6일, 왕이 중국 외교부장은 ARF 회의에서 틸러슨 미 국무장관과 만나 "북핵문제와 관련해 중국은 공정하고 책임 있는 태도로 문제 해결을 위해 노력하고 있다"며 "단순히 제재만 가하는 것은 문제 해결 방안이 아니며 '쌍중단'을 진지하게 검토해달라"고 요청했다. 여기에서 쌍중단(雙中斷)이란 북한 핵 · 미사일 도발 및 한 · 미 합동군사훈련을 동시에 중단하는 것을 의미한다. 이에 대해 틸러슨 미 국무장관은 "북한은 미사일 시험발사를 중단함으로써 미국과의 협상에 임할 준비가 되어 있다는 신호를 보낼 수 있다"라고 밝혔으며, 이어, "단순히 수일 혹은 수주 동안 미사일 시험발사를 중단하는 것만으로는 불충분하며 미국이 확신한다고 판단할 때까지는 시간이 다소 걸릴 수 있다"라고 언급하는 등 북한의 핵무력 포기가 아닌 핵무력을 현 수준에서 유지시킬 가능성도 배제할 수 없는 상황이다.

황을 악화시킬 수 있는 발언과 행동을 자제해야 한다"고 밝혔다.

또한 헤더 노어트 미 국무부 대변인은 2017년 8월 5일 미 워싱턴 내셔널 프레스 빌딩에서 외신과의 기자회견을 열고 "북한과 기꺼이 대화할 용의가 있다"며, 북·미 대화를 위한 3대 선행 조건(가이드라인)을 제시했다. 여기에는 ① 핵실험 중단, ② 탄도미사일 시험발사 중단, ③ 역내(동북아시아)를 불안정하게 하는 행위 중단 등이 있으며, 또한 UFG 연습 관련 "이런 군사훈련은 전 세계 어디서나 하고 있으며, 계획대로 실시될 것이다"라며 "일부 국가에서 '이중 동결(double freeze, 북한 핵·미사일 도발과 한·미 합동군사훈련 동시 중단)'을 요구하고 있지만 우리는 연합군사훈련을 지속할 것이다"라고 밝혔다. 이러한 미국의 입장은 북핵 해결을 위한 중국의 중재안인 '쌍중단' 주장을 일축하는 것이라고 할 수 있다.

다음으로 북한이 어느 수준이든 핵보유국 지위를 획득할 가능성을 배제할 수 없는 상황이다.[64] 북한이 핵보유국 지위를 획득할 경우 체제 보장을 전제로 일정량의 핵무기는 유지한 채 나머지는 감축하고, 비확산에 협조한다는 구실로 대북제재를 해제하고 경제적 보상을 받는 것이라고 할 수 있다. 만약 북한이 핵무기를 보유하게 된다면, 미군의 개입을 제한시키는 가운데 국지도발을 감행할 것이며, 핵무기를 이용한 적화통일의 가능성 역시 배제할 수 없는 상황이다.

그러나 북한의 핵·미사일 문제를 해결하기 위해서는 북·미 간 대화채널이 필요한 상황이나 북·미 간에는 대화를 방해하는 요인이 다수 산재해 있으며, 대표적으로 2017년 6월 북한이 석방했다가 숨진 미 대학생 웜비어 사건 등이 될 것이다. 특히 미국은 북한과의 대화는 북한의 핵포기가 전제되어야 한다고 주장하고 있으며, 이에 따라 북한문제는 생각보다 오랜 시간이 지나도록 해결되지 않을 수도 있다.

끝으로, 미국이 북한에 대한 직접적인 타격을 배제할 수 없는 상황이며, 미국에 대한 북한의 위협이 고조될수록 그 가능성은 점차 증가하고 있다. 2017년 7월 4일

---

64 로버트 게이츠 전(前) 미 국방장관은 북한의 핵 보유를 제한적으로 인정하고 미국은 북한 핵과 미사일 프로그램의 엄격한 제한을 요구해야 하며, 이는 현 상황에서 북한 핵을 동결하고 국제사회와 중국이 이를 집행하는 방식이라고 언급했다. 또한, 어떠한 외교적 해결책에서도 핵무기를 10~20개로 제한하고, 더 이상의 핵무기나 더 진전된 운반 능력을 개발하지 않도록 하는 사찰에 북한이 동의해야 할 것임을 중국으로부터 다짐받아야 한다고 언급했다. 아서 월드런 미 외교정책연구소(FPRI: Foreign Policy Research Institute) 상임연구원은 "미국은 북한을 국가로 승인하고 외교관계를 수립하며, 핵보유국 지위를 인정해야 한다"고 언급했다.

및 28일 북한은 화성-14형 ICBM급 미사일을 발사하고, 2017년 8월 8일, 미 언론이 "北, ICBM 탑재 가능한 소형 핵탄두 개발 성공"이라는 기사를 보도함에 따라 트럼프 대통령은 "북한이 미국을 위협할 경우 지금껏 전 세계가 보지 못한 '화염과 분노(fire and fury)'를 경험하게 될 것이다"라고 경고했다. 또한 미 언론에서도 "트럼프 대통령이 승인하면 B-1B 폭격기로 북 미사일기지 타격" 등의 강경발언이 이어졌다.

그러나 미국이 북한을 직접 타격하기 위해서는 중 · 러의 동의 · 묵인 등이 있어야 하고, 국제사회 역시 미국의 직접 타격에 대해 찬성의 목소리를 내야 한다. 이 과정에서 한국은 코리아 패싱(Korea Passing) 현상이 나타나지 않게 주도적으로 미국에 우리의 의견을 제시해야 하며, 만약 북한에 대한 직접적인 타격이 불가능하다면 궁극적으로 한 · 미가 설정한 범위 내에서의 타격이 이뤄져야 할 것이다. 문재인 대통령은 2017년 8월 15일 광복절 축사를 통해 "누구도 한국의 동의 없이는 한반도 내에서 군사적 행동을 결정할 수 없다"며 한반도 전쟁 불가를 선언했으며, 이와 관련하여 미국 언론에서는 문재인 대통령의 이 같은 발언은 "미국의 일방적 군사행동 가능성에 대한 강력한 경고"라며 보도했다.

만약 미국이 북한을 공격하게 될 경우 이는 단지 북 · 미 또는 한반도 내의 전쟁이 아닌 자칫 세계전쟁으로 확대될 수 있다는 측면에서 국제사회의 우려의 목소리가 나오고 있으나 북 · 미 간 강도 높은 공격성 발언은 북한의 핵 · 미사일 문제를 해결하기 위한 과정으로도 볼 수 있으며, 결국 이러한 과정을 통해 북한의 핵 · 미사일 위협은 어느 수준의 전략적 균형을 이루게 될 것으로 전망된다.[65] 다음의 〈그림 3-7〉은 북한의 핵 · 미사일 위협 심화에 따른 전망을 정리한 것으로 북한의 핵 · 미사일 문제 해결과정에서 북미 간의 선택을 기준으로 작성한 것이며, 상황에 따라 언제든지 핵무기 동결 등의 단계로 전개될 수도 있다고 할 수 있다.

---

65 북한의 핵 · 미사일 위협은 3개 영역에서 전략적 균형을 형성할 것으로 예상된다. 구체적으로 북 · 미 간, 미 · 중 간(주변 4강), 국제사회 수준에서 전략적 균형이 이뤄지게 될 것이다.

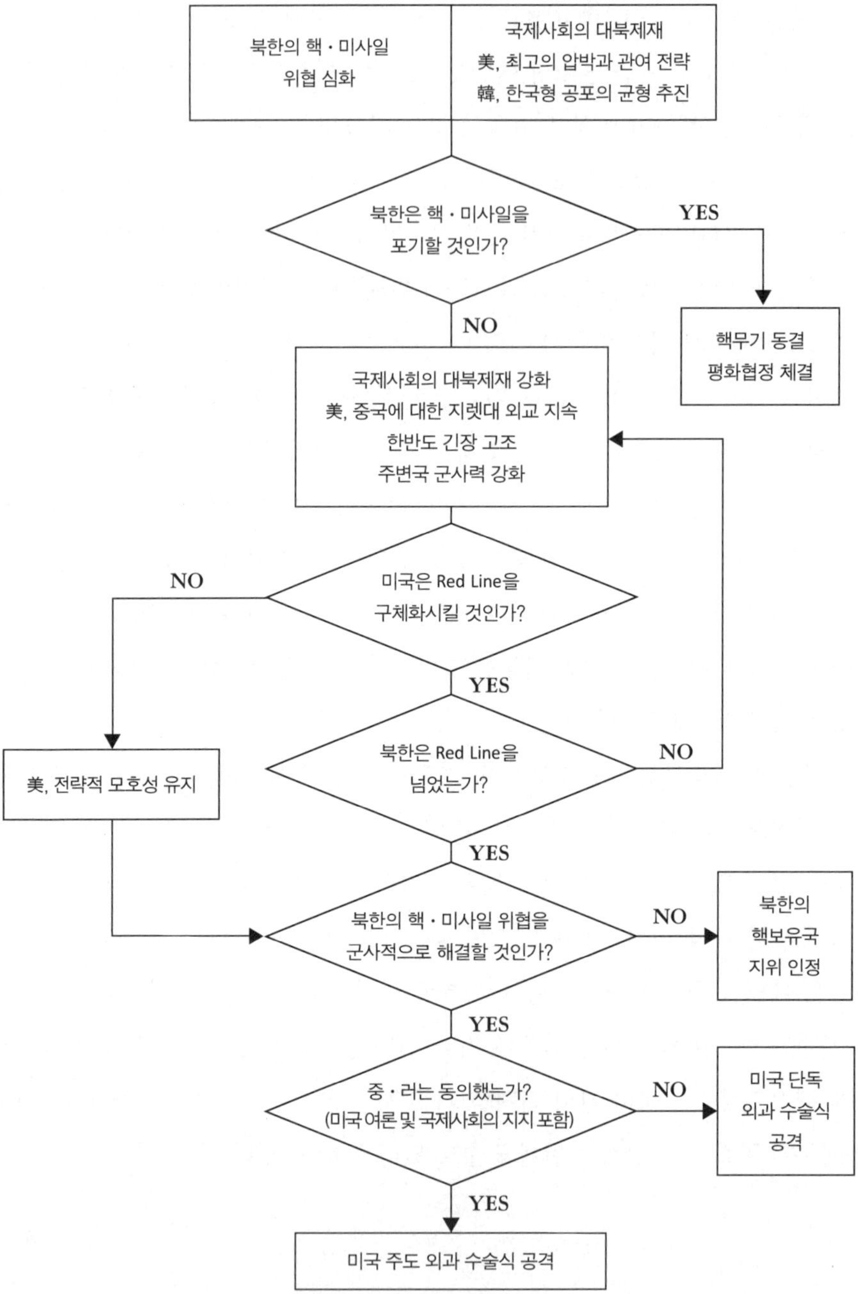

〈그림 3-7〉 북한의 핵 · 미사일 위협 심화에 따른 전망

주) 북한의 핵문제 해결은 3단계로 구성되어 있다고 할 수 있다. 1단계는 북미 간의 직접 해결이며, 2단계는 중국과 러시아가 개입한 해결이다. 3단계는 국제사회 차원에서 해결하는 과정으로서 북한문제 해결은 모든 차원에서 전개되어야 한다고 할 수 있다. 여기에서 북한의 핵무기 동결(포기)은 전 과정에서 가능하다.

TIP. 북한의 화성-14형 ICBM급 미사일 성능에 대한 평가들

구분		주요 내용
미국	미 합동참모본부 합참차장 폴 셀바 (2017. 7. 19)	"북한의 ICBM 발사시험이 어느 정도의 정확성과 성공 가능성을 갖고 미국 본토를 타격할 능력을 갖췄음을 보여주는 것이라고는 말하지 않겠다"면서 "전문가들에 따르면 북한은 아직 미국 본토 정밀타격에 필요한 유도 및 통제능력을 입증해야 하는 상황"이라고 설명했다. 그러나 그는 사거리와 관련해서는 북한이 분명히 능력을 갖추고 있다고 언급했다.
	미 항공우주 연구기관 에어로스페이스 존 실링 연구원 (2017. 7. 10)	북한의 화성-14형이 충분한 성능개선이 이뤄진다면 500㎏ 무게의 핵탄두를 탑재하고 9,700㎞를 비행해 미국 캘리포니아 주 샌디에이고에 있는 해군기지를 타격할 수 있을 것이라고 전망했다. 이어서 "화성-14형의 상부에는 탈착이 가능한 적재공간이 있는데, 그 안에 1개의 핵탄두나 여러 개의 유인체와 미사일방어시스템 침투장비를 탑재할 수 있을 것"이라며 "북한이 앞으로 핵탄두 1개를 탑재하거나 복수의 유인체 및 미사일방어시스템 침투장비를 배치하는 데 집중할 것"이라고 언급했다. 한편, "북한이 미국을 타격할 수 있는 핵탄두 탑재 ICBM 개발에 속도를 내더라도 미국의 미사일요격시스템을 능가할 것이라고 기대하는 것은 불가능하다"고 강조했다.
	국제전략문제 연구소(IISS) 마이클 엘먼 선임연구원 (2017. 7. 31)	"김정은이 어떤 기준을 설정했는지에 달렸지만 '18년 미 본토에 도달할 ICBM 조기 배치가 가능하다고 생각한다"라고 밝혔다. 또한, "북한이 핵탄두 미사일 운용에 필요한 대기권 재진입 기술은 획득하지 못한 것으로 보이며 이를 위해 추가 발사시험을 할 가능성이 있다"라고 전망했다.
	미 존스홉킨스대학교 연구그룹 (2017. 8. 2)	"북한이 발사한 화성-14형 2차 시험발사와 관련하여 해당 미사일이 미국 중서부에 위치한 시카고 및 뉴욕까지 도달할 가능성이 있다"고 주장했다. 또한, 해당 연구그룹은 미사일의 사정거리가 연장된 것에 대해 탄두의 무게를 기존의 350㎏에서 300㎏까지 경량화했을 가능성이 있다고 분석했다.
	The Diplomat 미 정부 소식통 인용 (2017. 8. 4)	미 정부 소식통은 "북한이 개발한 화성-14형 2차 미사일의 1단 추진체 연소시간은 151초로 1차 미사일의 연소시간인 145초보다 근소하게 증가했으며, 2단 추진체의 연소시간은 224초로 1차시 233초보다 근소하게 감소한 수치"라고 밝혔다. 또한 "1, 2차 미사일은 완전히 동일하지 않다"며 "특히 북한이 2차 미사일의 2단 추진체에 편요 모터를 추가로 장착한 것이 가장 큰 차이점이었다"고 전했다. 이어 "2단 추진체에 2개의 보조엔진을 장착해 편요 모터를 구현한 것으로 판단되며, 이를 통해 추진력을 향상시키고 연료 소비효율을 증가시켰다"고 덧붙였다. 한편, "1차 미사일의 재진입체에 대한 초기 분석 결과, 해당 재진입체가 상공 1㎞까지 생존한 것으로 판단된다"고 전했으며, "현재까지 분석된 해당 재진입체의 성능은 30㏏의 핵무기를 공중폭파시킬 수 있는 성능"이라고 분석했다.
한국	국정원 (2017. 7. 11)	국정원은 11일 국회에서 열린 정보위원회 전체회의에서 "북한이 발사한 미사일에 대해 ICBM급 사거리를 가진 탄도미사일"이라고 잠정 평가했으며, 연구개발단계의 고정형 발사대를 볼 때 초기 수준의 비행실험으로 평가된다고 분석했다. 또한, 재진입 성공 여부가 아직 확인되지 않았다는 점에서 ICBM 기술을 확보하지 못한 것으로 보이며 유도장치를 통해 목표물에 정확히 명중시키는 종말유도기술은 재진입 기술이 선행돼야 한다는 점에서 아직 확보되지 못한 것으로 보고 있다고 평가했다. 이어, 북한은 새로 개발한 대형중량 핵탄두 장착이 가능한 ICBM 기술을 확보했다고 주장했지만, 과시인 것으로 보인다고 설명했다.

한국	한국항공대 항공우주기계 공학부 장영근 교수 (2017. 7. 12)	"기술적 측면에서 본 화성-14 ICBM"이라는 제목의 분석자료를 통해 북한이 미국 본토를 타격하고 전력화할 수 있는 ICBM을 개발하려면 2~3년이 더 걸릴 것이라고 주장했다. 또한 "북한은 화성-14형 발사 당시 기술적 난이도를 낮추고자 탄두 질량을 900㎏으로 맞춰 고각발사를 실시했으며, 이때의 사거리를 시뮬레이션한 결과 사거리는 6,200㎞로 나타났다"라고 주장했다. 특히 현재 2단 추진체로 구성된 화성-14형 ICBM에 3단 추진체를 추가하면 표준핵탄두 질량에서도 미 전역을 타격할 수 있으므로 북한은 화성-14 ICBM의 성능을 증진시키는 데 본격적인 노력을 기울일 것으로 보인다고 전망했다.
러시아	러시아 국방부 (2017. 7. 4)	북한이 발사한 탄도미사일 성격과 관련하여 "탄도체 비행 궤도 자료는 중거리 탄도미사일의 전술기술 특성에 부합한다"고 밝혔다. 북한 미사일이 사거리 5,500㎞ 이상의 ICBM이 아니라 1,000~5,500㎞ 사이의 중거리 미사일에 해당한다고 분석했다. * 러시아는 7월 8일, 안보리 사무국에 제출한 서한에서 "러 이르쿠츠크 주에 있는 레이더 기지가 북한의 화성-14형 발사를 추적했다"면서 "미사일 비행시간은 14분이었고, 최대고도는 535㎞, 비행거리는 510㎞였다"고 주장했다. * 또한 러시아는 화성-14형 발사 장소가 한·미가 밝힌 평안북도 구성시 방현 일대와 다른 평안북도 철산군 동창리 미사일 발사장으로 주장하고 있다. * 北, 러시아의 '화성-14형 IRBM' 주장 관련 비난

TIP. 북한에 억류되어 있는 미국인 현황(2017년 8월 1일 기준: 총 3명)

에반 헌지커	유나 리	로라 링	로버트 박	아이잘론 고메스
'96. 8. 28 억류	'09. 3. 17 억류		'09. 12. 25 억류	'10. 1. 25 억류
미국 시민	한국계 미국인 기자	중국계 미국인 기자	한국계 미국인 목사	미국 시민
불법 입북	중국 쪽 국경에서 탈북자 촬영 중 체포		불법 입북	불법 입북
'96. 11. 27 석방	'09. 8. 4 석방		'10. 2. 6 석방	'10. 8. 27 석방
에디 전	케네스 배	매튜 토드 밀러	제프리 에드워드 파울	마르티네즈
'10. 11. 14 억류	'12. 11. 3 억류	'14. 4. 10 억류	'14. 6. 6 억류	'14. 12. 14 억류
한인 사업가	한국계 미국인 관광객	미국인 관광객	미국인 관광객	미국 시민
반(反)공화국 적대행위	북 관광 중 꽃제비 사진 촬영	북 입국 과정에서 난동	북 관광 중 성경책 고의 방치	불법 입북
'11. 5. 27 석방	'14. 11. 8 석방	'14. 11. 8 석방	'14. 10. 21 석방	'15. 1월경 귀국
주원문	김동철	웜비어 오토 프레데릭	토니 김	김학송
'15. 4. 22	'15. 10~억류 중	'16. 1~'17. 6. 12	'17. 4. 21~억류 중	'17. 5. 6~억류 중
한국계 미 영주권자	한국계 미 시민권자	미국인 대학생	한국계 미국인	한국계 미국인
불법 입북	간첩(군사자료 탈취) 혐의	반(反)공화국 적대행위	반(反)공화국 적대행위	반(反)공화국 적대행위
'15. 10. 5 석방	10년 노동교화형 ('16. 4. 29)	'17. 6. 13 석방	억류 중	억류 중

주) 1. 2017년 8월 3일, 미 국무부는 "9월 1일부터 미국 여권 소지자의 북한 입국 금지조치가 발효된다"고 전했으며, "현재 북한에 체류 중인 미국인은 그전에 떠나야 한다"고 강조했다.
2. 2017년 8월 10일, 미 국무부 동아시아태평양 담당 대변인은 북한에 장기간 억류됐던 한국계 캐나다인 임현수 목사가 9일 풀려난 것을 계기로 "북한에 억류된 미국인이 조속히 집에 돌아오는 모습을 보기 원한다"고 말했다.

4. 동아시아 안보환경 변화 전망

1) 국가 간 이해관계 충돌 및 동맹관계 변화

북한의 핵·미사일 위협이 확대 및 심화됨에 따라 한·미는 한반도 주한미군에 THAAD 배치를 결정했으며, 중국은 한반도 THAAD 배치를 강력하게 거부하고 있다.[66] 중국이 한반도 THAAD 배치를 반대하는 실질적인 이유는 자국의 핵 보복능력이 약해질 것을 우려하기 때문이라는 분석이 지배적이다. THAAD 체계는 사거리 3천 ㎞급 이하의 단·준중거리탄도미사일이 하강할 때 고도 40·150㎞ 고도에서 직접 맞춰 파괴하는 탄도미사일방어체계로서 최대 탐지거리는 최대 800㎞, 최대사정거리는 200㎞에 불과하기 때문에 중국에 전혀 위협이 되지 않는다고 할 수 있다.[67]

그러나 중국은 미국 레이더 시스템의 포위망이 견고해져 한반도에 배치되는 THAAD가 중국군의 미사일 부대를 탐지하는 데 사용될 가능성을 우려하고 있다. 중국은 핵탄두를 탑재할 수 있는 약 260기의 미사일을 보유하고 있으나 미국은 1,370개의 핵무기를 배치했고, 비축한 무기는 6,500기에 달한다. 따라서 핵무기 능력이 열세인 중국 입장에서는 THAAD의 탐지거리와 무관하게 자국의 무기동향을 감시할 수 있는 레이더 시스템이 인접국인 한국에 배치되는 것을 거부하고 있는 상황으로 자국의 이익에 더 많은 관심을 두고 있다.

특히 한·미 간에 THAAD 배치가 결정된 이후 중국은 노골적으로 경제·외교·문화·관광 등 다양한 분야에 걸쳐 보복을 감행하고 있다. 그러나 중국의 보복에도 불구하고 THAAD 배치 결정은 번복될 가능성이 높지 않으며, 중국의 보복이 확대 및 심화될 가능성을 배제할 수 없는 상황이다.[68] 한·중 양국은 외교, 경제 등 다양한

---

66 한·미 간의 사드배치 발표('16. 7. 8) 후 '성주골프장'을 사드 배치부지로 선정('16. 9. 30)했다. 중국은 사드 부지 교환계약 체결('17. 2. 28) 및 사드 체계 일부 반입('17. 3. 7)에 반대 입장을 강력히 표명했으며, '17년 4월 이후 직접적인 비난은 감소 중인 가운데 기존 입장을 고수하고 있다.

67 대한민국 국방부, 『국방백서 2016』, p. 222.

68 중국이 한국에 대해 보복을 단행함에 따라 미국도 중국에 대해 견제에 나서기도 했는데, 구체적으로 미국은 2017년 3월 7일 중국의 최대 통신장비업체인 ZTE에 11억 9,200만 달러의 벌금을 부과했으며, 이외에도 중국산 철강제품, 건축자재 등에 대한 반덤핑 관세 및 상계 관세를 부과한 조치를 정식으로 승인하는 등 중국의 보복을 견제하고 있다.

분야에서 상호 중요성을 인식하고 있다는 측면에서 중국의 보복은 오랫동안 지속되지 않았으나 이번의 보복을 계기로 중국은 그들과 연관된 안보상황 및 국가이익에 대해서는 외교, 경제, 문화 등의 분야에서 보복이 감행될 수 있다는 것을 분명히 보여주었다. 특히 양국의 THAAD 배치와 관련된 최종상태에 대한 인식이 다르다는 측면에서 양국간 갈등이 다시 고조될 가능성이 있으며, 중국의 보복이 군사분야로 확대될 가능성도 배제할 수 없는 상황이다.[69] 다음의 〈표 3-7〉은 한반도 THAAD 배치에 따른 중국의 보복 현황을 정리한 것이다.

〈표 3-7〉 한반도 THAAD 배치에 따른 중국의 보복 현황(기준: 2017년 8월)

분야	내용
외교적 압박: 주중 한국 대사 초치 항의 등	• 韓, '사드 임시 배치' 관련 주중 한국 대사 초치 항의('17. 8) • 시진핑 국가주석 THAAD 관련 발언 * "미국이 한국에 THAAD를 배치하는 것에 반대한다."(G20 미 · 중 정상회의, 7. 7) * "한 · 중 관계 개선과 발전의 장애를 없애기 위해 중국의 정당한 관심사를 중시하고 관련 문제를 타당하게 해결하기를 희망한다."(G20 한 · 중 정상회의, 7. 6) * "양국은 한국 내 THAAD 배치 반대 입장을 재차 확인했다."(중 · 러 정상회의, 7. 3)
군사적 압박: 대(對)한반도 레이더 및 전략무기 배치 등	• 중국 해군, 우리 측 서해 해 · 공역에서 대규모 군사훈련 전개('17. 8) • 시나망, "개량형 'DF-26' 공개… THAAD 겨냥한 것"('17. 5) • 군, 신형 대(對)레이더 공격용 무인기 개발 및 배치('17. 3) • 중 전문가, "中軍 신설 미사일 부대 전투준비 태세 돌입"('17. 3) • 중 군용기 12대 KADIZ 침범('17. 1)
경제 보복: 주요 기업 철수압박 및 무역거래 중단 등	• 사드보복 여전… 한국식품 통관 거부 280% 증가('17. 6) • 전자상거래업체, 한국 제품 불매운동 주도('17. 3) • 롯데마트 99곳 중 절반 문 닫아('17. 3) • 한국산 화장품 무더기 수입 불허('17. 1) • 한국산 배터리를 탑재한 차량에 대한 보조금 지급 제외('16. 12) • 롯데의 중국 법인에 대한 전방위 세무 및 소방 안전 조사('16. 11) • 한국산 설탕 · 화학제품에 대한 반덤핑 조사('16. 9. 11)
인적 왕래 축소: 여행금지 및 민간주도 국제행사 불참 등	• 사드 보복 올해 1~5월 한 · 중 해상 여객 34% 감소('17. 6) • 국가여유국, 여행객 대상 단체 관광 금지 통보('17. 3) • 한국인 대상 상용비자 발급 절차 강화('16. 9)
한류 규제: TV 콘텐츠 및 주요 방송인 출연금지 등	• 조선족자치주 한류 차단… 위성TV 불법수신 단속('17. 4) • 「런닝맨」 등 주요 한국 예능, 중 방영 금지 조치('17. 3) • 한국 드라마 방영 제한 및 연예인 출연 규제('16. 9) • 중국 홈쇼핑에서 한국인 모델 출연 제한('16. 11)

69 2015년 11월 1일 한 · 중 정상회담에서 리커창 총리는 "한 · 중 해역경계획정 협상을 시작해야 한다"

또한 중국은 한반도 THAAD 배치를 중국몽을 깨는 시발점으로 인식하고 있으며, 북한의 핵 · 미사일 위협을 상쇄시키기 위한 미국의 조치에 강력하게 반대하고 있다. 실제 북한의 핵 · 미사일 위협 확대 및 심화에 따라 한반도 전술핵 배치 검토를 포함하여 미국의 전략자산 배치가 논의되고 있으며, 미군의 최신형 무인공격기 '그레이 이글(MQ-1C)'이 한반도에 배치됨에 따라 중국은 "불 위에 기름 붓지 말아야 한다"며 강력하게 비판했다. 이와 같이 북한의 핵 · 미사일 위협에 대한 한 · 미 · 일 중심의 대응은 중국과의 갈등 심화로 이어질 것으로 전망된다.[70]

트럼프 대통령은 북한의 핵 · 미사일 위협이 심화됨에 따라 중국을 통해 북한의 핵 · 미사일 위협을 해결하려는 입장을 견지하고 있으나 북한의 핵 · 미사일 위협으로 인해 한 · 미, 미 · 일 간의 동맹이 강화되고 있으며, 중 · 러 관계 역시 강화되고 있는 상황이다. 또한 과거 미국 내에서는 한국의 중국경사론이 이슈가 된 적이 있으며, 한반도 THAAD 배치와 관련하여 한국에 대한 중국의 보복이 이뤄지고 있는 현 상황에서 한미동맹은 더욱 견고해질 것으로 예상된다. 특히 동맹 간의 관계에서도 과거 냉전의 수준에는 미치지 못하더라도 동아시아는 한 · 미 · 일 vs. 중 · 러 형태의 뚜렷한 대립 구도가 형성될 것으로 전망된다.[71]

끝으로 북한의 핵 · 미사일 위협이 심화됨에 따라 한국은 미국으로부터 핵우산 및 전략자산 등을 제공받아야 한다는 측면에서 한미동맹은 억제의 수단으로서 더욱 강화될 것으로 예상된다. 그리고 중 · 러는 북한에 대해 가장 강력한 영향력을 행사

고 언급했으며, 한국은 지난 20여 년간 이어도 및 해역경계획정에 대해 이러한 문제가 쟁점화되지 않는 것이 국익에 가장 부합된다는 입장을 유지하고 있다.

70 2017년 8월 7일, 중국 해군은 연례 계획에 따라 서해의 해역 및 공역에서 대규모 군사훈련을 실시했다. 동 훈련은 쌍방 전술훈련으로 진행했으며, 다수의 함정 · 항공기 및 해안미사일 부대로 구성된 다양한 제대가 참가하여 합동 및 상륙 작전을 비롯한 10여 개의 훈련이 진행되었다. 특히 선진룽(沈金龙) 해군 사령원과 먀오화(苗华) 정치위원이 직접 훈련을 참관했다. 이러한 중국의 군사훈련은 한반도 THAAD 배치에 대한 노골적인 반대 의사를 군사적 위협으로 표현한 것이라고 할 수 있다.

71 한 · 중 관계는 2015년이 최상이라는 말을 들었다. 2015년 3월 한국은 미 · 일의 반대에도 불구하고 중국이 주도하는 아시아인프라투자은행(AIIB)에 가입했으며, 6월에는 한 · 중 자유무역협정(FTA) 체결에 합의했고, 9월에는 중국의 전승절 행사에 참석한 박근혜 대통령이 천안문 성루에 올랐다. 이에 따라 미국 내에서는 한국이 중국에 기울었다는 중국경사론(中國傾斜論)이 등장했다. "중국의 좁은 사드 보복을 어떻게 넘어설 것인가", 「중앙일보」, 2016년 12월 7일 자.

한다는 측면에서 북한문제 해결의 핵심적인 역할을 담당할 것이며, 한국은 이들과도 협력관계를 유지해야 하는 딜레마를 현명하게 극복해야 하는 상황들이 지속적으로 발생할 것으로 예상된다.

2) 한반도 주변 해역으로 힘의 이동 및 역내 해양분쟁 심화

미국은 중국의 부상을 견제하기 위해 이라크 전쟁의 종전을 선언하자마자 2012년 1월 5일 신국방전략지침을 통해 중국의 도전에 대한 견제를 공식적으로 천명했으며, 아·태 재균형 전략(Asia-Pacific Rebalancing strategy)에 따라 2020년까지 해·공군의 60%를 아·태지역에 배치할 예정이다. 특히 미국은 센카쿠 열도 및 남중국해 등에서 중국의 현상유지 변경에 대한 시도를 견제하기 위해 동아시아 해양갈등에 적극적으로 개입하고 있다.

그러나 북한의 핵·미사일 위협이 확대 및 심화됨에 따라 트럼프 대통령 취임 직후 미국의 최우선 안보위협이 북한의 핵·미사일 위협으로 전환되고 있으며, 매티스 미 국방장관이 취임한 뒤 첫 순방지로 한국을 선택한 것이 이러한 현상을 보여주고 있다. 미국의 안보 우선순위 변화에 따라 한반도 내 미국의 전력증강이 진행 중이며, 2017년 3월 6일 SCUD-ER로 추정되는 미사일이 일본의 배타적 경제수역에 낙하함에 따라 일본은 북한을 새로운 위협으로 인식하는 등 본격적인 대북견제가 예상되고 있다.[72] 북한의 핵 · 미사일 위협에 대한 한 · 미 · 일의 대응은 중국과 러시아의 반발을 야기하고 있다.[73]

---

72 일본은 북한의 미사일 대피 피난훈련을 실시 중에 있다. 대표적으로 도야마 현에서 북 미사일 대응 '지하시설 피난훈련('17. 7. 14)'을 실시했으며, 구마모토 현은 가미아마쿠사 시에서 북한의 탄도미사일 낙하에 대비한 피난훈련('17. 8. 24) 등을 실시했다. 동 훈련은 구마모토 현 주민 약 800명이 참가해 방재 행정용 무선 스피커 및 메일을 통한 정보전달과 대피 절차 등을 훈련했다. 특히 일본은 북한의 위협 자체를 군사력 강화에 적극 활용하고 있으며, 이를 명목으로 방위비 예산을 5년 연속 늘려 올해 사상 최대인 5조 1,251억 엔(약 51조 4,580억 원)을 편성했다. 일본은 북한의 미사일 발사를 계기로 이지스함의 요격 시스템을 지상에 배치하기로 결정했다.

73 중국은 한반도에 THAAD 배치가 결정됨에 따라 한반도에 가까운 동북지방에 사정거리 1만 4,000㎞인 DF-41 ICBM을 배치하여 기존 대미 핵전력 약화에 대응하고 있으며, '중국의 THAAD'로 불리는 중국산 '홍치(红旗)-19' 방공시스템을 보유하고 있다. 러시아는 INF 조약에 따라 사거리 500~5,500㎞의 탄도 · 순항미사일의 생산 및 배치를 할 수 없으나 최근에 볼고그라드 시 인근과 미상 지역 한

북한의 핵 · 미사일 위협이 심화됨에 따라 힘의 중심이 남중국해에서 한반도 주변 해역으로 이동할 것으로 예상된다. 앞에서도 언급했듯이 2017년 2월 8일 모란 미 해군 참모차장은 상원 군사위원회에 출석하여 '4+1 위협(북한 · 중국 · 러시아 · 이란+잠재적 테러 위협 지원국)' 중 2개국 이상과 전쟁을 수행할 경우 전쟁을 동시에 수행하여 적을 저지 및 굴복시키기는 어렵다고 답변했다. 따라서 북한의 핵 · 미사일이 최우선 안보위협으로 부상함에 따라 미국은 중국과 북한을 동시에 견제할 수 있는 한반도 주변 해역으로 힘을 이동시킬 가능성이 비교적 높다고 할 수 있을 것이다.

남중국해에서 한반도로 힘이 이동하면 주변 4강은 상대방을 견제하기 위해 군사력을 적극적으로 운용할 것이며, 구체적으로 분쟁해역에서 긴장을 고조시킬 가능성이 높다고 할 수 있다. 동북아시아지역에서는 아직까지 해결되지 못한 다양한 분쟁이 존재하며, 한반도 주변 해역으로 힘이 집중될 경우 해양분쟁은 주변국들의 주요 관심으로 부상할 가능성이 비교적 높다고 할 수 있다. 특히 앞에서도 언급했듯이 중국이 해양전략 목표를 달성하기 위한 해군발전 3단계 계획을 실현하기 위해서는 해양분쟁 해결이 수반될 것이며, 이 과정에서 미국과의 충돌이 예상되고 있다.

TIP. 남중국해에서 한반도 주변 해역으로의 힘의 이동

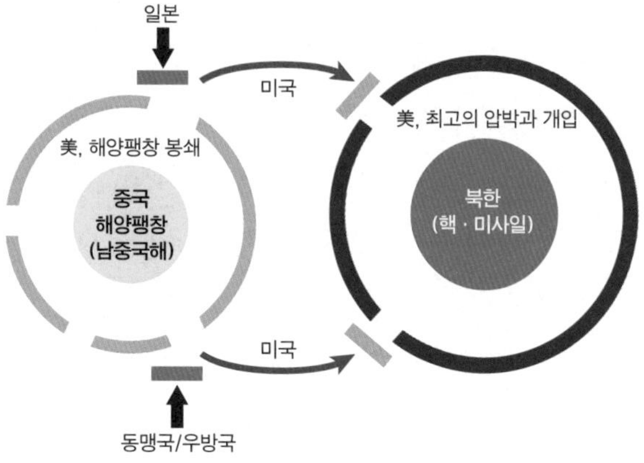

곳에 순항미사일을 배치했다. 여기에서 INF(Intermediate-Range Nuclear Forces) 조약은 1987년 12월 8일, 미국과 구소련이 핵탄두 장착용 중거리와 단거리 지상발사 미사일 폐기를 합의한 핵무기감축 조약이다.

생각해봅시다

북한의 SLBM 위협과 우리의 선택

북한은 핵 · 미사일 위협을 고도화하기 위해 SLBM을 집중적으로 개발하고 있는 상황이며, 각종 언론매체에서는 기존의 K2체계와 연계한 수중 킬체인 능력 확보 및 원자력추진잠수함, SM-3, 해상초계기 등의 확보 필요성을 제기하고 있다. 수중 킬체인과 연계된 우리 군의 대응방향은 다음과 같이 정리할 수 있다. 먼저 수중 킬체인 제1단계(SLBM 잠수함의 기지 정박 또는 출항 직후에 타격하는 것)는 한반도 전쟁 발발의 빌미를 제공할 가능성이 있다는 측면에서 '의지(will)'의 문제라고 할 수 있다. 우리 군은 SLBM 탑재 잠수함을 출항 전에 선제 타격할 수 있는 어느 정도 수준의 능력을 보유하고 있지만 전쟁 발발 징후가 식별되더라도 선제 타격은 쉽지 않은 결정이 될 것이다.

제2단계(수중에서 활동하는 SLBM 잠수함을 탐지하여 공격하는 것)는 수중이라는 해양환경 특수성으로 인해 과연 우리 군이 어느 정도의 대잠전력을 확보할 수 있는가에 대한 '능력(capability)'의 문제라고 할 수 있다. 대잠전력 강화는 SLBM 탑재 잠수함의 탐지 가능성을 높이는 것으로 사실상 100% 달성하는 것은 불가능하다. 그러나 대잠전력 강화는 북한 SLBM 탑재 잠수함이 NLL 이남으로 남하하거나 공해상에서 활동을 거부함으로써 SLBM 탑재 잠수함의 활동 구역을 NLL 이북 북한의 영해로 제한하여 더욱 신속한 대응 기회를 제공해줄 것이다. 북한의 SLBM 탑재 잠수함(핵추진 잠수함 포함)의 경우 성능이 떨어지고, 소음이 심하다는 측면에서 한국이 핵추진 잠수함을 보유할 경우 가장 효과적인 대응수단이 될 것이다.

끝으로 제3단계(SLBM 발사한 이후 탐지 및 요격하는 것)는 우리 군이 어떠한 탐지 및 요격체계를 구축할 것인지에 대한 '선택(choice)'의 문제가 될 것이다. 현재 한 · 미는 주한미군에 THAAD 배치를 결정했으며, SLBM의 위협이 현실화됨에 따라 SM-3 도입 필요성이 지속적으로 제기되고 있다. 만약 도입 예정인 KDX-III Batch-II에 SM-3을 장착할 경우 다중방어가 가능하며, 이는 곧 북한 위협에 대한 자주적인 대응력을 구비했다는 것을 의미하는 것이다.

생각해봅시다

북한의 핵·미사일 위협 해결을 위한 우리의 역할

오늘날 북한의 핵 · 미사일 위협은 한반도를 넘어 전 세계를 위협하고 있으며, 단지 어느 한 국가의 힘만으로는 해결하기 어려운 상황이 되었다. 북한의 핵 · 미사일 문제 해결을 위한 체계는 '시계'라고 할 수 있으며, 국제기구(UN, NATO, 아세안 등) 및 주변 4강을 포함한 다른 국가들의 경우 시계를 작동하게 하는 톱니바퀴 역할을 담당하고 있다. 그리고 톱니바퀴가 작동시키는 원동력인 건전지는 북한의 핵 · 미사일 위협의 현실화 또는 고도화로서 시계를 작동시키는 데 필요한 충분한 전력을 공급하고 있는 상황이다.

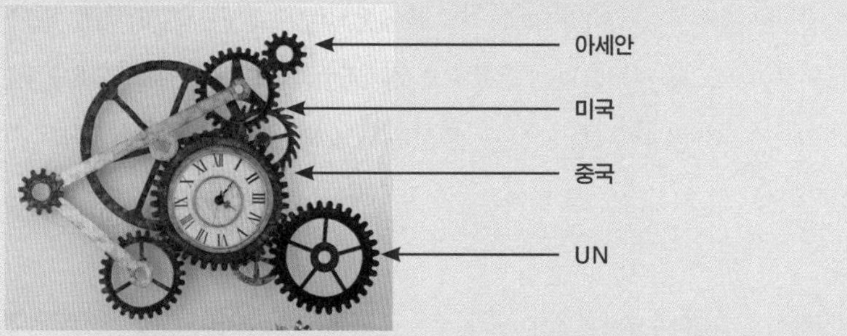

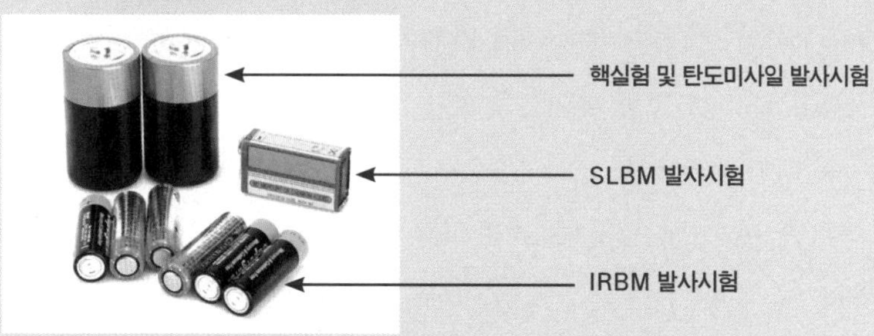

그러나 시계를 작동시키기 위한 충분한 전원이 공급됨에도 불구하고 시곗바늘은 정상적으로 돌아가지 않고 있으며, 톱니바퀴가 제대로 돌아가지 않을 경우 북한의 핵 · 미사일 문제를 해결하는 데는 오랜 시간이 걸릴 것으로 예상된다. 여기에서 톱니바퀴는 북한의 핵 · 미사일 위협에 대한 국가별 이해관계가 다르다는 측면에서 그 모양이 서로 달라 다른 톱니바퀴와 맞물려

돌아가는 데는 다소 한계가 있다. 따라서 시계를 작동시키기 위해서는 다른 톱니바퀴들과 맞물려 돌아갈 수 있는 중심(북한의 핵 · 미사일 위협에 직접적으로 노출되어 있거나 이해관계에 있는 국가)에 있는 톱니바퀴(한국)의 역할이 중요하다고 할 수 있다.

여기에서 한국이라는 톱니바퀴는 다른 톱니바퀴들(국제사회, 미국, 중국 등)보다 크기는 작지만 다른 톱니바퀴를 돌릴 수 있을 만큼 단단한 재질로서 강력한 내구성을 가지고 있어야 한다. 다시 말해 다른 톱니바퀴들이 돌아가는 데 있어 그들의 압력을 견딜 수 있어야 하며, 때로는 그들이 돌아가는 데 필요한 압력을 행사할 수 있어야 한다. 또한 한국이라는 톱니바퀴는 다른 톱니바퀴들이 돌아가는 과정에서 발생하는 마찰을 해소하는 데 필요한 윤활유를 계속해서 제공해야 한다. 여기에서 윤활유는 남북한 대화채널을 통해 공급되며, 이는 곧 남북한 대화채널이 유지되어야 한다는 것을 의미한다.

북한의 핵 · 미사일 위협이 점차 현실화 · 고도화되는 가운데 이를 해결하기 위한 시곗바늘은 제대로 돌아가지 못하고 있는 상황이다. 만약 톱니바퀴를 작동시키는 전원(북한의 핵 · 미사일 위협)의 공급이 지속적으로 과부하되는 상황에서 톱니바퀴가 제대로 돌아가지 않을 경우 결국 북한의 핵 · 미사일 위협을 해결하는 시계는 고장이 날 수밖에 없으며, 북한의 핵무기 보유, 핵도미노 현상, 핵전쟁 등 역사상 가장 불행한 사태로 이어질 가능성을 배제할 수 없는 상황이 전개될 것이다.

다만, 여기에서 오늘날 국제사회에서 NPT 조약이 유효하게 유지되고 있다는 측면에서 새롭게 핵무기를 보유하는 국가들은 국제사회의 제재 대상이 될 것이다. 따라서 핵도미노 현상이 발생할 가능성은 높지 않다고 할 수 있으며, 또한 미국은 이미 충분한 핵무기 투발수단을 확보하고 있다는 측면에서 미국이 한반도에 전술핵을 배치할 가능성은 비교적 높지 않다고 할 수 있을 것이다. 특히 한반도에 전술핵을 배치하는 결정권은 전적으로 미국에 있다는 측면에서 한반도 전술핵 배치가 정치적인 논란의 대상이 되어서는 안 될 것이다.

제4장

북한의 도발위협

시기·수단·장소별 분석 및 전망

intro

일반적으로 북한의 위협은 크게 재래식 위협(conventional threat)과 비대칭 위협(asymmetric threat)으로 구분할 수 있다. 북한은 대남 우위의 군사력 확보를 위해 재래식 무기 성능을 지속적으로 개량하면서 핵 · 미사일, 장사정포, 수중전력, 무인기 등 비대칭 전력을 집중적으로 증강하고 있다. 여기에서 핵 · 미사일 위협은 오늘날 북한의 주요 도발이자 게임체인저(game changer)로서 한반도뿐만 아니라 국제사회까지 위협한다는 측면에서 다른 비대칭 위협과는 별도로 구분할 필요가 있으며, 이 경우 북한의 위협은 재래식 위협, 비대칭 위협, 핵 · 미사일 위협으로 구분할 수 있다.

북한의 도발은 수단, 규모, 장소 등의 측면에서 점차 도발수위가 높아진다고 할 수 있다. 클라우제비츠의 "전쟁은 다른 수단에 의한 정치의 연장"이라는 말과 같이 북한은 정치적 목적을 달성하기 위해 도발을 감행한다고 할 수 있으며, 동일한 수준의 정치적 목적을 지속적으로 달성하기 위해서는 더 강력한 도발을 계속해서 감행해야 한다는 측면에서 북한의 도발은 재래식 위협 → 비대칭 위협 → 핵 · 미사일 위협으로 그 중심이 이동하고 있는 상황이다. 또한, 북한은 핵무기 능력을 확보하는 과정 또는 확보한 이후 재래식 · 비대칭 위협을 이용한 지속적인 도발을 감행할 것이며, 북한의 전자기탄, 무인기 및 사이버 전력 등은 게임체인저로 등극할 가능성을 배제할 수 없는 상황이다.

1. 북한의 침투 · 도발 현황 및 도발 사례

1) 북한의 침투 및 도발 현황

1950년대 북한의 침투 · 도발은 해상 292건, 지상 45건, 강안 44건으로 해상을 이용한 침투 · 도발이 가장 빈번하게 발생했다. 한국전쟁 직후 북한 해군의 전력은 전무한 수준이었으나 전후 함정 전력을 급속히 증강시켰으며, 1958년부터 본격적으로 해상을 통해 무장간첩선을 남한 해역에 침투시켰다. 1950년대까지 북한의 침투 목적은 해상 침투로를 개척하는 것이었으며, 무장간첩선은 휴전선 근해의 동·서 해안을 따라 우리 영해 내에 단독으로 침투했다.[1]

1960년대 북한의 국지도발 중에서 판문점지역 미군에 대한 도발은 총 222건으로 가장 빈번하게 감행되었으며, 포격 및 소규모 해전도 총 18건이 발생했다. 특히 북한은 1960년대 초부터 해상침투요원을 양성하고, 침투기술 개발 및 침투수단을 강화함에 따라 침투지역을 휴전선 근해에서 점차 남방으로 확장하게 되었다. 북한은 산둥 반도까지 외해로 100마일을 우회하는 능력을 보유함에 따라 서해는 목포와 남해까지, 동해는 부산까지 침투하는 등 침투지역을 남방으로 확장했다.[2]

1990년대 들어 북한은 NLL 무실화를 위해 경비정, 단속정 등을 이용한 도발을 중점적으로 감행했고, 이를 저지하기 위한 우리 고속정과 NLL에서 국지적으로 격돌하는 양상이 증가하는 등 북한 경비정 및 단속정의 NLL 침범은 총 101건 발생했다.[3] 2000년대에는 NLL 근해에서 북한 어선들의 조업활동이 증가함에 따라 북한 경비정이 자국의 어선들을 통제 · 보호한다는 구실하에 NLL을 침범하는 사례가 증가하기 시작했으며,[4] 북한 어선 · 상선의 NLL 침범은 115건, 경비 및 단속정의 NLL 침범은 총 110건 발생했다. 북한의 연대별 침투 및 국지도발 현황은 다음의 〈표 4-1〉과 같다.

---

1 대한민국 국방부, 『국방백서 2014』(서울: 국방부, 2014), p. 255.

2 해군작전사령부, 『해군작전사령부 60년사』(부산: 해군작전사령부, 2015), p. 52.

3 대한민국 국방부, 『국방백서 2014』, p. 255.

4 해군작전사령부, 앞의 책, p. 111.

〈표 4-1〉 북한의 연대별 침투 및 국지도발 현황

구분	계	'50년대	'60년대	'70년대	'80년대	'90년대	'00년대	'10~'16년
계	3,094	405	1,340	406	228	222	241	252
침투	1,977	386	1,011	311	167	63	16	23
국지도발	1,117	19	329	95	61	159	225	229

출처: 대한민국 국방부, 『국방백서 2016』, p. 252.

최근 들어 북한은 핵 · 미사일 위협을 중심으로 도발을 감행하고 있는 가운데 2016년에만 총 24회의 미사일 발사를 감행했으며, 단거리 미사일을 포함하여 ICBM급, SLBM, IRBM 등 다양한 탄도미사일을 발사했다. 특히 김정은은 2012년 집권 이후 5년 동안 50발의 탄도미사일을 발사했는데, 김정은 집권 이후 이러한 미사일 도발은 김일성 · 김정일 시대 67년 동안 발사한 미사일 29발의 거의 2배에 달한다. 북한이 보유하고 있는 탄도미사일의 주기적인 성능 확인, 신형 개발, 수명주기 등을 고려할 경우 매년 10회 이상의 도발을 감행해야 한다고 주장되는 가운데 북한의 재래식 · 비대칭 도발 가능성 역시 상존하고 있으며, 무인기를 포함한 다양한 수단을 이용한 도발 가능성이 점차 높아지고 있는 상황이다.

2) 북한의 주요 도발 사례

(1) 재래식 위협

① 제1연평해전

제1연평해전은 1999년 6월 15일 연평도 서남방 8NM(15㎞), NLL 남방 4.3NM(8㎞) 해상에서 북한 경비정의 기습적인 선제사격에 대해 우리 해군 경비함정이 대응사격을 실시한 해전이다. 북한은 1999년 6월 7일부터 14일까지 경비정 · 어뢰정을 통해 긴장을 조성했으며, 제1연평해전 당일 우리 고속정의 '후미 충돌에 의한 밀어내기 작전'으로 인한 혼전 상황이 전개되는 가운데 기습적으로 우리 고속정에 대해 25㎜ 기관포와 14.5㎜ 소화기로 기습공격을 감행했다.

제1연평해전은 남북한 민간교류 확대와 대북 지원정책이 추진되는 상황에서 발생했다는 측면에서 북한의 전형적인 '화전양면(和戰兩面)'식 도발이라고 할 수 있다. 남북한 교전 결과 북한 해군은 어뢰정 1척 격침, 경비정 4척과 어뢰정 1척 손상, 30여 명의 사상자 발생 등 큰 피해를 입고 북방한계선 이북으로 도주했으며, 우리 해군은 고속정 5척이 경미한 손상을 입었고, 9명이 가벼운 부상을 당했다.[5]

② 제2연평해전

제2연평해전은 2002년 6월 29일 연평도 서남방 15NM(28㎞), 북방한계선 남방 3NM(5.6㎞) 해상에서 북한 경비정의 선제사격에 대해 우리 해군 경비함정이 대응사격을 실시한 해전이다. 북한은 제1연평해전 이후 수상함정 전력의 열세를 만회하기 위한 새로운 전술을 개발했으며, 6월 13일과 28일에는 NLL 침범을 통해 우리 군의 대응수준을 확인했다. 제2연평해전 당시 육도 중형 경비정은 우리 고속정 편대의 차단기동으로 퇴각하는 등 남북한 긴장과 교전 가능성을 낮추는 가운데 등산곶 대형 경비정을 통해 제2연평해전을 감행했다.[6]

당시 한국과 일본에서는 월드컵대회가 개최되고 있었으며, 남북한의 관계는 2000년 '6·15 남북공동선언' 등으로 교류와 협력의 분위기가 유지되고 있었다는 측면에서 제2연평해전 역시 전형적인 화전양면식 도발이라고 할 수 있다. 남북한 교전 결과 북한 해군은 경비정 1척이 대파되었고, 30여 명의 사상자가 발생했으며, 우리 해군은 고속정 1척이 예인 중 침몰되었고, 6명이 전사하고, 18명이 부상을 당했다.[7]

③ 대청해전

대청해전은 2009년 11월 10일 대청도 동방 6NM(11㎞), NLL 서방 1.2NM (2.2㎞) 해상에서 북한 경비정을 퇴거하는 과정에서 북한 경비정의 조준사격에 대해 우리 고속정이 대응사격을 실시한 해전이다. 당시 북한 경비정은 단 1척이었으며, 우리 해군은 호위함 1척, 초계함 2척, 고속정 4척을 현장에 투입한 상황으로 전력 면에서

---

5 위의 책, pp. 113-116.

6 북한은 NLL 무실화를 위해 어선 단속 등의 구실로 2000년 25회, 2001년 20회, 2002년 5월까지 8회를 침범하는 등 경비함정의 어선 단속 상황을 지속적으로 조성했다.

7 해군작전사령부, 앞의 책, p. 116.

북한이 열세한 상황임에도 불구하고 기습적으로 도발을 감행했다. 대청해전은 도발 장소를 연평도 주변 해역에서 대청도로 이동하고, 북한의 전력이 열세한 상황에서 감행한 기습도발이라고 할 수 있다.[8]

TIP. 북방한계선(NLL) 해역 해전

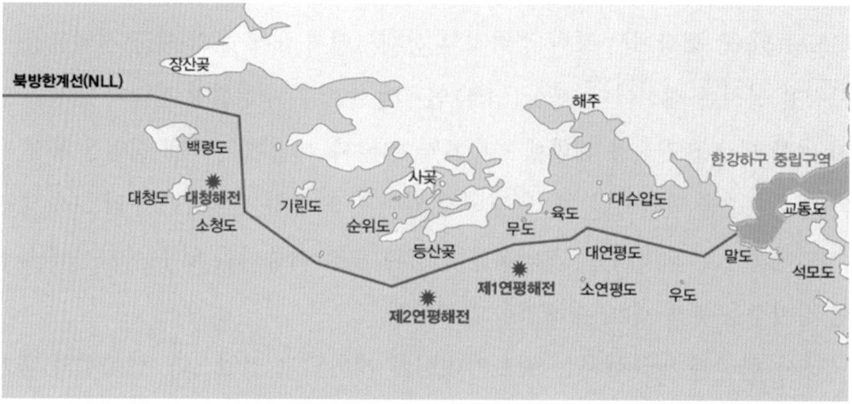

출처: 대한민국 국방부, 『국방백서 2010』(서울: 국방부, 2010), p. 252.

TIP. 제1연평해전 작전 경과

- 6월 7~10일, 북한 경비정 3~7척이 어선 보호를 명목으로 연평도 서남방 5.5NM(10㎞) 해상에서 북방한계선을 1.6~4.9NM(3~9㎞) 침범하는 도발을 자행했다. 우리 해군 고속정이 출동하여 교전규칙과 국제법에 의해 퇴거조치를 실시했으나, 북한 해군은 이에 응하지 않고 우리 고속정에 대해 충돌작전을 실시하여 손상을 입히는 등 호전적인 행동을 계속했다.
- 6월 11일, 우리 고속정이 북한 경비정의 충돌작전에 대응하여 '함미 충돌에 의한 밀어내기 작전'을 실시했다. 북한 경비정은 이후에도 북방한계선을 침범하면서 우리 고속정에 대해 충돌작전을 계속 실시했고, 우리 고속정은 빠른 기동력을 이용한 회피기동과 포위기동으로 대응했다.
- 6월 15일 8시 55분, 북방한계선을 침범한 7척의 북한 경비정이 우리 고속정에 충돌작전을 실시했고, 우리 고속정은 '함미 충돌에 의한 밀어내기 작전'으로 맞대응했다.

8 위의 책, pp. 146-147.

- 9시 28분, 북한 경비정이 선제사격을 가해옴에 따라 우리 고속정이 '자위권' 차원에서 즉각 대응사격을 실시했고, 9시 42분까지 14분간 교전을 실시했다.
- 9시 42분, 우리 해군은 인도주의적 차원에서 북한 해군에게 침몰함정의 인명구조와 피해함정 예인 기회를 부여하기 위해 사격을 중지했다. 또한 우리 함정의 안전을 확보하고 확전을 방지하기 위해 경비함정들을 남하하도록 조치했다.

주) 참가전력: 우리 해군 · 고속정 8척, 초계함 2척/북한 해군 · 경비정 4척, 어뢰정 3척
출처: 대한민국 국방부, 『국방백서 2010』, pp. 252-253.

TIP. 제2연평해전 작전 경과

- 6월 29일 9시 54분~10시 1분, 북한 등산곶과 육도의 경비정 2척이 북방한계선을 침범했다. 우리 측 2개 고속정 편대가 차단기동을 실시하기 위해 접근하자 육도 경비정은 북상했다.
- 10시 23분, 등산곶 경비정은 계속 남하하여 북방한계선을 3NM(5.6㎞) 침범했고, 우리 고속정 편대가 0.5NM(0.9㎞) 전방에서 차단기동을 실시했다.
- 10시 25분, 적 경비정이 고속정 편대 후미의 참수리-357정에 대해 85㎜ 함포로 선제 기습사격을 실시했고, 참수리-357 · 358정은 조건반사적으로 대응사격을 실시했다.
- 10시 30~56분, 현장에 증원된 2개 고속정 편대, 2척의 초계함이 격파사격을 실시하여 북한 경비정을 대파시키고, 북방한계선 이북으로 퇴거시켰다.
- 11시 59분, 북한 경비정의 선제 기습사격으로 손상을 입은 참수리-357정이 예인 도중 기관실이 침수되어 침몰되었다.

주) 참가전력: 우리 해군 · 초계함 2척, 고속정 6척/북한 해군 · 경비정 2척
출처: 대한민국 국방부, 『국방백서 2010』, p. 254.

TIP. 대청해전 작전 경과

- 11월 10일 09시 45분, 북한 어선으로 추정되는 미식별 선박 1척이 북방한계선 방향으로 이동 중인 것을 포착하고, 우리 해군의 1개 고속정 편대가 긴급 출항했다.
- 10시 33분, 북한 월래도 경비정이 미식별 선박 방향으로 기동함에 따라 출동한 고속정 편대는 백령도 동방으로 기동하여 적 경비정에 대응하고, 1개 고속정 편대가 추가로 출동했다.
- 11시 22분, 북한 경비정은 미식별 선박 복귀 후에도 북방한계선 근해 방향으로 계속 기동했다. 우리 해군은 호위함 1척과 초계함 2척의 지원태세 유지하에 고속정 편대가 북한 경비정에게 북방한계선 침범 전 경고통신을 2회 실시했다.
- 11시 27분, 북한 경비정이 북방한계선을 침범했다. 제2함대사에서 "경고사격을 하겠다"는 경고통신을 실시했으나 북한 경비정은 이를 무시하고 대청도 방향으로 계속 기동했다.
- 11시 37~46분, 참수리-336정이 제2함대사의 지시에 따라 40㎜ 함포를 이용하여 3발의 경고사격을 실시했다. 북한 경비정이 인근에서 대응기동 중이던 참수리- 325정에 약 50발의 조준사격을 실시하자, 우리 고속정 편대에서도 자위권 차원에서 즉각 대응사격을 실시했고, 우리 호위함과 초계함도 지원사격을 실시했다.
- 11시 40분, 북한 경비정은 선체에 많은 손상을 입고 북방한계선 이북으로 퇴각했다.

주) 참가전력: 우리 해군 · 호위함 1척, 초계함 2척, 고속정 4척/북한 해군 · 경비정 1척
출처: 대한민국 국방부, 『국방백서 2010』, p. 255.

(2) 비대칭 위협

① 천안함 피격사건

북한은 대청해전 패배 후 다음해인 2010년 1월 15일 '거족적 보복 성전' 운운하면서 지속적으로 우리 군을 위협했다. 2009년 12월 23일에는 해상사격구역을 선포하여 우리 함정과 어선에 대한 공격도 불사하겠다고 위협하면서 두 차례에 걸쳐 해안포를 발사했다. 또한 북한은 서해 NLL 근해에 1월 25일부터 3월 29일까지 항행금지구역을 선포하고 금강산지구의 우리 측 부동산을 동결하고 몰수하는 등 긴장을 고조시켰다. 북한이 강경조치를 취함에 따라 해군작전사령부는 북한군의 해안포 사격과 무월광 취약시기에 수차례 경계강화 지시를 하달했으며, 이후 북한군의 특별활동이 없는 점을 고려하여 부대 운용과 경계의 효율성을 높이기 위해 2010년 2월

18일 경계강화를 해제했다.[9]

특히 서해는 수심이 얕고, 조석간만의 차가 큰 해양환경으로 인해 잠수함(정)을 이용한 도발이 제한됨에도 불구하고 기습적으로 잠수정을 이용한 도발을 감행했다. 수중에서 폭발되는 어뢰의 특성상 천안함이 침몰함으로써 많은 사상자가 발생했으며, 도발원점 확인이 제한될 수밖에 없었다. 북한의 어뢰 공격에 의해 천안함(초계함)이 침몰되었으며, 승조원 총 104명 중 46명이 전사하고 58명은 구출되었다.

TIP. 천안함 피격사건 발생 위치

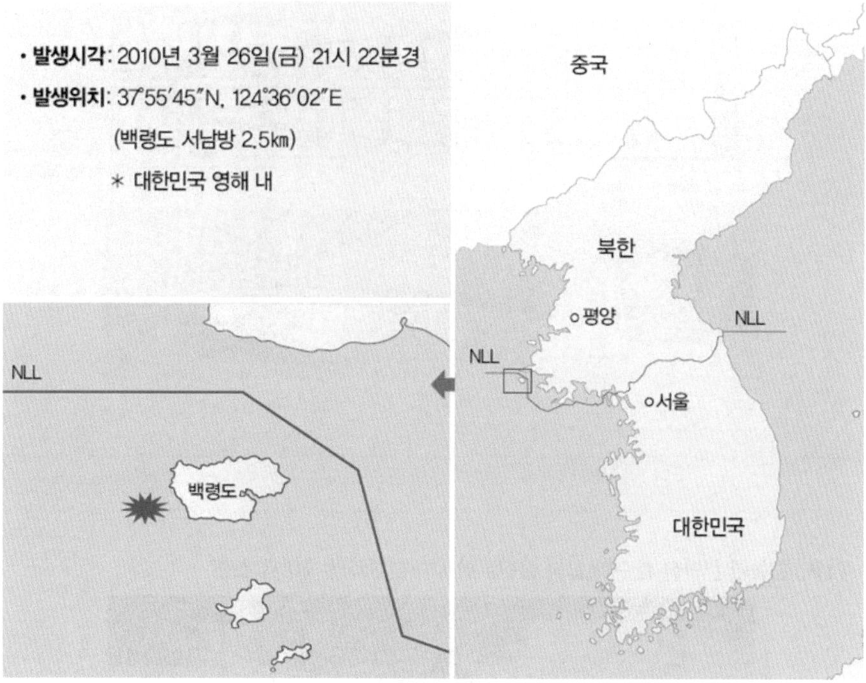

출처: 대한민국 국방부, 『국방백서 2010』, p. 256.

---

9 해군작전사령부, 위의 책, p. 148.

TIP. 천안함 피격사건이 북한의 소행임을 입증하는 어뢰 추진동력장치

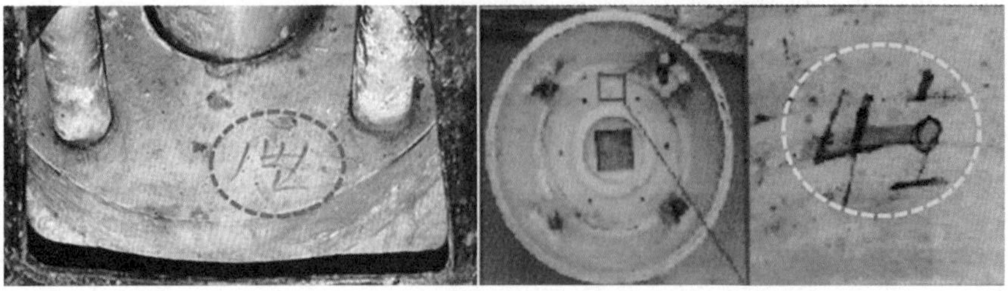

출처: 위의 책, p. 261.

TIP. 어뢰 설계도와 수거한 어뢰 추진동력장치

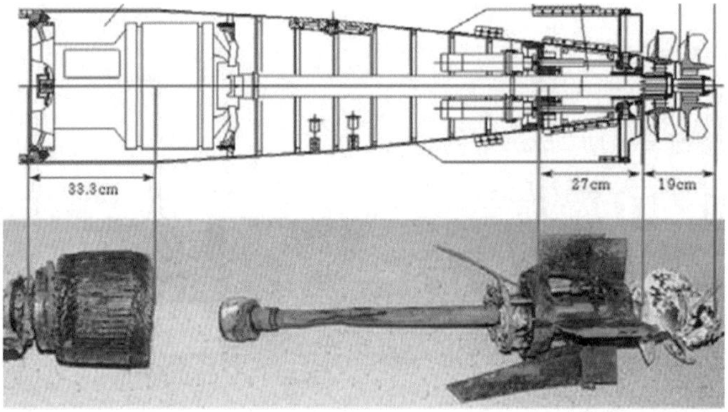

출처: 위의 책, p. 264.

TIP. 침몰한 천안함 함수와 함미 절단부위에 대한 3차원 레이저 스캔

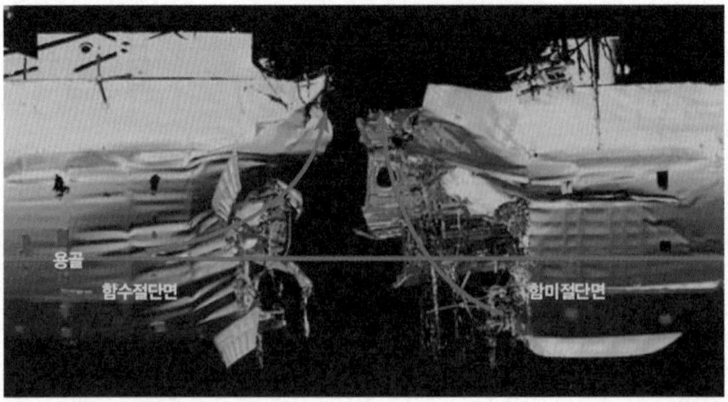

출처: 위의 책, p. 262.

② 연평도 포격도발

북한은 천안함 피격사건 이후 국제적 비난을 받는 상황에서도 세습체제를 확립하기 위해 긴장을 불러일으키는 일련의 행위를 계속해서 자행했다.[10] 동시에 북한은 2010년 8월 7일 동해에서 나포한 우리 어선 '대승호'를 한 달 만에 송환하고, 9월 10일 대북지원 및 금강산 재개 등을 대가로 이산가족 상봉 정례화를 제의하는 등 유화정책도 병행했다. 2010년 11월 23일 연평도 포격도발은 정전협정 체결 이후 처음으로 해안포와 방사포를 이용하여 대한민국 영토와 민간을 대상으로 한 도발로서 북한의 도발수단, 장소, 대상에서 변화가 이뤄졌다. 북한의 포격도발로 인해 연평부대원 2명이 전사하고, 민간인 2명이 사망하는 인명피해와 건물 133동 파손 등 많은 물적 피해가 발생했다.

TIP. 제2연평해전 작전 경과

- 11월 23일 10시 15분~14시 30분, 해병대 연평부대는 NLL 이남의 우리 해상사격구역에 정례적인 해상사격훈련을 했다.
- 14시 34~46분, 북한군은 개머리에 배치된 방사포와 무도에 배치된 해안포로 우리 연평부대와 민가에 무차별적인 포사격을 가했다. 북한의 방사포와 해안포 150여 발 중 60여 발은 군부대와 민가를 공격했으며, 90여 발은 해상에 낙탄되었다.
- 14시 47분~15시 15분, 우리 연평부대는 K-9 자주포로 북한의 무도 해안포 부대에 50발의 대응사격을 했다. 대응사격 전에 두 차례에 걸쳐 경고통신을 했다.
- 15시 12~29분, 북한군은 방사포와 해안포 20여 발로 연평부대 지휘소와 레이더 기지 일대에 2차 공격을 했다.
- 15시 25~41분, 북한의 2차 공격에 따라 우리 연평부대는 K-9 자주포로 북한의 개머리 해안포 진지에 30발의 대응사격을 했다.

10 북한은 2010년 4월 14일 대규모의 화력 타격훈련과 2010년 6월 12일 '서울 불바다' 협박 등을 지속했다.

③ 북한의 비무장지대 지뢰 · 포격도발

2015년 8월 4일 경기도 파주시 군사분계선(Military Demarcation Line: MDL) 남쪽 비무장지대에서 북한군이 매설한 목함지뢰로 인해 우리 군 장병 2명이 심각한 부상을 입었으며, 8월 20일 오후에는 군사분계선 남방 우리 지역에 두 차례 포격도발을 감행했다. 북한은 한 · 미 연합훈련 기간 중 예상치 못한 도발을 감행했으며, 기존 서해 NLL에서 MDL로 도발 장소를 이동하는 등 시기 · 장소 · 수단 측면에서 변화가 이뤄졌다.[11]

TIP. '남북 공동보도문' 발표(2015년 8월 25일)

남북 공동보도문

남북 고위당국자 접촉이 2015년 8월 22일부터 24일까지 판문점에서 진행되었다. 접촉에는 남측의 김관진 국가안보실장과 홍용표 통일부 장관, 북측의 황병서 조선인민군 총정치국장과 김양건 조선노동당 중앙위원회 비서가 참가했다.

쌍방은 접촉에서 최근 남북 사이에 고조된 군사적 긴장 상태를 해소하고, 남북관계를 발전시켜나가기 위한 문제들을 협의하고, 다음과 같이 합의했다.

첫째, 남과 북은 남북관계를 개선하기 위한 당국 회담을 서울 또는 평양에서 빠른 시일 내 개최하며 앞으로 여러 분야의 대화와 협상을 진행해나가기로 했다.

둘째, 북측은 최근 군사분계선 비무장지대 남측 지역에서 발생한 지뢰폭발로 남측 군인들이 부상을 당한 것에 대해 유감을 표명했다.

셋째, 남측은 비정상적인 사태가 발생하지 않는 한 군사분계선 일대에서 모든 확성기 방송을 8월 25일 12시부터 중단하기로 했다.

넷째, 북측은 준전시상태를 해제하기로 했다.

다섯째, 남과 북은 올해 추석을 계기로 이산가족 상봉을 진행하고 앞으로 계속하기로 했으며 이를 위한 적십자 실무접촉을 9월 초에 가지기로 했다.

여섯째, 남과 북은 다양한 분야에서의 민간교류를 활성화하기로 했다.

2015년 8월 25일 판문점

출처: 위의 책, p. 217.

11 대한민국 국방부, 『국방백서 2014』, pp. 213-216.

TIP. 목함지뢰 및 지뢰 폭발 시 TOD 채증 화면

출처: 대한민국 국방부, 『국방백서 2016』, pp. 213-215.

(3) 핵 · 미사일 위협

2016년 북한은 '핵보유국'임을 대내외에 선전하면서 4차 핵실험을 감행했으며, 4차 핵실험 이후 불과 8개월이 경과한 9월 북한정권 수립일에 맞추어 5차 핵실험을 단행했다. 북한은 2016년에만 총 721건의 '핵무력' 및 '핵보유국'임을 강조했으며, 5차 핵실험 이후 2016년 말까지 64건의 '핵타격'과 관련된 언급을 했다. 또한 북한은 한반도 및 미국 본토를 위협할 수 있는 장거리 미사일을 개발하고 있으며, 1998년 대포동 1호를 발사한 이래 2016년 2월까지 6차례의 장거리 미사일을 발사했다.[12]

특히 북한의 핵 · 미사일 위협이 심화됨에 따라 한 · 미는 한반도 주한미군에 THAAD 배치를 결정했으며, 북한은 핵무기의 생존을 위해 핵 · 미사일 위협을 더욱 고도화하는 가운데 SLBM 능력을 더욱 강화할 것으로 예상된다. 북한은 2015년 5월부터 2016년 8월까지 네 차례 시험발사를 공개하는 등 SLBM 개발을 지속하고 있으며, 다수의 SLBM 운용을 위한 핵추진잠수함을 확보 중인 것으로 확인되고 있다.

---

12 1970년대부터 탄도미사일 개발에 착수하여 1980년대 중반 사거리 300㎞의 스커드-B와 500㎞의 스커드-C를 배치했으며, 1990년대 후반에 사거리 1,300㎞의 노동 미사일을 배치했고, 그 후 스커드 미사일의 사거리를 연장시킨 스커드-ER을 배치했다. 2007년 사거리 3,000㎞ 이상의 무수단 미사일을 시험발사 없이 배치하여 한반도를 포함한 주변국에 대한 직접적인 타격능력을 보유하게 되었다. 대한민국 국방부, 『국방백서 2016』, p. 27.

TIP. 주한미군 사드체계 배치

- THAAD(Terminal High Altitude Area Defense)는 미국이 '05년 개발 완료하여 생산 · 배치한 '종말단계 고고도 지역방어체계'로서, 1개 포대는 포대통제소, 사격통제 레이더(TPY-2 TM) 1대, 발사대 6기, 요격미사일 48발 등으로 구성된다. 한반도에 배치되는 THAAD는 종말모드(TM: Terminal 또는 THAAD Mode) 방식의 사격통제 레이더를 보유하고 있으며, 북한의 준중거리탄도미사일(MRBM)급 이하(스커드 · 노동 미사일 등)의 표적을 종말단계에서 직접파괴(hit-to-kill)하는 방식이다.
- THAAD 체계는 사거리 3천 ㎞급 이하의 단 · 준중거리탄도미사일이 하강할 때 40~150㎞ 고도에서 직접 맞춰 파괴하는 탄도미사일 방어체계로서 한 · 미가 운용 중인 패트리엇이 20여 ㎞ 고도에서 요격하는 종말단계 하층방어 요격체계로 핵심시설 위주 방어의 작은 우산이라면 사드는 지역방어가 가능한 거대한 우산이라고 할 수 있다.

사드체계

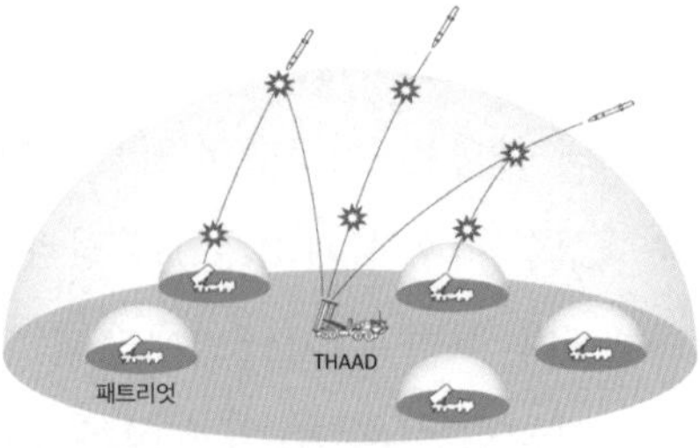

패트리엇과 사드체계 방어범위 개념도

출처: 대한민국 국방부, 『국방백서 2016』, p. 222.

2. 북한의 도발 양상 변화

1) 시기별 분석

북한의 도발은 북한 정권의 성립 이후 '공산화'라는 일관된 신념 속에서 수령 독재체제라는 내부적인 문제를 해결하기 위해 감행되었다고 할 수 있다. 또한 북한은 남한과의 국력 차이를 그들의 신념을 이룰 수 있는 방향과 멀어지는 것으로 인식하고 있으며, 한국의 국제적 지위 상승을 저해할 수 있는 시기에 도발을 감행해왔다. 김정은 집권기간 중 북한의 도발은 외교적 고립과 경제적 어려움을 타개하고, 특히

‘김정은 체제’ 공고화를 위해 체제의 불안정과 내부적 갈등을 해소하기 위해 도발을 감행할 것으로 예상된다.

(1) 정권 세습시기

북한의 독재체제 유지를 위한 가장 핵심적인 체제유지 수단은 바로 ‘세습’이라고 할 수 있다. 그러나 고대 왕조시대도 아닌 현시대에 정통성이 결여된 정권세습은 당연히 내부적인 반발을 불러올 것이고, 이러한 내부적인 반발을 외부적인 위협에 대응하도록 관심의 전환을 시도하면서 내부적인 결속을 추구하고 있다. 특히 북한은 정권 세습기간 및 체제공고회를 위해 그들의 독재자에 대해 다양한 칭호를 사용하는 경향이 있으며, 이러한 다양한 칭호는 그들의 업적으로 이어진다는 측면에서 북한의 도발에 영향을 미쳤다고 할 수 있다. 북한의 정권 세습시기 주요 도발 현황은 다음의 〈표 4-2〉와 같다.

〈표 4-2〉 북한의 정권 세습시기 주요 도발 현황

정권 세습시기	북한의 도발
• 1980. 10 김정일 후계자 대외 공식화 * 1980년대 중반 ‘공산주의 미래의 태양’ 등 칭호 • 1993. 4 김정일 국방위원장 추대 * 1997년 ‘백전백승의 강철의 령장’ 등 칭호	• 1983. 10 미얀마 아웅산 묘소 폭탄테러 • 1993. 3 NPT 탈퇴, 1차 북핵위기 • 1993. 5 노동 1호 발사 • 1998. 8 대포동 1호 발사 • 1999. 6 제1차 연평해전
• 2009. 1 김정은을 후계자로 결정 • 2010. 9 김정은 ‘대장’ 칭호 • 2012. 7 김정은 ‘원수’ 칭호 * 2016. 5 ‘당과 국가, 군대의 최고령도자’ 칭호 • 2016. 12 ‘경애하는 최고령도자’	• 2010. 3 천안함 피격사건 • 2010. 11 연평도 포격도발 • 2012. 4 은하 3호 발사 • 2012. 12 은하 3호 발사 • 2013. 2 3차 핵실험 • 2016. 1 4차 핵실험 • 2016. 9 5차 핵실험

오늘날 북한은 김정은 정권 및 체제의 생존을 위해 반드시 핵무기를 보유해야 한다고 인식하고 있다. 그러나 국제사회는 북한의 핵무기 보유를 용납하지 않고 있으며, 이에 따라 북한은 핵 · 미사일 위협을 고도화함으로써 국제사회가 북한의 핵

무기 능력을 인정할 수밖에 없는 상황을 조성하고 있다.[13] 또한 북한의 핵 · 미사일 위협으로 인한 한 · 미와 중국 간의 갈등이 심화되는 가운데 북한은 북 · 중 동맹의 견고함을 보이기 위한 도발을 감행하는 양상도 보이고 있으며, 이러한 국가 간 갈등 국면은 북한의 도발 원인이 된다는 주장이 제기되고 있다.[14] 따라서 김정은 집권기간 중 북한의 도발 빈도는 더욱 증가할 것으로 예상되고 있으며, 핵 · 미사일 도발을 포함한 다양한 수단을 적극적으로 이용하고자 할 것이다.

(2) 한국의 중요한 행사 개최 시기

1980년대 한국이 북한의 국력을 앞지르고, 중국이 공산체제의 한계 등으로 개혁 · 개방을 시도하는 상황에서도 북한은 오히려 주체사상을 더욱 강화했다. 특히 북한은 한국의 국제적 지위 상승을 저해할 수 있는 시기를 도발의 호기로 인식하고 있으며, 한국의 국제적인 행사시기에 도발을 감행했다. 향후 한국의 국제적인 지위 상승이 지속적으로 예상됨에 따라 한국의 국제행사 기간 중 북한의 도발은 더욱 빈번해질 것으로 예상되는 가운데 북한은 대북제재와 관련된 국제사회의 각종 회의 시에도 도발을 감행할 것으로 예상된다. 다시 말해 북한의 도발은 한국뿐만 아니라 국제사회를 견제하기 위한 도발로 확대되고 있는 상황이다. 한국의 국제행사 시기 북한의 도발 현황은 다음의 〈표 4-3〉과 같다.

---

13 2016년 11월 30일 유엔 안전보장이사회는 북한의 5차 핵실험을 제재하는 새 대북결의안을 만장일치로 채택하는 등 북한의 핵 · 미사일 위협에 대해 국제적 차원에서 대응하고 있다.

14 2017년 3월 6일, 러시아의 정치학자 스비아텐코프는 "북한은 중국에 종속된 대상으로 독자적으로 행동하기보다는 미국과 중국 간 긴장감이 조성될 때 도발행위를 한다"라고 주장했다. 이어 "북한의 이번 도발은 사드 배치 문제나 무역문제에서 중국에 대한 불만을 미국에 표출하려는 의도일 가능성이 있으므로 미국과 중국 간 긴장이 해결된다면 북한 정세의 긴장 수준 또한 낮아질 수 있다"라고 주장했다.

〈표 4-3〉 한국의 국제행사 기간 중 도발 현황

한국의 국제행사	북한의 도발
1986년 아시안게임	1986. 9 김포공항 폭탄테러사건
1988년 서울올림픽	1987. 11 KAL 858기 공중폭파사건
2002년 월드컵	2002. 6 제2연평해전
2010년 G-20	2010. 3 천안함 피격사건 2010. 11 연평도 포격도발
2017년 한 · 미 정상회담	2017. 7 ICBM급(화성-14형) 발사시험

(3) 한 · 미 연합훈련 시기

북한은 한·미 연합훈련에 대해 수사적인 도발을 지속적으로 감행해왔으며, 군사훈련을 통한 시위성 모습을 보여주고 있다. 실제 한·미 연합훈련 기간 중 미군의 많은 전력이 한반도에 전개됨에 따라 북한의 도발이 제한될 것으로 예상되었으나 최근에는 오히려 한·미 연합훈련 시기에 북한의 도발이 빈번해지고 있다.[15] 다음의 〈표 4-4〉는 한·미 연합훈련에 대한 북한의 비난 현황을 정리한 것이다.

〈표 4-4〉 북한의 한 · 미 연합훈련 비난 현황

구분	KR				UFG			
	계	연습 전	연습 중	연습 후	계	연습 전	연습 중	연습 후
'16년	498	91	198	209	61	9	22	30
'15년	556	188	172	196	371	135	138	98
'14년	458	161	86	211	269	100	130	39
'13년	689	203	228	258	162	70	92	-

15 2016년 한 · 미 연습훈련 기간 중 북한의 도발로는 장거리 미사일 발사(2. 7), SCUD 미사일 2발 동해로 발사(3. 10), 재진입 기술(삭마기술) 모의시험 공개(3. 15), 노동 미사일 2발 동해로 발사(3. 18), 고체로켓 엔진시험 공개(3. 25), 동창리에서 신형 ICBM 엔진 지상분출 시험 공개(4. 15), 무수단 미사일 1발 동해로 발사(4. 15), 동해상에서 SLBM 1발 시험발사 공개(4. 24), 무수단 미사일 2발 동해로 발사(4. 28), 노동 미사일 2발 동해로 발사(8. 3), 동해상에서 SLBM 1발 시험발사 공개(8. 25), SCUD 계열 미사일 3발 동해로 발사(9. 5) 등의 도발을 감행했다. 2017년의 경우 북극성 2호 발사(2. 12), 탄도미사일(SCUD-ER 추정) 4기 발사(3. 6) 등의 도발을 감행했다.

TIP. 한 · 미 연합연습 현황

연습명	형태	목적	내용
을지프리덤 가디언 (UFG)	군사지휘소 및 정부연습	• 현 연합방위 체제하 전구작전 지휘 및 전쟁수행 절차 연습 • 전시작전통제권 전환에 대비한 한국 합참 · 주한미군사령부의 전구작전 지휘 및 수행능력 배양 • 군사연습과 연계하여 충무계획 및 전쟁수행예규 수행절차 숙달	• 위기관리 절차 연습 • 전시전환 절차 연습 • 작전계획 시행절차 연습 • 주요 지휘관 세미나 • 군사협조기구 운영 연습 등
키리졸브/ 독수리연습 (KR/FE)	지휘소 연습 및 야외기동 훈련	• 현재의 연합방위태세 점검 및 전쟁수행절차 숙달 • 한미 연합작전 및 후방 지역방호 작전 능력 배양	• 위기관리 절차 연습 • 전시전환 절차 연습 • 작전계획 시행절차 연습 • 연합작전지역 내 수용, 대기, 전방이동 및 통합절차 숙달 • 한미 연합실기동훈련 등

출처: 대한민국 국방부, 『국방백서 2016』, p. 253.

북한은 한 · 미 연합훈련 전후에 비난과 도발을 감행하고 있으며, 한 · 미 연합훈련을 북한에 대한 도발로 상정하여 그들의 도발에 대한 명분으로 제시하고 있다. 이러한 측면에서 한 · 미 연합훈련 시기 북한의 도발은 수사적 비난 → 시위성 군사훈련 → 군사력 도발로 변화되었다고 할 수 있으며, 한 · 미 연습기간을 포함해서 연습 전후를 막론하고 도발을 감행할 것으로 예상된다.

2) 전력별 분석

북한은 제1연평해전을 시작으로 재래식 전력을 이용하여 NLL에서 총 세 차례의 기습 도발을 감행했다. 북한의 재래식 전력은 양적으로 많은 전력을 보유하고 있지만 성능 면에서 한국에 비해 열세한 상황이며, 기습도발을 통해 공격 효과를 극대화했다. 그러나 남북한 교전 결과 북한이 모두 패전함에 따라 북한은 재래식 전력에 대한 열세 차이를 실감할 수밖에 없었다. 그러나 북한은 대남 우위의 군사력 확보를 위해 재래식 무기 성능을 지속적으로 개량하고 있다는 측면에서 재래식 전력에 의한 도발 가능성은 상존하고 있는 상황이다.[16] 다음의 〈표 4-5〉는 북한의 재래식 전력 중 비대칭 전력을 정리한 것이다.

〈표 4-5〉 북한의 재래식 비대칭 전력 현황

구분		한국	북한
육군	기동여단	15(해병대 포함)	74(교도여단 미포함)
	다련장/방사포	200여 문	5,500여 문
해군	상륙함정	10여 척	250여 척
	잠수함정	10여 척	70여 척
공군	공중기동기(AN-2 포함)	50여 대	330여 대
기타	무인기	-	300여 대

출처: 대한민국 국방부, 『국방백서 2016』, p. 236에서 발췌하여 정리

북한은 재래식 전력에 의한 도발이 계속해서 실패로 돌아감에 따라 비대칭 전력 중에서 잠수함(정)과 장사정포를 이용한 도발을 감행함으로써 재래식 전력의 열세를 만회하고 있다. 잠수함(정)의 경우 도발원점 식별이 제한된다는 측면에서 한국군의 즉각적인 대응이 제한되었으며, 장사정포의 경우 파괴력으로 인해 우리에게 막대한 피해를 입히기도 했다. 특히 북한의 잠수함(정)은 미식별 자체만으로도 우리에게 적지 않은 위협이 되고 있으며,[17] 장사정포는 휴전선에 집중적으로 배치되어 있어 한국군의 가장 큰 위협 중의 하나로 인식되고 있다.[18]

최근 들어 북한의 도발은 핵 · 미사일 위협이 주요 수단으로 사용되고 있다. 북한은 1980년대 영변 핵시설의 5MWe 원자로를 가동한 후 폐연료봉 재처리를 통해 핵 물질을 확보했고, 수차례의 폐연료봉 재처리 과정을 통해 핵무기를 만들 수 있는 플루토늄을 50여 *kg*을 보유하고 있는 것으로 추정된다. 또한 고농축우라늄(HEU60)

16 대한민국 국방부, 『국방백서 2016』, p. 23.

17 북한은 잠수함(정) 70여 척을 보유하고 있으며, 2015년 연천포격도발 이후 50여 척이 거의 동시에 소실되었다. 이러한 사실은 북한 잠수함(정)의 경우 대부분 노후 전력임을 고려한다면 북한이 지속적인 경제난에도 불구하고 잠수함(정) 전력을 얼마나 중요하게 생각하는지를 단적으로 보여주고 있다.

18 북한이 실전 배치한 장사정포는 총 4,800여 문이며, 서울과 수도권을 표적으로 삼고 있는 장사정포 전력은 170㎜ 자주포 140~150여 문, 240㎜ 방사포 200여 문 등 총 350여 문이 있다. 이들 장사정포는 시간당 1만여 발의 포격을 가할 수 있어 가장 큰 위협으로 평가받고 있다.

프로그램도 상당한 수준으로 진전되었을 뿐만 아니라 핵무기 소형화 능력도 상당한 수준에 이른 것으로 평가받고 있다.[19] 북한은 핵탄두 운반수단으로서의 탄도미사일 개발을 지속하고 있으며, 수단을 다양화함으로써 위협을 증가시키고 있다. 다음의 〈표 4-6〉은 북한의 미사일 개발 현황을 정리한 것이다.

〈표 4-6〉 북한의 미사일 개발 현황

구분	SCUD-B	SCUD-C	SCUD-ER	노동	무수단	대포동 1호	대포동 2호
사거리(㎞)	300	500	1,000	1,300	3,000 이상	2,500	10,000 이상
탄두중량(㎏)	1,000	700	500	700	650	500	650~1,000 (추정)
비고	작전 배치					시험발사	

주) SLBM, KN-08/14: 개발 중
출처: 대한민국 국방부, 『국방백서 2016』, p. 239.

앞에서도 언급했듯이 북한이 체제유지와 더불어 정치적 목적을 달성하기 위해서는 기존보다 더 강한 도발을 감행해야 한다는 측면에서 북한의 도발 수단은 재래식 전력 → 비대칭 위협 → 핵 · 미사일 위협으로 변화하고 있는 상황이다. 다음의 〈그림 4-1〉은 북한의 연도별 · 전력별 도발 현황으로 북한의 도발 수단이 더 강력해지고 있다는 것을 보여주고 있다.

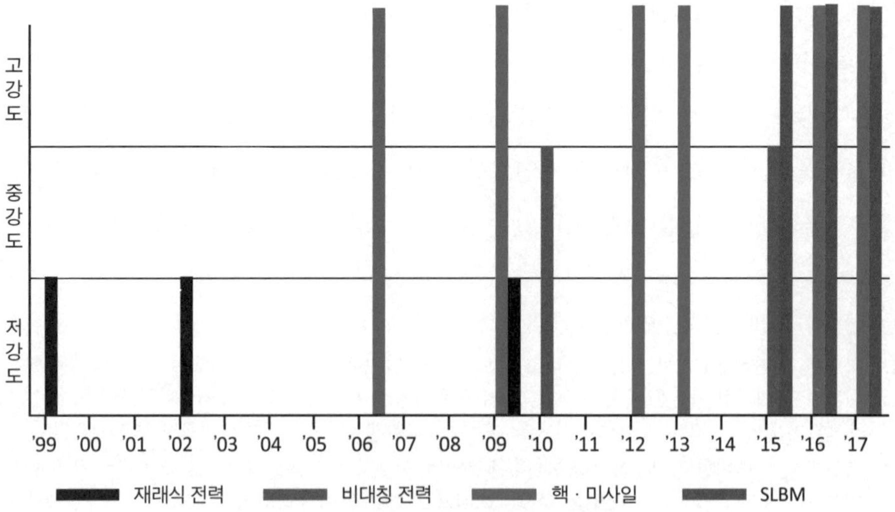

〈그림 4-1〉 북한의 연도별 · 전력별 도발 현황

3) 장소별 분석

한국전쟁 이후 북한은 강력한 지상군 전력을 보유한 반면에 제대로 된 해 · 공군력을 보유하지 못했다는 측면에서 주요 도발 장소는 접적지역이 되었으며, 제1차 연평해전 이후부터는 해양, 특히 서해 NLL 주변 해역이 주요 도발 장소가 되었다. 이후 북한의 도발 장소는 NLL에서 지상의 MDL로 확대되는 상황이며, 핵 · 미사일 위협이 주요 도발 수단으로 등장함에 따라 북한의 도발 장소는 한반도뿐만 아니라 미국, 일본 등으로 확장되고 있다. 그러나 사이버 · 테러의 경우 전 영역에서 발생하고 있다는 측면에서 실제 북한의 도발은 전 영역이라고 해도 문제가 되지 않을 것이다.

3. 서해 NLL에서의 북한의 도발 양상 분석 및 전망

오늘날 북한의 도발 장소는 전 영역으로 확대되었지만 서해 NLL의 경우 남북한 합의가 되지 않았다는 측면에서 여전히 북한의 도발 가능성이 가장 높은 장소라고 할 수 있을 것이다. 여기에서는 북한의 도발 가능성이 가장 높은 서해 NLL에 대해 살펴보고자 한다.

1) 해양에 대한 북한의 인식 변화

접적지역에서의 북한 도발은 1960년대 판문점지역 미군에 대한 도발(222건)이 가장 빈번했으며, 남북한 육군전력이 MDL을 중심으로 집중됨에 따라 접적지역에서의 도발은 점차 감소하는 경향을 보이고 있다. 반면에 북한의 접적해역에서의 도발(495건)은 NLL 무실화를 추구하던 1990년대부터 현재까지 가장 빈번하게 발생하고 있으며, 북한의 직접적인 군사력 도발은 서해 NLL을 중심으로 발생했다. 다음의 〈표 4-7〉은 북한의 연도별 국지도발 현황을 정리한 것이다.

---

19 대한민국 국방부, 『국방백서 2016』, p. 27.

〈표 4-7〉 북한의 연도별 국지도발 현황

구분	계	'50년대	'60년대	'70년대	'80년대	'90년대	'00년대	'10~'16년
접적지역도발	507	7	300	51	45	51	42	11
접적해역도발	559	2	22	28	12	107	180	208
공중도발	51	10	7	16	4	1	3	10
소계	1,117	19	329	95	61	159	225	229

출처: 대한민국 국방부, 『국방백서 2016』, p. 252.

기존 북한의 해양전략은 대륙국가의 해양전략에 기반을 두고 있었으며, 해양을 적극적으로 이용하기보다는 상대방의 해양사용을 거부하는 데 초점을 맞추고 있었다. 이러한 측면에서 북한의 해양 및 해군력에 대한 인식 수준은 매우 낮았으며, 이로 인해 북한 해군은 인민군의 주요 전력으로서 지상군을 지원하는 차원뿐만 아니라 해군 단독으로도 어느 정도 성과를 거둘 수 있었음에도 불구하고 지상군 작전을 보조하는 '육주해종'의 성격에서 크게 벗어나지 못한 실정이었다.

그러나 북한의 위협에 대해 한국 해군의 대응능력이 육군과 공군에 비해 상대적으로 강하지 않다는 점과 해양이라는 공간적 특수성으로 인해 해양은 북한의 도발위협이 가장 높은 장소로 등장하게 되었다. 특히 천안함 피격사건은 북한으로 하여금 '수중'이라는 작전환경의 특수성으로 인해 공격원점을 찾기 어렵다는 측면에서 북한이 해양에서의 잠수함(정) 등과 같은 비대칭 전력을 이용한 국지도발을 지속적으로 감행할 가능성이 높다고 할 수 있다.

따라서 북한의 입장에서 해양은 더 이상 과거 대륙국가의 해양사상에 입각하여 한국군의 해양사용을 거부하는 단계에서 벗어나 비록 해양통제권 확보 단계는 아니더라도 적극적으로 한·미 해군의 해양사용을 거부하고, 해양을 통해 정치 및 군사적 목적을 달성할 수 있는 영역으로 확대되었다고 평가할 수 있을 것이다.[20] 다음의 〈그림 4-2〉는 북한의 해양에 대한 인식의 변화과정을 정리한 것이다.

20 미 존스홉킨스대학 국제대학원 산하 한미연구소의 커티스 멜빈 연구원은 "북한의 해군사령부에 건물도 많이 짓고, 주변 시설을 새롭게 단장하는가 하면, 김일성 부자(父子)의 동상도 세우는 등 역량과 정통성을 강화하고 있다"고 주장했다.

〈그림 4-2〉 북한의 해양에 대한 인식 변화

2) 서해 NLL 주변 해역에서의 도발 가능성

NLL은 1953년 8월 30일 정전협정의 안정적 관리를 위해 당시 주한 유엔군 사령관 클라크 대장에 의해 설정된 남북한 해상의 경계선이다. 북한은 1977년 8월 1일 선포한 '해상군사경계선'을 주장하고 있으며, 한국은 기존 NLL의 정당성을 국제법적으로 주장하고 있는 상황이다. 따라서 NLL 주변 해역은 남북한의 공식적인 합의가 이뤄지지 않는 이상 북한의 도발위협이 가장 높은 지역으로 남아 있을 수밖에 없다고 할 수 있다.

서해 해양관할권에 대한 북한의 주장을 시대순으로 정리하면 다음과 같다. 먼저 1953년 휴전협정은 남북한 육상분계선을 명시하고 있지만 해상분계선에 대해서는 규정하고 있지 않다.[21] 이후 북한은 휴전협정에서 해상경계가 명확히 규정되어 있지 않다는 이유로 1973년부터 서해 북방한계선에 이의를 제기해왔으며, 1977년 8월 1일에는 '해상군사경계선'을 선언했다.[22] 특히 북한은 서해의 경제구역 전체를 군사경계수역으로 선포했으며, 이러한 북한의 군사경계수역 설정은 영해이원 수역 상공에서의 비행 권리, 영해 내에서의 무해통항권[23]과 영해이원 수역에서의 자유통

21 정전협정 당시 북한은 12해리를 주장했으며, 이러한 북한의 주장은 내각(內閣)결의 제25호(1955. 3. 5), 구종공의 12해리 영해선포 지지(1958. 9. 11), 제3차 유엔해양법회의 시 북한 김학준 대표의 발언(1974. 6. 28), 푸에블로호 사건(1968. 1. 23), 쇼오세이마루 사건(1975. 9. 2) 등에서 확인이 가능하다.

22 북한은 '군사경계설정에 관한 조선인민군 최고사령부 보도 전문'을 통해 "조선인민군최고사령부는 우리나라에 조성된 정세의 요구로부터 조선민주주의인민공화국의 경제수역을 믿음직하게 보호하며 민족적 이익과 나라의 자주권을 군사적으로 철저히 지키기 위해 군사경계선을 설정한다. 군사경계선은 동해에서 영해의 기준선으로부터 50마일, 서해에서는 경제수역 경계선으로 한다." 김정건, 『국제법』(서울: 박영사, 1998), pp. 314-317.

23 무해통항권은 타국의 영해 내에서 연안국의 평화, 공공질서 또는 안전을 침해하지 않고 항행하는 권

항 권리를 제한하는 것이다.

또한 북한은 2000년 3월 23일 조선인민군 해군사령부 명의로 서해 5개 도서에 대한 이른바 '통항질서'를 발표했다. 이 발표문에서 북한은 서해에서 남북한 간의 해상경계선을 일방적으로 선포하고 북한의 영해 내에 있다고 주장하는 백령도 · 대청도 · 소청도 · 연평도에 대한 통행구역과 수로를 설정했다.[24] 그리고 북한은 2009년 12월 21일 서해 해상군사분계선을 평시 해상사격구역으로 선포했으며, 이러한 북한의 주장은 이른바 군사수역(military zone)의 일종으로 해석할 수 있다.[25] 북한이 주장하는 서해에서의 군사경계수역 내용을 정리하면 다음의 〈그림 4-3〉과 같다.

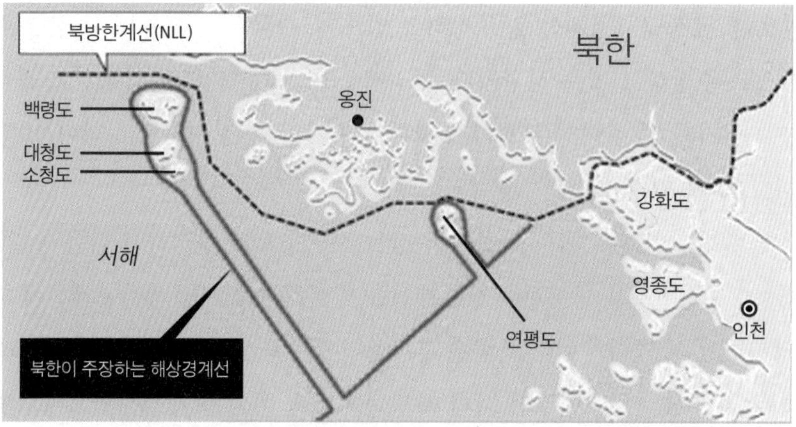

〈그림 4-3〉 서해 북방한계선(NLL) vs. 북한이 주장하는 해상경계선

출처: https://www.boards.ie/b/thread/2055916583(검색일: 2017. 9. 1)

또한 북한은 2010년 11월 23일 연평도 포격도발 이후 '해상군사경계선'과 '통항질서'를 근거로 연평도에서의 해상사격은 모두 북한의 영해 내에서 사격하는 것

리를 말한다.

24 오윤경 외 외교통상부 직원 공저, 『21세기 現代 國際法秩序: 外交實務者들이 본 理論과 實際』(서울: 박영사, 2001), p. 350.

25 이러한 전쟁수역은 전쟁구역(war zones), 배제수역(exclusion zones), 군사수역(military zones), 폐쇄수역(barred zones), 작전수역(operational zones), 방위수역(defense zones), 안보수역(security zones) 등 여러 명칭으로 불리고 있다.

이라고 주장하고 있다. 서해 해양관할권에 대한 북한의 주장은 군사경계수역을 영해와 동일하다고 주장하는 것이라고 할 수 있다. 이와 같이 북한은 서해 NLL에서의 도발을 위한 명분을 지속적으로 확보하고 있다는 측면에서 서해 NLL에서의 도발 가능성은 상존하고 있는 상황이다.

3) 북한의 도발 양상

북한의 도발 양상을 체계적으로 전망하기 위해서는 예측할 수 있는 분석 체계가 필요하며, 이를 위해 여러 가지 요인을 선정했다. 여기에는 북한의 군사전략, 전력(무장), 도발원점 식별 여부, 도발규모, 위협대상(표적), 과거 유사사례, 한국의 대응방안 수립 여부, 확대 가능성 등을 선정했다. 이러한 요인은 상호 영향을 미치며, 특히 각각의 요인이 변화될 경우 곧 다른 요인들에도 영향을 미친다고 할 수 있다. 그리고 무엇보다 "전쟁은 다른 수단에 의한 정치의 연장"이라는 말에서와 같이 북한 도발의 시작은 바로 북한의 정치적 · 군사적 목적이 될 것이다. 최근에 발생한 북한의 도발 양상을 분석하면 다음의 〈표 4-8〉과 같다.

〈표 4-8〉 최근 북한의 도발 양상 분석

구분	전략	전력	도발원점	도발규모	위협대상	유사 사례	확대 가능성
연평해전	기습공격, 단기 속전속결	수상함	식별 가능	소	국내 (수상함정)	○	△
천안함 피격사건	기습공격, 비대칭	잠수함(정)	식별 지연	중	국내 (수상함정)	×	○
연평도 포격도발	기습공격, 비대칭	방사포	식별 가능	중	국내/도서 (민 · 관 · 군 포함)	×	○
연천 포격도발	기습공격, 재래식	대공기관총, 평사포	식별 가능	소	국내 (대북확성기)	×	○
중 · 장거리미사일 발사시험	비대칭	중 · 장거리 미사일	식별 가능	중	국내/국외	○	○
핵 실험	비대칭	핵	식별 가능	중	국내/국외	○	○
사이버 테러	비대칭	사이버	식별 제한	소	국내	○	○
무인기 침투	비대칭	무인기	식별 제한	소	국내	×	○
김정남 테러사건	비대칭	공작요원	식별 지연	소	국외	○	○

〈표 4-8〉에서 확인할 수 있듯이 북한의 도발 양상은 전략에서부터 확대 가능성 요인까지 분석이 가능하다. 먼저 전략 측면에서는 단기 속전속결, 기습공격, 비대칭 전략이 중심으로 작용했으며, 전력의 경우는 대부분 비대칭 전력이 사용되었다. 그리고 도발규모에서는 대부분 소·중으로 국지도발 수준에서 감행되었다고 할 수 있다. 이러한 북한의 도발 양상을 바탕으로 향후 북한의 전면전 발발 가능성은 낮다고 분석할 수 있을 것이다. 또한 위협대상과 도발원점 측면에서는 위협대상이 국외일 경우 도발원점 식별이 가능한 경향이 있으며, 이는 곧 미국을 포함한 국제사회에 강력한 의지를 전달하려는 것으로 해석할 수 있다. 특히 확대 가능성은 북한의 도발 양상이 전략·전력에서부터 도발규모, 위협대상 등의 분야에서 확대될 가능성을 의미하는 것이며, 이는 곧 향후 북한의 도발 양상을 전망하는 데 큰 도움이 될 것이다.

〈표 4-8〉을 토대로 천안함 피격사건을 분석하면, 당시 북한은 대내외적으로 매우 불안정한 상황이었으며, 이에 따라 북한은 내부 단속 및 대외적으로 주도권 장악 등을 위한 조치가 필요했다고 할 수 있다. 천안함 피격사건 이전 북한이 서해상에서 감행한 대표적인 도발은 제1, 2연평해전과 대청해전으로 수상함을 통해 수상함을 공격하는 양상으로 전개되었다. 그러나 이후 북한은 수상함에 의한 도발 대신에 과거 유사사례가 없으며 도발원점 식별이 어려운 잠수정이라는 전력의 변화를 통해 도발규모에도 변화를 준 천안함 공격을 감행했다.[26]

한국 해군의 경우 북한의 잠수함(정)에 의한 도발에 대비하기 위한 방안을 수립했지만 북한의 도발수단이 수상함에서 잠수함(정)으로 변화될 가능성은 크지 않다고 보았을 것이며, 잠수함(정)의 경우 기존과 동일하게 정찰 및 특수요원을 침투하는 용도로 사용될 것이라고 생각했을 것이다. 이러한 한국 해군의 생각은 잠수함(정)이 운용하는 무장인 어뢰의 경우 그 파괴력이 매우 크기 때문에 평시에는 사용될 가능

---

26 2017년 8월 15일, 미 RFA에 따르면 "인민무력성 소속 무역회사 주재원이 어군탐지기를 들여가기 위해 중국의 이곳저곳을 수소문하고 있다"며 "군부대 소속 무역회사 주재원이 어선에나 필요한 어군탐지기를 구매하려는 것은 매우 이례적인 일"이라고 전했다. 또한 중국의 대북 무역업자는 "원래 북한은 대부분의 어선들에 어군탐지기가 없어 수입하려는 장비는 어선에 달기 위한 것이 아닐 가능성이 높다"고 강조했다. 북한의 새로운 장비 도입은 북한의 도발 변화로 나타날 것이며, 그 대상은 한·미 잠수함이 될 것으로 예상된다.

성이 낮으며, 특히 군함의 경우 국가와 동일시하는 개념이 있기 때문에 평시 도발수준에서는 전혀 생각지 못한 것이었다고 할 수 있을 것이다.

북한은 천안함 피격사건을 통해 잠수함(정) 운용에 대한 확신을 얻었다고 판단되는 바, 향후 북한은 잠수함(정)을 이용한 도발을 지속적으로 감행할 가능성이 높다고 할 수 있다. 북한의 연평도 포격도발 역시 같은 맥락에서 동일한 분석이 가능하며, 이러한 북한의 도발 양상 변화는 계속될 것으로 예상된다. 지금까지 언급된 내용을 토대로 북한의 도발 양상 전망을 위한 체계를 제시하면 다음의 〈그림 4-4〉와 같이 정리할 수 있다.

〈그림 4-4〉 북한의 도발 양상 전망 분석을 위한 체계

주) 화살표(⇨ , ⇦)는 각각의 요인이 상호 연관되어 있다는 것을 보여주는 것이며, 특히 ⇦ 방향의 화살표는 확대 가능성이 있을 경우 전략, 전력, 대상, 장소, 시기 등의 변화에 따라 다시 군사전략까지 영향을 미친다는 것을 보여준다.

출처: 백병선, "연평도 근해 북한의 도발전망과 한국군의 대응방안", 「전투발전」 제20호(2013), p. 224.

지금까지 언급된 내용을 토대로 연평도 및 주변 해역에서의 국지도발을 분석하면 총 4개의 단계로 구분할 수 있다. 제0단계에서 제1단계에는 탐지 및 식별단계로서 평상단계와 긴장감 조성단계로 구분 가능하며, 남북한 교전이 발생하는 이전 단계라고 할 수 있다. 이 단계에서는 탐지 및 식별장비를 운용하는 해상 전탐감시대의

〈표 4-9〉 연평도 및 주변 해역에서의 국지도발 스펙트럼

구분		제0단계	제1단계	제2단계		제3단계
단계		교전 이전 단계		교전단계		
		평상단계	긴장감 조성단계	도발 상황 직후		도발 상황 이후
		탐지 및 식별단계		방어단계		대응단계
작전영역		NLL 이북	NLL 이남/이북			
도발 양상				敵	我	
	지상	• 해안포 포문 개방 • 방사포, 지대함 미사일 전개 • 신무기 배치 • 해안포에 대한 방호벽 구축	• 사격통제 R/D 작동 • 방사포, 지대함미사일 은밀 배치 • 해상사격 • 무인타격기 배치 및 운용 • 기습강점 훈련	• 포격도발 • 무인타격기 공격 • 기습강점	• 대공방어 • 공대지 공격 • 잠대지 공격 • 함대지 공격	합동/연합 전력
	수상	• 북 경비정 기동 • 북 상선/어선 항로 착오 • 적 상선 NLL 침범 • 전마선, 탈북어선 발생	• 북 경비정/상선 NLL 침범 • GPS 교란 • 韓, 어선/여객선 납치 • 고속상륙정 기동훈련 • 편의치적선 함대함미사일, 대공화기 탑재	• 함포 공격 • 해안포 공격 • 방사포 공격 • 지대함미사일 공격 • 어뢰/기뢰 공격 • 편의치적선에 의한 공격	• 함포 교전 • 유도탄 교전 • K-9 사격 • LYNX 공격 • 공격헬기 • SPIKE 공격 • 함포교전	
	수중	• 반잠수정 바지선 계류 및 시운전	• 반잠수정 미식별 • 특작부대 반잠수정 탑재 징후	• 어뢰공격 • 특작부대 침투 공격		
	공중	• 훈련비행(소규모, 동서비행)	• 훈련비행(대규모, 남북비행) • GPS 교란(항로착오 등 대응)	• 공중폭격 • 대공방호	• 대공방어	
선제적 자위권 적용 여부		적용 불가	적용 제한 → 적용 가능			적용 가능

출처: 백병선, "연평도 근해 북한의 도발전망과 한국군의 대응방안", p. 235 보완

역할이 중요하며, 조기경보는 이후 작전의 성공과 직결된다고 할 수 있다. 또한 이 단계에서는 선제적 자위권 행사가 제한되며, 다만 북한의 도발 징후가 명백하게 확인될 경우 적용 가능하다고 할 수 있다. 제2단계는 부대방어 단계로서 북한의 도발이 감행한 당시 상황으로 부대자위권 차원에서 적의 공격에 대한 부대방호 및 사전 계획된 표적에 대한 대응이 이뤄지는 단계다. 그리고 이 단계에서는 북한의 도발이 임박할 경우 선제적 자유권 적용이 가능하다고 할 수 있다. 제3단계는 대응단계로서 부대자위권 차원에서 합동전력이 투입될 가능성이 높으며, 이후 단계는 남북한 확전단계가 될 것이다. 앞의 〈표 4-9〉는 연평도 및 주변 해역에서의 국지도발 스펙트럼을 정리한 것이다.

4. 북한의 재래식 · 비대칭 위협을 이용한 도발 전망

북한의 재래식 및 비대칭 위협을 이용한 도발 가능성이 상존하는 가운데 시기, 수단, 장소 등의 측면에서 지속적인 변화가 예상되고 있다. 먼저, 시기 측면에서 한국의 국제행사 시기를 비롯하여 한 · 미 연합훈련, 민간단체의 전단지 살포 시, 각종 선거기간, 대북제재를 위한 국제회의 시기 등이 될 것이다. 도발의 주요 수단으로는 기존에 사용된 수상함정, 잠수함(정), 장사정포 등이 될 것으로 예상되며, 북한이 현재 보유 중인 공기부양정, 고속전투함정 및 확보 중인 스텔스함 등도 예상되는 가운데 무장의 경우 함포에서 미사일 등으로 확대될 가능성이 있다. 도발 장소의 경우 NLL이 가장 유력할 것으로 예상되나 MDL에서의 도발 가능성도 상존하고 있으며, 한국의 측 · 후방 해역에서의 도발 가능성도 배제할 수 없다고 할 수 있다.

1) 수상함(정)

최근 북한은 전투함정 10여 척, 지원함정 40여 척을 각각 증강했으며, 수상함정의 능력을 강화하고 있다. 대표적인 북한 수상함의 능력 강화로는 레이더 탐지가 어려운 신형 고속전투함정(Very Slender Vessel: VSV)을 도입했고, 기존 함정의 함포를 한국 해군과 유사한 76㎜와 30㎜ 함포로 교체하고 있으며, 최근 식별된 신형 함대함미사일은 한국 해군의 해성 미사일과 유사한 성능을 보유하고 있는 것으로 평가된다.[27] 특히, 2017년 8월 8일, 미 「폭스뉴스(Fox News)」에 따르면 미국 정보당국은 북한 동해함대 사령부가 위치한 함경남도 낙원군 인근 해상에서 2기의 대함 순항미사일을 초계정에 적재한 것을 확인했으며, 북한이 해당 미사일을 함선에 적재하는 것은 '14년 이후 처음 있는 일이다.[28]

특히, 2016년 북한은 나진항에서 스텔스 기능이 추가된 것으로 보이는 신형 스텔스함을 건조 중인 것으로 확인된다. 해당 함정은 길이 77m의 중무장 함정으로 레이더에 포착되지 않도록 레이더 반사면적 감소 기능을 갖췄으며, 대구경 함포를 수용할 수 있고, '금성 3호'[29] 대함 순항미사일 발사대 2대와 단거리 함대공미사일 시스템, 어뢰 발사기, 회전식 기관총 등으로 무장하고 있는 것으로 확인된다.[30] 북한의 이러한 수상전 능력 강화는 심각한 경제난에도 불구하고 한 · 미 양국을 위협하는 해군 전력을 구축하기 위해 노력하고 있다는 것을 보여주는 것이며, 과거 세 차례의 해전에서 패배를 설욕하기 위한 도발이 가능하다는 것을 의미한다.[31]

북한은 이러한 재래식 전력증강 이외에도 전략과 전술의 변화를 추구하고 있으며, 구체적으로 서해 NLL 주변에 경비함정을 전진 배치하여 긴장을 고조시키고 있다. 북한은 2015년 5월부터 연평도 동북방에서 백령도 북방까지 NLL 일대 10여 곳에 부표를 설치했으며, 기존의 전력보다 더 많은 전력을 전진 배치함으로써 전략적

27 백병선, "한국의 안보위협 변화에 대한 전망", p. 7.

28 2017년 8월 8일, 미 「폭스뉴스」에 따르면 미 정부 관계자는 "북한이 해당 미사일을 함선에 적재하는 것은 '14년 이후 처음 있는 일이며, 이는 북한이 서방국가의 외교적 압력을 무시하고 있다는 사실을 반증하는 것"이라고 설명했다. 또한 전문가들에 따르면 미 첩보위성이 최근 동해상에서 포착한 북 유도미사일 초계정 탑재 대함 순항미사일은 러시아제 Kh-35E '우란' 대함 미사일을 역설계한 '금성-3호' 일 가능성이 큰 것으로 추정하고 있다.

29 금성 3호는 위성항법장치, 타격목표로부터 20㎞ 떨어진 상공에서 강하해 해수면 15m 높이에서 저공비행하다가 타격목표로부터 7㎞ 떨어진 상공에서는 추적레이더를 켜고 비행고도를 3~4m 높이로 더 낮춰 해수면 밀착비행을 하는데, 이때 걸리는 시간은 약 25초다.

30 http://news.joins.com/article/20846365(검색일: 2016. 11. 12)

31 동 함정은 남포 및 나진조선소에서 식별되었으며, 2척은 헬기갑판을 보유한 반면에 다른 2척은 헬기갑판을 보유하지 않은 것으로 파악된다.

으로 선점 효과를 달성하고 있다. 북한 해군의 경우 대부분 노후 함정들로서 사통체계를 갖추지는 못하고 있지만 일부 함정의 경우 100㎜ 함포를 장착하고 있어 매우 위협적이라고 할 수 있다. 따라서 종심이 짧은 서해의 경우 북한의 경비함정은 부표에 계류한 상태에서 전진기지에서 출항하는 우리 함정에 대해 즉각적인 공격이 가능하며, 또한 NLL 근해에서 기존 우리 해군의 수적우세는 더 이상 유지하기 힘든 상황이 되었다.[32] 다음의 〈그림 4-5〉는 앞에서 언급한 북한의 신형 스텔스함의 형상으로서 우리 해군이 보유한 최신예 함정들과 유사한 형상이라고 할 수 있다.

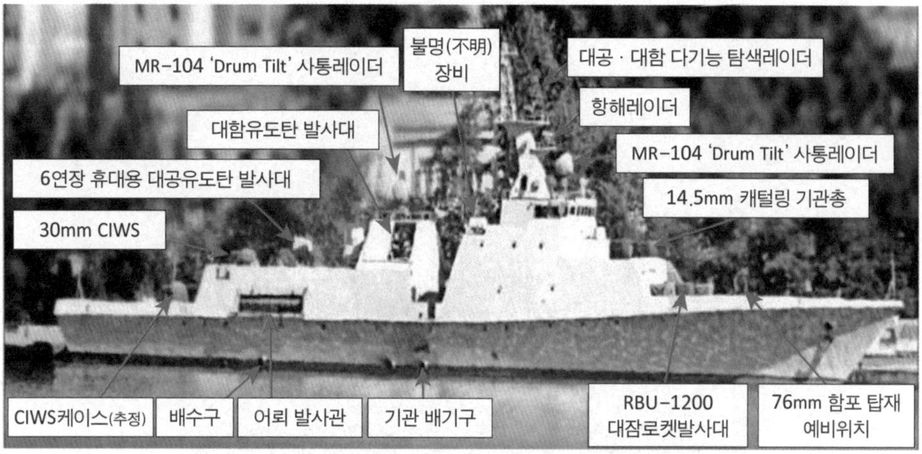

〈그림 4-5〉 북한의 신형 스텔스함 형상

주) 동 함정은 총 4척이 건조 중이며, 현재까지 3척은 진수 완료, 1척은 진수 전이다.
출처: 중국, 「함선지식」('17. 3)

2) 잠수함(정)

북한의 대표적인 비대칭 전력인 잠수함(정)의 경우 70여 척을 보유하고 있으며, 지난 연천 포격도발 이후 50여 척이 거의 동시에 소실되었다. 여기에서 중요한 것은 북한 잠수함(정)은 부상 전에 식별이 제한된다는 측면에서 우리 군에 매우 위협적인 존재라는 것이다. 이러한 사실은 북한의 지속적인 경제난에도 불구하고 잠수함(정)

32 백병선, "북한해군의 위협변화와 한국해군의 대응방향", 「해군지」 Vol. 458(2015), p. 62.

전력을 얼마나 중요하게 생각하는지를 단적으로 보여주는 것이라고 할 수 있다. 이와 아울러 북한은 매년 1척 이상의 잠수함을 건조한다는 측면에서 잠수함(정)을 이용한 북한의 도발 가능성은 높다고 할 수 있다.[33]

TIP. 북한의 잠수함 현황(2017)

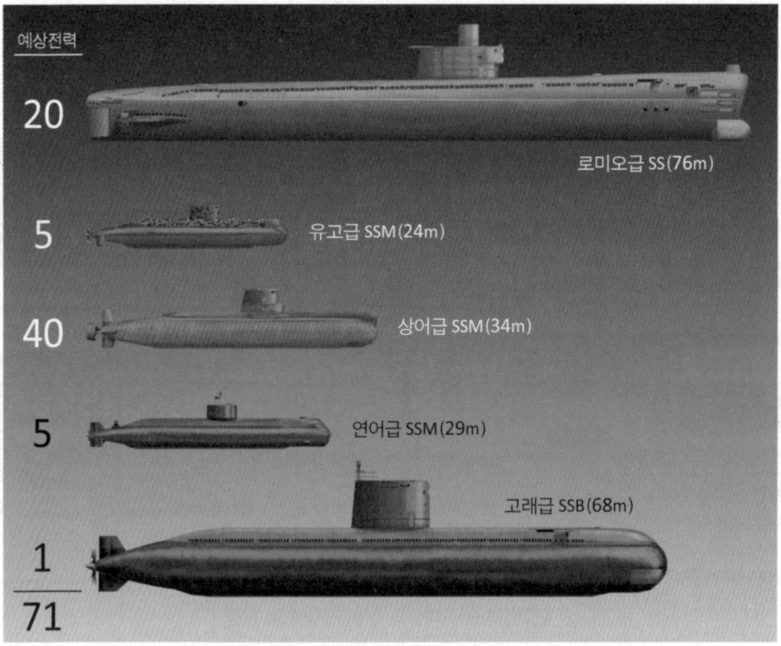

출처: http://www.hisutton.com/images/DPRK_Subs.jpg(검색일: 2017. 5. 5)

3) 장사정포

북한은 현재 6천여 문의 방사포와 8,600여 문의 야포를 보유하고 있으며, 최전방에는 사거리 54km의 170mm 자주포, 사거리 70km의 240mm 방사포 장사정포 330여 문이 배치되어 있고, 2016년 4월 보도에 따르면 사거리 20km의 122mm 신형 방사포 300여 문을 추가 배치한 것으로 확인되었다. 특히 사거리 200km의 300mm 신

33 백병선, "한국의 안보위협 변화에 대한 전망", p. 6.

형 방사포는 한국 작전지대 안의 주요 타격 대상들을 사정권 안에 둘 수 있으며, 정밀유도무기 체계를 갖추 장거리 대구경 방사포를 실전에 배치할 것으로 예상된다.

또한 최근 북한의 300㎜ 방사포에는 영상유도장치인 '감시경과 프로그램'이 장착되어 있어 정밀유도무기와 동일한 성능의 정밀타격능력을 갖춘 것으로 확인되었다. 노동당 군수공업부 극비문건에 따르면 김정은은 "방사포탄에 감시경과 프로그램을 도입하여 남조선 전역의 1만 개 주요 대상을 방사포만으로도 타격할 준비가 된 것은 대단한 일이다"라고 말한 것으로 알려졌다. 이와 관련하여 이춘근 과학기술정책연구원 책임연구위원은 "북한은 200㎞를 비행하는 포탄이 위성의 도움을 받아 목표물 근처로 날아간 뒤 목표물을 영상으로 확인해 공격하는 미사일급 유도 방사포를 만든 것으로 보인다"라고 설명했다.

4) 공기부양정

북한은 250여 척의 상륙함정을 보유하고 있으며, 북한의 공기부양정은 대표적인 비대칭 위협으로서 수도권에 대한 가장 큰 위협 중의 하나로 평가받고 있다. 북한은 평북 철선군의 공기부양정을 남포 앞 해상까지 이동시켜 기동 및 상륙훈련을 실시하는 등 전력증강과 함께 강도 높은 훈련을 실시하고 있으며, 공기부양정 전개기지를 수도권과 가까운 해주 근해로 이동할 경우 그 위협은 더욱 증대할 것으로 예상된다. 기존 평북 철산반도의 공기부양정 기지는 서해5도에서 300㎞ 가까이 떨어져 있다. 이곳에서 출발한 공기부양정이 우리 측 영해에 도달하는 데는 5~6시간이 걸린다. 그러나 새로 건설된 고암포 기지는 백령도에서 불과 50여 ㎞ 떨어져 있으며, 이곳에서 공기부양정을 동원해 서해5도에 기습상륙을 시도할 경우 백령도까지는 35분, 연평도까지는 1시간 40분이면 도달하는 것으로 분석된다. 다음의 〈그림 4-6〉은 북한의 현 공기부양정 기지 및 제원을 보여주고 있다.

〈그림 4-6〉 북한의 공기부양정 기지 및 제원

출처: http://news.naver.com/main/read.nhn?mode=LSD&mid=sec&sid1=100&oid022&aid= 0002360826(검색일: 2017. 7. 10)

5) 무인기

2017년 6월 13일 강원도 인제군 야산에서 발견된 북한 무인기는 외형이 유사한 2014년 백령도에 추락한 무인기보다 항속거리가 2배 이상 증가한 것으로 분석되었다. 특히 북한이 보유한 무인기는 사격이나 생화학 물자의 탑재가 가능하며, 탐지가 제한된다는 측면에서 북한의 주요 도발수단으로 이용될 것으로 분석된다.[34] 다음의 〈표 4-10〉은 국내 여러 지역에서 발견된 북한의 무인기 성능을 비교한 것이며, 북한 무인기에 대한 우리 군의 관심이 점차 증가하고 있다.

---

34 2017년 6월 14일, 국방부 장관은 북한 무인기로 추정되는 소형 비행체에 대해 "보도된 것처럼 사격체계라든지 생화학 물자를 탑재해서 얼마든지 위해를 가하는 것이 가능하다"고 밝혔다. 북한이 발진시킨 항체가 군사분계선(MDL)을 넘어서 대한민국 영토 안에 들어왔다는 것은 중대한 휴전협정 위반에 해당한다.

〈표 4-10〉 국내 여러 지역에서 발견된 북한의 무인기 비교

제원	강원도 인제 추락 무인기	백령도 추락 무인기	파주/삼척 추락 무인기
형상			
추락일지	2017년 6월 13일	2014년 3월 31일	2014년 3월 24일
추락위치	강원도 인제 인근 야산	백령도 사곶교회 인근	경기도 파주시 봉일천 지역
형태	원통 기체에 날개	원통 기체에 날개	삼각형 모양
길이	폭 2.4m/동체 1.8m	폭 2.5m/동체 1.9m	폭 1.9m/동체 1.4m
높이/중량	-/13㎏	-/12.7㎏	55.7㎝/15㎏
탑재 카메라	소니 A7R/35㎜ F2.8 렌즈	소형 카메라	24㎜ 광각 단렌즈 소형카메라

6) 전자기탄

북한은 비대칭 위협과 핵 · 미사일 위협 사이에서 전자기탄(EMP탄)을 선택할 가능성이 높다고 할 수 있다. 핵 EMP탄은 핵탄두를 공중에서 폭발시켜 해당 지역의 전력 회로망과 컴퓨터망 등 거의 모든 종류의 전자장비를 파괴하거나 마비시킬 수 있는 강력한 전자파를 순식간에 분출하는 무기로서, 파괴력은 수백 ㎞ 이상 떨어진 곳의 지하 케이블도 손상시킬 정도로 엄청난 것으로 분석된다.[35] 북한은 2004년에 러시아로부터 EMP 기술을 이전받았으며, 일부에서는 북한이 EMP 능력을 확보했다는 주장도 제기되고 있다. 특히 EMP는 정확성과 대기권 재진입 기술을 고려하지 않아도 된다는 측면에서 북한이 가장 먼저 사용할 공격수단으로 거론되고 있다.[36] 실제 과거 미국 국토안보부 내부 보고서에서는 북한이 (핵) EMP탄으로 미국 본토를 공격할 능력이 충분하다고 결론 내렸으며, 2012년 말에는 미국에 대한 EMP탄 공격 시나리오를 연습한 것으로 확인되었다.[37]

35 과거 냉전 시대인 1962년 미국이 태평양 상공에서 일명 '스타피시 프라임' 핵실험을 실행하는 과정에서 EMP가 발생했으며, 그 영향으로 1,400㎞ 이상 떨어진 하와이의 전기시스템이 마비된 사례가 있었다.

36 http://www.yonhapnews.co.kr/dev/9601000000.html(검색일: 2017. 6. 12)

37 http://media.daum.net/v/20140512082207262(검색일: 2014. 5. 25)

TIP. 북한의 EMP 공격과 한국의 대비 계획

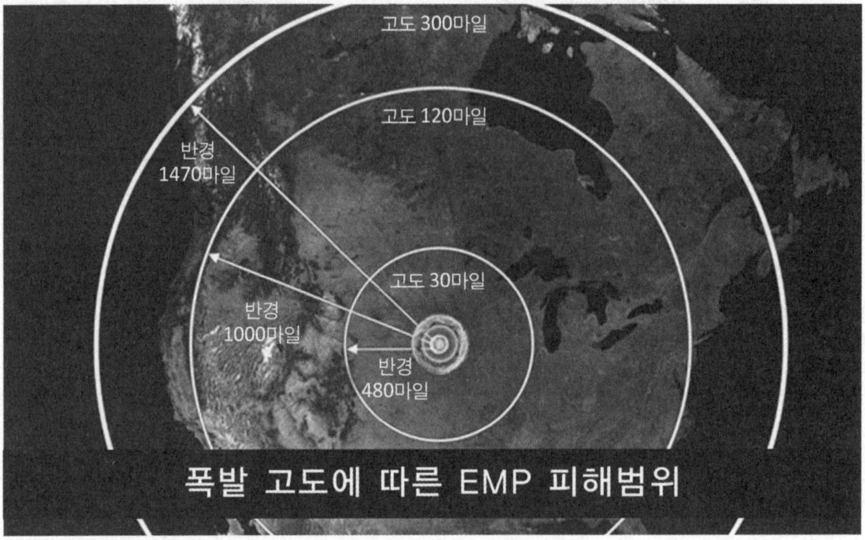

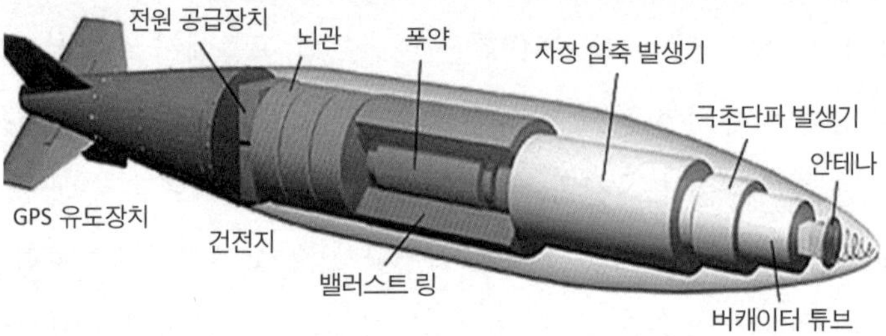

출처: http://www.survivopedia.com/power-grid-destruction-of-the-third-and-worst-kind

7) 사이버 공격

2000년 초반부터 북한의 소행으로 추정되는 사이버 테러가 지속적으로 발생하고 있으며, 여기에는 7 · 7 DDOS 공격(2009), 3 · 4 DDOS 공격(2011), 4 · 12 농협 전산망 마비(2011), 6 · 9 중앙일보 공격(2012), 6 · 25 사이버 테러(청와대, 언론사, 2013), 11 · 24 소니 픽쳐스 공격(2014), 인도 ICICI 고객 해킹(2015 · 2016) 등이 있다. 특히 사이버 공격은 도발원점 식별이 지연 및 제한된다는 측면에서 북한은 평시부터 사이버 공격을 지속적으로 감행할 것이며, 전면적인 사이버 공격을 위해서는 디지털 교두보를 확보하기 위해 장기간의 시간이 필요할 것으로 예상된다. 다음의 〈표 4-11〉은 북한의 사이버 공격 단계를 정리한 것이며, 디지털 교두보를 확보하기 위해 평상시부터 지속적인 공격이 이뤄지고 있다는 것을 확인할 수 있다.

〈표 4-11〉 북한의 사이버 공격 단계

구분	주요 내용
제1단계 취약점 도출	평시 사이버 공격을 통해 우리 군과 정부, 공공기관 등의 대응태세와 능력을 점검하고, 장단점을 파악하여 적이 이용할 수 있는 취약점을 도출함
제2단계 접근로 확보	도출된 취약점을 이용하여 우리 군의 전장 및 지원관리징보체계 등 그들이 목표로 하는 체계에 침투할 수 있는 다수의 접근로를 확보함. 접근로를 확보하기 위해서는 기술적 접근, 사회공학적 접근, 내부자 포섭 등 가능한 한 모든 방법을 동원함
제3단계 디지털 교두보 구축	다수의 접근로를 이용하여 장기간에 걸쳐 은밀하게 우리 군에서 사용하는 컴퓨터를 좀비 PC로 만들어 광범위한 디지털 교두보를 구축함
제4단계 전면공격	결정적 시기에 디지털 교두보를 원격 제어하여 전면적인 사이버 공격을 감행함. 이 단계는 물리적인 공격과 병행하거나, 그 이전에 여건조성을 위해 수행 가능함

8) 테러리즘

2017년 3월 13일 북한 김정남이 말레이시아 쿠알라룸푸르 공항에서 화학무기인 VX[38]로 암살당하는 사건이 발생했으며, 북한은 그동안 지속적으로 테러사건을 자행했다. 특히 이번 테러사건은 북한이 화학무기를 사용했다는 측면에서 국제사회가 더욱 주목하고 있다. 북한은 1980년대부터 화학무기를 생산하기 시작하여 현재 약 2,500~5,000톤의 화학무기를 저장하고 있는 것으로 추정되며 탄저균, 천연두, 페스트 등 다양한 종류의 생물무기를 자체 배양하고 생산할 수 있는 능력도 보유한 것으로 파악된다.[39] 다음의 〈표 4-12〉는 북한이 보유하고 있는 것으로 추정되는 화학무기를 정리한 것이다.

38 현존하는 독가스 중 가장 유독한 신경작용제로 호흡기, 눈, 피부 등을 통해 인체에 흡수되며 사린가스보다 100배 이상의 독성을 발휘한다.

39 대한민국 국방부, 『국방백서 2016』, p. 28.

〈표 4-12〉 북한 보유 추정 화학무기

구분	종류	증상/특징
신경 작용제	사린	무색 · 무취로 보통 액체 상태로 존재하나 휘발성이 매우 높으며, 동공이 수축되고 근육이 마비되며, 극심한 구토 유발
	V-작용제	호흡기, 경구 섭취, 눈, 피부 등을 통해 인체에 침투하며, 콧물, 침, 호흡곤란, 시력저하, 근육경련 등의 증상을 보임
수포 작용제	겨자	겨자가스에 노출된 피부에서 노란색의 물집이 잡히기 시작하며 호흡기로 흡입 시 폐에 고름을 채워 익사할 수도 있음
혈액 작용제	시안화수소	무색의 액체로 세포호흡에 관여하는 단백질과 결합해 세포호흡을 불가능하게 만들어 질식시키는 작용제

TIP. 북한 자행 과거 피살 및 시도 보도(8건)

구분	일자	보도 내용	수단
피살 미수 (3건)	'10. 4. 20 '10. 10. 9	황장엽('97년 망명, 전 노동당 비서), 피살지시를 받은 김명호 · 동명관('10. 4. 20), 이동삼('10. 10. 9) 검거	-
	'11. 9. 3	박상학(자유북한운동대표, 대북 전단 살포 활동 중), 신논현역 인근에서 독침 테러 시도 안모 씨 검거	독침
피살 (5건)	'96. 10. 1	최덕근(주러 영사), 북 공작원에 의해 독극물로 피살	독극물
	'97. 2. 15	이한영(성혜림 조카), 북 특수공작단(추정)에 의해 경기도 성남 소재 아파트 현관에서 총살	권총
	'11. 8. 21	김창환(선교사), 중국 단둥에서 선교 활동 중 독극물로 사망	독극물
	'12. 5. 27	강호빈(선교사), 독침 공격으로 생명 위협 후 의문의 교통사고로 사망	독침, 교통사고
	'16. 4. 30	한충렬(조선족 목사), 탈북자 이송 활동 중 피살	-

TIP. 북한 테러지원국 재지정

2017년 11월 20일, 미국은 북한을 9년 만에 테러지원국으로 재지정했으며, 북한에 대한 추가제재를 발표하였다. 트럼프 대통령은 "오늘 미국은 북한을 테러지원국으로 지목하고 있다. 이것은 매우 중대한 조치"라며 "(이는)오래 전에 일어났어야 했고 (최소한)몇 년 전에는 벌어졌어야 했다"고 밝혔다. 미국무부에 의해 테러지원국으로 결정된 국가에는 ▲미국의 외국 지원에 대한 규제 ▲방산제품의 수출 및 판매 금지 ▲이중 목적으로 사용될 수 있는 제품들의 수출 통제 ▲다양한 재정 및 기타 규제 등 4가지 제재가 부과되며, 테러지원국가로 지정되면 개인과 국가기관 등에 대한 다른 제재가 부과될 수도 있다.

생각해봅시다

북한의 비대칭 전략에 대한 우리의 대응

비대칭 전략(Asymmetric Strategy)은 군사목표 달성을 위해 전략환경과 군사적 능력, 전쟁 수행 방법의 변화를 고려하여 적의 강점을 회피하고 약점을 공격함으로써 적이 효과적으로 대응하지 못하도록 하는 것을 말한다. 북한은 핵 · 미사일을 포함한 비대칭 전력을 집중적으로 강화하고 있으며, 재래식 전력의 경우 기습, 속전속결 등의 방식을 통해 도발을 감행하고 있다.

반면에 한국은 북한의 비대칭 전략에 대해 역비대칭 전략으로 대응하고 있으며, 여기에서 역비대칭 전략(Reverse Asymmetric Strategy)이란 적의 전략적 우위를 상쇄시키면서 적보다 경쟁 우위에 있는 능력을 최대한 활용하여 비대칭 우위를 역으로 확보하는 것을 말한다. 그러나 실상 한국은 국방목표인 '외부의 군사적 위협과 침략으로부터 국가를 보위'하기 위해 도발 및 전쟁을 억제해야 한다는 측면에서 전방위적인 노력을 할 수밖에 없는 상황이다. 다음의 그림은 남북한 전략을 비교한 것으로서 오늘날 남북한의 군사적 현실을 보여주고 있다.

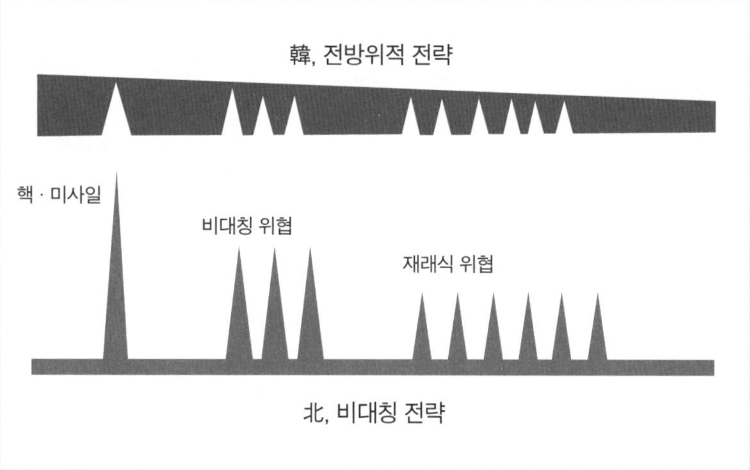

북한이 비대칭 전략을 채택하고 있다는 것은 적극적인 목표 달성을 위해 군사력을 공세적으로 운용한다는 것이며, 비용 대비 높은 효과를 얻을 수 있는 전략이다. 반면에 한국의 전방위적인 노력은 비용 대비 그 효과는 크지 않다고 할 수 있으며, 한국이 북한보다 더 많은 국방비를 지출함에도 불구하고 북한의 도발을 억제하지 못하는 상황에서 그 현실을 확인할 수 있다.

다시 말해 한국은 북한의 모든 도발에 대비함에 있어 실제로 어느 한 가지 위협도 완전히 억제할 수 없는 상황이 지속될 전망이다. 최근 북한의 핵 · 미사일 위협이 고도화됨에 따라 우리 군은 북한의 핵 · 미사일 위협에 대비할 수 있는 전력을 우선적으로 건설하겠다는 방침을 수립했다. 그러나 북한의 핵 · 미사일 위협에만 치중할 경우 다른 수단에 의한 북한의 도발을 억제할 능력은 약해질 수밖에 없다는 것이 부인할 수 없는 우리의 안보환경이다.

그렇다면 우리가 선택할 방안에는 어떤 것이 있는가? 여러 가지 방안을 언급할 수 있지만, 여기에서 가장 중요한 것은 기존 전략개념에 대한 수정이 필요하다는 것이다. 구체적으로 우리는 방어가 아닌 공격 또는 공세를 통해 북한의 비대칭 전략에 대비할 필요가 있으며, 수사적 표현의 공세 또는 시위성 기동이 아닌 실질적인 수단 확보를 통해 북한의 중심(center of gravity)에 직접적으로 접근해야 할 것이다.

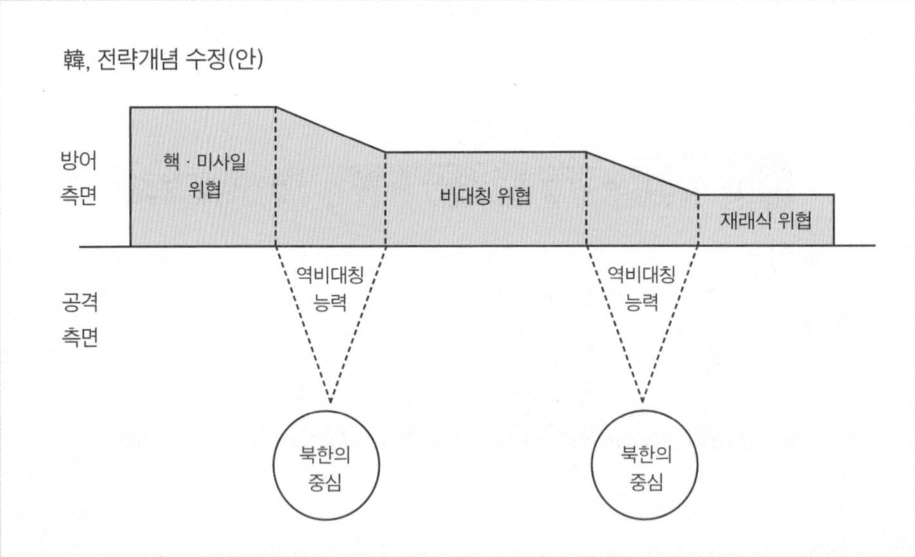

제5장

남중국해 미·중 간 해양갈등

주변 4강의 개입과 힘의 이동

intro

남중국해에서 미 · 중 간 해양갈등은 남중국해 내 인공섬 건설과 항행의 자유 보장으로 대립하고 있으나 미 · 중 간의 쟁점은 단순히 인공섬의 국제법적 지위와 관련된 미 · 중의 견해차이로 인식하기보다는 미 · 중 간의 역내 패권경쟁의 연장선이자 대결의 장이라고 할 수 있다. 남중국해에서의 미 · 중 간 경쟁은 어느 쪽이 밀리기 시작하면 계속해서 밀릴 수밖에 없다는 인식이 자리 잡고 있으며, 남중국해는 미국의 대(對)중국 봉쇄 및 중국 해양팽창의 대결 장소로 주목받고 있는 가운데 미 · 중 중심의 동맹 대립으로 확대되는 조짐을 보이고 있다.

특히 트럼프 대통령은 북한의 핵 · 미사일 문제에 대한 중국의 적극적인 개입을 유도하는 과정에서 중국이 핵심이익으로 간주하는 남중국해 문제를 중국에게 양보하는 이른바 '빅딜'을 했다는 주장이 제기되었다. 그러나 트럼프 대통령은 북한의 핵 · 미사일 문제 해결을 위한 중국의 역할에 만족하지 못하자 남중국해에서 항행의 자유 작전(FONOS)을 시행함으로써 남중국해에서의 긴장을 고조시켰다. 또한 전범국가인 일본은 전후 최대 규모의 해군력을 남중국해에 파견했으며, 러시아도 동남아시아 국가들과 군사적 교류를 확대하는 등 향후 남중국해 미 · 중 간 해양갈등은 더욱 복잡한 양상으로 전개될 것으로 예상된다.

1. 남중국해 개관

1) 도서 현황

남중국해는 중국 대륙의 약 1/3(356만 ㎢), 한반도의 14배 크기이며, 동사·서사·중사·남사 4개 군도, 310여 개의 섬[島]·암초[礁]로 구성되어 있다.[1] 남사군도의 경우 중국, 베트남, 필리핀, 말레이시아, 대만 등이 51개 도(島)·초(礁)를 분할 점령하고 있어 영유권에 대한 해양분쟁이 진행 중에 있으며, 서사군도의 경우 1974년 중국이 베트남으로부터 도·초를 무력으로 점령함에 따라 분쟁이 진행 중에 있다. 중사군도의 경우 중국이 실효적으로 지배하고 있으나 필리핀이 영유권을 강하게 주장하고 있으며, 반면에 동사군도의 경우 대만이 실효적으로 지배하는 가운데 이 지역에서의 분쟁은 거의 없는 상태다.

TIP. 남중국해 현황

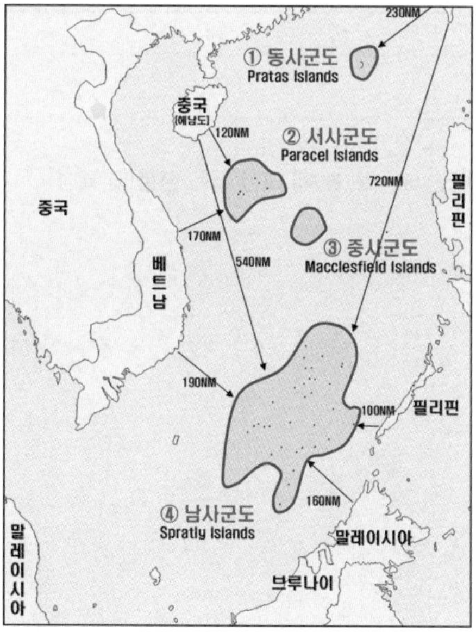

1 남중국해 100여 개 도(島)·초(礁)에는 군인과 민간인이 거주 중이며, 200여 개는 무인도다. 중국은 도(島)와 초(礁, 물에 잠긴 바위)를 명확히 구분하여 명칭을 부여한다. 구체적으로 '이어도(離於島)'의 경우 '島'가 아니기 때문에 '소암초(蘇巖礁, 쑤옌자오)'로 명명하고 있다.

TIP. 남중국해 도서 현황

구분	주요 현황
① 동사군도 Paratas Islands	• 7개 도 · 초로 구성, 대만이 실효지배 중 – '65년 동사도(東沙島)에 수송기 이착륙 가능한 1,500m 활주로 건설 – 대만군 약 200명 주둔, 소수 민간인 단기 거주
② 서사군도 Paracel Islands	• 39개 도 · 초로 구성, 중국이 실효지배 중 – '74년 베트남으로부터 전체 도 · 초 무력 점령 ***베트남 영유권 주장** – '91년 영흥도(永興島)에 2,300m 활주로 건설, '14년 3,000m로 확장 – '12년 6월 중국, 삼사시(三沙市) 설립 및 서사 · 중사 · 남사군도 통합 관리 – '12년 7월 중국군, 영흥도에 사단급 '삼사경비구' 창설 – '17년 영흥도 내 영화관 개관(삼사시 주민과 중국군 200명 관람 중) • 인공섬 건설 현황: 중국(3)
③ 중사군도 Macclesfield Bank	• 43개 도 · 초로 구성, 중국이 실효지배 중 ***필리핀 영유권 주장** * 황암도(黃岩島, Scarborough Shoal)가 유일한 섬(무인도), 42개는 수면 아래 암초
④ 남사군도 Spratly Islands	• 230여 개 도 · 초로 구성, 중국 · 베트남 · 필리핀 · 말레이시아 · 대만이 51개를 분할 점유하고 있으며, 180여 개는 무주지(無主地)임 • 중국 · 베트남 · 필리핀 · 말레이시아 · 대만이 영유권 주장 • 인공섬 건설 현황: 중국(7), 대만(1), 베트남(1), 말레이시아(1), 필리핀(1)

TIP. 남사군도 51개 도(島) · 초(礁)에 대한 점유 현황 및 특성

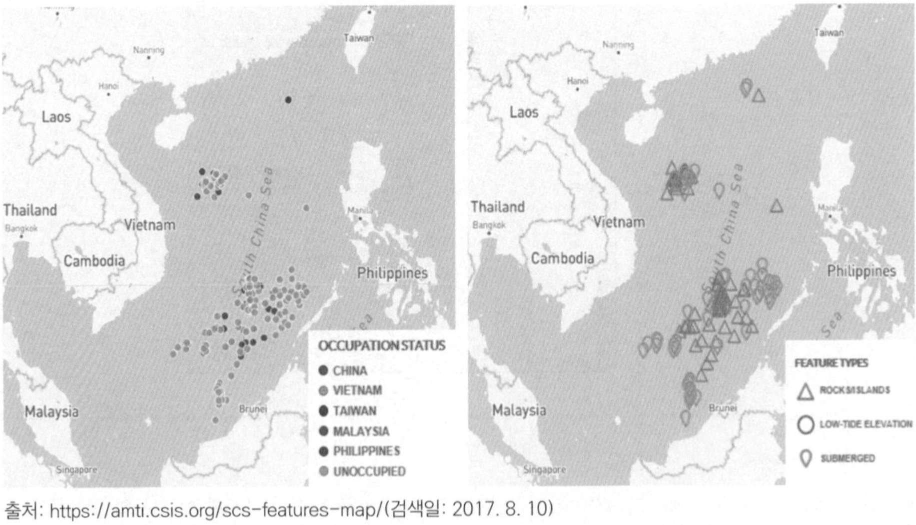

출처: https://amti.csis.org/scs-features-map/(검색일: 2017. 8. 10)

2) 영유권 분쟁 현황

남중국해는 중국 · 베트남 · 필리핀 · 말레이시아 · 대만 · 브루나이 등 6개국이 영유권을 주장 중이며, 중국 · 대만은 남중국해 대부분이 포함되는 'U자형 9단선' 내 해역을 주장하고 있다. 9단선은 1947년 중화민국(현 대만) '남해제도(南海諸島) 위치약도'의 U자형 11단선 표기에 기원을 두고 있으며, 당시 프랑스가 남중국해 도서 지역을 점령하고 있던 시기이나, 중국(대만)의 역사적 권리 주장에 국제사회가 이견을 제기하지 않았다는 것이 중국과 대만의 주장이다.

1948년 중국은 '중화민국 행정구역도' 11단선이 공식적으로 표기되었으며, 1953년 중화인민공화국(현 중국)은 11단선을 9단선으로 조정했다. 이후 1958년 중국은 영해성명 발표를 통해 9단선의 법적 지위를 부여했으며, 2009년 UN에 남중국해 대부분을 영해로 주장하는 문건 제출 시 U자형 9단선 지도를 첨부함으로써 국제사회에 중국이 주장하는 남중국해 9단선이 처음으로 등장했다. 다음의 〈그림 5-1〉은 1947년 중화민국(현 대만) '남해제도 위치약도' 11단선과 중국 정부에서 발행하는 영해 9단선이다.

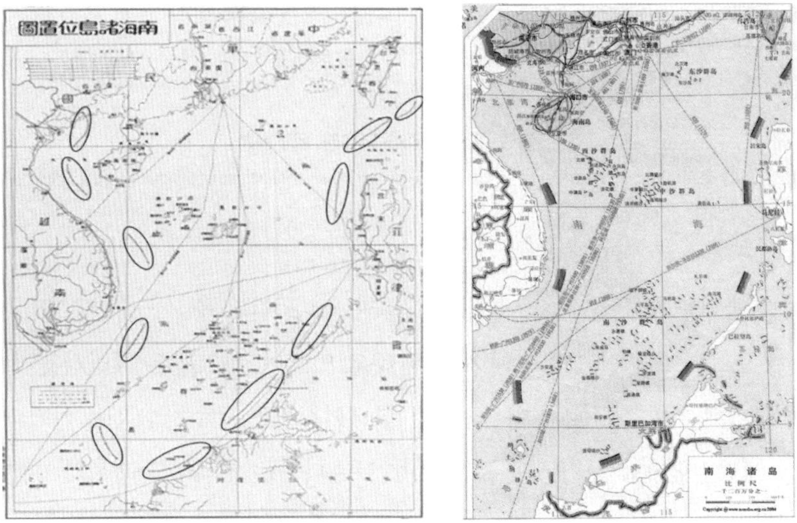

〈남해제도 위치약도 11단선〉 〈중국 정부 발행 영해 9단선〉

〈그림 5-1〉 중국이 주장하는 남중국해 영유권 현황

출처: http://news.naver.com/main/read.nhn?mode=LSD&mid=sec&sid1=104&oid=277&aid=0004073833(검색일: 2017. 9. 15)

남중국해 영유권과 관련하여 베트남은 서사군도 전체와 남사군도 약 1/2 해역을, 필리핀은 황암도(黃岩島)와 남사군도 약 1/2 해역을, 말레이시아는 남사군도 약 1/2 해역을, 브루나이는 200해리 배타적 경제수역 관할 해역에 대한 영유권을 주장하고 있다. 다음의 〈그림 5-2〉는 남중국해 주변국의 영유권 분쟁 지역을 정리한 것으로서 서로 중복되어 있다는 것을 확인할 수 있다.

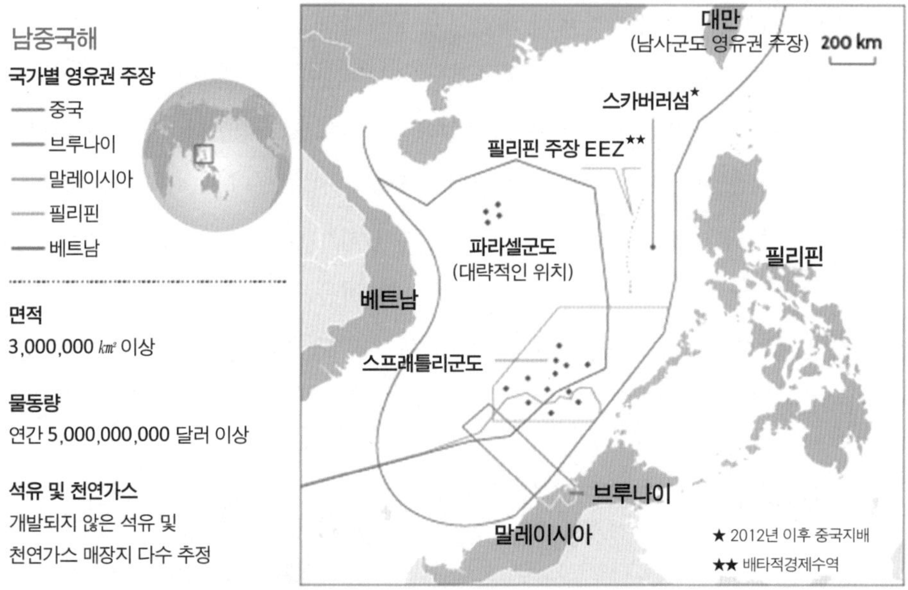

〈그림 5-2〉 남중국해 영유권 주장 현황

출처: http://www.atimes.com/article/misconstruing-chinas-threat-south-china-sea/(검색일: 2017. 5. 7)

이들 국가별 영유권 주장 근거는 다음과 같다. 먼저 중국 · 대만은 역사적 근거(당 · 명 · 청 기록) 및 실효적 지배 사실에 두고 있으며, 베트남은 지리적 근접성 및 역사적 근거에 기반을 두고 있다. 필리핀 · 말레이시아는 무주지(無主地) 선점과 대륙붕 관련 해양법협약에 근거를 두고 있으며, 브루나이는 지리적 근접성과 대륙붕 관련 해양법협약에 근거를 두고 있다. 특히, 필리핀은 중사군도 황암도에서 '12년 중 · 필리핀 함정 간 대치 후 중국이 철수를 거부하며 실효지배를 주장하자 2013년 1월 필리핀이 헤이그 상설중재재판소(Permanent Court of Arbitration: PCA)에 중국의 영유권 주장 9단선 및 암초 점유 적법성 여부 등을 제소했다. 다음의 〈표 5-1〉은 필리핀이 PCA에 제소한 내용이다.

〈표 5-1〉 필리핀의 상설중재재판소(PCA) 제소 내용

첫째, 중국의 남중국해 9단선은 유엔해양법협약에 부합하지 않는다. 둘째, 미제초(Mischief Reef)와 동문초(Mckenna Reef)는 필리핀 대륙붕에 포함된다. 중국의 점유 및 건설 행위는 필리핀 주권을 침해하는 것이므로 중국의 점유 및 건설 행위 중지를 청구한다. 셋째, 남훈초(Gaven Reef)와 저벽초(Subi Reef)는 중국 대륙붕에 위치하지 않는다. 중국의 점유와 건설 행위는 위법이므로 당해 지형에 대한 점유 및 건설 행위의 중단을 요구한다. 넷째, 황암도(Scarborough Shaol), 적과초(Johnson Reef), 화양초(Cuarteron Reef), 영서초(Fiery Cross Reef)는 유엔해양법협약 제121조(3)의 '암석'에 해당한다. '암석'은 12해리 영해 이외 다른 해역을 가질 수 없으므로 중국이 이 지형을 기점으로 12해리를 초과하여 주장하는 것은 협약 위반이다. 다섯째, 중국은 필리핀의 군도기선에서 200해리 이내 및 이원에서 유엔해양법협약에 따른 필리핀의 항해권 및 기타 권리의 행사를 법적으로 침해했다.

중국은 필리핀의 주장에 대해 남중국해 도서 및 부근 해역에 대한 분쟁의 여지가 없는 주권을 가지고 있으며, 남중국해의 도서는 중국의 고유영토이고, 역사적 권리도 가지고 있다고 주장하고 있다. 또한 PCA가 어떠한 판결을 내리든 중국은 이를 수용하거나 승인하지 않을 것이며, 중국의 활동은 완전히 정당하고 법적으로 아무런 문제가 없다고 주장했다. 그러나 2016년 7월 PCA는 "중국의 남중국해에 대한 역사적 권리 주장이 법적 근거가 없음"을 요지로 하는 판결을 내림에 따라 중국의 남중국해에 대한 영유권 주장은 큰 타격을 입게 되었으며, 이후 필리핀, 중국, 미국을 비롯한 관련국들의 논쟁은 계속되고 있다.

구체적으로 PCA 판결의 핵심내용은 중국이 주장하는 9단선은 역사적 · 법적 근거가 없으며, 9단선 내 도서들에 대한 영유권 · 자원의 배타적 이용권을 인정하지 않고 있다. 또한 중국이 섬(island)으로 주장하는 7개 도서는 섬이 아니며, 암초(3개) 또는 간조 노출지(4개)임이 확인되었다. 중국은 남중국해 문제가 영유권 및 해양경계획정과 관련된 사안으로서 PCA의 관할이 아니므로 무효 및 구속력이 없다고 주장하고 있으며,[2] 시진핑 국가주석은 중국공산당 창당 95주년 기념식에서 영유권 분

2 http://www.newsis.com/ar_detail/view.html?ar_id=NISX20160726_0014246 09cID=10101&pID=

쟁과 관련하여 강경 돌파 의지를 표명한 가운데 중국은 PCA 판결에 대한 영향을 최소화하기 위해 주변국과의 관계를 개선할 것으로 예상된다.

3) 남중국해의 인공섬 및 활주로 건설 현황

(1) 인공섬

남중국해에서의 인공섬 건설은 중국보다는 주변국에 의해 먼저 추진되었다. 대표적으로 말레이시아, 베트남, 대만 등이 남사군도에 있는 도(島)에 활주로를 건설했으며, 중국의 인공섬 건설은 1974년 서사군도를 무력으로 점령한 이후 3개 도(島)에 대해 확장공사가 추진되었고, 2014년부터 본격적으로 남사군도 7개 초(礁)에 대해 인공섬이 건설되고 있다.[3]

서사군도 내 중국의 인공섬으로는 영흥도, 침향도, 광금도의 3개가 있다. 특히 영흥도에는 삼사시(三沙市) 시정부가 위치하고 있으며, 민간인 1,440여 명이 상주 중이고, 군인 1천여 명이 주둔하고 있다. 남사군도 내 중국의 인공섬으로는 미제초, 저벽초, 영서초, 화양초, 남훈초, 적과초, 동문초의 7개가 있다. 7개의 인공섬에는 군인 800여 명과 민간인이 거주하고 있으며, 영서초에는 지휘소가 위치하고 있다. 남중국해 영유권 관련 PCA 판결 이후 남중국해에서의 긴장이 고조되는 가운데 중국은 남중국해 인공섬 건설을 강행하겠다는 의지를 지속적으로 밝히고 있다.[4] 다음의 〈표 5-2〉는 중국의 남중국해 인공섬 건설 현황을 정리한 것이다.

10100(검색일: 2016. 7. 20)

3 카터(Ashton Carter) 미 국방장관은 2015년 5월 30일 "중국은 지난 18개월 동안 2,000에이커(809헥타르)를 매립했으며, 이는 역사상 남중국해 전체 매립양보다 많다"고 언급했다. Ben Dolven, "Chinese Land Reclamation in the South China Sea: Implications and Policy Options," *CRS Report*, 18 June 2015, p. 1.

4 http://www.segye.com/content/html/2016/07/19/20160719003504.html?OutU rl=naver(검색일: 2016. 7. 21)

〈표 5-2〉 중국의 남중국해(남사군도) 인공섬 건설 현황

구분	명칭 및 특징
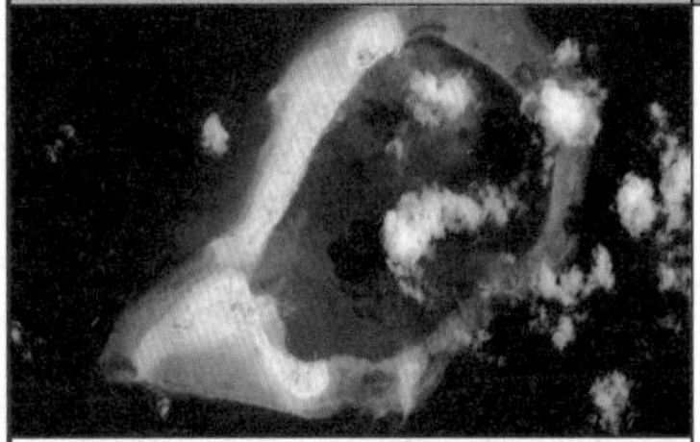 Subi Reef Tracker(저벽초)	U. S. Board of Geographic Names: Subi Reef China: Zhubi Jiao(渚碧礁) Philippines: Zamora Reef Taiwan: Zhubi Reef(渚碧礁) Vietnam: Đá Su Bi * 3.7㎢(여의도 면적의 1.3배), 군인 300명 주둔
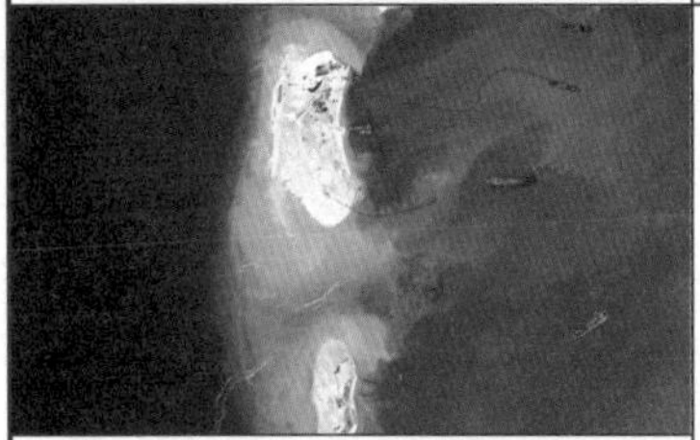 Mischief Reef Tracker(미제초)	U. S. Board of Geographic Names: Mischief Reef China: Meiji Jiao(美濟礁) Philippines: Panganiban Reef Taiwan: Meiji Reef(美濟礁) Vietnam: Đá Vành Khăn * 4.4㎢(여의도 면적의 1.6배), 군인 40명 주둔
 Johnson Reef Tracker(적과초)	U. S. Board of Geographic Names: Johnson Reef China: Chigua Jiao(赤瓜礁) Philippines: Mabini Reef Vietnam: Đá Gạc Ma * 0.12㎢(여의도 면적의 0.04배), 군인 40명 주둔
 Hughes Reef Tracker(동문초)	U. S. Board of Geographic Names: Hughes Reef China: Dongmen Jiao(東門礁) Philippines: McKennan Reef Vietnam: Đá Tư Nghĩa * 0.08㎢(여의도 면적의 0.03배), 군인 40명 주둔
 Gaven Reefs Tracker(남훈초)	U. S. Board of Geographic Names: Gaven Reefs China: Nanxun Jiao(南薰礁) Philippines: Burgos Reefs Taiwan: Nanxun Reef(南薰礁) Vietnam: Đá Ga Ven * 0.13㎢(여의도 면적의 0.05배), 군인 40명 주둔

구분	명칭 및 특징
 Fiery Cross Reef Tracker(영서초)	U. S. Board of Geographic Names: Fiery Cross Reef China: Yongshu Jiao(永暑礁) Philippines: Kagitingan Reef Taiwan: Yongshu Reef(永暑礁) Vietnam: Đá Chữ Thập * 2.25㎢(여의도 면적의 0.9배), 군인 300명 주둔 및 지휘소 위치
 Cuarteron Reef Tracker(화양초)	U. S. Board of Geographic Names: Cuarteron Reef China: Huayang Jiao(華陽礁) Philippines: Calderon Reef Taiwan: Huayang Reef(華陽礁) Malaysia: Terumbu Calderon Vietnam: Bãi Châu Viên * 0.24㎢(여의도 면적의 0.08배), 군인 40명 주둔

주) 안달초(안다지오): 인공섬 건설 징후는 있으나 세부 미식별, 군인 미주둔

TIP. 중국의 남중국해(서사군도) 인공섬 건설 현황

영흥도(永興島) 용싱다오/Woody Island	광금도(廣金島) 광진다오/Palm Island	침항도(琛航島) 천항다오/Ducan Island

3.2㎢(여의도 면적의 1.2배), 군인 1천 명 주둔, 3㎞ 활주로	0.16㎢(여의도 면적의 0.06배), 군인 미주둔	0.43㎢(여의도 면적의 0.16배), 군인 40명 주둔

(2) 활주로

중국은 서사군도의 영흥도에 3,000m 활주로를 보유하고 있으며, 남사군도의 영서초에 3,000m 활주로를 건설 중에 있다. 필리핀은 1978년 중업도(中業島)에 1,300m 활주로를 건설했으며, 말레이시아는 1993년 탄환초(彈丸礁)에 1,367m 활주로를 건설했다. 베트남은 2004년 남위도(南威島)에 550m 활주로를 건설했으며, 대만은 2008년 태평도(太平島)에 1,200m 활주로를 건설했다. 남중국해 인공섬 건설

은 주변국들이 먼저 시작했으나 오늘날 인공섬 건설을 포함한 활주로 건설은 중국에 의해 집중적으로 이뤄지고 있다. 다음의 〈표 5-3〉은 남중국해 각국의 활주로 보유 현황을 정리한 것이다.

〈표 5-3〉 남중국해 각국의 활주로 보유 현황

구분		특징
동사군도	 대만 동사도	활주로: 1,500m (수송기 이착륙 가능) 면적: 1.74㎢ (여의도 면적의 0.65배)
서사군도	 중국 영흥도	활주로: 3,000m (전투기 이착륙 가능) 면적: 3.2㎢ (여의도 면적의 1.2배)
남사군도	 대만 태평도	활주로: 1,200m (수송기 이착륙 가능) 면적: 0.5㎢ (여의도 면적의 0.2배)
	 베트남 남위도	활주로: 550m (경항공기 이착륙 가능) 면적: 0.14㎢ (여의도 면적의 0.06배)
	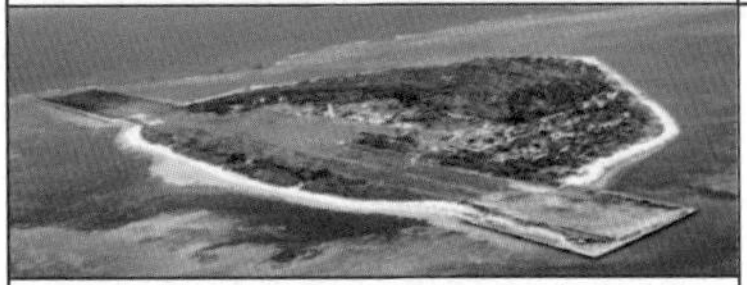 필리핀 중업도	활주로: 1,300m (수송기 이착륙 가능) 면적: 0.33㎢ (여의도 면적의 0.12배)
	 말레이시아 탄환초	활주로: 1,367m (수송기 이착륙 가능) 면적: 0.1㎢ (여의도 면적의 0.04배)

중국은 '15년 말 기준 남사군도 내 저벽초, 미제초, 영서초 세 곳에 활주로를 건설 중에 있으며, 영서초의 경우 '16년 1월 민항기를 이용한 두 차례 시험비행 및 '16

년 4월 해군초계기를 이용한 부상자 후송작전을 실시했다. 특히 남중국해 내 활주로 공사 완료 시 영흥도 포함 네 곳에 전투기 100여 대를 배치할 능력을 구비할 것으로 예상된다. 여기에서 인공섬의 활주로 건설은 많은 군사전문가들이 예측한 바와 같이 향후 인공섬이 항공모함 역할을 수행한다는 것을 의미한다.

4) 남중국해의 전략적 가치

(1) 경제적으로 에너지 및 어족자원의 보고

1968년 유엔 아시아 극동경제위원회가 남사군도의 주변 해역에 석유 매장 가능성 발표 이후 분쟁이 심화되었다. 위원회의 보고에 따르면 남중국해에서 확인된 원유 매장량은 77억 배럴이며, 예상 매장량은 280억 배럴로서 세계 4위에 해당한다. 천연가스는 7,500㎦로서 세계 4위이며, 특히 일명 '불타는 얼음'으로 불리는 '가스 하이드레이트'가 대량 매장된 것으로 추정된다.[5] 또한 전 세계 어획량의 10%에 해당하는 풍부한 어족자원을 보유하고 있다. 현재 중국, 베트남, 말레이시아, 브루나이, 필리핀 등 5개국이 석유와 천연가스를 생산 중에 있으며, 남중국해 내 석유 · 천연가스 추정 매장량은 다음의 〈표 5-4〉와 같다.

〈표 5-4〉 남중국해 석유 · 천연가스 추정 매장량

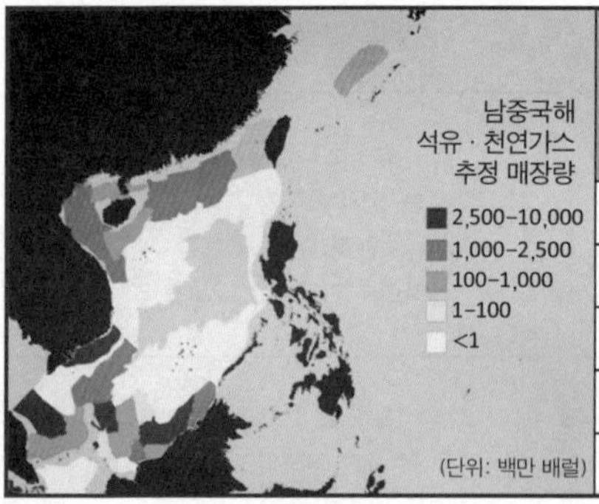

구분	석유		천연가스	
	매장량 (억/배럴)	일일생산량 (만/배럴)	매장량 (조/ft³)	일일생산량 (억/ft³)
중국	16	3,68.4	80	1,960
베트남	0.6	34.5	6.8	162
말레이시아	4	75.1	83	2,218
브루나이	1.1	20.4	13.8	366
필리핀	0.14	1.5	3.5	88

출처: http://studies.aljazeera.net/en/reports/2016/05/tensions-continue-boil-south-china-sea-160529145457625.html(검색일: 2017. 4. 4)

5 미국 지질조사소(U. S. Energy Information Administration)는 석유 및 천연가스 매장량은 일부만 식별되었을 뿐 영유권 쟁탈지역의 1/5이 미탐사 해역이라고 했다. Kun-Chin Lin and Andres Villar

(2) 국가의 생명선인 중요한 해상교통로

남중국해는 세계 해양물류 50%, 원유 66%가 통과하는 중요한 해상교통로다. 한국의 경우 남중국해는 2,000㎞ 떨어진 먼 곳이지만 우리나라의 남중국해 항로 의존도는 수입 물동량의 30%, 에너지 수입량의 90%를 차지하고 있으며, 해상교통로가 차단될 경우 자바 해(롬보크 해협) 등의 대체항로 이용 시 2~3일 추가 소요가 예상된다. 다음의 〈그림 5-3〉은 남중국해 해상교통로 및 우회항로를 표시한 것이다.

〈그림 5-3〉 남중국해 해상교통로 및 우회항로

(3) 지정학적으로 아 · 태지역 해상패권 장악을 위한 안보 요충지

중국은 남중국해를 본토 방어 및 미국의 대(對)아시아 군사력 투사에 대응하는 핵심이익(core interest) 지역으로 인식하고 있으며, 2011년 샹그릴라 대화 시 중국 국방부장은 미국 측에 "상대방 핵심이익에 주의하라"는 경고를 보내기도 했다. 미국은 중국의 해상패권 저지 및 세력 확장을 견제할 수 있는 지역으로 인식하고 있으며, 실제로 미 · 중 간 2001년 4월 미 EP-3 정찰기와 중 J8 전투기 충돌 및 2009년 3월

Gertner, "Maritime Security in the Asia-Prcific China and the Emerging Order in the East and South China Seas," *Research Paper July 2015* (London: Chatham House, 2015), p. 4.

미 해군 임페커블(Impeccable)호와 중국 함정이 대치하는 상황이 발생하기도 했다.

만약 중국이 남중국해를 장악하게 될 경우 중국 입장에서는 본토 방어 및 미국의 대(對)중국 봉쇄 거부를 위한 전략적 거점을 확보하게 되며, 제1도련 내 남중국해를 '전진기지화'하여 '반접근/지역거부'[6] 전략을 수행할 수 있는 발판을 마련하게 될 것이다. 특히 중국이 남중국해 인공섬에 전투기, 고성능 레이더 등을 본격적으로 운용할 경우 제1도련~제2도련 구역을 '완충지대화'하여 기동 방위력에 의한 외부세력 감시 및 전진방어 수행이 가능하게 될 것이다.[7] 다음의 〈그림 5-4〉는 중국군의 지역거부 능력을 보여주고 있다.

〈그림 5-4〉 중국군의 지역거부 능력

출처: 미 CSBA 보고서, AirSea Battle(2010. 5)

---

6 반접근(A2: Anti-Access)은 작전지역으로 진입하려는 적대세력을 막기 위한 능력과 활동으로 통상 장거리의 지리적인 개념이며, 지역거부(AD: Area-Denial)는 작전지역 내에서 적대세력을 퇴거하는 것이 아니라 행동의 자유를 제한하는 능력과 활동으로 통상 단거리의 지리적 개념이다.

7 1982년 류화칭은 중국 해양전략을 '근해 적극방어전략'으로 발표하면서 "중국 해군이 연안을 벗어나 중국 대륙으로부터 멀리 떨어진 대양에서의 독자적인 작전 능력을 구비해야 한다"고 주장했다. 류화칭은 오키나와-대만-필리핀을 잇는 1도련선(First Island Chain)과 오가사와-괌-사이판-파푸아뉴기니를 잇는 2도련선(Second Island Chain)을 설정했다.

또한 중국이 점령하고 있는 파이어리크로스(중국명: 융수자오) 섬 자체가 유사시 남중국해의 입구를 지키는 기능을 수행할 것으로 예상된다. 영국 국제전략연구소(IISS) 보고서에 따르면 남사군도 해역은 동서로 800㎞, 남북으로 600㎞의 얕은 여울에 산호초가 군데군데 분포해 있다. 따라서 특정 수도(水道)를 통하지 않으면 대형 군함이나 잠수함의 통항이 불가능하며, 필리핀 쪽의 서태평양에서 남중국해로 들어오려면 남화수도를 따라 들어와 중앙수도와 화양수도로 갈라지는 방법밖에 없다.[8] 다음의 〈그림 5-5〉는 남중국해 인공섬이 초래한 지정학적 변화를 정리한 것이다.

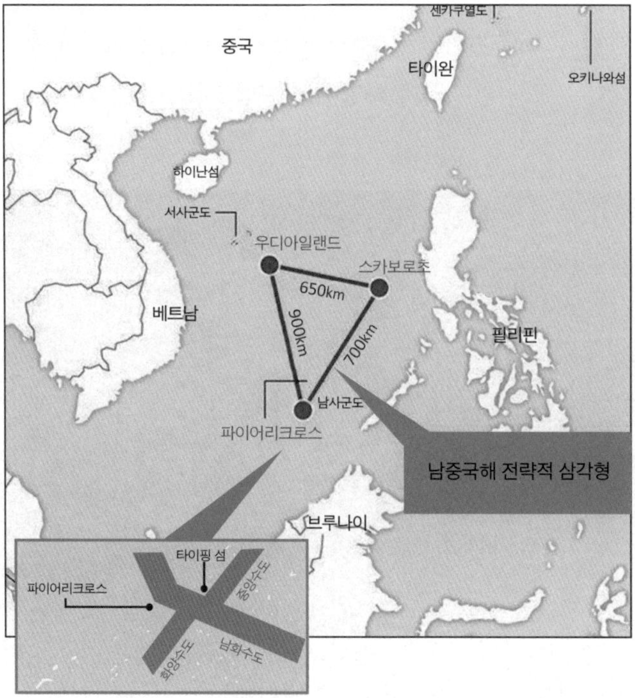

〈그림 5-5〉 남중국해 인공섬이 초래한 지정학적 변화

출처: http://www.aseanmildef.com/2015/04/strategic-triangle-in-south-china-sea.html

그중에서도 파이어리크로스 섬은 인도양과 서태평양의 관문에 해당하는 위치에 있다. 파이어리크로스를 비롯한 남사군도 인공섬과 중국이 이미 장악한 서사군

8 http://www.sisainlive.com/news/articleView.html?idxno=24530(검색일: 2016. 7. 21)

도의 우디아일랜드를 연결하고, 앞으로 필리핀 인근의 스카보로초까지 연결하면 유사시 전투기 간의 삼각 공조가 가능해진다. 이러한 측면에서 스카보로초의 매립 문제는 앞으로 남중국해 문제의 '게임체인저(Game Changer)'가 될 가능성이 높을 것으로 전망된다.[9]

앞에서도 언급했듯이 중국은 인공섬 건설과 관련하여 활주로 공사를 집중적으로 감행하고 있는 상황이며, 이 경우 인공섬은 항공모함 역할을 수행할 수 있다. 실제 미국은 남중국해에 항공모함 배치를 통해 중국을 압박하고 있으며, 만약 인공섬이 항공모함 역할을 본격적으로 수행할 경우 남중국해 해양통제를 확보할 가능성이 높아지게 될 것이다. 다음의 〈그림 5-6〉은 중국이 인공섬 활주로를 본격적으로 운용할 경우 예상되는 중국 전투기의 확장된 작전범위를 표시한 것이다.

〈그림 5-6〉中, 인공섬 운용 시 전투기 작전범위

주) 중국이 남중국해 공중영역을 지배할 경우 결국 남중국해 제해권 장악으로 이어진다고 할 수 있으며, 이러한 측면에서 중국의 남중국해 지배는 시간과의 싸움이라고 할 수 있다. 미국의 입장에서 남중국해를 양보함으로써 북한문제 해결을 위한 중국의 협력을 요구할 가능성이 있다고 할 수 있을 것이다.

---

9 http://www.sisainlive.com/news/articleView.html?idxno=24530(검색일: 2016. 7. 21)

2. 중국의 인공섬 건설에 대한 주변국 입장 및 전망

1) ASEAN[10]

ASEAN은 1967년에 설립된 동남아시아국가연합으로 남중국해 영유권 분쟁 해결을 위한 노력을 지속하고 있으나, ASEAN 각국의 대중(對中) 입장차로 공동대응은 어려울 전망이다. 남중국해 관련 ASEAN의 대응목표는 자국의 국익을 최대한 확보하기 위해 중국의 영향력 확대를 거부하는 것이며, 미국 · 일본 등 이해관계가 있는 강대국과의 연대를 통한 대중(對中) 견제 및 남중국해에서의 영유권 분쟁을 국제문제로 이슈화하여 협상에 의한 평화적 해결을 추구하고 있다.[11]

중국과 ASEAN 10개국은 2002년 11월 제8차 ASEAN 정상회의에서 남중국해 문제와 관련된 최초의 정치적 문서로서 「남중국해 당사국 행동선언(DOC: Declaration of Conduct in the South China Sea)」을 발표했다. 「남중국해 당사국 행동선언」은 다음의 〈표 5-5〉와 같다.

〈표 5-5〉「남중국해 당사국 행동선언(DOC)」의 주요 내용

• 남중국해 관련 당사국 간 우호적 협의 · 협상과 무력사용 및 위협을 배제한 영유권 분쟁의 평화적 해결 재확인 • 유엔헌장, 유엔해양법협약, 동남아 우호 · 협력 조약, 평화공존 5원칙 등을 분쟁의 평화적 해결을 위해 적용할 원칙으로 제시 • 유엔해양법협약의 준수, 남중국해에서의 항해 및 영공통과 자유 보장 • 남중국해 영유권 분쟁이 역내의 일반적 국가관계에 부정적 영향을 미치지 않도록 남중국해 일반 국가관계를 철저히 분리(segregation)할 것을 규정 • 분쟁을 복잡 · 격화시키거나 역내 평화 · 안정에 영향을 미칠 수 있는 무인도, 암초 등에 대한 주민 상주화와 시설물 설치 등 행위를 스스로 자제 • 초보적 군사 신뢰구축 조치(당사국 합동 · 공동 군사훈련 자발적 통보) 시행

10 ASEAN(Association of South-East Nations): 동남아시아국가연합으로 회원국은 필리핀 · 태국 · 베트남 · 브루나이 · 캄보디아 · 인도네시아 · 라오스 · 말레이시아 · 미얀마 · 싱가포르 10개국이다.

11 2017년 8월 6일, ASEAN 회원국 외무장관들은 공동성명을 통해 "남중국해 영유권 분쟁 당사국들이 동 지역 내에서 비군사화 및 다른 국가들의 행동에 대한 자제력을 발휘해야 한다"라고 강조했다. ASEAN 외무장관들은 동 성명에서 중국을 직접 언급하지는 않았지만 비군사화를 강조하는 방식으로 중국의 군사기지화에 대한 우려를 밝힌 것으로 평가된다.

중국과 ASEAN 간에 현재까지 20여 차례에 걸쳐 법적 구속력이 있는 규범적 성격의 행동규칙(COC: Code of Conduction the South China Sea)을 체결하기 위해 협의 중에 있으나, 제정은 친중 국가들의 반대 등으로 답보상태였다. 그러나 2017년 8월 중국과 ASEAN은 필리핀 수도 마닐라 시에서 개최된 외무장관 회의를 통해 남중국해 행동수칙(COC)의 초안 틀을 승인하고 향후 세부조항을 협의하기로 합의했다. 또한, 왕이 중국 외교부장은 "동 협의는 남중국해 상황이 안정되고 외부의 큰 방해가 없다면 11월 중으로 실시할 것이다"라고 언급했다.[12] 현재 캄보디아·라오스·미얀마 등은 중국의 입장을 지지하고 있는 반면에 베트남·말레이시아·인도네시아 등은 PCA 판결 결과를 수용하고 있으며, 이 때문에 PCA 판결 직후 ASEAN은 자국의 이익에 따라 서로 분열되는 양상을 보이고 있다.

이와 아울러 2016년 7월 개최된 아세안지역안보포럼(ARF) 의장성명에서도 중국의 영유권 주장에 대한 직접적 비판이나 국제상설중재재판소(PCA) 판결 내용이 담기지 않는 등 국가 간 협의가 제한되고 있다. 특히 ARF 의장성명은 아세안 회원국과 중국이 '남중국해 분쟁 당사국 행동선언(DOC)'의 완전한 실현과 '남중국해 분쟁 당사국 행동수칙(COC)'의 조속한 제정에 나서야 한다는 점을 분명히 밝히고 있다.[13]

2) 남중국해에 인공섬을 건설한 국가들

(1) 베트남

베트남은 남사군도 주변국 중 가장 많은 29개의 섬을 점유하고 있으며, 약 2,600명의 군 병력을 주둔시키고 있다. 남위도(南威島, 난웨이다오)에 '남사군도 지휘부'가 위치(병력 약 600명)하고 있으며, 2004년 약 550m 활주로를 건설하여 경항공기의 이착륙이 가능한 상태다. 현재 '대도(大島) 진지화, 소초(小礁) 요새화' 계획에 따

---

12 2017년 8월 7일, 왕이 외교부장은 "중-ASEAN의 노력으로 남중국해 정세가 안정적인 모습을 유지하고 있으며, 금번 합의한 '남중국해 행동강령(COC)' 초안 문건은 관련 당사국들의 공통된 견해를 보여주고 있다"라고 전했다. 또한, "남중국해 문제는 관련 당사국들이 풀어야 할 숙제이며, 역외 국가들이 동 분쟁을 비난하거나 개입하는 것에 반대한다"라고 덧붙였다.

13 http://www.yonhapnews.co.kr/bulletin/2016/07/27/0200000000AKR20160727192400076.HTML?input=1195m(검색일: 2016. 7. 30)

라 핵심 도 · 초에 군사시설을 건설 중이며, 염청사주(染青沙洲)에 상륙 저지시설, 제방, 병력 방호시설 등을 신규로 건설하고 있다.

베트남은 중국의 행보에 대응하기 위해 군사능력 확보에 주력하며 '사안별 협력 · 대결'의 양면전략을 시행하고 있다.[14] 대표적으로 2015년 6월에 중국 해군과 통킹 만 연합순찰 실시 및 국경무역 활성화에 합의했고, 2018년 잠수함 사령부 창설을 목표로 러시아로부터 Kilo급 잠수함을 도입하고 있다. 특히 2016년 5월 오바마 대통령이 베트남을 방문하여 베트남 종전 이후 41년 만에 양국 간의 관계를 정상화하고, 중국과 남중국해 영유권 분쟁을 겪는 베트남을 지원하기 위해 무기 금수를 전면 해제했다.[15] 또한 2017년 8월 8일, 매티스 미 국방장관은 워싱턴 D. C.에서 쑤언 리 베트남 국방장관과 만나 '18년에 미 항공모함의 첫 베트남 방문을 포함해 남중국해 내 방위협력 강화에 합의했다.[16]

반면에 2017년 1월 15일 베트남의 권력 서열 1위인 응우예 푸 쫑 공산당 서기장의 중국 방문을 계기로 열린 정상회담에서 중국과 베트남은 분쟁 중인 남중국해 영유권 분쟁과 관련하여 장기적인 해결방안을 찾자는 내용의 공동성명을 발표하는 등 협력도 병행하고 있다. 그러나 2017년 7월 6일 중국이 베트남의 남중국해 분쟁지역 석유시추를 차단하기 위해 공격 위협을 가하자 베트남 정부는 탈리스먼 베트남(스페인 석유회사)에 시추작업 중단 및 철수를 통보하는 등 양국 간에는 해양분쟁이 심화될 가능성이 상존하고 있다.[17]

---

14 푸 쫑 베트남 공산당 서기장은 2016년 4월 25일 베트남을 방문한 보라칫 라오스 대통령과 회담을 통해 국제법에 따라 남중국해 내 분쟁을 해결해야 한다는 의견을 공유했다.

15 http://news.mk.co.kr/newsRead.php?no=370145&year=2016(검색일: 2016. 7. 1)

16 이와 관련하여 동남아시아 전문가들은 "미국이 북한의 압박에 대한 중국의 지원을 끌어내기 위해 남중국해 문제에 일부 개입할 것이며, 무기나 해양기술을 판매하는 방식으로 베트남을 지원할 것으로 예상된다"라고 분석하고 있다.

17 2017년 7월 30일, 레티 투 항 베트남 외교부 대변인은 "베트남의 남중국해 자원(석유 · 가스) 탐사 · 채취 활동은 합법적인 권리이며, 주변국들은 이를 존중하고 남중국해 평화 유지와 협력에 노력하길 바란다"라고 전했다.

(2) 필리핀

필리핀은 남사군도 9개 도 · 초 내에 100여 명의 병력을 주둔시키고 있으며, 중업도(中業島, 중예다오)에 가장 많은 약 40명의 병력을 주둔시키고 있다. 1978년 1,300m 활주로를 건설하여 C-130 수송기 이착륙이 가능하며, 항공기 방호시설 건설 및 활주로 시멘트 포장공사를 계획 중이다. 필리핀은 중국의 인공섬 건설을 저지하기 위해 군사 · 외교적으로 적극 대응 중에 있다. 구체적으로 미국으로부터 퇴역한 해밀턴급(3,250톤급) 쾌속정 2정을 무상으로 제공받아 9개 도 · 초에 대한 초계활동을 실시하고 있다.

또한 필리핀은 2015년 6월 미국과 일본으로부터 초계함 도입을 추진했고, 일본에 P-3 초계기 구매 희망 의사를 전달했으며, 2016년 7월에는 영유권 관련 PCA에 제소하여 승소함에 따라 남중국해에서의 영향력 확대를 강화할 것으로 예상되었다. 그러나 필리핀은 PCA 승소에도 불구하고 두테르테 대통령 집권 이후 미국과는 거리를 두고 있는 가운데 중국과의 관계개선을 통해 경제적 이익을 추구하고 있는 상황이다.[18] 이와 관련하여 중국은 2017년 6월 필리핀 외무장관을 초청했으며, 2017년 5월 중국 베이징에서 열린 '일대일로 국제협력 포럼'에 두테르테 대통령을 초청해 극진히 대접하는 등 필리핀 포섭을 위한 노력을 가속화하고 있다.[19]

---

18 2016년 10월, 두테르테 대통령은 중국 방문 시 150억 달러의 투자와 90억 달러의 차관 제공 등 모두 240억 달러(27조 원) 규모의 경제협력을 약속받았다. 그러나 최근 필리핀은 이슬람 극단주의 세력인 IS 소탕을 내세워 미 · 중 사이 줄타기 외교를 계속하는 등 자국의 국가이익 중심으로 대외전략을 추진하고 있다. 2017년 7월 13일, 두테르테 필리핀 대통령은 "취임 이후 미국에 대한 의존도를 낮추고 중 · 러와 더 가까운 관계를 맺으려 노력한 결과 자국에 대한 중국의 군사원조가 증가했으나, 중국과 군사동맹을 맺는 일은 없을 것이다"라고 언급했다. 2017년 7월 14일, 두테르테 필리핀 대통령은 "미 · 필리핀 상호방위조약에 따라 중국과 러시아와 군사동맹을 체결할 수는 없으나, 양국에 필리핀에 대한 경제 및 군사적 지원을 지속 요청할 것이다"라고 언급했다. 2017년 7월 24일, 두테르테 필리핀 대통령은 기자회견을 통해 "중국과 합작투자 형태로 남중국해 자원 공동개발을 추진하고 있으며, 현재 중국 측 관계자들과 이를 위한 논의가 진행 중이다"라고 전했다. 2017년 7월 30일, 주필리핀 미 대사관은 "최근 미군이 필리핀군에 2.75인치 로켓 1천여 발을 제공했고, 조만간 1,250정의 유탄발사기를 공급하는 등 동맹국으로서 필리핀군의 현대화와 테러 방지에 필요한 활동을 지속할 것이다"라고 전했다.

19 2017년 6월 29일, 중국 정부 관계자는 "필리핀의 ISIS 추종 반군 격퇴작전을 지원하기 위해 5천만 위안(약 84억 원) 규모의 무기를 무상으로 제공했으며, 이는 두테르테 대통령의 친중 외교노선 공식화('16. 6) 이후 첫 군사원조다"라고 밝혔다.

(3) 말레이시아

말레이시아는 남사군도 5개 도 · 초를 점유하고 있으며, 약 120명의 병력을 주둔시키고 있다. 말레이시아는 1993년 탄환초(彈丸礁, 탄환자오)에 1,367m 활주로를 건설하여 C-130 수송기의 이착륙이 가능하며, 부두 3개 및 격납고 2동을 보유하고 있다. 말레이시아는 중국에 대해 우호적인 국가이며, ASEAN 주도국으로서 '분쟁 중재자' 역할을 해왔으나, 2015년 6월 2일 실효적으로 지배 중이던 남강암사에 중국 해경정이 침범한 이후 중국의 행보에 적극 대응하고 있다.

특히 말레이시아는 PCA 판결을 수용하는 입장을 표명하고 있으며, 향후 남중국해 영유권과 관련하여 필리핀과 동일하게 PCA, ICJ 등에 제소할 가능성이 제기되고 있다. 그러나 중국은 2016년 말레이시아와 500억 달러(약 56조 6천억 원) 규모의 무역을 거래하는 등 2009년 이후 말레이시아의 최대 교역국을 유지하고 있으며, 현재 최대 해외투자국이라는 측면에서 중국에 대한 적극적인 대응에는 한계를 보일 수밖에 없는 상황이다.

그렇지만 최근 중국의 해경선들이 말레이시아와의 영유권 분쟁지역인 남중국해 루코니아 암초(중국명: 베이캉안사) 주변 해역을 거의 정기적으로 순찰해온 것으로 확인되었으며, 이러한 행위는 영유권 침해로 여겨질 수 있다는 측면에서 양국 간 해양갈등으로 이어질 가능성을 배제할 수 없는 상황이다.[20] 또한 2016년 3월 중국 선박 100여 척이 말레이시아의 해역에 침범하는 등 중국과 조업에 대한 갈등 중에 있으며, 양국 간의 관계를 저해할 수 있는 사건들이 지속적으로 발생할 가능성도 배제할 수 없는 상황이다.

(4) 대만

대만은 제2차 세계대전 종료 후 태평도(太平島)를 점유했고, 약 140명의 병력을

20 최근 중국의 해경선들이 말레이시아와의 영유권 분쟁지역인 남중국해 루코니아 암초(중국명: 베이캉안사) 주변 해역을 거의 정기적으로 순찰해온 것으로 확인되었다. 말레이시아의 배타적 경제수역 내에 있는 루코니아 암초는 말레이시아령 보르네오 해안에서 145㎞, 중국 해안에서 1,600㎞ 이상 떨어져 있으며, 중국과 대만이 영유권을 주장하고 있다. 2016년 초부터 중국 해경선 11척이 루코니아 암초 주변을 정기적으로 순찰했으며, 2017년 1~2월에도 선박 3척이 순찰한 것으로 보도되었다.

주둔시키고 있으며, 2008년에 1,200m 활주로 공사를 완료하여 C-130 수송기의 이착륙이 가능하다. 태평도에는 부두 및 방파제가 있어 물자 하역이 가능하며, 대만 해군은 매달 호위함 1척을 정기적으로 파견하여 해상초계를 실시하고 있다. 현재 분기마다 전투함과 상륙함이 보급품을 수송 중이며, 해군 기상관측소 소속 5명이 기상관측 임무를 수행 중이다. 서사군도의 경우 중국과 대만이 실효적으로 지배하고 있다는 점에서 이 지역에서의 분쟁은 거의 없는 상황이다.

그러나 PCA 판결은 대만에도 큰 파장을 일으키고 있다. PCA가 남사군도에서 가장 큰 태평도를 섬이 아닌 암초로 판결함에 따라 대만은 태평도 주변 해역에 대한 영향력 확대를 시도할 것으로 예상된다. 대만은 그동안 태평도 주변에 대한 배타적 경제수역(EEZ)을 주장하면서 타국 어선을 단속해왔으며, 2017년 4월 18일 대만은 태평도에 기존의 대공 무기 외에 로켓포, 무인기 등을 추가 배치하는 내용의 전력 강화 방안을 마련하는 등 남중국해 군사기지화에 가세하고 있다. 또한 대만 내부에서는 총통이 미 · 일을 무시하고 태평도 방문 등을 통해 영유권 의지를 보여줘야 한다는 목소리가 점차 높아지고 있는 상황이다.[21]

3) 기타 국가

중국에 대한 협력국가로는 캄보디아, 태국, 인도네시아, 라오스 등이 있다. 캄보디아는 전통적인 '중국의 텃밭'으로 친중 정책기조를 유지하고 있으며, 2015년 6월 7일 캄보디아는 필리핀과 베트남을 '소음 발생국'이라고 언급하면서 남중국해 분쟁은 관련국 간에 해결되어야 한다고 주장했다. 특히 캄보디아는 PCA 판결 이후 남중국해 영유권 분쟁 당사국인 필리핀과 베트남이 ASEAN의 공식 의견 표명 요구에 대해 강력히 반대했으며, 전통적으로 우방국인 중국과 캄보디아는 남중국해 영유권 사태를 계기로 한층 깊어진 관계를 유지하고 있다.

태국은 중국의 협력국가로서 민정 이양과 관련하여 미국과의 대립으로 친중 정책기조로 선회했고, 필리핀 · 베트남 등 인접국의 군사력 확충에 따라 2015년 7월

21 http://www.sisapress.com/journal/article/155910(검색일: 2016. 7. 29)

3일 중국으로부터 잠수함 3척을 구입한다는 방침을 발표했으며, 2017년 7월 11일, 한국산 T-50 8대(약 2,900억 원) 추가 구매안('15년 4대 구매)을 승인하는 등 전력증강을 도모하고 있다.[22] 인도네시아의 경우 중국의 경제협력으로 인해 ASEAN 내 일대일로 구상에 대한 적극적인 협력국가로 변모하는 가운데 양국 간 해양협력을 지속해서 강화해나가기로 합의했으나,[23] 남중국해에서 자국의 배타적 경제수역에 대한 주장을 지속하고 있다.[24] 라오스는 2016년 5월 7일 쿤밍-라오스-태국 고속철도사업 투자로 인해 중국의 일대일로 구상에 대한 적극적인 지지를 표명한 가운데 버락 오바마 대통령은 라오스를 자기편화하려는 노력을 전개했다.

싱가포르는 ASEAN 선도국으로서 남중국해 영유권 문제 해결을 위한 공동의 노력을 강조하고 있으며, 브루나이는 남사군도 영유권 분쟁 당사국임에도 불구하고 특별한 입장 표명 없이 무대응으로 일관하고 있다. 미얀마는 기존 중국의 텃밭으로 인식되어왔으나 2011년 3월 민주개혁 이후 미 제재 법안 해제를 위해 대미(對美) 관계 정상화에 주력하는 가운데 남중국해 문제에서도 분쟁 비당사국으로서 미 · 중 간 중립을 유지하고 있다.

4) 일본

일본은 남중국해와 관련하여 적극적인 의사를 표명 중이며, 군사력을 통한 개입 가능성이 점차 높아지고 있다. 일본은 미국과 연대하여 중국의 아시아 패권화를 견제하고, 말라카 해협에서 동중국해로 이어지는 해상교통로의 안전 확보를 목표로

---

22 시라이트 미국 국방부 부차관보는 2016년 4월 25일 라오스에서 개최된 동남아시아국가연합(ASEAN) 고위급 실무회담에서 "미국은 남중국해 내 긴장 고조와 역내 군사력 경쟁을 유발할 수 있는 중국의 행동에 대해 우려를 표한다"라고 전했으며, 동남아 국가들은 남중국해 갈등에 대비하기 위해 신형 전투기 도입을 검토 중에 있다. 이와 같이 해양분쟁은 국제정치에 있어 '안보딜레마(security dilemma)'가 적용될 수 있으며, 이는 군사비 지출 차원에서 어느 정도 현실화되고 있는 상황이다.

23 2016년 6월 5일, 양국은 '중 · 인니 해상 실크로드 포럼' 개최에 이어 2016년 6월 10일 중국이 85%의 자금을 제공하는 양국 합작 자바 섬 정유공장 건설 협정을 체결했다.

24 2017년 7월 14일, 인도네시아 정부 관계자는 "자국 영해에 포함된 남중국해 북부지역을 지도상에 '북나투나 해'로 표기했으며, 중국이 주장하는 '9단선'은 아무런 근거가 없는 내용이다"라고 언급했다. 인도네시아 · 말레이시아 북부 해역의 배타적 경제수역(EEZ)과 중국의 '남해9단선'은 서로 겹쳐져 있어 오래전부터 갈등이 지속되고 있다.

하고 있다.[25] 이를 위해 일본은 2015년 4월 29일 미 · 일 방위협력지침 개정으로 자위대의 역할을 확대하고 있으며, 미일동맹 강화 등을 통해 국제 분쟁해결에 적극적으로 참여하여 주도적 역할을 수행하고자 노력하고 있다.[26]

특히 일본은 평시에 역내 국가들과의 협력관계를 강화하여 일본에 우호적 여건을 조성하고 있으며, 필리핀 · 베트남 · 말레이시아 · 미얀마 등을 적극적으로 지원하고 있다. 구체적으로 필리핀에 대해서는 2015년 6월 4일 중국의 해양진출 견제를 위한 공동연대 강화에 합의했으며, P-3C 수출, 순시정 10척 제공 및 3천억 엔대 인프라 구축 지원을 약속했다. 베트남의 경우 2015년 5월 14일 양국 간의 해양안보 분야 협력에 합의했으며, 500t급 선박 1척 무상 지원 및 향후 5척을 제공할 예정이다. 말레이시아의 경우 2015년 5월 25일 방산협력협정을 체결했으며, 레이더 기술이전 및 해경 육성지원을 약속했다. 미얀마의 경우 2016년 11월 민간부문을 포함해 5년간 8억 엔(약 8조 580억 원)을 지원하기로 합의했다.[27]

또한 2015년 5월 28일 아베 총리가 '중요영향사태법' 대상 범위에 남중국해가 포함됨을 최초로 시사했다는 측면에서 일본의 지속적인 공세적 활동이 예상된다. 특히 일본은 센카쿠 열도 영유권을 놓고 중국과 대립 중인 가운데 남중국해 해양분쟁에는 직접적으로 개입하지 않았으나 트럼프 대통령 집권 이후 공세적인 방향으로 선회했다. 구체적으로 일본은 헬기 항공모함인 이즈모함을 기동해 2017년 5월부터 8월까지 남중국해 주변 국가를 대상으로 연례 군사훈련을 실시했다. 또한 일본 정부는 2017년 방위백서를 통해 "중국은 투명성이 결여된 채 군사력 증강은 물론 해양진출에 적극적으로 나서고 있어 지역 군사균형을 와해시키고 동 · 남중국해 내 변화를 시도하고 있다"라고 주장하는 등 중국 위협론을 주도적으로 제기하고 있다.

---

25 일본 자위대와 미 해군이 중국의 남 · 동중국해 진출에 대한 억제력 강화를 위해 '18년 여름에 하와이에서 지대함미사일(SSM)을 사용하는 연합훈련을 최초로 실시할 예정이다.

26 2017년 11월 일본 정부가 미 · 일 정상회담에서 확인한 일본 주도 외교전략인 '자유롭고 열린 인도 · 태평양전략'은 중국의 해양팽창에 대응한 공동개념으로 발전할 것으로 평가되고 있다.

27 2017년 8월 17일, 일본은 2019년까지 3년 동안 주변국들에 5억 달러 규모의 군사 및 안보를 지원할 예정이라고 발표하였으며, 남중국해 국가들에게 제공되는 이러한 자금은 해양안보를 신장시키는 것이 목표라고 하였으나 실상은 중국의 해양팽창을 견제하기 위한 조치라고 할 수 있다.

3. 미 · 중 간 해양갈등 요인 및 전개 전망

1) 요인별 분석

(1) 전략적 요인

미국은 중국의 인공섬 건설을 심각한 위협으로 인식하고 있으며, 군사력 증강 및 주변국들과 동맹관계 강화 등을 통해 중국의 해양팽창을 견제하고 있다.[28] 전략적 측면에서 미국은 아 · 태 재균형(Asia-Pacific Rebalance) 정책[29] 추진을 통해 자국의 영향력을 지속적으로 유지하고 있으며, 남중국해를 중국 견제 · 봉쇄 및 아 · 태지역에서 영향력 행사의 주력점으로 인식하고 있다.[30]

중국은 남중국해에서의 영향력 확대를 위해 인공섬 건설 및 군사기지화를 강행하고 있다. 중국은 일대일로(一帶一路: 육상-해상 실크로드) 전략을 추진함에 있어 남중국해를 미국의 봉쇄에 대응하기 위한 핵심지역으로 인식하고 있으며, 해양권익 수호를 위해 대륙중시에서 해양중시 사고로 전환하고 있다.[31] 실제로 해상 실크로드를 통한 무역액이 급격히 늘어나고 있으며, 대만 · 베트남 · 말레이시아 · 태국 · 인도 등과의 무역액은 지난 10년간 연평균 18.2%씩 성장했고, 대외무역 비중도 같은 기간 14.1%에서 20%로 늘어났다.

중국의 입장에서 태평양과 인도양으로 나아가는 관문인 남중국해 · 동중국해에서 주변국들과의 영유권 분쟁을 넘어서지 못하면 해상 실크로도 확보는 어렵다고

28 2016년 미국은 남중국해 연안국과의 관계를 강화하기 위한 조치로서 필리핀 · 베트남에 군사장비, 훈련 지원을 위해 향후 5년간 4억 2천만 달러를 제공한다고 발표했다.

29 2017년 11월 트럼프 대통령은 일본에서 '자유롭고 열린 인도 · 태평양전략'(Indo-Pacific)을 발표했으며, 동 전략은 기존의 '아시아 · 태평양'(Asia-Pacific)을 대체하는 것이다. 인도 · 태평양 전략은 기존의 미국, 일본, 한국, 호주 등이 주축이 된 '아시아 · 태평양' 개념 대신에 인도까지 포함, 미국 · 일본 · 인도 · 호주 4개국을 묶어 중국을 견제한다는 전략이라고 할 수 있다.

30 오바마 대통령은 미국의 경제 · 전략적 이익의 관점에서 아시아 · 태평양지역의 중요성을 강조했으며, 이후 미 국무부는 2012년 2월 국방전략지침(Defense Strategic Guidance)을 발표하고 아시아 중시정책을 천명했다. 국방전략지침에서는 중국에 대한 관심과 견제에 대해 ① 중국 군사력의 전략적 의도가 투명하게 나타나야 한다, ② 중국의 반접근/지역거부 선략에 대해 미국은 지역접근과 자유로운 작전능력을 위해 필요한 투자를 한다, ③ 미국은 지속적으로 원칙에 입각한 국제질서를 증진시킨다 등으로 표현했다.

31 "중국 해양굴기… 세계 잇는 '진주 목걸이 바닷길' 완성 나섰다", 「한국일보」, 2016년 4월 25일 자, p. 17.

할 수밖에 없다. 반면에 미국은 앞에서도 언급했듯이 남중국해를 중국 견제 및 아·태지역에서 영향력 행사의 주력점으로 인식하고 있으며, 더욱이 이 지역은 제2차 세계대전을 전후해서 미국이 실질적인 패권을 행사하고 있다는 측면에서 미·중 간 해양갈등은 심화될 수밖에 없는 상황이다.

이러한 전략적 요인들은 미·중 간 긴장을 고조시키고 있으며, 양국은 선제적 행동으로 긴장을 조성하고 있다. 특히, 전략적 측면에서 미·중의 전략추진은 결코 물러설 수 없는 상황이며, 오히려 양국 간 해양갈등에서 우위를 선점하기 위해 선제적인 조치를 취함에 따라 긴장이 고조되는 상황이다. 또한 미국은 중국을 견제하기 위해 대만문제를 전략적으로 활용할 것이며, 남중국해 해양갈등은 역내 다른 갈등과도 연계될 것으로 예상된다.

(2) 정치·외교적 요인

정치·외교적 요인은 미·중 간 해양갈등을 고조 및 완화시키는 요인으로서 향후 변화 가능성이 가장 큰 요인이다. 오바마 전 대통령은 대선 전 보수층 의식 및 공화당의 강경 대응에 대한 반응으로 중국의 남중국해 인공섬 건설에 대해 강력하게 대응했다. 또한 미국이 중국에 대해 강경한 입장을 취하지 않을 경우 역내에서 미국의 영향력이 쇠퇴할 수 있다는 우려로 인해 적극적인 대응자세를 취했다. 이에 따라 미국은 남중국해 문제뿐만 아니라 IS 척결, 북한의 핵·미사일, 러시아 등에 대응해야 함에도 불구하고 중국의 해양팽창을 적극적으로 견제하였다.

트럼프 대통령은 중국을 견제하기 위한 수단으로 남중국해를 적극적으로 활용하고 있다. 트럼프 대통령은 대선기간뿐만 아니라 취임 후에도 북한의 핵·미사일 문제를 해결함에 있어 중국의 역할론을 강조했으며, 2017년 4월 미·중 정상회담 이후 중국은 북한에 대해 강경한 입장을 표명했다. 미국은 중국을 지렛대로 하여 북한의 핵·미사일 문제를 해결하려고 했으나 중국의 역할이 충분하지 못함에 따라 남중국해에서 항행의 자유 작전을 시행하는 등 남중국해 해양갈등을 적극적으로 활용하고 있다. 특히 미국 내에서는 대(對)중국 포용정책에 대한 비관적 판단이 확산되고 있으며, 타협 가능성에 대해서도 부정적 견해가 점차 확대되고 있다.

또한 공화당 후보인 트럼프 대통령은 대선기간 중 자국 우선주의에 기반을 둔 정책 추진으로 자국의 이익이 명확하지 않은 사안에 대해서는 개입하지 않으며, 아시아 동맹국에 대한 역할 확대를 요구할 것으로 전망되었으나 이러한 정책은 바뀌고 있다.[32] 미국 내에서는 중국의 공세적 대외정책 행보가 확대되고 있다는 인식이 확산되면서 미국의 군사적 우위를 명확히 보여주어 중국이 오판하지 않도록 해야 한다는 목소리가 점차 힘을 얻어가고 있다.[33] 이에 따라 미국은 더 이상 중국의 공세적 행태를 용인하지 않고 중국이 손해를 볼 수밖에 없는 상황을 만들기 위해 적극적으로 행동에 옮기고 있으며, 동맹국들과도 조직적 행동을 강화해나가기 위해 다양한 노력을 기울이고 있다.

중국은 남중국해 분쟁뿐만 아니라 다른 지역에서도 해양분쟁 또는 갈등관계가 진행 중에 있다. 중국은 19세기 중반 아편전쟁에서부터 20세기 중반까지 외세의 침입을 경험했으며, 이러한 '굴욕의 세기'가 해양에서부터 출발한다고 인식하고 있어 해양에서의 주권 수호에 역점을 두고 정책을 추진하고 있다.[34] 이와 아울러 중국은 중화사상(中華思想)에 입각한 서구식 관념을 거부하고 있다. 중화사상은 세계에서 중국문화가 최고이며, 중국을 중심으로 모든 것이 이뤄진다는 중국의 민족사상이다. 이에 따라 중국은 20세기 미국의 주도로 만들어진 국제법 질서에 대한 거부 및 대응이 지속될 것으로 예상되며, 중국 내 고양된 민족주의에 따른 강경 대응 여론은 향후 중국의 정책결정에 영향을 미칠 것으로 전망된다.[35]

또한 중국은 내부적으로 소수민족 분리운동 등과 같은 문제로 인해 대외적으로

---

32 미국의 트럼프 대통령은 취임 초기부터 "남중국해 공해상의 섬들에 대한 중국의 일방적 점거를 용납하지 않겠다"고 하면서 강도 높게 대응하고 있으며, 이에 대해 중국은 "남중국해 평화와 안정을 훼손하지 않도록 언행을 신중히 하라"고 강력하게 응수하고 있다.

33 2017년 4월 27일, 미 공화당 당원들은 상원외교위원회 청문회에서 오바마 행정부에 "남중국해 내 군사작전 강화 및 '항행의 자유' 작전을 지속적으로 실시해야 한다"라고 촉구했다.

34 한국전략문제연구소, 「남중국해 사태 전망과 지역안보」, 정책토론회 결과보고서, 16-02(No. 230), p. 6.

35 중국은 남중국해 도서들에 대해 고대로부터 중국 영토였으며, 주권과 합법적인 해양권익을 가질 권리가 있다고 하면서 양보할 의사가 없음을 분명히 했다. "President Obama and the President of the People's Republic of China hold a Joint Press Conference," The White House, 25 September 2015.

강경한 입장을 유지할 수밖에 없는 상황이다. 중국 내 56개 소수민족은 중국 인구의 최대 1.1% 정도에 불과하지만 위구르, 티베트 등과 같이 상당한 영토를 차지하고 있다.[36] 이에 따라 중국은 2005년부터 하나의 중국 원칙을 바탕으로 반국가분열법을 제정하여 매우 강력하게 실행하고 있으며, 이와 관련하여 중국 정부는 대외적으로 강경한 입장을 취함으로써 소수민족들의 분리운동을 사전에 차단하려는 정치적 목적에 영향을 받고 있는 상황이다.

(3) 군사적 요인

군사적 요인은 전략적 요인의 실질적인 수단이며, 전략적 요인과 함께 미 · 중간 긴장을 고조시키는 주요 요인이다. 미국은 남중국해를 역내 군사력 투사 및 중국 견제가 가능한 핵심지역으로 인식하고 있으며, 중국의 영향력 확대를 차단 및 봉쇄하기 위해 군사적 수단을 활용하고 있다.[37] 오바마 정권은 총 세 차례 항행의 자유 작전[38]을 실시했으며, 필리핀의 5개 기지 사용에 합의했다.[39] 다음의 〈표 5-6〉은 오바마 정권에서 시행된 항행의 자유 작전을 정리한 것이다.

---

36 http://terms.naver.com/entry.nhn?docId=3555956&cid=58400&categoryId=58400(검색일: 2016. 10. 13)

37 미국은 아시아 재균형 정책 추진에 있어서 중국의 A2/AD를 돌파하기 위한 공해전투(Air-Sea Battle) 작전개념을 창안했으며, 남중국해를 공해전투의 핵심지역으로 인식하고 있다. 합참 신연합방위추진단, 『공해전투(Air-Sea Battle)』(서울: 국군인쇄창 재경지원반, 2013), pp. 12-13.

38 항행의 자유 작전은 미 국방부의 '항행 자유 프로그램' 중 하나로, 미군에 의한 군사적 작전 행동을 의미하며 주로 해군을 포함한 해양력이 행동 주체로 활동하는 것을 의미한다. 항행의 자유 프로그램은 ① 미 국무부 주관 외교적 노력(설득과 의견표명) 및 협상을 통한 국제법 준수 강조, ② 미 국방부 주관 군사적 작전행동을 통해 압박과 관행을 깨뜨리기 위한 명분적 행동을 포함하고 있으며, 항행의 자유 작전(FONOP)은 ②의 일환으로 시행되는 것이라고 이해하면 된다. 항행의 자유 작전은 전 세계 모든 지역에 있어 연안국들에 의해 주장되는 과도한 해상요구(12해리를 초과하는 영해 선언, 자의적 직선기선 수립, 자국법 제정/선포를 통한 타국 군함의 무해통항 저지 등)를 저지하기 위해 시행하는 것이며, 주로 남중국해를 비롯한 동남아시아, 이란과 관련된 페르시아 만, 베네수엘라 등 카리브 해 지역에서 집중적으로 시행되고 있다. 참고로 미국 항행의 자유 작전은 과거 냉전 시대 흑해 등지에서 1979년부터 1989년까지 10년간 소련을 대상으로 실시한 바 있으며, 소련은 결국 자국 영해 내에서 외국함정의 무해항해(無害航海)를 인정한 바 있다. 해군전력분석시험평가단, 『해양전략용어 해설집』, pp. 171-172.

39 1991년 미군기지 조차 기간 연장안이 필리핀 상원에서 부결됨에 따라 미군은 1992년 필리핀에서 철수했다. 필리핀 대법원이 2015년 1월 12일 '미 · 필리핀 방위협력확대협정(EDCA)'에 대해 합헌 결정을 내림에 따라 미군의 장기간 배치가 가능해졌다.

〈표 5-6〉 오바마 정권 시기 항행의 자유 작전

구분	장소	투입전력
제1차 항행의 자유 작전(2015. 10. 26)	남사군도 저벽초(Subi Reef)	USS Lassen
비행의 자유 작전(2015. 11. 17)	남사군도 화양초(Cuarteron Reef)	B-52
제2차 항행의 자유 작전(2016. 1. 30)	서사군도 트라이튼 섬(Triton Islands)	USS Curtis Wilbur
제3차 항행의 자유 작전(2016. 5. 10)	남사군도 영서초(Fiery Cross Reef)	USS Lawrence

주) 미 국방부가 발간한 「2015년 항행의 자유」 보고서에 따르면 미군은 2015년에 총 13개국(중국, 인도, 인도네시아, 필리핀, 베트남, 말레이시아, 몰디브, 오만, 리비아, 이란, 대만, 아르헨티나, 니카라과)을 상대로 '항행의 자유' 작전을 실시했다. 항행의 자유 작전이란 "미국이 바다를 자유롭게 이용할 수 있는 권리를 주장 및 행사하기 위한 작전"을 말한다.

최근 미 해군은 트럼프 정부 출범 이래 처음으로 남중국해에서 '항행의 자유 작전(FONOP: Freedom of Navigation Operation)'을 실시했다. 이는 미국이 2016년 10월 마지막으로 실시한 이래 7개월 만에 재개한 남중국해에서의 항행의 자유 작전이며, 2017년 5월 25일 이지스 구축함인 듀이함(USS Dewey, DDG-105)이 남사군도 내 미제초(Mischief Reef)에 중국이 설치한 인공시설로부터 6해리 거리를 두고 통과했다. 특히 이번 항행의 자유 작전은 인공섬이 아닌 중국의 해양영유권 주장에 대한 항행의 자유 작전이라는 측면에서 필리핀의 제소에 따른 PCA 판결을 이행하는 작전으로 평가받고 있다.[40]

또한 미국은 남중국해에 항모전투단 추가 파견 및 연안전투함(LCS)을 증강 배치했으며, F-35와 DDG-1000 등과 같은 첨단전력을 일본에 전개할 예정이다. 특히 미국은 2017년 하반기에 한반도를 포함한 서태평양에 가장 먼저 F-35B 차세대 스텔스 전투기를 탑재한 초대형 상륙 강습함과 구축함 등으로 구성된 미니 항모전단을 배치하기로 결정했다.[41] 이러한 미국의 조치는 우월한 해군력을 앞세워 중국의 해상패권 도전에 밀리지 않겠다는 의지를 천명한 것으로, 미국은 중국이 인공섬을

40 2017년 7월 22일, 미 정부 관계자는 트럼프 대통령이 미국 해군의 남중국해에서의 순찰 작전 재량권을 확대하는 계획안을 승인했으며, 동 계획안에는 미국 함정들의 남중국해 1년 항해계획이 포함되어 있다. 2017년 7월 미국은 두 번째 항행의 자유 작전을 실시했으며, 2017년 8월 10일에는 존 매케인함이 남중국해 스프래틀리 제도 내 미스치프 암초(중국명 메이지자오) 12해리(약 22㎞)에서 '항행의 자유' 작전을 실시했다.

41 "美 '기동항모전단 창설 태평양 배치'", 「동아일보」, 2016년 5월 4일 자, p. 5.

군사기지화할 경우 미군의 군사작전이 제한받을 것으로 인식하고 있다.[42]

중국은 남중국해를 본토 방어 및 미국의 대(對)중국 봉쇄 거부를 위한 전략적 거점으로 인식하고 있으며, 영향력 확대를 위해 남중국해 방공식별구역 선포, 인공섬 군사기지화 등을 지속해서 추진할 것으로 예상된다. 중국의 남중국해 방공식별구역 선포 예상구역은 중국의 인공섬 주변 또는 중국이 영해를 주장하는 9단선이 될 것으로 전망된다. 또한, 중국 해군의 남해함대와 남사군도 주둔 부대들은 남사군도 해역에서 공격 · 방어훈련을 실시하여 작전능력을 향상시키고 있으며, 중국의 인공섬 군사기지화는 지대공미사일(훙치-9), 대함미사일(잉지-62) 및 전투기(젠-11, 시안젠훙-7) 배치 및 고성능 레이더 설치 등을 통해 현실화되고 있다. 다음의 〈그림 5-7〉은 중국의 남중국해 방공식별구역 선포 예상구역과 중국의 인공섬 군사기지화를 보여주고 있다.

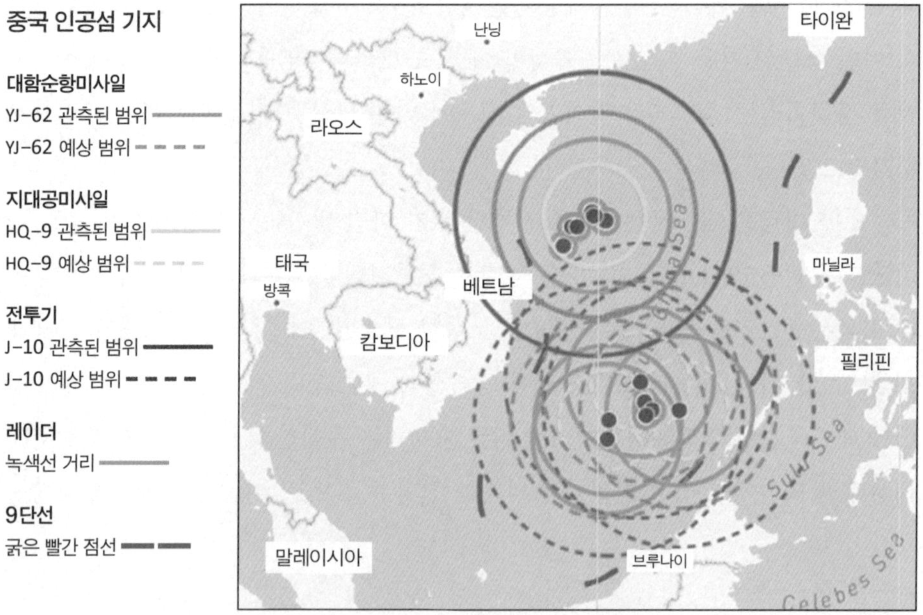

〈그림 5-7〉 남중국해에 대한 중국의 투사력

출처: https://amti.csis.org/chinese-power-projection/(검색일: 2016. 7. 21)

42 "미 '근접비행'-중 '실탄훈련'…," 「동아일보」, 2016년 4월 25일 자, p. 21.

이와 아울러 남중국해는 평균 수심 1,000m로서 오대양 다음으로 가장 넓은 바다이며, 제2격(Second Strike)의 주요 수단인 전략핵잠수함의 유일한 활동 공간으로서 중국은 하이난다오(海南島)에 항모기지와 잠수함 기지를 건설했다. 남중국해의 군사적 중요성에 따른 미 · 중 군사력 증강으로 긴장은 더욱 고조될 것으로 전망되는 가운데 북한의 핵 · 미사일 문제 해결 과정에 영향을 받을 것으로 예상되고 있다.

(4) 경제적 요인

경제적 요인은 남중국해의 경제적 가치로 인해 미국과 중국이 결코 양보할 수 없는 요인이라고 할 수 있다. 미국의 입장에서 남중국해는 태평양과 인도양을 잇는 해상교통로로서 자국의 교역과 밀접한 관계가 있다. 또한 높은 경제성장으로 향후 동남아 국가들이 미국의 중요한 교역대상국으로 등장할 것이 예상됨에 따라 미국은 경제적인 측면에서 동남아 국가들과 우호적인 관계를 형성하고 있다. 오늘날 ASEAN의 시장규모는 EU, 미국, 일본 등을 뛰어넘어 주요 경제권으로 성장했으며, 지속적인 시장규모의 확대가 예상되고 있다.

또한 앞에서도 언급했듯이 중국은 남중국해를 해상 일대일로의 핵심지역이며, 에너지 수송을 위한 주요 항로로 인식하고 있다. 또한 매장된 천연자원의 가치가 높아 이 지역의 자원 확보 시 안정적인 에너지 수급이 가능하며, 해상교통로로서의 중요성 및 부존자원 확보 경쟁이 심화될 것으로 예상되는 가운데 남중국해를 장악하는 것은 중국이 신형대국관계하에 G2 시대를 형성하는 선행 요건이 된다는 측면에서 남중국해에서의 긴장은 지속될 것으로 전망된다.

2) 향후 전망

(1) 오바마 대통령 집권 시기

오바마 집권 시기 남중국해 미 · 중 간 해양갈등의 특징으로는 먼저 선제적 행동에 대한 작용과 반작용이 반복되는 양상으로 전개된다는 것이었다. 예를 들어 2013년 3월 6일 시진핑은 오바마와의 비공식 회담에서 "미 · 중 신형대국관계" 수립을 제안한 이후 2013년 12월 중국은 동중국해에 대한 방공식별구역 선포 및 남중국해 매립 작업을 시작했으며, 2014년에는 석유탐사선을 도입하는 등 예상치 못한 선제적 행동을 통해 긴장을 고조시켰다. 이와 반대로 미국은 2015년 9월 미 · 중 간 정상회담 이후 남중국해에서 항행의 자유 작전(FONOP: Freedom of Navigation Operation)을 시행함으로써 해양갈등을 다시 고조시키는 등 남중국해 해양갈등은 미 · 중의 선제적 행동에 의해 긴장이 고조되었다.

다음으로 남중국해에 대한 미 · 중 간 전략적 이해가 해양세력 다툼으로 나타나고 있다. 미국의 아 · 태 재균형 전략에 대응하기 위해 중국은 대륙세력에서 해양세력으로 진출하기 위한 일대일로(一帶一路: 육상-해상 실크로드)를 추진 중에 있으며, 국방백서('15. 5)에 "바다와 해양의 권리 보호"를 중시한다고 명기했다. 이에 대해 미국은 중국의 전략추진을 해양패권에 대한 중대한 도전으로 인식하고 있으며, 세계 해양패권 유지와 동아시아 지역으로부터 물러나지 않겠다는 의지를 천명했다. 대표적으로 미국은 중국의 진주목걸이 전략(String of Pearls Strategy)에 대응하여 포위전략을 구사하고 있으며, 다음의 〈그림 5-8〉에서 중국의 진주목걸이 전략에 대한 미국의 포위전략을 확인할 수 있다.[43]

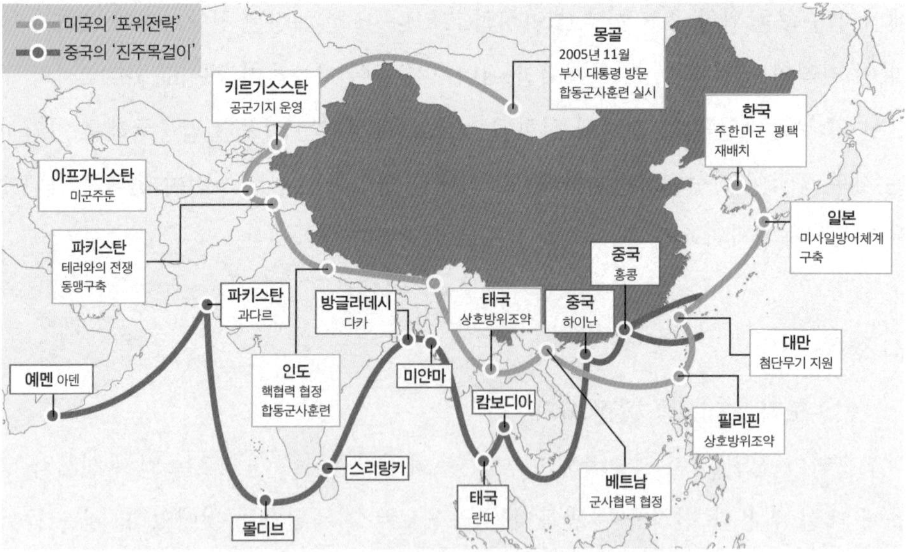

〈그림 5-8〉 미국의 포위전략과 중국의 진주목걸이 전략

출처: http://news.hankyung.com/article/2016052907561?nv=ohttp://news.hankyung.com/article/2016052907561?nv=o(검색일: 2017. 9. 1)

오바마 집권 시기 남중국해의 미 · 중 간 해양갈등은 구체적으로 다음과 같이 전망되었다. 먼저 당시 양국은 함정 · 항공기의 작전운용을 통해 자국의 의지를 현시했다는 측면에서 남중국해의 미 · 중 간 해양갈등은 논쟁에서 분쟁으로 진행하는 단계라고 할 수 있다.[44] 단기적으로 미 · 중 간 군사력이 충돌할 가능성은 높지 않으나 우발적인 군사력 충돌을 배제할 수 없는 상황이었다.[45]

중기적으로는 중국이 인공섬 건설 및 군사기지화 강행을 지속하면서 미국과는 직접적인 충돌을 회피할 것으로 예상되었다. 중국은 인공섬 건설 후 원만한 해결 방안을 모색할 것으로 예상되었으며, 남중국해의 경우 다양한 요인으로 저강도 분쟁 발생 가능성이 상존함에 따라 미국이 남중국해 지역 국가들과 지속적인 관계를 유시하려는 노력을 지속하고 있어 미 · 중 간 해양갈등의 긴장완화는 쉽지 않을 전망이다. 그러나 미 · 중은 강대국으로 대테러, 대북 등 안보분야의 협력도 긴요한 바, 양국이 무력충돌 등의 고강도 분쟁은 회피할 것으로 전망되었다.

장기적으로 남중국해에서의 미 · 중 간 해양갈등은 중국의 대외팽창 및 대미 반접근 · 지역거부(A2/AD) 전략 유지와 미국의 대중 봉쇄 및 아 · 태 재균형 전략으로 인해 지속적인 긴장 고조가 예상되었다. 이에 따라 미 · 중 간의 군사력 충돌은 우발적으로 발생할 가능성을 배제할 수 없는 상황이었으나 계획된 충돌 가능성은 낮을

---

43 2005년 미 국방부는 중국의 미래 군사력에 대한 내부 평가보고서에서 "중국이 주요 해상교통로 인근에 군사기지 및 시설물들을 건설하는 장기적인 지정학적 전략을 구사하고 있다"고 언급했다. 이 보고서에서는 최초로 중국의 '진주목걸이 전략'을 제시하면서 이 전략은 중국이 남중국해, 태국, 캄보디아, 미얀마, 방글라데시, 파키스탄 및 서인도양의 섬나라 국가까지 영향력을 확대해가고 있다고 언급했다. 이 전략이 인도양에 대한 패권적 지위를 갖기 위한 정치적 의도가 내포되어 있는지 명확한 근거는 없지만, 이를 통해 지금의 중국이 해상교통로를 따라 전략적 요충지를 마련함으로써 해양안보 위협을 감소시키고 있음을 확인할 수 있다.

44 해양갈등은 수준에 따라 논쟁, 분쟁 및 적대행위로 구분할 수 있다. 먼저 논쟁(dispute)은 일종의 다툼(quarrel)으로 일관된 정치적인 차이가 시작되는 단계이며, 분쟁(conflict)은 무력(force)을 통해 논쟁에 대한 해결을 고려할 때 시작되는 단계다. 그리고 적대행위(Hostility)는 조직적인 군부대가 개입한 전투행위가 발생한 단계라고 정의할 수 있다.

45 남중국해에서 발생 가능한 4가지 긴급사태로는 ① 항행자유(FON)를 둘러싼 미 · 중 간의 우발사고/충돌, ② 어업 및 석유탐사 등을 내세운 중 · 필리핀 충돌, ③ 해양경계 갈등으로 인한 중 · 베트남 우발사고, ④ 센카쿠/조어도 순시 증대에 따른 중 · 일 충돌 등이 예상된다. 현 시점에서 ① 항행자유(FON)를 둘러싼 미 · 중 간의 우발사고/충돌 가능성은 배제할 수 없는 상황이며, 다른 긴급사태는 미국의 개입 여부가 관건이 될 전망이다. 한국전략문제연구소, "남중국해 사태 전망과 지역안보", pp. 3-4.

것으로 전망되었다. 특히 미국이 남중국해 지역 국가들과의 안보조약 의무 때문에 미·중 간 위기 고조 또는 군사력 충돌이 발생할 수 있다는 주장이 제기되었다.

또한 남중국해의 미·중 간 해양갈등으로 인해 역내 국가 간 군비경쟁이 가속화될 것으로 예상되었으며, 남중국해에서의 군사력 충돌 가능성이 점차 증가하는 상황이었다. 만약 미·중 간 또는 중국과 남중국해 연안국들 간의 해양갈등이 무력충돌로 확대될 경우 남중국해 해상교통로 차단은 물론 역내 다른 해양분쟁에도 악영향을 줄 것으로 판단되었다. 특히 남중국해의 해양갈등이 힘의 정치 구현에 따른 중국의 우위로 끝날 경우 향후 중국은 다른 지역의 해양갈등에서 힘의 정치를 구현할 가능성이 높을 것으로 예상되었으며, 특히 동중국해 또는 한반도 주변 해역이 다음 장소로 예상되었다.

끝으로 남중국해 영유권과 관련하여 필리핀의 제소에 따른 PCA(Permanent Court of Arbitration) 판결 이후 남중국해에서의 해양갈등은 긴장이 더욱 고조되는 등 새로운 국면에 접어들 것으로 예상되었으며, 중국은 남중국해 영향력 확대를 위한 기존 정책을 더욱 강화하는 가운데 분쟁국을 회유하는 정책을 병행하여 추진할 것으로 예상되었다. 이에 대해 미국은 남중국해 사안은 최우선 안보순위로서 아·태 재균형 정책을 지속해서 추진할 것으로 예상되었으며, 베트남·인도네시아 등의 분쟁 당사국들은 ICJ, PCA 등에 중재판결을 제기할 가능성이 높은 상황이었다. 또한 미국의 동맹국과 우방국들은 중국에 대해 PCA 판결 이행을 요구하는 등 PCA 판결에 따른 양분된 미·중의 입장지지가 이뤄졌으며, 특히 PCA 판결 이후 남중국해에서의 미·중 간 해양갈등은 심화 및 확대될 것으로 예상되었다. 다음의 〈표 5-7〉은 PCA 판결 이후 예상되는 남중국해에서의 미·중 간 해양갈등 심화 및 확대를 정리한 것이다.

〈표 5-7〉 PCA 판결 이후 남중국해에서의 미·중 간 해양갈등 심화 및 확대

남중국해 내	남중국해 외
• 갈등고조에 따라 국가 간 대응수준 상향 * 남중국해 내 군사력 증강 지속 • 군사·외교 분야에서 국제법·경제 분야에 이르기까지 대응수단 확대	• 해양분쟁 지역 확대 * 오키노도리시마, 이어도, 독도 등 • 미·중 협력분야 축소 예상 * 북 핵·미사일, 대테러 등

(2) 트럼프 대통령 집권 이후

기존 남중국해에서의 해양갈등은 중국과 주변국들 사이의 역학구도였으며, 중국과 주변국들 간의 힘의 격차로 인해 힘의 논리가 적용됨에 따라 중국의 힘이 크게 작용했다. 또한 해양영유권 분쟁은 대부분 당사국 간의 문제로 인식됨에 따라 그동안 남중국해에서 수차례 군사력 충돌이 발생했음에도 불구하고 미국의 개입 가능성은 크지 않았다. 다음의 〈표 5-8〉은 1970년~90년대 기간 중 중국과 관련된 남중국해 해양분쟁에서의 군사력 대치 및 충돌 현황을 정리한 것이다.

〈표 5-8〉 中, 1970년~90년대 남중국해에서 발생한 군사력 대치 및 충돌 현황

시기	관련 국가	주요 내용
1976년	중국, 베트남	중국, 베트남의 파라셀 군도 점령
1988년	중국, 베트남	스프래틀 군도의 적과초(Johnson Reef)에서 중국과 베트남 해군 충돌
1992년	중국, 베트남	중국, 20여 척의 베트남 화물선 나포 중국, 스프래틀리 군도 2개 추가 점령
1994년	중국, 베트남	중국과 베트남 해군 충돌, 중국이 베트남 영해수역인 133, 134, 135블럭에서 석유탐사
1995년	중국, 필리핀	중국, 필리핀 미제초(Mischief Reef)를 점령코자 구조물을 설치하자 필리핀이 군대를 파견하여 구조물 제거
1996년	중국, 필리핀	Campones Island 주변에서 중국 선박과 필리핀 해군의 총격전
1997년	중국, 필리핀	필리핀, 황암도(Scarborough Shoal)에서 중국이 설치한 중국령 표지 제거 중국, 필리핀 점령 도서인 Panata and Kota Island에 조사목적으로 3척의 군함 파견
1998년	중국, 필리핀	필리핀, 황암도에서 조업 중인 중국 어선 체포

출처: 최수정, "남중국해 해양분쟁과 해양 갈등 재점화", *Dokdo Research Journal*, Vol. 10(2010년 여름), p. 98.

남중국해에서 중국의 해양팽창이 진행 중인 가운데 역내 미 · 중 간 해양갈등은 2012년 1월 5일 미국이 신국방전략지침 발표 이후 남중국해가 아닌 센카쿠 열도(중국명: 댜오위다오)에서 발생했다. 2010년 9월 중국과 일본이 서로 영유권을 주장하는 센카쿠 열도에서 일본 경비정이 중국 어선을 나포하여 일본으로 압송하는 사건이 발생했다. 일본은 과거에도 그러했듯이 중국 어선을 압송하여 재판 후 추방하는 형식을 취하고자 했으나 중국은 과거와 달리 외교 · 경제 등의 수단을 이용한 강도 높은 압박을 가했다.[46]

남중국해와 센카쿠 열도 분쟁의 가장 큰 차이는 센카쿠 열도는 일본이 실효적으로 지배하고 있는 반면에 남중국해는 중국이 실효적 지배를 하고 있다는 것이다. 또한 중국의 분쟁당사국인 일본과 동남아시아 국가들은 해군력에 있어 많은 차이를 보이고 있으며, 구체적으로 일본은 강한 해군력을 보유한 반면에 남중국해 연안국들의 해군력은 중국에 비해 많은 열세를 보이고 있다. 이에 따라 중국이 센카쿠 열도를 무력으로 점령하는 것은 쉽지 않다고 할 수 있다.

특히 중 · 일 간 센카쿠 열도 분쟁의 경우 힐러리 미 국무장관이 센카쿠 열도가 미 · 일 상호방위협력체계의 범주 안에 있다는 선언을 통해 미국의 개입의지를 강력하게 표명한 반면에 남중국해의 경우 ASEAN 차원의 공동대응 및 미국의 개입이 제한된다는 측면에서 중 · 일 간 센카쿠 열도 분쟁은 오늘날까지 현상 변경이 없으나 남중국해의 경우 중국에게 유리한 방향으로 전개될 가능성이 높다고 할 수 있다. 다음의 〈표 5-9〉는 남중국해 및 센카쿠 열도 분쟁을 비교한 것이다.

〈표 5-9〉 남중국해 해양갈등 및 센카쿠 열도 분쟁 비교

구분	분쟁국	실효적 지배	미국의 개입에 대한 분쟁국 간의 관계	해군력	결과
센카쿠 열도	• 중국-일본(미국)	일본	일본: 강함	강함 (일본)	현상유지
남중국해	• 중국-남중국해 주변국 • 중국-미국(동맹국/우방국)	중국	• ASEAN: 합의 제한 * 중국에 대한 협력/견제국 및 중립국으로 나뉨	약함 (연안국)	중국에 유리한 방향으로 전개 예상

오늘날 미 · 중은 남중국해에서의 영향력을 확대하기 위해 남중국해 지역 국가들에게 우호적인 정책을 추진 중에 있으나, 이에 대한 선택은 지역 국가들의 자국 중심적으로 이뤄질 것으로 예상됨에 따라 ASEAN 차원의 공동대응은 앞으로도 제한될 것으로 예상된다. 이에 따라 중국의 행보에 대한 대응은 일부 국가들이 공동으로

46 대표적으로 중국은 외교적 의례를 무시한 채 주중 일본 대사의 야간 초지 등을 포함한 항의를 비롯하여 유엔 총회 기간 중 예정되었던 중 · 일 정상회담 취소, 중국인의 일본 관광 자제령, 동중국해 가스전 개발 협상 연기, 일본 경제에 타격을 줄 수 있는 희토류 수출 금지, 일본인 4명에 대해 중국 내 군사시설 불법 촬영혐의로 연행하는 등의 조치를 취했다.

대응하거나 또는 개별국가 차원에서 대응이 이뤄질 것으로 예상되는 가운데 남중국해 지역 국가들의 군비경쟁은 가속화될 것으로 예상된다.

그러나 남중국해 해양갈등에 미국이 개입하고 있다는 측면에서 남중국해 도서와 관련된 현상 변경은 제한될 것으로 예상된다. 다시 말해 지역 국가들은 최소한 자국이 점령하고 있는 도 · 초에 대한 영유권 유지가 목적이 될 것이며, 남중국해 영유권 문제는 중국의 리더십과 대외전략에 영향을 받을 것으로 예상된다. 특히 PCA 판결 이후 중국은 PCA 판결의 무효를 주장하면서 기존의 강경한 태도에서 변화된 강온 양면의 행동을 취함에 따라 남중국해 해양갈등에서 미국의 영향력은 점차 줄어들고 있는 반면에 중국의 영향력은 점차 증가할 것으로 예상된다. 다음의 〈표 5-10〉은 앞으로 예상되는 중국의 강온 양면 정책을 정리한 것이다.

〈표 5-10〉 중국의 예상되는 강온 양면 정책

강(强)	온(穩)
• 남중국해 내 대규모 무력시위 • A2/AD 능력 강화 • 인공섬 건설 및 군사기지화 강행 • 인공섬 주변 및 9단선 내 방공식별구역 선포 • UNCLOS(유엔해양법협약) 탈퇴	• 필리핀 등 남중국해 연안국에 대한 경제적 지원 등을 통한 회유 • 남중국해 자원 공유 • 동맹국/우방국 간의 관계 강화 등

그러나 남중국해는 중국이 신형대국관계하에서 G2 시대를 형성하기 위해 반드시 확보해야 한다는 측면에서 대국으로서 중국의 리더십을 기대하기란 쉽지 않다고 할 수 있을 것이다. 특히 일부 전문가들은 해양영토에 대한 중국의 접근방식을 'Salami-Slicing' 전략[47]이라고 표현하는 만큼 중국은 남중국해를 확보하기 위한 강온 양면 정책을 추진하는 가운데 추가적인 도 · 초 확보와 병행하여 중국이 주장하는 9단선을 자국의 영유권으로 만들려는 조치를 계속해서 취할 것으로 예상된다. 또한 중국은 인공섬을 군사기지화함으로써 A2/AD 능력을 극대화시켜 미국의 영향력을 최소화하고자 할 것이다.

47 'Salami-Slicing 전략'이란 이탈리아의 소시지에서 따온 말로 얇게 썰어서 조금씩조금씩 먹는다는 뜻으로, 협상 전략 중 하나의 카드를 여러 개로 쪼개어 각각의 보상을 따로 받아내어 협상에 따른 이익을 극대화하는 전략을 말한다.

트럼프 대통령 집권 이후 2017년 4월 미 · 중 정상회담 핵심 의제가 "북한, 무역, 남중국해" 순으로 발표되었으며, 이는 곧 미국의 안보위협 순위가 남중국해에서 북한의 핵 · 미사일 위협으로 이동했다는 것을 의미한다. 언론보도에 따르면 트럼프 대통령은 미 · 중 정상회담에서 북한 문제에 대한 중국의 적극적인 개입을 유도하는 과정에서 중국이 핵심이익으로 간주하는 남중국해 문제를 양보하는 이른바 '빅딜'을 했다고 전해지고 있다.

다시 말해 미국은 남중국해에서 중국의 해양팽창을 견제하기보다는 북한의 핵 · 미사일 위협을 우선적으로 해결하기 위해 남중국해를 적극적으로 이용하려고 할 것이다. 이는 곧 미국이 남중국해에 대해 어느 정도 양보할 수 있다는 것을 의미하지만, 북한 문제를 해결하기 위한 중국의 역할은 자국 중심적으로 이뤄진다는 측면에서 미 · 중 간의 인식 차이는 발생할 수밖에 없을 것이다. 실제 트럼프 대통령은 북한 문제 해결을 위한 중국의 역할이 만족스럽지 못함에 따라 집권 이후 최초로 항행의 자유 작전을 시행했다.

따라서 남중국해에서의 미 · 중 간 해양갈등은 북한의 핵 · 미사일 위협이 해결되기 전까지 또는 미국의 최우선 안보위협이 다시 북한에서 남중국해로 이동하기 전까지는 중국이 북한 문제를 해결하기 위한 하나의 적극적인 수단으로 이용될 것이며, 이 과정에서 남중국해 해양갈등은 긴장과 완화를 반복하는 가운데 전체적인 갈등수준이 점차 고조될 것으로 예상된다.

4. 동아시아 안보환경 변화 전망

1) 주변국의 개입에 따른 해양분쟁 심화 및 다변화

앞에서도 언급했듯이 남중국해에서 미·중 간 해양분쟁은 남중국해의 인공섬 건설과 항행의 자유 보장으로 대립하고 있으나 실상은 역내 미·중 간의 패권경쟁으로 평가되고 있다. 특히 남중국해에서의 미 · 중 간 해양분쟁은 어느 한쪽이 밀리기 시작하면 계속해서 밀릴 수밖에 없다는 인식이 자리 잡고 있다는 것은 지속적으로 미·중 간 긴장이 고조된다는 것이며, 또한 남중국해에서 미·중의 군사력이 증가되고 있다는 것은 양국 간 군사력 충돌 가능성도 배제할 수 없다는 것을 의미한다.[48]

트럼프 대통령 집권 이후 미국은 중국이 트럼프 행정부의 대외전략에 부합된 행동을 취하지 않을 경우 남중국해에서의 항행의 자유 작전을 계속해서 전개할 것으로 예상된다.[49] 이에 반해 중국은 남중국해 영유권과 관련하여 필리핀의 제소에 따른 PCA(Permanent Court of Arbitration) 판결 이후 남중국해에 대한 영향력을 강화하면서 필리핀과의 관계를 개선하고 있으며, 특히 필리핀이 미국과는 거리를 두면서 중국과의 관계를 강화하는 등 남중국해에 대한 중국의 영향력이 더욱 강화되는 여건이 조성되고 있는 상황이다.

이와 같은 상황에서 일본은 헬기 항공모함인 이즈모함을 배치하여 2017년 5월부터 8월까지 남중국해 주변 국가를 대상으로 연례 군사훈련을 실시했다.[50] 그동안 일본은 센카쿠 열도 영유권을 놓고 중국과 대립 중인 가운데 남중국해 해양분쟁에는 직접적으로 개입하지 않았으나, 트럼프 대통령 집권 이후 공세적인 방향으로 선회했다. 특히 일본이 헬기 항공모함을 남중국해에 투입하는 것은 전후 최대 규모의 해군력 과시이며, 바야흐로 전범국가의 굴레에서 벗어나 보통국가로서의 의지를 보여주는 것이라고 할 수 있을 것이다. 이를 계기로 일본은 미국과 협력하는 가운데 강대국으로서 독자노선을 채택하거나 역내 주요 현안에 대한 힘의 사용을 본격화할 것으로 예상된다. 다음의 〈그림 5-9〉는 일본의 헬기 항모 제원과 훈련 코스이며, 일본 해상자위대는 남중국해 전반에 걸쳐 군사훈련을 실시했다.[51]

---

48 2017년 4월 3일, 중국군 기관지는 "3월 31일 하이난 성 싼야 항에서 류판수이 신형 미사일호위함의 취역식이 개최됐으며, 남중국해에 실전배치됐다"라고 전했다. 이어 "동 호위함은 중국이 독자 개발해 건조한 차세대 미사일호위함으로 최첨단 무기와 스텔스 기능을 탑재하고 방공·대잠·대함 작전을 수행할 능력을 보유했다"라고 언급했다. 최근 미국의 스텔스 구축함 줌왈트호의 동아시아 지역 배치 논의가 거론되고 있는 가운데 중국 역시 전투기 및 군함에 스텔스 기능 적용을 확대해가고 있다.

49 트럼프 대통령은 취임 초기부터 "남중국해 공해상 섬들에 대한 중국의 일방적 점거를 용납하지 않겠다"고 하면서 강도 높은 대응을 하고 있으며, 이에 대해 중국은 "남중국해 평화와 안정을 훼손하지 않도록 언행을 신중히 하라"고 강력하게 응수하고 있다.

50 2017년 6월 28일, 동 기간 중 미·일·인도 3개국이 인도·태평양 지역 내 중국의 해양진출 강화를 견제하기 위해 '말라바르' 연합 해상훈련(7. 10~17/벵골 만)을 실시했다.

51 "일본의 최대 '헬기 항모', 남중국해 휘젓는다", 「조선일보」 2017년 3월 15일 자.

일본 헬기 항모 이즈모(いずも)

- 이름: 태평양전쟁(1937~45년) 당시 일제 해군 제3함대 기함의 이름에서 유래
- 규모: 일본이 보유한 전후 최대 군함. 영국 · 이탈리아 · 스페인의 항모보다 큼
- 배수량: 2만 7000t(만재 시 기준)
- 크기: 길이 248m, 폭 38m
- 속도: 30노트
- 함재기: 평시 대잠수함 초계 헬기 7대, 탐색 · 구조 헬기 2대. 최대 14대
- 승무원: 970명
- 건조비: 11억 4000만 달러(약 1조 3500억 원)
- 실전 배치: 2015년 3월
- 특징: 갑판을 개조하면 미 해병대 보유 F35B 등 수직이착륙기 탑재 가능

〈그림 5-9〉 일본의 헬기 항모 제원 및 훈련 코스

출처: "일본의 최대 '헬기 항모', 남중국해 휘젓는다", 「조선일보」 2017년 3월 15일 자 수정.

러시아의 경우 중국과 우호적인 협력관계를 유지하고 있으나 최근에는 자국의 위상확립을 위한 독자적인 행보를 이어가고 있으며, 중국의 남중국해 정책에 대해 이견을 보이고 있는 상황이다. 러시아는 분쟁 당사국이 아닌 제3국의 개입에 반대한다는 입장을 고수함과 동시에 남중국해 분쟁에 대해 누구의 편도 들지 않으면서도 분쟁 당사국들이 국제법에 따라 평화적인 해결책을 마련하는 것 등을 포함한 항해 자유 원칙을 지지하고 있다. 또한 러시아는 미국을 견제하기 위해 필리핀과 군사협력 확대를 추진하고 있으며, 크림 반도 합병 이후 유럽으로의 진출이 제한됨에 따라 동아시아 지역에 대한 영향력 행사를 지속적으로 확대할 가능성을 배제할 수 없는 상황이다.[52]

---

52 2017년 1월 3일, 러시아 태평양함대 부사령관(미하일로프)은 함정 2척을 이끌고 마닐라에 도착한 직후 필리핀과의 연합 군사훈련 의향을 표명했으며, 2017년 1월 5일 주 필리핀 러시아 대사(이고리 호바에프)는 잠수함 · 항공기 등 첨단무기를 제공할 의사를 밝혔다.

이와 같이 남중국해 해양갈등은 동아시아지역에 영향력을 확대하고 있는 일 · 러의 개입에 따라 남중국해 해양분쟁은 심화 및 다변화될 것으로 예상된다. 일본의 경우 남중국해에서 중국을 견제함으로써 미일동맹을 강화하고, 해상자위대의 역할과 범위를 확대시키기 위한 정당성 확보를 시도하고자 할 것이다. 또한 일본이 이제 남중국해에서 중국을 견제할 수 있다는 것을 인식시킴으로써 중국이 센카쿠 열도에서 긴장을 고조시키는 것을 차단하고자 할 것이다.

러시아는 크림 반도 합병 이후 대러 제재로 유럽으로의 진출이 제한됨에 따라 동아시아 지역으로 관심이 이동하는 상황이며, 트럼프 대통령 집권으로 미국과 우호적인 관계를 맺기를 바라고 있다. 그러나 미국과 러시아는 여전히 상호 견제하는 관계가 유지되고 있으며, 이에 따라 러시아는 남중국해 해양갈등에 개입함으로써 미국 · 러시아 · 중국의 3각 관계에서 미국 및 중국과 우호적인 관계를 유지하고, 서방 세계의 대러 제재, 북극해 등에서 미국에게 양보를 얻어낼 기회로 활용하는 등 러시아의 남중국해 개입은 점차 확대될 전망이다.

2) 남중국해에서 한반도 주변 해역으로의 힘의 이동

앞에서도 언급했듯이 북한의 핵 · 미사일 위협이 국제사회의 주요 안보문제로 급부상함에 따라 미국의 우선순위에 변화가 나타나고 있다. 오바마 대통령 집권 시기 미국의 최우선 안보위협은 '남중국해'에서의 '중국의 해양팽창'이었으나 북한의 지속적인 핵 · 미사일 도발에 따라 미국의 우선순위가 남중국해에서 북한으로 이동하고 있다. 구체적으로 2017년 4월 미 · 중 정상회담 핵심 의제가 "북한, 무역, 남중국해" 순으로 발표되었다는 것은 미국의 안보위협 순위가 남중국해에서 북한의 핵 · 미사일 위협으로 변화되었다는 것을 보여주는 것이며, 이는 곧 북한의 핵 · 미사일 위협으로 인해 힘의 중심(center of gravity)이 남중국해에서 동중국해를 거쳐 한반도 주변 해역으로의 이동을 의미하는 것이다. 미국은 한반도 주변 해역에 군사력을 집중적으로 운용함으로써 북한의 핵 · 미사일 위협뿐만 아니라 중국의 해양팽창을 견제해야 하는 상황이다.

현재 미국은 2020년까지 미 해 · 공군의 60%를 아태지역에 배치할 예정이지만, 현 시점에서 미국이 중국과 북한을 모두 견제한다는 것은 사실상 어려운 상황이라고 할 수 있다. 미국은 북한의 핵·미사일 위협에 대해 최고의 압박과 관여를 하기 위해 군사력을 남중국해에서 한반도 주변 해역으로 이동시키고 있으며, 동맹국과 우방국이 남중국해에서 미국의 역할을 대신해서 수행할 것으로 예상된다. 앞에서 언급했듯이 일본은 헬기 항공모함인 이즈모함을 배치하여 2017년 5월 남중국해 주변 국가를 대상으로 연례 군사훈련을 실시했으며, 트럼프 대통령 집권 이후 남중국해 분쟁에 적극적인 개입이 예상되고 있다.[53] 다음의 〈그림 5-10〉은 남중국해에서 한반도 주변 해역으로의 힘의 이동에 따른 변화를 정리한 것이다.

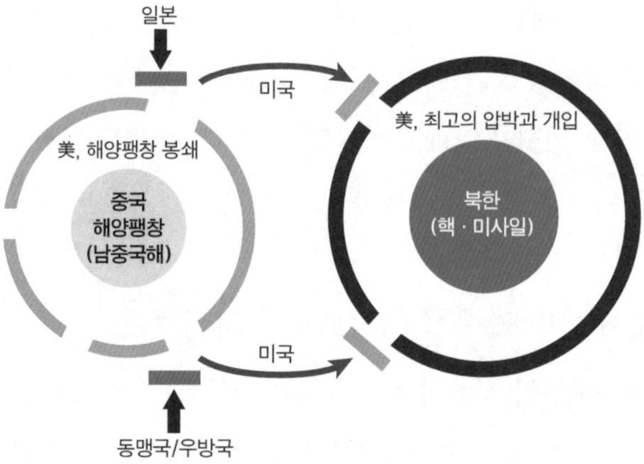

〈그림 5-10〉 남중국해에서 한반도 주변 해역으로의 힘의 이동

위에서 설명했듯이 미국은 동맹국의 협력 및 역할 확대를 통해 중국의 해양팽창을 견제할 것으로 예상되며, 이를 위해 미국은 아·태지역 해양에서 미국의 군사력을 강화하고, 동맹국 및 우방국과 강력한 협력관계를 구축할 것이다. 아울러 미국은 '해양동맹'이라 할 만큼 일본, 호주와의 동맹 강화를 중시하고 인도와의 협력도 강조하고 있으며, 세계의 전략적 중심이 중국과의 대결로 모아지면서 해양동맹이 미국의 새로운 동맹전략의 핵심으로 부상하고 있다.

53 "일본의 최대 '헬기 항모', 남중국해 휘젓는다", 「조선일보」 2017년 3월 15일 자.

생각해봅시다

남중국해 미·중 해양갈등 심화 시 우리의 대응

오늘날 남중국해에서의 미 · 중 간 해양갈등은 역내 다른 주요 현안들과 연계되어 전개되고 있으며, 전략·군사적 요인들이 긴장을 고조시키는 가운데 북한의 핵·미사일 문제, 무역 등과 관련된 외교 · 정치 · 경제적 요인들이 긴장을 더욱 고조시키거나 완화시키는 역할을 할 것으로 예상된다. 이를 기반으로 큰 틀에서 미 · 중 간 해양갈등은 현 수준의 갈등양상이 유지될 수 있으며, 또는 긴장과 완화 과정이 반복되는 가운데 전반적으로 갈등 수준이 높아지는 양상을 보일 수 있다. 또한 미국과 중국이 우발적으로 충돌하거나 다른 국가들에 대한 안보공약으로 인해 충돌할 가능성도 배제할 수 없는 상황이다.

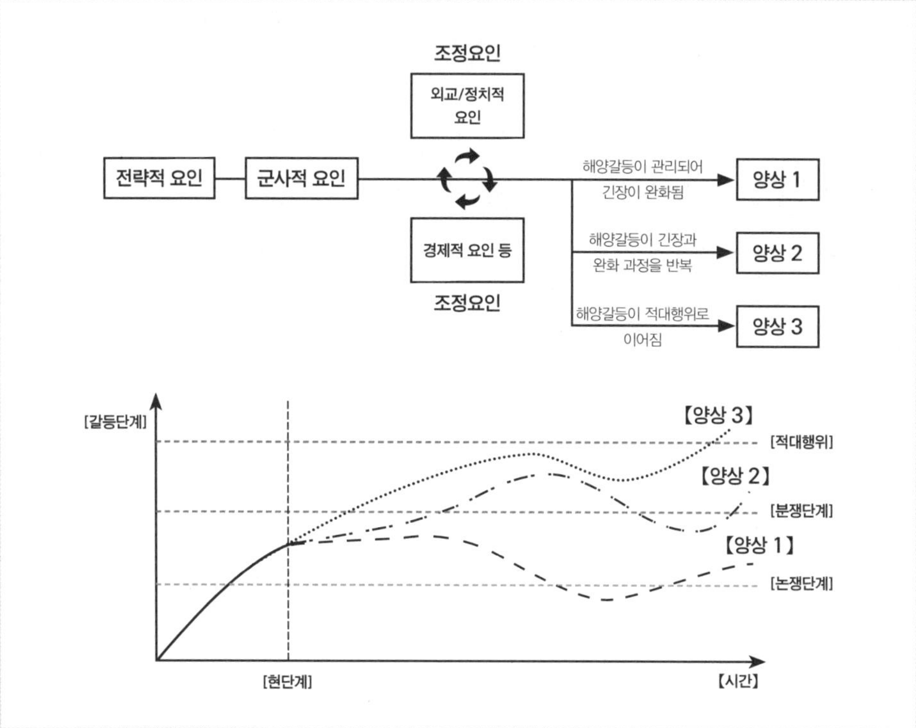

한국은 미 · 중 간 대립구도에서 자의(自意) 또는 타의(他意)로 남중국해의 해양갈등에 개입할 가능성이 크다고 할 수 있다. 먼저 남중국해에서의 미 · 중 간 해양갈등이 심화되어 미국의 적극적인 개입을 요구받는 상황이다. 우리 정부는 그동안 ARF 등에서 남중국해 문제 등과 관련하여 평화적 해결 지지 등 우리 입장을 여러 차례 언급했다. 그럼에도 불구하고 미국은 비공개 방식이 아닌 공개적 방식의 입장표명을 강력하게 희망했다.

이에 따라 한민구 국방부 장관은 '15년 11월 4일 제3차 ADMM-Plus 본회의 대표 연설을 통해 우리의 외교안보 정책이 한미동맹을 축으로 하고 있으며, 한중관계보다 '우선'한다는 점을 대내외에 명확히 부각시켰다. 이러한 측면에서 역내 미·중 간 패권경쟁에서 한미동맹을 우선적으로 고려하는 우리 정부의 입장은 지속해서 유지될 것으로 전망되며, 특히 한미동맹 유지 및 강화를 위해 우리나라는 불가피하게 군사력 파견을 선택해야 할 상황에 직면하게 될 가능성을 배제할 수 없는 상황으로 남중국해 개입문제는 지속적으로 검토해야 할 것이다.

우리 군은 북한의 핵·미사일, 비대칭 위협 등에 우선적으로 대비해야 하며, 파견 전력도 부족한 상황이다. 남중국해 파견 전력은 중국의 인공섬에 배치된 지대공·지대함 미사일 및 전투기 등에 대응해야 하며, 심지어 잠수함의 위협에도 대비해야 한다는 측면에서 적정 규모에 대한 검토가 이뤄져야 할 것이다. 특히 남중국해에서 중국의 항행의 자유 거부는 중국의 남중국해 내 영유권/관할권을 인정하지 않는 국가들 또는 남중국해에서 군사력을 파견하여 영향력을 행사할 수 없는 국가들을 대상으로 전개될 가능성이 높다고 할 수 있을 것이다.

TIP. 남중국해 관련 우리 정부의 기본 입장(ADMM-Plus 국방장관 발표문)

- 남중국해 지역은 우리나라 수출 물동량의 30%, 수입 에너지의 90%가 통과하는 중요한 해상교통로로서 우리의 이해관계가 매우 큰 지역임
- 우리 정부는 상기와 같은 관점에서
  - 동 지역에서의 항행과 상공비행의 자유가 보장되어야 하고,
  - 분쟁은 DOC 등 유관국 간 합의와 국제적으로 확립된 규범에 따라 평화적으로 해결되어야 하며,
  - 남중국해 지역의 평화와 안정에 영향을 미치는 행동은 자제되어야 한다는 입장이며, 이러한 입장을 최근 국제회의 등 여러 계기에 분명히 밝혀오고 있음
- 이와 같은 우리 정부의 입장은 국익의 관점에 바탕을 둔 것으로, 우리 정부는 앞으로도 이러한 입장을 지속 견지해나갈 것임

TIP. 중국의 주변 국가 간 분쟁 사례

구분		분쟁사례	중국의 보복조치
일본	2001. 4	일본, 중국산 대파, 표고버섯, 다다미 등 3개 품목에 대한 세이프가드	일본산 자동차와 핸드폰, 에어컨 100% 특별과세 부과
	2010. 9	댜오위다오(센카쿠) 영토분쟁	일본 희토류 수출 중단, 일본산 제품 불매운동
	2012. 9	댜오위다오(센카쿠) 영토분쟁	중국 정부의 일본 관광 제한 촉구
필리핀	2000. 2	남중국해 영토분쟁	필리핀 내 중국인 관광객 철수
베트남	2014. 6	남중국해 영토분쟁	중국 내 베트남 기업 사업 입찰 중지
한국	2000. 6	한국, 중국산 마늘 세이프가드	한국산 폴리에틸렌, 휴대폰 수입 제재
	2015. 11	남중국해 문제에 대한 한국의 입장 관련 한미동맹의 중요성 강조	-
	2016. 7	한반도 미 사드 배치 결정	경제, 외교, 문화, 관광 등 전방위 보복

주) 2015년 11월 4일, 한민구 국방부 장관은 남중국해 문제에 대한 한국의 입장 관련 제3차 ADMM-Plus 본회의 대표 연설을 통해 우리의 외교안보 정책이 한미동맹을 축으로 하고 있으며, 한중관계보다 '우선'한다는 점을 대내외에 명확히 부각시켰다. 당시 중국은 한국에 대한 보복조치를 감행하지 않았으며, 2016년 7월 한반도 사드 배치 결정에 대한 중국의 보복은 남중국해 문제에 대한 보복도 포함되어 있다고 할 수 있을 것이다.

출처: http://news.naver.com/main/read.nhn?mode=LSD&mid=sec&sid1=101&oid=366&aid=0000334661(검색일: 2017. 9. 19)

제6장

동아시아 해양분쟁

힘의 논리 지배와 상대국 견제 수단으로서의 해양분쟁

intro

국제사회는 냉전 종식 이후 세계평화를 기대했으나 실상 안보환경은 세계평화와는 거리가 먼 새로운 시대가 도래했다. 새로운 국제체제에서 다양한 유형의 국제분쟁이 만연하게 되었으며, 국제분쟁의 많은 부분이 바다에서 나타나고 있다. 이러한 국제분쟁은 동아시아지역에서 두드러지게 나타나고 있으며, 독도 · 센카쿠 열도(중국명: 댜오위다오) · 쿠릴 열도 분쟁, 이어도 문제, 한 · 중 · 일 배타적 경제수역 경계획정 문제, 대만 해협에서의 중국 · 대만 간 긴장감 고조, 서사군도 · 남사군도 영유권분쟁, 남중국해에서의 미 · 중 간 해양분쟁 등 동아시아 바다 전체가 국제분쟁지대로 변모했다.

역내 해양분쟁은 분쟁 당사국이 상호 중복되는 복잡한 분쟁구조로 되어 있으며, 주변 4강은 군사력 증강을 통해 해양분쟁에 대비하고 있다. 이들 국가의 경우 해양에서의 군사력 충돌은 불가피할 것으로 인식하고 있으며, 특히 분쟁도서에 대한 실효적인 지배를 하고 있거나 군사력이 약한 국가들의 경우 영토분쟁을 평화적인 수단으로 해결하려는 반면 분쟁도서에 대한 실효적인 지배를 하지 못하거나 군사력이 강한 국가들의 경우 군사력으로 이를 해결하려는 경향이 강하게 나타나고 있다고 할 수 있다. 또한 주변 4강은 해양분쟁을 급변하는 안보환경하에서 상대국을 견제하는 수단으로 적극 이용할 것으로 예상되고 있다.

1. 영토분쟁 발생 현황

1) 세계 영토분쟁

국가(國家)는 일정 지역의 인간이 그들의 공동체적 필요를 위해 창설된 것으로, 그 구성원들을 위해 일체성과 계속성을 가지고 요청을 수행하며, 내외의 적으로부터 공동체를 지키고 유지하는 목적을 가진 조직이라고 할 수 있다.[1] 이러한 국가는 국민(國民), 영토(領土), 주권(主權)이라는 3가지 요소로 구성되어 있으며, 이 중에서 국민은 오늘날 개인이 희망할 경우 국적을 바꿀 수 있어 그 중요성이 과거에 비해 다소 낮아졌다고 할 수 있다. 이에 반해 영토 및 주권은 국가의 존립과 직결되므로 그 중요성에 대해서는 재론의 여지가 없다고 할 수 있다.

영토와 주권의 중요성이 부각된 시기는 크게 제국주의(帝國主義) 팽창시기, 제1, 2차 세계대전 직후의 시기였다. 여기에서 제국주의는 정치 · 경제적 지배권을 다른 민족이나 국가로 확장시키는 국가정책을 의미하며, 19세기 후반부터 20세기 초반까지 영국 · 프랑스 · 독일 · 미국 · 일본 등 자본주의 열강이 아시아와 아프리카 국가들을 침탈하는 과정을 이르는 말로 많이 쓰이는데, 침략에 의해 영토를 확장한다는 점에서 식민주의와 유사하다고 할 수 있다.

특히 제2차 세계대전 종식 이후 많은 식민지 국가들이 독립함에 따라 과거 이들 국가가 상실했던 영토를 찾기 위한 노력이 경쟁적으로 이뤄짐에 따라 영토에 대한 중요성은 더욱 증대했다. 제2차 세계대전 이후 국제평화유지를 위해 UN이 설립되었음에도 불구하고 세계 영토분쟁은 계속해서 발생하고 있으며, 특히 냉전 종식 이후 해양에서의 영유권분쟁이 가속화되고 있다. 이는 냉전의 종식으로 인해 해양에 대한 미 · 소 두 강대국의 영향력 감소와 육상에서의 자원이 고갈됨에 따라 자원의 보고인 해양에 많은 관심이 집중되었기 때문이며, 이와 아울러 1994년 11월 채택된 유엔해양법협약이 해양권익에 대한 연안국의 권한을 강하게 인정하고 있다는 것도 해양분쟁을 촉진시키는 요인으로 작용하고 있다.

---

1 홍성방, 『헌법학』(서울: 현암사, 2007), pp. 3-4.

(1) 유형별 영토분쟁 현황

세계 영토분쟁 현황은 ICOW(The Issue Correlates of War) 프로젝트를 통해 확인이 가능하다. ICOW 프로젝트는 플로리다주립대학의 정치학부 폴 헨셀(Paul Hensel) 교수가 진행하는 세계 영토분쟁 리서치 프로젝트이며, 세계의 영토분쟁을 영유권분쟁, 해양경계획정 분쟁, 강분쟁으로 구분하여 이를 체계적으로 정리한 것으로 여기에서 영유권분쟁은 육상과 해상을 포함하며, 해양경계획정 분쟁은 전형적으로 어업과 항해에 관련된 분쟁을 의미한다.[2] ICOW 프로젝트에 따르면 2007년 기준 1900년부터 2001년까지의 세계 영토분쟁은 다음의 〈표 6-1〉과 같이 정리할 수 있으며, 영토분쟁은 인류의 역사에 중요한 부분을 차지하고 있다.

〈표 6-1〉 세계 영토분쟁 현황

구분	분쟁 유형	영유권분쟁	해양경계획정 분쟁	강분쟁
1900~1945년	사례 수(총 94건)	50건	29건	18건
	분쟁 발생 비율	53.2%	30.9%	19.1%
1946~2001년	사례 수(총 205건)	27건	114건	64건
	분쟁 발생 비율	13.2%	55.6%	31.2%
전체	사례 수(총 299건)	74건	143건	82건
	분쟁 발생 비율	24.7%	47.8%	27.4%

주) 1. ICOW는 영유권분쟁, 해양경계획정 분쟁, 강분쟁의 3가지 유형을 1816년 이래 또는1900년 이래 발생한 전 세계의 영토분쟁을 ① 서반구(Western Hemisphere), ② 유럽, ③ 아프리카, ④ 중동, ⑤ 아시아 및 오세아니아로 구분하여 정리한 것으로, 2007년 6월 4일 마지막으로 업데이트된 자료에는 ④ 아프리카 및 ⑤ 아시아 및 오세아니아는 포함되어 있지 않다.

2. ICOW 영토분쟁 데이터의 분쟁 사례는 각기 다른 분쟁을 의미하는 것이 아니며, 분쟁 발생 시점에 따라 각기 다른 하나의 분쟁으로 구분하는 방식을 취하고 있다.

출처: http://www.paulhensel.org/icow.html(검색일: 2010. 5. 30)의 내용을 필자가 편집

〈표 6-1〉에 따르면, 1900년부터 1945년까지의 기간 동안 세계 영토분쟁의 발생 빈도는 영유권분쟁(50건, 53.2%), 해양경계획정 분쟁(29건, 30.9%), 강분쟁(18건, 19.1%) 순으로 분석되었으며, 제2차 세계대전이 종식된 1946년부터 2001년까지의 경우 해양경계획정 분쟁(114건, 55.6%), 강분쟁(64건, 31.2%), 영유권분쟁(27건, 13.2)

2 http://www.paulhensel.org/icow.html(검색일: 2010. 6. 21)

순으로 분석되었다. 따라서 영토의 변경이 가장 많았던 제국주의 팽창시기부터 제2차 세계대전 종결까지는 영유권분쟁이 가장 빈번하게 발생한 반면에 제2차 세계대전 종식 이후의 경우 해양경계획정 분쟁이 가장 빈번하게 발생한 것으로 파악되었다. 결국 오늘날 세계의 영토분쟁은 과거에 비해 주로 해양에서 발생하고 있으며, 이는 곧 육상보다 해양에 대한 국가들의 관심이 더 높아졌다는 것을 의미한다.

(2) 유형별 세계 영토분쟁의 종결 여부 현황

1900년부터 1945년까지 발생한 세계 영토분쟁은 총 94건이며, 이 중에서 총 84건이 어떤 식으로든 종결되었다. 이에 반해 1946년부터 2001년까지 발생한 영토분쟁은 총 205건이며, 이 중에서 132건이 어떤 식으로든 종결된 상태인 반면에 73건의 영토분쟁이 아직도 미해결된 상태인 것으로 분석되었다. 여기에서 총 83건의 미종결된 영토분쟁이 남아 있다는 것은 향후 이러한 영토분쟁이 어떠한 방식을 통해서라도 해결될 가능성이 높다는 것을 의미하며, 특히 다음의 〈그림 6-1〉에 따르면 해양에서의 국가 간 영토분쟁이 가장 빈번하게 발생할 것으로 예상된다.

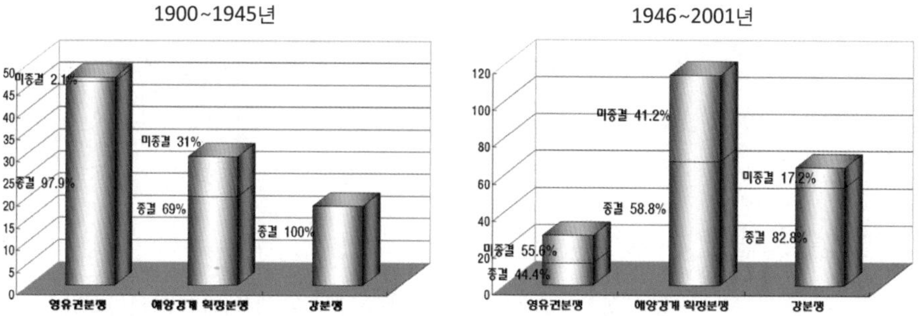

〈그림 6-1〉 유형별 영토분쟁의 종결 · 미종결 현황

출처: http://www.paulhensel.org/icow.html(검색일: 2010. 5. 30)의 내용을 필자가 편집

(3) 세계 영토분쟁의 종결 유형

ICOW 프로젝트는 영토분쟁의 종결 유형을 11가지로 구분하고 있다. 다음의 〈그림 6-2〉는 1900년부터 1945년까지의 기간과 1946년부터 2001년까지의 세계 영토분쟁의 종결 유형을 정리한 것이다.

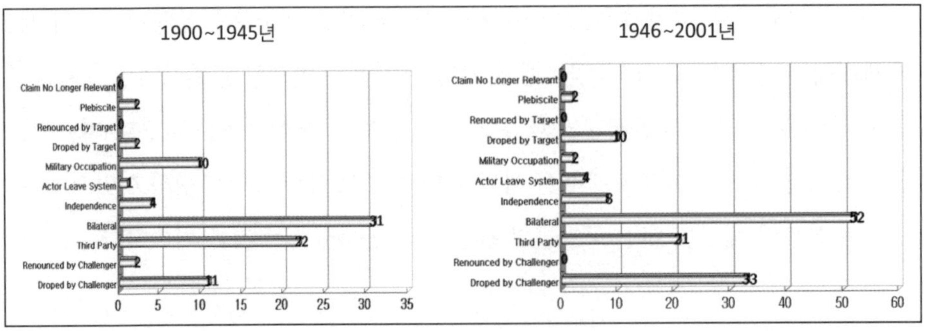

〈그림 6-2〉 세계 영토분쟁의 종결 유형

출처: http://www.paulhensel.org/icow.html(검색일: 2010. 5. 30)의 내용을 필자가 편집

〈그림 6-2〉에 따르면 1900년부터 1945년까지의 기간 동안 세계 영토분쟁의 주요 종결 유형은 양자 및 제3자의 개입에 의한 종결이 가장 많은 것으로 분석되었으며, 군사력에 의한 무력점령도 10건의 사례가 있었다. 그리고 1946년 이후의 경우 양자 협약에 의한 종결 유형이 가장 빈번하게 나타나고 있으며, 군사력에 의한 무력점령은 단 2회에 지나지 않는다. 영토분쟁의 경우 국가 간 주어진 환경이 서로 다르므로 종결 유형 또한 서로 다를 수밖에 없을 것이다. 그러나 여기에서 분명한 것은 영토분쟁을 해결하기 위해서는 평화적 해결 및 군사적 해결에 대한 모든 가능성을 열어두어야 하며, 특히 최악의 사태라고 할 수 있는 무력점령에 대해서도 준비해야 한다는 것이다.

2) 역내 영토분쟁

동아시아 영토분쟁의 경우 제2차 세계대전을 전후한 1940년대와 1950년대에 주로 발생했으며, 이러한 동아시아 영토분쟁의 특징은 대부분 식민지배와 전후처리에 관련된 것으로서 과거 부당하게 빼앗긴 영토에 관한 역사적 근원과 고유영토 주장이 첨예하게 얽혀 있다는 것이다.[3] 과거 식민지였거나 패전국으로서 영토를 빼앗

3 Desmond Ball, "Arms and Affluence: Military Acquisitions in the Asia-Pacific Region," *International Security* Vol. 18, No. 3 (Winter 1993-1994), pp. 88-89.

긴 경험이 있는 국가들의 경우 영토는 독립국가로서 민족자존 및 국가위신과 관련하여 대단히 예민한 민족적 감정이 개입되어 있으므로 영토문제는 정치적 흥정 대상이 될 수 없으며, 타협이나 양보는 불가능한 것으로 인식되고 있다. 이러한 이유로 인해 동아시아의 경우 영토문제는 '영토'라는 사실 자체만으로도 어느 쪽도 쉽게 양보할 수 없는 문제로 인식되고 있다.

또한 동아시아지역은 다른 지역에 비해 해안선이 복잡하고 중복되어 있는 곳이 많으며, 많은 해양자원이 매장되어 있어 해양분쟁이 빈번하게 발생하고 있다. 이와 아울러 동아시아 국가들의 경우 과거 식민 지배를 경험한 국가들이 많아 해양 영토 분쟁은 앞에서 언급한 민족자존, 국가위신 및 국민의 감정이 개입되어 있어 이를 해결하기 위해서는 많은 노력과 시간이 소요될 것으로 예상된다. 동아시아 국가 중 중국이 가장 많은 해양분쟁 중에 있으며, 특히 중국은 해양분쟁을 해결하는 과정에서 수차례 군사력을 사용했다. 다음의 〈표 6-2〉는 앞에서도 제시되었던 1970년~90년대 남중국해에서 발생한 중국의 군사력 대치 및 충돌 현황을 정리한 것이다.

〈표 6-2〉 中, 1970년~90년대 중국의 군사력 대치 및 충돌 현황

시기	관련 국가	주요 내용
1976년	중국, 베트남	중국, 베트남의 파라셀 군도 점령
1988년	중국, 베트남	스프래틀리 군도의 적과초(Johnson Reef)에서 중국과 베트남 해군 충돌
1992년	중국, 베트남	중국, 20여 척의 베트남 화물선 나포 중국, 스프래틀리 군도 2개 추가 점령
1994년	중국, 베트남	중국과 베트남 해군 충돌, 중국이 베트남 영해수역인 133, 134, 135블럭에서 석유탐사
1995년	중국, 필리핀	중국, 필리핀 미제초(Mischief Reef)를 점령코자 구조물을 설치하자 필리핀이 군대를 파견하여 구조물 제거
1996년	중국, 필리핀	Campones Island 주변에서 중국 선박과 필리핀 해군의 총격전
1997년	중국, 필리핀	필리핀, 황암도(Scarborough Shoal)에서 중국이 설치한 중국령 표지 제거/중국, 필리핀 점령 도서인 Panata and Kota Island에 조사목적으로 3척의 군함 파견
1998년	중국, 필리핀	필리핀, 황암도에서 조업 중인 중국 어선 체포

출처: 최수정, "남중국해 해양분쟁과 해양 갈등 재점화", p. 98.

2. 유엔해양법협약 및 역내 해양분쟁 심화

1) 영토분쟁의 개념 및 발생원인

(1) 개념

영토분쟁은 영유권분쟁(領有權紛爭: territorial dispute)과 국경분쟁(國境紛爭, boundary 또는 border dispute)으로 구분할 수 있다. 여기에서 '영토'는 통상 어느 특정국의 주권과 관할권이 행사되는 지역을 뜻하며, '국경'은 영토의 하위개념으로 영토의 외곽경계지역만을 의미한다고 할 수 있다.[4] 따라서 영유권분쟁은 영토의 귀속과 배분에 관한 정치적 결정을 둘러싼 분쟁을 말하며, 국경분쟁은 이미 정치적으로 결정된 국경지역의 경계선 획정을 둘러싼 분쟁을 의미한다고 할 수 있다.

이러한 영토분쟁은 분쟁의 발생 장소에 따라 내륙 영토분쟁과 해양 영토분쟁으로 구분되며, 일반적으로 내륙 영토분쟁은 내륙 영유권분쟁, 국경선분쟁, 국경하천분쟁(강분쟁)으로, 해양 영토분쟁은 해양 영유권분쟁과 해양경계선획정 분쟁으로 다시 구분할 수 있다. 여기에서 해양 영유권분쟁은 구체적으로 도서 영유권분쟁에 해당하며, 해양경계선획정 분쟁은 영해, 대륙붕, 배타적 경제수역 등의 경계선이 포함되나 엄밀한 의미에서 영해의 경계선을 제외한 나머지 대륙붕과 배타적 경제수역 설정 등에 해당한다고 볼 수 있다.

(2) 발생원인

영토분쟁은 일정한 영토의 주권을 두고 벌어지는 국가 사이의 국제분쟁이다. 이러한 영토분쟁의 대상은 육지를 포함해 강과 바다 등이 해당하며, 인접한 국가 사이에 영유권을 주장하는 영토가 서로 중첩될 경우 발생한다고 할 수 있다. 그러나 영토분쟁이 발생하는 주요 원인은 역사적으로 세계 국가의 영토가 많이 변경되었기

4 수르야 샤르마(Surya P. Sharma)는 "국경선 분쟁은 두 개 혹은 그 이상의 정부 실체가 자기의 영토라고 주장하는 영역에서 선을 그리는 문제에 관한 다툼이며, 영토분쟁은 특정지역에서 상대방을 몰아내거나 제거하기 위해 구획을 획정할 때 일어나는 문제"라고 주장했다. Surya P. Sharma, *Territorial Acqusition, Dispute and International Law* (The Hague: Martinus Nijhoff Publication, 1997), pp. 23-24.

때문이라고 할 수 있는데, 앞에서 언급했듯이 세계의 영토가 가장 많이 변경된 시기는 ① 제국주의 팽창시기, ② 제1차 세계대전 직후, ③ 제2차 세계대전 직후로 크게 3가지로 구분할 수 있다.[5]

위의 시기 동안 많은 약소국가들이 그들의 영토를 강대국에게 강탈당했으며, 주권을 상실한 채 식민지 국가로 전락하게 되었다. 그러나 제2차 세계대전 이후 많은 국가들이 독립했으며, 이들 국가는 주권과 가장 밀접한 관계가 있는 자신들의 영토를 회복하기 위해 노력하고 있다. 이러한 측면에서 영토분쟁은 민족자존, 국가위신 및 민족적 감정이 개입되므로 자칫하면 위험한 사태로 진전될 가능성도 배제할 수 없으며, 실제 동아시아의 대표적인 해양 영토분쟁인 서사군도와 남사군도의 경우 문제 해결과정에서 무력충돌이 발생했다.

국제법적으로 육상은 개별 국가에 대한 고유의 지배력이 인정되었으므로 국가소유권이 강하게 작용했다. 이에 반해 해양은 인류 공동의 자산이라는 개념이 적용되어 육상에 비해 개별 국가의 소유개념이 약했다고 할 수 있으며, 이로 인해 과거의 해양은 표면만 이용하는 해상운송의 바닷길과 어업행위의 장소로만 그 기능이 제한되어 있었다. 그러나 육상에서의 자원이 고갈됨에 따라 자원의 보고인 해양에 대한 관심이 집중되었고, 특히 1994년 11월 채택된 유엔해양법협약이 바다와 인접한 연안국의 지배력을 강화함에 따라 해양에서의 분쟁이 가속화되었다고 할 수 있다.

2) 유엔해양법협약의 주요 내용

해양경계의 대상이 되는 영해, 접속수역, 대륙붕, 배타적 경제수역 등의 외측한계 설정은 수십 년에 걸쳐 논란이 되었으며, 1982년에 채택되고 1994년 11월에 발효된 유엔해양법협약(United Nations Convention on the Law of the Sea: UNCLOS)을 계기로 영해 12해리, 접속수역 24해리, 배타적 경제수역 200해리 등으로 합의되었다.[6] 기존의 유엔해양법협약은 해양자원이 무궁하므로 어떤 국가든 자유롭게 개발할 수 있

5 배진수 · 윤지훈, 『세계의 영토분쟁 DB와 식민침탈 사례』(서울: 동북아역사재단, 2008), pp. 11-12.

6 배진수 · 이춘근 엮음, "동북아시아지역에서의 해양영토 분쟁의 배경 및 현황", 『동아시아 해양분쟁과 해군력 증강현황』(서울: 한국해양전략연구소, 1998), p. 23.

다는 "해양자유의 원칙"에서 출발했다면 1994년 유엔해양법협약은 바다에 대한 연안국의 권한이 강화되었다는 측면에서 기존의 해양법을 근본적으로 수정한 새로운 해양시대를 열게 되었다. 유엔해양법협약의 주요 변경내용을 정리하면 다음의 〈표 6-3〉과 같다.

〈표 6-3〉 유엔해양법협약의 주요 내용

① 12해리의 영해 폭 확정과 영해 내 외국선박의 무해통항(Innocent Passage) 제도의 명시
② 국제항행에 이용되는 해협에서의 통과통항(Transit Passage) 제도의 신설
③ 군도수역 개념(the Concept of Archipelagic Baselines and Archipelagic Waters)의 채택
④ 배타적 경제수역(Exclusive Economic Zone) 제도의 합법화
⑤ 법적 대륙붕 개념(the Definition of the Legal Continental Shelf)의 적용
⑥ 공해자유의 내용으로서 과학적 조사 및 인공도서 등 시설물 설치의 명시적 인정
⑦ 심해저 및 그 자원에 대한 국제관리제도(국제심해저기구 설립)의 채택
⑧ 해양과학 및 기술의 개발 · 이전에서의 국제협력 의무화
⑨ 해양환경의 보호 · 보전을 위한 의무화 협력을 강조하는 포괄적 해양환경보호체제 도입
⑩ 포괄적이며 구속력을 갖는 제3자적 분쟁제도(중재재판)의 도입과 국제해양재판소(ITLOS: International Tribunal for the Law of the Sea) 설치

출처: 이근수 · 강한구 · 김광식, "유엔 해양법협약 발효에 따른 국방정책방향 연구", 한국국방연구원 연구보고서(1997), p. 28.

〈표 6-3〉에서 확인할 수 있듯이 유엔해양법협약은 바다와 인접한 연안국들의 지배력을 강화한 반면에 해양에서의 국가 간 분쟁을 촉진하는 요인으로 작용하고 있다. 특히 ④ "배타적 경제수역 제도의 합법화"는 배타적 경제수역 내에서 연안국이 모든 해양자원을 개발할 수 있도록 제도화하는 것이며, 배타적 경제수역에 대한 연안국의 독점적인 권한을 인정했다는 측면에서 사실상 배타적 경제수역이 영토화되었다는 점에 주목할 필요가 있다. 다음의 〈그림 6-3〉은 유엔해양법협약에 따른 해양수역을 정리한 것이다.

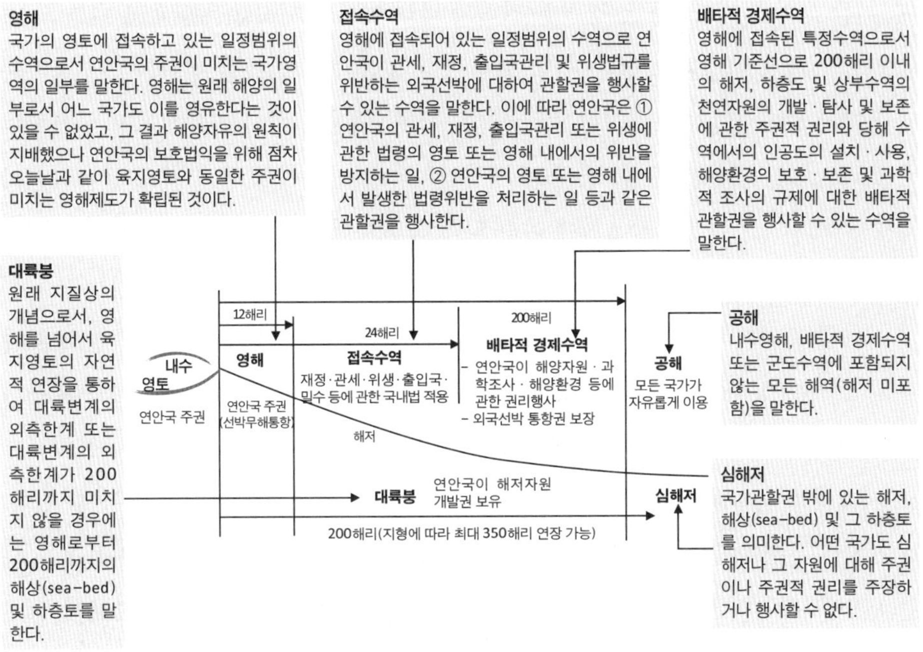

〈그림 6-3〉 유엔해양법협약에 따른 해양수역

출처: 박경일, 『동북아 안보의 도화선은 어디에 있는가?』(서울: 한국해양전략연구소, 2003), p. 91; 김현수, 『해양법총론』(서울: 청록, 2010) 등의 내용을 토대로 정리

3) 역내 해양분쟁 심화

역사적으로 영토분쟁은 국가의 이익이 첨예하게 대립하므로 어느 국가도 쉽게 양보할 수 없는 특징을 가지고 있다. 이로 인해 영토분쟁에 대한 해결방식은 평화적 수단보다는 무력으로 해결하려는 경향이 강하게 나타났으며, 특히 동아시아의 대표적인 해양 영유권분쟁인 서사군도와 남사군도의 경우 모두 군사력 점령의 종결 형태를 취하고 있다. 결국 분쟁도서에 대한 실효적인 지배를 하고 있거나 군사력이 약한 국가들의 경우 영토분쟁을 평화적인 수단으로 해결하려는 반면 분쟁도서에 대한 실효적인 지배를 하지 못하거나 군사력이 강한 국가들의 경우 군사력으로 이를 해결하려는 경향이 강하게 나타나고 있다고 할 수 있다.

오늘날 동아시아 안보환경은 해양을 중심으로 급변하고 있으며, 미국의 '아 · 태 재균형 정책'과 중국의 '신형대국관계' 개념이 대립하는 가운데 중 · 일 · 러 3국은 해양에서의 권익보호 및 해양분쟁에 대비하기 위한 원해작전능력을 강화해왔으며, 이들 국가의 지도자들은 강력한 권력과 국내 여론의 지지를 바탕으로 이를 더 가속화할 것으로 전망되고 있다. 특히 트럼프 대통령이 힘을 통한 평화를 추구한다는 측면에서 동아시아지역에 대한 적극적인 개입이 예상되는 가운데 시진핑 국가주석은 2017년 신년사에서 "영토주권과 해양권익을 결연히 수호하겠다"고 언급하면서 남중국해의 영토주권을 강조함에 따라 역내 해양분쟁이 심화될 가능성을 배제할 수 없는 상황이다.

특히 최근의 해양분쟁은 다자간 틀 속에서 국가 간 견제와 협력의 수단으로 활용되고 있는 상황이다. 한국을 포함한 미 · 중 · 일 · 러 5개국(이후 '5개국'으로 표기)은 분쟁 당사국으로서 서로 중복되어 있으며, 해양영유권 분쟁은 분쟁지역을 실효적으로 지배하는 국가와 그렇지 못한 국가들로 분쟁구조를 형성하고 있다고 볼 수 있다. 여기에서 분쟁지역을 실효적으로 지배하고 있는 국가들은 현 상황을 유지하려고 하는 반면에 그렇지 못한 국가들의 경우 분쟁지역에서 현상변화를 시도함으로써 상대국가를 견제하고 있다.

주변 4강이 상대방을 견제하기 위해 분쟁지역에 대한 긴장을 고조시킬 가능성이 점차 높아지는 가운데 주변국의 지속적인 군사력 강화가 예상되고 있다. 특히, 분쟁 당사국이 중복되는 5개국의 해양분쟁은 단순히 어느 한 국가만의 문제가 아닌 5개국 모두와 연관된 문제로서 어느 한 지역의 해양분쟁은 다른 지역의 해양분쟁에 영향을 미치게 된다는 측면에서 동아시아의 해양분쟁은 역내 안보환경 변화의 한 축으로 자리 잡게 될 것이며, 국가 간 주요 현안으로 부상할 것으로 전망된다.

3. 동아시아 해양분쟁 현황

1) 해양분쟁 개념 재정립

일반적으로 분쟁이란 "양립될 수 없는 이해관계에 대해 어느 한 집단과 다른 집단(들) 간의 상호 대립상태"라고 정의한다. 여기에서 '양립될 수 없는 이해관계(incompatible goals)'는 '상대방의 기득권 상실을 초래하는 주장 또는 대립'으로 설명할 수 있다.[7] 또한 국제분쟁이라 함은 국가와 국가 간의 법률관계 또는 이해관계에 관한 의견충돌이라고 할 수 있으며, 해양분쟁은 국제분쟁의 하위개념으로서 국가 간 해양에서 발생하는 다양한 형태의 대립이라고 할 수 있다.[8]

일반적으로 해양분쟁은 '도서영유권 분쟁'과 '해양경계획정 분쟁'으로 구분할 수 있으며, 앞에서도 언급했듯이 해양경계획정은 영해, 대륙붕, 배타적 경제수역 등의 경계선이 포함되나 엄밀한 의미에서 영해의 경계선을 제외한 나머지 경계획정은 관할권에 관련된 것이라고 볼 수 있다. 또한 이어도 같은 인공구조물의 경우 도서영유권과 해양경계획정의 분류기준에 포함시키기 어렵다는 측면에서 동아시아의 해양분쟁은 해양영유권(Maritime Sovereignty) 분쟁과 해양관할권(Maritime Jurisdiction) 분쟁으로 구분할 수 있다.

동아시아지역의 해양영유권 분쟁으로는 도서영유권, 영해기선, 인공구조물, 인공섬 등이 있으며, 앞에서 언급했듯이 실효적으로 지배하고 있거나 그렇지 못한 국가들로 분쟁구조를 형성하고 있다. 해양관할권 분쟁으로는 배타적 경제수역, 대륙붕 등이 있으며, 아직까지 국가 간에 타결되지 않았다는 특징이 있다. 5개국의 주요 해양분쟁에는 한·중 간 어업분쟁이 포함되지 않았다. 오늘날 한·중·일 간 어업분쟁이 존재하고 있으나 어업분쟁의 경우 배타적 경제수역의 경계획정이 타결되지 않음에 따라 발생했으며, 배타적 경제수역 경계획정 시 해결된다는 측면에서 해양관할권 분쟁에는 포함되지 않는다고 할 수 있다. 다시 말해 어업협정은 '잠정적으로' 적용되고 있는 유엔해양법협약 제74조 제3항에 근거한 '잠정약정(provisional arrangements)'에 불과하다고 할 수 있을 것이다. 이를 반영하듯이 한·일, 한·중 어업협정은 순수한 어업목적만을 위한 협정으로 양국의 영토나 영해 그리고 제3국의 EEZ에는 적용되지 않는다는 것을 명시하고 있다. 다음의 〈표 6-4〉는 5개국의 주요 해양분쟁을 정리한 것이다.

7 배진수, 앞의 책, p. 16.

8 김현수, 『세계도서 영유권분쟁과 독도』(서울: 연경문화사, 2009), p. 21.

〈표 6-4〉 5개국의 주요 해양분쟁 현황

구분			실효적 지배국가	도전(이의 제기)국가
해양 영유권	도서 영유권	독도	한국	일본
		센카쿠 열도 (댜오위다오)	일본	중국
		쿠릴 열도	러시아	일본
	영해기선		일본	한국
			중국	한국
	인공섬(남중국해)		중국	미국, (일본)
	인공구조물(이어도)		한국	중국
해양 관할권	구분		분쟁 당사국	
	배타적 경제수역		한국-중국, 한국-일본, 중국-일본, 한-중-일	
	대륙붕(2~4광구, 7광구 등)		한국-중국, 한국-일본, 중국-일본, 한-중-일	

출처: 백병선, "동아시아지역의 해양분쟁 전망 및 한국의 대응방향: 주변국 해군력을 중심으로", 「전략연구」 통권 제71호 (2017. 3), p. 83 재인용

TIP. 한 · 중 · 일 3국의 수역 현황

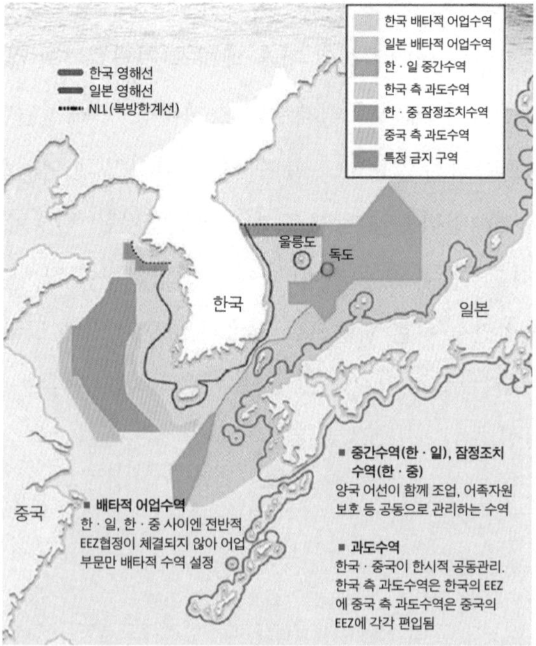

2) 해양영유권 분쟁

동아시아의 도서영유권 분쟁은 제2차 세계대전을 전후한 1940년대와 1950년대에 주로 발생했으며, 대부분 식민지배와 전후처리에 관련된 것으로서 과거 부당하게 빼앗긴 영토에 관한 역사적 근원과 고유영토 주장이 첨예하게 얽혀 있다는 특징을 가지고 있다.[9] 또한 동아시아지역의 영유권 분쟁은 정치적 흥정의 대상이 될 수 없으며, 타협이나 양보는 불가능한 것으로 인식되고 있다. 5개국의 주요 도서영유권 분쟁 현황은 다음의 〈표 6-5〉와 같이 정리할 수 있다.

〈표 6-5〉 5개국의 주요 도서영유권 분쟁 현황

구분	분쟁 개시	비고
독도	1952년	• 한국: 한국 정부는 독도에 대한 영유권분쟁은 존재하지 않는다는 기본입장을 유지하고 있음 • 일본: 독도영유권에 대한 지속적인 주장 및 도발(학습지도요령 개정안에 '독도는 일본 고유의 영토'라는 것을 의무적으로 교육할 것을 명시하는 등)을 통해 한 · 일 간 긴장감을 조성하고 있음 * 2017년 방위백서에서는 독도를 일본 고유영토로 표기, 일 군용기의 순찰비행 경로상에 포함하고 있으며, 일본의 도발 수위가 점차 강해지고 있음
센카쿠 열도 (댜오위다오)	1968년	• 일본: 중국의 도발에 강력하게 대응하고 있으며, 미 · 일 동맹을 통해 중국의 도발에 대응하고 있음 * 센카쿠 열도에 대해 "일본의 고유영토"라며 영토문제는 존재하지 않는다는 정부 입장 유지 • 중국: 센카쿠 열도에 대한 지속적인 도발(순시선 센카쿠 열도 영해 진입 등)을 통해 긴장감을 조성하고 있음 * 중국 vs. 미국 · 일본의 대결구도 형성 아래 분쟁 예상
쿠릴 열도	1951년	• 일본: 러 · 일 간 평화조약 체결을 위한 전제조건으로 쿠릴 열도 4개 섬(구나시리, 에토로후 등) 전체 반환을 요구하고 있음 • 러시아: 1956년 러 · 일 공동선언에서 평화조약을 체결한 뒤 2개 섬(시코탄, 하보마이)을 반환한다고 했으나 기존 입장과 달리 쿠릴 열도를 반환하지 않을 것으로 예상되고 있음 * 2016년 러시아 국방장관은 '20년까지 쿠릴 열도 군사인프라(전력증강, 군사기지 등) 추진을 발표한 가운데 러 · 일은 평화조약 체결을 하지 못한 채 저강도 수준의 영유권분쟁이 지속될 것으로 예상

출처: 백병선, "동아시아지역의 해양분쟁 전망 및 한국의 대응방향: 주변국 해군력을 중심으로", p. 84 보완

9 Desmond Ball, 앞의 글, pp. 88-89.

TIP. 주요 도서영유권 분쟁 경과

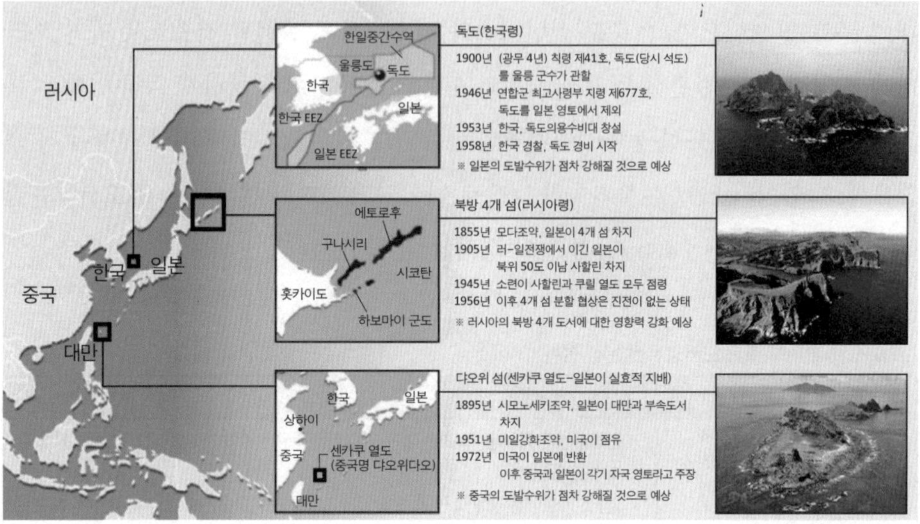

여기에서 해양영유권 분쟁을 단순히 수면상의 영토분쟁으로 인식하기보다는 수면하의 영해, 배타적 경제수역, 대륙붕 등에 대한 분쟁으로 인식할 필요가 있다.[10] 도서의 경우 배타적 경제수역과 대륙붕을 가질 수 있다는 측면에서 면적에 비해 막대한 해양영토를 가지게 된다. 또한 첨단 과학기술의 발달로 일반적인 암석에서도 독립적인 생활이 가능해질 것으로 예상됨에 따라 일부 국가에서는 도서의 지위를 획득하기 위해 암석을 도서로 복원하는 전략을 추진하고 있다.

만약 유엔해양법협약에 따라 연안국들이 200해리 배타적 경제수역을 선포하게 되면, 전체 해양면적 3억 6천만 ㎢ 중 35.6%에 상당하는 수역이 배타적 경제수역이 되며 이는 곧 연안국들의 해양영토 면적이 확장됨을 의미하는 것과 동시에 국가 간 해양 영토분쟁 발생 가능성이 높아진다는 것을 의미한다. 다음의 〈표 6-6〉은 배타적 경제수역의 경계획정에 따른 한국·일본·중국의 해양범위를 비교한 것으로서 국가별 주장에 따라 배타적 경제수역의 범위가 매우 큰 편차를 보이고 있다.

10 백병선, "한·일간 독도분쟁의 현 주소와 한국의 대응방향에 관한 연구", 2010 독도리뷰(2010. 10), p. 7.

〈표 6-6〉 배타적 경제수역 경계획정에 따른 3국의 해양범위

국가명	최대(자국 입장 100% 반영)	최소(자국 입장 0% 반영)	편차
한국	44만 861㎢	31만 851㎢	13만 ㎢
일본	405만 ㎢	345만 ㎢	60만 ㎢
중국	300만 ㎢	245만 ㎢	55만 ㎢

출처: Edward Miles et. al., *The Management of Marine Regions; The North Pacific* (Berkeley University of California Press, 1982), p. 19.

TIP. 한국이 주장하는 해양경계 현황

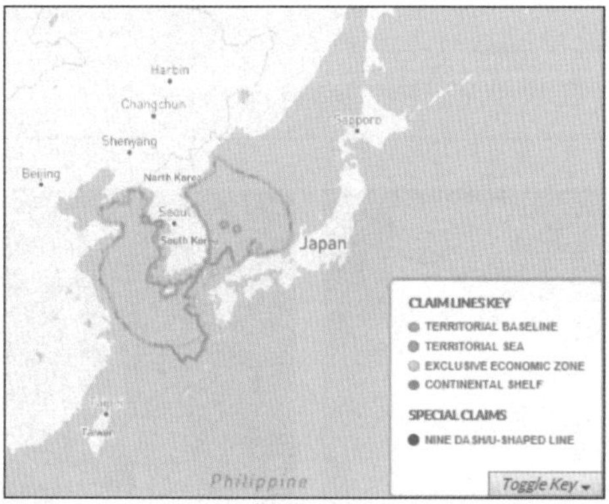

출처: https://amti.csis.org/maritime-claims-map/(검색일: 2017. 8. 10)

TIP. 중국이 주장하는 해양경계 현황

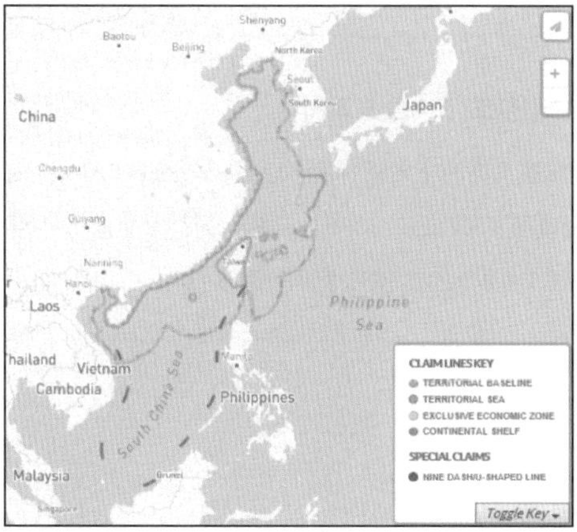

출처: https://amti.csis.org/maritime-claims-map/(검색일: 2017. 8. 10)

TIP. 일본이 주장하는 해양경계 현황

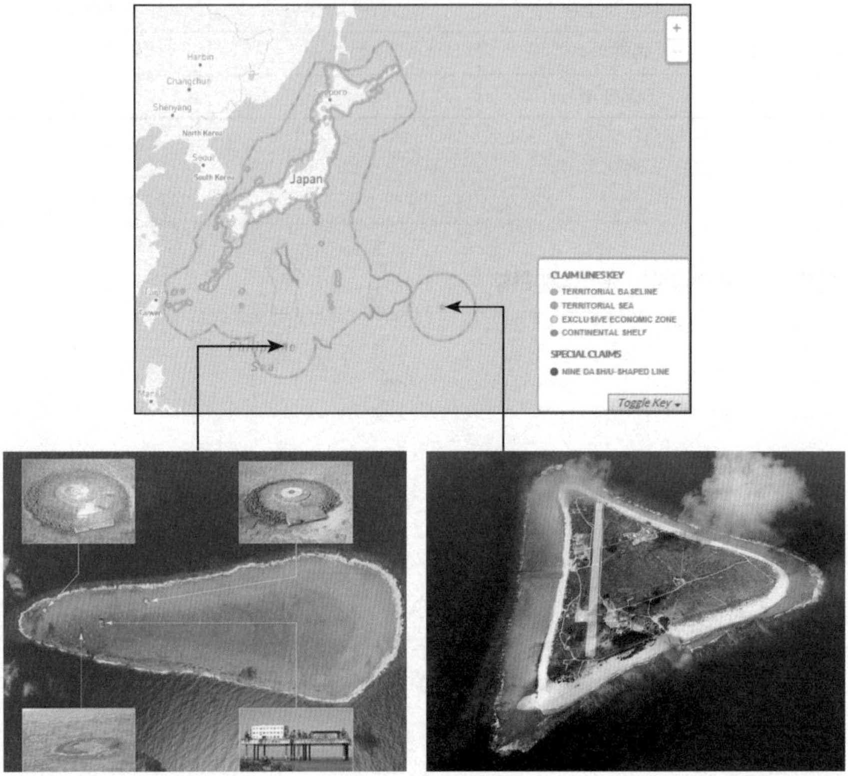

출처: https://amti.csis.org/maritime-claims-map/(검색일: 2017. 8. 10)

TIP. 日, 인공섬 건설의 원조 '오키노도리시마'

일본의 경우 해양영토를 확대하기 위해 태평양에 있는 암초를 복원하는 프로젝트를 추진해왔으며, 만약 일본이 암초를 복원하려는 오키노도리시마가 도서로 인정받게 될 경우 일본은 육지 면적보다 넓은 약 40만 ㎢의 해양영토(배타적 경제수역, 대륙붕)를 획득하게 된다.

앞의 〈표 6-6〉에 따르면, 한국의 육상영토 면적이 약 10만 ㎢임을 고려할 경우 한국은 약 4배에 해당하는 해양영토를 획득하게 되며, 일본 및 중국의 경우 한국의 육상영토 면적의 약 30~40배에 달하는 해영영토를 획득하게 된다. 특히 해양경계 획정에 따라 해양영토 면적이 최대 5배까지 차이가 발생하기 때문에 한·중·일 3국의 경우 해양경계획정은 결코 양보의 대상이 될 수 없다. 다음의 〈표 6-7〉은 유엔해양법협약에서 도서에 대한 정의와 지위에 대한 규정을 정리한 것이다.

〈표 6-7〉 유엔해양법협약 제121조 제1, 2, 3항

구분	내용
유엔해양법 제121조 제1항: 도서의 정의	수면으로 둘러싸이고 만조 시 수면 위에 있는 자연이 형성된 육지
유엔해양법 제121조 제2항: 도서의 독자적 지위규정	도서의 영해, 배타적 경제수역, 대륙붕은 본 협약에 의해 획정
유엔해양법 제121조 제3항: 도서로서의 지위 규정	사람이 거주를 지속할 수 없거나 그 자체의 경제생활을 영위할 수 없는 암석은 배타적 경제수역 또는 대륙붕을 가질 수 없다.

한·일 간 독도 영유권 분쟁의 경우 독도는 역사적·지리적·국제법적으로 명백한 대한민국의 고유영토임에도 불구하고 일본이 독도에 대한 억지 주장 및 도발을 자행하고 있다. 이에 따라 한국 정부는 고유영토인 독도에 대해 분쟁은 존재하지 않으며, 어느 국가와의 외교 교섭이나 사법적 해결의 대상이 될 수 없다는 확고한 입장을 취하고 있다.

일본의 입장에서 독도에 대한 영유권 주장은 남는 장사라고 할 수 있다. 다시 말해 일본이 군사적·외교적 조치 등을 취하여 독도에 대한 영유권을 인정받을 경우 일본은 독도가 가진 경제적·군사적·지정학적 가치 등을 얻게 되며, 또한 독도에 대한 영유권을 인정받지 못하더라도 이를 빌미로 한국으로부터 7광구, 배타적 경제수역, 방공식별구역 등 다른 양보를 얻어낼 수 있기 때문에 독도에 대한 야욕을 결코 쉽게 버리시 않을 것으로 판단된다.

TIP. **독도에 대한 정부의 기본입장과 독도의 지리적 · 지형적 특징**

독도에 대한 정부의 기본입장

독도는 **역사적, 지리적, 국제법적**으로 명백한 우리 고유의 영토입니다.
독도에 대한 영유권 분쟁은 존재하지 않으며, 독도는 외교 교섭이나 사법적 해결의 대상이 될 수 없습니다.

우리 정부는 독도에 대한 확고한 영토주권을 행사하고 있습니다.
우리 정부는 독도에 대한 어떠한 도발에도 단호하고 엄중하게 대응하고 있으며,
앞으로도 지속적으로 독도에 대한 우리의 주권을 수호해 나가겠습니다.

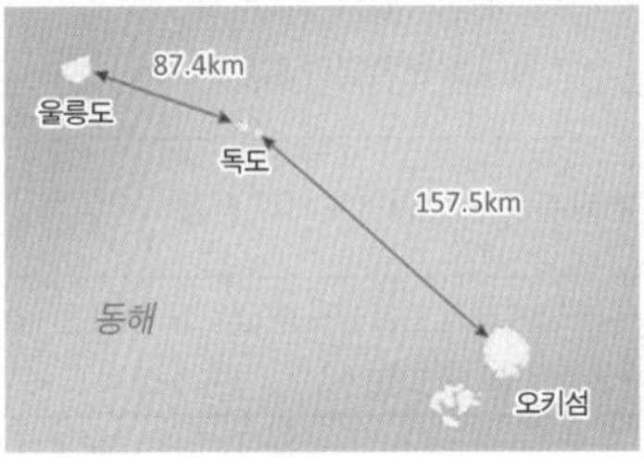

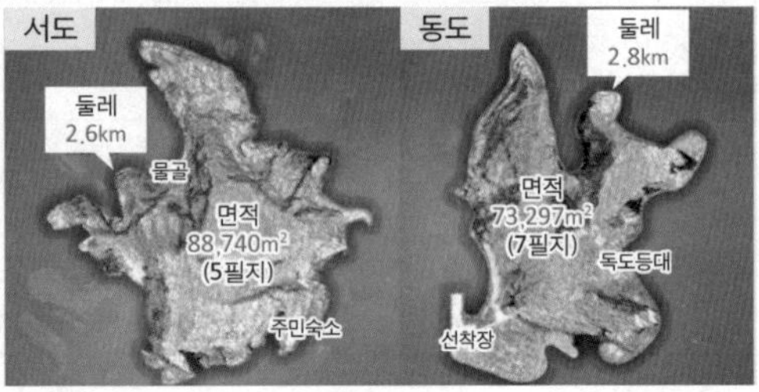

출처: http://dokdo.mofa.go.kr/kor/(검색일: 2010. 9. 20)

한편, 동아시아지역에서는 국가 간 영해기선에 관한 해양분쟁도 존재하고 있다. 영해기선(baseline)은 영해의 폭을 측정하는 기준선이나 실제로는 모든 해양수역의 경계선이 출발하는 기준선이다. 즉 영해의 폭을 측정하는 '기선'이라는 용어는 접속수역, 배타적 경제수역 및 일부의 경우 대륙붕의 외측한계를 측정할 경우에도 동일하게 적용된다. 유엔해양법협약은 기존의 통상기선(normal baseline)[11]에 추가하여 해안선의 굴곡이 심하거나 섬들이 늘어선 지역 등에 한해 관련국 간 합의를 통해 외곽도서 및 인공구조물 등을 기점으로 하는 직선기선(straight baseline) 방식을 허용함에 따라 국가 간 분쟁이 발생하고 있다.[12] 다음의 〈표 6-8〉은 동아시아지역의 5개국 영

11 영해 설정방법은 1958년 「영해 및 접속수역에 관한 제네바협약」에서 '통상기선(normal baseline)'이 채택되어 해안선을 기점으로 하게 되었으며, 그 이후 해안선의 침식 등으로 인한 영해기점의 변경 우려 등이 제기되었다.

12 김현수, 『해양법총론』(서울: 청록, 2010), pp. 30-32.

해기선의 주요 분쟁 현황을 정리한 것이다.

〈표 6-8〉 동아시아지역의 5개국 영해기선의 주요 분쟁 현황

구분		논쟁 개시	비고
영해 기선	일본	일방적 직선기선('98. 1. 1)	한 · 중 · 일 간 배타적 경제수역 및 대륙붕 경계 설정 시 국가 간 중대 현안으로 부상 예상
	중국	일방적 직선기선('96. 5. 15)	

출처: 백병선, "동아시아지역의 해양분쟁 전망 및 한국의 대응방향: 주변국 해군력을 중심으로", p. 86 재인용

오늘날 영해는 1994년 유엔해양법협약이 발효됨에 따라 경제적 측면에서 영해가 가지는 의미는 낮아진 반면에 상대적으로 배타적 경제수역의 중요성은 증대되었다. 그러나 영해는 접속수역, 배타적 경제수역 및 일부의 경우 대륙붕의 외측한계를 측정하는 기준이 된다는 점에서 중요하다고 할 것이며, 특히 한국의 영해 내에서 접촉된 미식별 잠수함이 부상을 거부할 경우 공격이 가능한 구역이라는 측면에서 그 중요성을 찾을 수 있다.

또한 연안국은 배타적 경제수역 내에서 인공도 · 시설물 · 구조물의 설치와 사용에 관한 관할권을 가진다.[13] 이 권리는 과학기술이 발달함에 따라 해양이용의 적극화 추세를 반영한 것이나 이들 시설물의 경우 배타적 경제수역과 대륙붕 확보 및 항행의 자유 거부를 위한 근거로 활용될 수 있으며, 최근 남중국해의 미 · 중 간 해양분쟁이 국제사회의 주목을 받고 있는 상황이다.[14] 다음의 〈표 6-9〉는 동아시아지역의 인공섬, 인공구조물에 대한 주요 분쟁 현황을 정리한 것이다.

13 유엔해양법협약 제56조 1항 나.

14 남중국해에서 미 · 중 간 해양분쟁은 남중국해의 인공섬 건설과 항행의 자유 보장으로 대립하고 있다. 중국은 남중국해 내 인공섬을 개발함으로써 영해(12해리) 권리를 주장하고 있는 반면에 미국은 인공섬이 섬(island)과 암초(rock)의 지위를 가지지 못하기 때문에 국제법상 공해로서 공해에서의 항행의 자유가 보장되어야 한다고 주장하고 있다. 특히 2016년 7월 12일 남중국해 영유권 관련 필리핀의 제소에 따른 PCA(Permanent Court of Arbitration) 판결에서 중국이 주장하는 9단선은 역사적 · 법적 근거가 없으며, 9단선 내 도서들에 대한 영유권 · 자원의 배타적 이용권을 인정하지 않고 있다. 또한 중국이 섬(island)으로 주장하는 7개 도서는 섬이 아니며, 암초(3개) 또는 간조노출지(4개)로 확인되었다. 이에 따라 일본(오키노도리시마), 대만(태평도) 등은 향후 주변국의 중재재판 제소 여부에 대한 동향을 예의주시하는 상황이다.

〈표 6-9〉 동아시아지역의 인공섬, 인공구조물에 대한 주요 분쟁 현황

구분		논쟁 개시	비고
인공섬	남중국해 인공섬 (항행의 자유)	2015년	• 미국: 트럼프 대통령 취임 초기부터 "남중국해 공해상의 섬들에 대한 중국의 일방적 점거를 용납하지 않겠다"고 하면서 강도 높은 대응을 하고 있으며, 항행의 자유 작전을 시행하고 있음 • 중국: "남중국해의 평화와 안정을 훼손하지 않도록 언행을 신중히 하라"고 강력하게 응수하고 있음 * 남중국해에서 미·중 군사력이 증가되고 있으며, 양국 간의 군사력 충돌 가능성이 제기되는 등 미·중 간 해양분쟁은 더욱 심화될 것으로 예상
인공 구조물	이어도 (종합해양 과학기지)	1996년	• 한국: 실효적 지배를 이어가고 있으며, 함정 · 항공기를 이용하여 주기적으로 인근해역을 순찰 중에 있음 • 중국: 이어도 주변 해역에 순시선, 어선 등을 이용하여 영향력을 확대하고 있음 * 이어도는 한국의 배타적 경제수역 내에 위치하고 있어 국제법상 500m의 안전수역을 설정할 수 있음. 그러나 이어도는 한 · 중 간 중첩된 배타적 경제수역 및 한 · 중 · 일 3국의 중첩된 방공식별구역에 위치하고 있어 한 · 중 · 일 3국의 경계구역 설정 시 긴장이 고조될 것으로 예상

출처: 백병선, "동아시아지역의 해양분쟁 전망 및 한국의 대응방향: 주변국 해군력을 중심으로", p. 87 보완

이어도 종합해양과학기지는 서해 남부 해역의 기상 상태를 실시간으로 관측하기 위해 수중 암초지대인 이어도 위에 구축된 무인 해양과학기지이며, 이어도는 자연지리적 · 국제법적 측면에서 모두 영토의 대상이라 할 수 있는 섬이 아닌 수중암초로 본질적으로 배타적 경제수역 해양경계를 둘러싼 한 · 중 간 입장 차이에서 분쟁이 발생하고 있다.[15] 다음의 〈그림 6-4〉는 이어도 종합해양과학기지에 대한 내용을 정리한 것이다.

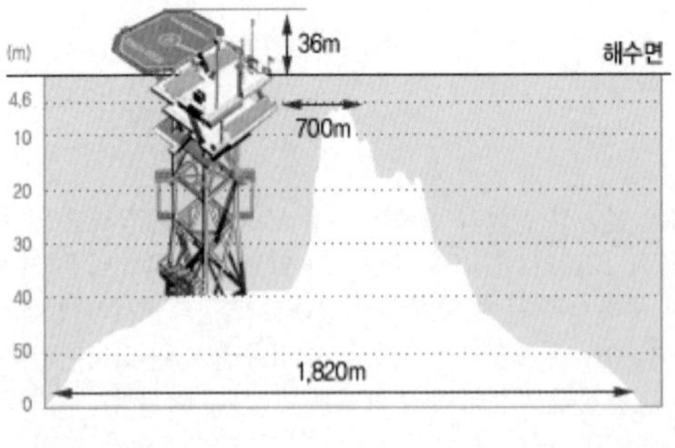

• **구조물**

자켓(JACKET): 32.5m×12m×50.5m, 약 1,258톤
덱크(DECK): 24m×21m×23.2m 등, 약 950톤
파일(PILE): ø60′; 404.8m, ø72′; 241.2m, 합계: 1,220톤

• **이어도 해양과학기지 설계조건**

구조물 수명: 50년 기준
파고: 24.6m 기준
풍속: 초속 50m(시간평균), 초속 60m(분평균) 기준
조위: 3.7m
해 · 조류 : 초속 2.34m

〈그림 6-4〉 이어도 종합해양과학기지

출처: 국립해양조사원, http://www.khoa.go.kr/kcom/cnt/selectContentsPage.do?cntId=ieodo_submain (검색일: 23017. 9. 1)

특히, 이어도는 한 · 중의 배타적 경제수역 및 한·중·일 3국의 방공식별구역[16] 내에 위치하고 있으나 이어도에 대한 논의는 한 · 중 사이에서만 이뤄지고 있는 상황이다. 다음의 〈그림 6-5〉는 한·중·일 3국이 주장하는 배타적 경제수역 및 방공식별구역을 정리한 것이다.

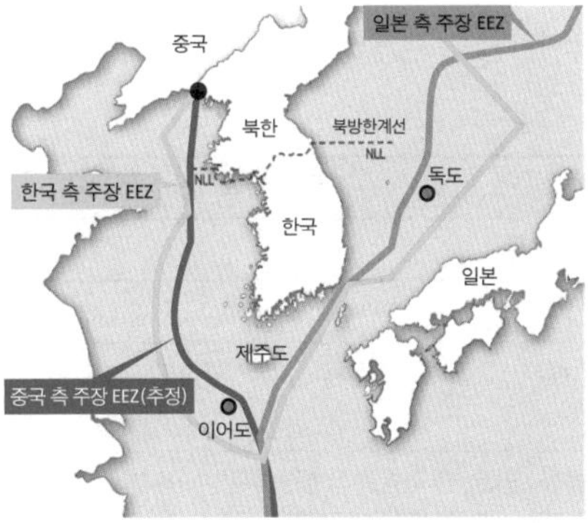

한 · 중 간 배타적 경제수역 내 위치

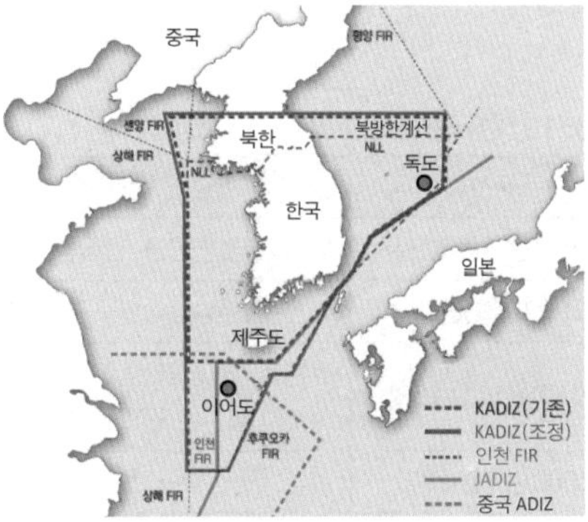

한 · 중 · 일 방공식별구역 내 위치

〈그림 6-5〉 이어도에 대한 한 · 중 · 일 3국의 주장들

출처: 대한민국 국방부, 『국방백서 2016』, p. 220 등

> **TIP. 남중국해에서의 미 · 중 간 갈등이 한 · 중 관계에 미치는 영향**
>
> - 美, 남중국해에서의 미 · 중 간 해양갈등에 따른 한국의 참여 요구(韓, 평화적 해결 지지)
> - 中, 2015년 11월 1일 한중 정상회담에서 리커창 총리는 한중 해역경계획정 협상을 시작해야 한다고 언급
> - 韓, 지난 20여 년간 이어도 및 한중 해역경계획정에 대해 이러한 문제가 쟁점화되지 않는 것이 국익에 가장 부합된다는 입장 유지
>
> ⇨ 최근 중국의 '힘의 정치'를 고려할 경우 한국이 그동안의 입장을 유지하는 것은 어렵다고 예상됨

15 중국은 자국의 영토가 연장된 대륙붕에 이어도가 있어서 관할권이 발생한다고 주장하고 있다. 또한 형평의 원칙에 의거, 해양경계획정 시 해안선 길이, 국토면적, 인구수 등을 고려하여 결정해야 하며, 이 경우 이어도는 당연히 자국의 관할 수역에 포함된다고 주장하고 있다. 반면에 한국은 중간선 원칙을 적용해야 함을 주장하고 있으며, 이어도가 한국의 배타적 경제수역에 속함을 확고히 하기 위해 유엔해양법협약에 근거하여 한국의 배타적 경제수역에 해당하는 이어도에 해양과학기지를 합법적으로 건설 · 운용 · 관리하고 있다는 사실을 강조하고 있다.

한국방공식별구역(KADIZ)은 한국전쟁 중 중공군 공습에 대비하기 위해 미 태평양 공군이 1951년 3월 22일 설정했다. 한국방공식별구역이 처음 설정될 당시에는 중공군과 북한군의 항공작전능력을 고려하여 남쪽으로는 마라도 남방 6.5마일까지만 설정함으로써 이어도가 포함되지 못하는 상황이 발생했다. 다음의 〈표 6-10〉은 한국방공식별구역 관련 조정 경과를 정리한 것이다.

〈표 6-10〉 한국방공식별구역 관련 조정 경과

구분	주요 내용
1951년 3월 22일	미국 태평양 공군, 한국방공식별구역 설정
1969년 9월 1일	일본, 일본방공식별구역(JADIZ) 고시(이어도 포함)
1994년 11월 16일	유엔해양법협약 발효, 영해가 3해리에서 12해리로 조정됨에 따라 마라도 · 홍도 남방 영공 일부가 일본방공식별구역에 포함
2008년 7월 28일	한국, 「군용항공기 운용 등에 관한 법률」 발효, 한국방공식별구역 관련 국내법적 근거 마련
2013년 11월 23일	중국, 동중국해 방공식별구역 선포
2013년 12월 15일	한국방공식별구역(KADIZ) 조정 발효

출처: 대한민국 국방부, 『국방백서 2016』, p. 220 보완

여기에서 방공식별구역의 경우 해당국 공군이 일방적으로 선포할 수 있는 국제법적 권한을 특별히 명시한 국제법 규정은 존재하지 않으며, 해당국의 국제법상 자위권에 근거한 일방적인 조치다.[17] 따라서 한 · 중 · 일 간 이어도에 대한 문제는 한 · 중 간 배타적 경제수역 경계가 타결되면 해결될 것이다.

3) 해양관할권 분쟁

유엔해양법협약은 협약 당사국 간에 발생할 수 있는 분쟁에 대해 강제적 조항

16 방공식별구역(ADIZ)은 국가안보 목적상 항공기 식별, 위치 확인 및 통제가 요구되는 지상 및 해상의 일정 공역을 말한다. 방공식별구역은 1950년 미식별 비행체가 국가안보에 미치는 위협의 심각성을 인식한 미국에 의해 처음으로 설정되었으며, 현재 미국, 영국, 일본, 중국 등 약 30개 국가가 설정하여 운용하고 있다(일본, 1969년 9월 1일 JADIZ 선포/중국, 2013년 11월 23일 CADIZ 선포).

17 방공식별구역(ADIZ: Air Defense Identification Zone)은 영공을 방위할 수 있도록 비행물체를 식별하여 위치를 확인하고, 필요 시 군사상의 위협을 평가하기 위해 공군작전사령관이 합참의장의 승인을 받아 설정하는 구역

을 결여한 불완전한 레짐이며, 분쟁의 해소방법이 각국의 이해관계와 직결됨에 따라 분쟁해소 절차와 방법에서 제3자 개입을 최대한 배제하고 당사자 간 합의에 비중을 두고 있다. 한 · 중 · 일 3국의 경우 서해와 동해 및 동중국해가 최소한 400해리가 되어야 하지만 3국이 공유하는 바다들의 넓이는 대부분 400해리에 미치지 못하기 때문에 배타적 경제수역과 대륙붕 외측한계의 중첩 부분이 발생하고 있다. 다음의 〈표 6-11〉은 5개국의 주요 대륙붕 분쟁 현황을 정리한 것이다.

〈표 6-11〉 5개국의 주요 해양관할권(대륙붕) 분쟁 현황

구분		배경	비고
대륙붕	한국-일본	韓, 7광구 설정 및 영유권 선포(1970) 한 · 일 7광구 공동개발협정 발표(1978) 한 · 일 7광구 공동개발협정 종료(2028)	공동개발협정 종료(2028년) 이후 해양분쟁 심화 예상
	한국-중국	공식적인 합의 미체결(2~4광구 중첩)	대륙붕 및 배타적 경제수역 설정 시 해양분쟁 심화 예상(중국의 경우 자국어선의 조업구역을 EEZ 경계선으로 주장할 가능성이 높음)

출처: 백병선, "동아시아지역의 해양분쟁 전망 및 한국의 대응방향: 주변국 해군력을 중심으로", p. 89 재인용.

TIP. 한반도 주변 해양관할권 주장 현황

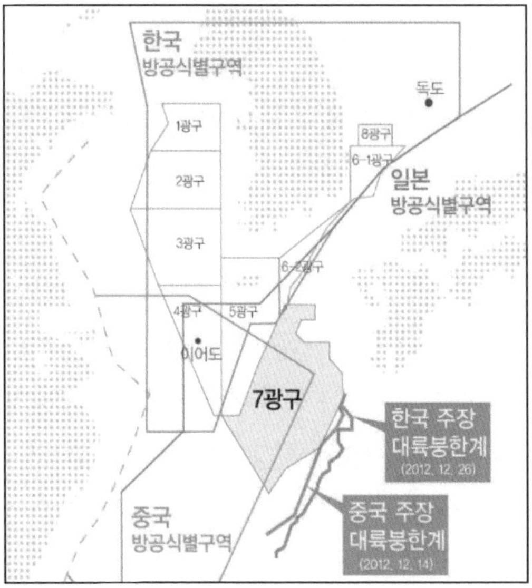

출처: 대한민국 해군, 『대한민국 해군의 걸어온 길, 함께 갈 길』, p. 57.

대륙붕의 경우 7광구(한 · 일 공동개발구역, South Korea-Japan Joint Development Zone, JDZ)에서의 분쟁이 심화될 것으로 예상된다. 우리나라는 1970년 5월 제주도 남쪽 바다부터 일본 오키나와 해구 직전까지 이어진 대륙붕을 7광구로 설정하고 영유권을 선포했다. 이곳은 일본에 더 가깝지만 당시 대륙붕 연장론이 우세했던 국제정세에 입각하여 취해진 조치였다. 일본은 한 · 일 간 서남해 해저지역은 공유 대륙붕으로 등거리 원칙에 따라 중간선으로 설정해야 한다고 주장했으며, 결국 1978년 일본의 경제원조 중단에 대한 외압으로 한 · 일 공동개발구역 협정이 체결되었다.

7광구의 경제적 가치는 587조 원에 이르는 원유와 천연가스가 매장된 것으로 추정되고 있다. 천연가스는 175~210조 입방피트로 추정되며, 세계 최대 산유국인 사우디아라비아 매장량의 약 10배에 달하는 규모다. 또한 원유의 경우 미국 전체 매장량의 4.5배인 1,000억 배럴에 달하는 것으로 추정되고 있다.[18] 그러나 한 · 일 대륙붕협정에 따르면 이 지역의 탐사 또는 개발과 관련하여 한 · 일 양국이 공동 개발해야 하며, 어느 한쪽이라도 자원탐사 및 채취에 대해 동의하지 않으면 개발이 불가능할 수밖에 없다.

이와 관련하여 1987년 한 · 일 공동개발구역 협정 이행기구인 한 · 일 공동위원회가 마지막으로 개최되었으며, 현재까지 추가로 위원회가 개최된 적은 없다. 다시 말해 한국이 7광구를 선포했음에도 불구하고 7광구에 대한 개발은 전혀 이뤄지지 않았으며, 일본은 7광구의 자원을 한 · 일 양국이 공동으로 사용하는 것보다 2028년 한 · 일 공동개발구역 협정 종료 후 7광구를 일본으로 편입시킨 이후 독점한다는 노선을 취하고 있는 상황이다.

우리 정부는 2013년 8월 유엔 대륙붕한계위원회(Commission on the Limits of the Continental Shelf: CLCS)에서 7광구가 한국의 영토라는 입장을 공식적으로 밝히고 심의를 신청한 상태이나 최근 국제법은 등거리 원칙이 우세함에 따라 2028년 공동개발협정이 종료된 이후 일본이 계속해서 등거리 원칙을 주장할 경우 7광구에 대한

---

18 http://moneys.news/news/mwPrint.html?no=2015081514168052773&type=1(검색일: 2017. 1. 24)

관할권 확보는 쉽지 않을 것으로 전망되고 있다.[19] 또한, 유엔 대륙붕한계위원회는 권고만 할 뿐 구속력을 가진 결정을 하지 못하기 때문에 힘의 논리가 적용될 경우 7광구에 대한 관할권 확보는 어려울 것으로 예상되고 있다.

배타적 경제수역의 경우 한 · 중 · 일 3국이 모두 중첩되고 있으나 아직까지 양국 간 경계획정을 체결하지 못한 상황이다. 그러나 분쟁 당사국의 주장이 서로 다르고, 어느 국가도 쉽게 양보할 수 없는 해양영토라는 측면에서 배타적 경제수역의 경계획정은 힘의 논리가 적용될 것으로 예상되고 있다. 다음의 〈표 6-12〉는 5개국의 주요 배타적 경제수역 경계획정에 대한 주요 분쟁 현황을 정리한 것이다.

〈표 6-12〉 5개국의 주요 해양관할권(배타적 경제수역) 분쟁 현황

구분	배경	비고
한국-일본	日, 배타적 경제수역 발표('96. 7. 20) 韓, 배타적 경제수역 발표('96. 9. 10)	대륙붕 및 배타적 경제수역 설정 시 해양분쟁 심화 예상(중국의 경우 자국 어선의 조업구역을 배타적 경제수역 경계선으로 주장할 가능성이 높음)
한국-중국	한 · 중 배타적 경제수역 미획정 및 중국이 주장하는 배타적 경제수역 내 중국 어선, 관공선 등 다수 활동	

출처: 백병선, "동아시아지역의 해양분쟁 전망 및 한국의 대응방향: 주변국 해군력을 중심으로", p. 90 재인용

한 · 중 간 배타적 경제수역의 경우 중국은 자신이 주장하는 경계선에 자국의 어선들을 조업하게 함으로써 배타적 경제수역에 대한 영향력을 확대시키고 있다. 이에 반해 우리 해군은 북한의 위협으로 인해 대부분의 전력을 NLL 주변 해역에서 운용하고 있으며, 해경은 NLL을 포함한 전 해역에서 중국 어선의 불법조업에 대응해야 하는 상황으로 배타적 경제수역에서의 임무수행은 제한을 받고 있는 실정이다.[20]

---

19 일본과 중국은 2009년 UN에 각각 수백 쪽의 '대륙붕 보고서'를 제출했으나, 한국 정부는 100여 쪽 분량의 정식문서를 만들어놓고도 8쪽의 예비보고서만 제출했다.

20 제16차 한중 어업공동위원회('16. 12. 27~30)에서 한중 어업협상이 타결됨에 따라 2017년부터 서해 북방한계선(NLL)과 한강하구 수역 내 중국 어선의 불법 조업을 막기 위해 서해 특정해역 서측 외곽에 중국 해경함정이 배치되며, 우리 측 배타적 경제수역에 불법적으로 설치한 어구는 중국 측에 통보한 뒤 우리 정부가 직접 어구를 철거할 수 있게 되었다. http://www.fnnews.com/print/20161230039063977(검색일: 2017. 1. 2)

4. 동아시아 해양분쟁 전망

동아시아 해양영유권분쟁은 다수의 분쟁 당사국이 중복되어 있는 복잡한 분쟁 구조를 형성하고 있으며, 한국은 독도와 이어도를 실효적으로 지배하는 가운데 현상유지를 위해 노력하고 있다. 그러나 일본은 센카쿠 열도를 실효적으로 지배하면서 한국(독도), 중국(남중국해), 러시아(쿠릴 열도)를 견제하고 있으며, 중국 역시 남중국해를 실효적으로 지배하면서 일본(센카쿠 열도), 한국(이어도)에 대해 현상변경을 시도하고 있다. 미국은 실효적으로 지배하는 분쟁지역은 없으나 중국(동 · 남중국해)에 대해 현상변경 시도를 거부하고 있으며, 러시아는 쿠릴 열도를 실효적으로 지배하고 있다. 또한 주변 4강은 동맹관계(한 · 미, 미 · 일, 중 · 러)를 형성하고 있어 동아시아 해양분쟁은 여러 국가의 이해관계가 충돌하는 과정이 수반될 것으로 전망된다.

구체적으로 미국은 역내 동맹 및 우방국과의 우호적인 관계를 기반으로 남중국해에서 중국의 인공섬 건설을 견제하고 있으며, 중국이 트럼프 행정부의 대외전략에 부합된 행동을 취하지 않을 경우 남중국해에서 항행의 자유 작전 등을 계속해서 전개할 것으로 예상된다. 이에 반해 중국은 동아시아지역에서 미국을 견제할 수 있는 수단이 제한됨에 따라 중국 해군의 활동공간을 태평양 및 미국 본토 근해까지 확대할 것으로 예상된다. 최근 중국은 장기적으로 항공모함을 미국의 근해인 동태평양까지 진출시켜야 한다고 주장하고 있으며, 만약 중국 항공모함이 미국 근해 진출 시 미국이 일방적으로 압박하는 분위기로 전환할 수 있을 것으로 인식하고 있다.

또한, 중국은 러시아와의 동맹을 통해 한 · 미 · 일을 견제하는 가운데 이어도에 대해서는 일방적인 관계를 형성하고 있으며, 일본에 대해서는 남중국해(방자의 입장)와 센카쿠 열도(공자의 입장) 분쟁으로 쌍방관계를 형성하는 과정에 있다. 또한 중국은 한국과 일본이 미국과의 동맹을 강화하거나 중국의 대외전략에 맞지 않을 경우 분쟁지역에서의 긴장을 고조시킬 것으로 전망되고 있으며, 센카쿠 열도 및 이어도는 제2의 남중국해가 될 가능성을 배제할 수 없는 상황이다.

일본은 그동안 중국으로부터 센카쿠 열도의 실효적 지배에 대한 도전을 받아왔으나 미 · 일 동맹을 기반으로 중국의 남중국해에 대한 실효적 지배를 견제하고 있다. 일본은 센카쿠 열도에서의 군사적 긴장 고조를 오히려 군사력 증강 기회로 이용하고 있으며, 남중국해에 대한 중국의 실효적 지배에 대한 일본의 견제는 과거 중국이 센카쿠 열도에 대해 일본을 일방적으로 압박하는 구도를 탈피하는 수단이 될 가능성이 높다고 할 수 있다.[21]

TIP. 일본의 항공기 긴급발진 현황(2010~2016년)

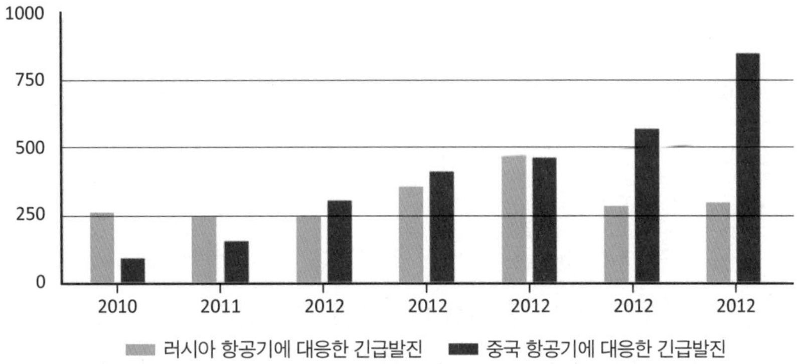

주) 2016년의 경우 전년도에 비해 약 36~45% 이상 일본 자위대 항공기의 긴급발진이 이뤄지는 등 중국의 동중국해에 대한 현시가 본격화되고 있다. 또한 2016년 일본과 중국의 영유권분쟁지역인 센카쿠 열도 인근에서 일본 측 영해에 침입한 중국 해경국 선박은 총 121척으로, 이는 '13년 188척에 이어 역대 두 번째다. 이와 관련하여 2016년 12월 21일 일본은 센카쿠 열도의 경비 강화를 위해 해상보안관을 긴급 증원한다고 발표했으며, 2017년 2월 25일 "기존에 영공을 침범할 우려가 있는 항공기 1기에 항공자위대 소속 전투기 2기로 대응하던 것을 4기로 증강했다"라고 밝혔다.

출처: https://amti.csis.org/playing-chicken-east-china-sea/(검색일: 2017. 8. 8)

TIP. 중국 정부 선박의 센카쿠 열도 침해 현황(2009~2017년)

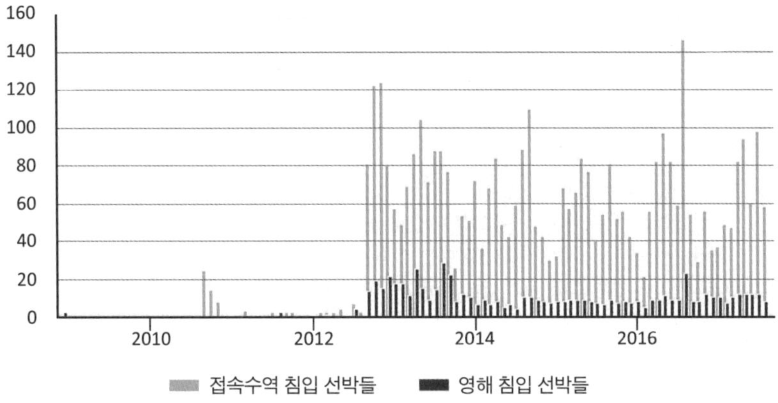

러시아는 크림 반도 합병 이후 서방의 경제제재에 따른 국제적 고립에서 탈피하기 위해 일본과 경제적 지원을 위한 협상을 지속해나가고 있으나 쿠릴 열도에 대한 영유권을 포기할 가능성은 낮다고 할 수 있다. 이러한 러 · 일의 전략적 관계는 경제적 이익이라는 공통변수를 토대로 상호 국내 정치적 입지를 강화하는 한편, 극동지역에 대한 중국의 영향력 확대를 우려하는 양국의 전략적 이해관계가 일치하는 측면도 있으나[22] 미국 및 서방의 정책과 맞지 않는 러 · 일의 협력은 미국과 일본의 갈등으로 이어질 가능성도 배제할 수 없는 상황이다.

이에 반해 한국은 분쟁지역들을 실효적으로 지배하고 있으나 분쟁 당사국에 비해 해군력이 열세한 상황이다. 독도의 경우 일본은 한국과 마찬가지로 미국과 동맹관계를 형성하고 있으며, 미 · 일 동맹이 한 · 미 동맹보다 더욱 중요시되고 있다는 측면에서 독도에서의 긴장 고조 시 미국의 지원을 확실히 받아낼 수 없는 상황이다. 또한 이어도의 경우 센카쿠 열도처럼 미 · 일 동맹의 범주 안에 포함된다는 미국의 보장이 없을뿐더러 일본처럼 남중국해에서 중국을 견제할 수단을 확보하지 못하고 있다는 측면에서 이어도 분쟁 시 미국의 개입은 불투명한 상황이다.

이를 종합해보면, 주변 4강은 분쟁 당사국이 중복되는 복잡한 분쟁구조에서 군사력 증강을 통해 자국의 이익을 확대하고 있다. 이들 국가의 경우 해양에서의 국가간 충돌은 불가피할 것으로 인식하고 있으며, 변화된 안보환경을 수동적으로 회피하기보다는 오히려 적극적으로 대비하고 있다. 특히 일본의 경우 남중국해에서 중국을 견제할 방안들이 안정적으로 정착될 경우 중국의 센카쿠 열도에 대한 도발은 과거와 다른 양상으로 전개될 것으로 예상된다. 이러한 미 · 중 · 일 · 러 4개국의 해양분쟁에 대비한 전력증강은 국가안보를 위한 시대적인 요구사항을 반영한 것으로

---

21 앞에서도 언급했듯이 일본은 헬기 항공모함인 이즈모함을 출범시켜 2017년 5월부터 8월까지 남중국해 주변 국가를 대상으로 연례 군사훈련을 실시했다. 그동안 일본은 센카쿠 열도 영유권을 놓고 중국과 대립 중인 가운데 남중국해 해양분쟁에는 직접적으로 개입하지 않았으나 트럼프 대통령 집권 이후 공세적인 방향으로 선회했다. 특히 이는 일본이 헬기 항공모함을 남중국해에 투입하는 전후 최대 규모의 해군력 과시이며, 이제 전범국가의 굴레에서 벗어나 보통국가로서의 의지를 보여주는 것이라고 할 수 있다.

22 러시아는 중국이 북극해 진출에 이용하는 오호츠크 해가 자국의 원자력잠수함의 활동거점이라는 이유에서 일본과의 협력을 통해 중국의 북극해 진출을 견제하고 있다.

평가할 수 있다. 다음의 〈그림 6-6〉은 동아시아지역의 해양영유권분쟁 관련 역학구도를 정리한 것이다.

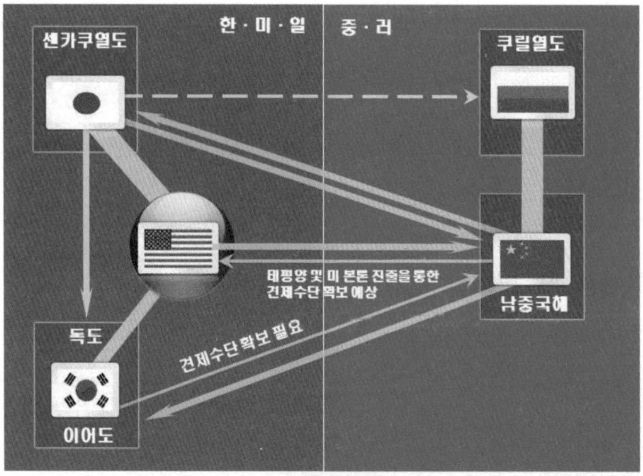

군사적/강압적 수단: ➡(⟶ 전망) 평화적 수단: - - ➤

〈그림 6-6〉 동아시아지역의 해양영유권분쟁 관련 역학구도

출처: 백병선, "동아시아지역의 해양분쟁 전망 및 한국의 대응방향: 주변국 해군력을 중심으로", p. 99 재인용

앞에서도 언급했듯이 해양에서의 영토분쟁은 각국의 이해관계와 직결됨에 따라 분쟁해소 절차와 방법에서 제3자의 개입을 최대한 배제하고 당사자 간의 합의에 비중을 두고 있으며, 현 시대에는 다른 국가가 실효적으로 지배하고 있는 분쟁지역을 어느 국가가 무력으로 점령해서 현상을 변경하는 것은 현실적으로 어렵다고 할 수 있다. 센카쿠 열도의 경우 미국이 "센카쿠 열도가 미·일 상호방위협력 체계의 범주에 포함되어 있다"고 주장한 것은 일본이 센카쿠 열도를 실효적으로 지배하고 있고, 일본의 군사력이 약하지 않다는 것이 크게 작용한 것이라고 할 수 있을 것이다.

반면에 해양관할권분쟁의 경우 분쟁지역을 실효적으로 지배하는 국가가 없다는 측면에서 국가 간 동맹이 큰 비중을 차지하지 못할 것으로 예상되며, 분쟁 당사국 간 힘의 논리에 따라 전개될 가능성이 높다고 할 수 있다. 이와 같이 해양관할권분쟁은 힘의 논리가 적용됨에 따라 분쟁 당사국의 국력을 포함하여 분쟁지역에서의 영향력이 중요한 비중을 차지할 것으로 예상된다.

여기에서 분쟁지역의 영향력은 군함 · 해경정 · 관공선 활동, 자국 어선 조업 등이 주요 수단이 될 것이며, 이를 통해 주변국은 그들이 주장하는 해양경계에 대한 실효적인 지배력을 확보할 것으로 예상되는 가운데 국가 간 긴장이 심화될 것으로 전망되고 있다. 특히 중국 해군의 단계별 작전영역 확대에 따른 제2도련선[23] 확보 시기(2020년)와 한 · 일 7광구 공동개발협정이 종료되는 시기(2028년) 등을 고려할 경우 2020년대 중반부터 해양에서의 국가 간 긴장이 고조될 것으로 예상된다.

TIP. 독도에 대한 일본 정부 입장 및 홍보자료

다케시마 영유권에 관한 일본국의 일관된 입장

다케시마는 역사적 사실에 비추어도 또한 국제법상으로도 분명히 일본국 고유의 영토입니다.
한국에 의한 다케시마 점거는 국제법상 아무런 근거가 없이 행해지는 불법 점거이며, 한국이 이런 불법 점거에 따라 다케시마에 대해 실시하는 그 어떤 조치도 법적인 정당성을 가지지 않습니다.
일본국은 다케시마 영유권을 둘러싼 문제에 대해 국제법에 따라 침착하고도 평화적으로 분쟁을 해결할 생각입니다.
(주)한국 측으로부터는 일본이 다케시마를 실질적으로 지배하고 영유권을 재확인한 1905년 이전에 한국이 다케시마를 실질적으로 지배하고 있었던 것을 나타내는 명확한 근거는 제시되지 않았습니다.

출처: http://www.kr.emb-japan.go.jp/territory/takeshima/index.html(검색일: 2017. 7. 7)

23 제1도련은 일본-오키나와 열도-대만-필리핀-보르네오-베트남을 연결하는 선이며, 제2도련은 일본-북마리아나 제도-괌-미크로네시아-팔라우를 연결하는 선이다.

5. 주변국과의 전쟁 스펙트럼

1) 해상에서의 전쟁 스펙트럼

한국과 주변국 간 전쟁이 발발할 경우 주요 전장은 해양이 될 것이며, 전쟁 양상은 해·공군력 중심으로 전개될 가능성이 높다. 한국은 이들 국가와 해양에서 해양영유권 및 해양경계획정 등에 대한 갈등관계를 형성하고 있으며, 이로 인해 한국은 주변 국가들과의 군사적 충돌 가능성을 배제할 수 없는 상황이다. 한국과 주변 국가들의 군사력 충돌은 전면전보다는 국지전 또는 제한전 양상으로 전개될 가능성이 높다고 할 수 있으며, 전쟁주체에 따라 미국의 개입 여부가 결정될 것으로 예상된다. 여기에서 전쟁주체에 따라 미국의 개입 여부가 결정된다는 것은 미국의 국가이익이 고려된다는 것이며, 결국 미국은 자국에 더 유리한 상황을 조성하는 방향으로 입장을 결정한다고 할 수 있을 것이다.

주변국과의 전쟁 양상이 해군력 중심의 국지전 형태로 전개된다는 것은 다음과 같이 설명이 가능하다. 첫째, 국가 간 전면전 발생 시 상호 막대한 피해가 발생함에 따라 국지전 형태로 전개될 것이다. 오늘날 무기체계의 발달로 인해 정밀도, 사거리 및 폭발력 등에서 많은 발전이 있었으며, 중국 및 일본의 경우 상대국에 치명적인 타격을 줄 수 있는 무기체계를 보유 중에 있다. 둘째, 국가 간 전쟁요인인 해양분쟁으로 인해 분쟁장소는 바다가 될 것이다. 이에 따라 해군력 중심의 전쟁이 전개될 것으로 예상되며, 국가 간 군사적 충돌이 발생할 경우 본토에서 지원이 이뤄진다면 이는 자칫 전면전 또는 본토까지 확대될 가능성이 있다는 측면에서 공군력 지원은 제한될 것으로 예상된다. 해양에서의 전쟁은 투입되는 전력 및 사용무장에 따라 단계별로 전개가 예상된다. 다음의 〈표 6-13〉은 한국과 중국 및 일본 간 해양에서의 전쟁 스펙트럼을 정리한 것이다.[24]

---

24 여기에서 스펙트럼은 '분쟁'과 '전쟁'의 경계에 있다고 할 수 있으며, 그 의미에 따라 '전쟁'과 '분쟁' 모두 사용 가능하다. 본 스펙트럼의 경우 해양분쟁으로 인해 발생할 수 있는 국가 간 '전쟁'을 다뤘다는 측면에서 '분쟁'보다는 '전쟁'의 의미가 더 적합하다고 판단된다.

〈표 6-13〉 한국의 해양분쟁에 따른 전쟁 스펙트럼

구분	0단계	1단계	2단계	3단계	4단계	5단계
단계	평시단계	긴장감 조성단계	교전단계	확전단계		전쟁 이후 단계
투입전력		관공선, 해경정	수상함	항공기	잠수함	
교전영역		해상		공중	수중	
사용무장/수단		현장 대치 밀어내기 나포	함포			
			함대함 미사일	공대함 미사일	어뢰	
단계별 전환	상황(situation), 행위(behaviour), 태도(attitude)					
	⇒	⇔	⇔	⇔	⇔	⇐

주) 1. 각 단계는 상황, 적의 행위 및 태도 등에 따라 순차적으로 발생하거나 각 단계가 동시에 발생하는 복합전 형태로도 전개가 가능하다.
2. 여기에서 '상황'이란 양립 불가능한 목표를 가지고 있다는 것을 인식하고 있는 상태이고, '행위'란 양립 불가능한 상대방의 목표를 수정하거나 포기하게 하기 위해 행동하는 것을 말하며, '태도'란 상황과 행위를 통해 형성된 심리적인 조건을 말한다. 상황은 행위와 태도에 영향을 미치고, 행위는 상황과 태도에 영향을 미치며, 태도 또한 상황과 행위에 영향을 미친다.

출처: 백병선, "한국의 해양안보위협 변화와 전개양상에 관한 연구", 「국제문제연구」 제12권 제3호(2012년 가을), p. 54.

제1단계는 '긴장감 조성단계'로 해경정, 관공선 등이 투입되어 긴장감을 조성하는 단계다. 긴장감이 고조되는 단계로서 교전영역은 해상으로서 해경정, 관공선 등에 의한 현장 대치, 밀어내기, 나포 등과 같은 양상이 전개된다. 제2단계는 '교전단계'로서 교전영역은 해상으로 해군의 수상함이 투입되어 함포, 함대함미사일 등이 사용된다. 제3단계는 '확전단계'로서 교전영역이 해상에서 공중으로 확대되며, 항공기 전력이 투입되는 단계로서 공대함/공대공 미사일 등이 사용되는 단계다. 그리고 제4단계 역시 '확전단계'로서 교전영역이 해상, 공중에 이어 수중으로 확대되는 단계로서 잠수함 전력이 투입되며, 어뢰 등의 무장이 사용되는 단계다. 여기에서 각 단계는 다른 단계로 이동할 수 있으며, 화살표(⇔)가 이러한 동적인 과정을 설명해주고 있다. 따라서 한국과 중국 및 일본 간의 분쟁은 상황 · 행위 · 태도 등에 따라 단계별 전환의 과정을 거치면서 그 이상 및 이하 단계로도 이동하게 될 것이다.[25]

25 한국의 해양분쟁에 따른 스펙트럼에서 0~3단계는 투입 전력이 현시전력이라는 측면에서 비교적 빠르게 전개될 수 있다. 그러나 사용무장/수단의 경우 해 · 공군의 무기체계가 사용된다면 교전 및 확전 단계는 혼재된 상황에서 전개될 가능성이 높다고 할 수 있다.

2) 한 · 중 · 일 3국의 해양분쟁 시나리오

한 · 중 · 일 3국의 해양분쟁은 좁은 틀에서는 한국과 일본 또는 한국과 중국의 경쟁 구도인 양국 간의 분쟁이지만 더욱 큰 틀에서는 한 · 중 · 일 3국이 독도, 센카쿠 열도, 이어도에 대한 분쟁당사국으로 서로 중복되어 있기 때문에 국가 간 문제 해결 방식은 다른 해양 영토분쟁에도 영향을 미친다고 할 수 있다. 특히, 역사적으로 영토분쟁은 국가의 이익이 첨예하게 대립하기 때문에 어느 국가도 쉽게 양보할 수 없는 특징을 가지고 있다.

이로 인해 영토분쟁에 대한 해결방식은 평화적 수단보다는 무력으로 해결하려는 경향이 강하게 나타났으며, 특히 동아시아의 대표적인 해양영유권분쟁인 서사군도와 남사군도의 경우 모두 군사력 점령의 종결 형태를 취하고 있다. 결국 분쟁도서에 대한 실효적인 지배를 하고 있거나 군사력이 약한 국가들의 경우 영토분쟁을 평화적인 수단으로 해결하려는 반면 분쟁도서에 대한 실효적인 지배를 하지 못하거나 군사력이 강한 국가들의 경우 군사력으로 이를 해결하려는 경향이 강하게 나타나고 있다고 할 수 있다.

한 · 중 · 일 3국의 경우 중국과 일본이 무력을 사용할 가능성이 높다고 할 수 있다.[26] 중국의 경우 센카쿠 열도 및 이어도에 대한 공격 가능성이 높으며, 일본의 경우 독도에 대한 공격 가능성이 있다. 이러한 양국 간의 전쟁은 다른 영유권분쟁에도 영향을 미친다고 할 수 있다. 예를 들어 중국이 센카쿠 열도 및 이어도에 대한 공격을 감행할 경우 이에 대한 영향으로 일본이 독도를 침공할 가능성이 존재하며, 마찬가지로 일본이 독도를 침공할 경우 중국이 센카쿠 열도 및 이어도를 공격할 가능성이 있다는 것을 예상할 수 있다.

한 · 중 · 일 3국의 해양분쟁은 미국의 신국방전략지침 발표 이후 미 · 중 간 경쟁이 본격화됨에 따라 큰 틀에서 미국을 중심으로 한 해양세력과 중국 및 러시아를 중심으로 하는 대륙국가의 경쟁 구도, 즉 신냉전체제하에서 전개될 것으로 예상된다. 다시 말해 한국과 일본이 중국과 해양분쟁이 심화될 경우 미국의 개입이 예상되

---

26 2017년 12월 4일, 일본 언론은 시진핑 국가주석이 "중국군이 동중국해와 센카쿠 열도의 권익을 지키기 위한 군사행동을 추진해야 한다."고 언급했다는 내용을 보도하였다.

며, 실제 미국은 중 · 일 간 센카쿠 열도 분쟁에 대한 개입을 선언했다. 한국의 경우 한미동맹을 체결하고 있지만, 중국의 이어도 공격에 대한 미국의 개입이 보장되지 않는 상황이다. 다음의 〈그림 6-7〉은 지금까지의 내용을 토대로 한 · 중 · 일 3국의 해양분쟁에 대한 역학관계를 정리한 것이다.

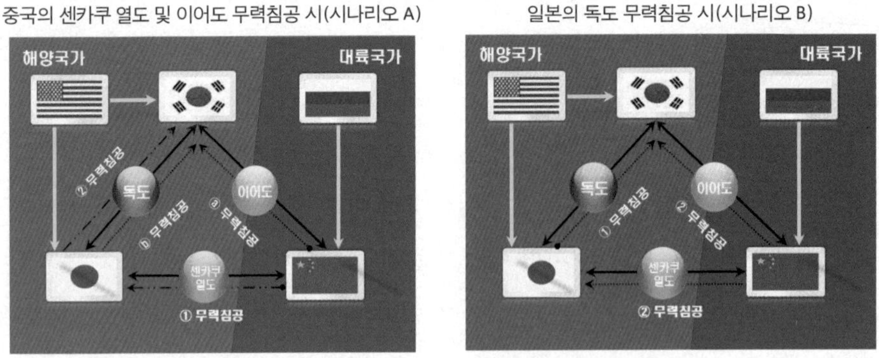

〈그림 6-7〉 한 · 중 · 일 3국의 해양분쟁에 대한 역학관계

주) 1. 여기에서 •——► 은 무력으로 분쟁지역을 최초로 침공하는 국가를 의미하며, ——► 은 이에 대한 영향으로 다른 분쟁지역을 침공하는 것을 의미한다.
2. 이어도는 센카쿠 열도처럼 미국의 보호범위에 완벽하게 포함되어 있지 않다.
3. 여기에서 무력침공의 의미는 ① 무력침공은 ② 무력침공에 영향을 미치며, ⓐ 무력침공은 ⓑ 무력침공에 영향을 미친다는 것을 의미한다.

출처: 백병선, "한국의 해양안보위협 변화와 전개양상에 관한 연구", p. 61.

앞에서도 언급했듯이 중국은 과거 서사군도와 남사군도의 해양분쟁을 군사력을 통해 해결했다. 그리고 중국은 가장 적극적으로 해양팽창을 시도하고 있으며, 센카쿠 열도와 이어도에 대한 실효적 지배를 하지 못하고 있기 때문에 시나리오 A의 가능성이 비교적 높다고 할 수 있다. 이에 반해 시나리오 B의 경우 일본이 독도를 무력으로 점령할 경우 센카쿠 열도에 대한 중국의 무력점령에 빌미를 제공할 수 있기 때문에 시나리오 A에 비해 그 가능성은 낮다고 볼 수 있다.[27] 다음의 〈그림 6-8〉은 한 · 중 · 일 3국의 분쟁 시나리오를 정리한 것이다.

27 오늘날 군사력을 통한 영토변경은 어렵다고 할 수 있으나 현상변경을 시도하는 국가들은 상대국을 견제하는 수단으로 해양영토 분쟁을 적극적으로 활용할 가능성이 있다. 특히 현상변경이 되지 않더라도 이를 통해 상대국에게 다른 분야에서 양보를 얻어낼 수 있다는 측면에서 해양영토를 실효적으로 지배하지 못하는 국가의 입장에서는 남는 장사가 된다고 할 수 있을 것이다.

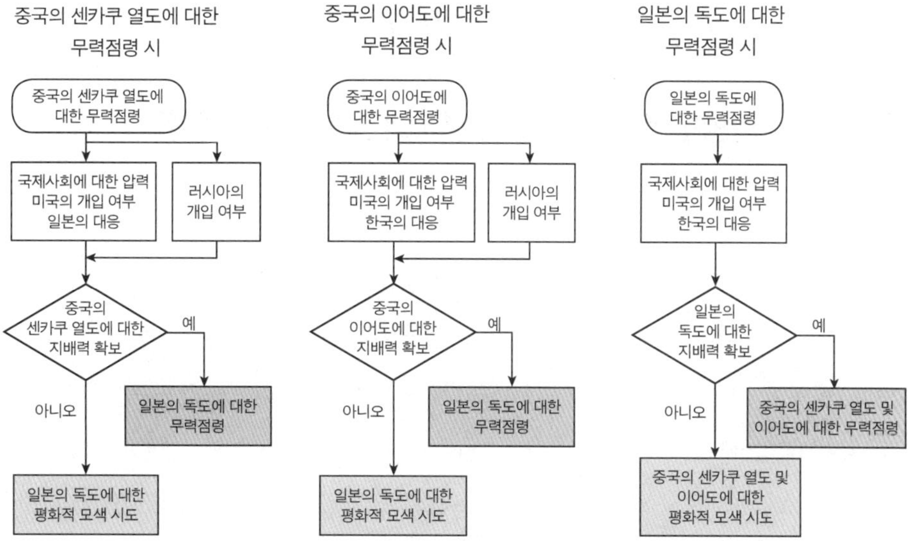

〈그림 6-8〉 한 · 중 · 일 3국의 해양영유권분쟁에 대한 예상 시나리오

출처: 백병선, "한 · 일간 독도분쟁의 현 주소와 한국의 대응방향에 관한 연구", p. 18.

〈그림 6-8〉에 따르면 한 · 중 · 일 3국의 해양분쟁은 군사력에 의한 무력점령으로 종결될 수 있음과 동시에 평화적으로도 해결될 수 있다고 할 수 있다. 그리고 여기에서 한 · 중 · 일 3국의 해양영유권분쟁은 오직 양국 간의 관계에서 발생할 수 있으며, 또는 다른 해양영유권분쟁의 해결 방식 및 종결유형에 대한 영향으로도 발생할 수 있다. 이는 곧 한국의 해양영유권분쟁에 대한 군사력 충돌이 우발적으로 발생하거나 계획적으로도 발생할 수 있다는 것을 의미한다.

끝으로 해양에서의 한 · 중 · 일 간 군사력 충돌은 국가 간 해군력이 균형을 이루지 못할 경우 발생할 가능성이 높다고 할 수 있다. 다시 말해 분쟁국 간 어느 한 국가의 해 · 공군력이 월등히 앞설 경우 발생할 수 있으며, 최소한 힘이 약한 국가의 경우 다른 국가와의 협력을 통해 전장의 주도권을 결정지을 수 있는 힘을 보유할 필요가 있다고 할 수 있다. 그러나 가장 현명한 선택은 상대국을 견제할 수 있는 힘을 보유하는 것이라고 할 수 있으며, 한 · 중 · 일 3국의 해군력이 균형을 이룰 경우 해양분쟁은 가장 안정적인 상황이 된다고 할 수 있을 것이다.

생각해봅시다

한반도 주변 해역 해양분쟁에 대한 우리의 대응

한반도 주변 해역은 해결되지 못한 다양한 분쟁이 존재하고 있으며, 트럼프 대통령 집권 이후 해양분쟁의 심화 가능성이 제기되고 있다. 트럼프 대통령은 취임사에서 개입주의를 의미하는 '힘을 통한 평화(Peace Through Strength)'를 선언했으며, 시리아 공습 및 북한에 대한 '최고의 압박과 관여(Maximum Pressure and Engagement)' 전략은 트럼프 대통령이 개입주의로 선회했다는 것을 보여주고 있다. 여기에서 힘(power)은 '해양력(sea power)'을 의미하며, 해군력(naval power)은 해양력의 가장 중요한 요소로서 미국 개입주의의 핵심이라고 할 수 있다.

과거 오바마 정권은 최우선 안보위협을 남중국해로 선정했으며, 한반도 주변 해역에서의 해양분쟁은 기존의 갈등 양상이 유지되었다. 그러나 2017년 4월 미·중 정상회담의 핵심의제가 "북한, 무역, 남중국해" 순으로 발표되었다는 것은 안보위협의 최우선순위가 남중국해에서 북한으로 변화되었다는 것을 보여준다. 이는 곧 힘의 중심이 남중국해에서 한반도 주변 해역으로 이동한다는 것을 의미한다.

여기에서 힘의 중심이 한반도 주변 해역으로 이동한다는 것은 주변국들의 힘이 한반도 주변 해역에 집중된다는 것을 의미한다. 한반도 주변 해역에 힘이 집중될 경우 힘을 통한 영향력 확대 경쟁이 발생할 뿐만 아니라 중 · 일은 우리나라를 견제하기 위해 분쟁지역에서 긴장을 고조시킬 것으로 예상된다. 특히 주변국들은 트럼프 대통령 집권 이후 자국에 유리한 안보환경을 조성하기 위해 해군력을 공세적으로 운용할 것이다.

트럼프 대통령의 개입주의 노선 채택에 따라 한반도 주변 해역에서의 해양분쟁이 심화될 것으로 예상되는 가운데 주변국들은 정부 주도하에 공세적인 해양전략을 통해 해양분쟁에 대비하고 있다. 주변국과의 해양분쟁에 대한 한국의 전략개념은 거부적 억제전략이다. 여기에서 거부적 억제란 주변국의 특정 전략목표 달성을 거부하는 능력을 보유함으로써 침략 기도를 포기하게 하는 개념으로, 만약 가상적국이 침략을 감행하여 특정한 전쟁목표를 달성하려 시도할 경우 침략에 따른 희생과 위험부담이 침략으로 얻을 수 있는 이익보다 훨씬 크다는 것을 인식시켜 침략을 포기하게 하는 개념이다.

그러나 거부적 억제전략은 다소 모호할 뿐만 아니라 수동적이며, 특히 주변국의 공세적 해양전략을 대비하기에는 다소 적합하지 않다고 할 수 있다. 한국의 국방백서(2016)에는 "독도에 대한 일본의 부당한 주장에 대해서는 단호하고 엄중하게 대처한다"고 간략하게 명시된 반면에 이어도는 단지 한국방공식별구역(KADIZ) 조정 및 후속조치 부분에 일부 포함되어 있어 일본 및 중국이 군사적으로 도발할 경우에 대한 대응개념은 명확하지 않다고 할 수 있다.

이에 따라 해양분쟁에 대비한 한국의 전략개념으로 '한국형 A2/AD'를 제안하고자 한다. 한국 해양분쟁의 특징은 독도 및 이어도가 주변국의 배타적 경제수역에 위치하고 있다는 것이며, 우리가 주장하는 배타적 경제수역을 사수하는 것이 곧 다른 해양분쟁을 해결하는 방법이 된다고 할 수 있다. 또한 7광구의 경우 우리가 주장하는 대륙붕을 사수해야 하며, 방공식별구역 역시 우선적으로 바다를 사수해야만 그 위의 공중영역을 지킬 수 있다. 결국 한국 해군이 채택해야 하는 전략의 목표는 바로 우리 관할해역의 경계선을 수호하는 것이라고 할 수 있을 것이며, 이는 곧 주변국의 반발을 최소화할 수 있는 전략이라고 할 수 있다.

이를 위해 첫째, 분쟁 당사국의 도전에 대비한 실효적인 지배력을 강화해야 한다. 우리 해군은 NLL 사수를 위해 대부분의 전력을 NLL 근해에 배치하여 운용 중에 있으며, 분쟁이 예상되는 해역에 대한 경비 전력을 상시 배치하지 못하고 있는 실정이다. 이와 아울러 우리 해경은 중국 어선의 불법조업 단속으로 인해 여력이 부족함에 따라 우리 어선들이 분쟁해역에서 조업을 확대할 수 있는 방안을 마련할 필요가 있다.[28] 중국은 자국 어선들의 조업을 통해 분쟁해역에서의 영향력을 확대하고 있으며, 중국 정부는 분쟁해역에서 조업을 장려하기 위해 유류비를 별도로 지급하고 있는 것으로 확인되고 있다. 따라서 우리 해군 · 해경의 전력 확충을 통해 분쟁해역에서의 활동을 증가할 필요가 있으며, 정부 차원에서 우리 어선들의 조업을 확대시키기 위한 다양한 지원책을 수립할 필요가 있다.

둘째, 분쟁지역을 보호 및 재탈환할 수 있는 능력을 확보할 필요가 있다. 이를 위해 2018년부터 울릉도에 해병대 병력(포항 1사단 소속 중대급 부대를 순환 배치)을 배치하는 계획이 정상적으로 추진되어야 하며, 독도방어훈련 등을 확대하고, 해양영유권분쟁지역을 재탈환할 수 있는

28 2015년 기준 한 · 중 · 일 1,000톤급 이상 해경정 보유 현황으로 한국은 34척(전년 대비 2척 증가)인 반면에 중국 111척(29척 증가), 일본 62척(8척 증가)이다.

전력을 확보해야 할 것이다. 2016년 12월 21일 독도방어훈련이 독도 주변 해상에서 실시되었으며, 해병대 병력의 독도 상륙을 포함하여 해군함정과 해상초계기, 해상작전헬기, 해경 함정, 항공기가 참가했다. 해병대 병력이 독도에 상륙해 훈련한 것은 2011년 말 이후 처음이다.

셋째, 분쟁 당사국의 도전에 대비한 실효적인 지배력을 강화해야 한다. 주변국은 분쟁해역에서 영향력을 행사할 수 있는 원양작전능력을 향상시키고 있으며, 대표적인 전력이 바로 항공모함과 상륙강습함이다. 주변국들은 이미 원양작전능력을 보유하고 있는 가운데 항공모함 확보를 집중적으로 추진하고 있다. 이에 반해 우리 군은 단지 상륙강습함(독도함) 1척만 보유하고 있으며, 분쟁해역에서 주변국을 위협할 수 있는 수준에는 이르지 못하고 있다. 특히 원해에서의 공군 지원이 제한된다는 측면에서 공군전투기의 항속거리 증가를 통한 합동작전 능력 강화와 해군의 항공력 증강을 적극적으로 검토할 필요가 있다.

끝으로 우리 군은 주변국과 예상되는 잠재적 분쟁에 대비하기 위한 합동전장권역을 감시권, 방위권, 결전권, 사이버 · 우주권으로 구분하고 있다. 여기에서 방위권은 배타적 경제수역을 비롯하여 지상국경선, 한국방공식별구역을 포함하는 공간과 결전권 사이의 공간이다. 이 권역에서는 적이 도발할 경우 신속대응전력을 운용하여 적의 침공을 저지 · 격퇴함으로써 분쟁의 확대와 국토의 전장화를 방지하게 된다. 그러나 해양의 중요성이 더해간다는 측면에서 배타적 경제수역은 해양영토로서 단순히 분쟁의 확대와 국토의 전장화를 방지하는 수동적인 개념이 아닌 결전권과 유사한 수준으로 개념을 정립해야 할 것이다.[29]

29 결전권은 영토 · 영해 · 영공을 포함하는 영역으로, 국가총력전을 수행하는 최후의 결전 공간이다. 이 권역에서는 국가의 주권 및 생존권 보호를 위해 어떠한 경우에도 승리해야 한다.

제7장

북극해에서의 해양갈등

제2의 남중국해 및 신냉전의 도래

intro

북극해의 중요성은 냉전 시대부터 부각되었으며, 과거 북극해 인근은 미국과 소련이 배치한 미사일과 핵잠수함들의 경쟁 장소로 주목을 받았다. 오늘날 북극해는 지구온난화의 영향으로 해빙(解氷)현상이 가속화되는 가운데 북극해에 대한 국제사회의 관심이 점차 증가하고 있다. 최근까지 북극해에 대한 국제사회의 관심은 북극해가 지구의 기후변화에 미치는 영향력의 중요성으로 인해 표면적으로 기후변화, 지속 가능한 개발을 포함한 환경오염 문제, 천연자원 개발 및 보존 등의 이슈를 중심으로 전개되었으나 북극해의 이용 가능성이 기정사실화되면서 실질적으로 해양영토를 비롯하여 해양관할권 분쟁, 새로운 항로와 항해의 자유문제, 안보적 대립 등으로 변화하고 있다.

북극해에서의 국가 간 갈등은 북극해 연안국들 간의 갈등을 포함하여 북극해 연안국과 국제사회의 갈등 등 이중적인 구조로 나타나고 있으며, 북극해의 해빙현상이 가속화될수록 국가 간 긴장도 더욱 고조될 것으로 예상된다. 이러한 측면에서 북극해는 제2의 남중국해가 될 가능성이 높으며, 특히 북극해에서 미 · 러 간 대립이 심화될 것으로 예상되는 가운데 신냉전(New Cold War) 형성 가능성이 제기되고 있다. 또한 최근 중국은 기존 일대일로 구상에 북극항로를 추가함에 따라 북극해에서의 해양갈등은 더욱 복잡하게 전개될 것으로 예상된다.

1. 북극해에 대한 국제사회의 관심 증대

지구온난화의 영향으로 북극해의 해빙현상이 가속화되는 가운데 북극해에 대한 국제사회의 관심이 점차 증가하고 있다. 북극해의 해빙현상은 1979년부터 지속되고 있으며, 2000년대 후반부터 가속화되는 등 전 세계 온난화보다 2배 빠르게 진행되고 있다. 북극해에서의 해빙이 급격히 진행됨에 따라 국제사회의 관심이 북극해로 집중되고 있으며, 북극해에 대한 국제사회의 관심은 다양한 해양갈등으로 확대될 조짐을 보이고 있다.

북극해 연구는 국제사회의 관심이 북극해에 집중되기 시작한 2006년 이후 연구의 절대적 수치가 증가하기 시작했으며, 북극해의 빙하면적이 관측사상 최소를 기록한 2012년 이후 남극보다 북극해에 더 많은 관심이 집중되는 양상을 보이고 있다. 이와 같은 북극해에 대한 국제사회의 관심은 북극해 연안국을 포함하여 북극항로와 자원개발 등을 국가이익으로 간주하는 다른 국가들에까지 확대될 것으로 전망되는 가운데 북극해에 대한 국제사회의 관심이 점차 증가하고 있다.

북극해에 대한 국제사회의 관심은 북극해가 지구의 기후변화에 미치는 영향력의 중요성으로 인해 표면적으로 기후변화, 지속 가능한 개발을 포함한 환경오염 문제, 천연자원 개발 및 보존 등의 이슈를 중심으로 전개되었으나 북극해의 이용 가능성이 기정사실화되면서 실질적으로 영토를 비롯하여 관할권 분쟁, 새로운 항로와 항해의 자유문제, 안보적 대립 등이 논란의 중심이 되고 있다. 북극해와 유사한 해양갈등이 발생한 남극의 경우 인류가 100년을 사용할 수 있는 에너지와 광물자원이 매장된 것으로 추정됨에 따라 국가 간 해양갈등이 심화될 가능성이 비교적 높았으나, 1959년 남극을 인류공동의 유산으로 활용하자는 취지로 12개 관련 당사국들이 남극조약(Antarctic Treaty)을 체결한 이후 남극에서의 해양갈등은 거의 없는 상황이다.

반면에 북극의 경우 북극해 연안국들의 주권문제와 결부됨에 따라 국가들 간의 상이한 인식, 주요 국가들의 폐쇄적이고 배타적인 태도 등으로 인해 남극과는 다른 양상으로 전개될 가능성이 크다고 할 수 있다. 또한 북극은 남극과 달리 통일된 국제조약이 없으며, 유엔해양법협약에 따라 북극해 연안국이 영해 및 배타적 경제수역에 대한 주권적 권리를 행사함에 따라 연안국 간의 해양갈등이 심화될 가능성이 상존하고 있다. 이와 아울러 국제사회의 경우 남극과 동일하게 글로벌적 관점에서 협력을 통한 북극해 활용을 요구하고 있어 북극해 연안국들과는 대조적인 입장을 견지함에 따라 북극해의 국제공역화에 대한 갈등이 심화될 것으로 전망된다.

따라서 북극해의 해양갈등은 북극해 연안국 간의 해양갈등을 포함하여 국제사회와 북극해 연안국 간의 해양갈등에 따라 복잡한 양상으로 전개될 가능성이 높다고 할 수 있다. 구체적으로 북극해는 남중국해와 유사하게 연안국들 간의 도서영유권, 해양관할권 등에 대한 해양갈등과 연안국의 영향력 확대에 따른 항행의 자유에 대한 거부를 배제할 수 없는 상황이다. 특히 북극해 해빙으로 인해 확장된 토양에 대한 인접국가들 간의 영유권분쟁, 자원개발 등과 관련된 해양갈등이 더욱 심화될 것으로 예상된다.

또한 기존 남극에서 유사하게 발생한 국제공역화에 대한 해양갈등이 예상된다. 지정학적으로 남극과 북극은 동일한 조건은 아니지만 같은 극지로 보아야 한다는 국제사회의 주장은 북극해에 대한 독점적인 권한을 주장하는 북극해 연안국들이 쉽게 받아들이기 어렵다고 할 수 있다. 특히 북극해 연안국인 미국 및 러시아 같은 강대국에 대항할 국가들을 쉽게 찾을 수 없다는 측면에서 유럽연합 등과 같은 집단적 대응이 이뤄질 것으로 예상된다.

우리나라의 경우 2013년 5월 북극이사회 영구 옵서버 진출을 계기로 북극해 연안국 및 관련 국제기구의 동향과 다양한 정책환경 변화에 신속하게 대응하기 위해 2015년 7월 범정부 차원의 '북극 종합정책 추진계획'을 수립했다. 동 계획은 북극항로 개척과 에너지 · 자원개발 등 북극정책 전반에 대해 범정부 차원의 종합 청사진이 마련되었다는 것과 우리 정부가 북극해를 국익에 직간접적으로 관련이 있다고 인식한다는 것을 의미한다. 그러나 북극해 해빙현상에 따른 북극해 활용과 관련된 이슈들의 대부분이 북극항로 개척과 에너지 · 자원개발에 집중되어 있으며, 북극해 활용에 따른 해양갈등에 대해서는 연구 실적이 다소 미흡한 상황이다.

TIP. 북극 다산과학기지

출처: 북극 종합정책 추진계획('13. 7. 25)

- 북극의 기후와 환경 변화 연구의 거점기지
- 개소일: 2002년 4월 29일
- 위치: 노르웨이령 스발바르 섬(북위 79°)
- 수행연구: 북극해 해빙과 위성자료 분석을 통한 기후변화 연구, 대기관측 연구, 해양 및 육상 생태계 모니터링 등
- 시설 현황: 연구실 및 숙소 250㎡

2. 북극해 개관

1) 북극권 및 북극해 국가들

북극권은 지구의 북극점을 기준으로 북위 66°33′44″ 이북의 지역으로서, 여름에는 해가 지지 않으며[白夜], 겨울에는 해가 뜨지 않는[極夜] 지역이다. 그리고 북극권은 수목성장 한계선, 빙하남하 한계선, 영구동토선 등과 동일하게 보기도 하며 위도, 등온선, 수목한계선, 바다의 결빙 여부 등을 통해 북극권을 설정하기도 한다. 북극해의 면적은 1,257만 7,000㎢이고, 약 1,300만 명이 거주하며, 전 세계 바다의 3~4%, 육지 전체의 15%에 해당한다. 또한 북극해는 세계 대륙붕의 22%를 차지하고 있으며, 러시아가 북극권에서 차지하는 비중이 가장 크다.[1]

북극해는 베링 해를 통해 태평양과, 캐나다 해협, 덴마크 해협, 노르웨이 해를 통해 대서양과 연결되어 있으며, 북극해에 대해 배타적 경제수역을 가지고 있는 5개의 연안국과 3개의 주변 국가가 북극권에 위치하고 있다. 북극해에서 배타적 경제수

---

1 Konstantin Voronor, "The Arctic Horizons of Russia's Strategy," *Russian Politics and Law* Vol. 50, No. 2 (March-April 2012), pp. 55-77.

역을 보유하고 있는 5개 국가로는 미국, 러시아, 캐나다, 덴마크, 노르웨이가 있으며, 북극해 주변 국가들로는 아이슬란드, 핀란드, 스웨덴이 있다. 다음의 〈그림 7-1〉은 북극권 및 북극해 국가들을 보여주고 있다.

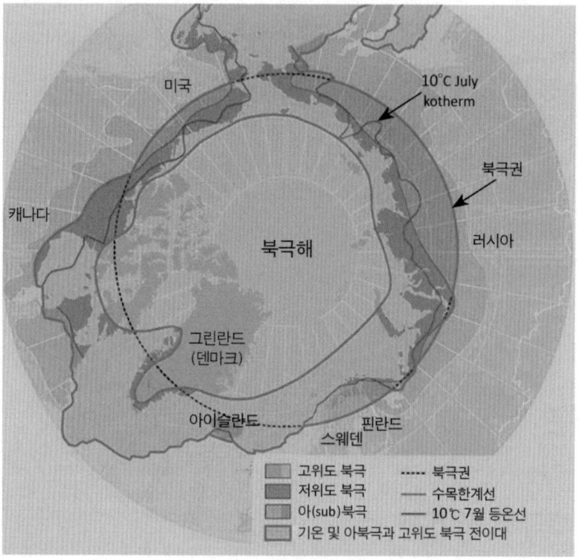

〈그림 7-1〉 북극권 및 북극해 국가들

출처: http://polardiscovery.whoi.edu/arctic/geography-en.html(검색일: 2016. 12. 12)

〈그림 7-1〉에서 확인할 수 있듯이 북극해에서 영해와 배타적 경제수역을 보유하고 있는 5개 국가의 경우 북극해 전체 면적의 약 82%인 1,147만 ㎢를 차지하며, 북극해에서의 공해는 약 18%인 253만 ㎢으로 추정된다. 이들 국가는 북극해에 대한 강력한 영향력을 행사 중인 반면에 3개의 주변 국가(비연안국)의 북극해에 대한 영향력은 상대적으로 약하다고 할 수 있다.

TIP. 북극권 현황

- 북극은 북위 66.5° 이북지역 또는 영구동토층의 한계선 지칭(면적: 약 2,100만 ㎢, 지표면의 약 6%)
  - 기후적 측면에서는 7월 평균기온이 10℃ 이하인 곳
    * 북극해의 겨울철 평균기온은 영하 35~40℃ 정도이며, 여름철 기온은 대체로 0℃ 내외

- 북극해는 북미 및 유라시아 대륙으로 둘러싸인 해양 지칭(면적: 약 1,400만 ㎢, 평균수심: 1,200m, 최대 수심: 5,400m)
  - 북극해는 세계 5대 대양의 하나로 면적이 1,400만 ㎢(지중해의 약 4배)이며, 전 세계 바다 면적의 약 3% 차지
  - 전체 해역 중 약 82%(1,147만 ㎢)가 연안국의 영해 및 EEZ로 구성되어 있고, 공해는 약 18%인 253만 ㎢로 추정
  - 겨울철에는 대부분이 얼음으로 덮이나, 여름철에는 30% 수준으로 결빙해역 축소

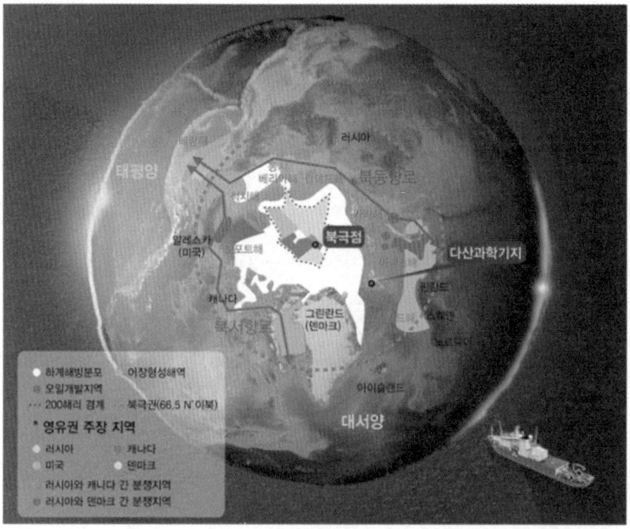

출처: 북극 종합정책 추진계획('13. 7. 25)

2) 북극이사회(Arctic Council)[2]

북극이사회는 북극 관련 문제를 논의하기 위해 설립한 북극권 국가들의 정부 간 협의기구이며, 북극의 환경보존 및 지속 가능한 개발을 목적으로 북극 관련 정책을 논의하기 위해 1996년에 설립되었다.[3] 회원국은 북극권 8개국(미국 · 러시아 · 캐나

2 [네이버 지식백과] 북극이사회[Arctic Council, 北極理事會](두산백과)

3 1989년 북극권 국가들은 북극 환경보존을 위한 논의를 시작했고, 1991년 6월 북극환경보호전략(AEPS: Arctic Environmental Protection Strategy)이라는 기구를 설립하여 북극 보존 · 보호 · 감시 · 비상사태 대응 등의 역할을 수행했다. 이후 여러 국가가 북극의 석유, 가스, 광물 등 천연자원 개발에 주

다 · 노르웨이 · 덴마크 · 핀란드 · 스웨덴 · 아이슬란드)이며, 이누이트족 · 아타바스카족 · 사미족 등 북극 원주민 6개 단체에 상시 참여자(permanent participants) 지위가 부여되었다. 또한 옵서버[4]로는 2015년 기준 12개의 비북극권 국가(프랑스 · 독일 · 네덜란드 · 폴란드 · 스페인 · 영국 · 중국 · 이탈리아 · 일본 · 한국 · 싱가포르 · 인도)와 9개의 정부간기구[국제적십자사연맹(IFRC), 국제자연보존연맹(IUCN) 등], 11개의 비정부기구[해양보호자문위원회(ACOPS), 국제북극과학위원회(IASC) 등]가 있다.

북극이사회는 북극의 환경과 기후, 생물다양성, 북극해, 북극 거주민 등 북극을 둘러싼 각종 현안과 정책을 논의하는 북극 오염대책 프로그램(ACAP), 북극 모니터링 및 평가 프로그램(AMAP), 북극 동식물보존(CAFF), 비상사태 예방 · 준비 · 대응(EPPR), 북극 해양환경 보호(PAME), 지속가능개발(SDWG)의 6개 실무분과(working groups)가 마련되어 있다. 북극이사회의 의사결정은 8개 회원국의 합의로 이뤄지며, 최고의사결정기구는 '각료회의(ministerial meeting)'로서 각 회원국의 외교부 장관 등 고위급 대표들이 참석하여 2년마다 개최되고, 1년에 2회 이상 고위실무회의(senior arctic officials meeting)가 개최된다.[5] 북극이사회의 회원국 및 옵서버를 지도상으로 표시하면 다음의 〈그림 7-2〉와 같으며, 지정학적으로 북극해의 경우 남극과 달리 북극해 연안국들이 포함된 북극이사회 회원국이 강력한 영향력을 행사할 수밖에 없다는 것을 확인할 수 있다.

목하고, 북극해를 통한 해상운송과 급격한 기후변화 등의 문제들이 발생하자 북극권 8개국은 새로운 협의체를 필요로 하게 되었다. 이에 1996년 9월 캐나다 오타와에서 오타와 선언을 통해 포럼 성격의 북극이사회를 발족하게 되었다.

4 옵서버에게는 회의에 참석해 정보를 교환하고 의견을 개진할 수 있는 자격이 주어진다.

5 의장국은 각 회원국이 2년마다 교대로 맡으며, 상설사무국은 노르웨이 트롬쇠에 있는 북극 전문 연구단지인 프람(Fram) 센터 내에 자리 잡고 있다.

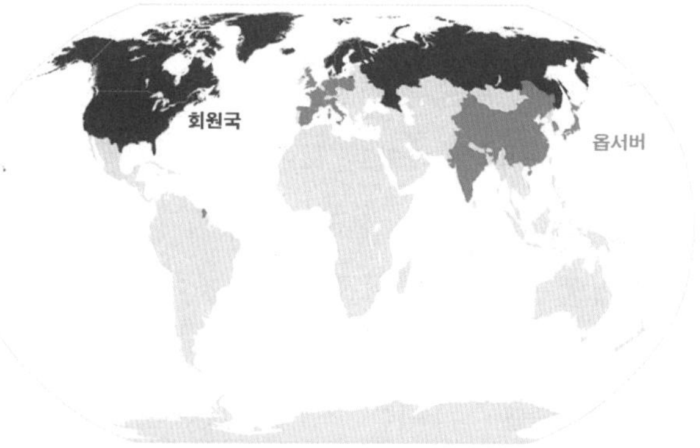

〈그림 7-2〉 북극이사회 회원국 및 옵서버 국가 현황

출처: http://ko.wikipedia.org/wiki/(검색일: 2016. 12. 21)

3) 북극해 해빙현상

앞에서도 언급했듯이 북극해의 해빙현상은 1979년부터 지속되고 있으며, 전세계 온난화보다 2배 빠르게 진행됨에 따라 북극항로 이용과 자산 1조 달러로 추산되는 에너지 자원의 개발 가능성으로 북극해 활용은 이미 기정사실로 인식되고 있다. 2008년 여름의 경우 북서항로는 물론 러시아 연안의 북극해항로(Northern Sea Route)도 최초로 주변 얼음이 다 녹아 북극항로 이용 가능성의 전망을 밝게 했다.[6] 특히 다음의 〈그림 7-3〉은 1992년과 2012년의 북극해 빙하 면적을 비교한 것으로서

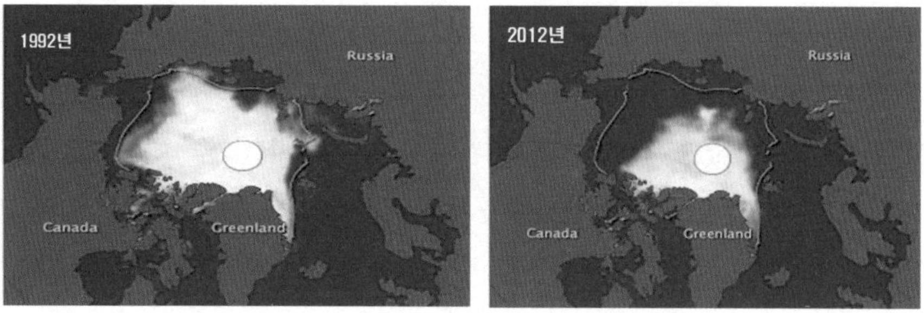

〈그림 7-3〉 1992/2012년 북극해의 빙하 면적

주) 1. 과거 NASA(National Aeronautics and Space Adminstration)는 남은 유빙이나 빙산들도 너무 얇아져 2012년이면 빙하가 일시적으로 모두 녹을 수 있다는 전망을 제기했음
2. '12년 북극해 해빙(海氷) 면적은 340만 ㎢ 수준('79년 위성관측 이래 최소), 다년빙(多年氷) 비중도 60%('85)에서 40%('12) 수준으로 감소

출처: http://nsidc.org/data/seaice_index(검색일: 2016. 11. 30)

북극해의 해빙현상이 얼마나 빠르게 진행되는지를 보여주고 있다.

북극해의 해빙과 관련하여 주요 기관들에서 다양한 전망을 내놓고 있으며, 북극해 이용 시점에 대해서는 다소 차이를 보이고 있으나 북극해에서의 해빙현상이 지속되어 북극해를 이용할 수 있다는 전망이 지배적이다. 다음의 〈표 7-1〉은 북극해 해빙현상 관련 주요 기관들의 전망들을 정리한 것이다.

〈표 7-1〉 북극해 해빙현상 관련 전망들

구분	주요 내용
기후변화위원회(IPCC: Intergovernmental Panel on Climate Change)	• 2050~2100년 여름철에는 빙하가 완전히 없어질 것임
미 국립해양대기청(National Oceanic and Atmospheric Adminstration)	• 북극 지역의 온난화가 다른 지역보다 2배 빠르게 진행 • 북극해의 70% 얼음이 1년빙이며, 3%만이 4년빙임
영국 국방부(Strategic Trends Programme–Global Strategic Trends–Out to 2045)	• 2045년 빙하가 없는 여름이 생길 수 있으며, 북극으로 항해할 수 있는 기간 증가 • 2045년까지 북극해 해상교통로는 세계의 주요 항로가 되지 못할 것임
현대경제연구소	• 북극 해빙 면적의 감소 속도는 이론적인 기후 모델 추정치보다 빠르게 나타나고 있음 • 북극해의 상업화 가능시점은 예상보다 30년 빠른 2020년 전후로 예상되고 있음

북극해의 해빙과 관련하여 최근의 해빙현상 추이를 고려할 경우 2030년경부터 북극항로가 개통된다는 전망이 지배적이며, 2050년경에는 북극항로가 완전히 개통되거나 이용 가능성이 극대화될 것이라는 주장이 제기되고 있다. 북극의 빙하는 지난 100년간 지속적으로 감소해왔는데, 최근에는 감소 속도가 더욱 빨라지는 것이 국제적인 위기감을 촉발시키고 있다. 특히 지난 10여 년간의 빙하 감소 속도는 그 이전 20~30년에 비해 더욱 빨라졌을 뿐만 아니라, 1979년에 비해 그 양이 40% 이상 감소하고 있다. 다음의 〈그림 7-4〉는 북극해의 해빙 추이 및 전망으로, 북극해의 이용 가능성을 단적으로 보여주고 있다.

---

6 Ekaterina Klimento, "Russia's Evolving Arctic Strategy: Diver, Challenges and New Opportunities," *SIPRI Policy paper* No. 42 (September 2014), pp. 3-11.

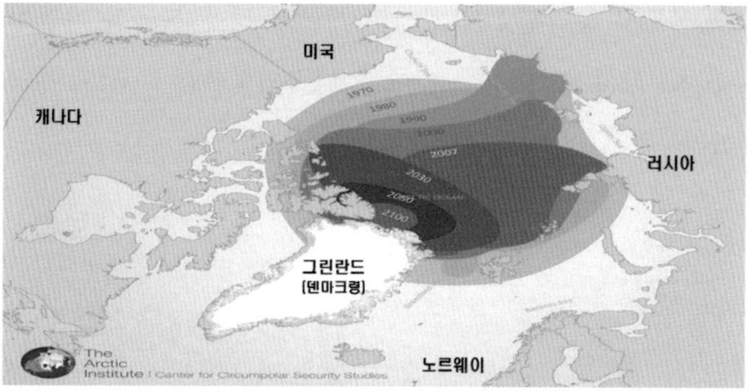

〈그림 7-4〉 북극의 해빙 추이 및 전망

출처: http://www.theracticinstitute.org/p/arctic-maps.html(검색일: 2016. 11. 30)

4) 북극항로(North Pole Route)

북극항로는 종종 '북극해항로'로도 불리며, 북극해를 경유하여 유럽과 극동을 연결하는 항로를 말한다. 대표적인 북극항로인 북극해항로(Northern Sea Route, NSR)[7]는 러시아 시베리아 연안과 극동지역을 따라 바렌츠 해(Barents Sea), 카라 해(Kara Sea), 랍테프 해(Laptev Sea), 동시베리아 해(East Siberian Sea), 척치 해(Chukchi Sea) 등 5개의 북극해를 거쳐 유라시아 대륙과 북미 대륙 사이의 80㎞ 폭의 베링 해협(최대 수심 60m)을 지나 북태평양으로 가는 항로로서 이용 가능성이 가장 높은 항로다.[8] 다음으로 북서항로(North-West Passage, NWP)는 캐나다 연안의 다도해지역에서부터 그린란드 인근 배핀 만(Baffin Bay)을 거쳐 그린란드 대륙과 스칸디나비아 반도 사이 1,400㎞ 거리 폭을 지나 대서양으로 나가는 항로다.

북극해항로는 북서항로보다 거리가 짧고 빙하조건이 양호한 편이며, 구소련연방 시절 소련 정부에 의해 북극해항로가 어느 정도 개발된 상태로서 이용 가능성이 더욱 높다고 할 수 있다.[9] 또한 북극항로는 해빙 정도에 따라 다양한 항로가 예상되

7 북극해항로는 '북동항로'로도 불리며, 본고에서는 북동항로 대신 북극해항로를 사용했다.

8 홍성원, "북극해항로와 북극해 자원개발: 한 · 러 협력과 한국의 책략", 「국제지역연구」 제15권 4호(2012), p. 101.

9 구소련 시절 북극해항로는 소련의 북극지역 산업지대와 군 주둔지역에 물자를 공급하는 루트로 사용되었다. 구소련 정부는 자국의 안보를 위해 외국선박의 북극해항로 이용을 금지했으나 1987년 고르바초프(Mikhail Gorbachev) 대통령의 개혁 · 개방정책에 따라 '무르만스크 연설'에서 북극해항로를 외국

고 있으며, 대표적으로 북극항로가 완전히 개통될 경우 북극을 가로지르는 북극횡단항로(Transpolar Sea Route)도 이용될 것이다. 다음의 〈그림 7-5〉는 북극항로의 종류를 보여주고 있다.

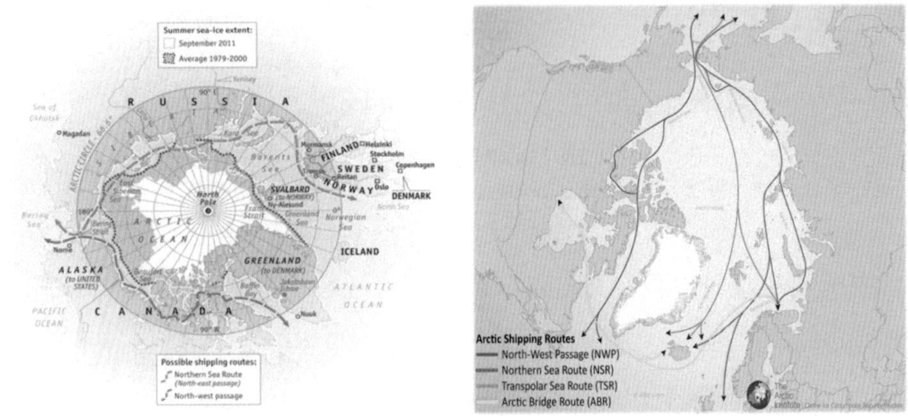

〈그림 7-5〉 북극항로의 종류

출처: http://www.economist.com/node/21556803(검색일: 2016. 4. 23)

5) 천연자원

북극해 전체 해역 면적의 53%를 차지하는 대륙붕에는 막대한 양의 화석연료와 광물자원이 매장되어 있으며, 에너지 선점과 관련하여 21세기 콜드 러시(Cold Rush)로 각광받고 있다. 먼저 석유는 전 세계 매장량의 13%에 달하는 900억 배럴이 매장되어 있으며, 천연가스는 30%에 달하는 470억 배럴이 매장되어 있는 것으로 추정된다. 또한 막대한 양의 광물자원이 다량으로 매장되어 있는 것으로 추정되며, 대표적으로 금, 은, 다이아몬드, 아연, 주석, 니켈, 구리, 희토류 등이 있다.[10] 특히 북

선박에 개방할 것을 선언했다. 북극에 대한 최초의 관심은 무르만스크 선언이 계기가 되었다고 할 수 있다. Gorbachev, M., *The Speech in Murmansk at the ceremonial meeting on the occasion of the presentation of the Order of Lenin and the Gold Star Medal to the city of Murmansk* (Novosti Press Agency: Moscow, 1987), pp. 23-31.

10 러시아는 이미 극지에서 25개에 달하는 광산을 운용하고 있으며, 노릴스크에서 생산되는 니켈의 경우 전 세계 니켈의 1/5을 생산하고 있다. http://www.arctic.ru/ natural-resources/other-minerals(검색일:

극지역 자원의 약 84%는 근해지역에 분포된 것으로 추정된다.[11] 다음의 〈그림 7-6〉은 북극해 자원 현황으로서, 석유 및 가스의 경우 일부 연안지역에서 시추 및 생산이 진행 중에 있다.

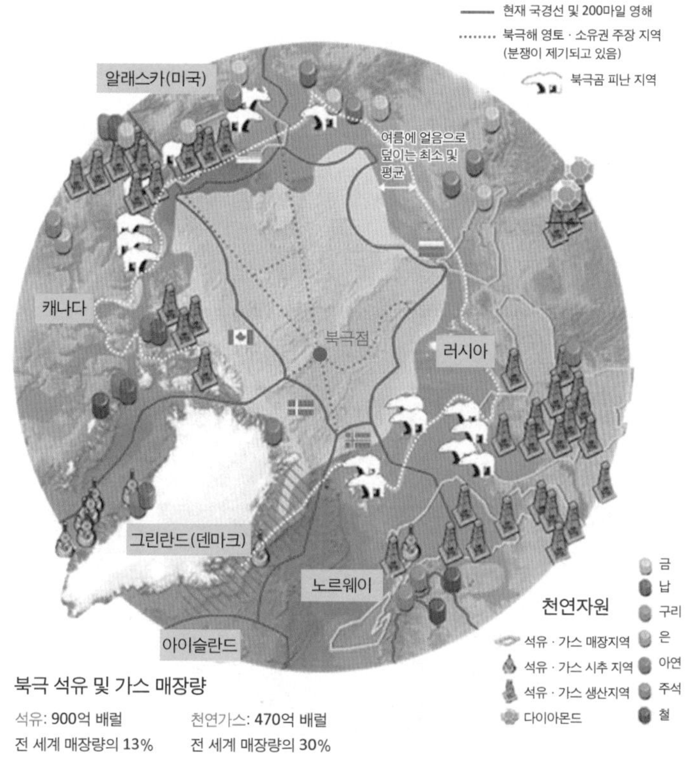

〈그림 7-6〉 북극해 자원 현황

출처: DER SPIEGEL, http://www.spiegel.de/

6) 어족자원

북극해에서의 해빙현상이 진행되고 있지만, 북극권에서의 어업활동은 미비한 상황이다. 현재 북극해에서의 어업활동은 대부분 연안에서 이뤄지고 있으나 최근에

2016. 10. 12)

11 U. S. Geological Survey, *Circum-Arctic Resource Appraisal: Estimates of Undiscovered Oil and Gas North of the Arctic Circle* (Reston, VA: USGS, 2009), p. 1.

는 북극해 연안에서의 양식업이 매우 활발한 것으로 확인된다. 그러나 아북극권(sub-arctic) 해역인 북대서양의 바렌츠 해와 북태평양의 베링 해는 해양의 생물생산력이 높아 수산업이 발달해 있으며, 연간 20억 달러(세계 어획량의 20%)의 어획량을 제공하는 풍부한 어장들이 분포되어 있다. 또한 북극해 및 북태평양 등 인근 어장의 연간 총 어획고는 전 세계를 통틀어 약 40%이며, 해수온도 상승으로 한류성 어족의 새로운 서식지로 부상하고 있다.

우리나라는 1960년대 중반부터 아북극권 베링 해에서의 명태 잡이에 참여한 바 있는데, 미국과 러시아의 배타적 경제수역 선포, 명태자원의 고갈 등으로 인해 1993년 이후 조업이 제한되었으나 중부베링해명태보존협약(Convention on the Conservation and Management of Pollock Resources in the Central Bering Sea)[12]에 따라 허용 어획량 및 국가별 할당량 설정 등을 통해 조업에 참가하고 있다. 다음의 〈그림 7-7〉은 연안국 200해리 외측 베링 해 공해수역인 조업구역을 표시한 것이다.

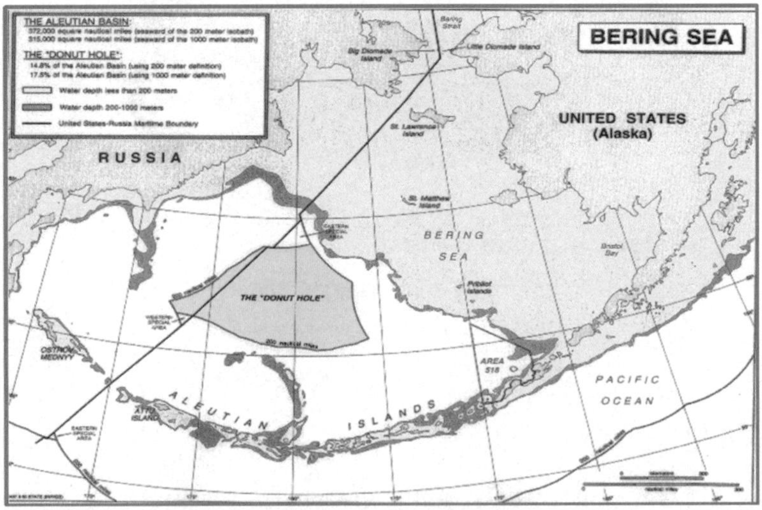

〈그림 7-7〉 북극해 연안국 200해리 외측 베링 해 공해수역

12 중부베링해명태보존협약의 목적은 베링 해 명태자원의 보존관리 및 적정 이용을 도모하는 것이며, 1994년 6월 16일 워싱턴에서 작성되어 1995년 12월 8일 발효되었다. 회원국은 미국, 러시아, 한국, 일본, 중국, 폴란드이며, 우리나라의 경우 1995년 12월 5일 비준서를 기탁하여 1996년 1월 4일 발효(조약 제1315호)되었다.

7) 군사적 가치

북극해의 군사적 가치는 냉전 시대부터 부각되었으며, 북극해 인근은 미국과 소련이 배치한 미사일과 핵잠수함들의 경쟁 장소가 되었다. 북극해는 미국과 소련이 서로 상대방을 공격할 수 있는 최단거리이며, 핵잠수함의 은닉이 가능한 지역으로서 주목을 받았다. 특히 북극해는 러시아의 가장 중요한 해군 핵전력인 북해함대의 주요 거점이며, 러시아의 경우 핵전력은 국가 안보정책과 군사전략의 핵심일 뿐만 아니라 미국 · NATO와의 전략적 균형을 도모함으로써 강대국으로서 러시아의 위상을 드러내는 상징이라고 할 수 있다.[13]

냉전 시대 미국은 소련 SLBM 탑재 잠수함이 미국과 유럽을 공격하기 위해 반드시 통과해야 할 지점인 GIUK(Greenland-Iceland-United Kingdom을 연결한 선)에 대해 막대한 예산을 투자했다. 이에 따라 소련은 SLBM의 사거리를 연장시켜 상대적으로 안전한 영해 근해에서 SLBM 탑재 잠수함을 운용하는 방안을 고안했으며, 대표적인 곳이 북극해 주변 해역인 바렌츠 해다.[14] 따라서 북극해는 미 · 러 양국의 핵심지역으로서 다른 국가들의 경우 상업적 · 외교적 관심이 제한될 수밖에 없었으나 1987년 고르바초프 서기장의 무르만스크 선언과 냉전 종식, 북극해 해빙현상으로 인해 국제사회의 관심이 증대되었다.[15]

또한 러시아는 미국의 MD가 러시아를 겨냥하는 것으로 인식하고 있으며, 이를 위해 미국의 MD를 무력화시킬 수 있는 전력들을 북극해 주변에 배치하고 있다. 러시아는 북극지역에 이미 SA-22 방공체계를 배치했으며, 이외에도 MiG-31 전투기를 추가로 배치할 계획이라고 밝혔다. SA-22 방공체계는 현존하는 저 · 중고도 방공체계 중 성능이 최고라는 평가를 받고 있으며, 공중의 표적뿐만 아니라 지상병력에도 대응할 수 있어 광범위한 활용이 가능하다. 북극지역에서 러시아가 군사력을

---

13 김경순, "러시아의 북극전략: 군사화의 의미와 한계", 「정책연구」 통권 187호(2015년 겨울), p. 148.

14 러시아는 이를 '안전수역(Bastion)'이라고 불렀으며, 북대서양(바렌츠 해)과 태평양지역(오호츠크 해)의 두 곳에서 운용했다. 박남태, "냉전기 미국 전략적 대잠전의 교훈", 「해군지」 Vol. 471(2016. 12), pp. 38-39.

15 한국해양전략연구소, 『동아시아 해양안보 2015-2016』(서울: 한국해양전략연구소, 2016), pp. 208-209.

강화하는 것은 2020년까지 추진하는 러시아 군사전략의 일환으로 이뤄지고 있으며, 2014년 말에 푸틴 러시아 대통령은 러시아가 북극지역을 군사화할 계획은 없으나, 이 지역 안보를 위해 필요한 조처를 하고 있다고 밝힌 바 있다.

북극해의 군사적 가치는 북극해의 중요성이 증대됨에 따라 다시 부각되고 있으며, 특히 북극해에서 미 · 러 간의 신냉전 형성 가능성이 제기되는 만큼 그 중요성이 더욱 증대되고 있는 상황이다. 이와 관련하여 서방은 최근 러시아의 북극전략이 군사력 증강에 치우치는 경향을 주시하고 있다. 러시아는 북극지역에 전략폭격기 정찰을 재개했으며, 2014년도에는 북극전략사령부를 설치했고, 우크라이나 사태 이후 군사훈련도 강화하고 있다.

3. 국가별 입장 및 동향

1) 러시아

러시아는 유라시아 북쪽 해안선의 대부분인 북극 해안선의 총 50% 이상을 점유하고 있으며, 북극지역에 대한 행보가 빨라지고 있다.[16] 그러나 혼자 힘만으로 북극해 개발이 제한된다고 인식함에 따라 중국, 한국 등 다른 국가들과의 협력을 통해 북극해 개발을 추진하고 있다.[17] 이와 아울러 러시아가 유럽과 아시아, 미주대륙에 의해 봉쇄될 가능성을 차단하기 위해 군사력을 강화하는 등 북극해 개발 및 영향력 확대를 위한 적극적인 입장을 취하고 있다.

러시아는 "북극정책 기반"(2008)을 비롯한 주요 정부문서에서 '주도적 북극의 강대국'에 대한 역할의지를 밝히고 있으며, 2014년 12월 개정된 러시아 '군사독트

---

16 김경순, 앞의 글, p. 139.

17 북극해 개발과 관련된 러시아의 문제점으로는 국영기업의 가스전, 유전개발 기술 수준이 낮다는 것이며, 아울러 세계 금융위기로 자금문제까지 겹친 상황에서 외국 기업의 도움 없이는 북극 지역에서 에너지 개발사업을 펼칠 수 없는 상황이다. Christoph Seidler, 박미화 역, 『북극해 쟁탈전』(서울: 더숲, 2010), p. 315.

린'에서는 러시아군의 주요 임무로 북극에서의 국익 보호조항을 포함시켰다.[18] 또한 2015년 7월 26일 러시아는 신해양안보정책(New Maritime Doctrine)[19]에서 국제상황에 대처하고 해양강국으로서의 위상을 보장하기 위해 4개 기능(해군활동, 해양수송, 해양과학, 자원확보)에 입각한 6개 해역에서의 활동 방향을 제시했으며, 북극해의 경우 북극해 자원연구 및 탐사를 주요 활동 방향으로 설정했다. 다음의 〈표 7-2〉는 신해양안보정책에 명시된 러시아의 해역별 주요 활동 방향을 정리한 것이다.

〈표 7-2〉 러시아, 해역별 주요 활동 방향

구분	해역별 주요 활동 방향
대서양	NATO의 동진 확장 대응 및 차단
북극해	북극해 자원 연구 및 탐사
카스피 해	석유 및 가스 채굴, 수송 등을 보장
인도양	인도 등 기타 국가들과 우호관계
남극해	남극조약에 따른 각종 연구, 자원개발 등 참여 강화
태평양	• 중국과 우호관계 발전 도모 및 기타 국가들과의 협력 중시 • 경제 및 인프라의 개발을 통한 극동지역 경제 발전

출처: 러시아, 신해양안보정책('15. 7. 26)

신해양안보정책은 해군이 주도적 역할을 수행하지만, 그 내용들은 단순한 군사 독트린에 그치지 않고 국가 차원의 해양정책 전반을 포함하고 있다. 특히 크림 반도 합병 이후 흑해 및 지중해에서 서방과의 긴장고조 및 북극해의 전략적 · 경제적 중요성 등이 주요 정책으로 반영되어 있다.

또한 러시아는 전략적 가치가 증대되고 있는 북극지역에 각종 군사기지를 설치하여 영향력 확대를 도모하고 있다. 앞에서도 언급했듯이 북극해 지역은 다양한 해양 분쟁요소가 상존하고 있지만, 적절한 국제법이 구비되지 않아 항로사용과 자원개발 등을 위한 관련국 간의 경쟁이 더욱 치열해질 것으로 전망되고 있다. 따라서 러

18 김경순, "러시아 신 군사독트린", 「안보현안분석」 Vol. 105(2015. 3), pp. 4-8.

19 러시아 신해양안보정책은 2015년 7월 26일(러시아 해군의 날) 푸틴 대통령이 발표했으며, 20001년 해양안보정책 발표 이후 최초의 발표로서 그동안의 국제환경 변화를 반영하고 해군력 증강을 도모하려는 의지로 분석되고 있다.

시아의 북극지역에 대한 군사기지 구축 추진은 미국 · 캐나다 등 북극해 연안국과의 '북극 쟁탈전'에서 유리한 위치를 선점하기 위한 조치로 평가되고 있다. 다음의 〈그림 7-8〉은 러시아가 북극해에서 구축 중인 군사기지 현황을 정리한 것이다.

① 군사도시 건설(3)
- 브란겔랴 섬, 노보시비르스크 및 세베르나야제믈랴 제도

② 요격기/대공방어부대 배치 추진(1)
- 노바야제믈랴 제도

③ 해군 분함대 상주 추진(2)
- 노보시비르스크 및 제믈랴프란차이오시파 제도

④ 공군기지 및 비행장 복구
- 북극 연안 템프비행장 등 8곳

⑤ 국경수비대 배치 추진(3)
- 브란겔랴 섬, 노보시비르스크 및 제믈랴프란차이오시파 제도

〈그림 7-8〉 러시아, 북극해 군사기지 구축 현황

이와 아울러 러시아는 증대되는 북극지역의 지정학적 중요성과 자원 개발 등을 고려하여 이를 군사·안보적 차원에서 보장하고 국가이익 수호에 기여하고자 다양한 노력을 기울이고 있다. 대표적으로 북극통합전략사령부 창설('14. 12. 1), 북양함대 최초 쇄빙선 진수('15. 4. 23), 역대 최대 규모의 원자력 쇄빙선 아크티카(Arktik) 진수('16. 6. 16) 등이 있으며, 특히 2016년 1월 14일에는 북극해 도서 및 수역을 체계적으로 연구하기 위해 북양함대 내 북극 해양탐사대 창설 및 임무 시작을 발표했다.[20]

러시아는 원자력 추진 쇄빙선을 보유한 유일한 국가이며, 최근에 증강된 아크티카호는 북극항해에서 최고라고 할 수 있다. 아크티카호는 선체가 전장 173m, 배수량 3만 3,000톤이며, 얼음두께 4m에 이르는 지형까지 쇄빙하여 전진할 수 있는 것으로 확인된다. 아크티카호의 자매선 시비르(Sibir)호 및 우랄(Ural)호는 각각 '19년과 '20년에 진수할 예정이다. 북극 해안선의 50% 이상을 점유하고 있는 러시아는

20 북극 해양탐사대의 지휘관은 해양학자(해군 중령)이며, 조직원은 군인 및 민간인으로 구성되어 있다.

세계에서 가장 많은 총 40척(국가소유 19척, 민간소유 21척)의 핵추진 및 비핵추진 쇄빙선을 보유하고 있는 가운데 2016년 7월 기준 6척을 신규 건조 중에 있고 5척을 추가 건조할 계획이다.[21]

러시아는 크림 반도 합병 이후 NATO와의 갈등과 북극해의 지정학적 위치 등으로 흑해 및 북극해에 대한 중요성을 인식하고 있음에도 불구하고 최근 안보상황을 고려하여 태평양에서의 군사적 · 경제적 비중 또한 증대되는 것으로 판단하여 태평양함대의 전력증강을 추진 중에 있다.[22] 현재 러시아의 전력증강은 서방의 경제제재, 예산 문제 등으로 증강사업이 다소 지연되고 있으나 '강한 러시아'를 달성하기 위해 계속해서 노력할 것으로 전망된다. 특히, 최근 러시아 해군의 핵전력들이 북극점 아래 국제수역에서 훈련을 실시했으며, 최근 강화된 훈련과 추가적인 군사력 배치는 북극지역에서 러시아의 존재감을 드러내 보이고, 이 지역에서의 반접근/지역거부(A2/AD) 능력을 확장하기 위한 것으로 평가할 수 있다.[23]

2) 미국

미국은 북극해에서 러시아의 군사적 팽창을 견제하고, 미국 본토에 대한 안보위협 차단에 집중하고 있으며, 북극지역의 평화와 안정적인 질서유지에 우선적으로 집중하고 있다. 미국의 북극해에 대한 세부적인 정책은 '대통령 군사안보명령(National Security Presidential Directives: NSPD)' 66호('09. 1)에 핵심적 내용 6가지를 명시하고 있으며, 구체적으로 항행의 자유를 포함하는 안보의 강화 문제, 국제거버넌스의 강화 문제, 대륙붕경계의 확장과 영토적 경계 이슈의 문제, 국제적인 과학협력의 증진 문제, 해상교통 강화 문제, 경제 및 이슈, 환경보호와 의존 및 관리 문제다. 이

---

21 러시아 함대에는 6척의 대형 쇄빙선이 있는데 모두 국가소유이고 핵추진 쇄빙선이며, 그중 4척이 운용 가능하다. 기타 19척은 중형 쇄빙선(국가소유 7척, 개인소유 12척)이며, 15척은 소형 쇄빙선(국가소유 6척, 개인소유 9척)이다.

22 태평양함대의 주요 전력증강으로는 보레이급 전략 핵잠수함(24,000톤), 야센급 전술 핵잠수함(11,800톤), 라다급 및 바르샤반카급 디젤-전기잠수함(2,700~3,400톤), 리더급 핵추진 구축함(17,500톤), 우다로이급 구축함(8,600톤) 6척에 대한 현대화 작업 등이 있으며, 특히 2018년에 극동지역 방어 강화를 위한 해안방어사단을 배치할 예정이다.

23 CSIS, *Asia-Pacific Rebalance 2025: Capabilities, Presence, and Partnership* (CSIS, 2016, January), pp. 181-183.

후 오바마 대통령은 2013년 '북극지역에 대한 국가전략(National Strategy for the Arctic Region)'을 발표했으며,[24] 알래스카 북서부 연안 척치 해(Chuckchi Sea)에 시추 계획을 허용했다.[25]

미국은 북극해에서 러시아의 군사적 팽창을 견제하기 위해 '아이스엑스(ICEX, Ice Exercise)'를 정기적으로 실시하고 있으며, 알래스카의 엘멘도르프(Elmendorf)에 미 방공사령부 파견대 설치 및 알래스카 프러드호 만에 핵잠수함 기지를 설치하여 러시아의 군사훈련에 대한 즉각적인 대응 태세를 갖추고 있다. 또한 미 해안경비대는 2007년 이후 베링 해협과 알래스카 북부사면(Alaska North Slope), 척치(Chukchi)와 보퍼트(Beaufort) 해에서의 작전을 위해 '북극 방패(Arctic Shield)' 훈련을 매년 실시하는 등 미국의 군사적 영향력은 점차 확대되고 있다.[26]

특히 오바마 대통령은 2011년 4월에 북극관할 사령부로 북부사령부를 지정하여 북극지역에 대한 감시와 군사적 대응에 대한 책임소재를 명확히 했다. 구체적으로 새로운 통합군사령부계획(UCP, Unified Command Plan)[27]은 북극지역에 대한 책임을 기존에 유럽사-북부사-태평양사로 구분되어 있던 것에서 유럽사와 북부사 간 공유하는 것으로 변경했으며, 유럽사에 전반적인 작전책임을 부여하고, 북부사에는 북극 작전능력을 제공하는 역할을 부여했다.[28] 다음의 〈그림 7-9〉는 미 통합군사령부

---

24 북극지역에 대한 미국의 군사적 대응과 러시아 경계가 확대되기 시작한 것은 2009년 1월 미국의 부시 대통령이 퇴임 직전에 '대통령 군사안보명령(National Security Presidential Directives)' 66호와 '대통령 국토안보명령(Homeland Security Presidential Directive)' 25호에 서명하면서 북극과 북극해에 대한 미국의 군사안보적 관심을 강화시킨 것이 중요한 계기가 되고 있다. 한국해양전략연구소, 앞의 책, pp. 224-225.

25 2016년 12월 20일, 미 백악관은 "오바마 대통령이 북극해 및 대서양 영해 일부를 원유 및 천연가스 시추 금지구역으로 지정했다"라고 전했다. 이와 관련하여 오바마 대통령이 환경 보호를 위해 동 조치를 취했다고 했지만, 에너지 분야 투자 및 개발에 적극적인 트럼프 당선인의 에너지 정책을 견제하기 위한 것으로 분석된다.

26 미 해안경비대의 경우 주노(Juneau), 앵커리지(Anchorage), 코디액(Kodiak) 지역에 위치한 미 해안경비대 17국(USCG's District 17)이 북극해에 대한 안전, 관리 및 안보를 제공하는 중요한 역할을 수행하고 있다.

27 통합군사령부계획(UCP, Unified Command Plan)은 모든 전투지휘관을 위한 기본적인 지침을 제공하는 성격의 문서로, 전투지휘관의 임무, 책임, 지리적 책임구역에 대한 윤곽 및 특수한 기능적 임무 등을 명시하고 있다.

28 CSIS, *Asia-Pacific Rebalance 2025: Capabilities, Presence, and Partnership*, pp. 180-181.

〈그림 7-9〉 미 통합군사령부의 작전책임 구역도

출처: https://www.defense.gov/Military-Services/Unified-Combatant-Commands(검색일: 2016. 12. 12)

의 작전책임 구역도이며, 북극지역에 대한 작전책임이 변화된 것을 보여주고 있다.

그리고 「2014~2030년 북극 로드맵」에서는 미래 북극에서의 작전과 우발사태에 대한 가이드라인을 제공해주고 있다. 이 로드맵은 북극지역에서 미군의 전략적인 목표를 ① 북극에서의 주권 보장 및 본토 방위 제공, ② 위기 및 우발사태에 대응할 수 있는 준비된 해군전력 제공, ③ 해양에서의 자유보장 및 ④ 미 정부 내 그리고 국제적인 동맹(협력)국과의 협력 촉진으로 기술하고 있다. 또한 북극 로드맵은 북극의 경제적 발전에 영향을 미치는 북극해의 빙하량과 빙하면적의 변화현상에 대한 환경적인 이해를 더욱 증진할 것을 강조하고 있다.[29]

트럼프 대통령은 2017년 4월 28일 북극에서 시추작업을 확장하고 다른 지역에 대한 석유 및 가스탐사를 하는 행정명령에 서명했으며, 2017년 6월 27일에는 "미국은 빠른 시일 내로 석유, 천연가스를 비롯한 에너지 자원의 수출국이 될 것이다"라고 강조했다. 특히 2017년 4월 28일 북극에서 시추작업을 확장하고 다른 지

29 CSIS, 위의 책, pp. 187-188.

역에 대한 석유 및 가스탐사를 하는 행정명령에 서명했으며, 이는 버락 오바마 대통령이 임기 말에 북극 척치 해와 미 동부 대서양 수중협록 대다수 지역을 영구적인 원유 시추 제한지역으로 설정한 것을 완전히 뒤집는 것이다.

또한 페리 에너지장관은 "미국이 세계 곳곳으로 석유, 천연가스 및 석탄을 수출해 에너지 방면에서 우위를 차지할 수 있다고 확신하며, 원자력 에너지 및 풍력과 태양광을 비롯한 재생에너지에 대한 개발을 추진할 것이다"라고 언급했다. 이와 관련하여 백악관은 6월 다섯째 주를 '에너지 주간(energy week)'으로 지정했으며, 해당 주간에 일자리를 창출하고 미국의 영향력을 확대하기 위해 다양한 행사를 주최할 예정이다. 미국이 에너지 분야에 대한 영향력을 강화하는 것은 에너지 의존도가 높은 중국과 러시아를 견제하는 수단으로 에너지를 적극 활용할 가능성이 높다는 것을 의미한다.

3) 중국

중국은 스스로를 '근북극국가(近北極國家, Near Arctic State)'로 칭하면서 자원 및 해상교통로 확보에 주력하고 있으며, 이러한 중국의 행보는 남중국해 이용이 불안해짐에 따라 북극항로에 대한 관심이 증가했기 때문으로 판단되고 있다. 이에 따라 중국은 북극해가 국가이익과 많은 연관성을 갖고 있다는 판단에 따라 영향력 확대를 위한 군사적 행동을 확대하고 있으며, 구체적으로 '15년 9월 수상전투함 3척, 상륙함/수송지원선 각 1척 등 함정 5척을 이용해 베링 해에서 러시아와 연합훈련을 실시했다. 또한 '16년 8월 3일 핵공업총공사(중국 원자력사업 전담 공기업)와 국영 조선소간 신형 핵추진 쇄빙선 건조계약을 체결하는 등 북극해로 진출하기 위한 다양한 노력을 기울이고 있다.

중국은 현재 14개국과 국경을 마주하고 있으며, 특히 러시아, 인도, 베트남의 경우 국경선 분쟁으로 인해 육상으로의 진출이 제한되어 있다. 이에 따라 중국은 생존 및 번영을 위해 육상보다는 해상으로의 진출을 선택할 수밖에 없는 상황이며, 또한 중국의 해양팽창에 대한 미국의 견제와 봉쇄에 대응하기 위해 일대일로(一帶一路, One Belt One Road) 전략을 추진하고 있다. 다시 말해 미국이 제시한 "아시아로의 회귀

(Pivot to Asia)" 전략과 중국이 구상하는 일대일로 전략은 서로 상충되는 것이라고 할 수 있으며, 이러한 전략상의 충돌은 지속될 전망이다.

2017년 5월 중국은 일대일로에 '일도(一道)'라는 용어를 추가하여 발표했으며, 여기서 말하는 일도는 북극해와 연접한 태평양과 대서양 항로로 동북아와 서유럽, 북미를 잇는 최단 항로를 뜻하는 것으로 이는 곧 북극항로의 개발을 의미한다. 또한 중국이 일도 개발 구상을 본격 추진하는 것은 북극에 매장된 지하자원 확보, 서유럽 및 북미로의 수출 확대를 위한 전략적 행동으로 평가받고 있다.

이를 반영하듯이 중국 국가발전개혁위원회와 국가해양국은 최근 북극권까지 확장된 내용을 담은 '일대일로 건설 해상 협력구상'을 공개했다. 여기에는 중국에서 동남아를 거쳐 인도양, 아프리카, 지중해까지 연결되는 루트, 중국에서 오세아니아 및 남태평양을 잇는 루트, 그리고 북극해를 통해 유럽을 잇는 루트 등 이 3가지 루트를 '블루경제(해양경제) 통로'라고 일컬었다. 특히 그동안 일대일로에 포함되지 않았던 북극해를 통해 유럽을 잇는 루트를 추가했으며, 이를 통해 북극 개발에 적극적으로 참여하여 북극 관련국의 북극항로 탐사에 동참하면서 북극기지를 공동으로 건설할 계획이다. 다음의 〈그림 7-10〉은 중국의 북극항로다.

〈그림 7-10〉 중국의 북극항로

출처: https://www.economist.com/news/china/21606898-china-pursues-its-interest-frozen-north-polar-bearings(검색일: 2017. 9. 1)

러시아는 중국의 일대일로 전략이 자국의 '북극해항로' 전략과 연결되기를 바라고 있으며, 북극해항로와 그 부근의 인프라 정비 투자 및 시베리아 횡단철도를 잇는 철도 건설 등에 대한 중국의 협력을 기대하고 있다. 그러나 중국의 북극해에 대한 적극적인 관심 표명 및 개입의지에 대해 국제사회, 특히 북극해 연안국의 부정적인 인식이 형성되고 있다. 특히 중국이 북극권까지 확장된 내용을 담은 '일대일로 건설 해상 협력구상' 발표에 대해 많은 국가들이 우려하고 있는 것으로 나타났다.

먼저 프랑스, 독일, 영국, 그리스 등 유럽 각국은 자국이 중시하는 '투자의 공정성과 투명성, 사회보장, 환경보호' 등이 포함되지 않았다는 점과 중국이 경제권 구상을 통해 영향력을 높이고 패권적 지위를 손에 넣으려 한다며 우려하고 있다. 미국 역시 이러한 일대일로 구상을 중국의 해양팽창 일환으로 인식하고 있으며, 자국의 "아시아로의 회귀(Pivot to Asia)"에 반하는 중국의 '일대일로' 전략에 대한 경계를 늦추지 않을 것으로 예상된다. 다음의 〈표 7-3〉은 북극해에 대한 기타 북극해 국가들 및 아시아 국가들의 입장과 동향을 정리한 것이다.

〈표 7-3〉 기타 국가들의 입장과 동향

구분		입장 및 동향
북극해 국가	캐나다	• 북극해 현안들을 국내적 이슈로 규정, 국익을 우선적으로 최대한 확보한다는 입장 견지 • 2006년부터 북극해에 대한 관심 표명 및 적극적인 개입으로 선회 * Canada's Northern Strategy: Our North, Our Heritage, Our Future(2009) 등 • 러시아의 군사훈련에 민감하게 반응, 군사력 증강을 통한 능력 확충 * 북극지역에 군사시설 확충 및 초계정, F-35 구매 등 • John Diefenbaker급 대형 쇄빙선 등
	덴마크 (그린란드)	• 북극에 대한 관할권 및 자원개발권 확보에 주력하면서 분쟁배제, 비무장화 등을 포함한 북극안보정책 추진 * '14년 12월, 로모노소프 해령의 약 89만 5,000㎢ 면적에 대한 소유권 주장 • 러시아의 군사팽창에 대응하기 위해 북극사령부 창설 등 적극적으로 대응 • Thetis급 초계함, Knud Rasmussen급 연안초계함 등
	노르웨이	• 국제적인 협력을 통한 천연자원 이용 및 자연환경 관리 · 연구 추진 * 북극해 일부인 바렌츠 해를 토대로 세계 최대의 수산국으로 성장 • 러시아의 군사행동에 대응하기 위해 NATO와의 군사협력 강화 * 1970년대부터 러시아와 바렌츠 해를 둘러싼 관할권 갈등 경험 • Svalbard급 연안초계함, Skjold급 고속초계함 등

아시아 국가	일본	• 북극해 항로와 자원개발을 일본의 방위 문제 등으로 관심 확대 • 북극정책 발표('15. 10) 및 북극 관측선 제작/투입 예정(2020년) * 일본의 북극정책은 일관성 있는 기조를 유지하고 있음 • 중국의 북극해 진출을 견제하기 위해 러시아와의 방위협력 강화 * 러시아는 중국이 북극해 진출에 이용하는 오호츠크 해가 자국 원자력잠수함의 활동거점이라는 이유에서 관련 움직임을 예의주시해옴

출처: 한국해양전략연구소, 앞의 책, pp. 224-235; Rob Huebert, "The Newly Emerging Arctic Security Environment," Prepared for the Canadian Defense & Foreign Affairs Institute, 2010) 등의 자료를 재정리

TIP. 주요국 극지정책 현황

국가	주요 내용
미국	• 2009D/「National Security Presidential Directive 66/ Homeland Security Presidential Directive 25」 ① 북극지역 관련 국가 및 국토 안보 강화 ② 북극 환경보호와 생물자원 보존 ③ 북극지역 천연자원 관리 및 환경적으로 지속 가능한 경제발전 보장 ④ 북극이사회 국가(A8) 간 협력체계 강화 ⑤ 북극 원주민 공동체에 그들의 삶과 관련된 의사결정 참여 보장 ⑥ 지방, 지역, 글로벌 환경 관련 과학적 모니터링 및 연구 강화
	• 2013D/「National Strategy for the Arctic Region」 ① 3가지 방침: 미국의 안보 이익 우선, 책임감 있는 북극지역 관리 모색, 국제협력 강화 ② 접근 원칙: 평화와 안정성, 최선의 정보를 이용한 의사결정, 혁신적인 협의 추구(국제 파트너십), 알래스카 원주민과의 협력
캐나다	• 2009D/「Canada's Northern Strategy: Our North, Our Heritage, Our Future」 ① 사회 · 경제적 발전 촉진 ② 환경적 유산 보호(생태계 기반 관리접근법 촉진, 과학연구 강화 등) ③ 북극해 거버넌스 개선(북극지역 원주민 참여 지원 등) ④ 북극 영토 강화(북극지역 주권 수호와 관련 군 역할 강조)
러시아	• 2008D/「Fundamentals of the State of the Russian Federation in the Arctic up to 2020 and Beyond」 ① 북극지역에서 러시아의 지식 축적과 인적 자산의 발달을 통한 국가적 · 산업적 · 개인적 안전 보장 ② 경제의 혁신적 발전과 다양화를 통한 북극 천연자원의 안정적 사용 ③ 북극해항로의 안정적 기능 ④ 북극의 새로운 통치 형식
노르웨이	• 2009D/「New Building Blocks in the North: The next step in the Government's High North Strategy」 ① 북극지역 기후 및 환경에 대한 지식 발전 ② 북방 수역에서의 감시, 긴급대응 및 해양안전시스템 개선 ③ 연해 석유 및 재생가능 해양자원의 지속 가능한 이용 촉진 ④ 북극에서의 해양산업 발전 촉진 ⑤ 북극에서의 기반시설 추가 발전 ⑥ 북방에서의 단호한 주권행사와 국경협력 강화 ⑦ 토착민의 문화와 생활 보호

덴마크	• 2011/「Kingdom of Denmark Strategy for the Arctic 2011-2020」 ① 평화롭고 안전한 북극 ② 자급자족의 성장 및 발전 ③ 북극에 대한 배려(북극의 기후, 환경 및 자연에 대한 이해) ④ 국제 파트너들과 긴밀한 협력
핀란드	• 2010/「Finland's strategy for the Arctic region」 ㅇ 대외적 관계를 강조하면서 안보, 환경, 경제, 인프라, 원주민 등 다양한 이슈 논의 ㅇ 수송관계의 개선, 수출의 진흥, 북극 연구 및 북극이사회 역할 강화 등 제안
스웨덴	• 2011/「Sweden's strategy for the Arctic region」 ㅇ 북극지역을 통한 경제적 · 사회적 · 환경적으로 지속 가능한 개발 도모 ㅇ 기후변화와 환경, 경제 발전, 인류 문제 등 3가지 우선순위 표명
중국	• 중국 국가해양국 주요 조치 ㅇ 극지과학탐사 및 연구수준 제고와 극지탐사사업을 지원하기 위해 중국극지과학 전략연구기금 설립 - 기금 지원 원칙: (1) 국가극지발전전략의 실현에 이롭고, (2) 과학연구 수준의 제고에 이롭고, (3) 청년 인재의 양성에 이롭고, (4) 국제적 협력을 추진하는 데 이롭도록 하는 것 • 2013년/중-아이슬란드 FTA 체결(4월)
일본	• 2012년/해양정책연구재단: 북극해의 지속 가능한 이용을 위해 일본이 실행해야 할 시책 ㅇ 총리실 산하 '종합해양정책본부'를 북극해 정책 사령탑으로 함 ㅇ 북극해 관리를 위한 참여 확대, 북극해 환경문제 적극 대응 ㅇ 북극해 자원에 대한 조치 강화, 북극해항로 개척에 따른 물류 변화 대응안 마련 ㅇ 북극해항로 개척 후 방위정책 입안 ㅇ 북극해 관련 국제질서 형성에 기여 ㅇ 북극해 문제의 총괄 처리를 위한 러-일 간 대화창구 개설

출처: 북극 종합정책 추진계획('13. 7. 25)

4. 북극해에서의 해양갈등 전망

1) 북극해 연안국들 간의 해양관할권분쟁

현 「유엔해양법협약」은 북극해 연안국의 영해와 200해리 배타적 경제수역만 인정하고 있으며, 앞에서도 언급했듯이 이들 국가가 북극해에서 차지하는 면적은 약 82%(1,147만 ㎢)에 해당한다. 현재 북극해에서는 대륙붕 연장, 북극항로, 해양경계 설정 및 도서영유권 등의 다양한 해양갈등이 진행 중에 있으며, 북극해에서의 해양갈등을 정리하면 다음의 〈표 7-4〉와 같다.

〈표 7-4〉 북극해의 해양갈등 현황

분쟁 유형	해당 국가	지역	비고
대륙붕 연장	러시아, 캐나다, 덴마크	Lomonosov 해령	진행 중
해양경계 설정	미국-캐나다	Beaufort 해역	진행 중
	러시아-미국	Bearing Sea	진행 중
	노르웨이-러시아	Barens 해역	진행 중
	노르웨이-러시아	러시아 Kola 반도와 노르웨이 사이의 해역	합의 (175,000㎢ 반반씩 분배)
도서영유권 및 해양경계 설정	캐나다-덴마크	David 해협	진행 중
도서영유권	덴마크-노르웨이	Svalbard Island	합의(노르웨이령)
	덴마크-노르웨이-아이슬란드	Jan Main Island	합의(노르웨이령)
북극항로	러시아, 캐나다	북극해항로, 북서항로	진행 중

〈표 7-4〉에서 확인할 수 있듯이 북극해에서의 해양갈등은 일부 도서영유권과 해양경계 설정을 제외하고 대부분 진행 중에 있으며, 북극해 해빙현상으로 인해 확장된 토양에 대한 인접국가들 간의 영유권분쟁, 자원개발 등과 관련된 해양갈등이 더욱 심화될 것으로 예상된다. 북극해의 다양한 해양갈등 중에서 로모노소프(Lomonosov) 해령[30]에 대한 분쟁이 가장 주목받고 있으며, 러시아, 캐나다, 덴마크 3개국 모두 대륙붕한계위원회(Commission on the Limits of the Continental Shelf: CLCS)에 대륙붕 연장을 위한 자료를 제출한 상태다.[31]

그러나 대륙붕한계위원회가 이러한 분쟁을 해결하기에는 역부족이며,[32] 특히

30 로모노소프 해령은 시베리아의 노보시비르스크 제도에서 북극점 밑을 통과하여 캐나다 북부의 엘즈미어 섬까지 이어지는 북극해 횡주 해저산맥으로, 길이 1,800㎞, 너비 60~200㎞, 최대수심은 950~1,650m다.

31 2015년 8월 러시아가 약 46만 3,000㎢의 관할해역 확장을 요구하는 최신 주장을 제출한 것에 대해 캐나다와 덴마크는 대륙붕의 한계에 관한 증거를 UN 위원회에 제출했다. 러시아는 로모노소프 해령과 시베리아 반도의 자연적 연결을 주장하고 있으며, 캐나다는 대륙붕이 엘즈미어 섬과 연결되어 있다고 주장하는 반면에 덴마크는 그린란드의 자연적 연장이라고 주장하고 있다.

32 대륙붕 연장과 관련하여 지난 몇 년 동안 추가 영유권 신청이 끊이지 않았으며, 이와 관련하여 대륙붕한계위원회는 거의 마비상태다. 캐나다 국립지질연구소의 베르회프는 "대륙붕한계위원회에 접수된 신청서들을 모두 검토하려면 10년은 걸릴 것"이라고 말했다. Christoph Sedler, 박미화 역, 앞의 책, pp. 322-327.

대륙붕한계위원회의 판결을 이들 국가가 모두 수긍할지에 대한 여부는 불투명하다고 할 수 있다. 결국 이 문제는 2008년 북극해 연안국 5개국이 합의한 '일루리사트 선언'[33]에 따라 UN의 틀 안에서 평화로운 협상을 통해 해결해야 하지만, 이들 국가의 소유권 주장이 서로 겹칠 경우 당사국끼리 다툴 수밖에 없을 것으로 예상된다.

결국 북극해에서 연안국 간의 해양관할권분쟁은 북극을 둘러싼 분쟁을 해결해 줄 수 있는 국제법 기관이나 국제정치 기구가 존재하지 않는다는 측면에서 당사국 간의 해결로 이어질 수밖에 없다.[34] 특히 분쟁 당사국들이 군사력을 증강하는 가운데 분쟁을 해결할 적절한 수단이 없다는 측면에서 북극해에서의 연안국 간의 분쟁은 무력분쟁으로 발전할 가능성을 배제할 수 없는 상황이다.

북극해에서 연안국 간의 해양관할권분쟁은 러시아에 의해 해양갈등이 고조될 것으로 예상되고 있으며, 이러한 측면에서 대륙붕한계위원회의 판결에 대해 러시아가 수용하지 않을 경우 해양갈등은 더욱 심화될 것으로 예상된다.[35] 구체적으로 대륙붕한계위원회에서 로모노소프 해령에 대한 러시아의 주장을 받아들이지 않거나 다른 국가의 영토로 인정될 경우 북극해에서 연안국 간의 해양관할권분쟁의 갈등 수준은 급격히 상승하게 될 것이다. 다음의 〈그림 7-11〉은 북극해에서의 국가별 영유권 주장 현황을 표시한 것이다.

---

33 국제사회의 움직임에 대응하기 위해 북극권 8개국 중 북극해에 실질적으로 인접한 5개국의 외무장관들은 2008년 5월 그린란드의 일루리사트(Illulissat)에 모여 남극조약 같은 북극에서의 새로운 국제법 체제 도입 반대, 200해리 EEZ(Exclusive Economic Zone) 및 이와 연결된 대륙붕의 영유권 제도를 갖고 있는 유엔해양법(UNCLOS) 지지, 북극해양환경 보호, 해난사고 협조체제 구축 등을 주요 내용으로 한 '일루리사트 선언문(Illulissat Declaration)'을 채택했다. 동 선언문을 통해 5개국은 북극 관련 국제조약 발효로 생길 수 있는 국가적 불이익에 공동 대처하고, 자원의 보고인 해저 대륙붕을 최대한 확보하며, 북극권 환경문제에도 별도 협력한다는 데 뜻을 모았다.

34 2015년 11월 기준, 북극에만 적용되고 있는 국제조약과 합의는 스발바르 조약, 북극항공해상수색구조협정, 북극유류오염대비대응협정 등이 있지만 상호유기적인 연계가 미흡한 실정이다.

35 북극해에서의 해양관할권분쟁은 미국과 캐나다가 북극해 대륙붕 확보에 더욱 적극적으로 나설 것으로 예상되며, 결과적으로 북극해 해양자원을 둘러싼 인접국 간의 경쟁이 심화될 것으로 보인다는 주장도 제기되고 있다. KMI, Issue Briefing, 09-8호(2009. 10. 12)

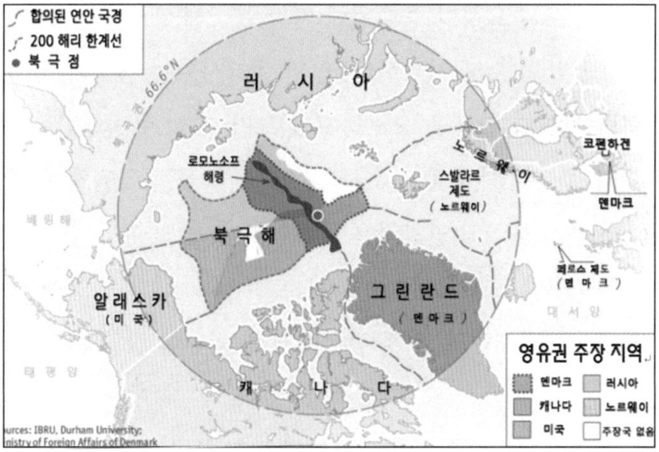

〈그림 7-11〉 북극해에서의 영유권 주장 현황

출처: IBRD, Durham University; Ministry of Foreign Affairs of Denmark

2) 연안국-국제사회 간 국제공역화에 대한 갈등

연안국-국제사회 간의 북극해에 대한 국제공역화 갈등은 남극과의 비교를 통해 예측이 가능하다. 남극조약은 제1조에 남극의 평화적 이용을 명기하고 있고, 제2조에는 과학적 탐사의 자유와 국제협력의 지속을 보장하고 있다는 점, 그리고 남극에 대한 개별 국가들의 영유권 주장을 인정하지 않고 있다는 점을 볼 때 남극은 특정한 개인이나 단체, 국가에만 공개된 것이 아니라 전 인류의 발전을 위한 공공재적 속성을 갖고 있다는 것을 알 수 있다. 또한 남극에서는 핵실험은 물론이고 핵폭발도 시도할 수 없을 뿐만 아니라, 방사성폐기물의 처분도 금지하고 있는 제5조의 내용을 통해 지구상에서 처음으로 '국제비핵지대'로 지정되었다. 남극의 국제공역 협정은 다음의 〈표 7-5〉와 같이 정리할 수 있다.

〈표 7-5〉 남극의 국제공역 협정

협정 이름	일시 장소	발효일	평화적 목적	무기 통제조항
남극조약	워싱턴 D. C. (1959. 12. 1)	1961. 6. 23	공동이익에 한함	있음

북극해의 경우 그 중요성이 증대됨에 따라 북극해 개발에 대한 연안국과 국제사회의 의견이 대립될 것으로 전망된다. 먼저 국제사회는 남극과 동일하게 글로벌적 관점에서 협력을 통한 활용을 요구하고 있으며, 특히 유럽연합은 북극권 5개국의 독점적인 권리 주장에 대응하기 위해 2008년 10월 북극정책에 관한 결의안을 통과시켰다. 이에 반해 북극해 연안국은 국가이익 추구 및 에너지 자원 고갈에 따른 독점적인 개발을 추구하고 있으며, 일루리사트(Ilulissat) 선언을 통해 남극조약 같은 국제법 체제의 도입을 반대하고, 외부 간섭배제 및 연안국 간의 문제 해결 등을 주장하고 있다.[36]

현 시점에서 북극해의 중요성과 북극해에 대한 북극해 연안국들의 지배력을 고려할 경우 북극해의 국제공역화 합의는 제한될 것으로 예상된다. 또한 앞에서 언급했듯이 미국과 러시아에 대해 반대 의견을 제시하기 어렵다는 측면에서 북극해에 대한 국제공역화를 둘러싼 해양갈등은 미 · 러를 중심으로 북극해 연안국에게 유리한 여건하에서 진행될 가능성이 비교적 크다고 할 수 있을 것이다.

3) 북극항로 개방

수에즈 운하의 대체항로로서 북극항로를 이용할 경우 동북아 국가들은 유럽 기준 수에즈 운하보다 거리가 약 50% 감축되는 경제적 효과를 얻게 된다. 그러나 북극해 연안국들의 북극해에 대한 영향력 확대 시 그들의 의사에 반하는 국가에 대해서는 항행의 자유를 거부할 가능성을 배제할 수 없는 상황이다. 다음의 〈표 7-6〉은 동북아 국가가 북극해항로와 수에즈 운하 이용 시 거리를 비교한 것으로, 한국을 포함한 동북아시아 국가들의 경우 북극해항로 이용은 불가피한 선택이 될 것이다.

〈표 7-6〉 동북아 국가가 북극해항로와 수에즈 운하 이용 시 거리 비교

구분	상해	부산	고베
북극해항로	6,670㎢	6,220㎢	5,830㎢
수에즈 운하	12,050㎢	12,400㎢	12,730㎢
변화 정도	약 -45%	약 -50%	약 -54%

출처: http://gcaptain.com/schudi-shipping-northern-sea-route(검색일: 2016. 9. 22)

북극해에서 항행의 자유거부가 예상되는 국가로는 러시아와 캐나다가 있다. 먼저 러시아는 북극해항로를 통행료와 허가가 필요한 국내항로로 주장하고 있으며, 정부 차원에서 법적규제를 하고 있다.[37] 또한 캐나다의 경우 북서항로가 경유하는 캐나다수역이 제3국의 무해통항권이 인정되지 않는 내수(內水)라고 주장하는 등 북극해항로 이용이 가시화될 경우 러시아와 캐나다가 북극해에서 연안국의 영향력 강화를 위해 '사전허가'에서부터 항행의 자유거부까지 다양한 조치들이 예상되고 있다. 러시아와 캐나다의 주장에 대해 대다수의 다른 국가들은 북극해항로를 국제항로로 간주하고 있으나 힘의 논리가 적용될 경우 이들의 주장을 무시하기는 어려울 것으로 예상된다.[38]

4) 조업어장 확장

현재 북극지역은 대략 연간 20억 달러의 어획량을 제공하는 세계에서 가장 풍부한 어장들이 분포되어 있다. 현재까지 북극해 중앙해역에는 어장이 없으며, 2015년 7월 북극해 연안 5개국은 추가적인 과학적 조사자료와 국제협의가 있기 전까지는 북극해 중앙해역에서의 상업적인 어업활동을 금지하는 것에 대해 선제적으로 합의했다.[39] 그러나 수온상승으로 아북극권(Sub Arctic area)에서 북극해까지 조업어장이 확장될 것으로 전망되는 바, 북극해에서의 조업은 더욱 확대될 것으로 예측된다.

그러나 현재 아북극권에서의 조업은 주로 베링 해에서 이뤄지고 있는 상황이며, 베링 해는 러시아의 시베리아, 미국의 알래스카 주, 북극해로 둘러싸인 지역으로 조업 조건이 열악하기로 악명이 높다는 측면에서 조업어선 보호를 위한 구조능력 확대가 필요한 상황이다. 러시아의 경우 북극해에서의 구조임무 수행을 위한 능력

---

36 EU 및 NATO의 경우 구성국 일부는 개별국가 자격으로 북극이사회에 참여하고 있으며, EU는 옵서버로 참여하고 있다.

37 구체적으로 ① 선박에 대한 내빙성 구조(ice classification), ② 통행료, ③ 선박통행 허가절차[최소 4개월 전 북극해항로관리기구(NSRA)에 신고]다. 리우 후이동, "북극지역의 법률현황과 문제점", 「해양한국」 통권 제431호(2009년 8월), p. 96.

38 CSIS, 앞의 책, p. 180.

39 http://www.state.gov/r/pa/prs/ps/2015/07/244969.htm(검색일: 2016. 12. 20)

을 강화 중에 있으며,[40] 우리나라의 경우도 극지 및 주변 해역에서의 사고사례에 대비한 구조임무 전력 확충이 요구되고 있다. 다음의 〈표 7-7〉은 극지에서 발생한 한국의 주요 사고사례를 정리한 것이다.

〈표 7-7〉 한국, 극지에서의 주요 사고사례 발생 현황

일자	주요 내용	비고
2015. 12	유빙에 선체가 박혀 남극 인근해역에서 좌초 중이던 대한민국 국적의 628톤급 원양어선 '썬스타호' 구조	아라온호
2014. 12	사조산업의 '오룡호'가 베링 해에서 침몰하여 53명이 사망하거나 실종	韓, 해군 P-3C 2대, 해경함 등 수색작전 참여

TIP. 아라온호 개요

선박명	아라온(Araon)
중량	7,487톤
건조	2009년 10월
크기(m)	111×19×9.9(길이×폭×깊이)
속도	16 knots(최대), 12 knots(항해)
추진시스템	Azimuth Thruster 2기(5,000kW×2) Tunnel Thruster 2기(1,200kW×2)
운영주체	KOPRI(극지연구소)
승선인원	총 85명(승조원 25명+과학자 60명)
주요 활동	결빙해 연구, 지질 과학조사, 극지 보급 등
쇄빙 성능	1m 두께 얼음을 시속 3 knots로 연속 쇄빙

40 러시아는 2009년부터 9억 1천만 루블을 투입하여 10개의 수색구난(SAR)센터를 구축했다. 무르만스크와 딕슨이 MRCC(Marine Rescue Coordination Center) 역할을 수행하고, MRCC 산하 서브센터(MRSC)는 티크시와 페베크에 위치하고 있다. 그리고 각 센터 산하 구난 관련 및 유류 유출 대비 기자재를 보관하는 전진기지는 딕슨, 티크시, 페베크, 프로비데니아 등에 위치하고 있다.

5) 북극해에서의 신냉전(New Cold War) 형성

향후 북극해에서 가장 큰 영향력을 행사할 국가로는 러시아와 미국이 될 것이며, 이들의 국가이익 확보를 위한 대결이 예상되고 있다. 러시아의 경우 북극해에 대한 경제·해양안보정책 추진 및 전력을 증강하고 있으며, 미국의 경우 러시아의 군사적 팽창 견제를 위한 다양한 대책을 포함하여 러시아의 세력 확대 견제 및 미국 본토의 안보 위협을 경계하고 있다. 이와 관련하여 북극해에서의 미·러 간 해양갈등에 따른 신냉전 형성이 예상되고 있으며, 특히 센카쿠 열도(미국·일본 vs. 중국), 남중국해(미국 vs. 중국)에 이어 제3의 해양갈등 장소로 북극해의 가능성이 예상되고 있다.

이와 관련하여 일부에서는 북극해에서의 신냉전(New Cold War) 형성 가능성을 언급하고 있으며, 특히 미국·러시아를 중심으로 한 옵서버 국가들을 대상으로 냉전을 형성할 가능성이 비교적 높다고 할 수 있다. 과거 냉전 시대 미국과 러시아가 이념 중심의 대립구도를 형성했다면, 북극해에서는 국익을 중심으로 냉전을 형성할 가능성이 높다고 할 수 있다.

6) 북극해에서의 해양갈등 전망

북극해에서의 해양갈등 중에서 인위적인 변화가 예상되는 요인으로는 미·러 간 신냉전 형성, 북극항로 갈등, 북극해의 국제공역화 문제 등이 있다. 이들 요인의 경우 각국의 국익추구에 영향을 받는 해양갈등으로서 주로 러시아, 미국, 캐나다, 유럽연합 등에 의해 촉발될 것으로 예상된다. 그리고 자연적인 변화가 예상되는 요인으로는 조업어장 확장 등이 있으며, 북극해의 해빙에 영향을 받을 것으로 예상된다. 그러나 연안국 간의 해양관할권분쟁은 인위적·자연적인 변화에 모두 영향을 받을 것으로 예상되며, 구체적으로 대륙붕한계위원회에서 로모노소프 해령에 대한 러시아의 주장을 받아들이지 않거나 또는 다른 국가의 영토로 인정될 경우(다른 해양관할권에 대한 판결 포함), 북극해에서의 해빙에 따른 추가 영토가 확보될 경우 등이 전환점이 될 것이다. 다음의 〈표 7-8〉은 앞에서 언급한 북극해에서의 해양갈등 변화의 전환점을 정리한 것이다.

〈표 7-8〉 북극해에서의 해양갈등 변화의 전환점(turning point)

구분	전환점	구분	전환점
연안국 간 해양관할권	CLCC의 대륙붕 연장 판결에 따라 특정국가의 대륙붕 인정 시(러시아 미수용 포함)	조업 어장	기후변화, 국가 간 조업구역 확보 경쟁 심화 시
연안국-국제사회 간 국제공역화	연안국의 주권행사에 대한 국제사회의 본격적인 대응 시	미 · 러 간 신냉전 형성	美, 러시아 군사력 평창에 대한 본격적인 대응 시
북극항로 갈등	러시아, 캐나다 항행의 자유거부		

지금까지 살펴본 북극해에서의 해양갈등을 종합하면, 현 시점에서 북극해에서의 해양갈등은 아직까지는 높지 않다고 할 수 있으며, 이러한 현상은 당분간 지속될 전망이다. 그러나 북극해에서의 해양갈등은 각 요인별 전환점을 기준으로 북극해의 해빙이 가속화되는 것처럼 갈등수준 역시 급격히 심화될 것으로 전망된다. 다음의 〈그림 7-12〉는 북극해에서의 해양갈등 전망을 정리한 것이다.

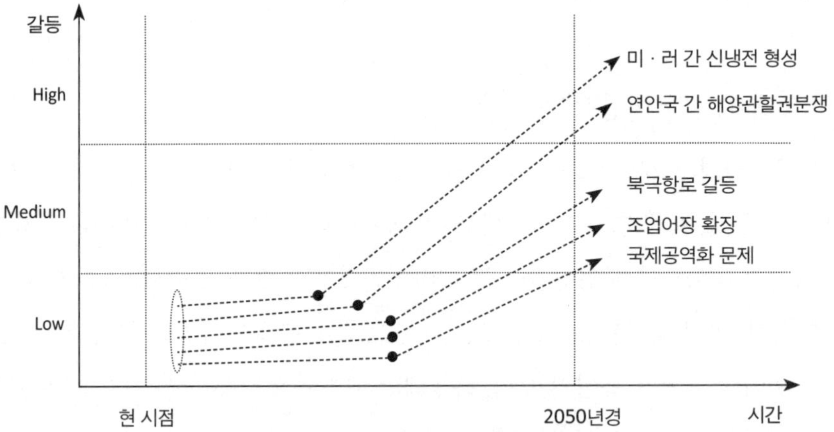

〈그림 7-12〉 북극해에서의 해양갈등 전망

TIP. 우리 정부의 북극정책

우리 정부는 박근혜 대통령의 "북극항로 개척과 에너지 · 자원개발 등 북극정책 전반에 대해 범정부 차원의 협의를 통해 종합 청사진을 마련"하라는 지시와 북극이사회 정식 옵서버 국가 진출('13. 5)을 계기로 북극연안국 및 관련 국제기구의 동향과 다양한 정책환경 변화에 신속하게 대응하기 위한 종합적 북극전략 마련의 필요성에 따라 2013년 7월 25일 7개 관계부처 합동으로 「북극 종합정책 추진계획」을 작성했다. 우리 정부는 「북극 종합정책 추진계획」을 기반으로 지금까지 「북극정책 시행계획」을 두 차례 수립·시행하고 있다. 「북극 종합정책 추진계획」에 포함된 3대 정책목표와 4대 전략과제는 다음과 같다.

〈우리 정부의 북극정책〉

정책목표

① 국제사회에 기여하는 북극 파트너십 구축

② 인류 공동과제 해결에 기여하는 과학연구 강화

③ 경제영토 확장을 위한 북극 신산업 창출

4대 전략과제

① 북극권 국제협력 강화

② 북극 과학연구 활동 강화

③ 북극 비즈니스 모델 발굴 · 추진

④ 법 · 제도 기반 확충

우리나라 북극정책의 주요 성과로는 북극 협력체계 구축, 민간 네트워크 구축, 북극 해양환경 연구 범위 확대 및 동토층 관측소 4개소 설치 등 크게 4가지로 구분할 수 있으며, 정기적으로 민간 선박을 통해 북극항로를 시험 운항하는 등 적극적인 북극정책을 시행 중에 있다. 또한 「북극 종합정책 추진계획」은 국제협력, 과학연구, 비즈니스 모델, 법 · 제도 기반의 4개 분야에 대해 7개의 관계부처가 역할을 분담하고 있으며, 북극해에 한정된 분야를 전승(傳乘), 국부(國富), 협력(協力)이라는 3개의 영역으로 확대하고, 국방부(해군)와 해경이 포함되어야 할 것이다. 다음 〈표 7-9〉는 정부의 추진체계를 보여주고 있다.

〈표 7-9〉「북극 종합정책 추진계획」상 정부 추진체계

구분	외교부	미래부	산업부	환경부	국토부	해수부	기상청
국제협력	북극외교 총괄			환경보호		워킹그룹, 연안국 협력	
과학연구		기초과학			공간정보	해양 · 극지 과학	기후변화

비즈니스 모델			에너지 · 자원 조선 · 플랜트			북극항로, 조선 · 플랜트, 수산	
법 · 제도 기반						법률, 전담부서	

출처: 정부 관계부처(외교부 · 미래부 · 산업부 · 환경부 · 국토부 · 해수부 · 기상청), 「북극 종합정책 추진계획」(2013. 7. 25)

TIP. 우리 정부의 북극정책

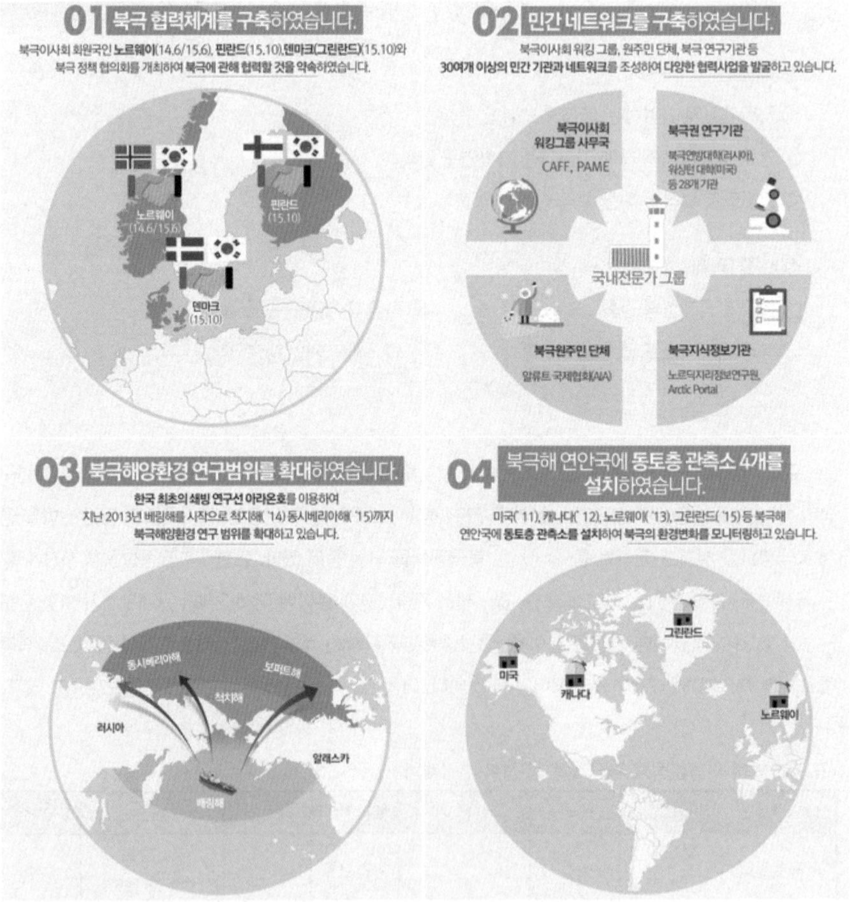

출처: 정부 관계부처, 「2016년 북극정책 시행계획」(2016. 5. 12)

생각해봅시다

북극해에서의 국가별 역학관계 및 우리의 대응

북극해 연안국들이 차지하는 영해 및 배타적 경제수역은 약 82%이며, 이들 국가가 북극해에 대한 실질적인 영향력을 행사하고 있다. 따라서 북극해에서의 국가이익은 대부분 북극해 연안국들이 차지하고 있다고 할 수 있으며, 북극해 연안국들의 영해 및 배타적 경제수역에 포함되지 않은 약 18%의 공해와 해빙으로 인해 새롭게 확보되는 영토로 인한 해양갈등이 예상되고 있다.

북극해에서 미국과 러시아에 대항할 수 있는 국가를 찾기 어려우며, 대부분의 국가들이 미 · 러 간의 해양갈등 관계에서 자국의 이익을 추구한다고 할 수 있다. 그러나 유럽연합의 경우 북극해도 남극과 동일하게 국제공역화가 되어야 한다고 주장하고 있으며, 최소한 북극해 연안국의 영해 및 배타적 경제수역을 제외한 공해에 대한 기존의 입장을 변경하지 않을 것으로 전망된다.

또한 북극해에서의 국가별 역학관계는 북극해에서의 해양갈등을 해결할 수 있는 국제법과 국제기관이 부재하다는 측면에서 군사력에 의한 해결 가능성이 비교적 높으며, 이러한 측면에서 북극해에서의 국가이익은 군사력에 비례한다고 할 수 있다. 이를 바탕으로 북극해에서의 국가별 역학관계는 국제사회가 북극해의 공해 약 18%를 공제공역으로 인정받는 경우를 상정해볼 수 있으며, 이를 도식화하면 다음의 〈그림 7-13〉과 같다.

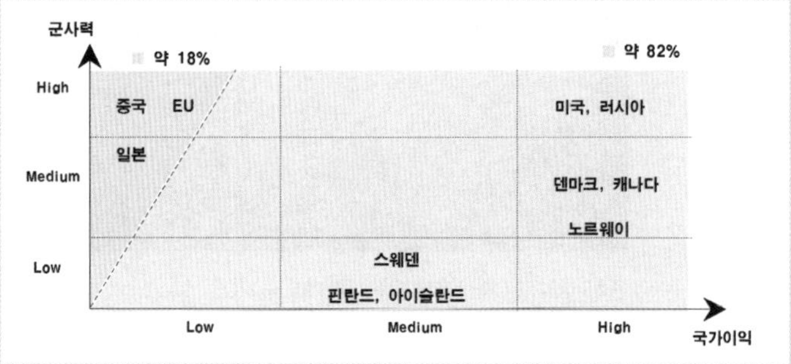

〈그림 7-13〉 북극해에서의 국가별 역학관계

위 그림은 북극해 면적을 기준으로 작성되었으나 북극해는 다양한 분야에서 이용이 가능함에 따라 국가별 역학관계는 다르게 설정될 것이다. 구체적으로 북극항로 및 군사력에 대한 국가별 역학관계는 러시아, 중국의 국가이익이 확대될 것이다.

북극해에서의 위협은 아직까지 직접적으로 가시화되지 않았기 때문에 장기적인 측면에서 단계적인 접근이 필요하다. 먼저 민 · 관 · 군이 공동으로 참여하는 「북극연구 컨소시엄」 체계를 통해 정치 · 군사 · 경제 · 사회 · 문화 등의 파급효과를 고려한 다양한 각도의 연구기반을 구축할 필요가 있으며, 국제적으로는 이해관계가 긴밀한 국가와의 연구협력체계를 구축해야 한다. 또한 북극항로에 대한 우리 선박 호송작전 및 어로보호 작전을 수행할 능력을 강화해야 할 것이며, 북극항로 SLOC 보호를 위한 다국적 군사협력체계를 구축해야 할 것이다.

TIP. 북극 현황

출처: 2015년 북극정책 시행계획('15. 4. 7)

제8장

한국의 해상교통로에 대한 위협

새로운 위협의 등장과 위협의 다변화

intro

한국은 지형적으로 반도국가(半島國家)이지만 지정학적으로는 육상진출이 거의 불가능한 해양국가와 다름없으며, 원유 및 원자재 등을 수입하여 이를 가공 · 수출하는 경제방식을 채택하고 있어 해상교통로는 국가의 생명선이라고 해도 과언이 아닐 것이다. 특히 한국의 대외지향적인 수출촉진 정책 및 해상교통로의 중요성은 큰 변화가 없을 것으로 전망되고 있으며, 한국의 해상교통로 보호는 국가의 경제, 안보 및 번영에 있어서 대단히 중요한 사안으로서 그 중요성은 더욱 증대할 것이다.

최근의 세계적인 안보환경 변화는 해양을 중심으로 급변하고 있다. 이를 반영하듯 미래의 바다는 결코 평화롭지 않으며, 시간이 흐를수록 해상교통로에 대한 불안정성이 더욱 증대될 것으로 전망된다. 해상교통로는 국가경제 및 전쟁지속능력 유지를 위해 반드시 확보되어야 할 생명선으로서 한국의 경우 해적, 해상 테러리즘 같은 초국가적 위협뿐만 아니라 연안국의 항행의 자유거부, 북한의 위협 등 다양한 위협에 대응해야 하며, 특히 해상교통로의 중요성을 고려할 경우 국가적 차원의 대응책 수립이 필요하다고 할 수 있다.

1. 한국의 해상교통로 현황

1) 주요 해상교통로

오늘날 대부분의 국가는 혼자의 힘만으로는 살아갈 수 없으며, 다른 국가들과의 교류(交流) 및 교역(交易)을 통해 국가의 생존과 번영을 추구하고 있다. 특히 대부분의 국가들이 원자재(原資材) 및 재화(財貨) 등의 수출입을 통한 경제활동으로 국가의 생존과 번영을 추구한다는 점에서 교역은 가장 핵심이 된다고 할 수 있다. 이러한 국가 간 교역 시 육상, 항공 등 여러 운송수단이 사용되고 있지만 그중에서 해상운송이 가장 큰 비중을 차지하고 있으며, 특히 다른 운송수단에 비해 한꺼번에 원거리까지 대량의 화물을 저렴한 수송비로 이송할 수 있다는 비교우위의 이점 때문에 세계 화물 운송량의 90% 이상을 차지하고 있다.

한국의 경우 지형적으로 반도국가(半島國家)이지만 지정학적으로는 육상진출이 거의 불가능하기 때문에 해양국가와 다름없으며, 원유 및 원자재 등을 수입하여 이를 가공 · 수출하는 경제방식을 채택하고 있어서 해상운송이 이뤄지는 바닷길인 해상교통로(SLOC: Sea Lines of Communication 혹은 Sea Lanes of Communication으로 표기)를 통해 한국의 수출입 물동량의 99.7% 이상이 이동하고 있다.[1] 만약 해상교통로가 외부위협에 의해 차단된다면, 한국은 에너지 수 · 공급의 차질을 시작으로 석유화학, 제철, 제조 및 건설 등과 같은 국가산업 및 경제활동이 대부분 마비될 것이다.[2] 따라서 해상교통로를 보호하는 것은 국가의 경제, 안보 및 번영에 있어서 대단히 중요한 사안이라고 할 수 있다.

한국은 1960년대부터 대외지향적인 수출촉진 정책을 통해 국가 생존 및 번영

---

1 일반적으로 '해상교통로'라 함은 선박이 항해하는 모든 통로를 의미하는 것이 아니라 국가경제를 유지하기 위한 주요 교역품과 군수물자의 주요 이동통로를 의미하는 용어로 사용되고 있으며, 해상교통로는 국가경제 및 전쟁지속능력 유지를 위해 반드시 확보되어야 할 생명선으로서 그 중요성이 강조되어왔다.

2 「산업연구원」 연구자료에 따르면, 해상교통로 차단 시 우리나라 국가경제에 미치는 영향은 15일 차단 시 제철산업 마비로 제조업 · 기계업 · 건설업이 마비되고 식생활 및 대중교통이 제한되며, 15일 이상 차단 시는 국가산업활동과 경제활동이 마비되며 생필품 · 식량부족으로 심리적 공황 및 폭동이 발생할 것으로 예측했다.

을 추구하고 있으며, 2015년 기준 대외경제 규모는 국내총생산(GDP)의 70% 이상을 차지하고 있다. 또한 한국 정부는 북극 진출을 위해 북극이사회 활동 강화, 북극항로 상업운항 지원 및 국내 북극 역량 강화 방안 등의 마련을 위한「북극정책 시행계획」[3]을 추진하는 등 해상교통로 확보를 위한 역량을 지속적으로 강화하고 있으며, 이러한 한국의 대외지향적인 수출촉진 정책 및 해상교통로의 중요성은 큰 변화가 없을 것으로 예상된다.

TIP. 2015년 한국의 성질별 수출입 실적

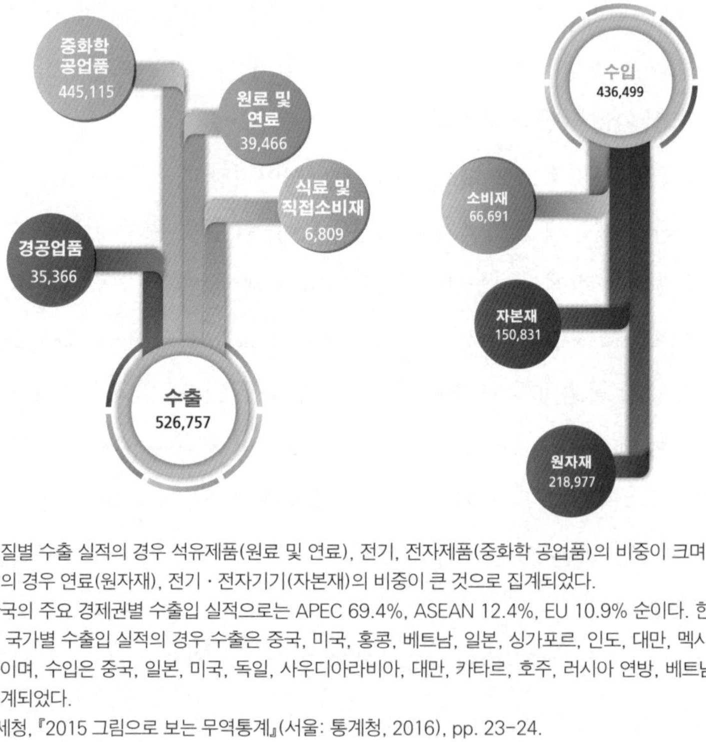

주) 1. 성질별 수출 실적의 경우 석유제품(원료 및 연료), 전기, 전자제품(중화학 공업품)의 비중이 크며, 수입 실적의 경우 연료(원자재), 전기 · 전자기기(자본재)의 비중이 큰 것으로 집계되었다.

2. 한국의 주요 경제권별 수출입 실적으로는 APEC 69.4%, ASEAN 12.4%, EU 10.9% 순이다. 한국의 10대 국가별 수출입 실적의 경우 수출은 중국, 미국, 홍콩, 베트남, 일본, 싱가포르, 인도, 대만, 멕시코, 호주 순이며, 수입은 중국, 일본, 미국, 독일, 사우디아라비아, 대만, 카타르, 호주, 러시아 연방, 베트남 순으로 집계되었다.

출처: 관세청,『2015 그림으로 보는 무역통계』(서울: 통계청, 2016), pp. 23-24.

3 해양수산부 보도자료(2016. 5. 12):「2016년 북극정책 시행계획」수립

TIP. 2015년 한국의 연도별 수출입 금액 및 중량

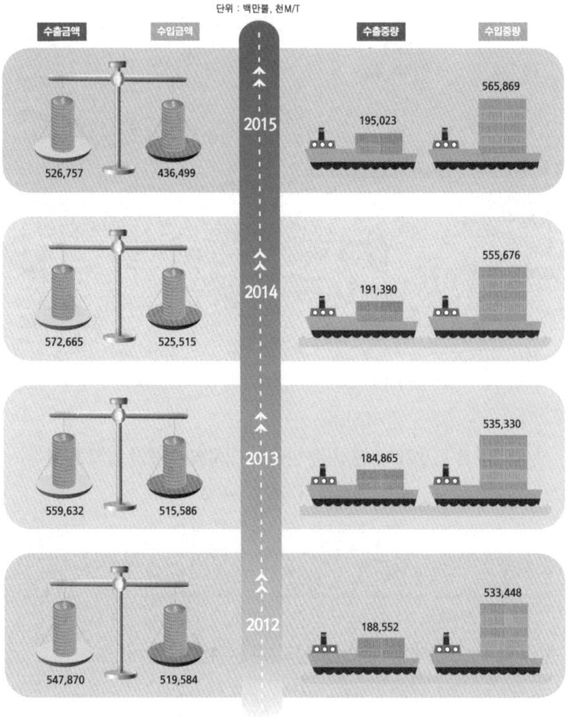

출처: 위의 책, p. 8.

또한 한국은 GATT(General Agreement on Tariffs and Trade)와 WTO(World Trade Organization)로 대표되는 다자무역체제의 가장 큰 수혜국으로서 한국의 경제발전은 대외교역을 통해 성장을 이룬 대표적인 사례로 평가받고 있다.[4] 오늘날 한국의 수출입은 거의 세계 전 지역을 대상으로 이뤄지고 있으며, 수출의 경우 아시아, 북미, 유럽, 중남미 등, 그리고 수입의 경우 아시아, 유럽, 중동 등에 의존도가 높은 편이다. 따라서 한국의 수출입이 전 세계를 대상으로 이뤄진다는 측면에서 미래에도 다른 운송수단이 해상운송을 대체하기는 어려울 것으로 판단된다. 다음의 〈그림 8-1〉은 2015년 기준 한국의 대륙별 수출입 실적 현황을 정리한 것이다.

4 한국은 명실상부한 통상국가로서 미래에도 지속적으로 경제발전을 달성하기 위해서는 교역 확대가 필요하다고 할 수 있다. http://www.fta.go.kr/new/ftakor ea/policy.asp(검색일: 2010. 9. 5)

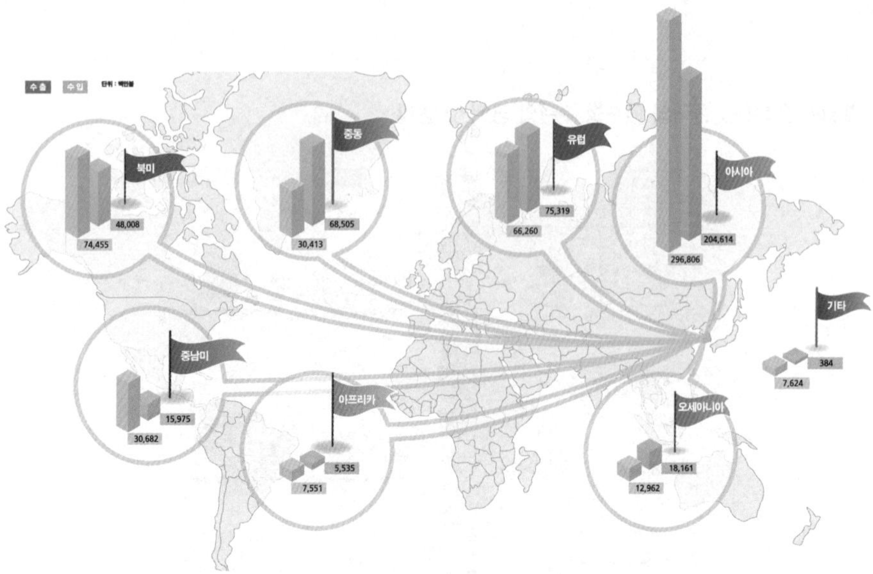

〈그림 8-1〉 2015년 기준 한국의 대륙별 수출입 실적 현황

출처: 관세청, 위의 책, pp. 38-39.

TIP. 2015년 한국의 운송형태별 수출입 실적(단위: 100만 달러, %)

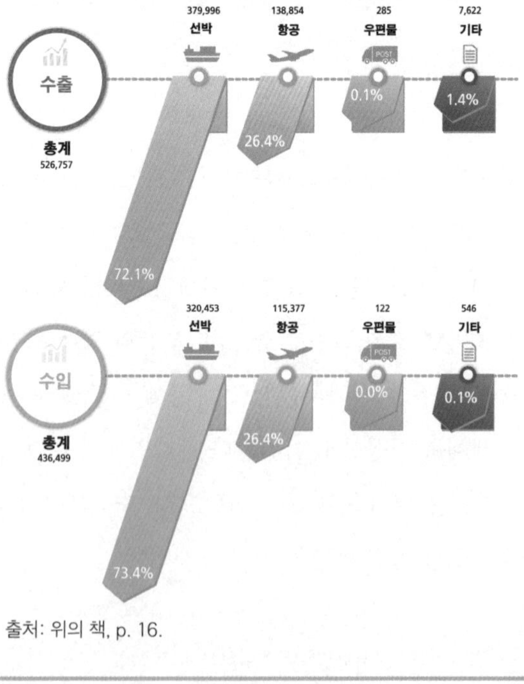

출처: 위의 책, p. 16.

특히 한국은 1992년 EU(European Union) 출범과 1994년 NAFTA(North American Free Trade Agreement) 발효를 계기로 지역주의가 세계적으로 확산되면서 FTA 네트워크 역외국가로서의 피해를 최소화하고, 나아가 이러한 도전에 적극적으로 대응하기 위해 FTA를 강력하게 추진하고 있다.[5] 미래 한국의 대외교역은 이러한 FTA 추진에 따라 더욱 증가할 것으로 예상되며, 이는 곧 미래 한국의 해상교통로에 대한 중요성이 더욱 증대한다는 것을 의미한다. 다음의 〈그림 8-2〉는 한국의 글로벌 FTA 네트워크 현황을 정리한 것이다.

〈그림 8-2〉 한국의 FTA 발효 국가 현황

주) 한국의 FTA 현황('17년 5월 기준): 발효 15건, 타결 1건, 협상진행 4건, 개선협상 3건, 협상재개 · 여건조성 4건
출처: 산업통상자원부, http://www.fta.go.kr/main/(검색일: 2017. 7. 5)

우리의 해상교통로를 항로의 방향을 기준으로 구분하면 〈그림 8-3〉과 같이 ① 서해를 통해 중국에 이르는 한중항로, ② 남해에서 남중국해와 말라카 해협을 거쳐 동남아, 중동, 유럽, 아프리카로 진출하는 서남항로, ③ 일본 열도를 우회하거나

5 자유무역협정(FTA: Free Trade Agreement)은 특정 국가 간에 배타적인 무역특혜를 서로 부여하는 협정으로서 가장 느슨한 형태의 지역경제통합 형태이며, 지역무역협정(RTA: Regional Trade Agreement)의 대종을 이루고 있다. 지역무역협정 체결은 특히 WTO 출범(1995. 1) 이후 매년 급속히 확산되어 2007년 기준 전 세계 교역량의 50% 이상이 지역무역협정 내 교역에 포함되는 것으로 추정된다.

해협을 통과하여 북미주, 중남미 및 대양주를 향하는 동남항로, ④ 한국과 일본 본토 사이를 오가는 한일항로, ⑤ 동해에서 러시아와 홋카이도를 가로질러 태평양으로 나가는 북방항로의 크게 5개 항로로 나눌 수 있다. 여기에서 북방항로의 경우 북극해항로까지 연결될 것으로 예상된다. 다음 〈그림 8-3〉은 한국의 주요 5대 항로다.

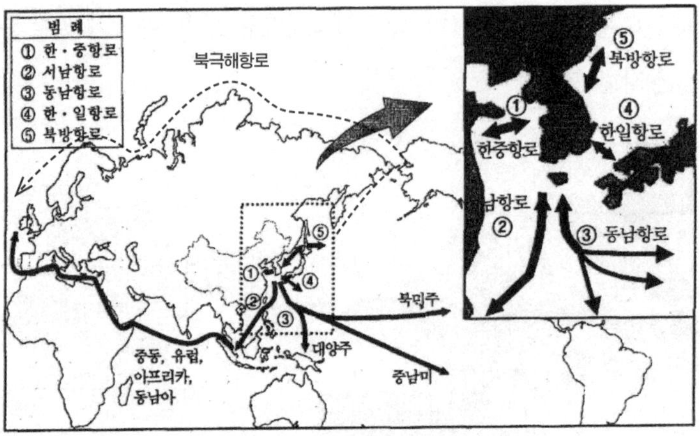

〈그림 8-3〉 한국의 주요 5대 항로

출처: 배형수, "국가 해양력 발전과 해상교통로 보호", 제3회 해양정책 심포지엄 발표 자료집(2006), p. 30 보완

주요 5대 항로에 대한 특징 및 위협에 대해 살펴보면, ① 한중항로의 경우 한국은 중국으로부터 양곡 · 방직섬유 등의 가공품 수입이 증가하고 있으며, 특히 전략물자인 식량의 비중이 크게 증가함에 따라 한중항로는 식량공급 항로로 부상하고 있다. 이와 아울러 2009년 대(對)중국 수출이 전체 수출의 23.9%로 1위를 차지하는 등 동 항로에 대한 중요성이 점차 증가하고 있다. 동 항로에 대한 위협은 중국과 배타적 경제수역(EEZ)이 중첩되는 문제로 인해 잠재적인 갈등요인이 상존하고 있지만, 해상교통로에 대한 위협은 크지 않은 상황이다.

② 서남항로는 원유를 비롯한 핵심 에너지원을 공급하는 주파이프라인으로 다른 지역에 비해 아프리카, 동남아시아 등의 지역에서 해적들이 활동하고 있으며, 해상 테러리즘 발생 가능성이 높은 항로다. 또한 남중국해에서 미 · 중 간 해양분쟁으로 갈등수준이 점차 높아지고 있는 상황이며, 중국은 그들의 행보에 대해 반대하는

국가들에 대한 항행의 거부 가능성이 제기되고 있다.

③ 동남항로는 북미주, 중남미 및 대양주로 이동하는 항로로서 자동차, 전자제품의 수출 및 원유, 철광석 같은 원자재 수입량이 점차 확대되고 있다. 동 항로의 경우 중남미 연안의 마약밀매 이외에는 특별한 위험요소가 없는 비교적 안전한 항로다.

④ 한일항로의 경우 일본으로부터 핵심부품을 수입하는 항로로서 우리나라의 경제활동에 중요한 역할을 차지하고 있으며, 평시는 물론 유사시에도 중요한 항로로서, 전시 증원 미군 전력의 핵심 병참지원통로가 된다. 동 항로의 경우 전 · 평시 북한에 의한 위협이 예상되고 있으며, 또한 일본과의 해양분쟁에 영향을 받을 것으로 예상된다.

⑤ 북방항로는 북미지역과 시베리아를 연결하는 항로로서 미국, 캐나다로 향하는 화물은 주로 이 항로를 이용한다. 동 항로의 경우 평시 북한의 미사일 발사 시험으로 위협이 증가하고 있으며, 북한과의 위기상황 발생 시 통항에 제한을 받을 것으로 예상된다. 또한 북극해항로 이용 가능성이 점차 높아질 것으로 예상되는 가운데 남중국해와 같이 러시아 등 역내 국가들의 항행의 자유거부에 대한 가능성이 제기되고 있다.

2) 전시 해상교통로

일반적으로 전시의 경우 국가는 전쟁을 수행하기 때문에 국민의 생활물자 소요는 급격히 감소하는 반면 군수물자 등 전쟁수행에 필요한 물자는 급격하게 증가하게 될 것이다. 이로 인해 한국을 비롯한 대부분의 국가들은 전시에 필요한 전략물자를 평시부터 비축하고 있기 때문에 평시 전략물자의 비축량에 따라 해상물동량은 달라진다.[6] 이에 따라 한국종합물류연구원(GLORI)의 연구에서는 다음의 〈표 8-1〉과 같이 전 · 평시 해상물동량 예측치를 제안하고 있으며, 이는 곧 전시에도 지속적인 해상교통로를 통한 수출입이 이뤄져야 한다는 것을 보여준다.

6 유석형, "전 · 평시 국가 해상물동량 예측에 따른 해상교통로 안보와 해군력 발전", 해군교육사령부 해양전략 연구용역보고서(2009), p. 49.

〈표 8-1〉 2008년 기준 전 · 평시 수출입 물동량 예측치 비교

구분			2008년	2011년	2015년	2020년
평시		수입	531	597	665	736
		수출	221	263	307	363
		합계	752	860	972	1,099
전시	1안	수입	239(45%)	268(45%)	299(45%)	331(45%)
		수출	73(33%)	86(33%)	101(33%)	119(33%)
		합계	312(41.5%)	354(41.5%)	400(41.5%)	450(41.5%)
	2안	수입	422(80%)	477(80%)	532(80%)	588(80%)
		수출	100(45%)	118(45%)	138(45%)	163(45%)
		합계	522(69%)	595(69%)	670(69%)	751(69%)

주) 전 · 평시 한국의 해상물동량은 계속해서 증가할 것으로 전망된다. 여기에서 전 · 평시 해상물동량이 계속해서 증가한다는 것은 전 · 평시 해상교통로 보호에 대한 중요성이 더욱 증대한다는 것과 전 · 평시 해상교통로 보호를 위한 능력 역시 증가해야 한다는 것을 의미한다.

출처: 유석형, "전 · 평시 국가 해상물동량 예측에 따른 해상교통로 안보와 해군력 발전", 해군교육사령부 해양전략 연구용역보고서(2009), pp. 53-58 내용을 정리

과거 전시 해상교통로에 대한 주요 위협은 바로 잠수함(정)이었다. 대표적으로 제1차 세계대전 당시 독일의 U-boat를 이용한 통상파괴전이 있다. 독일의 U-boat는 무제한 통상파괴전이 시작된 1917년 2월부터 7월까지 월 평균 64만 톤의 상선을 격침시켰으며, 전쟁기간 중 연합국 및 중립국 상선 5,234척, 1,218만 5,832톤을 격침시켰다.[7] 그리고 미국은 태평양전투에서 일본의 피침상선 총 2,346척(총 860만 톤) 중에서 60%에 해당하는 1,113척(480만 톤)을 잠수함으로 격침시켰으며, 실제 독일과 미국의 잠수함을 이용한 해상교통로 차단은 전쟁의 승패를 좌우할 만큼 영국과 일본에 막대한 피해를 입힌 것으로 확인된다. 다음의 〈표 8-2〉는 제1, 2차 세계대전 시 선박의 피해 현황으로 앞에서 설명한 자료와는 다소 차이가 있지만 다른 수단에 비해 잠수함에 의한 피해가 어느 정도였는지를 여실히 보여준다.

7 E. B. Potter ed., *Sea Power: A Naval History. Annapolis* (Maryland: Naval Institute Press, 1981), p. 224 & 230; T. N. Dupuy, *The Evolution of Weapon and Warfare* (Virginia: Hero-Book, 1984), p. 207.

〈표 8-2〉 제1, 2차 세계대전 시 선박의 피해 현황

(단위: 100만 톤)

구분	독일의 잠수함전 (제1차 세계대전 시)	독일의 잠수함전 (제2차 세계대전 시)	미국의 잠수함전
잠수함에 의한 침몰	11.2	14.7	4.9
기뢰에 의한 침몰	1.1	1.4	0.4
수상함에 의한 침몰	0.6	1.6	-
항공기에 의한 침몰	-	2.9	2.5
합계	12.9	20.6	7.8

출처: Karl Lautenschläer, "The Submarine Naval Warfare 1901-2001," International Security (1986), p. 266.

〈표 8-2〉에서 알 수 있듯이 해상교통로 차단에 있어 가장 효과적인 수단은 잠수함이라고 할 수 있으며, 이러한 잠수함의 효용성은 오늘날에도 여전히 입증되고 있다. 특히 2010년 3월 26일 북한의 연안급 잠수정이 우리 영해에서 경비임무를 수행하던 천안함(PCC-772)에 대해 어뢰로 공격한 것은 전 · 평시 군함을 비롯한 일반 선박들이 북한의 잠수함(정)으로부터 공격을 받을 가능성을 단적으로 보여주는 사례라고 할 수 있다. 북한의 경우 이미 한국의 해상교통로를 위협할 수 있는 충분한 잠수함(정)을 보유하고 있으며, 북한 잠수함(정)의 경우 한국의 모든 연 · 근해에서 작전이 가능하다는 점에서 전시 한국의 해상교통로에 대한 북한의 공격 가능성은 매우 높다고 할 수 있다.

TIP. 한국전쟁(1950~1953)에서의 기뢰전

- 인천상륙작전(1950. 9): 北, 인천 수로에 기뢰를 부설했으나 저조 시 수면 위로 노출되어 함포 격파 (피해 없음)
- 원산상륙작전(1950. 10): 北, 원산 앞바다에 기뢰 3천 기를 부설함에 따라 D-day 연기, 기뢰제거작전 실시(피해: 기뢰탐색함 5척 침몰/손상)
  * 한국: YMS-516(공주), 영등포, 미국: 파이어렛, 프레즈, 일본: JMS-19
- 진남포항 개항작전: 연합군의 북진에 따른 수송항구 개항이 시급함에 따라 적극적인 기뢰전으로 조기개항에 성공함

• 한국전쟁 중 기뢰에 의한 피해 요약
- 함정: 침몰 9척(한국 4), 손상 9척(한국 2)
- 인원: 전사 191명(한국 103명), 부상 216명(한국 28명)

TIP. 한국전쟁 중 한국 기뢰탐색함(YMS-516)의 기뢰피격 장면

주) 1950년 이후 미 해군의 군함 손실은 20척이며 그중 15척의 함정이 기뢰에 의해 피해를 입었다."('09년 미 해군 Mine Warfare Conference 시 발표자료)
출처: 대한민국 해군, 기뢰전 길라잡이('13. 3)

2. 해상교통로에 대한 안보환경 변화 및 주요 위협들

1) 해양중심의 안보환경 변화

(1) 미 · 중 간 해양패권 장악을 위한 본격적인 대립구도 형성

① 미국: 해양통제로의 복귀

21세기 국제질서는 미국의 우위가 유지되는 가운데 중국, 러시아 같은 지역 강국 부상 및 초국가적 위협 등 국제질서의 변화를 요구하는 도전 요인들이 증가할 것으로 예상된다. 오늘날 미국이 대응 중인 위협으로는 중국의 해양팽창, 러시아의 팽창정책, 이슬람 국가(Islamic State: IS)의 세력 확장 및 북한의 핵 · 탄도미사일 위협 등이 있다. 2014년 미국은 러시아의 크림 반도 합병에 따라 대(對)러시아 제재를 발효 중이며, IS 척결작전을 수행 중에 있다. 또한 2015년부터 중국의 남중국해 인공섬 건설에 대응하기 위해 항행의 자유 작전[8]을 수행 중이며, 2016년에는 필리핀에 5곳의 군사기지를 확보하여 중국의 해양팽창을 견제하고 있다.[9] 특히 최근에는 북한의 핵 · 미사일 위협을 매우 중대한 안보위협으로 인식하고 있으며, 동아시아의 안보환경 변화에 탄력적으로 대응하기 위해 항모전투단을 추가로 배치하고 있다.

또한 미국은 중국의 급진적인 해양팽창으로 인해 동아시아에서 자국의 위상축소를 크게 우려하고 있으며, 중국의 해양팽창을 견제하기 위해 아 · 태 재균형 전략을 수립하여 2020년까지 해 · 공군력의 60%를 아 · 태지역에 배치할 예정이다. 또한 2015년 4월 27일 미 · 일 신방위협력지침(가이드라인)을 체결함으로써 일본의 역할 확대를 통해 아 · 태지역에서의 부족한 능력을 보완하는 등 역내 동맹국들과의 관계를 강화하고 있다.[10]

그러나 미국은 아 · 태지역에서의 미군 전력이 해상에서부터 지상까지 군사력을 투사할 수 있는 강력한 힘을 보유하고 있지만, 동아시아지역에서의 안보위협에 대비하기에는 부족하다고 인식하고 있다. 특히 트럼프 대통령이 '힘을 통한 평화(Peace Through Strength)'를 외교 정책의 중심이라고 규정한 만큼 냉전 시대 미 해군이 달성했던 해상통제를 다시 추구(Return to Sea Control)할 것으로 예상된다.

---

8 '항행의 자유 작전(FONOP: Freedom of Navigation Operation)'이란 미국이 바다를 자유롭게 이용할 수 있는 권리를 주장 및 행사하기 위한 작전이다.

9 1991년 미군기지 조차기간 연장안이 필리핀 상원에서 부결됨에 따라 미군은 1992년 필리핀에서 철수했다. 그러나 필리핀 대법원이 2016년 1월 12일 '미-필리핀 방위협력확대협정(EDCA)'에 대해 합헌 결정을 내림에 따라 미군의 장기간 배치가 가능해졌다.

10 미국이 모든 위협에 대비하는 것은 많은 제약이 따른다. 조지프 던포드 미 합참의장은 2016년 3월 22일 미 하원 군사위원회 청문회에서 '17년 국방예산안과 관련하여 현재 육 · 해 · 공군 및 해병대를 포함해 미군이 직면한 위협에 제대로 대처할 수 없는 상황이라고 발언했다. 한편, 미군은 2020년까지 위협에 대응할 수 있는 충분한 대비태세를 갖추지 못할 것이며, 특히 공군은 2028년에나 갖출 수 있을 것이라고 경고했다.

② 중국: 자국의 위상과 국익에 부합하는 국제질서 구축 및 해양력의 팽창

중국은 해군력 증강을 통한 해양강국 건설을 위해 항모 4척, 이지스급 구축함 22척 등을 확보하고 동 · 남중국해에서의 영유권 주장을 강화할 것으로 예상된다. 또한 G2 시대의 한 축으로서 그에 걸맞은 위상과 국익에 부합하는 국제질서를 구축하기 위해 특정지역에서 미국보다 우위를 점하려는 노력을 지속하고 있다. 중국의 군사력은 2050년 이전 미국과 비슷하거나 일부 분야에서는 우위를 점할 것으로 예상되며, 중국 해군 3단계 발전계획에 따라 원해작전 능력을 강화하기 위해 다수의 항공모함 및 이지스급 구축함을 확보하여 2020년까지 제2도련선을 넘어 태평양으로 진출할 것으로 전망된다.

중국은 대륙세력에서 해양세력으로 진출하기 위해 일대일로(一帶一路: 육상-해상 실크로드)[11] 및 미국의 봉쇄에 대응하여 반접근 · 지역거부(A2/AD) 전략을 추진 중에 있으며, 국방백서('15. 5)에 "바다와 해양의 권리 보호"를 중시한다고 명기하는 등 강력한 의지를 보이고 있다. 이러한 중국의 해양팽창과 미국의 봉쇄는 미 · 중 간 군사력 충돌로 이어질 가능성이 제기되고 있으며, 만약 미 · 중 간 군사력 충돌이 발생할 경우 재래식 전쟁 양상으로 전개될 가능성이 높다고 할 수 있다.

특히 남중국해 영유권 분쟁 관련 필리핀의 PCA(Permanent Court of Arbitration)[12] 제소('13. 1)에 따른 중재재판부의 중재판결 이후 중국은 함정 · 항공기 등의 공세적인 운용을 통해 자국의 의지를 표출하고 있다. 이를 종합해보면 중국은 21세기 들어 대륙이 아닌 해양으로 진출하여 국가부상을 시현하는 국가대전략을 추진하고 있다고 할 수 있으며, 이러한 중국의 해양팽창은 정부 주도로 전개됨에 따라 군사력 건설이 빠르게 진행되고 있는 상황이다.

---

11 일대일로(一帶一路): 중앙아시아와 유럽을 잇는 육상 실크로드[一帶]와 동남아시아와 유럽, 아프리카를 연결하는 해상 실크로드[一路]를 의미하며, 2013년 9월 시진핑이 중앙아시아 및 동남아시아 순방 시 처음으로 언급했다.

12 PCA(Permanent Court of Arbitration)는 각국 법률가 · 학자들로 구성된 중재재판관 명단을 보유하고 있으며, 분쟁 당사국들의 중재재판 합의 및 법관 선정 후 재판을 진행한다.

(2) 지역강국(일본 · 러시아)의 해양팽창에 따른 국가 간 해양패권 경쟁 가속화

① 일본: 보통국가화 및 군사대국화를 통한 해양에서의 영향력 확대

일본은 2014년 7월 1일 헌법해석 변경을 통해 집단적 자위권 행사를 허용했으며, 2015년 4월 27일 미 · 일 신방위협력지침을 체결하고, 9월 30일에는 안보법제 성립을 공포하는 등 보통국가화를 위한 예정된 절차를 밟고 있다. 또한 국방비 증액을 통해 해군력 증강 및 자위대의 활동영역을 확대하고 있다. 일본은 최근 공중급유기, SH-60K 헬기, 무인정찰기 RQ-4, MV-22 수직이착륙기 등을 도입하고 있으며, 공세적인 해양팽창을 위한 최대 규모의 호위함 이즈모와 항공모함형 헬기 탑재 호위함 '가가' 등을 건조했다.

또한 일본은 집단적 자위권 행사를 강화하고, 자위대의 전력 투사능력을 증강시키기 위해 2만 톤급 항모형 호위함을 추가로 건조('25년)하고 있으며, 전략무기인 잠수함 전력의 경우 18척에서 22척으로 증강할 예정이다. 오늘날 일본은 과거와 달리 해양에서 국가이익 보호를 위한 군사력 사용이 가능하다고 할 수 있으며, 동아시아지역에서 미국의 역할을 보완 및 대체할 것으로 예상된다. 이를 종합해보면 일본의 해양전략은 과거 평화헌법에 제약을 받던 해양전략이 아닌 보통국가로서의 역할이 가능한 해양전략을 통해 역내 해양에서의 영향력을 확대시키고 있다고 할 수 있다.

② 러시아: 팽창정책 지속 추진 및 해군력 강화

러시아는 과거 구소련 시대의 해군력 현시(presence)를 위한 첨단 해군력을 지속적으로 증강하는 등 구소련의 위상 회복을 위해 노력하고 있다. 최근 러시아는 국제정치 · 경제 질서가 서구 중심에서 아 · 태지역으로 이동하고 있다고 평가하면서 동지역에서 자국의 입지 확보에 주력하는 동아시아 중시 정책으로 변화를 추구하는 가운데 역내 전략적 행위자로서 부활을 추진하고 있다. 특히 러시아는 크림 반도 사태 이후 대(對)러시아 제재로 서방 진출이 제한됨에 따라 동방으로의 진출을 확대하고 있으며, 이를 반영하듯 태평양함대의 전력을 우선적으로 강화하고 있다.

또한 러시아는 2030~2050년경 개통될 것으로 예상되는 북극해에 대한 영유권 확장 신청서를 국제연합(UN)에 제출하는 등 북극해에서의 영향력을 확대하고 있

다.[13] 러시아는 북해 및 태평양 함대에 새로 건조된 SSBN(Nuclear Ballistic Missile Submarine) 및 SSN(Nuclear Submarine)을 우선적으로 북극해 근해에 배치했으며, 러시아의 지속적인 해양팽창정책 및 해군력 강화가 예상되고 있다. 오늘날 러시아의 세계전략은 진화하고 있으며, 그 중심에는 해군력 부활이 중요한 역할을 담당하고 있다. 오늘날 러시아의 해양전략은 국가전략 차원에서 전 세계 해양에서의 국가이익을 수호하고, 해양선진국들 사이에서 러시아의 입지 강화 및 과거 구소련 시대의 해군력 현시(presence)를 위해 주변국보다 우수한 첨단전력을 확보함으로써 해군의 작전범위를 확대하고 있다.

③ 북한: 해양에서의 위협 확대 및 심화

1990년대 이후 북한의 도발양상은 1 · 2차 연평해전, 대청해전, 천안함 피격사건 및 연평도 포격도발 등과 같이 공간적 측면에서 '해양'에 집중되고 있으며, 특히 2015년부터 SLBM 수중 사출실험을 실시하는 등 해양에서의 북한의 위협이 확대 및 심화되고 있다. 또한 북한은 2016년에만 4, 5차 핵실험, 광명성 4호 장거리 미사일 발사, 무수단 미사일 고각도 발사, 노동 미사일 고각도 발사 및 성능이 개량된 스커드-ER 발사 등을 통해 주변국을 심각하게 위협할 수준의 핵 · 미사일 기술을 완성해나가고 있다.

특히, SLBM은 은밀성과 기습성이 보장된 잠수함에 탑재되어 발사되는 미사일로 북한의 SLBM은 러시아로부터 도입한 R-27(SS-N-6)의 추진제를 개량한 미사일로서 총 11차례의 발사시험이 이뤄졌다. 최초로 영상이 공개된 2015년 5월 9일 6차 사출시험은 액체추진제를 사용하는 콜드론칭(cold launching)[14] 기술을 활용했으며, 2015년 12월 21일에 공개된 8차 사출시험은 수중에서 점화된 고체추진제를 1단으

13 러시아 천연자원부 장관은 UN 대륙붕한계위원회(CLCS, Commission on the Limits of the Continental Shelf)에서 북극해 로모노소프 해령(海嶺, 해저산맥)에 대한 영유권 확장 신청서를 제출했다.

14 콜드론칭은 고압 압축공기를 이용하여 탄도미사일을 수중 밖으로 사출시킨 뒤 점화하는 기술이며, 발사전력을 발사대로부터 획득한다. 콜드론칭은 소음이 적고 설계구조가 간단하며 은폐성이 뛰어나지만, 수중산란(dispersion)으로 인한 간섭(interference)에 대한 대응능력이 떨어져 불안정성이 증가하는 단점이 있다. 이를 극복하기 위해 일반적으로 경사시켜 발사하는 방식을 채택한다.

로 활용하는 핫론칭(hot launching)[15] 단분리(staging) 기술이 적용되었다.

북한은 러시아로부터 도입한 'F'급과 'G-Ⅱ'급을 역설계하여 고래급 잠수함(2,000톤급)을 건조했으며, 북한의 핫론칭 단분리 기술은 SLBM 발사수심을 50m까지 가능하게 하여 한국의 해상초계기 및 해상작전헬기의 시각탐색으로부터 생존성을 확보한 상태에서 기습발사를 가능하게 해줄 것이다. 2016년 4월 23일에 공개된 9차 사출시험은 본격적으로 고체추진제를 활용한 콜드론칭의 발사 영상이었으며, 2016년 8월 24일에 공개된 11차 발사시험을 통해 사거리 500㎞, 고도 500㎞ 이상의 고각도(over-lofted) 발사시험에 성공했다.

또한 북한은 다양한 재래식 비대칭위협을 강화하고 있다. 대표적으로 북한은 70여 척의 잠수함(정)을 운용 중에 있으며, 연평도에서 불과 4.5㎞ 떨어진 갈도에 사거리 20㎞인 122㎜ 방사포를 배치했다. 그리고 북한은 레이더 탐지가 어려운 고속전투함정(VSV: Very Slender Vessel)을 실전배치했으며, 최근에는 스텔스함을 건조 중인 것으로 확인되었다. 이와 더불어 함포의 성능개량, 사격통제레이더 탑재 및 개량된 함대함미사일 탑재가 예상되는 등 북한의 해상교통로에 대한 위협이 강화되고 있다.[16]

④ 항행의 자유거부 및 초국가적 위협 확산

육상의 주요 에너지 자원이 2030년 이후 점차 감소될 것으로 예상됨에 따라 상대적으로 부존자원이 풍부한 해역에서의 자원 개발 경쟁은 더욱 가속될 것으로 전망된다. 이에 따라 국가 간의 해양경계선이 중복되는 남중국해역과 지구온난화로 인해 해상교통로와 자원 개발이 가능해진 북극해역은 해양분쟁의 화약고가 될 확률이 매우 높다고 할 수 있다. 이러한 측면에서 관련 연안국들은 자국의 이익을 최대한 관철하기 위해 주변 해역에 대한 권리를 강화하고 있으며, 이러한 경쟁적인 현상으

---

15 핫론칭은 점화 시 발생하는 고온에 견딜 수 있는 내구성 및 열 배출 구조가 필요하며, 발사전력을 로켓 엔진으로부터 획득한다.

16 2016년 북한은 나진항에서 스텔스 기능이 추가된 것으로 보이는 신형 스텔스함을 건조 중인 것으로 확인된다. 해당 함정은 길이 77m의 중무장 함정으로 레이더에 포착되지 않도록 레이더 반사면적 감소 기능을 갖췄으며, 대구경 함포를 수용할 수 있고, '금성 3호' 대함 순항미사일 발사대 2대와 단거리 함대공미사일 시스템, 어뢰 발사기, 회전식 기관총 등으로 무장하고 있는 것으로 확인된다.

로 인해 다른 국가들의 항행 자유까지 침해될 가능성이 제기되고 있다.

그리고 대표적인 해상의 초국가적 위협인 해적활동은 2009년 이후 소말리아 해적 소탕 작전(미국 · 영국을 포함한 NATO, 한국 · 일본 · 러시아 등의 연합해군 작전 수행) 등 국제사회의 꾸준한 노력으로 인해 급격히 감소했으나 해적의 위협은 여전히 상존하고 있다. 또한 소말리아 해역에서의 해적사건은 급감한 반면에 동남아시아 해역에서의 해적사건이 매년 증가하고 있는 점을 감안할 때 향후 해적은 해안 안보의 허점이 노출된 해역이나 내전 등 해상교통로 관리가 소홀한 해역 어디에서든 발생할 가능성이 높다고 할 수 있을 것이다. 실제로 소말리아 해역의 경우 국제사회의 관심이 감소하고, 가뭄 및 내란 등으로 인해 해적활동이 다시 증가하고 있는 상황이다.

2) 해상교통로에 대한 주요 위협들

해상교통로에 대한 위협은 인류가 바다를 해상운송의 용도로 사용하면서부터 지속적으로 제기되었으며, 해상교통로의 중요성에 대한 인식은 소말리아 해적이 활발하게 활동한 2000년대 중반부터 시작되었다. 일반적으로 해적의 활동 영역은 주로 단속이 허술한 영해나 연안국의 관할권이 미치지 않는 공해이며, 동시에 영해를 벗어나서 공해라는 회색지대에서 활동할 수 있고, 국가의 관할권을 넘나들 수 있다는 측면에서 해적은 초국가적 위협으로서 대표적인 해상교통로에 대한 위협으로 평가받고 있다. 해상 테러리즘의 경우 실제로 발생하고 있고 위협 가능성도 지속적으로 제기되고 있는데, 발생 빈도는 낮은 수준이지만 해적과의 연계설이 지속적으로 제기되고 있다.

이와 같이 기존 해상교통로에 대한 위협으로는 해적, 해상 테러리즘 같은 초국가적 위협이 대표적인 위협으로 평가받고 있으며, 해적의 경우 불특정 해역에서 지속적으로 발생하고 있다. 특히 소말리아 해적을 근절하기 위한 국제사회의 노력으로 소말리아 해역에서의 해적활동은 급감했으나 지속적으로 그 위협이 상존하고 있으며, 동남아시아 해역의 해적사건이 급증하고 있는 양상을 보이는 등 해적은 해상교통로에 대한 대표적인 위협으로 인식되고 있다.

그러나 해상교통로에 대한 위협은 해양 안보환경의 변화에 따라 그 위협이 다양해지고 있다. 첫째, 오늘날의 해양안보환경은 G2 시대의 두 강대국인 미·중 간 힘의 대결이 본격화되고 있으며, 남중국해에서의 미·중 간 해양갈등으로 인해 해상 교통로 차단에 대한 가능성이 제기되고 있다. 또한 지역적으로 국가이익을 보호하기 위한 국가 간 직접적인 무력충돌 가능성이 증가하고 있으며, 특히 2014년 우크라이나 사태를 둘러싼 서방과 러시아의 대립이 지속되고 있다. 이러한 대립으로 과거의 냉전(Cold War)과는 다른 양상을 의미하는 '핫 피스(Hot Peace: 뜨거운 평화)'라는 용어가 등장했다.[17]

둘째, 지구온난화에 따른 북극해의 해빙현상이 가속화되는 가운데 북극항로에 대한 연안국 간의 대립 가능성이 제기되고 있다. 북극항로는 2030~2050년경 개통이 예상되고 있으며, 한국도 북극항로를 이용할 경우 기존항로보다 약 40% 이상 운항거리가 감소하여 경제적으로 많은 이익이 창출될 것으로 전망된다. 아울러 자원개발을 둘러싼 국가 간 대립과 갈등도 심화될 것으로 전망되는 가운데 북극해 연안국인 러시아의 경우 북동항로의 내수화를 추진 중이며,[18] 이로 인해 무해통항의 자유 권리가 제한받을 수도 있다.

셋째, 북한은 해양으로의 다변화 및 확장성을 추구하고 있다. 현재 북한은 전·평시 우리나라의 해상교통로를 직접적으로 위협할 수 있는 70여 척의 잠수함(정)과 2만여 발의 기뢰를 보유 중에 있으며, 최근에는 해상으로 미사일 및 방사포 등을 지속적으로 발사하는 등 한반도 인근 해역의 해상교통로를 위협하고 있다. 또한 북한의 편의치적선은 순항미사일, 인간어뢰 등을 탑재하고 있어 우리나라 측·후방에서 공격이 가능하다. 특히 북한은 순항미사일 및 탄도미사일 능력을 강화함으로써 해상교통로를 위협하고 있으며, 북한의 대함탄도미사일(Anti-Ship Ballistic Missile: ASBM)은 해상교통로 보호를 위한 우리 군의 수상전력뿐만 아니라 미국의 증원전력인 항

17 과거 냉전 시대에는 동·서 진영이 전 세계 차원에서 주도권을 가지려고 경합하면서도 직접적인 전면충돌로 치닫지 않도록 관리한 반면, 핫 피스는 지역적으로 직접충돌을 감수하더라도 전 세계적으로 확대되지 않도록 노력하는 갈등 현상을 말한다.

18 2011년 제정된 유엔해양법협약의 '결빙해역 규정'과 러시아 '북동항로 운항규정'은 북극지역 내수와 영해, 배타적 경제수역과 그 외측 공해상 선박운항에 관한 제반 사항을 규정하여 선박운항절차, 선박에 대한 기술적 요건, 선박통항료 징수, 선박의 환경오염에 의한 책임 등을 규제하고 있다.

공모함전투단 요격용으로 사용될 수 있으므로 가장 치명적인 해상 위협이 될 수 있다.

넷째, 주변 4강 지도자들은 강력한 권력을 기반으로 자국 중심의 공세적인 대외전략을 추진함에 따라 해양에서의 국가 간 해양분쟁이 심화될 것으로 예상된다. 동아시아지역의 경우 아직까지 해결되지 못한 해양영유권 및 관할권 분쟁을 포함하여 중국-대만 간 이념분쟁 등이 존재하고 있으며, 이들 간의 군사력 충돌 및 긴장고조에 의한 해상교통로 차단 가능성이 제기되고 있다.

한국의 해상교통로에 대한 위협을 국제적 차원과 국내적 차원으로 분류할 경우 한국의 국제해상교통로에 대한 주요 위협은 초국가적 위협, 해상교통로 인접국에 의한 해상차단, 주변국에 의한 해상차단, 국가 간 해양분쟁으로 인한 해상차단 등이며, 국내 해상교통로에 대한 위협은 전 · 평시 북한의 위협이 될 것이다. 다음의 〈표 8-3〉은 한국의 해상교통로에 대한 주요 위협을 정리한 것이다.

〈표 8-3〉 한국의 해상교통로에 대한 주요 위협

<table>
<tr><th colspan="2">구분</th><th>위협대상</th><th>주요 위협수단</th><th>대표적 위협장소</th></tr>
<tr><td rowspan="7">국제 해상 교통로</td><td rowspan="2">초국가적 위협에 의한 선박공격</td><td>해적</td><td>선박납치, 선원억류 등</td><td>소말리아 해협, 동남아 해역 등</td></tr>
<tr><td>해상 테러리즘</td><td>자폭테러</td><td>아덴 만, 호르무즈 해협, 동남아 등</td></tr>
<tr><td>해상교통로 연안국에 의한 해로차단</td><td>연안국의 군사력</td><td rowspan="2">군사력을 이용한 강압조치 (군사력 시위, 해상사격, 선박단속 등)</td><td>남중국해, (북극해)</td></tr>
<tr><td>주변국에 의한 해로차단</td><td>중국, 일본</td><td>독도, 이어도, 센카쿠 열도 등</td></tr>
<tr><td rowspan="3">국가 간 해양분쟁으로 인한 해로차단</td><td>해양분쟁</td><td rowspan="3">군사력 충돌 및 긴장에 의한 통항 위협</td><td rowspan="2">북극해, 남중국해, 동아시아지역 등</td></tr>
<tr><td>해상경계획정</td></tr>
<tr><td>이념분쟁</td><td>중국-대만 근해</td></tr>
<tr><td rowspan="4">국내 해상 교통로</td><td rowspan="4">전 · 평시 북한의 위협에 의한 해로차단</td><td>잠수함(정)</td><td>어뢰, 기뢰 등</td><td rowspan="4">한반도 근해 및 모든 국제해상교통로 (특히, 한일항로)</td></tr>
<tr><td>편의치적선</td><td>순항미사일, 인간어뢰 등</td></tr>
<tr><td>수상함(정)</td><td>어뢰, 기뢰 등</td></tr>
<tr><td>지대함미사일</td><td>ASBM, ASCM(Silkworm, Samlet, Surge 등)</td></tr>
</table>

출처: 백병선 · 이경행, "해양 안보환경 변화에 따른 한국의 해상교통로 보호방향", 「국가전략」 제22권 제4호(2016. 11), p. 133 보완

이와 같이 해상교통로에 대한 위협은 연안국, 북한 및 초국가적 위협 등으로 확대되고 있으며, 특히 SLBM/ASBM 등 해상으로 확장 및 현실화되고 있는 북한의 핵·미사일 위협에 대한 우리 군의 대응개념인 한국형 3축 체계는 아직 지상기반으로만 추진되고 있어 해양에서의 안보위협 변화에 제대로 대응하지 못하고 있다는 국민의 우려로 나타나고 있다. 지금까지 살펴본 한국의 주요 5대 항로의 특성 및 위협을 정리하면 다음의 〈표 8-4〉와 같다.

〈표 8-4〉 한국의 5대 항로별 특성 및 위협 분석

구분	주요 수입 품목				전시 필수 항로	위험도		
	에너지 (원유)	식량	원자재 (철광석)	핵심 부품		초국가적 위협	항행의 거부	해양 차단
한중항로		○			○	下	下	下
서남항로	○				○	上	上	上
동남항로		○	○		○	下	下	下
한일항로				○	○	下	中	中
북방항로	○					下	下	下
북극해항로(잠정)	○					下	上	中·上

주) 한국의 해상교통로에 대한 위협의 경우 초국가적 위협, 연안국의 항행의 거부 및 해양차단으로 분석되었지만 해상교통로를 보호할 수 있는 능력은 단순히 해상교통로 보호를 위한 것만이 아니라 다양한 전략적 가치를 포함하고 있다. 다시 말해 한국이 해상교통로를 보호할 수 있다는 것은 한국의 생존과 번영 보장, 안전한 증원전력 전개 보장을 통한 북한의 전쟁 억제 및 승리 보장, 바다를 통해 서로 연결되어 있는 주변국의 견제 능력 과시 등 매우 다양하다고 할 수 있다. 결국 해상교통로에 대한 의미는 수동적으로 받아들일 것이 아니라 적극적인 측면에서 그 의미를 다시 정립해야 한다고 할 수 있을 것이다.

〈표 8-4〉에서 알 수 있듯이, 한국의 주요 항로 중에서 서남항로에 대한 위협이 가장 높다는 것을 확인할 수 있다. 앞에서 언급했듯이 서남항로는 원유를 비롯한 핵심 에너지원을 공급하는 주요 파이프라인으로 한국의 경우 원유 및 원자재 등을 수입하여 이를 가공·수출하는 경제방식을 채택하고 있다는 측면에서 동 항로는 한국의 경제, 안보 및 번영에 매우 중요하기 때문에 다른 항로에 비해 더욱 적극적인 대책이 요구된다. 또한 전시에도 경제활동은 지속되어야 한다는 측면에서 전시 북한의 위협으로 운항이 제한되는 북방항로를 제외하더라도 나머지 전 해상교통로에 대한 보호방안이 마련되어야 할 것이다.

3. 한국의 해상교통로에 대한 기존 위협과 대응

1) 초국가적 위협의 개념과 확산배경

(1) 초국가적 위협의 개념

과거 국가의 안보문제는 주권국가에 대한 전통적인 위협의 범주에 국한되었다. 여기에서 전통적인 위협이란 국가의 영토에 대한 위협 같은 국경문제와 무역 및 자원과 관련된 경제적인 분쟁 등 주로 군사적 위협을 의미하는 것이며, 그 위협의 주체도 국가에 한정되었다. 그러나 탈냉전 시대의 새로운 안보개념은 그 주체가 국가는 물론 개인이나 기업, 단체(NGO, 종교 · 인종 · 이익단체 등) 등으로 확대되고, 그 영역도 군사적 위협뿐만 아니라 정치, 경제, 사회, 범죄, 환경파괴 그리고 에이즈 등과 같은 비군사적 위협들까지도 포함하게 되었다. 결국 오늘날 안보문제는 군사적 위협을 포함하여 비군사적(non-military) 영역까지 확대되었으며, 이와 아울러 특정국가의 영토 내뿐만 아니라 국가의 경계선을 초월해서 발생하고 있다.

따라서 초국가적 위협(transnational threats)이란 ① 과거의 전통적인 안보문제가 주로 다룬 군사적 위협과 달리 비군사적 영역에서, ② 과거 안보 주체가 주로 국가로 한정되었던 것이 국가는 물론 개인이나 기업, 단체 등으로 확대되어, ③ 국적과 장소를 불문하고 발생하는 위협이라고 정의할 수 있다. 이러한 초국가적 위협은 발생주체를 쉽게 찾을 수 없을 뿐만 아니라 국적과 장소를 불문하고 발생하기 때문에 단지 어느 한 국가의 힘만으로는 쉽게 해결되지 않는다는 특징이 있으며, 이로 인해 오늘날 초국가적 위협에 대한 문제 해결을 위해서는 국제사회의 공동 노력이 요구된다고 할 수 있다.

(2) 초국가적 위협의 확산배경

오늘날 초국가적 위협이 확산되고 있는 가장 큰 이유는 '세계화(globalization)'에서 찾을 수 있다. 세계화는 한마디로 국가 간 정치 · 경제 · 사회 · 문화 등의 모든 분야에서 상호 의존성이 심화됨을 의미하는 것이며, 이에 따라 국가는 영토뿐만 아니라 영토 밖에서 일어나는 모든 일에 대해서도 직간접적으로 영향을 받게 되었다. 세계화의 배경은 직접적인 것과 간접적인 것으로 구분하여 생각해볼 수 있다. 먼저 세계화의 직접적인 배경은 과학기술 발전에 따른 통신과 운송수단의 발달이 중요한 부분을 차지하고 있으며, 이로 인해 국가 간 정보, 아이디어, 문화적 가치, 자본, 제품, 서비스, 유행 및 인적자원 등이 빠른 이동을 통해 세계화를 가속화시키고 있다. 그리고 세계화의 간접적인 배경은 냉전의 종식을 들 수 있다. 과거 반세기 동안 미 · 소의 대결구도로 인해 세계는 정치 · 경제 · 이념 등 여러 측면에서 양분되었기 때문에 세계화는 제한될 수밖에 없었다. 그러나 냉전의 종식으로 인해 세계는 하나가 될 수 있었고, 이로 인해 세계화 현상은 가속화되었다고 할 수 있다.

세계화의 긍정적인 측면을 보면, 세계화된 경제는 활발한 경제활동을 통해 경제규모가 급속하게 증가하고 있으며, 결국 세계평화와 국제안보질서 안정화에 기여하게 되었다. 그러나 세계화의 긍정적 혜택들이 모든 국가에 공평하게 분배되지 못함에 따라 세계화에 뒤처지는 국가들은 오히려 심화되는 경제적 불황, 정치적 불안정, 문화적 소외 등에 직면하게 되었다.

이러한 세계화의 부정적인 측면은 해적 및 테러 등과 같은 초국가적 위협으로 나타나고 있으며, 세계화가 진행됨에 따라 계속해서 증가할 것으로 전망된다. 대표적으로 테러리즘의 경우 정치적으로 불안정하며 문화적으로 소외된 이슬람 국가들에서 빈번하게 발생하고 있으며, 해적의 경우도 정치 · 사회 · 경제 · 군사적으로 열악한 아프리카 및 동남아시아 지역 등에서 빈번하게 발생하고 있다.

(3) 해상에서의 초국가적 위협

해상에서의 대표적인 초국가적 위협으로는 해적과 해상 테러리즘이 있다. 먼저 해적의 경우 유엔해양법협약과 국제해사국(IMB)의 정의를 통해 개념적으로 접근이 가능하다. 먼저 유엔해양법협약 101조에서 정의하는 해적행위는 "국가의 관할권 밖에서 사유의 선박 또는 항공기의 승무원 또는 승객에 의해 사적 목적(for private ends)으로 민간선박 및 항공기의 선원, 여객 등에 대한 억류, 폭력"이며, 국제해사국은 해적행위를 "무력을 사용하여 절도 및 다른 범죄를 수행할 의도로 선박에 승선하거나 또는 승선하려는 행위"로 정의하고 있다. 따라서 이러한 국제해사국의 정의는 선박이 정박하고 있거나 또는 해상에 묘박하고 있든지 간에 선박에 대한 실제적인 공격과 시도를 포함하는 것으로서 유엔해양법협약 101조와 달리 공해상 및 관할권 밖이라는 장소에 구속받지 않는다.

이러한 해석을 더욱 명확하게 이해하기 위해서는 해적과 유사한 산적과 비교하여 살펴볼 필요가 있다. 먼저 '해적(海賊)'이란 한마디로 해상에서 배를 습격하여 재물을 빼앗는 강도로 '해상'이라는 공간적 의미와 '폭력'이라는 수단적 의미를 포함하고 있다. 반면에 산적(山賊)은 산속에 근거지를 두고 인적이 드문 한적한 산속이나 노상에서 재물을 빼앗는 도적으로 '영토 내'라는 공간적 의미와 '폭력'이라는 수단적 의미를 포함하고 있다. 따라서 해적과 산적의 공통점은 폭력을 사용하여 경제적인 이익을 취득하려는 행위를 한다는 것이며, 이들에 대한 단속의 주체는 발생 국가라고 할 수 있다.

반면에 차이점으로는 산적의 경우 범행 장소가 인적이 드문 한적한 산속이나 노상이지만 영토 내라는 국가의 관할권 안에서 발생한다는 것이며, 해적의 경우는 범행장소가 해상이지만 주로 단속이 허술한 영해나 연안국의 관할권이 미치지 않는 공해로서 산적과 해적은 그 활동하는 장소에서 우선 차이가 있다. 또한, 해적과 산적은 국가의 관할권을 자유로이 넘나들 수 있는 기동성 유무에 큰 차이가 있으며, 특히 해적은 영해를 벗어나서 공해라는 회색지대에서 활동할 수 있고, 국가의 관할권을 넘나들 수 있는 능력이 있기 때문에 오늘날 초국가적인 범죄로서 새롭게 부각되는 위협의 하나라고 할 수 있다.

그리고 해상 테러리즘은 일반적으로 정치적인 목적 달성을 위해 해상에서 발생하는 폭력행위로 정의할 수 있으며, 대표적으로 아태지역안보협력이사회(The Council for Security Cooperation in the Asia Pacific: CSCAP)의 해상협력 실무그룹에서는 ① 해양환경(maritime environment)의 범주 내에서, ② 해상 또는 항만에서, ③ 관광시설, 항만 및 항만과 인접한 도시를 포함한 해상 시설물에 대해 행하는 테러를 해상 테러리즘이라고 정의하고 있다. 해상에서 발생 가능한 테러의 유형으로는 ① 소형선박을 이용한 자살공격, ② 승객에 대한 위협을 통한 정치적 협상 요구, ③ 국가의 전략물자 등을 이송하는 선박의 납치 및 정치적 협상 요구, ④ 주요 항만시설 및 컨테이너 내부에 대한 폭발물 설치, ⑤ 해저원유시추시설 공격 등이 예상된다. 지금까지 살펴본 내용을 토대로 해상에서의 초국가적 위협에 대한 개념을 유형별로 비교하면 다음의 〈표 8-5〉와 같다.

〈표 8-5〉 해상에서의 초국가적 위협의 유형별 비교

구분	주요 내용	비고
해적행위	• 유엔해양법협약 제101조: 공해상에서의 불법행위 - 민간선박 및 항공기의 선원, 여객 등에 대한 억류, 폭력	공해상, 관할권 밖
	• 국제해사국(IMB): 선박 및 선원에 대한 무장강도 행위 - 무력을 사용하여 절도 및 다른 범죄를 수행할 의도로 선박에 승선하여 저지르는 행위	영해, 공해 불문
해상 테러리즘	• 아태지역안보협력이사회(CSCAP): 해양환경 범주 내에서의 정치적인 목적 달성을 위한 폭력행위	장소 불문

〈표 8-5〉에서 알 수 있듯이 해상에서의 초국가적 위협에 대한 정의는 서로 일치하지 않으며, 해상 또는 해양환경이라는 공간적 요인과 주로 선박을 공격 수단으로 이용한다는 점에서 많은 공통점을 가지고 있다. 이는 곧 초국가적 위협이 보는 관점에 따라 그 적용이 다를 수 있다는 것을 의미한다. 예를 들어 스탠리 윅스(Stanley B. Weeks)의 경우 해상 테러리즘을 "정치적 동기하에 행해지는 해적행위(politically-motivated piracy)"로 간주했으며, 사우디아라비아는 2008년 11월 17일 소말리아 해적에게 납치된 시리우스 스타호(VLCC, 16만 2,252톤)의 경우를 테러로 규정한 반면에 국제해사국은 이를 해적행위로 간주하고 있다.

또한 과거 나이지리아의 니제르 델타 지역에서는 해적사건이 자주 발생했는데, 이 경우는 해적행위보다는 원유시설과 관련한 테러행위에 더 가깝다고 할 수 있다. 따라서 해상에서의 초국가적 위협의 경우 보는 관점에 따라 그 경계가 모호하기 때문에 해적과 해상 테러리즘에 대한 대응책은 함께 마련하는 것이 바람직하다고 할 수 있을 것이다. 다시 말해 해상에서의 해적 및 해상테러리즘 같은 초국가적 위협은 인류 공동의 위협으로서 국제적 차원에서 공동의 대응방안을 마련해야 한다고 할 수 있다.

2) 해적

기존 해상교통로에 대한 위협으로는 해적, 해상 테러리즘 같은 초국가적 위협이 대표적인 위협으로 평가받고 있으며, 해적의 경우 불특정 해역에서 지속적으로 발생하고 있다. 해적의 경우 국제해사국(IMB)에 따르면 탈냉전 이후 2008년까지 해적사건이 발생한 국가는 86개국이며, 이들 국가는 크게 동남아시아, 인도아대륙, 남아메리카, 아프리카, 기타 지역 등으로 구분할 수 있다. 또한 탈냉전 이후 2016년까지 총 7,128건의 해적사건이 발생했으며, 동남아시아 및 아프리카 지역에서 전체 해적사건의 76.8%인 5,474건이 발생하는 등 이 두 지역은 해적활동이 가장 활발한 곳이라고 할 수 있다. 다음의 〈그림 8-4〉는 탈냉전 이후 전 세계 해적사건 및 동남아시아, 아프리카 지역에서 발생한 해적사건 발생 현황을 정리한 것이다.

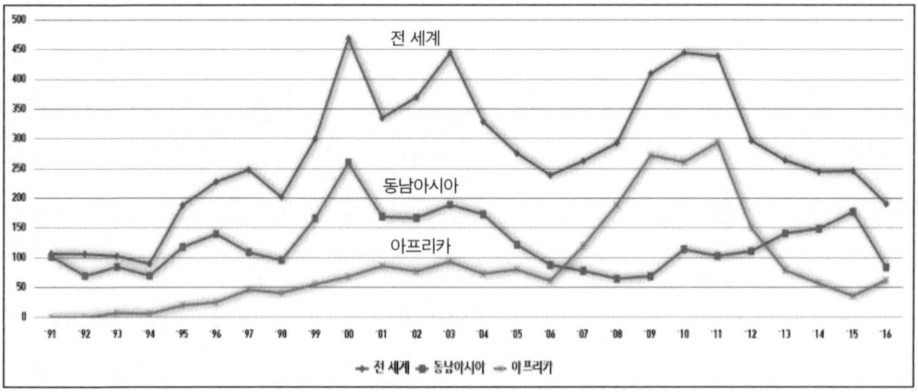

〈그림 8-4〉 탈냉전 이후 해적사건 현황

출처: IMB, Piracy and Armed Robbery against Ships Annual Report 1991~2016의 내용을 편집

동남아시아지역의 경우 2007년 이전 및 2013년 이후 전 세계에서 가장 많은 해적사건이 발생하고 있다. 동남아시아는 지난 몇 년간 해적으로부터 안전한 바다로 인식되었으나 오늘날 가장 많은 해적사건이 발생하고 있다. 동남아시아지역에서 해적사건이 발생하는 해역은 인도네시아, 필리핀, 태국, 중국, 베트남, 말레이시아, 미얀마 및 말라카 해협, 싱가포르 해협, 남중국해 등이다. 동남아시아지역에서의 해적사건은 2015년 178건에서 84건으로 감소했으며, 국제해사국(IMB)은 동남아시

아 국가들이 해적에 대응할 능력을 어느 정도 확보했다고 평가하고 있다.[19]

동남아시아 해적활동의 특징으로는 필리핀 서남부 해역의 경우 '16년 3월 이후 이슬람 무장 테러조직 아부 사야프(Abu-Sayyaf)에 의한 선원 납치가 지속적으로 발생하고 있다. 동 지역의 경우 '16년 3월 이후 8건이 발생했으며, 주요 공격 대상은 과거의 어선, 예인선 등 소형 선박에서 유조선, 화물선 등 대형 선박으로 변화하고 있다.[20] 필리핀은 해적 근절을 위해 대(對)해적작전을 시행 중에 있으며, 대표적으로 '16년 9월 10일 필리핀 두테르테 대통령은 해적 소탕을 위해 인도네시아에 대해 자국 영해 접근을 허용했고, '17년 3월 13일에는 필리핀 해양경비대 소속 경비함 2척이 필리핀 남부 해상에서 대(對)해적작전을 실시했다. 그러나 동 지역의 경우 해적활동이 테러조직과 연계됨에 따라 대(對)해적작전 시행에도 불구하고 해적활동은 지속될 것으로 예상된다.

소말리아 해역에서의 해적사건은 국제사회가 2009년부터 소말리아 해적 소탕작전(미국 · 영국을 포함한 NATO, 한국 · 일본 · 러시아 등의 연합해군 작전 수행)을 수행함에 따라 2012년부터 감소추세에 있으나 여전히 해적의 위협이 상존하고 있다. 2016년 한 해 동안 소말리아 해적으로 인한 피해 규모는 17억 달러(약 1조 9,260억 원)에 달한 것으로 집계되었으며, 2015년 13억 달러에서 2016년 17억 달러로 30%나 증가했다. 특히 최근 소말리아 해적들은 단순한 약탈보다는 납치를 통해 몸값을 요구하는 사례가 크게 증가하고 있으며, 가뭄 · 기근 장기화 및 정세 불안으로 인한 소말리아 인근 해역 해적활동의 증가 가능성이 지속적으로 제기되고 있다.[21]

---

19 IMB, *Piracy and Armed Robbery against Ships Annual Report* 2016, p. 17.

20 우리나라 선박이 자주 통항하는 필리핀 해역에서는 총 13건의 해적 공격이 발생해 작년 같은 기간 3건에서 4배 증가했다. http://www.ksg.co.kr/news/main_newsView.jsp?bbsID=news&bbsCategory=KSG&categoryCode=all&backUrl=main_news&pNum=114113(검색일: 2017. 7. 30)

21 실제 소말리아 해적이 활동을 재개하면서 인근 해역을 항해하는 선박에 큰 위협이 되고 있다. 2017년 상반기에 발생한 해적사건은 총 87건으로 지난해 상반기(98건) 대비 11.2% 감소했다. 그러나 소말리아를 비롯해 한동안 해적의 활동이 뜸했던 일부 해역에서 공격 건수가 대폭 증가했으며, 최근 3년간 단 한 건의 피랍사건도 없던 소말리아 해역에서 올핸 상반기에만 7건의 해적 공격이 발생해 이 중 3척이 피랍되었다.

TIP. 아시아 해역 피랍 현황('17년 3월 기준)

아시아 해역(24명 억류 중)

순번	일자	피랍선박	선종	발생해역	현 상태	비고
1	'16. 3. 25	Brahma 12	예인선	필리핀	'16. 5. 1 석방(10명)	아부 사야프가 납치
2	'16. 4. 1	Massive 6	예인선	말레이시아	'16. 6. 8 석방(4명)	아부 사야프가 납치
3	'16. 4. 15	TB Henry	예인선	말레이시아	'16. 5. 11 석방(4명)	아부 사야프가 납치
4	'16. 5. 7	Hai Soon 12	유조선	인도네시아	'16. 5. 9 구출(21명)	-
5	'16. 6. 2	Ever Prospe	예인선	말레이시아	'16. 6. 3 석방(11명)	-
6	'16. 6. 23	Charles 001	예인선	필리핀	'16. 8. 11: 2명 탈출 '16. 9. 17: 3명 석방 '16. 12. 12: 2명 석방	아부 사야프가 납치
7	'16. 7. 18	Serudong 3	예인선	필리핀	'17. 3. 22: 2명 구출 '17. 3. 26: 3명 구출	아부 사야프가 납치
8	'16. 9. 12	Puteri	어선	필리핀	2명 억류 중	-
9	'16. 10. 20	Dongbang Giant No. 2	화물선	필리핀	'17. 1. 4: 2명 석방	아부 사야프가 납치
10	'16. 11. 7	-	요트	필리핀	1명 억류 중	아부 사야프가 납치
11	'16. 11. 11	Royal 16	화물선	필리핀	6명 억류 중	-
12	'16. 11. 19	-	어선	필리핀	2명 억류 중	-
13	'16. 12. 20	Ramana 2	어선	필리핀	4명 억류 중	-
14	'17. 1. 20	-	어선	필리핀	3명 억류 중	-
15	'17. 2. 19	Giang Hai	벌크선	필리핀	'17. 3. 15: 1명 참수 5명 억류 중	아부 사야프가 납치
16	'17. 3. 23	Super Shuttle Tugboat 1	예인선	필리핀	'17. 3. 26: 1명 석방 1명 억류 중	-

서아프리카 해역(5명 억류 중)

순번	일자	피랍선박	선종	발생해역	현 상태	비고
1	'16. 1. 29	Leon Dias	유조선	나이지리아	'16. 2. 22 석방(5명)	-
2	'16. 2. 11	Maximus	유조선	아이보리코스트	'16. 3. 20 석방(11명)	-
3	'16. 3. 5	Madonna1	화학운반선	나이지리아	'16. 3. 27 석방(4명)	-
4	'16. 3. 26	Sampatiki	유조선	나이지리아	'16. 5. 9 석방(5명)	-
5	'16. 4. 11	CMA CGM Turquoise	컨테이너선	나이지리아	'16. 5. 19 석방(2명)	-
6	'16. 4. 11	MT Puli	유조선	나이지리아	'16. 4. 25 석방(6명)	-
7	'16. 4. 19	Armada Tuah 101	예인선	나이지리아	'16. 6. 3 석방(2명)	-
8	'16. 7. 7	Prince Joseph 1	작업선	나이지리아	5명 억류 중	-
9	'17. 2. 5	BBC Caribbean	운반선	나이지리아	'17. 3. 3 석방(8명)	-

3) 해상 테러리즘

해상 테러리즘의 경우 과거부터 이미 수차례 발생했으며, 특히 해상 테러리즘이 발생할 경우 경제적인 손실뿐만 아니라 인명피해와 환경파괴 등과 같은 피해도 크기 때문에 만약 해상에서 테러가 발생할 경우 그 피해는 상상을 초월할 것으로 예상된다. 해상에서 발생한 주요 해상 테러리즘 현황은 〈표 8-6〉과 같으며, 해상 테러리즘은 일반 여객선 및 유조선 등을 포함하여 군함에 대해서도 발생하고 있다.

〈표 8-6〉 주요 해상 테러리즘 발생 현황

대상	일시	장소	테러조직	사건 내용
아킬레 라우로 (여객선)	1985. 10. 7	이집트	팔레스타인 해방전선	승객 180명 및 승무원 31명 억류(미국인 1명 살해)
USS Cole (미 구축함)	2000. 10. 27	아덴 항	이슬람 과격단체 지하드	해군병사 17명 사망, 39명 부상, 수리비용 약 2억 4천만 달러(약 3,100억 원)
랭부르호 (유조선)	2002. 10. 6	예멘 해역	알카에다	해적의 공격에 의한 화재 발생으로 1명 사망, 9만 배럴의 원유 유출
슈퍼 페리 14호 (여객선)	2004. 2. 27	필리핀 마닐라 근해	무슬림 무장단체 아부 사야프	사망 2명, 실종 100명, 부상자 14명

출처: 김태준, 『테러리즘 - 이론과 실제』(서울: 봉명사, 2006), pp. 201-205 및 인터넷자료 정리

해상 테러리즘 위협은 2000년 아덴 항에서 발생한 미 구축함(USS Cole)에 대한 해상 테러리즘 발생 이후 계속해서 그 가능성이 제기되고 있다. 특히 해상교통로에 대한 테러 위협은 동남아시아의 말라카 해협과 홍해와 아덴 만을 연결하는 밥-엘-만데브(Bab-el Mandeb) 해협, 그리고 호르무즈 해협 및 수에즈 운하 등에서 발생할 가능성이 가장 높다고 할 수 있다. 먼저 말라카 해협의 경우 동남아시아의 이슬람 테러집단인 제마 이슬라미야(Jemaah Islamiah: JI)의 테러 가능성이 가장 높은 것으로 평가된다. JI의 테러 공격수단으로는 선박 및 화학무기를 이용한 공격 가능성이 높게 제기되고 있다.

먼저 선박을 이용한 테러의 경우 영국 BBC는 2001년 9.11테러 이후 테러집단들이 유조선을 '떠다니는 폭탄'으로 인식함에 따라 테러집단과의 연계성을 언급했으며, 이와 관련하여 2002년부터 2003년 사이에 오사마 빈 라덴의 알카에다 네트

워크가 최소한 15척의 선박을 구입한 것으로 파악되었다. 그리고 JI의 치명적인 화학무기 공격의 경우 최근 필리핀에서 JI의 화학 및 생물학 무기 제조법을 설명하는 매뉴얼이 압수되었다는 싱가포르의 대테러 전문가의 주장이 제기됨에 따라 그 가능성이 높다고 할 수 있다. 이러한 테러 가능성을 반영하듯 최근 국토해양부에서는 말라카 해협 및 싱가포르 해협에 대한 테러 가능성을 경고하고 있다.

그리고 홍해와 아덴 만을 연결하는 밥-엘-만데브 해협에서의 테러 가능성이 가장 높은 것으로 평가된다. 대표적으로 예멘의 경우 알카에다 조직이 '악마의 삼각지(Triangle du Diable)'로 불리는 남동부의 샤브와(Shabwa), 마렙(Mareb), 조프(Jof) 지역에 거점을 두고 활동하고 있으며, 알카에다 2인자인 알리 알쉬흐리(Ali Al Shihri)는 최근 아덴 만에서의 해적활동이 이스라엘로 향하는 물자를 통제하는 데 큰 도움이 되고 있음을 강조하면서 아덴 만-홍해를 연결하는 밥-엘-만데브 해협을 장악하도록 지시하는 등 해상교통로에 대한 위협이 지속적으로 확인되고 있다.

2010년 7월 28일 호르무즈 해협에서 마샬 군도 국적의 일본 유조선 엠스타(M. Star)가 피격으로 폭발하는 사고가 발생했으며, 이 사고로 선체 손상 및 경상 1명이 발생했으나 다행히 원유 유출은 없었다. 이 사건과 관련하여 UAE 정부는 공식적으로 UAE 해안경비대 폭발전문가팀에 의한 피해 부분 샘플 및 선체에서 발견된 수제 폭발물 잔해 등의 분석을 통해 테러에 의한 공격피해로 결론을 내렸다. 또한 2015년 7월에는 이집트 군함이 지중해에서 IS로 추정되는 세력의 미사일 공격을 받는 등 해상 테러리즘의 발생 가능성은 여전히 상존하고 있다.

또한 9.11테러의 주범인 알카에다의 연계조직임을 자청한 '압둘라 아잠 여단'은 2010년 8월 4일 자신들이 일본 유조선에 자살폭탄 공격을 실시했다는 성명을 발표한 바 있으며, 이에 따라 알카에다의 호르무즈 해협을 항행하는 유조선에 대한 추가적인 테러 및 경제적 타격이 큰 석유 관련시설에 대한 추가 공격이 우려되고 있다. 특히 해상 테러리즘의 경우 향후 육상보다는 상대적으로 훨씬 영역이 넓고 집중감시 및 정찰이 제한되며, 세력과 인력이 모두 부족한 해상의 약점을 이용할 가능성이 높아지고 있다.[22]

22 백병선 · 이경행, 앞의 글, p. 142.

한국의 경우도 이러한 해상 테러리즘으로부터 자유롭지 못하다. 해상 테러리즘의 경우 정치적인 목적을 수반하며, 아울러 해양이라는 공간적인 특수성으로 인해 만약 해상 테러리즘이 발생할 경우 한국은 정치적으로 혼란에 빠질 수밖에 없으며, 경제적으로도 큰 타격을 입게 될 것이다. 또한 한국의 선박들을 해상 테러리즘으로부터 보호해야 한다는 측면에서 군사적으로 부담감을 가질 수밖에 없는 상황이다. 한국의 경우 호르무즈 해협은 중동으로부터 수입하는 원유 대부분이 통과하는 매우 중요한 곳으로, 동 해협을 운항하는 한국 관련 선박을 보호하기 위해 국토해양부는 2010년 8월 「호르무즈 해협 유조선 안전대책」을 마련했다.

4) 해적근절을 위한 노력들

동남아시아지역에서의 해적근절 노력들은 말라카 해협을 중심으로 전개되었으며, 주요 내용으로 ① 국제기구와 국제협약, ② 연안 국가의 개별대응, ③ 국가 간 협력 등이 있으며, 이들 3가지에 대한 구체적인 내용은 〈그림 8-5〉와 같다.

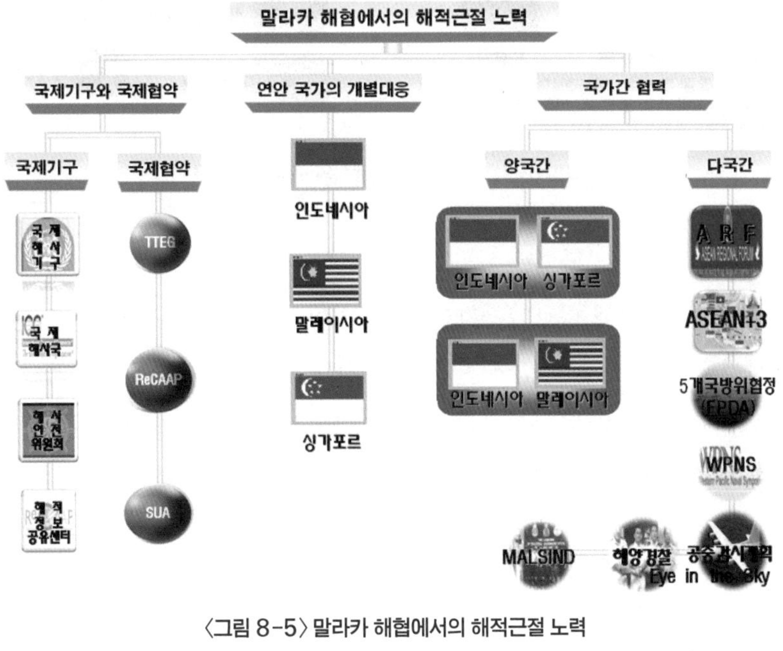

〈그림 8-5〉 말라카 해협에서의 해적근절 노력

출처: 백병선, "한국의 해상교통로에 대한 초국가적 위협의 분석 및 향후 대응 방안에 관한 연구", 「국가전략」제16권 3호(2010), p. 106.

소말리아 지역의 해적사건은 2007년부터 증가했으며, 해적이 국제해상교통로를 위협함에 따라 국제사회는 유엔의 안보리 결의안 1838호를 근거로 군사력을 파병하여 소말리아 해역에서의 해적사건은 급감했다. 2010년 1월 기준 소말리아 해역에서의 해적근절을 위한 다양한 노력을 정리하면 다음의 〈그림 8-6〉과 같다.

〈그림 8-6〉 소말리아 해역에서의 해적근절 노력

출처: 위의 글, p. 107.

국제해사국(IMB)에 따르면 2015년 소말리아 해역에서의 해적사건은 단 한 건도 발생하지 않았으며, 2016년에는 단지 한 건의 해적사건이 발생했으나 소말리아 해역에서의 해적사건 발생 가능성은 상존하고 있다. 소말리아 해역에서의 해적활동이 감소함에 따라 러시아, 일본 등의 국가들이 파병을 철회 및 축소하고 있으나 국제사회의 파병이 축소될 경우 이 해역에서의 해적사건 발생 가능성은 높아질 것으로 예상된다.[23]

23 실제로 2017년 들어 소말리아 해적활동이 증가하는 동향이 식별되고 있다. 2017년 3월, 5년 만에 소

4. 해상교통로에 대한 새로운 위협의 등장과 대응

1) 연안국의 항행자유 거부

(1) 남중국해

중국의 남중국해에 대한 영향력은 PCA 판결로 인해 큰 타격을 입게 되었다. 필리핀의 제소에 따른 PCA 중재재판부가 내린 중재판결의 핵심내용은 중국이 주장하는 9단선이 역사적 · 법적 근거가 없으며, 9단선 내 도서들에 대한 영유권과 자원의 배타적 이용권을 인정하지 않는다는 것이다. 이에 대해 중국은 남중국해 문제가 영유권 및 해양경계획정과 관련된 사안으로서 PCA의 관할이 아니므로 법적 구속력이 없다고 주장하고 있다.[24]

남중국해는 전 세계 해양물류 50%, 원유 66%가 통과하는 중요한 해상교통로다. 한반도와는 2,000㎞ 떨어진 먼 곳이지만 한국의 수입 물동량의 30%, 에너지 수입량의 90%를 차지하고 있으며, 해상교통로가 차단될 경우 다른 제한요소는 제외하고 항로이동 소요만 고려하더라도 자바 해(롬보크 해협) 등의 대체항로 이용 시 기존의 해상교통로보다 2~3일 추가 소요가 예상된다.[25] 다음의 〈그림 8-7〉은 남중국해 해상교통로 및 우회항로를 정리한 것이다.

말리아 해적에 의한 유조선 나포사건이 발생했으며, 2017년 3월 31일 인도 국적의 화물선 '알카우사르'호가 소말리아 해적에게 납치(11명)됐으며, 현재 해적들은 선적회사 등에 몸값을 요구하는 등 소말리아 해역에서 해적에 의한 위협이 점차 높아지고 있다.

24 http://www.newsis.com/ar_detail/view.html?ar_id=NISX20160726_0014246059&cID=10101&pID=10100(검색일: 2016. 7. 20)

25 남중국해 항로가 제한을 받을 경우 우리 선박들은 대체항로를 이용하게 될 것이다. 그러나 동남아시아의 경우 해적사건이 가장 많이 발생하는 지역으로 부상하고 있으며, 해상 테러리즘 역시 발생 가능성이 높은 지역으로 평가되고 있다. 다시 말해 남중국해 해상교통로를 이용하지 못한다는 것은 또 다른 위협에 직면한다는 것을 의미하며, 특히 동남아시아 국가들의 경우 과거 식민지 경험으로 인해 다른 국가의 해군력이 자국의 관할해역에서 활동하는 것을 꺼려한다는 측면에서 한국의 해상교통로에 대한 보호는 또 다른 문제에 직면할 것으로 예상된다.

〈그림 8-7〉 남중국해 해상교통로 및 우회항로

(2) 북극해

북극해는 5개의 배타적 경제수역을 가지고 있는 연안국과 8개의 주변 국가들이 북극권에 위치하고 있다. EEZ를 보유한 국가들로는 미국, 러시아, 캐나다, 덴마크, 노르웨이 5개국이 있으며, 이들 국가의 영해와 EEZ는 북극해 전체 면적의 약 82%를 차지한다. 그 외 북극권 주변 국가로는 아이슬란드, 핀란드, 스웨덴 3개국이 있다. 북극해 연안 5개국 중에서 러시아와 미국이 가장 큰 영향력을 행사하고 있으며, 북극해에 대해 연안국은 자국의 이익을 위해 타국의 '항행의 자유'를 거부할 가능성이 있다.

대표적으로 러시아는 북동항로를 통행료와 허가가 필요한 국내항로로 주장하고 있으며, 캐나다 또한 북서항로의 수역이 제3국의 무해통항권이 인정되지 않는 내수(internal water)라고 주장하고 있다. 현 시점에서 북극해에서의 해양갈등은 높지 않다고 할 수 있으나 해빙현상의 진행 속도에 따라 해양갈등도 심화될 것으로 전망된다. 다음의 〈그림 8-8〉은 북극항로 현황이다.

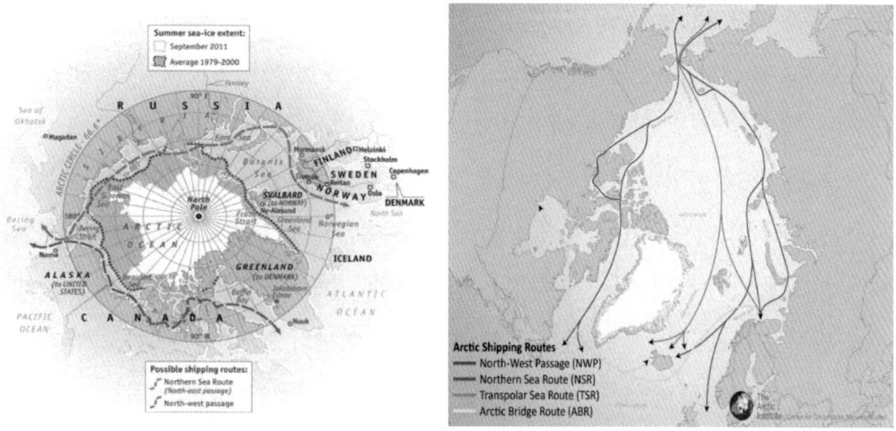

〈그림 8-8〉 북극항로 현황

주) 1. 북동항로(Northeast Passage): 러시아 북극해를 지나는 항로로서 유라시아 대륙과 북미대륙 사이의 80㎞ 폭의 베링 해협(최대 수심 60m)을 지나 북태평양으로 가는 항로
2. 북서항로(Northwest Passage): 캐나다 북극해를 거쳐 유럽에서 아시아로 나오는 항로로서 그린란드 대륙과 스칸디나비아 반도 사이 1,400㎞ 거리 폭을 지나 북대서양으로 나가는 항로
3. 북극항로는 북극해의 해빙 정도에 따라 다양한 경로를 통한 항해 가능

출처: http://www.economist.com/node/21556803(검색일: 2016. 4. 23)

2) 북한의 해양위협 심화 및 확대

해상교통로에 대한 북한의 가장 큰 위협은 바로 잠수함(정)으로, 북한이 수행하는 비대칭전략에서 가장 핵심적인 전력이라고 할 수 있다. 북한은 현재 70척 이상의 잠수함(정)과 2만여 발의 기뢰를 보유하고 있어 전 · 평시 한국의 항만 및 해상교통로에 대한 봉쇄 · 차단 능력을 보유하고 있다. 또한 2016년 발사시험에 성공한 SLBM 1발을 탑재할 수 있는 고래급 잠수함 1척과 3발 이상 탑재할 수 있는 3,000톤급 이상의 신형 잠수함 건조가 예상되고 있다.

북한의 잠수함(정) 위협은 이미 2010년 3월 26일 발생한 천안함 피격사건에서 확인되었다. 또한 2016년 8월 연천 포격도발 시 50여 척의 잠수함(정)을 동시에 출항시켜 긴장을 고조시키는 등 천안함 피격사건 이후 북한은 한반도 긴장 조성 시 잠수함(정)을 적극적으로 이용하고 있다. 이러한 사실은 북한이 잠수함(정) 전력을 전략적 수단뿐만 아니라 전술적으로도 최우선적으로 활용할 것임을 보여준다. 또한, 북한의 수상함정 위협은 제1, 2 연평해전 이후 성능 측면에서 현대화와 무인화를 달성하는 등 비약적인 발전을 이뤘다. 특히, 레이더 탐지가 어려운 고속전투함정(VSV: Very Slender Vessel)을 실전에 배치했으며, 성능이 개량된 사격통제레이더, 함포 및 함대함미사일을 탑재할 것으로 예상된다.

북한의 해양위협이 증가하는 가운데 한국의 선박들은 경제무역의 큰 부분을 차지하는 중국 및 러시아와의 교역을 위해 북한 해역과 인접하여 통과해야 하는 위협에 상시 노출되어 있다. 북한은 김정은 집권 이후 지속적으로 해상에서 미사일 및 방사포 발사를 통해 긴장을 조성하고 있으며, 해상에서의 도발을 지속하고 있다. 최근에는 기습적으로 항행금지구역 선포 없이 해상으로 미사일을 발사하는 등 한반도 주변 해역을 이동하는 선박들에게 위협이 되고 있다.[26] 따라서 북한이 의도했건 의도하지 않았건 간에 해상에 대한 북한의 미사일과 장사정포 위협은 인근 해역을 지나가는 선박에게 위협이 된다고 할 수 있다.

구체적으로 2016년에만 11발을 해상으로 발사시험한 300㎜ 방사포(KN-09)의 경우 중국의 웨이시(Weishi) 로켓을 성능개량(사거리 200㎞ 이상)한 것으로 관성항법장치와 러시아제 GPS(Global Positioning System)인 GLONASS(Global Navigation Satellite System)를 활용하여 CEP(Circular Error Probability)[27]를 개선했다. 해상교통로를 위협하는 지대함 순항미사일로는 중국으로부터 도입한 실크웜(Silkworm)의 사거리를 성능개량(100㎞ 이상)하여 2007년 실전배치한 KN-01이 대표적이다.[28]

그리고 시리아로부터 이란과 북한이 M-600을 동시에 도입하여 이란은 Khalij

---

26 북한은 IMO에는 1986년에, ICAO에는 1977년에 각각 가입해 이 기구에 미사일 발사를 사전 통보할 의무가 있다. 국제해사기구(IMO, International Maritime Organization)는 해운과 조선(造船)에 관한 국제적인 문제들을 다루기 위해 설립된 UN 산하 전문기구이며, 국제민간항공기구(ICAO: International Civil Aviation Organization)는 세계 항공업계의 정책과 질서를 총괄하는 UN 산하 전문기구다.

27 원형공산오차(CEP: Circular Error Probability)는 미사일과 로켓의 정확도를 나타내는 척도로, 반경 이내에 미사일이나 로켓이 명중할 확률이 1/2임을 나타낸다.

28 북한과 밀접한 미사일 기술 관계를 맺고 있는 중국과 이란은 미국의 항모전투단 접근을 거부하기 위해 반접근/지역거부(Anti-Access/Area Denial) 전력의 핵심인 DF-21D와 Khalij Fars ASBM(Anti-Ship Ballistic Missile)을 실전배치했으며, 북한도 이미 개발 중인 것으로 알려져 있다. 미국은 이에 대응하기 위해 해양 및 항공 전투력을 유기적으로 통합 · 운용하는 공해전투(ASB: Air-Sea Battle) 개념을 도입했다.

Fars(Persian Gulf) 1단 고체추진 ASBM(최대사거리 300㎞)으로 역설계했고, 북한은 이란과 유사한 성능으로 ASBM을 개발할 가능성이 높을 것으로 분석된다. 또한 평시에는 NLL 무력화 및 해상교통로 위협을 목적으로 사용되며, 전시에는 한반도에 증원되는 미 항공모함 및 한 · 미 이지스함의 BMD(Ballistic Missile Defense)를 방해할 목적으로 사용될 확률이 높을 것으로 파악된다.

3) 해상교통로 보호를 위한 대응방향

한국의 해상교통로 보호를 위한 대응방향은 다음의 사항들을 고려할 필요가 있다. 첫째, 한국은 국제적으로 해운 및 조선 분야의 확고한 위상을 인정받고 있다는 측면에서 국제적 차원의 노력을 전개해야 한다. 둘째, 한국은 국제적 위협과 국내적 위협에 대비하여 동시에 대응할 수 있는 방안을 수립해야 한다. 이러한 측면에서 한국의 해상교통로 보호를 위한 방안은 정부와 군을 중심으로 국제적 및 국내적 차원에서 수행되어야 할 것이다.

해상교통로 보호를 위한 정부 차원의 노력은 다음과 같다. 먼저 한국 정부는 국제적 차원에서 IMO 상임이사국의 위상에 걸맞은 국제적 활동을 전개해야 하며, 우선적으로 해적 및 해상 테러리즘에 대한 국제 해양안보활동이 UN 주도로 전개될 수 있도록 노력해야 한다. 현재 소말리아 해역에서의 해적근절 활동은 CTF-151을 비롯하여 NATO(CTF-508), EU(CTF-465) 등과 개별국가들에 의해 이뤄지고 있는데, 이처럼 소말리아 해역에서의 해적근절 노력은 다소 비효율적으로 전개되고 있다고 할 수 있다.

여기에서 국제 해양안보활동이 UN 주도로 전개된다는 것은 UN 주도하 지휘통제를 바탕으로 활동에 필요한 모든 비용이 UN의 예산으로 집행된다는 것을 의미하며, 이 경우 많은 국가들이 해적근절을 위한 국제 해양안보활동에 참가하게 될 것으로 예상된다. 아울러 소말리아 해적근절 활동을 통해 나타난 여러 가지 문제점, 구체적으로 국가별 서로 다른 개념의 대(對)해적작전 수행에 따른 비효율성을 포함한 해적처리 문제 등이 해결될 것으로 전망된다.

다음으로 한국 정부는 적극적인 국제 해양안보활동과 다자간안보협력체계[29] 및 동아시아 국가들을 중심으로 추진 중인 국제해양안보협력체계[30]에 적극적으로 참가해야 한다. 이를 통해 한국은 해상교통로 보호에 대한 능력을 배양시킬 수 있으며, 유사시 참가국의 협조를 통해 더욱 실질적인 해상교통로 보호를 위한 기반을 구축할 수 있게 된다. 아울러 이란의 호르무즈 해협 봉쇄와 같이 해상교통로 인접 국가들의 해상봉쇄 조치에 대비하여 평상시 이들 국가에 대한 적극적인 외교활동 및 경제적 지원 등을 전개할 필요가 있다.

그리고 한국 정부는 국내적 차원에서 해군을 중심으로 해상교통로 보호를 위한 통합된 조직을 개설할 필요가 있다. 한국의 해상교통로 보호를 위한 대책위원회는 '사전(事前)'의 의미보다는 '사후(事後)'의 개념이 강하며, 이러한 측면에서 한국의 해상교통로 보호는 체계적인 관리능력이 다소 미흡한 상황이다.[31] 한국 해군은 아덴 만 작전을 성공적으로 수행했다는 측면에서 한국의 해상교통로 보호를 위한 중심축으로의 역할이 가능하다고 판단되며, 이러한 측면에서 해군 중심의 해상교통로 관리를 위한 조직의 신설이 필요하다고 할 수 있다.

다음으로 군(軍)은 해상교통로 보호를 위해 다음과 같은 노력을 전개할 필요가 있다. 먼저 국제적 위협의 경우 대양에서 작전임무 수행이 가능한 기동부대를 계속해서 건설해야 하며, 이러한 전력을 중심으로 해상교통로 보호를 위한 연합훈련에 적극 참가해야 한다.[32] 해군의 경우 북한의 핵 · 미사일 위협 고도화에 따라 전력 건설에 차질이 발생할 가능성이 있으며, 실제로 천안함 피격사건 및 연평도 포격도발로 인해 대형함 건설이 차질을 빚기도 했다. 그러나 여기에서 분명히 인식해야 할 것

---

29 대표적으로 아세안역내안보포럼(Track-1, ARF), 아태안보협력회의(Track-2, CSCAP), 아시아안보회의(Track-1.5, Shangri-La Dialogue), 동아시아포럼(Track-1.5, EAF: East Asia Forum), 제주평화포럼(Track-2) 등이 있다.

30 대표적으로 5개국 방위협정(FPDA: Five Power Defense Agreement)의 Bersama Lima 훈련, 지역해상안보구상(RMSI: Regional Maritime Security Initiative) MALSINDO 작전, 작전공중감시계획(Eye in the Sky plan), 아시아에서 선박에 대한 해적과 무장강도에 대항하기 위한 지역협력협정(ReCAAP: Regional Cooperation Agreement on Combating Piracy and Armed Robbery against Ships in Asia) 등이 있다.

31 백병선, "한국의 해상교통로에 대한 초국가적 위협의 분석 및 향후 대응방안에 관한 연구", pp. 109-110.

32 대표적으로 동남아시아 대테러훈련(SEACAT: Southeast Asia Cooperation Against Terrorism), 말라바(Malabar) 훈련 등이 있다.

은 대양해군이 북한의 도발 억제 및 응징, 그리고 주변국 대응과 파병 같은 여러 가지 임무를 수행할 수 있다는 것이다.

또한 해군은 파병활동에 있어서 작전의 융통성을 강화해야 한다. 예를 들어 한국 해군은 소말리아 해적근절을 위한 다른 참가 함정들에 연락장교를 파병할 필요가 있다. 연락장교는 다른 국가의 참가함정에 편승하여 한국 선박의 안전항해를 적극적으로 도모할 수 있으며, 청해부대의 임무수행을 위한 원활한 연락체계 구축의 핵심적인 역할을 담당할 수 있다. 또한 한국 해군은 참가국 간 해상작전헬기의 상호운용 및 이착함 능력을 강화하여 작전반경을 확장할 필요가 있으며, 이를 통해 파병부대의 작전 융통성을 강화할 수 있을 것이다. 아울러 한국 해군은 아덴 만 작전을 통해 인질구출작전의 역사를 새롭게 썼으며, 이러한 경험을 토대로 연합 인질구출전단반을 창설한다면 한국군의 위상은 더욱 높아질 것이다.

끝으로 군은 국내적 위협에 대비하여 대잠능력을 강화해야 하며, 해양감시능력을 확충해야 한다. 천안함 피격사건에서 확인되었듯이 북한의 잠수함 능력은 전·평시 한국의 해상교통로에 대한 심각한 위협으로 작용할 것이며, 또한 북한의 편의치적선은 한반도 원·근해에서 한국의 군함을 포함하여 선박에 대한 도발이 가능하다는 측면에서 이를 감시할 수 있는 항공자산의 확충을 포함하여 연합자산 능력을 적극 활용할 필요가 있다. 미군의 경우 일본에서 점차 주둔군을 해외로 이동시키고 있으나 현재 많은 어려움에 봉착한 상태임을 고려하여 미군의 자산을 한국으로 이동시켜 이를 북한의 억제전력으로 적극 활용하는 방안을 강구할 필요가 있다.

이를 종합하면 한국의 해상교통로에 대한 대응방안은 위협과 장소에 따라 상황에 맞게 수립되어야 하고, 단적으로 표현하면 정부의 대응방안은 외교적 활동을 강화하는 것이며, 군의 대응방안은 군사적 역량을 강화하는 것이 될 것이다. 이는 곧 한국의 해상교통로에 대한 대응방안 마련은 국방부 또는 해군 차원에서 이뤄지는 것이 아니라 정부 차원에서 전개되어야 한다는 것을 의미한다. 다음의 〈그림 8-9〉는 한국의 해상교통로 보호를 위한 대응방안을 정리한 것이다.

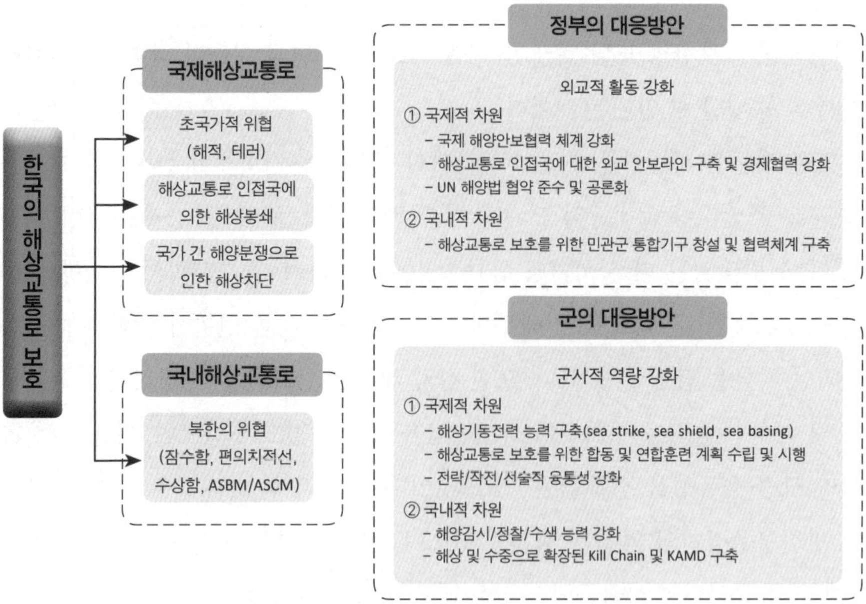

〈그림 8-9〉 한국의 해상교통로 보호를 위한 대응방안

출처: 백병선 · 이경행, 앞의 글, p. 134.

TIP. 한국 해군기지와 제주 기지의 전략적 위치

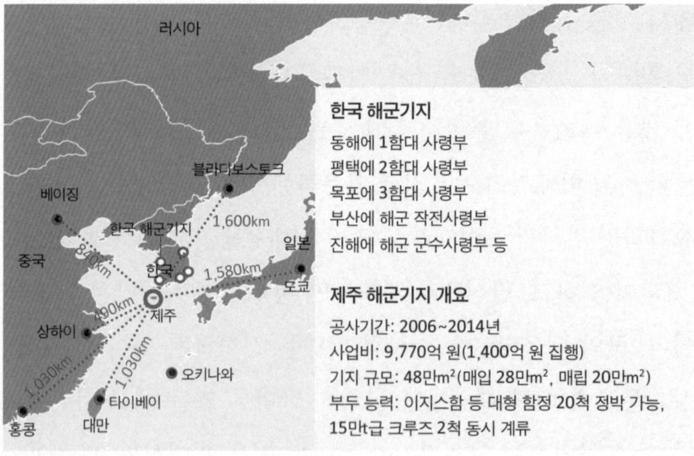

주) 제주도는 한반도뿐 아니라 중국 대륙과 일본 열도 어느 곳으로도 접근이 용이한 해상 요충지다. 또한 우리나라 수출입 물동량의 99%가 통과하는 남방해로의 관문으로 제주도의 지정학적 가치를 고려하여 제주기지를 해상교통로 보호를 위한 핵심기지로 운용할 필요가 있다. 특히 청해부대의 핵심전력인 DDH-II의 경우 제주기지를 모항으로 두고 있다.

출처: http://news.naver.com/main/read.nhn?mode=LSD&mid=sec&sid1=100&oid=036&aid=0000025159(검색일: 2011. 8. 30)

생각해봅시다

해상교통로 보호를 위한 청해부대 파병

오늘날과 같은 문명사회에 아직도 해상약탈이라는 야만행위가 자행되고 있다. 일반적으로 해적은 경제적 이윤을 창출하기 위해 해상에서 약탈, 납치 및 강탈을 저지르는 집단으로서 해상무역이 시작하면서부터 존재했으며, 해상교통로를 위협하고 있는 것이 엄연한 현실이다. 오늘날 국제사회가 해적에 대해 많은 관심을 가지게 것은 2008년부터 소말리아 해역에서의 해적사건이 급증했기 때문이며, 소말리아의 해적사건은 지역문제를 넘어서 국제 해상교통로를 위협함에 따라 해적문제는 국제사회의 집중적인 관심을 받게 되었다.[33]

한국은 2009년 3월 13일 제1진 청해부대 파병을 시작으로 지금까지 많은 활약을 했으며, 해군의 해외파병 역사는 어느덧 9년이라는 시간이 경과했다. 한국은 청해부대 파병을 통해 국민의 생명과 재산 보호, 국위선양, 국제사회에 대한 기여 등 과거 다른 어떤 파병에 뒤지지 않는 많은 성과를 달성했으며, 앞으로도 국제사회의 해양안보활동에 지속적으로 참가할 것을 적극적으로 검토할 필요가 있다. 따라서 국제 해상교통로에 대한 해양위협에 대한 전망 분석을 통해 한국 해군의 파병이 어떻게 전개되어야 할지 검토해야 할 것이다.

첫째, 한국의 청해부대 파병은 계속해서 전개되어야 한다. 한국은 수출입을 통한 경제활동으로 국가의 생존과 번영을 이어가고 있으며, 이로 인해 해상교통로(SLOC)가 차단될 경우 한국은 국가의 존립마저 위태롭게 될 것이다. 이러한 측면에서 한국 해군의 청해부대가 소말리아 해역에서 국제사회의 해적근절 노력에 동참한 것은 매우 현명한 선택이었으며, 청해부대의 파병 성과 등을 고려할 경우 한국 해군의 청해부대 활동은 계속해서 이뤄질 필요가 있다.

둘째, 한국은 소말리아 해역에서의 해적사건 급감에 따라 국제사회의 추가적인 해양안보활동에 동참하는 것을 검토해야 한다. 북한의 지속적인 핵실험과 미사일 발사, 소형무인기를 이용한 영공침범 등은 국내의 안보환경을 불안정하게 하고 있다. 이에 따라 청해부대 파병에

33 해적사건은 국적과 장소를 불문하고 발생하고 있으며, 한 국가의 힘만으로는 쉽게 해결되지 않는다. 이는 곧 국제사회의 노력이 지속되어야 한다는 것을 의미한다.

대한 반대의 목소리가 나올 수 있는 상황이나 북한의 도발에 대한 대응은 국제사회의 도움이 필요하다는 측면에서 한국의 해양안보활동은 지속적으로 전개될 필요가 있다. 다시 말해 한국 해군의 국제사회에 대한 기여는 곧 남북한 위기 고조 시 국제사회의 지원으로 이어지게 될 것이다.

셋째, 한국은 초국가적인 위협인 해적과 해상 테러리즘에 대한 대응책을 함께 마련할 필요가 있다. 앞에서도 언급했듯이 해상에서의 초국가적 위협의 경우 보는 관점에 따라 그 경계가 모호하기 때문에 이 두 위협이 연계될 가능성이 매우 높다는 측면에서 이들 위협에 대한 대응책은 함께 마련하는 것이 바람직하다고 할 수 있다. 특히 한국 해군의 경우 아덴 만 여명 작전에서 확인했듯이 해적과 테러리스트를 진압할 능력을 보유하고 있으며, 이러한 능력을 지속적으로 향상시킬 필요가 있다.

넷째, 한국은 연안국과 지속적인 신뢰구축을 통해 위급상황 발생 시 상호 간 지원이 가능한 체계를 구축해야 한다. 세계 어느 국가도 자국의 해상교통로를 완벽하게 보호한다는 것은 사실상 불가능하며, 연안국과의 상호지원은 반드시 필요하다고 할 수 있다. 청해부대의 경우 소말리아 해역에서 해적근절 활동을 포함하여 친선교류, 연합훈련 등을 통해 연안국들과 신뢰를 구축하고 있다는 측면에서 청해부대 같은 해외파병 활동은 신뢰구축을 위한 매우 좋은 수단으로 평가할 수 있다.

다섯째, 한국은 청해부대 파병으로 달성된 주변 국가들의 신뢰구축을 역내 긴장감 해소로 활용할 필요가 있다. 최근 동북아시아는 중 · 일 간 센카쿠 열도 분쟁 및 중국의 동중국해 방공식별구역(CADIZ) 선포 등으로 인해 주변국 간 군사적 긴장감이 조성되고 있으며, 소말리아 해역에서 형성된 주변국 간 신뢰구축은 역내 긴장감 해소에 도움이 될 것이다. 또한 국제사회의 해양안보활동이 지속되면 주변 국가들의 동참이 예상된다는 점에서 한국은 적극적으로 국제사회의 노력에 동참하고, 이를 활용하여 역내 긴장감 해소에 활용해야 할 것이다.

부록

해적에 대한 이해

해적의 기원

1. 최초의 해적

해적에 대해 변하지 않는 사실이 있다면 해적은 범죄자라는 것이다. 일반적으로 해적은 해상에서 경제적 이윤을 창출하기 위해 해상에서 약탈, 납치 및 강탈을 저지르는 집단으로서 해상무역이 시작하면서부터 존재했다. 역사상 최초의 해상무역은 지중해에 근거를 두고 시작되었으며, 그때부터 해적들도 활동을 시작했다. 역사상 최초로 기록된 해적은 루카(Lukka)라는 사람으로서 소아시아(현재의 터키)의 해안에 기지를 두었으며, 기원전 14세기 지중해 연안에서 번영했던 지금의 시리아(Syria) 연안인 우가리트(Ugarit)에서 출현한 것으로 기록되어 있다. 이 지역은 해안선이 조밀하여 선박을 숨기기에 좋은 입지적 조건을 갖췄을 뿐만 아니라 소아시아와 그리스 사이의 주요 무역로로서 황금노선이라고 할 만큼 해상운송이 빈번했다.[1]

2. 현 시대 해적의 기원

오늘날 해적의 기원은 실질적으로 근대 초 유럽에서 찾아볼 수 있다. 해적은 처음에 국가로부터 정식으로 적국의 선박을 강탈할 권리를 인정받아 국가를 대신하여 적국의 선박을 공격했으며, 이를 통해 국가는 군사적 · 경제적 이익을 획득했다. 그러나 나중에 이것이 변질되어 국가의 금지에도 불구하고 해적들이 약탈행위를 계속했다. 다시 말해 이들은 바다에서 국가를 대신하여 폭력을 휘두르는 집단에서 시작했지만 국가의 지휘와 통제를 벗어나서 폭력을 휘두르는 위험집단으로 변질되었고, 급기야는 국가에 대해 폭력을 휘두르는 집단으로 변모했다. 따라서 오늘날 해적은 사략선 업자, 버커니어, 그리고 현재 활동 중인 해적과의 관계를 통해 그 기원을 찾아볼 수 있다.

---

1 Angus Konstam, *The World Atlas of PIRATES* (New York: Lyons Press, 2009), p. 17.

1) 사략선 업자

사략선 업자(privateer, corsaire)는 정부와 계약을 맺고 전시에 적국의 선박을 공격할 권리를 얻은 사람을 말한다. '나포 면허장'이라고 부르는 이 계약은 정부가 면허장을 발급하는 대가로 수익금의 일부를 가져가는데, 일반적으로 선박과 화물이 지닌 값의 1/5에 해당한다.[2] 당시 유럽 국가들은 해상에서 서로 경쟁하거나 전쟁 상태에 있을 때 무장을 갖춘 민간 선박에게 공식적으로 이러한 권리를 인정해주어 적국의 배를 공격하고 약탈하도록 부추겼다. 이는 상대적으로 해양력이 약한 국가에 의해 수행되었으며, 국가가 담당해야 할 전쟁 업무를 민간 분야에 위탁하여 적국의 군사적 · 경제적 힘을 약화시키고자 하는 의도를 가지고 있다.

국가로서는 직접 힘을 들이지 않고 적국에 타격을 가할 수 있는 군사적 이익뿐만 아니라 수익금의 일부를 챙김으로써 경제적 이익도 얻을 수 있었다. 또한 이 사업에 참여하는 사람들은 경제적 이익뿐만 아니라 조국의 영광을 위해 일한다는 의식을 가질 수 있었으며, 적어도 이 시기의 사략선 업자들은 자국민의 배는 공격하지 않았다. 그러나 문제는 해상에서의 안보환경 변화로 더 이상 사략선 업자가 필요 없음에도 불구하고 이들이 정부의 뜻을 어기고 계속해서 약탈행위를 함으로써 해양에서의 질서를 위협하는 진짜 해적이 되었다는 것이다.[3]

프랜시스 드레이크

사략선 업자 중 가장 대표적인 인물은 영국의 프랜시스 드레이크(Francis Drake, 1540~1595)다. 1579년 3월 1일, 그가 선장으로 있던 골든하인드(Golden Hind)호는 에스파냐의 갤리온선인 카카푸에고(Cacafuego)호를 나포하여 재물을 약탈했는데, 당시 약탈물은 13통의 은화(모두 26톤의 은괴에 해당), 8파운드의 금괴, 그 외에도 진주와

2 이 계약은 원래 '강제 나포 면허장'으로 불렸고, 군주와 정부가 직접 발급하다가 17세기 말엽부터 정부 담당 관리들이 발급했으며 나중에는 식민지 총독이 발급했다.

3 주경철, 『문명과 바다』(서울: 산처럼, 2009), pp. 164-165.

보석이 가득 찬 상자들로서 오늘날로 환산하면 5천만 달러에 상당하는 금액이었다. 이와 같은 공헌으로 그는 영국 왕실로부터 1581년 기사 작위를 받았으며, 그의 이름에는 '경(Sir)'이 붙게 되었다. 그는 다시 5년 뒤 정부로부터 공식 허가를 받고 카리브 해로 원정을 갔으며, 1585년에는 당시 영국의 최대 라이벌인 에스파냐의 식민지를 공격하기 위해 영국 군함 2척(이 중 한 척은 Elizabeth Bonaventure호임)을 포함한 21척의 선박과 1,000명의 선원 및 800명의 군인을 이끄는 등 국가에 충성을 다하는 것으로 보였지만, 사실 개인적으로는 약탈에 더 신경을 썼다.[4]

2) 버커니어

버커니어(buccaneer)는 17세기 전반에 카리브 해에서 에스파냐와 에스파냐 식민지 선박들을 공격한 해적들을 일컫는다.[5] 이들의 주류는 원래 서인도 제도의 섬들에서 살아가던 프랑스계 개척민들이며 여기에 영국과 네덜란드계 사람들도 참여했는데, 특히 이스파뇰라 섬(오늘날의 아이티와 도미니카 공화국이 있는 섬)의 사냥꾼 출신도 많이 참여했다. '버커니어'라는 말도 원래 사냥한 고기를 훈제하는 데 쓰인 석쇠를 가리키는 프랑스어 '부캉(boucan)'에서 비롯되었다.

포트로열

1620년대에 에스파냐가 이들을 축출하자 에스파냐에 대한 적개심을 품게 되었으며, 이로 인해 이들은 사냥꾼에서 해적으로 변했다. 버커니어 행위는 1660년대에 절정을 이뤘으며, 그 이득을 누리는 자들은 자메이카의 포트로열(Port Royal)로 몰려들었다. 17세기에 해운업의 중심지로서 막대한 부가 집중되고 방탕한 생활이 널리

4 Angus Konstam, 앞의 책, pp. 75-83.

5 특히 프랑스 버커니어는 '프리부터(Freebooter)'와 '필리버스터(Filibuster)'로 불렸다. 이러한 이름은 그들이 때때로 사용하는 작고 빠른 배인 플라이보트(flibote, 쾌속선)에서 따온 것이다. 이 용어는 쓰이지 않다가 19세기에 되살아나 밀수업자 혹은 봉쇄 돌파선을 가리키게 된다.

헨리 모건

퍼진 이 도시는 '신세계의 소돔'으로 알려졌다. 버커니어는 나중에 남미 북해 연안에서 영국과 프랑스의 돌격대를 일컫게 되었으며, 주로 포트로열과 토르투가 섬에 기지를 두고 준합법적인 해적으로 활동했다.

영국계 버커니어 중에서 가장 유명한 사람 가운데 헨리 모건(Henry Morgan)이 있었다. 그는 서인도 제도의 에스파냐 요새들을 공격하여 큰 타격을 가하고 막대한 이익을 취했으며, 1668년 포르토벨로(Porto Bello)를 점령한 사건이 가장 대표적이다. 이 시기에 에스파냐 측과 프랑스, 영국 간의 적개심은 극에 달했기 때문에 상대방에 대한 가혹행위 역시 상상을 초월했다고 한다. 1670년 마드리드 조약에 따라 에스파냐는 영국의 카리브 해 소유권을 인정하고 양국은 해적행위를 중단하기로 했으며, 그 이행조치로 영국 정부는 헨리 모건을 체포하여 에스파냐의 분노를 가라앉히고자 했다.

그러나 모건은 영국에서 정치적 영향력을 가진 친구들을 동원하여 투옥을 면했을 뿐만 아니라 오히려 기사 작위까지 받았다. 이는 각국 정부가 실제로 해적에 대해 어떤 태도를 취했는지를 잘 보여주는 것으로서 적어도 이 시기까지는 민간인이 적국에게 폭력을 가하는 행위가 각국 정부에 의해 장려되었거나 적어도 암묵적으로 승인하고 있었다. 따라서 영국의 경우 해적질은 적대자인 에스파냐에 대해 적은 비용으로 수행되는 전쟁의 한 방법이었다고 할 수 있을 것이다.

3. 오늘날의 해적

17세기 말경 영국 해군은 버커니어들의 근거지를 공격하여 제해권을 확장하기 시작했으며, 이로 인해 버커니어들의 세력이 축소되기 시작한다. 그런데 18세기 초에 국제적인 해상환경의 변화로 인해 새로운 유형의 해적이 급증하여 해적의 전성기를 맞이하게 된다. 그 배경으로는 먼저 에스파냐 왕위계승전쟁이 끝나자 영국 해군의 수가 크게 줄어들어 1712년에 4만 9,860명에 달하던 영국 해군은 2년 뒤에 1만 3,475명으로 급감했으며, 이로 인해 실직한 선원 수가 증가했다. 이와 아울러 1715년부터 시작된 불황이 1730년까지 지속됨에 따라 실직을 면한 선원들도 급여가 절반으로 떨어졌으며, 이들에 대한 보급도 훨씬 열악해지고 선상에서의 규율도 엄격해지면서 해적이 늘어나기에 좋은 상황을 제공했다.

1713년 에스파냐 왕위계승전쟁 이후 평화조약인 위트레흐트 조약이 체결되었으며, 이후 영국, 프랑스, 네덜란드는 모두 평화롭게 이윤을 얻는 것으로 방향을 전환했다. 당시 영국은 에스파냐 식민지에 노예를 독점적으로 공급할 권리인 아시엔토(Asiento)를 얻어 더 큰 이윤을 얻을 수 있었기 때문에 영국 입장에서는 평화를 유지하는 것이 유리했으므로 에스파냐를 공격할 이유가 없었다. 따라서 지난 시대의 해적들은 더 이상 자국에 도움이 되는 것이 아니라 오히려 방해가 되었기 때문에 영국 스스로 해적들을 제거해야 할 상황에 직면했다.

그러나 이 시기까지도 영국 해적은 자국 배를 공격하지 않았으며, 이들은 여전히 과거의 적국을 공격함으로써 조국을 위해 일한다고 생각했다. 즉 그들은 과거처럼 정부를 대신하여 민간인이 적국과 전쟁을 한다는 애국주의적 성향을 띠고 있었지만, 1710년 중엽부터 변화가 시작되었다. 대표적으로 해적 에드워드 잉글랜드(Edward England)는 영국 깃발을 단 해적선으로 영국 동인도회사 선박을 공격했다. 바로 이 시기가 바르솔로뮤 로버츠, 에드워드 로, 블랙비어드 등 전설적인 인물들이 활동한 해적의 전성기였다.

바르솔로뮤 로버츠

바르솔로뮤 로버츠(Bartholomew Roberts)는 1719~1722년 동안 400척 이상의 배를 나포했으며, 에드워드 로(Edward Low)는 140척, 블랙비어드(Blackbeard) 역시 비슷한 정도의 배를 나포한 것으로 알려졌다. 그 외에도 에드워드 잉글랜드, 찰스 베인 등이 적지 않은 피해를 입혔다. 해적들로부터 피해가 발생하자 영국 정부는 해적행위에 대해 단호하게 대응하지 않을 수 없었다. 1717년과 1718년에 해적들에게 사면령을 내렸지만 큰 효과가 없자 영국 정부는 해적을 소탕하기 시작했다. 영국 해군이 1718년 바하마 제도의 제해권을 장악하자 해적들은 근거지를 옮겨야 했으며, 역설적으로 이것이 해적의 활동 범위를 확대시킨 계기가 되었다. 다수의 해적이 영국 해군으로부터 살아남기 위해 북미 해안, 서부 아프리카 해안 지역으로 옮겨갔는가 하면, 마다가스카르를 새로운 근거지로 하여 인도양으로까지 진출하면서 그들의 활동무대를 넓혔다.

인도양에서 맹위를 떨친 유명한 해적은 윌리엄 키드(William Kidd)였다. 그는 원래 영국 국왕 윌리엄 3세의 공인을 받은 사략선 선장으로서 프랑스 선박을 공격하는 일을 했고 더 나아가 해적을 진압하는 임무를 맡았다. 그런데 그는 국왕을 배신하고 오히려 그 자신이 해적으로 변하여 인도양에서 해적행위를 했다. 이 시기에 활동한 해적은 약 4천 명으로 추산되는데, 연도별로 대략 1716~1718년 사이에 1,500~2,000명이 해적활동을 했으며 1719~1722년 사이에는 1,800~2,400명으로 이 시기에 해적활동이 가장 왕성했다. 그러나 1723년에 해적은 2,000명으로 감소하기 시작했으며, 1724년에는 급격히 줄어 500명 정도가 되었고, 1725~1726년에는 200명 이하가 되면서 이후부터 해적행위는 사실상 미약했다.

4. 해적의 역사

1) 고대

역사에 기록된 최초의 해적은 '루카(Lukka)'로서 이집트 역사에 따르면 이들은 기원전 14세기에 키프로스를 습격했으며, 이집트의 적인 히타이트(Hitties) 제국과 동맹을 맺었다고 전해진다. 역사상 최초의 해상무역은 지중해에 근거를 두고 시작되었으며, 그때부터 해적들도 활동을 시작했다. 이들은 소아시아(현재의 터키)의 해안에 기지를 두었으며, 기원전 14세기에 지중해 연안에서 번영했던 지금의 시리아

(Syria) 연안인 우가리트(Ugarit)에서 출현한 것으로 기록되어 있다. 이 지역은 해안선이 조밀하여 선박을 숨기기에 좋은 입지 조건을 갖췄을 뿐만 아니라 소아시아와 그리스 사이의 주요 무역로로서 황금노선이라고 할 만큼 해상운송이 빈번했다.[6]

해양민족

최초의 해적 루카는 기원전 13세기 말과 12세기 초까지 이집트 제국을 침략한 '해양민족'에 의해 소멸되었고, '해양민족'의 등장은 동부 지중해의 청동기 문화를 굴복시키고 고대문명의 '암흑시대'를 가져왔으며, 이 시대의 해상무역은 점차 감소하여 해적행위는 쇠퇴할 수밖에 없었다. 그러나 여전히 그리스, 크레타, 서부 지중해에서는 해적행위가 계속해서 발생했다. 이 시기의 해적활동은 페르시아 만에서도 발견되었는데, 기원전 7세기에 아시리아 왕들은 원정대를 파견하여 인도, 중국, 근동과의 해상무역을 방해하는 해적들과 전투를 벌이기도 했다. 당대의 페니키아 · 그리스 상인들은 해적의 공격을 기록했으며, 난파한 그리스 무역선에서 초기 해적들의 고고학적 증거가 발견되는데, 화살이 선체를 꿰뚫은 흔적 등이 남아 있다.

이후 그리스와 페르시아 문명이 번영을 누리자 해적에 대응할 수 있는 강력한 해군을 필요로 하게 되었다. 이집트의 신왕조 시대 이후 처음으로 해군 초계함과 원정대가 해적들에게 반격을 가했으며, 그리스 도시국가들과 알렉산더 대왕과 그의 후계자들이 종종 해적의 위협을 진압하려는 시도를 지적했다. 이러한 해군의 활동이 동부 지중해에서 해적행위를 상당히 감소시켰지만, 기원전 2세기 들어 지중해 전체에 정치적 공백이 발생했다. 서부에서는 로마와 카르타고가 전쟁을 벌이고, 동부에서는 마케도니아 도시국가들이 쇠퇴하는 바람에 사방에서 해적 단체들이 일어났다. 실리시아, 일리리아, 서부 지중해의 섬 등은 서로 강력한 힘을 발휘하여 최고의 입찰자에게 돈으로 고용된 해적들을 공급했다.

---

6 Angus Konstam, 앞의 책, p. 17.

그러나 로마의 세력이 지중해를 지배하게 되자 해적 단체들은 점차 궤멸되고, 그들의 영토는 로마 제국에 병합되었다. 기원전 67년, 실리시아 해적들을 궤멸시킨 폼페이우스 장군의 반(反)해적 작전 후에 일리리아 해적에 대한 원정대가 그 뒤를 따랐다. 아우구스투스 황제가 로마 제국을 세운 뒤 지중해는 로마의 바다가 되었으며, 몇 세기 동안 해적의 공격은 발생하지 않았다.

2) 중세

5세기 초, 서로마 제국의 붕괴는 서부 지중해에 혼란을 초래했으며, 이러한 혼란 속에 해적행위는 급속히 퍼져갔다. 로마 제국의 동부지역은 비잔틴 제국으로 발전했지만, 아랍(혹은 이슬람)의 팽창은 동부 지중해의 안전을 위협했다. 비잔틴 제국은 강력한 해군의 유지에 중점을 두었기 때문에 해적들과 해상약탈자들은 이후 5세기 동안 해상에서의 활동을 거의 하지 못했다.

1204년의 제4차 십자군전쟁으로 인해 콘스탄티노플은 약탈의 대상이 되었으며, 에게 해는 해적의 피난처가 되었다. 이슬람의 코르세어들이 시리아와 이집트 해안을 따라 자신들의 선박을 보호하며 종교가 다른 적의 선박을 공격했지만, 비잔틴은 자신들의 수도조차 지킬 수 없었다. 오스만튀르크가 동부 지중해의 나머지 해역을 지배하면서 해상무역을 안정시켰지만, 비잔틴 왕실과 에게 해 해적들과의 꾸준한 거래는 그리스 해상무역을 불안하게 만들었다. 당시 해적들은 대부분 이탈리아인이었으며, 비잔틴은 베네치아와 제노바의 해상세력이 자신들의 세력범위로 확산되는 것을 막기 위한 도구로 해적을 이용하여 무질서한 해상 완충지대를 만들었다.

그러나 비잔틴 제국에 충성을 바치던 이탈리아와 그리스 해적들은 오히려 오스만 제국을 섬기는 코르세어로 바뀌었다. 오스만튀르크는 해적행위를 종교와 영토팽창의 유익한 확장 수단으로 생각하여 코르세어를 비호했으며, 코르세어들도 적의 해상무역과 해안선을 약탈했지만 오스만의 영토와 무역은 보호했다.

북유럽과 서부 지중해에서 이주한 야만족들이 몇 세기 동안 잇달아 습격한 뒤에 유럽은 결국 안정의 시대에 이르렀다. 19세기까지 봉건체제가 왕조의 전쟁을 일으켜 유럽을 전쟁에 시달리게 했지만, 대륙에 어느 정도의 평화를 이룩했다. 폭넓은 평화로 인해 사업을 촉진하고 도시가 확장되면서 해상무역은 북유럽, 스페인, 이탈리아의 신흥 항구를 번성하게 했다. 기독교라는 하나의 종교적 가치 아래 뭉친 중세 유럽은 자신들의 영토를 둘러싼 무어인, 투르크인, 이교도들과 일으킨 종교전쟁뿐만 아니라 토지와 직위에 관련된 내분에 줄곧 휩싸였다. 중세 유럽의 전쟁과 내분은 해상치안을 불안하게 만들었으며, 이로 인해 해상무역은 피해를 입게 되었다.

13세기 초부터 피해를 입은 선원들에게 '나포' 면허장을 발급하면서부터 유럽의 군주들은 사략선 행위의 기본원칙을 정립하게 되었다. 봉건 영주의 묵인하에 저질러지는 사략선에 의한 해적행위와 함께 무소속 해적들도 해상약탈에 가담하게 되었다. 특히 발트 해와 영국 해협에서 무소속 해적들이 창궐했으며, 13세기에 해상약탈 행위가 급증하게 되자, 유럽의 무역항구들은 단결하고 보호세력을 키우지 않을 수 없게 되었다. 독일에서는 한자동맹(Hanseatic League, Hansa는 Hanse라고도 씀)[7]이 주요 해상세력으로 발전하여 북유럽 해상에서 해적을 소탕하는 데 앞장섰다.

14세기 말과 15세기 초, 영국과 프랑스 사이에 계속된 전쟁은 국가의 해적행위를 증가시켰다. 해적들과 사략선 선원들은 여러 가지 배를 개량한 기술과 탑재한 대포를 이용하여 영국 해협과 비스케이 만을 돌아다니며 항구를 떠나 예전보다 멀리 항해했다. 이러한 해상의 약탈자들은 16세기 들어 해적선으로 발전하여 전쟁, 종교, 국가 이익이라는 명목을 앞세워 무자비한 해상약탈에 나섰다.

3) 근대

항해술의 발달과 함께 신대륙이 발견되면서 교역이 확대되고 아울러 식민지로부터 값진 귀중품 등이 운송됨에 따라 해적들은 해상교통로의 길목이나 교통이 편리한 곳을 중심으로 손쉬운 약탈질을 시작했다. 17세기 초부터 유럽에서는 탐험가나 퇴역군인, 실직한 선원들이 황금과 모험을 추구하면서 해적행위가 비교적 용이한 카리브 해의 서인도 제도로 몰려들었다. 당시 서인도 제도는 스페인의 식민지로서

---

7 독일 북부의 도시들과 외국에 있는 독일의 상업집단이 상호교역으로 만들어낸 이익을 지키기 위해 창설한 조직으로서 13~15세기에 북유럽의 중요한 경제적 · 정치적 세력이었다.

비교적 경비가 허술했고 약탈대상이 많은 곳이어서 해적들이 선호하는 장소였다.

후발 국가였던 영국, 프랑스, 네덜란드, 독일 등은 신대륙 개척의 선두국가였던 포르투갈과 스페인에 효과적으로 대항하면서 해군력을 건설하기 위해 정부의 은밀한 후원하에 해적을 이용한 사략행위를 허용하기도 했다. 당시 상비군이 없던 제국들은 해군력 보강을 위해 공식적으로 민간 선박에 사략행위를 인정하는 허가장을 부여했다. 또한 외국인으로부터 약탈이나 물적 손해를 입은 자에게는 정부가 보복장을 수여하여 자력으로 상대국의 선박을 나포하여 손해를 보상하게 하는 보복행위가 널리 행해졌다.

특히, 1558년에 엘리자베스 1세 여왕이 즉위한 이후 영국은 해양력을 건설하고 해양통제권을 확보하기 위해 국가적인 노력을 경주하고 있었는데, 이러한 노력의 일환으로 당시 신세계를 지배하고 제3국의 진출을 무력으로 배제하던 스페인의 독점무역을 타파하기 위해 미국의 식민지 도시를 공격하여 선박을 나포하거나 약탈했다. 이에 대해 스페인 측이 응수함으로써 스페인과 영국은 준전쟁 상태에 있었다.

이 당시 영국인 중에서 특히 노예상인 호킨스나 사략선 선장 드레이크 등은 스페인 국왕의 재보(財寶)를 훔친 해적으로서 스페인으로부터는 증오의 대상이 되었으나 영국인에게는 오히려 영웅으로 찬양을 받았다. 이러한 시대적 상황에 따라 많은 사람들은 사략선을 타고 해상으로 나아가 해상약탈을 시도하게 되었다.

17세기 후반에서 18세기 초반의 해적은 해상에서 불법적인 약탈을 일삼았지만, 자신들의 생존과 질서를 위해 자체적으로 엄격한 규정을 만들어 지켰다. 해적들은 자신들이 신뢰할 수 있는 자를 선장으로 뽑고, 약탈물품의 분배와 부상자에 대한 보상에서도 구두나 문서로 합의했다. 해적들은 특히 약탈한 금이나 은그릇, 보석, 현금 등을 빼돌린 자는 무인도로 추방했으며, 동료의 물건을 훔친 자는 두 귀와 코를 자른 후 무인도나 섬으로 추방했다. 돈을 건 도박행위 금지, 밤 8시 이후의 소등, 각자의 무기정비 등의 의무를 강요하기도 했으며, 특히 소년과 여성의 승선금지 규정을 위반하는 자는 사형에 처하는 등 가혹할 정도의 처벌을 내림으로써 내부의 질서와 규율을 유지했다.

신대륙 발견 이후 부쩍 늘어난 유럽과 신대륙 간의 무역상을 털어 이득을 챙기려는 이들이 해적에 가담하면서 18세기 후반까지 대서양 일대는 해적의 온상이라고 할 정도로 다양한 해적이 우글거렸다. 영국 작가인 루이스 스티븐슨의 『보물섬』에서도 이러한 시대적 상황을 엿볼 수 있는데, 당시 카리브 해 서인도 제도 부근에 출몰한 프랑스 해적들이 해골 마크에 뼈다귀를 'X' 자 모양으로 그린 그림을 깃발에 사용했다는 사실도 일부 확인되고 있다.[8]

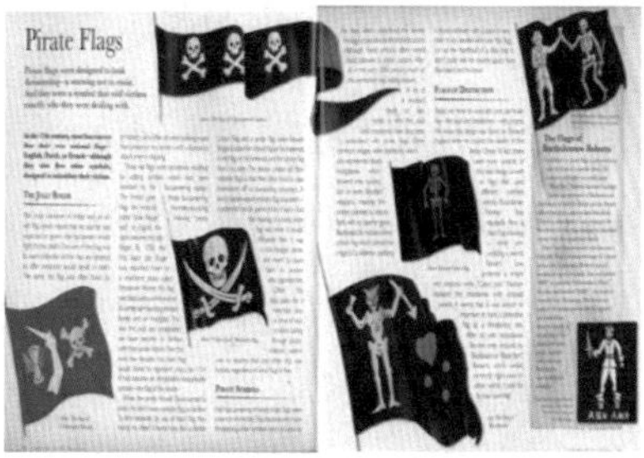

해적기

해적들은 국가적인 후원하에 17세기 후반부터 18세기 전반까지 전성기를 누렸다고 볼 수 있다. 그러나 해적의 세력이 비대해지면서 여러 가지 부작용이 발생하고 해상무역과 국가안보를 위협하는 거추장스러운 존재가 되자 각국은 해적들을 소탕하기 시작했다. 특히 스페인은 자국의 무역선이나 자국도시를 습격한 해적을 '버커니어(buccaneer)'라고 부르며 증오했고, 영국은 17세기 후반에 버커니어 수령 헨리 모건을 자메이카 부총독에 임명하여 해적진압을 담당케 했다.

각국으로부터 해적소탕이 진행되자 해적들은 해산하거나 안전한 곳으로 이동했는데, 18세기 전후에는 마다가스카르 섬, 홍해, 인도 등으로, 18세기 말부터 19세기 초에는 루이지애나, 인도양 등으로 활동무대를 옮겼지만 열강들의 식민지쟁탈전을 통한 급진적인 해군력 건설로 인해 해적활동은 급격히 감소되었다. 더구나 제1차 세계대전 전까지 해양강국들은 해군력을 급속히 증가시켰으며, 신속한 기동력과 강력한 화력을 가진 거대한 함정들로 구성된 해군의 탄생은 해적의 쇠퇴를 촉진시키는 결정적인 계기가 되었다.

8 일반적으로 해골과 교차된 뼈로 상징되는 해적기(skull & crossbones)는 '졸리 로저(Jolly Roger)'라고 불리며 '죽음'을 상징했다. 졸리 로저라는 이름의 유래는 프랑스어로 '피'를 의미하는 '졸리 루즈', '유쾌하고 붉은 녀석'이라는 의미의 '르제리 루즈', '악마'라는 의미의 '올드 로저(Old Roger)' 등 여러 가지 설이 있다.

4) 제1차 세계대전 이후

제1차 세계대전 이후에도 영국, 미국, 일본, 독일, 이탈리아 등 열강은 식민지 획득과 해양통제권을 확보하기 위해 해군력 증강 경쟁에 돌입했다. 이러한 해군력 증강은 각국에 막대한 재정적 부담을 주게 되어 결국 '워싱턴 해군군축회담'과 '런던 해군군축회담'을 개최할 정도로 그 피해가 심각했지만, 각국은 제2차 세계대전 직전까지 엄청난 해군전력을 보유하게 되었다. 막강한 해군력을 보유한 해양강국들은 조직적으로 수상한 선박이나 적함을 발견하기 위해 밤낮으로 철저한 감시와 탐색을 했으므로 해적은 전혀 활동할 수 없게 되었다. 더구나 강력한 무장과 잘 훈련되고 우수한 승조원이 운영하는 함정들이 보급선과 군수물자를 수송하는 선단을 철저하게 호위하고 다녔으며, 신속한 기동력을 가진 항공기를 적재한 항공모함까지 이에 가세함으로써 해적은 활동무대를 상실하고 거의 자취를 감추게 되었다.

냉전기간에도 미국과 소련은 해양통제권 확보를 위해 치열한 경쟁을 펼쳤기 때문에 해적은 더 이상 주목의 대상이 아니었다. 그러나 탈냉전 시대에 접어들면서 해적행위는 새로운 양상을 맞이하게 되었다. 냉전 시대 미국과 소련이라는 두 강대국을 중심으로 한 해양통제권 확보 경쟁을 위한 대결 구도는 해적의 발생을 억제했지만, 냉전 종식 후 해상통제권에 대한 관심이 줄어들고 미 · 소 간의 해군력이 급격하게 감소되면서 그동안 자취를 감췄던 해상에서의 약탈행위가 다시 나타나기 시작했으며, 해적은 오늘날 해상교통로에 대한 가장 큰 위협으로 인식되는 등 국제사회 차원에서 해결책을 찾고 있는 상황이다.

에필로그 1

동아시아 지역의 새로운 시대 도래 전망

오늘날 국제사회는 냉전종식 이후 미 · 중 중심의 G2 시대를 형성하고 있으며, 중국의 해양팽창에 대응하여 미국은 포위전략을 통해 중국을 봉쇄 및 견제하고 있다. 중국은 일대일로 전략을 통해 대륙 및 해상에서의 지정학적 우위를 점유하기 위한 행보를 지속하고 있으며, 해양중심의 지정학적 우위는 진주목걸이 전략으로 구체화되고 있다. 이에 대해 오바마 행정부는 2009년 11월 아시아 방문 시 아시아에 대한 적극적인 개입정책을 천명한 바 있으며, 2012년 1월 5일 신 국방전략지침을 발표하고 아시아 중시정책을 천명하였다. 미국의 "아시아로의 회귀" 전략은 중국의 일대일로 대상지역과 중첩되는 가운데 미 · 중의 힘의 경쟁은 남중국해 해양갈등으로 나타나고 있다.

2017년 도널드 트럼프 대통령이 집권한 이후 국제사회는 '스트롱맨' 및 '자국우선주의'라는 용어가 빈번하게 사용되고 있으며, 미국을 포함한 중 · 일 · 러 지도자들 모두 강력한 리더십을 바탕으로 자국 우선주의를 추구하고 있다. 이들 지도자들 모두 궁극적으로 강대국을 지향하고 있으며, 이들의 힘의 경쟁은 동아시아 주요 안보현안들에 대한 대립 및 견제를 통해서 나타나고 있다. 특히, 오바마 전 대통령 집권기 동아시아 지역에서의 힘의 경쟁은 미 · 중 양국 중심으로 전개되었다면, 트럼프 대통령 집권 이후 동아시아 지역에서는 힘의 논리가 지배하는 가운데 힘의 경쟁은 미 · 중 · 일 · 러 4개국(이후 'G4'로 표기)으로 확대되는 양상을 보이고 있다.

동아시아 지역은 협력과 상호 의존성은 높아지면서도 안보 분야에서는 협력의 수준이 높지 않은 '아시아 패러독스(Asia's Paradox)' 현상이 나타나고 있으며, 스트롱맨의 시대 힘의 경쟁이 본격화되면서 이러한 현상은 더욱 가속화될 것으로 예상되고 있다. 특히 힘의 경쟁이 이미 시작된 상황에서 이들을 대체할 수 있는 또 다른 지도자들의 등장은 곧 힘의 경쟁에서 뒤처진다는 것을 의미하는 것이며, 이러한 측면에서 G4 지도자들의 리더십과 권력은 더욱 강화될 것으로 예상되고 있다. 다만 미국의 경우 내부적으로 트럼프 대통령을 견제하려는 움직임이 지속적으로 나타나고 있으나 '트럼프식' 대외전략이 어느 정도의 성과를 달성할 경우 오히려 '트럼프식' 대외전략은 더욱 강화될 가능성이 높다고 할 수 있을 것이다.

트럼프 대통령 집권 이후 시작된 스트롱맨 시대 힘의 경쟁은 그들의 권력이 더욱 강화되고 집권기간이 장기화된다는 측면에서 국제사회가 예상하는 기간보다 더욱 장기간 지속될 가능성이 있으며, 이는 곧 동아시아 지역의 역학구도 변화로 나타날 수 있다는 것을 의미하는 것이다. 오바마 대통령 집권기 미국은 동아시아 지역에서 아 · 태 재균형 전략을 추진하였으며, 트럼프 대통령 집권 이후 미국은 인도 · 태평양 전략을 통해 중국에 대한 견제와 봉쇄를 더욱 강화할 것으로 예상되고 있다. 시진핑 국가주석은 2017년 10월 중국공산당 제19차 전국대표대회를 통해 강력한 1인 체계를 구축하였으며, 신형대국관계 및 일대일로와 연계하여 북극으로의 진출을 가속화하고 있다. 북극의 경우 막대한 자원 및 북극항로 이용에 따른 경제성뿐만 아니라 미국을 직접적으로 견제할 수 있는 군사적 요충지라는 측면에서 중국의 북극 진출은 미국이 남중국해에서 중국을 견제 및 봉쇄하는 것과 같은 의미라고 할 수 있을 것이며, 궁극적으로 남중국해에서 미국을 몰아내는 것이 될 것이다.

트럼프 대통령 집권 이후 미 · 중 간 힘의 경쟁이 본격화되는 가운데 일 · 러의 동아시아 지역에 대한 영향력이 점차 확대될 것으로 예상되고 있다. 실제 미 · 중은 동아시아 주요 안보현안에 대한 정책을 추진함에 있어 일 · 러에 대해 적극적으로 협력을 요구하거나 견제하고 있다는 것은 이들의 위상을 단적으로 보여주는 것이라고 할 수 있다. 따라서 동아시아 역학구도는 힘의 논리에 따른 힘의 경쟁을 통해 미국의 패권유지 vs. 신형대국관계 하 G2 시대 vs. G4 in East Asia 등의 변화를 맞이하게 될 것이며, 이러한 역학구도 변화의 원인은 바로 힘의 변화라고 할 수 있다. 여기에서 스트롱맨의 시대 동아시아 지역의 힘의 경쟁에서 미국은 하드 파워를 중심으로 대외전략을 추진하는 반면에 다른 국가들의 경우 소프트 파워에도 중점을 두고 있는 상황이다.

일반적으로 힘(power)이란 어떤 일을 할 수 있는 능력을 말하며, 무언가를 억제하고 지배하는 것이라고 할 수 있다. 이러한 힘은 국제관계에서는 국가 사이의 영향력 행사라고 할 수 있으며, 국가 간 역학구도에서는 국가의 정치적 목적 및 국가이익에 따라 특정 국가의 행위를 제어하고 지배하는 것이라고 할 수 있다. 국제사회에서의 힘의 최상위는 패권이며, 이는 곧 힘이란 자국에게 유리한 안보환경을 조성할 수 있는 능력이라고 할 수 있다. 동아시아 지역에서는 미 · 중 · 일 · 러 4개국이 강대국 수준의 힘을 보유하고 있으며, 이들이 진정한 강대국의 대열에 오르기 위해서는 다음의 3가지 요건을 충족해야 할 것이다.

첫 번째 요건은 '능력(capability)'으로서 군사력과 경제력이 가장 핵심이 된다고 할 수 있다. 강한 군사력을 보유하기 위해서는 강한 경제력이 뒷받침이 되어야 하며, 경제력이 뒷받침되지 않는 군사력은 그 능력을 유지하기 어렵다고 할 수 있다. 실제 냉전종식 이후 미국은 강력한 군사력을 통해 패권을 유지하였으나 장기간의 경제침체로 인해 2009년 G2시대가 형성되었다. 트럼프 대통령은 미국 우선주의에 기반을 둔 대외전략을 추진하고 있으며, 경제력을 강화하기 위해서 군사력을 적극적으로 활용하고 있다. 다시 말해서 트럼프 대통령은 동맹국에 대한 군사지원을 지렛대로 경제 분야의 양보를 비롯하여 주둔 미군의 방위비 인상, 동맹국의 국방예산 증액, 자국산 무기판매 등을 통해 경제력을 회복하고 있으며, 중국에 대해서는 힘을 통한 경제적 양보를 얻어내고 있는 상황이다.

트럼프 대통령이 힘을 통해 경제력 강화를 추구하고 있다는 것은 능력의 측면에서 G4 간의 격차가 감소했다는 것을 의미하는 것이며, 이는 곧 G4가 강대국으로서의 능력을 갖추고 있다는 것을 의미하는 것이다. 동아시아 지역은 다른 지역과 달리 냉전이 종식된 이후에도 군비경쟁이 지속되고 있으며, G4의 경우 상대국을 견제할 수 있는 해양 투사능력과 원양 작전능력을 강화하고 있다. 특히 G4의 경우 상대국을 견제할 수 있는 핵심전력인 항공모함급 함정을 모두 보유하고 있으며, 이들의 능력 강화는 향후 항공모함 확보 경쟁으로 나타날 것으로 예상된다.

두 번째 요건은 '의지(will)'로서 정치적 목적을 달성하기 위한 힘의 사용 가능성을 보여주는 것이며, 통상 해양전략을 통해서 구체화된다고 할 수 있다. 트럼프 집권 이후 G4 지도자들은 스트롱맨의 리더십을 기반으로 그들의 강력한 군사력을 단지 보유만 하는 것이 아니라 그들의 공세적인 대외전략 수행에 적극적으로 사용하겠다는 의지를 보여주고 있다. 미국은 해군력 증강을 통한 해상통제로의 복귀를 추구하고 있으며, 중국은 해군력 증강을 통한 해양강국 건설을 추진하고 있다. 일본은 집단적자위권 행사 강화 및 자위대 전력의 투사능력을 강화시키고 있으며, 러시아는 해양력 강화를 통한 동아시아 영향력 확대를 추구하는 등 G4 지도자들의 강력한 의지는 해양전략을 통해서 구체화되고 있다.

앞에서도 언급했듯이 트럼프 집권 이후 힘의 경쟁이 이미 시작된 상황에서 G4 지도자들은 그들이 걸어온 길을 멈추거나 돌아가기 보다는 오히려 그들의 대외전략을 더욱 공세적으로 추진할 것으로 예상되고 있다. 이를 위해 G4 지도자들의 리더십과 권력기반은 더욱 강력해질 것이며, 스트롱맨 시대 힘의 경쟁은 예상하는 것보다 더 장기간 지속될 수도 있을 것이다. 2017년 취임한 트럼프 대통령의 내부적으로 탄핵론이 제기되고 있어 4년간의 임기를 마치지 못할 것이라는 주장이 제기되고 있으며, 트럼프 집권 이후 미국은 소프트 파워 측면에서 많은 것을 잃고 있지만 하드 파워인 군사력과 경제력은 강해지고 있다. 또 다른 측면에서 미국은 하드 파워를 통해서 약해진 소프트 파워를 보강하고 있으며, 이를 통해서 미국의 힘은 더욱 강해지는 경향을 보이고 있다. 따라서 '트럼프'식 대외전략이 어느 정도의 성과를 달성할 경우 오히려 '트럼프'식 대외전략은 더욱 강화될 것이며, 동아시아의 역학구도 변화는 트럼프 대통령의 재임기간에 직접적인 영향을 받을 것으로 예상된다.

중국의 시진핑 국가주석은 2017년 10월 제19차 공산당 전 국대표대회에서 당헌에 '시진핑 사상'을 명기함으로써 마오쩌둥급의 절대권력을 행사할 것으로 예상되는 가운데 후계자를 지명하지 않은 체 집권 2기를 시작하게 되었다. 일본 아베 총리는 2017년 10월 중의원 선거에서 압승함에 따라 내부적으로 '아베'식 강한 외교력에 대한 지지기반을 더욱 확보하였으며, 외부적으로는 공세적인 대외전략 추진을 위한 명분 역시 확보했다고 할 수 있을 것이다. 푸틴 대통령의 경우 애국심을 강조하면서 강한 러시아를 추구하는 통치 스타일은 내부적으로 강한 지지율로 이어짐에 따라 푸틴 대통령의 4선 연임은 거의 확실한 것으로 분석되고 있다. 이는 곧 트럼프 대통령 집권 이후 시작된 스트롱맨의 시대 힘의 경쟁이 장기화 될 수 예상되고 있다.

마지막 요건은 '개입(intervention)'으로서 실제로 힘을 사용하는 것이며, 여기에는 정치적 목적을 달성하기 위해 자국에 유리한 안보환경을 조성하는 것도 포함된다. 미 · 중의 경우 있다는 것을 의미하는 것이며, G4 지도자들의 대외전략은 더욱 공세적으로 변화할 것으로 동아시아 주요 안보현안인 북한의 핵 · 미사일 및 남중국해 미 · 중 간 해양갈등에서 힘을 사용하고 있으며, 이를 통해 자국에게 유리한 여건을 조성하고 있다. 전체적으로 G4의 경우 '능력'과 '의지'의 측면에서는 강대국의 면모를 보여주고 있다고 할 수 있으나 '개입'의 측면에서는 다소 차이를 보이고 있다. 일 · 러의 경우 그들이 보유한 능력과 의지에 비해서 '개입'은 미 · 중에 비해서 다소 낮다고 할 수 있으나 아베 신조 총리와 푸틴 대통령의 강력한 리더십을 고려할 경우 동아시아 주요 안보현안에 대한 개입이 점차 확대될 것으로 예상되고 있다. 스트롱맨의 시대 힘의 경쟁에서 일 · 러의 개입은 점차 확대될 것이며, 이들의 개입은 미 · 중 양국의 이해관계에 따라 협력과 대립을 통해서 그 수준이 결정될 것으로 예상된다. 다시 말해서 힘의 논리가 지배하는 안보환경에서 이들의 개입은 진정한 강대국으로서의 위상을 확립하기 위한 마지막 단계가 될 것이다.

트럼프 대통령 집권 이후 동아시아 역학구도는 미국의 패권이 지속적으로 유지될 가능성이 높다고 할 수 있다. 스트롱맨 시대 미국이 패권을 지속적으로 유지하기 위해서는 무엇보다도 강력한 군사력을 건설하고 유지할 수 있는 경제력을 회복해야 하며, 이러한 측면에서 트럼프 대통령의 대외전략은 궁극적으로 미국의 경제력 회복을 추구하는 것이라고 할 수 있을 것이다. 동아시아 지역에서 미국의 동맹국인 한 · 일은 미국과의 동맹관계를 바탕으로 안보위협에 대응하고 있으며, 한 · 일은 미국과의 동맹관계 유지가 반드시 필요하다는 측면에서 미국은 비교적 쉽게 경제적 실리를 확보할 것으로 예상되고 있다.

또한 트럼프 대통령의 경우 한 · 일 지도자와 안보위협에 대해서 인식을 공유하려고 노력하는 가운데 이들이 미국과 함께 안보위협에 공동으로 대응할 수 있도록 군사력 강화를 요구하고 있다. 오바마 대통령 집권기 미국은 동아시아 지역의 영향력을 안정적으로 유지하기 위해 아 · 태 재균형 전략을 추진하였으나 현재의 전력으로는 중국의 해양팽창을 견제 및 봉쇄하기는 어렵다고 인식하고 있다. 2017년 2월

8일, 모란 미 해군 참모차장은 상원 군사위원회에 출석하여 '4+1 위협' 중 2개국 이상과 전쟁을 수행할 경우 전쟁을 동시에 수행하여 적을 저지 및 굴복키기는 어렵다고 답변했으며, 2017년 3월 2일 트럼프 대통령은 건조 중인 핵추진 항공모함 제럴드 포드함의 승선 연설에서 현재 미 해군은 제1차 세계대전 이후 가장 작은 규모를 유지하고 있다고 지적하였다. 따라서 동맹국으로서 한 · 일의 군사력 강화는 동맹차원에서 미국의 군사력을 강화하는 것이 될 것이며, 이는 곧 미국의 힘의 강화된다는 것을 의미하는 것이다.

2017년 4월 미 · 중 정상회담에서 핵심 의제는 "북한, 무역, 남중국해" 순으로 발표되었으며, 미국은 힘을 기반으로 북한과 남중국해 문제를 해결하는 과정에서 무역에서 경제적 실리를 추구하고 있다. 미국이 '북한'이라는 카드를 선택할 경우 중국의 역할이 중요하다는 측면에서 무역 및 남중국해 문제에 대해서는 중국에게 어느 정도 양보를 해야 하지만 한 · 일에 대해서는 경제적 실리를 확보하였다. 미국은 북한의 핵 · 미사일 문제를 해결하는 과정에서 중국의 역할이 만족스럽지 못하자 남중국해에서 항행의 자유 작전(FONOS)을 개시하였으며, 미국의 '남중국해' 카드는 중국으로 하여금 경제 분야의 양보를 이끌어내는 성과에 영향을 주고 있다. 결국 트럼프 대통령의 대외전략은 미국의 힘을 강화시키는 순환구조로 되어있으며, 미국의 동맹국인 한 · 일의 경우 미국의 경제력 회복뿐만 아니라 군사력을 강화시킨다는 측면에서 미국의 패권은 지속적으로 유지될 가능성이 높다고 할 수 있을 것이다.

오늘날 중국의 경제력과 군사력 기반의 힘은 G2 시대를 형성하는 근원이라고 할 수 있으며, 중국이 신형대국관계 하 G2시대를 형성하기 위해서는 중국이 어떠한 접근 방식을 선택하느냐가 관건이 된다고 할 수 있다. 중국을 상징하는 대표적인 동물로는 판다와 드래곤이 있으며, 중국은 자국에 중요하다고 판단되는 국가에 국보급 동물인 판다를 증정하는 판다외교를 하고 있다. 또한 판다가 초식동물이라는 점에서 판다외교는 중국이 평화를 지향한다는 이미지를 부각시키는 역할을 수행하는 반면에 서양에서의 드래곤은 흉악한 존재로서 공격성을 상징하며, 제거의 대상으로 인식되고 있다. 오늘날 G2 시대를 형성하고 있는 중국이 그들이 주장하는 신형대국관계 하 G2시대를 형성하기 위해서는 힘을 강화하는 것뿐만 아니라 국제사회 및 동아시아 국가들로부터 대국으로 인정받는 것이 중요하다고 할 수 있을 것이다.

첫째, 시진핑 국가주석은 중국몽을 달성하기 위해서 '드래곤'의 면모를 보일 것으로 예상된다. 2017년 10월 중국공산당 제19차 전국대표대회 당정 개정안에 '시진핑'과 '사상'이라는 문구가 모두 들어감에 따라 시진핑 주석의 위상은 마오쩌둥과 같은 반열에 오른 것으로 평가받고 있다. 또한 자신의 후계자를 선정하지 않았다는 것은 시진핑 1인 체계가 구축되었다는 것을 의미하는 것으로서, 향후 시진핑 주석은 강력한 권력을 기반으로 '드래곤'의 모습을 보여 줄 가능성이 있다.[1] 그러나 중국이 단기간 내 '드래곤식'으로 변화할 가능성은 높지 않으나 미 · 중 간 힘의 격차가 감소할수록 중국의 '드래곤식' 대외전략 추진 가능성은 점차 높아질 것으로 예상된다.[2]

둘째, '판다외교'식 평화주의 대외전략을 통해 그들이 주장하는 대국으로서의 이미지를 구축할 것으로 예상된다. 중국은 1978년 개혁 · 개방을 천명한 이후 놀랄 만한 경제성장을 기록했으며, 중국의 부(副)는 군사력 강화 및 국제사회에 대한 영향력 증대로 이어졌다. 중국의 성장에 대해 "중국의 부상" 또는 "중국 위협론"이 제기되었으며, 국제사회가 중국의 부상을 위협으로 인식한다는 것은 중국이 대국으로서의 인정받는데 걸림돌이 되고 있다. 이에 따라 시진핑 주석은 중국몽을 실현하는 과정에서 군사력을 통해 국제사회에 기여하고, 경제력을 이용하여 국제사회 및 주변국과 우호적인 관계를 맺기 위한 정책들을 추진할 가능성이 높다고 할 수 있다. 또한 중국이 신형대국관계 하 G2시대를 형성하기 위해서는 무엇보다도 지속적인 경제성장이 필요하며, 이를 위해서는 역내안정이 수반되어야 한다. 따라서 중국은 북한 문제를 평화적으로 해결하는 모습을 견지하고 북한에 대한 압박을 병행하면서 판다와 대국의 이미지를 구축할 것으로 예상되며, 중국의 자국 중심주의 정책 추진과 연계하여 중국내 북한 포기설이 제기되고 있다는 것이 이를 뒷받침 해주고 있다.

---

1 시진핑 국가주석은 중국을 2050년까지 종합 국력과 국제 영향력에서 세계의 선두에 서는 '현대화 강국'으로 만들겠다는 목표를 분명히 했으며, 여기에서 시진핑 주석이 그동안 언급한 '중국몽'은 '강국'과 '강군'을 의미하는 것이라고 할 수 있다.

2 중국은 미국과의 힘의 격차를 줄이기 위해서 북한을 적극적으로 활용할 것으로 예상되며, 북한 문제를 해결하는 과정에서 미국에 대해 견제와 협력을 반복하면서 미국의 힘과 관심이 자신이 아닌 북한에게 집중시킴으로써 미국의 힘을 소비시키고 그들의 위상을 강화할 것으로 예상된다.

셋째, 시진핑 주석은 사안에 따라 판다 또는 드래곤의 이중적인 면모를 보일 것으로 예상된다. 중국은 역외 사안에 대해서는 판다의 모습을 보이고 있으나, 역내 사안에 대해서는 드래곤의 모습을 통해 적극적으로 개입하고 있다. 특히 중국은 자국의 국익 및 안보와 관련된 사안에 대해서는 전형적인 드래곤의 모습을 보이고 있으며, 여기에는 한반도 THAAD 배치, 남중국해 · 센카쿠 열도(중국명 댜오위다오) 분쟁 등이 있다. 이와 같이 중국은 대외적으로는 평화를 지향하는 판다의 모습을 보이되 자국과 관련된 사항에 대해서는 드래곤의 모습을 보여줌으로써 그들의 힘을 과시할 것으로 예상된다. 이러한 중국의 이중적인 대외전략 추진은 미 · 중 중심의 역학구도를 더욱 명확하게 구분짓는 것이며, 미 · 중 간 경계선은 지역을 중심으로 구분될 가능성을 배제할 수 없는 상황이다.[3] 또한, 2016년 필리핀 제소에 따른 PCA 판결 이후 중국의 주변국들에 대한 군사 · 경제적 분야의 지원이 확대되었으며, 이를 반영하듯이 미국의 영향력은 감소한 반면에 중국의 영향력이 강화되고 있다.

동아시아 G4시대는 G2시대의 중심인 미 · 중의 힘의 경쟁에서 나타날 것으로 예상된다. 오늘날 동아시아에서는 미국과 중국의 힘의 경쟁이 이루어지고 있으며, 전략적 협력과 경쟁의 이중 구도가 지속되는 가운데 일 · 러는 자국의 영향력을 확대하고 있다. 동아시아 역학구도가 단기간 내 동아시아 G4시대를 형성할 가능성은 높지 않으나 일 · 러의 경우 미 · 중의 힘의 경쟁에서 중요한 역할을 담당할 것으로 예상되며, 또한 이들의 경우 국제적 차원에서 G2시대의 현상 변경을 시도하기에는 다소 힘이 부족하다고 할 수 있으나 동아시아 지역 내에서는 강대국 수준의 면모를 갖추고 있어 동아시아 역학구도 변화 가능성은 배제할 수 없는 상황이다. 실제 미 · 중이 대외전략을 추진함에 있어 일 · 러에 대해 협력을 요구하고 견제를 한다는 것은 이들의 위상을 단적으로 보여주는 것이라고 할 수 있다. 미국은 일본의 역할 확대를 적극적으로 지지하고 있으나 중국은 일본의 역할 확대를 견제하고 있으며, 반면에 중국은 러시아의 역할 확대를 환영하고 있으나 미국은 중 · 러가 가까워지는 것을 원하지 않는다고 할 수 있다. 이러한 국가 간의 관계 이해관계는 트럼프의 일방적

---

3 2007년 5월 미 태평양사령관이 중국을 방문한 자리에서 중국의 고위관료는 "하와이 동쪽은 미국이, 서쪽은 중국이 관리하자"고 제안하는 등 강화된 중국의 위상을 노골적으로 과시하고 있다.

인 대외전략으로부터 영향을 받고 있으며, 오늘날 미국이 중국의 해양팽창을 완벽하게 견제 및 봉쇄할 힘을 갖추지 못했다는 측면에서 이들의 힘의 경쟁은 동맹국으로 확대될 가능성을 배제할 수 없는 상황이다.

일 · 러의 입장에서 G4시대를 형성하기 위해서는 미 · 중에게 자국의 필요성을 인식시키는 것이 중요하다고 할 수 있다. 이들의 경우 강대국 수준의 힘을 보유하고 있으나 단기간 내 자신의 힘을 강화하는 것만으로는 G4시대를 형성하는 것은 사실상 어렵다고 할 수 있다. 따라서 이들은 자국의 세력을 확대시키는 전략을 추진할 것이며, 그들의 힘을 기반으로 동아시아 국가들과의 관계를 협력 · 우호적으로 발전시킬 것으로 예상된다. 다시 말해서 일 · 러는 동아시아 국가들과의 협력적 우호관계를 통해서 그들의 세력을 확대시키고, 이를 통해 미 · 중에게 자국의 필요성을 인식시킴으로써 자국의 위상을 확고히 할 것이다. 이러한 안보환경을 반영하듯이 일 · 러의 경우 동아시아 지역에 대해 군사 · 경제적 측면에서 그들의 역할을 확대하고 있으며, 동아시아 역학구도에서 한 축을 형성하기 위한 노력을 지속하고 있다.

트럼프 집권 이후 힘의 논리가 지배하는 시대에서 동아시아 지역의 역학구도는 G2시대의 중심인 미 · 중에 의해서 결정된다고 할 수 있다. 미 · 중 간 힘의 경쟁에 대한 결과는 과연 누구의 힘이 더 강한지에 의해서 결정될 것이나 실질적으로는 누구의 세력이 더 큰지에 의해서 결정된다고 할 수 있다. 다시 말해서 동아시아 역학구도는 국가 간의 관계에 따라 결정될 가능성이 높으며, G4와 마찬가지로 역내 국가들 역시 자국 중심주의 기반의 정책을 추진하는 만큼 동아시아 역학구도 변화는 유동적이라고 할 수 있다. 결국 트럼프 집권 이후 스트롱맨의 시대 힘의 경쟁에서 동아시아 역학구도는 미 · 중 간 하드 파워가 중요한 역할을 담당할 것으로 예상되는 가운데 중국은 하드 파워 뿐만 아니라 소프트파워를 강화함으로써 자국의 위상에 걸맞은 역학구도를 형성할 것이며, 러 · 일 역시 하드 파워와 소프트파워를 강화함으로써 동아시아 지역에서 힘의 한 축으로 자리 잡기 위한 노력을 지속할 것이다. 이러한 측면에서 대한민국 역시 하드 파워와 소프트 파워를 기반으로 동아시아 역내 국가들과의 협력적 우호관계를 형성해야 할 것이며, 이를 통해 동아시아 힘의 경쟁에서 힘의 균형을 조정하거나 또는 결정할 수 있는 힘을 갖추어야 할 것이다.

한국의 안보위협과 우리의 선택

한국은 세계 유일의 분단국가로서 적화통일을 군사전략의 기본목표로 설정하고 있는 북한과 직접적으로 대치하고 있으며, 역내 패권유지 및 해양팽창을 추진하는 주변 4강에 둘러싸여 있다. 특히 북한의 위협은 한미동맹을 기반으로 대응하고 있으며, 북한 역시 중 · 러와의 동맹을 통해 한미동맹에 대응함에 따라 한반도 문제는 단순히 남북한 간의 문제가 아닌 주변 4강 및 국제사회와도 연계된 역학구도를 형성하고 있다.

오늘날 북한은 핵 · 미사일을 주요 수단으로 한 비대칭 전략(Asymmetric Strategy)을 통해 한반도뿐만 아니라 전 세계를 위협하고 있다. 여기에서 비대칭 전략이란 군사목표 달성을 위해 전략환경과 군사적 능력, 전쟁 수행 방법의 변화를 통해 적의 강점을 회피하고 약점을 공격함으로써 적이 효과적으로 대응하지 못하도록 하는 전략을 말한다. 북한은 기습전, 배합전, 속전속결전을 중심으로 하는 군사전략을 유지하는 가운데 다양한 전술을 모색하고 있으며, 비대칭 전력을 위주로 제한된 목표에 대한 대규모 기습공격을 시도할 것으로 예상된다.

북한의 대표적인 비대칭 전력으로는 한국이 보유하지 않은 전력인 핵탄두(10~20개) · 미사일(현재 2,000여 기 실전 배치), 화학무기(약 2,500~5,000톤) 등이 있으며, 도발원점 식별이 제한되는 전력인 잠수함(정)[70여 척], 사이버 부대(6,800여 명) 등이 있다. 또한 북한은 특정 전력들의 대량 보유를 통한 비대칭 능력을 보유하고 있으며, 다련장/방사포(5,500여 문), 상륙함정(250여 척), 공중기동기(810여 대) 등이 대표적이다. 이와 아울러 북한은 예상치 못한 도발 시기, 장소, 수단, 공격대상 등의 선정을 통해 비대칭 위협을 극대화시키는 등 적극적으로 군사목표를 추구하고 있다. 다시 말해 오늘날 북한은 게임체인저(Game Changer) 역할이 가능한 전력들을 확보 중인 가운데 한국에는 전방위 대비를 요구하고 있는 상황이다.

북한의 위협에 대한 한국의 국방목표는 외부의 군사적 위협과 침략으로부터 국가를 보위하는 것이며, 국방목표 달성을 위한 적극적인 대응은 포함되어 있지 않다고 할 수 있다. 다행히 북한의 지속적인 도발에 따라 자위권 차원에서 선제공격을 허용하고 있으나 북한의 도발을 억제하기에는 여전히 미흡하다고 할 수 있다. 이러한 소극적 목표 달성은 전방위 대비가 요구됨에 따라 특정 전력에 대한 대비가 제한될 수 있으며, 북한은 원하는 공격 시점과 장소를 선택함에 따라 전쟁의 주도권 확보가 가능한 반면에 한국의 전쟁 주도권 확보는 제한될 뿐만 아니라 북한에 의해 수동적으로 끌려가는 상황이 발생할 수밖에 없다.

북한의 비대칭 전략에 대해 한국은 '역비대칭 전략(Reverse Asymmetric Strategy)'이라는 개념을 도출했으며, 여기에서 역비대칭 전략이란 적의 전략적 우위를 상쇄시키면서 적보다 경쟁 우위에 있는 능력을 최대한 활용하여 비대칭 우위를 역으로 확보하는 전략을 말한다. 한국은 역비대칭 전략을 수행하기 위해 한 · 미 동맹하의 주한미군 및 증원전력을 적극적으로 활용하고 있으며, 첨단전력을 집중적으로 확보하고 있다. 특히 한국은 북한의 핵 · 미사일 위협 고도화에 따라 한국형 3축 체계(Kill Chain, KAMD, KMPR)를 우선적으로 구축하고 있는 상황이다.

그러나 전략적인 측면에서 북한의 비대칭 전략은 적극적으로 목표를 달성하기 위한 직접접근 방식의 전략인 반면에 한국의 역비대칭 전략은 간접접근+주변접근 전략으로서 북한의 비대칭 전략을 억제할 만한 목표 달성이 제한될 수밖에 없으며, 북한의 위협에 대한 한국의 대응능력이 충분하지 못하다는 평가는 어쩌면 당연한 결과라고 할 수 있다. 특히 북한은 전쟁의 결과나 흐름을 뒤바꿔놓을 수 있는 게임 체인저 역할이 가능한 전력을 확보 중인 반면, 한국은 전 영역에서 북한의 도발을 거부하고 있는 상황으로서 북한의 도발을 억제할 능력이 충분하지 못하며, 이로 인해 북한의 핵 · 미사일 문제는 미 · 중 구도를 중심으로 러 · 일 및 국제사회가 관여하는 구도를 형성하게 되었다.

현 시점에서 한국이 북한의 도발에 대해 채택할 수 있는 전략은 '역비대칭 전략의 내실화'를 추구하는 것이다. 한국은 북한의 위협을 직접위협, 당면위협, 현존위협 등 다양하게 부르고 있으며, 이를 반영하듯이 북한의 위협은 과거에도 발생했고, 현재에도 감행되고 있는 실질적인 위협이라고 할 수 있다. 현 시대 국가 간 전쟁은 국지전, 제한전 또는 대리전 등의 형태로 이뤄질 가능성이 높은 반면에 남북한 전쟁은 과거 한국전쟁과 같이 전면전으로 이어질 가능성을 배제할 수 없는 상황이다.

구체적으로 역비대칭 전략의 내실화를 추구하기 위해서는 역비대칭 전략의 핵심인 역비대칭 능력을 확보해야 할 것이다. 한국군은 강한 지상군을 보유하고 있는 북한의 위협에 대해 주로 육군으로 대응해왔으며, 이로 인해 한국군은 육군 중심의 기형적인 군 구조를 형성하게 되었다. 또한 최근에는 합동성이 강조됨에 따라 합동성 측면의 전력건설을 추진하고 있으나 실질적인 합동성 구현에는 많은 제약이 따르고 있는 상황이다. 다시 말해 한국의 역비대칭 전략의 내실화는 어느 특정 군 위주의 대응이 아닌 전군의 능력을 모두 활용한 합동성에 기반을 두어야 할 것이다.

여기에서 '합동성'이란 현재 및 미래전에서 승리하기 위해 육 · 해 · 공군의 전력을 균형적으로 발전시키고, 각 군의 노력을 효율적으로 통합하여 전장에서 승수효과 달성이 가능하도록 하는 능력 또는 특성이라고 할 수 있다. 합동성에 대한 용어 설명을 바탕으로 한국군의 합동성을 평가 및 전망하면, 각 군은 일정 수준의 균형적인 전력 확보를 통해 합동성을 강화하여 전투력을 증대시켜야 한다고 할 수 있다. 현재 한국군의 군 구조와 향후 합동성 강화 측면에서 추구해야 할 군 구조는 다음의 그림과 같이 정리할 수 있다.

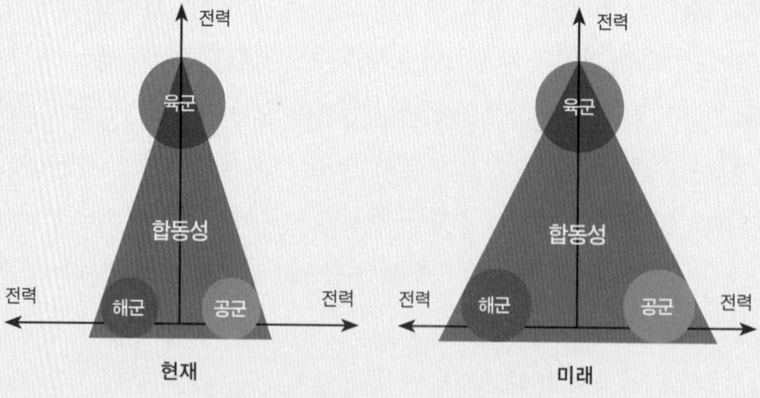

〈한국의 각 군 능력을 고려한 합동성 평가 및 전망〉

주) 여기에서 ●은 육군 전투력을, ●은 해군 전투력을, ●은 공군 전투력을 의미한다. 그리고 ▲은 합동성을 의미하며, 오늘날 각 군의 불균형적인 전력으로 인해 합동성은 이등변삼각형을 형성하고 있으나 향후 각 군의 균형적인 전력 확보를 통해 정삼각형 형태의 합동성을 점차적으로 구축해나가야 할 것이다.

특히 우리 군은 합동성을 기반으로 북한의 추가적인 도발을 야기하지 않는 전자전(EMP탄, GPS 교란 등) 무기체계를 확보해야 하며, 이와 아울러 북한의 도발에 대한 보복능력(순항미사일, 탄도미사일 등)을 강화시켜나가야 할 것이다. 다시 말해 우리 군은 북한의 도발의지를 사전에 무력화시키기 위해 보복능력을 극대화하고, 도발원점 및 식별이 제한되는 무기체계를 확보하여 이를 실제로 운용함으로써 북한에 강력한 의지를 전달할 수 있어야 할 것이다. 이는 곧 기존의 패러다임(북한은 공자, 한국은 방자)을 전환하여 우리 군의 목표를 수동적이 아닌 선제적 · 능동적 · 주도적으로 달성한다는 것을 의미한다.

이와 아울러 북한의 핵 · 미사일에 의한 도발의지를 무력화시키기 위해 UN 결의안 채택을 통한 한 · 미 주도 동맹국/우방국이 참여하는 연합작전을 수행할 필요가 있다. 실제로 국제사회는 UN 결의안을 근거로 소말리아 해역에 군사력을 파견 중에 있으며, 소말리아에서의 해적근절에 결정적인 기여를 한 것으로 평가받고 있다. 또한 PSI(Proliferation Security Initiative, 대량살상무기 확산방지구상)에 근거하여 북한의 해양 및 공중봉쇄를 통한 최고의 압박은 대북제재의 효과를 극대화시킬 것으로 예상되며, 이를 위한 제도적 장치를 마련할 필요가 있다.

다음으로 한국을 둘러싸고 있는 주변국들은 강력한 해군력을 기반으로 공세적인 해양전략을 통해 영향력을 확대하고 있으며, 이를 통해 국가이익을 보호 및 확대하고 있다. 오늘날 한반도 주변 해역은 국가 간 경계구획이 획정되지 않은 상황이며, 주변국들은 자국이 주장하는 관할권을 확보하기 위해 적극적으로 해 · 공군력을 이용하고 있다. 특히 주변국들은 다른 국가들을 견제할 수 있는 원양작전 기반의 해 · 공군력을 집중적으로 개발하고 있으며, 해양분쟁에 대한 갈등이 본격화될 경우 주변국들은 힘의 논리를 내세울 것으로 예상된다.

한국은 독도와 이어도를 실효적으로 지배하고 있어 주변국들에 비해 다소 유리한 상황이나 주변국의 도발에 지속적으로 대응해야 하는 방자의 상황이 지속되고 있다. 또한 한·중·일 3국의 경우 분쟁 당사국으로서 상호 중첩되어 있어 상대국의 국가이익을 침해할 경우 자신의 국가이익도 침해받을 수 있는 구도로서 상호 견제의 구도가 형성되어 있으나 해양분쟁의 갈등이 심화될 가능성은 상존하고 있으며, 주변국의 공세적 해양전략 추구는 국가 간 군사력 충돌의 가능성을 현실화시키고 있다.

이에 따라 한국이 채택할 수 있는 전략은 '한국형 A2/AD'를 추구하게 될 것이다. 한국형 A2/AD 전략의 핵심은 오늘날 우리가 실효적으로 지배하는 독도, 이어도를 포함하여 우리가 주장하는 관할해역의 해양경계를 보호하는 것이며, 독도 및 이어도를 실효적으로 지배하는 것만큼이나 해양경계를 사수하는 것도 매우 중요하다고 할 수 있다. 또한 여기에는 방공식별구역도 포함하는 것으로서 해양경계 사수는 단순히 일차원적인 수상 개념이 아닌 수중 및 공중 영역도 포함된다고 할 수 있다.

주변국과의 해양분쟁에서 해양경계를 보호하는 전력은 해양력(sea power)이 될 것이며, 여기에는 해 · 공군력을 포함하여 해경함정, 관공선, 어 · 상선 등이 포함될 것이다. 해 · 공군력은 다른 해양 전력들이 활동하는 여건을 조성하며, 유사시 군사력 전개 및 투사를 통해 주변국을 억제 및 견제할 수 있는 역할을 수행할 것이다. 특히 해군력의 경우 마지막까지 현장에 전개하는 전력으로서 장기간의 기상 불량 상황에서도 임무 수행이 가능해야 하며, 주변국의 강력한 해군력을 상대해야 하는 만큼 대형함 위주의 첨단전력 중심으로 건설되어야 할 것이다.

또한 독도 및 어어도의 경우 한국은 주변국에 비해 거리상 가깝다는 이점이 있지만, 해양경계의 경우 이러한 이점이 없어진다는 측면에서 항공모함은 현장에서 상황을 종결지을 수 있는 핵심전력이 될 것이다. 또한 잠수함의 경우 수중에서 활동함에 따라 겉으로는 드러나지 않지만 전략자산으로서 주변국을 직접적으로 견제할 능력을 보유하고 있다는 측면에서 매우 중요한 역할을 수행하게 될 것이다.

해경함정의 경우 분쟁해역에서 긴장 고조 시 가장 우선적으로 투입되는 전력으로서 해군력 같은 대형함 위주의 함정이 필요하며, 해상작전헬기 운용을 통해 독립적인 임무 수행이 가능해야 한다. 이와 아울러 해경함정은 유사시 해군을 지원해야 한다는 측면에서 상호 운용성을 강화해야 할 것이다. 관공선의 경우 해군 · 해경의 대형함정 같은 선박을 보유하지 못하고 있으나 해군 · 해경을 지원해야 한다는 측면에서 유사시 현장에서 어선 통제의 임무를 수행할 수 있는 능력을 구비해야 할 것이다. 또한 상선의 경우 우리나라가 주장하는 해양경계선을 따라 기동함으로써 한국의 A2/AD 전략을 지원해야 하며, 어선의 경우 분쟁해역에서의 조업을 활발하게 전개할 필요가 있다. 특히 어선의 경우 실효적인 지배력을 강화하는 가장 기본이 된다는 측면에서 정부 및 지자체의 적극적인 지원이 이뤄져야 할 것이다.

그렇다고 해서 한국형 A2/AD 전략이 우리 해 · 공군의 활동범위를 제한하는 것은 아니다. 한국의 군사력이 배타적 경제수역 안으로 제한될 경우 주변국에 대한 견제력 또는 보복력 역시 제한된다는 측면에서 주변국은 자국의 정치적 상황과 연계하여 언제든지 우리의 해양경계를 침범할 것이다. 따라서 한국형 A2/AD 전략은 우리의 해양경계 수호 능력을 기반으로 주변국이 주장하는 관할해역에서도 활동할 수 있어야 하며, 유사시에는 주변국의 본토를 직접적으로 겨냥할 수 있는 능력도 구비할 필요가 있다. 다시 말해 한국형 A2/AD 전략은 우리 해군의 작전범위를 제한하는 것이 아니라 우리의 작전범위를 더욱 확장하는 개념으로 이해해야 할 것이다.

끝으로 북한과 주변국의 위협이 동시에 나타나거나 어느 한 위협이 긴장을 고조시키거나 도발을 감행한 상황에서 다른 위협이 이러한 기회를 틈타 도발할 가능성이 있다는 측면에서 한국의 전구는 2개로 구분하는 것을 검토할 필요가 있다. 특히 한국이 실효적으로 지배하고 있는 독도 및 이어도의 경우 한반도에서 전쟁이 발발할 경우 주변국에게는 곧 기회로 인식될 수 있다는 측면에서 우리 군은 2개의 전구를 운용함으로써 원천적으로 주변국의 야욕을 사전에 차단해야 할 것이다. 결론적으로 한국이 확보해야 할 진정한 힘은 북한에 대한 억제력과 주변국에 대한 견제력이 될 것이며, 어느 것 하나도 소홀히 해서는 안 될 것이다.

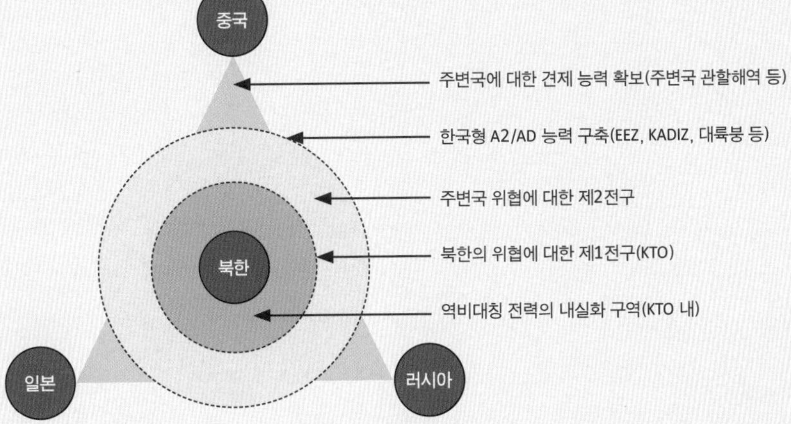

참고문헌

국내문헌

국회입법조사처, "북방한계선(NLL) 문제와 대응방안", 국회입법조사처 현안보고서 제134호, 2011.

국제법스터디 편저, 『국제조약집 판례연구』, 서울: 수림, 1998.

김경순, "러시아의 북극전략: 군사화의 의미와 한계", 「정책연구」 통권 187호(2015년 겨울).

______, "러시아 신 군사독트린", 「안보현안분석」 Vol. 105(2015. 3).

김기주, "트럼프 시대 美 해군력 부활의 전략적 함의", 「KIMS Periscope」 제79호(2017. 4).

김정건, 『국제법』, 서울: 박영사, 1998.

김태준, 『테러리즘 - 이론과 실제』, 서울: 봉명사, 2006.

김현수, 『해양법총론』, 서울: 청록, 2010.

______, 『세계도서 영유권분쟁과 독도』, 서울: 연경문화사, 2009.

김현수 · 이민효, 『現代國際法』, 서울: 연경문화사, 2005.

김현욱, "'협상가' 트럼프 힘에 기반, 아시아 개입 강화한다", 「통일한국」 Vol. 398(2017).

관세청, 『2015 그림으로 보는 무역통계』, 서울: 관세청, 2016.

대한민국 국방부, 『국방백서 2016』, 서울: 국방부, 2016.

______, 『국방백서 2014』, 서울: 국방부, 2014.

______, 『국방백서 2010』, 서울: 국방부, 2010.

대한민국 해군, 『대한민국 해군의 걸어온 길, 함께 갈 길』, 계룡: 대한민국 해군, 2014.

______, 『누구나 알 수 있는! 해군작전 들여다보기』, 대전: 해군본부, 2011.

박경일, 『세계안보의 관점관 전략』, 서울: 창조문화, 2009.

______, 『동북아 안보의 도화선은 어디에 있는가?』, 서울: 한국해양전략연구소, 2003.

박남태, "냉전기 미국 전략적 대잠전의 교훈", 「해군지」 Vol. 471(2016. 12).

박덕영, 『국제법 기본조약집』, 서울: 박영사, 2007.

배진수 · 이춘근 編, "동북아시아 지역에서의 해양영토 분쟁의 배경 및 현황", 『동아시아 해양분쟁과 해군력 증강현황』, 서울: 한국해양전략연구소, 1998.

배진수 · 윤지훈, 『세계의 영토분쟁 DB와 식민침탈 사례』, 서울: 동북아역사재단, 2008.

배형수, "국가 해양력 발전과 해상교통로 보호" 제3회 해양정책 심포지엄 발표자료집(2006).

백병선, "한국의 안보위협 변화에 대한 전망", 「국제문제연구」 제12권 제3호(2015년 겨울).

______, "동아시아 지역의 해양분쟁 전망 및 한국의 대응방향: 주변국 해군력을 중심으로", 「전략연구」 통권 제71호(2017. 3).

______, “트럼프 집권기 주변 4강의 리더십간 역학관계 전망 및 한국의 해양안보”, 「국가전략」 제23권 제2호(2017. 5).
______, “한국의 해상교통로에 대한 초국가적 위협의 분석 및 향후 대응 방안에 관한 연구”, 「국가전략」 제16권 3호(2010).
______, “한국의 해양안보위협 변화와 전개양상에 관한 연구: 미국의 新 국방전략지침 발표 이후 미 · 중 경쟁을 중심으로”, 「국제문제연구」 제12권 제3호(2012. 11).
______, “남중국해 美 · 中간 해양갈등 분석 및 한국의 대응방향”, 「국가안보와 전략」 제16권 3호(2016. 10).
______, “미래 한국의 해상교통로 보호에 관한 연구”, 「국방정책」 제27권 제1호(2011).
______, “전쟁 패러다임의 이해를 통한 미래전 및 한반도 선생 발발 양상”, 「사관의 등대」 제26호(2012. 7).
______, “한국의 해상교통로에 대한 위협 및 대응방안”, 「합참지」 제52호(2012. 7).
______, “중국의 해양팽창과 동아시아 해양질서에 관한 연구”, 「해양전략」 제149호(2011).
______, “한 · 일간 독도분쟁의 현 주소와 한국의 대응방향에 관한 연구”, 2010 독도리뷰(2010. 10)
______, “연평도 근해 북한의 도발전망과 한국군의 대응방안”, 「전투발전」 제20호(2013).
______, “북한해군의 위협변화와 한국해군의 대응방향”, 「해군지」 Vol. 458(2015).
______, “북한의 핵 · SLBM 위협 분석과 대응방향”, 「해군지」 Vol. 470(2016. 11)
______, “불확실성의 시대, 위기와 기회”, 「해군」 Vol. 473(2017. 2)
백병선 · 이경행, “해양 안보환경 변화에 따른 한국의 해상교통로 보호방향”, 「국가전략」 제22권 제4호(2016. 11).
양욱, “북한 탄도미사일 기술력과 핵실험 전망”, 「월간 북한」 통권 545호(2017. 5).
______, “아시아 최강의 해군은 누구?”, 「해군지」 Vol. 472(2017. 1).
오윤경 외 외교통상부 직원 공저, 『21세기 現代 國際法秩序: 外交實務者들이 본 理論과 實際』, 서울: 박영사, 2001.
유석형, “전 · 평시 국가 해상물동량 예측에 따른 해상교통로 안보와 해군력 발전”, 해군교육사령부 해양전략 연구용역보고서(2009).
윤종준 · 백병선, “한국의 안보위협 변화에 대한 전망”, 「국제문제연구」 제15권 제4호(2015).
이근수 · 강한구 · 김광식, “유엔 해양법협약 발효에 따른 국방정책방향 연구”, 한국국방연구원 연구보고서(1997).
이민효, 『해양에서의 군사활동과 국제해양법』, 서울: 연경문화사, 2007.
장준익, 『북한의 핵 · 미사일 전쟁』, 서울: 서문당, 1999.
장철운, 『남북한 미사일 경쟁史』, 서울: 선인, 2015.
정보사령부, 『북한 핵문제 분석 자료집』, 서울: 정보사령부, 2013.
주경철, 『문명과 바다』, 서울: 산처럼, 2009.
최수정, “남중국해 해양분쟁과 해양 갈등 재점화”, Dokdo Research Journal, Vol. 10(2010년 여름)

평화문제연구소, "미 · 중의 치열한 각축전 동아시아를 보다", 「통일한국」 Vol. 400(2017. 4).

한국국가전략연구원, "미국, 유엔분담금 대폭 삭감 추진", 「국가안보전략」 통권 제56호 Vol. 06(2017. 4).

한국국제문제연구원, "각국 정상들의 동향", 「國際問題」 제47권 12호(2016. 12).

한국전략문제연구소, 『2016 동아시아 전략평가』, 서울: 한국전략문제연구소, 2016.

______, 『2015 동아시아 전략평가』, 서울: 한국전략문제연구소, 2015.

______, 『남중국해 사태 전망과 지역안보』, 정책토론회 결과보고서, 16-02 (No. 230).

합동참모본부, 『북핵 바로 알고 대비하자』, 서울: 합동참모본부, 2009.

홍성방, 『헌법학』, 서울: 현암사, 2007.

홍성원, "북극해항로와 북극해 자원개발: 한 · 러 협력과 한국의 책략", 「국제지역연구」 제15권 4호 (2012).

해군전력분석시험평가단, 『해양전략용어 해설집』, 계룡: 해군, 2017.

______, 『주변국 해군 편람』, 계룡: 해군전력분석시험평가단, 2016.

U. S. Naval Surface Force, 해군전력시험평가단 譯, 『수상함 부대전략(Surface Force Strategy: Return to Sea Control)』, 계룡: 해군전력시험평가단, 2017.

Christoph Seidler, 박미화 譯, 『북극해 쟁탈전』, 서울: 더 숲, 2010.

국외문헌

Ben Dolven. "Chinese Land Reclamation in the South China Sea: Implications and Policy Options." *CRS Report*, 18 June 2015.

Brzezinski Zbigniew and Mearsheimer, John J. "Clash of the Titans." *Foreign Policy* (January/February, 2005).

Cole, Bernard D. *The Great Wall at Sea*. Annapolis, MD: Naval Institute Press, 2001.

Cliff, Roger et. al. *Entering the Dragon's Lair: China's Antiaccess Strategies and Their Implications for the United States*. Santa Monica: RAND, 2007.

CSIS. *Asia-Pacific Rebalance 2025: Capabilities, Presence, and Partnership*. CSIS, 2016, January.

David C. Gompert et al. *China on the Move: A Franco-American Analysis of Emerging Chinese Strategic Policies and Their Consequences for Transatlantic Relations*. Santa Monica: Rand Corporation, 2005.

Desmond Ball. "Arms and Affluence: Military Acquisitions in the Asia-Pacific Region." *International Security* Vol. 18, No. 3 (Winter 1993-1994).

Department of Defense. *Quadrennial Defense Review Report* (February 2006).

______. *Quadrennial Defense Review Report* (February 2010).

E. B. Potter ed. *Sea Power: A Naval History*. Annapolis. Maryland: Naval Institute Press, 1981.

Edword Miles et al. *The Management of Marine Regions; The North Pacific*. Berkeley University of California Press, 1982.

Ekaterina Klimento. "Russia's Evolving Arctic Strategy: Diver, Challenges and New Opportunities." *SIPRI Policy* paper No.42 (September 2014).

Gompert, David C. et al., *China on the Move: A Franco-American Analysis of Emerging Chinese Strategic Policies and Their Consequences for Transatlantic Relations*. Santa Monica: Rand Corporation, 2005.

Gorbachev M. *The Speech in Murmansk at the ceremonial meeting on the occasion of the presentation of the Order of Lenin and the Gold Star Medal to the city of Murmansk*. Novosti Press Agency: Moscow, 1987.

IMB. *Piracy and Armed Robbery against Ships Annual Report* 1991~2016.

Konstam Angus. *The World Atlas of PIRATES*. New York: Lyons Press, 2009.

Konstantin Voronor. "The Arctic Hirizons of Russia's Strategy." *Russian Politics and Law* Vol. 50, No. 2 (March-April 2012).

Kumar, Shashi. "U. S. Merchant Marine and World Maritime Review." *U. S. Naval Institute Proceedings* (May 2008).

Kun-Chin Lin and Andres Villar Gertner. "Maritime Security in the Asia-Prcific China and the Emerging Order in the East and South China Seas." *Research Paper* July 2015. London: Chatham House, 2015.

Lautenschläer Kar. "The Submarine Naval Warfare 1901-2001." *International Security*(1986).

Lincoln P. Bloomfield and Allen Moulton. *Managing International CONFLICT - From Theory to Policy*. New York: Martin's Press, Inc., 1997.

Mearsheimer, John J. *The Tragedy of Great Power Politics*. New York: Norton, 2003.

Mickolus Edward F. *Transnational Terrorism: A Chronology of Events 1968~1979*. London: Aldwych, 1980.

Nye, Joseph S. *Soft Power: The Means To Success in World Politics*. New York: Public Affairs, 2004.

Office of the Secretary of Defense. *Annual Report to Congress: Military Power of the People's Republic of China 2008*. Washington, D,C.: Department of Defense, 2008.

Ohmae Kenichi. *Borderless World: Power and Strategy in the Interlinked Economy*. New York: HarperBusiness Book, 1999.

Rob Huebert. "The Newly Emerging Arctic Security Environment." *Prepared for the Canadian Defense & Foreign Affairs Institute*, 2010.

Sharma Surya P. *Territorial Acqusition, Dispute and International Law*. The Hague: Martinus Nijhoff Publication, 1997.

T. N. Dupuy. *The Evolution of Weapon and Warfare*. Virginia: Hero-Book, 1984.

U. S. Geological Survey. *Circum-Arctic Resource Appraisal: Estimates of Undiscovered Oil and Gas North of the Arctic Circle*. Reston, VA: USGS, 2009.

UNCTAD, *Reivew of Maritime Transport* 2015.

Wang, Shaoguang. "Estimating China's Defense Expenditure: Some Evidence from Chinese Sources." *The China Quarterly* No. 147 (September 1996).

신문

"일본의 최대 '헬기 항모', 남중국해 휘젓는다", 「조선일보」, 2017년 3월 15일 자.

"죽기살기식 올인… SLBM 손에 쥔 김정은", 「조선일보」, 2016년 8월 25일 자.

"미국, 전술核 한국 재배치검토까지", 「조선일보」, 2017년 3월 6일 자.

"중국의 좁은 사드 보복을 어떻게 넘어설 것인가", 「중앙일보」, 2016년 12월 7일 자.

"시진핑 외교는 양날의 칼… 사드는 악재, 경협은 호재", 「중앙일보」, 2016년 6월 3일 자.

"북한 SLBM 잠수함 킬러 핵잠수함 시급하다", 「중앙일보」, 2017년 8월 11일 자.

"美 기동항모전단 창설 태평양 배치", 「동아일보」, 2016년 5월 4일 자.

"美 '근접비행'-中 '실탄훈련'…", 「동아일보」, 2016년 4월 25일 자.

"또 도발 예측 못한 軍… 북 핵무기 위해 땐 김정은 직접 응징", 「서울신문」, 2016년 9월 10일 자.

"北 SLBM '500km 비행'… 실전배치 임박", 「서울신문」, 2016년 8월 25일 자.

"對北 강경파 '군사적 옵션도 검토해야'", 「문화일보」, 2016년 9월 9일 자.

"중국 해양굴기… 세계 잇는 '진주 목걸이 바닷길' 완성 나섰다", 「한국일보」, 2016년 4월 25일 자.

"북한 SLBM 급진전에 미국도 '촉각'", 「내일신문」, 2016년 8월 25일 자.

"北, 6차 핵실험 준비 끝난 듯", 「세계일보」, 2017년 4월 14일 자.

"사거리 9,000~1만 km로 늘어나… '미 본토 타격 가능'", 「한겨레」, 2017년 7월 31일 자.

인터넷

http://www.globalfirepower.com/countries-listing.asp

http://www.pressian.com/news/article.html?no=128907

https://www.sipri.org/media/press-release/2017/world-military-spending-increasesusa-and-europe

https://www.sipri.org/research/armament-and-disarmament/arms-transfers-and-military-spending/military-expenditure

https://www.sipri.org/news/2016/sipri-launches-extended-military-expenditure-data

https://www.sipri.org/research/armament-and-disarmament/arms-transfersand-militaryspending /military-expenditure

http://www.ajunews.com/view/20170621090013676

http://www.yonhapnews.co.kr/photos/1991000000.html?cid=GYH20170704001800044&input=1363m

http://news.naver.com/main/read.nhn?mode=LSD&mid=sec&sid1=100&oid=001&aid= 00086931

https://www.sipri.org/research/armament-and-disarmament/biological-chemical-and-nuclear-weapons/world-nuclear-forces

https://www.sipri.org/media/press-release/2017/global-nuclear-weapons-modernization-remains-priority

http://www.vop.co.kr/A00001131005.html

http://news.naver.com/main/read.nhn?mode=LSD&mid=sec&sid1=100&oid=001&aid0008765495
http://news.joins.com/article/20846365
http://cafe.daum.net/sanhobaram/DhnT/1703?docid=1Be1T | 1704 | 20100520194437
http://news.naver.com/main/read.nhn?mode=LSD&mid=sec&sid1=100&oid022&aid=0002360826
https://amti.csis.org/scs-features-map/
http://news.naver.com/main/read.nhn?mode=LSD&mid=sec&sid1=104&oid003&aid=0007345464
http://www.segye.com/content/html/2016/07/19/20160719003504.html?OutU rl=naver
http://news.naver.com/main/read.nhn?mode=LSD&mid=sec&sid1=104&oid025&aid=0002558162
http://news.mk.co.kr/newsRead.php?no=370145&year=2016
http://www.yonhapnews.co.kr/bulletin/2016/07/27/0200000000AKR20160727192400076.HTML?input=1195m
http://www.newsis.com/ar_detail/view.html?ar_id=NISX20160726_001424609cID=10101&pID=10100
http://www.sisainlive.com/news/articleView.html?idxno=24530
http://www.sisapress.com/journal/article/155910
http://www.newsis.com/ar_detail/view.html?ar_id=NISX20160726_0014246059&cID=10101&pID=10100
http://www.economist.com/node/21556803
http://ko.wikipedia.org/wiki/
http://www.arctic.ru/ natural-resources/other-minerals
http://www.fta.go.kr/new/ftakor ea/policy.asp
http://www.fta.go.kr/main/
http://news.naver.com/main/read.nhn?mode=LSD&mid=sec&sid1=104&oid=001&aid0008448883
https://amti.csis.org/maritime-claims-map/
http://www.fnnews.com/print/201612300390639 77
http://moneys.news/news/mwPrint.html?no=2015081514168052773&type=1
http://www.paulhensel.org/icow.htm
http://gcaptain.com/schudi-shipping-northern-sea-route
https://amti.csis.org/playing-chicken-east-china-sea/
http://www.state.gov/r/pa/prs/ps/2015/07/244969.htm
https://www.defense.gov/Military-Services/Unified-Combatant-Commands
http://www.economist.com/node/21556803
http://nsidc.org/data/seaice_index
http://www.theracticinstitute.org/p/arctic-maps.html

저자 백병선(白炳宣)

주요 경력

- 現 해군사관학교 군사전략학과 교수
- 現 해양 정책/전략 연구부겸임연구원
- 前 해군사관학교 군사전략학과장
- 해군본부 전략기획과 능력기획담당
- 주한美해군사령부(CNFK) 연락장교
- 해군 제2함대 제2해상전투전단 전투발전담당
- 해군 제2함대 293R/S 감시대장(연평도)
- DDH-II/I, FF, PCC, PKM 근무
- '17년 국제해양력 심포지엄 학술위원
- '14년 함상토론회 학술위원
- 해양전략용어 해설집 감수위원
- 해양전략 2050 영보드

교육 경력

- 국방대학교 군사학(군사전략) 박사(2011)
- 국방대학교 군사전략 석사(2005)
- 국방무기체계 사업관리 기본과정 수료(2017)
- 국방기술개발 특별과정 수료(2017)
- 합동군사대학교 정규 과정(舊 해군대학) 수료(2013)
- 美 합동참모대 연수(2010)

주요 수상실적

- 국민안전처 장관 표창(2016)
- 합참 전략기획본부장 표창(2016)
- 합참의장 표창(2015)
- 해군 2함대사령관 표창(2014)
- 해양수산부 장관 표창(2014)
- 해군 작전사령관 상장(2013)
- 합동군사대학교 총장 표창(2012)
- 합참의장 상장(2012)
- 해군전력시험평가단장 상장(2012)
- 국방대학교 총장 표창(2010)
- 경북도지사 상장(2010)
- 해양산업총연합회장 상장(2010)
- 해군 참모총장 상장(2010)
- 美 해군성장관 훈장(2007)
- 연합사부사령관/지구사령관 표창(2007)
- 해군 작전사령관 부대 표창(2007)
- 해군 참모총장 표창(2006)
- 국방대학교 총장 표창(2004)
- 문화관광부장관 기장(2002)
- 해군 교육사령관 상장(2001)
- 대통령 상장(1999)
- 해군 참모총장 표창(1998)

주요 연구실적

- 트럼프 집권기 주변 4강의 리더십간 역학관계 전망 및 한국의 해양안보(국가전략, 2017)
- 동아시아 지역의 해양분쟁 전망 및 한국의 대응방향(전략연구, 2017)
- 해양 안보환경 변화에 따른 한국의 해상교통로 보호방향(국가전략, 2016)
- 남중국해 美 · 中 간 해양갈등 및 한국의 대응방향(국가안보와 전략, 2016)
- 한국의 안보위협 변화에 대한 전망(국제문제연구, 2015)
- 연평도 근해 북한 도발전망과 한국군의 대응방안(전투발전연구, 2013)
- 합동성 제고를 통한 한국해군의 효과적인 해군력 건설방향(전투발전연구, 2012)
- 한국의 해양안보위협의 변화와 전개양상에 관한 연구(국제문제연구, 2012)
- 해군력 건설을 위한 효과적인 국방예산 획득방안에 관한 연구(전투발전연구, 2011)
- 탈냉전 이후 해적의 발생 요인에 관한 연구(해양전략, 2011)
- 한국의 국방비 결정요인에 관한 연구(전략논단, 2011)
- 중국의 해양팽창과 동아시아 해양질서에 관한 연구(해양전략, 2011)
- 미래 한국의 해상교통로 보호에 관한 연구(정책연구, 2011)
- 한 · 일 간 독도분쟁의 현 주소와 한국의 대응방향에 관한 연구(2010 독도리뷰, 2010)

- 한국의 해상교통로에 대한 초국가적 위협 분석 및 향후 대응방안에 관한 연구(국가전략, 2010)
- 회귀분석 기법을 이용한 실질 국방비 규모와 실질 GDP와의 관계 분석(한국국방경영분석학회지, 2010)
- 한국해군의 평화유지활동 참가에 관한 연구(해양전략, 2010)
- 한국해병대의 평화유지활동 참가에 관한 연구(전략논단, 2010)

기타 연구실적

- '동아시아 G4 시대' 도래와 안보환경 전망(2017)
- 중국은 판다인가? 드래곤인가(2017)
- 불확실성의 시대, 위기와 기회(2017)
- 북한의 핵 · SLBM 위협 분석과 대응(2016)
- 북한해군의 위협변화와 한국해군의 대응방향(2015)
- 서해 NLL에서의 위협과 전망(2015)
- 한국의 안보위협과 해군의 해양전략(2015)
- 일본의 집단적 자위권 행사와 한국의 바다(2014)
- 크림사태와 한국 안보(2014)
- 해양중심의 안보위협 변화와 한국해군의 대응방향(2014)
- NLL에 대한 올바른 이해와 국제법적 의미(2013)
- 해적사건 발생 추이와 한국해군 파병활동의 시사점(2013)
- 합동성 차원에서의 해군의 역할과 미래 해군작전 분류 개선(2013)
- 전쟁 패러다임의 이해를 통한 미래전 및 한반도 전쟁발발 양상(2012)
- 한국의 해상교통로에 대한 위협 및 대응방안(2012)
- 현 시대 해적에 대한 이해 II(2011)
- 현 시대 해적에 대한 이해(2010)